刘东生手迹

Liu Dongsheng Shouji

韩家懋　刘　丽　编

地质出版社
·北　京·

内 容 简 介

本书为纪念刘东生先生诞辰100周年而作。刘东生先生一生记录了400多本学习和野外笔记。编者在整理遗物的过程中，发现存有数量可观的刘先生的学习笔记、论文述著、活动和会议记录、翻译文稿。这些手迹全面记录了刘东生先生一生的重要科学活动和心路历程。娟秀、整洁的小楷是他精心学习的记录；精美的野外剖面和素描图是他一丝不苟的野外工作的反映。野外记录簿上线条粗犷、字迹飘逸的图文，看得出是刘先生在途中颠簸的车上抓“拍”抓“录”的材料。深感这些手迹是刘先生成才之路的真实写照，编辑出版这些材料与大家分享，是对刘先生诞辰100周年的最好纪念。

限于时间和篇幅，书中只遴选了野外记录、论文专著、学术报告、纪念追忆和大会讲话5个版块，虽然无法全面反映刘先生的学识与修养，但足以表明一个科学家是如何走上成功之路的。

本书的科学内容可以作为地球科学等相关学科专业人员的重要参考；其他部分可为普通读者提供做人做事的参照；也可给大中学生走上人生道路以启发和指引。

图书在版编目（CIP）数据

刘东生手迹 / 韩家懋，刘丽编 . — 北京：地质出版社，2017.10

ISBN 978-7-116-10555-3

Ⅰ. ①刘 … Ⅱ. ①韩 … ②刘 … Ⅲ. ①地质学－文集
Ⅳ. ① P5-53

中国版本图书馆 CIP 数据核字（2017）第 222260 号

LIU DONGSHENG SHOUJI

责任编辑：蔡卫东
责任校对：李　玫
出版发行：地质出版社
社址邮编：北京海淀区学院路 31 号，100083
电　　话：(010) 66554528（邮购部）；(010) 66554628（编辑室）
网　　址：http://www.gph.com.cn
传　　真：(010) 66554686
印　　刷：北京地大彩印有限公司
开　　本：787mm × 1092mm 1/16
印　　张：26
字　　数：600 千字
印　　数：1－2500册
版　　次：2017年10月北京第1版
印　　次：2017年10月北京第1次印刷
定　　价：100.00元
书　　号：ISBN 978-7-116-10555-3

刘东生

（1917～2008）

序

国家最高科技奖获得者刘东生院士于2008年谢世后，他生前服务了几十年的中国科学院地质与地球物理研究所便决定将他的办公室永久保留，并将其辟为刘东生先生纪念展室，以作地学研究者的学习瞻仰之场所。在这个纪念展室中，刘先生生前用过的办公用具、书籍、手稿、野外工作用具以及一些生活用品都按照原样保留了下来，尤其珍贵的是，刘先生生前做野外工作时的数百本地质记录簿都得以完整保存。这个纪念展室自对外开放以来，每年都有不少国内外同行和青年学子前来参观，并获得社会公众的首肯。对这一点，我们这些做学生的，心里自然分外欣喜。据我所知，刘先生工作以来搬了很多次家，自然淘汰过不少家具和生活用品，但他从来没有丢失过一本野外工作记录簿，可见工作及工作中积累的资料在他老人家心中的分量有多重。

刘东生先生纪念展室设立后，且逢韩家懋研究员年届退休，因而他一直同刘先生的爱女刘丽师姐一起，为展室内诸事操心忙碌。家懋师兄在“文化大革命”前即为刘先生门下的研究生，退休前一直协助刘先生做研究，是刘先生心目中分量最重的一个学生，因此由他来主导这个纪念展室的工作，自然是最为合适的了。最近他同刘丽师姐一起，精选了刘先生的部分手稿、野外记录、野外素描图、讲话稿，编成厚厚的一本《刘东生手迹》。我高兴地得知，地质出版社将在刘东生院士百年诞辰纪念会之前出版这本手迹。

家懋师兄和刘丽师姐告诉我，他们编辑这本手迹的最初动因来自《温家宝地质笔记》。温家宝同志从北京地质学院〔现中国地质大学（北京）〕研究生毕业后，即分配到甘肃地质部门常年从事祁连山地质的野外填图和矿产普查工作，由此积累了大量的野外地质笔记。温家宝同志从共和国总理任上服务期满后，便整理出一大本《温家宝地质笔记》，我们地学界的院士们都有幸收到他亲笔签名的一本书。我收到温家宝同志的大作后，惊叹他对野外工作的认真细致，同时为自己这样的后学者的粗率而感到羞愧，便联系他的办公室，希望温家宝同志能赠送一本给我服务的中国科学院大学图书馆。2016年秋季开学，温家宝同志应白春礼院士之邀，到我们大学给本科生授第一课“我的大学生活”。授课结束后，温家宝同志便郑重地向我们赠书，我代表学校接受后，便对台下的学生们说，我之所以向温家宝同志要这本书，是希望同学们从这本手稿上，体会什么叫“认真”。

同样，我从刘先生的手迹上，又一次感到深深震撼的，还是“认真”二字！我们做野外地质工作的，有一种特制的记录簿，每页纸的正面是分行的，用于写字，反面有等比例的细细的格子，用于描绘野外地质现象或剖面。每一次野外工作结束，这些笔记本在整理后，是要求作为原始资料保存的。并且，在野外工作时，我们常常只用铅笔，那是为了防止钢笔字受潮后变得漫漶不清。因此，晚上回到住宿地，经常需要坐下来，用钢笔重新整理地质笔记。对一般人来说，野外工作确实非常累人，有时候偷点懒亦在所难免。而刘先生这辈子，踏遍了祖国的山山水水，同时到国外也做过大量的考察，他每到一个地方，都会认真地观察，描绘地质图，并将观察到的现象一点一滴地记录下来。因此，读者诸君将看到的是这些素描图的精美和文字记录的清雅，刘先生用蝇头小楷把每一个字都写得那么认真！

温家宝同志和刘先生都毕业于南开中学。南开中学出人才，除共和国两任总理（周恩来、温家宝）外，还有大量的文化科技名人。远的不说，当年我们中国科学院地学界的“三巨头”——叶笃正、刘东生、涂光炽都毕业于南开中学。迄今为止，我们地学界获国家最高科学技术奖的仅有两位院士，还是刘东生和叶笃正。我想，一个人的成长一定同家庭有关，一群人的成长则一定同学校有关，为此，上个月我趁去天津出差之际，特地去参观了南开中学滨海校区，除看到大量赫赫有名的人物照片而感到惊叹外，同时其遵行近一个世纪的“容止格言”不免让我深思。其“容止格言”非常平实：“面必净，发必理，衣必整，纽必结。头容正，肩容平，胸容宽，背容直。气象：勿傲，勿暴，勿怠。颜色：宜和，宜静，宜庄。”我当时在心里对自己默默地说：我应该找到了温家宝同志和刘先生都那么认真的原因。

我进一步感到，我们学习这种认真态度，绝对有现实意义，尤其是在社会的浮躁之风似乎一时抑制不住的当下。无论我们是想通过科技创新乃至全面创新来超越西方发达国家，还是要让更多的民众静下心来培育大国工匠精神，都需要大力发扬认真之风。

是为序。

丁仲礼

2017年7月

目 录

一、野外记录

如果说物理学家或化学家有了好的创新性科学思想，又能有必要的实验手段，成功就有了基本保证，但这对地质学家来说则还不够。地质学是注重实践的科学，一位地质学家要取得研究工作的成功，除了学术思想先进和具备一定的分析测试条件外，至关重要的一环是必须到野外找到很好的地质记录，并采集样品。因而，能否有出色的野外工作能力，能否在野外找到理想的剖面，是成为地质学家的关键一步。回头来看地质发展历史，成功的地质学家，一定是野外工作的行家里手，他们能在野外看到别人没注意到的现象，并采集到好的样品。所以，从某种意义上说，野外工作的能力决定了地质学家的研究工作能走多远是完全正确的。

地质教学注重野外实习也是这个道理，低年级的野外实习，目的是认识基本地质现象；高年级的野外实习，则带着与毕业论文有关的科学问题，到野外去寻找合适的剖面和采样，为今后的发展之路打下基础。不过并不是所有地质研究人员都能胜任野外工作，出差一趟野外归来，有的收获颇丰，有的成果寥寥。

刘东生在西南联大时，由先辈引领，学到了野外工作的真谛，又在个人的实践中不断提高，他的野外工作可称为一杰，一生积累了数百本野外记录簿。翻开任何一本记录簿，里面都是密密麻麻的蝇头小字和精美的剖面图、素描图，看了令人叹服。这一点连外国学者都很佩服，美国科学家奥德菲尔德（Frank Oldfield）回忆1995年与刘东生在阿根廷参加过去全球变化科学指导委员会（PAGES SSC）会后，一起在海拔较高的阿空加瓜（Aconcagua）山前做地质旅行时，大伙都只是在忙着拍照，而唯有刘东生正在一个野外记录簿上，写下了密密麻麻的文字，画出了地质结构的素描。刘东生这一与众不同的举动和非常精美漂亮的素描图，给他留下了深刻印象。

刘东生保留下来的这几百本记录簿（主要是野外记录簿），很好地说明了他作为一个地质科学家的成功之路。在这里我们只精选了一部分与大家分享。所选的材料按年为序排列，这些野外文字记录和剖面图、素描图，本身已经告诉大家很多，无须我们赘述，只在必要时，加注了地点及简单的文字，以便大家阅读和欣赏。

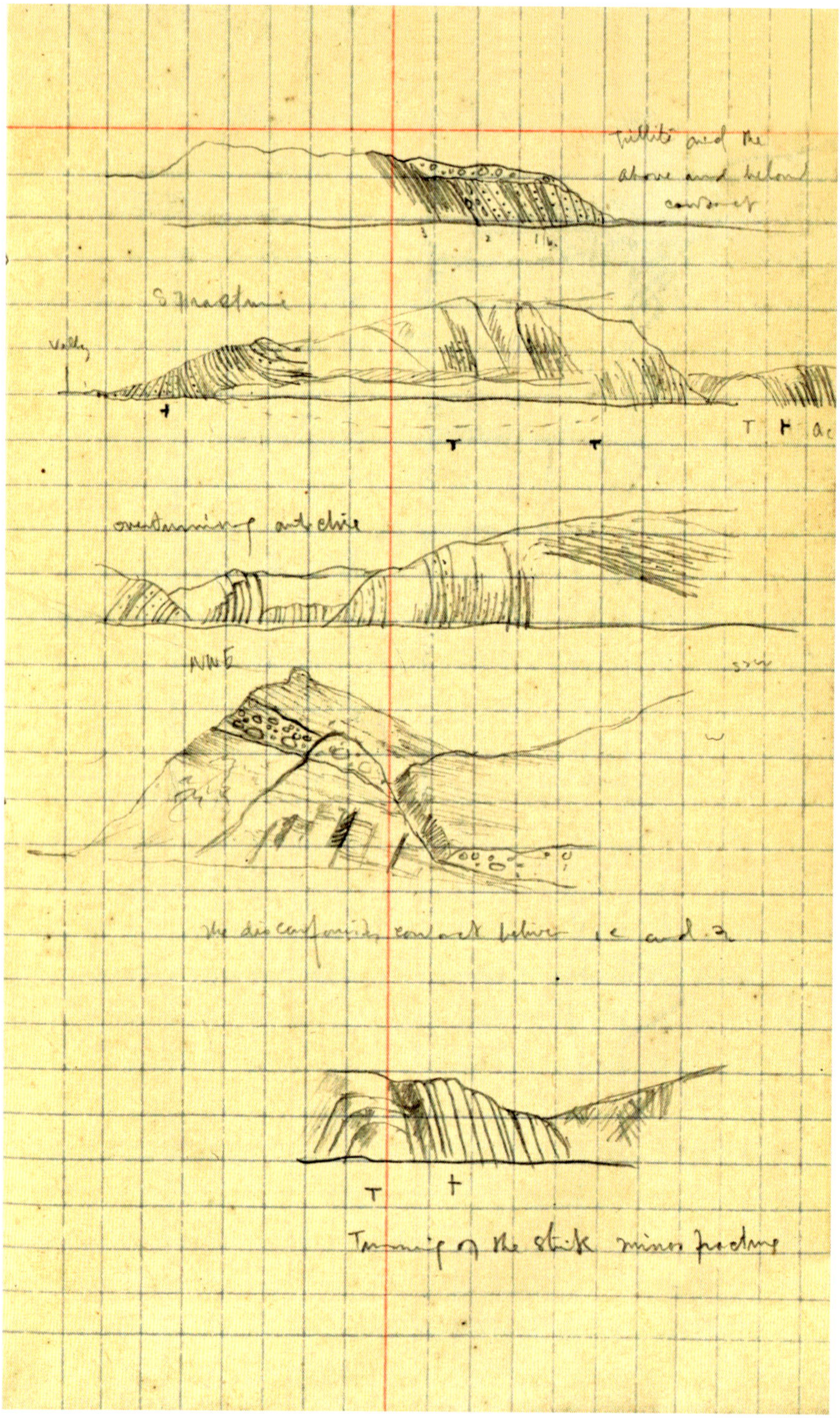

云南徐家渡附近地层的各种接触关系（1941年）

云南阳宗海东北岸素描图（1941年）

云南阳宗海岸边单斜山素描图（1941年）

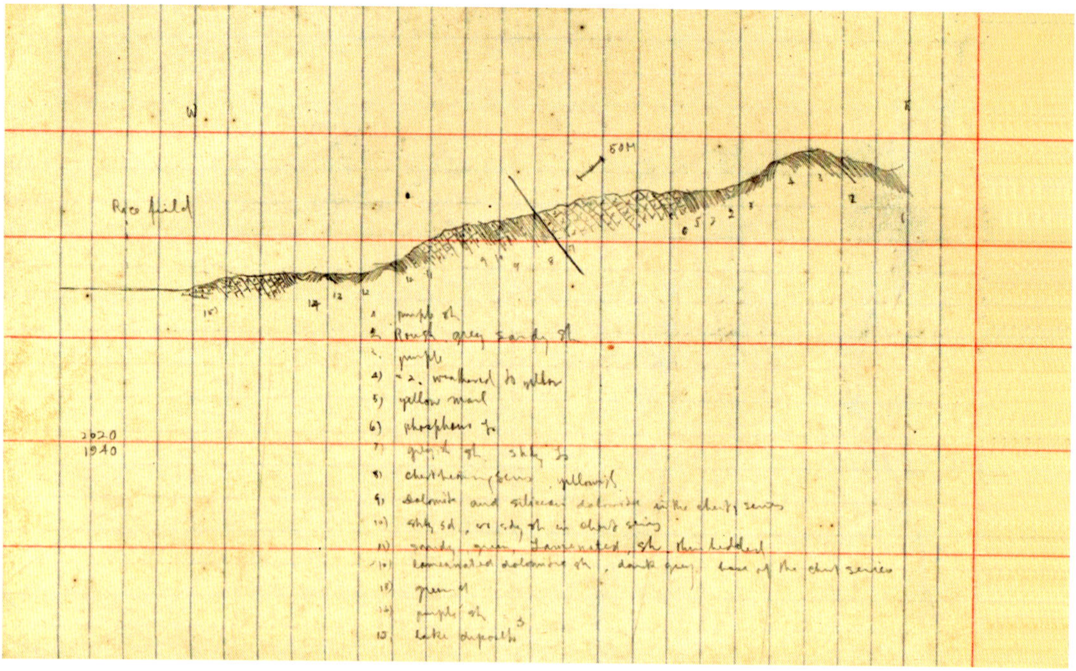

地质剖面图和各层岩性描述（1941年）

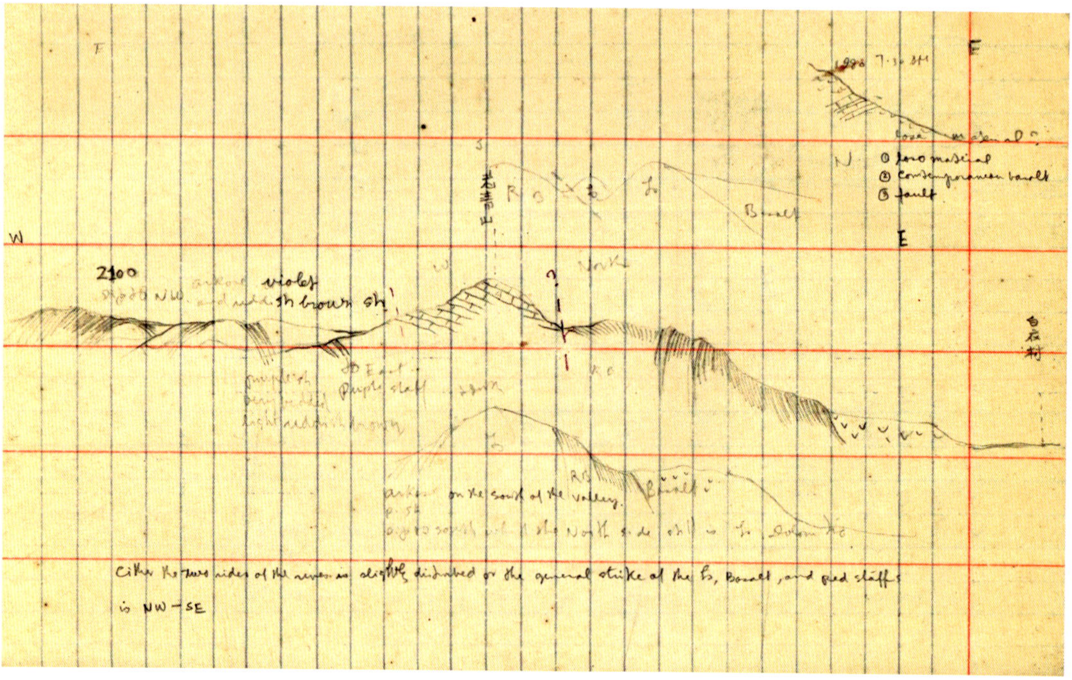

老清山—白衣村地质剖面图（1941年）

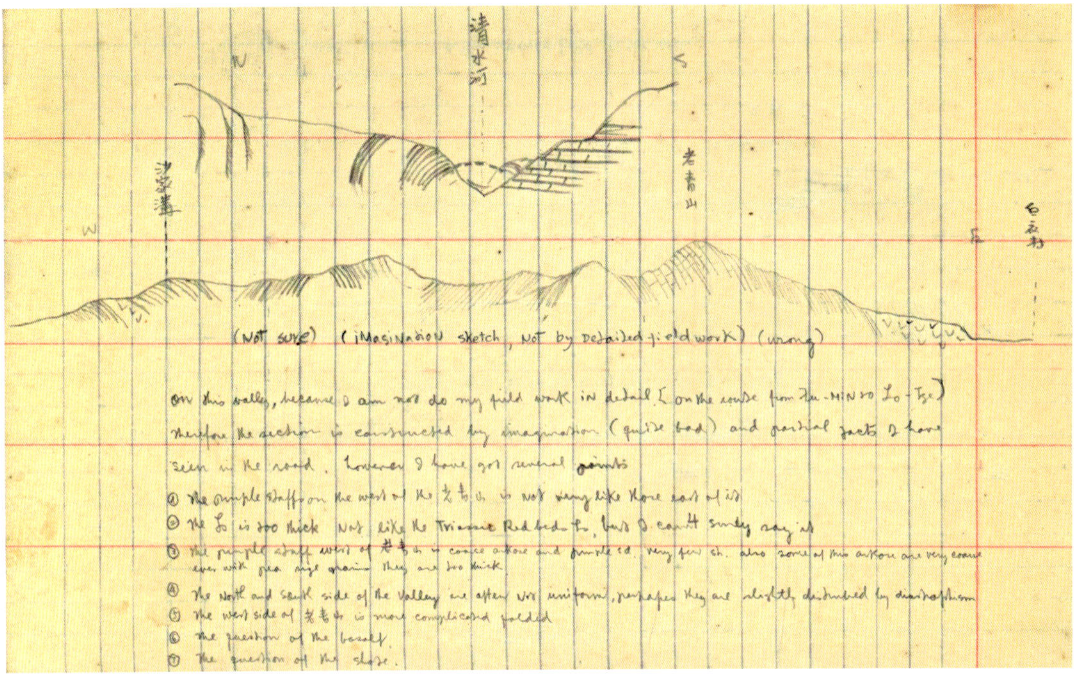

沙家沟—老青山地质剖面图（1941年）

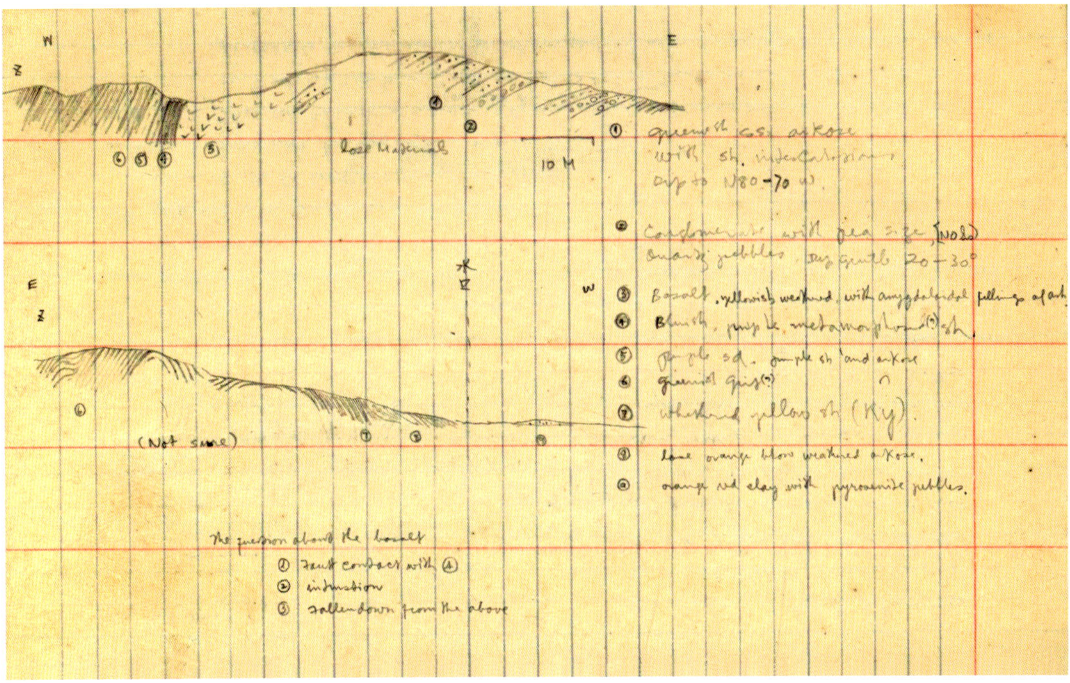

云南阳宗海湖岸线附近地质剖面图（1941年）

know. These limestones all are dolomitic weathed to black surface without smooth surface, fresh surface are whitish. all of them are thick bedded without fossils. No intercalations in them. the bedding planes of them are very difficult to deliminied. Now we still not know whether our observation of the dip direction of it is right or not. at section III = 25M S.XII. XIII = 150M?

2. Lower Є

The lower Cambrian series developed in this region is a very complicate and incomplete series at section XII we has found Redlichia walcotti? which is in the yellow sh and sd intercalation layers. But in section XIII, the bluish greensh contained Palaeolenus in a very small size. at a place near section XII (North of it) the trilobite (Redlichia) is very rich and big very preserved in greenish sh. This region the Cambrian strata is very thick and has been folded

The whole series thicks about 150 Meters covered by a dark purple slightly arkosic medium grained ss. from this point walk southward we met chert in the field and then small outcrops of dolomitic ls. in this series the majority is yellow sh and some green sh very few ss. layers intercalated in it.

含化石层位岩性描述（英文）（1941年）

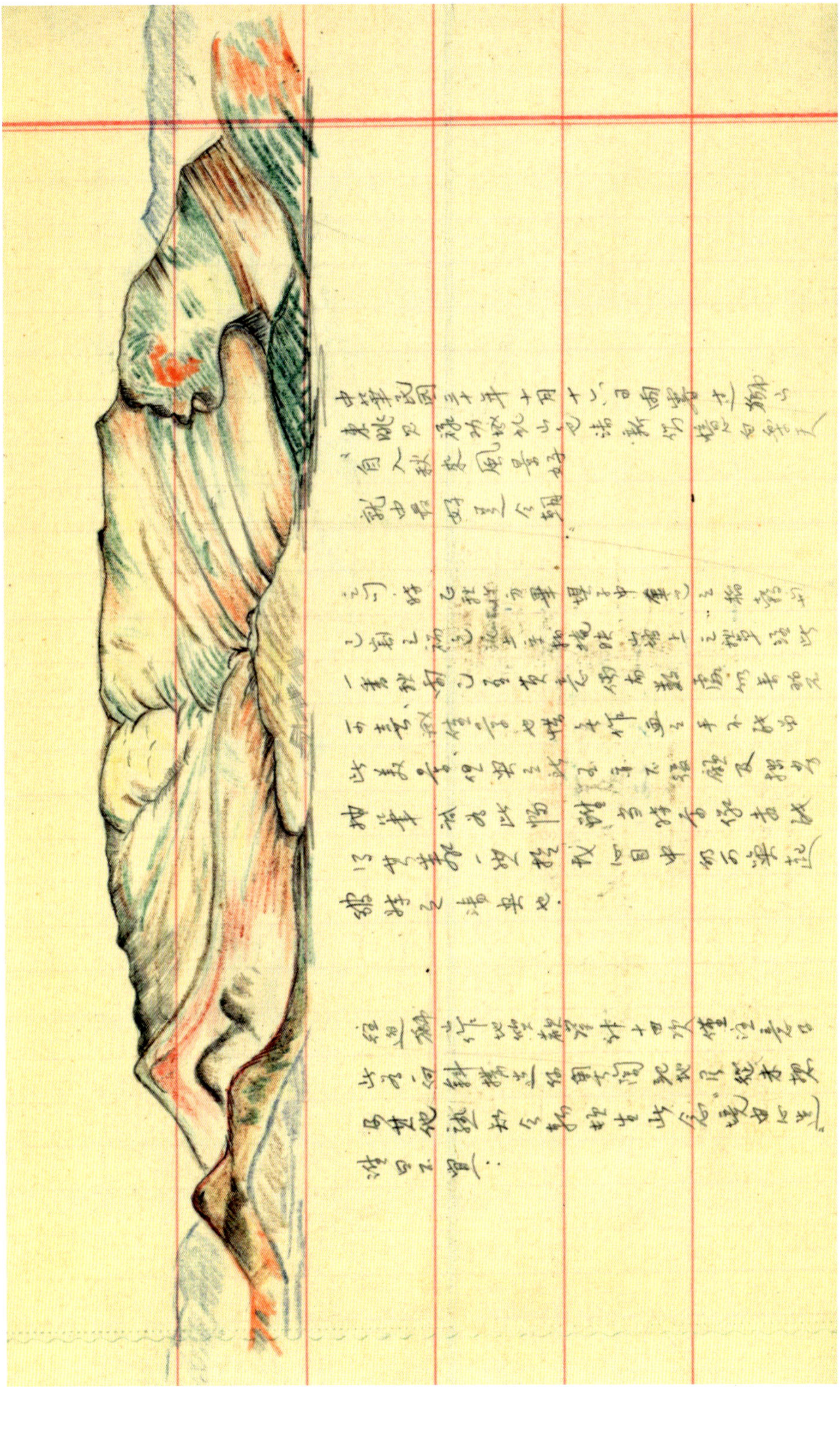

云南禄劝狮山的向斜构造素描图（1942年）

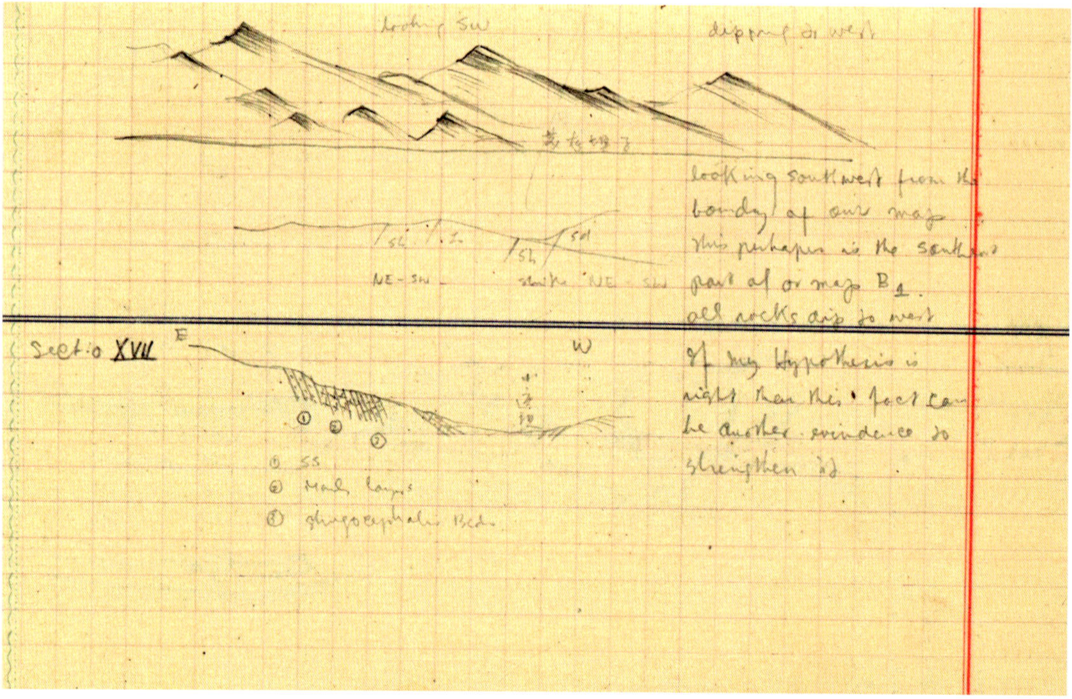

茂龙坝子背后的单斜山（1942年）

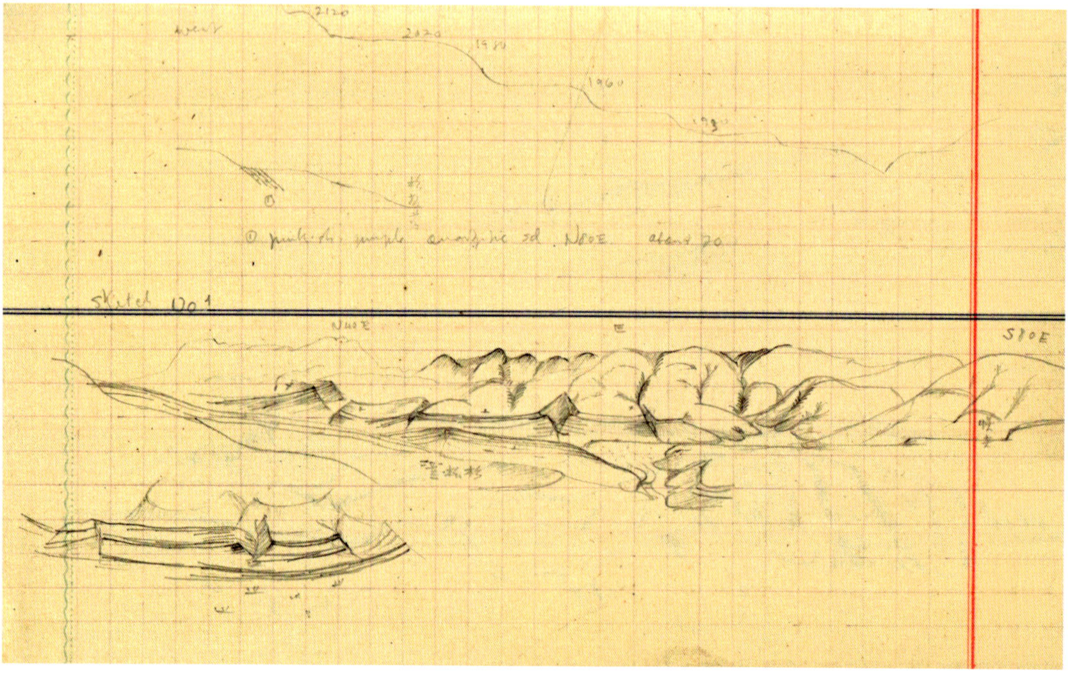

阳宗海边山势素描图（1942年）

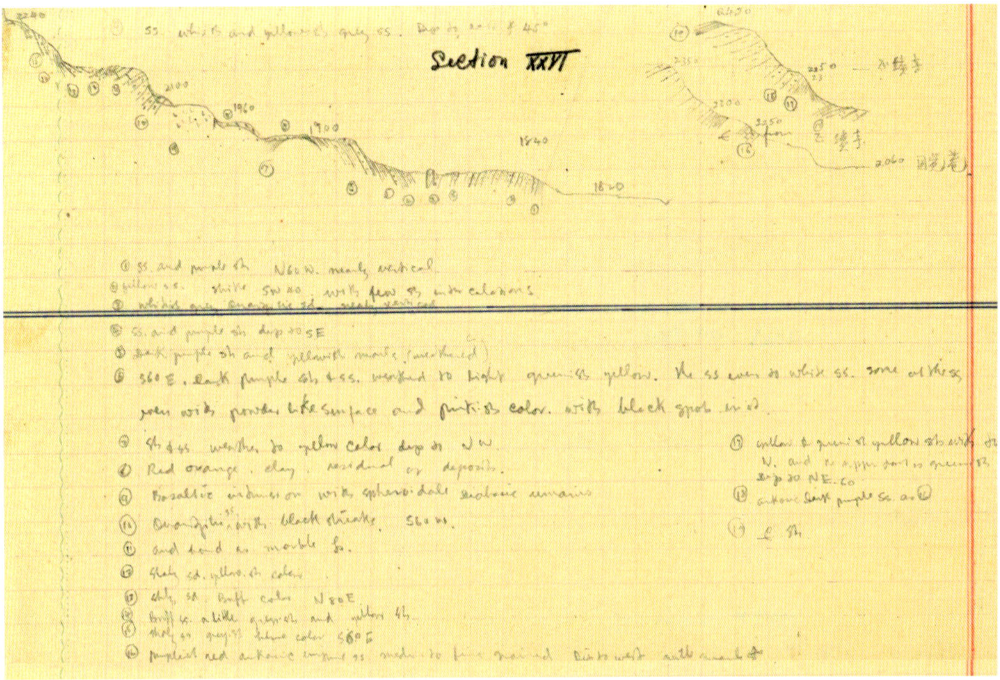

第XXVI号断面地质剖面图及岩性描述（1942年）

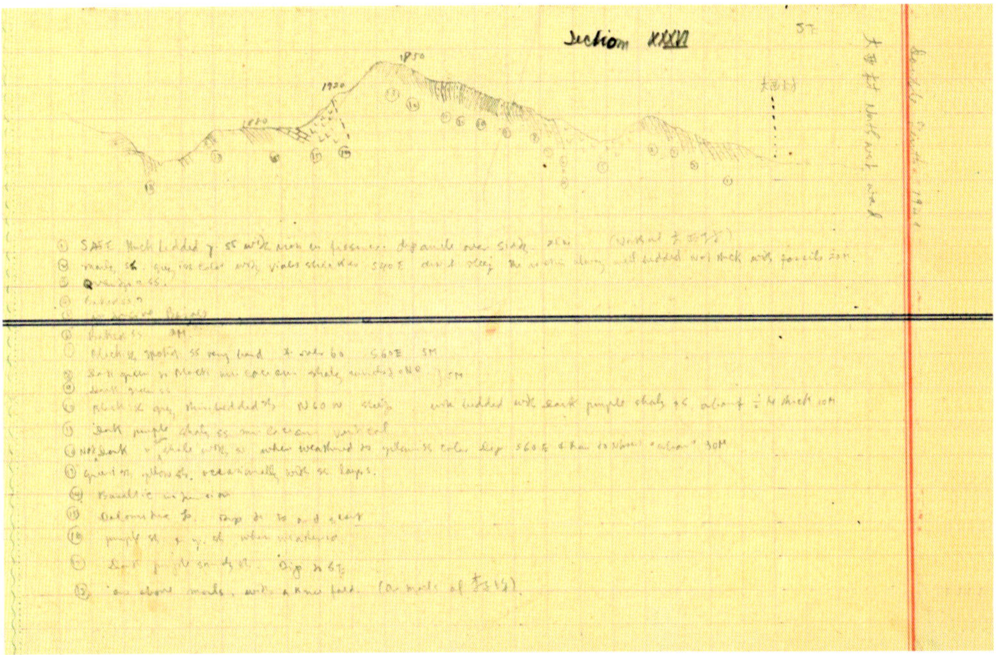

大西村附近地质剖面图（1942年）

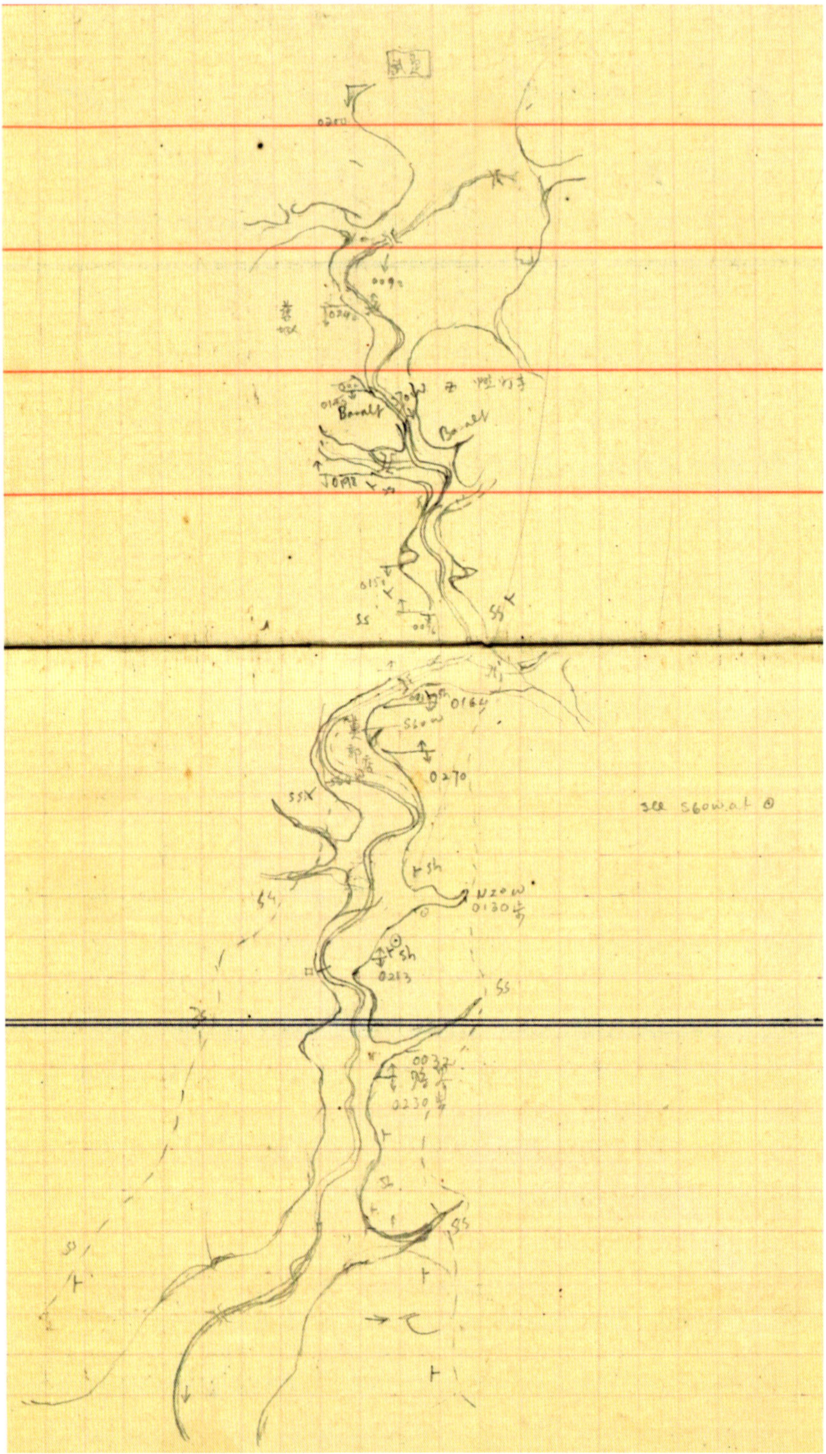

燃灯寺附近河道边岩层产状图（1942年）

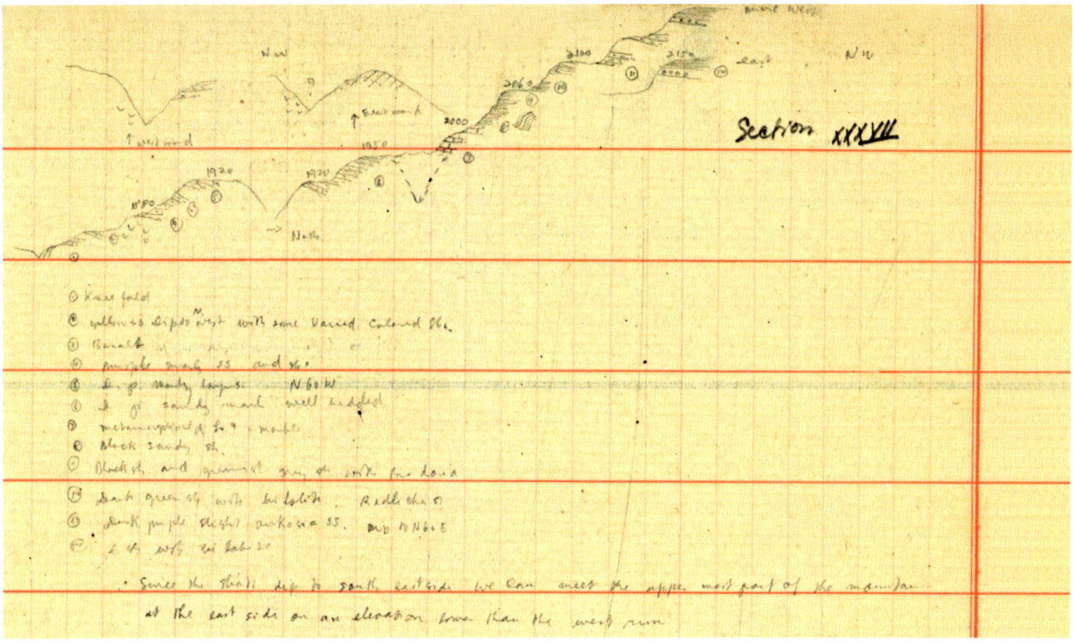

第XXXⅦ号断面地质剖面图及岩性描述（1942年）

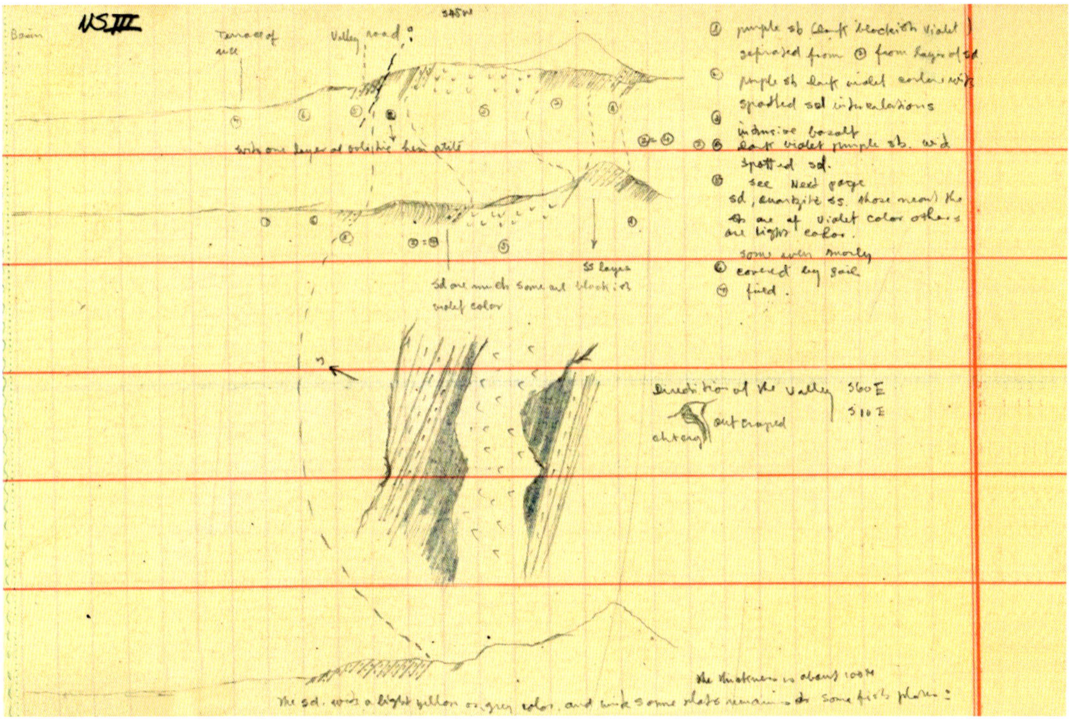

第Ⅲ号断面侵入岩体示意图（1942年）

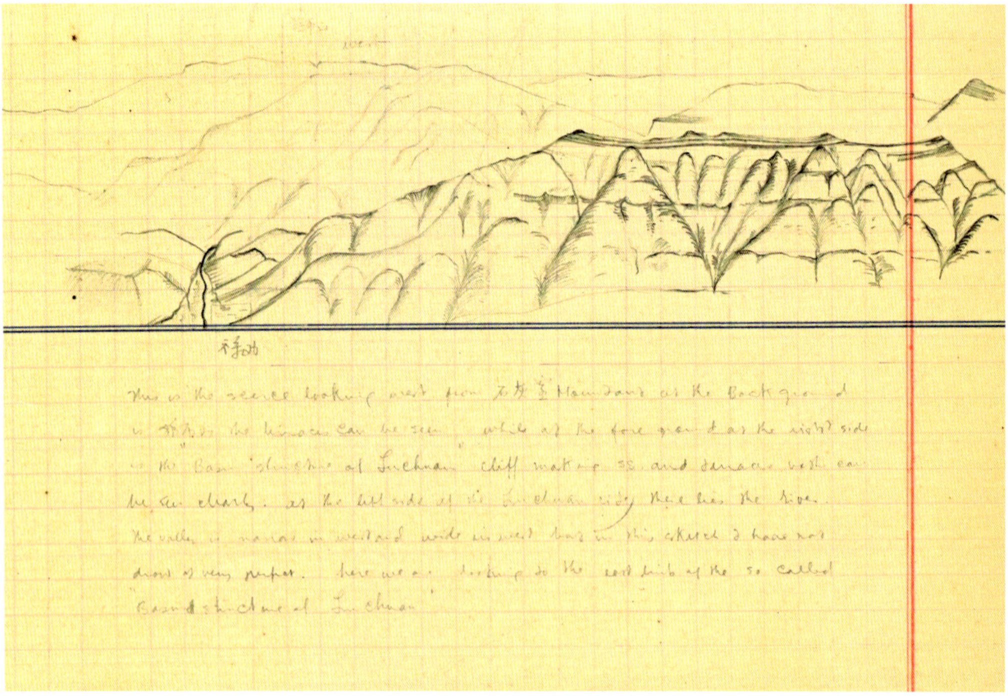

禄劝附近山势图（1942年）

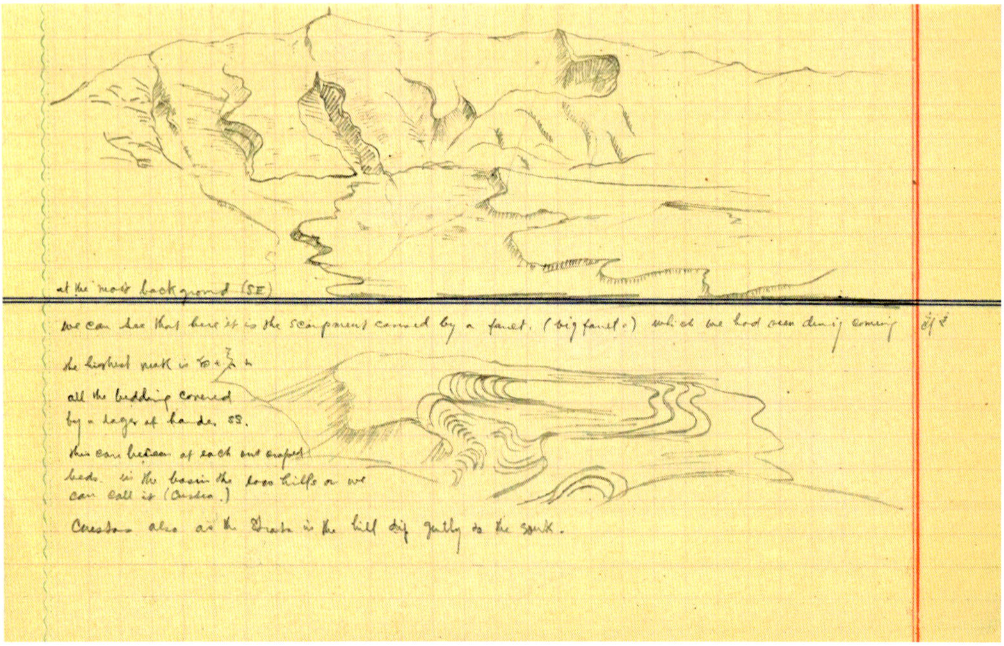

湖边的大断层和上升盘上新发育的冲沟（1942年）

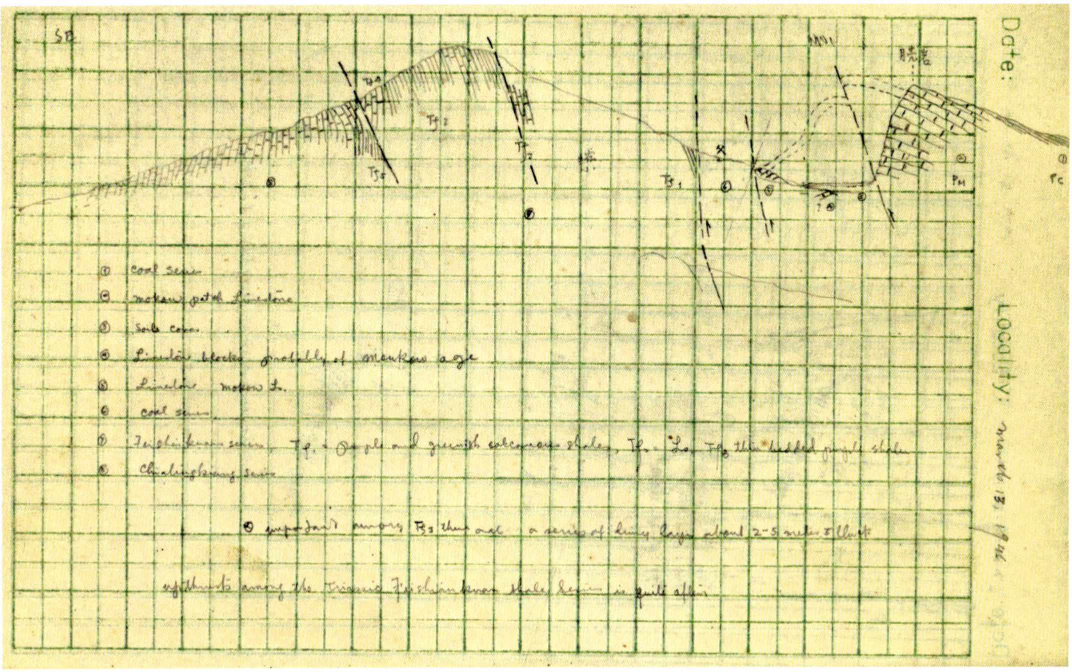

重庆月亮岩附近地质剖面图（1946年）

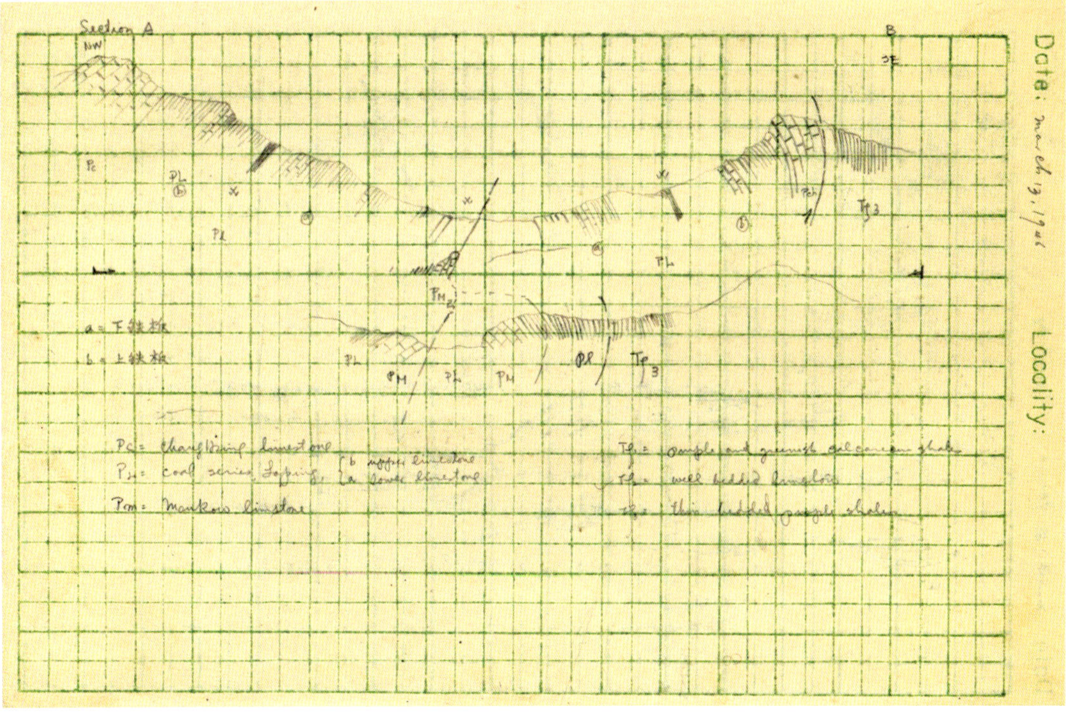

A—B断面地质剖面图（1946年）

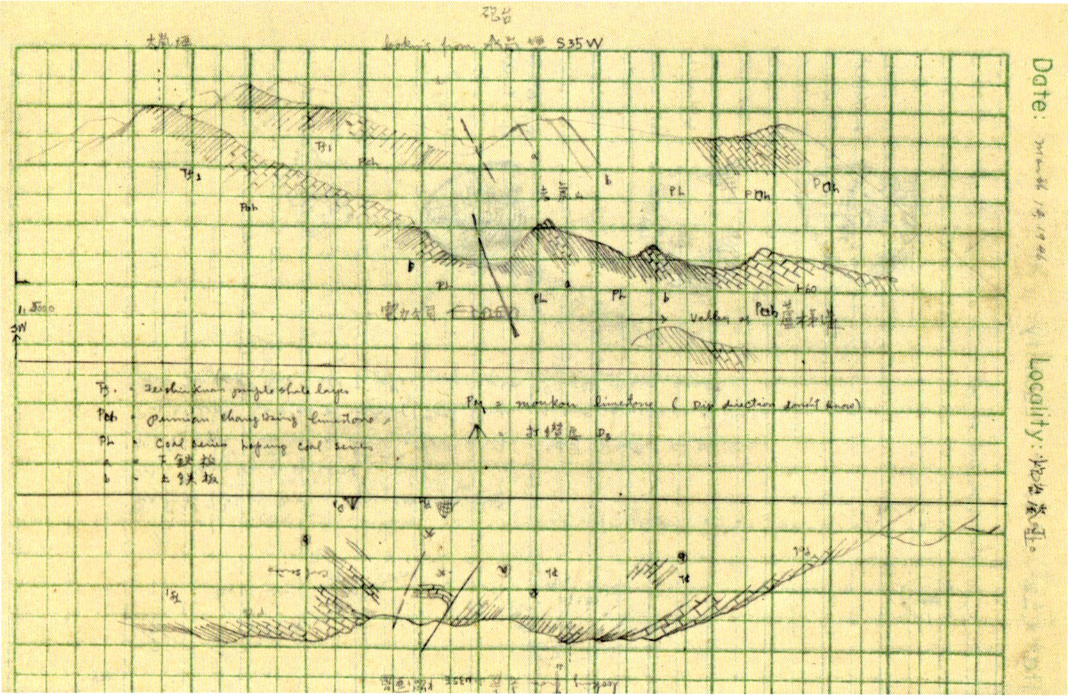

重庆牛浪荡附近地质剖面图（1946年）

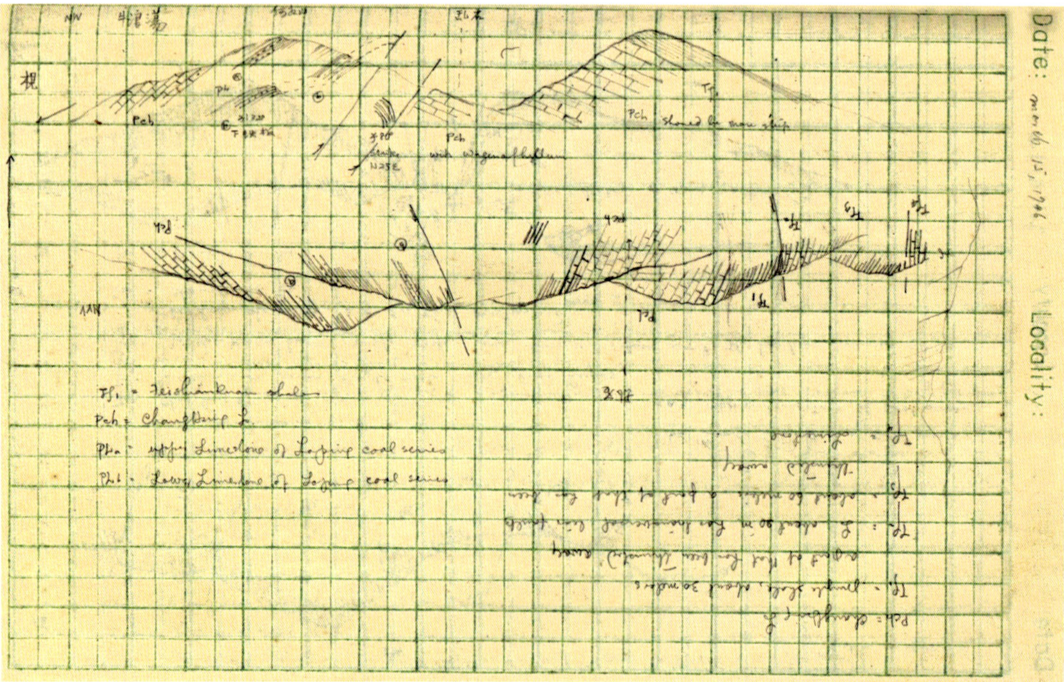

重庆大岚垭附近地质剖面图（1946年）

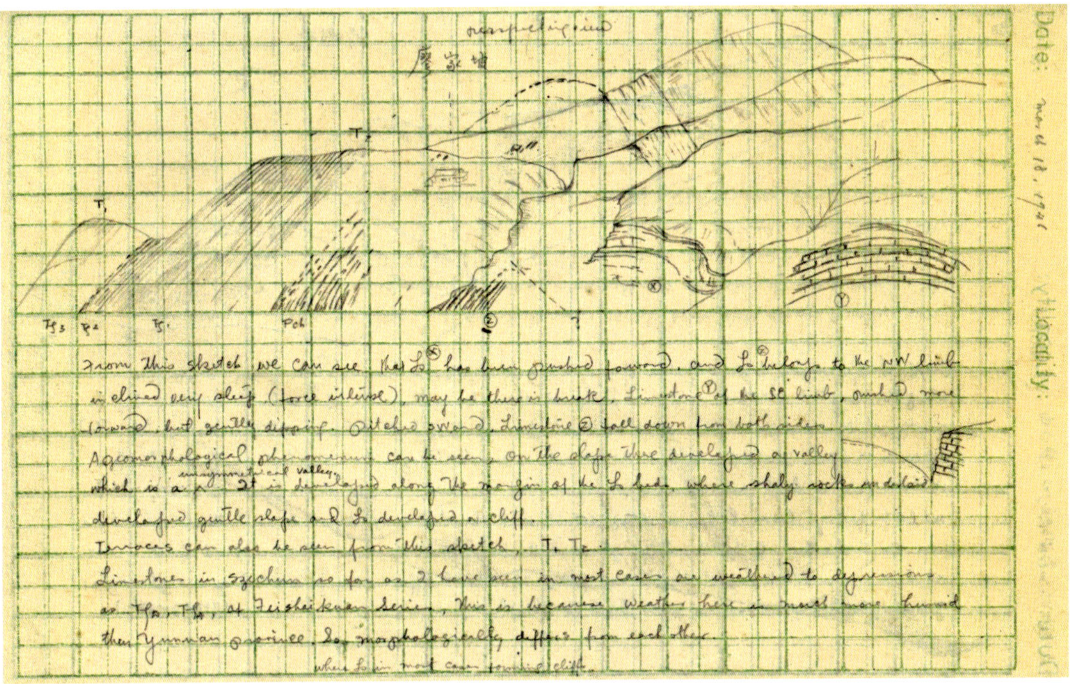

重庆廖家坡附近出露岩层素描图（1946年）

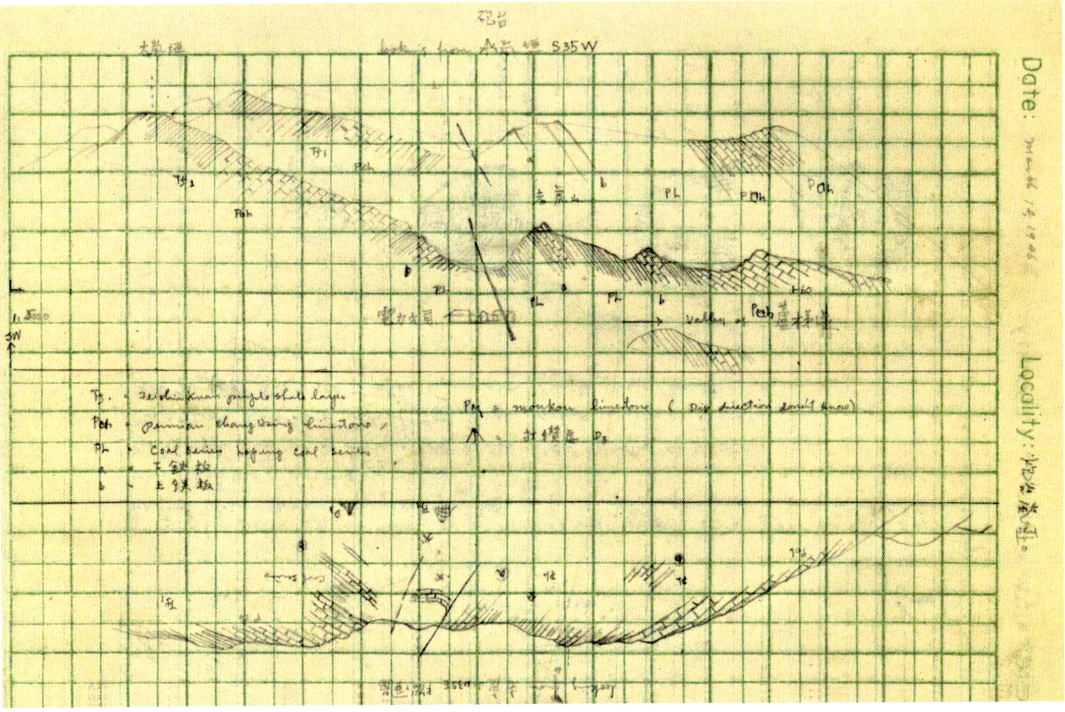

重庆电力公司背后老虎山地质剖面图（1946年）

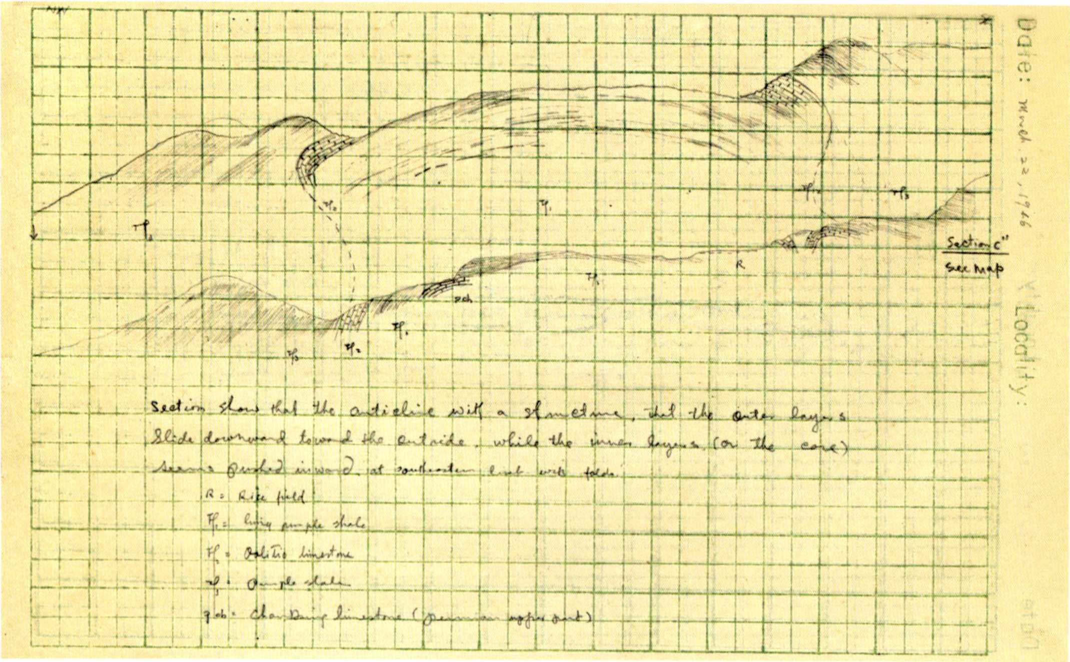

背斜构造，外层向下滑动（1946年）

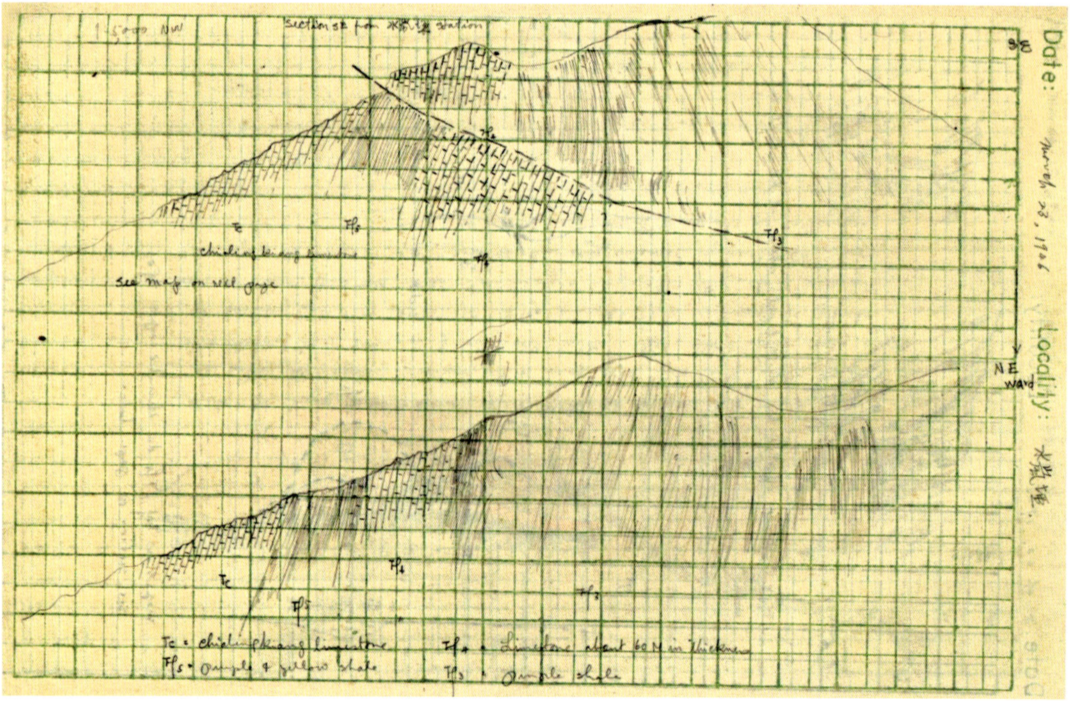

重庆水岚垭附近的断层剖面图（1946年）

长江三峡素描图（1946年与侯德封、姜达权、陈梦熊一起调查三峡坝址工程地质时画）

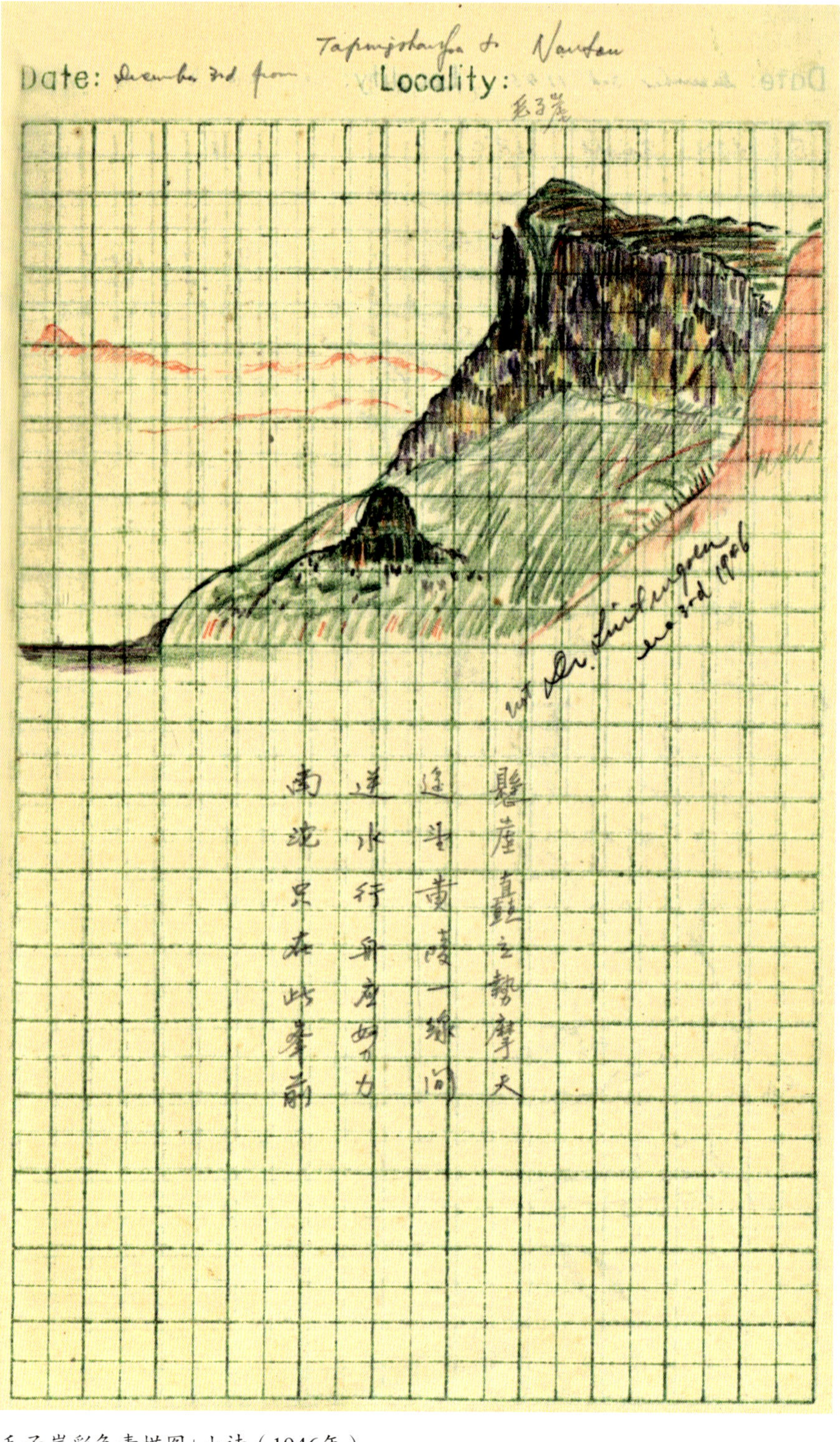

毛子崖彩色素描图+小诗（1946年）

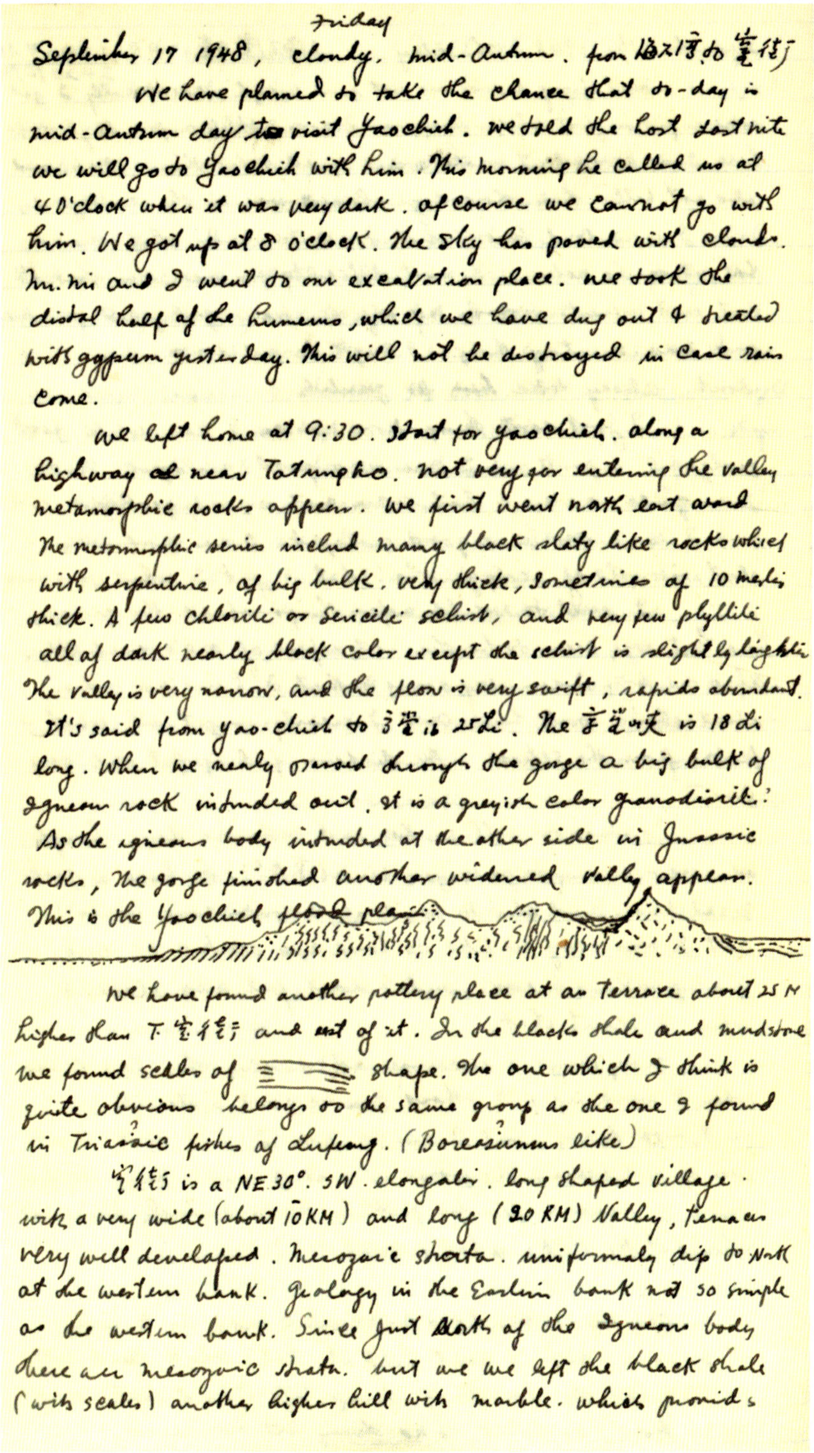

Friday
September 17 1948, cloudy. mid-Autumn. from 海石湾 to 窑街

We have planed to take the chance that to-day is mid-Autumn day to visit Yaochieh. we told the host last nite we will go to Yaochieh with him. This morning he called us at 4 O'clock when it was very dark. of course we cannot go with him. We got up at 8 o'clock. The sky has paved with clouds. Mr. Mi and I went to our excavation place. we took the distal half of the humerus, which we have dug out & treated with gypsum yesterday. This will not be destroyed in case rain come.

We left home at 9:30. Start for Yaochieh. along a highway at near Tatungho. not very far entering the valley metamorphic rocks appear. We first went north east ward. The metamorphic series includ many black slaty like rocks which with serpentine, of big bulk. very thick, sometimes of 10 meters thick. A few chloritic or sericitic schist, and very few phyllite all of dark nearly black color except the schist is slightly lighter. The valley is very narrow, and the flow is very swift, rapids abundant. It's said from Yao-chieh to 享堂 is 25 Li. The 享堂峡 is 18 Li long. When we nearly passed through the gorge a big bulk of igneous rock intruded out. It is a greyish color granodiorite. As the igneous body intruded at the other side in Jurassic rocks, the gorge finished another widened valley appear. This is the Yaochieh ~~flood plain~~

We have found another pottery place at an Terrace about 25 M higher than 下窑街 and east of it. In the black shale and mudstone we found scales of [sketch] shape. The one which I think is quite obvious belongs to the same group as the one I found in Triassic fishes of Lufeng. (Boreosomus like)

窑街 is a NE 30°. SW. elongation. long shaped village. with a very wide (about 10 KM) and long (20 KM) Valley, Terraces very well developed. Mesozoic strata. uniformaly dip to North at the western bank. Geology in the Eastern bank not so simple as the western bank. Since just North of the Igneous body there are mesozoic strata. but we we left the black shale (with scales) another higher hill with marble. which provids

从海石湾—窑街活动记录（英文）（1948年）

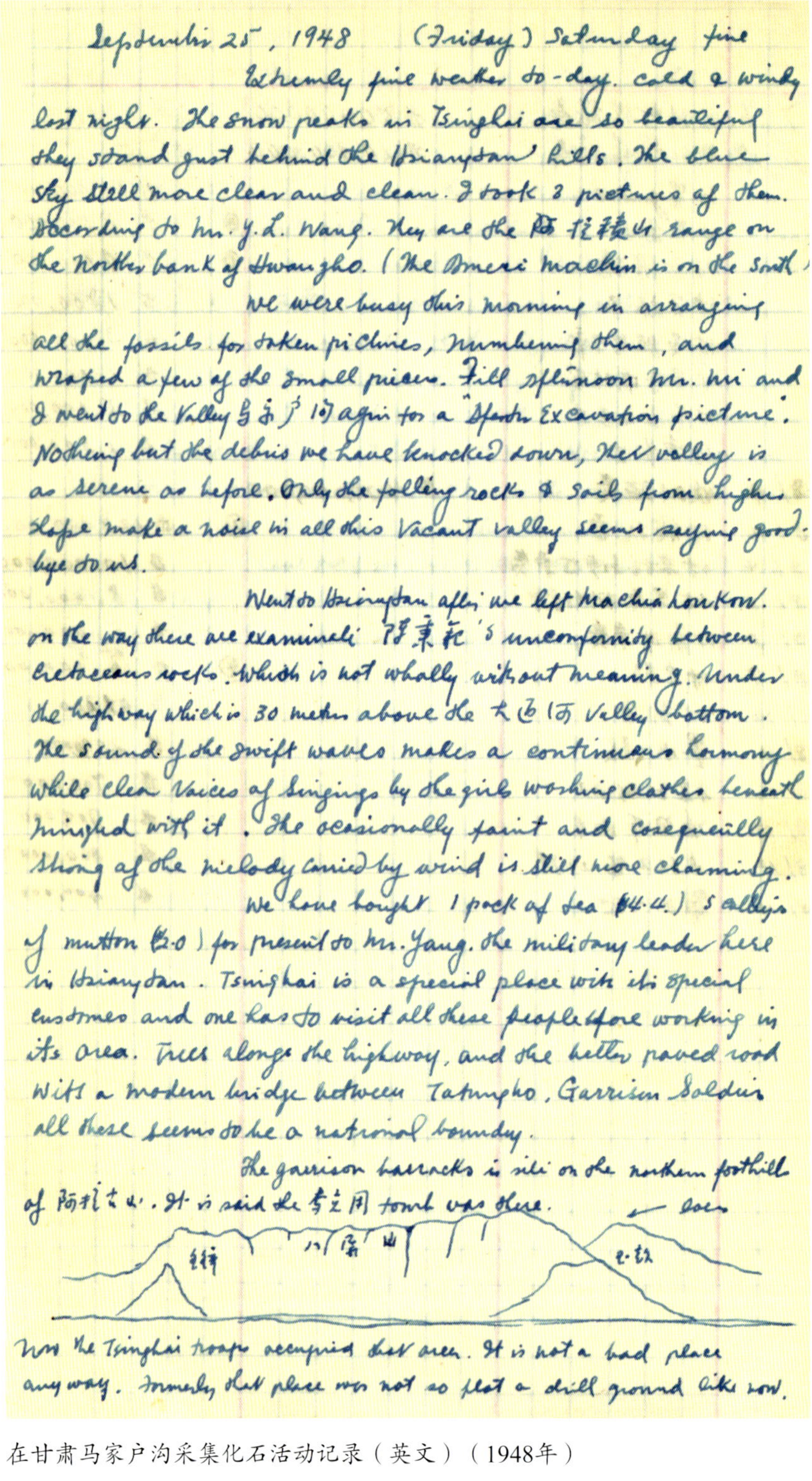

September 25, 1948 (Friday) Saturday fine

Extremely fine weather to-day. cold & windy last night. The snow peaks in Tsinghai are so beautiful they stand just behind the Hsiangtan' hills. The blue sky still more clear and clean. I took 3 pictures of them. According to Mr. Y.L. Wang. They are the 阿拉積山 range on the Norther bank of Hwangho. (The Ameri machin is on the South)

We were busy this morning in arranging all the fossils for taken pictures, numbering them, and wraped a few of the small pieces. Till afternoon Mr. Wu and I went to the Valley 马家户沟 again for a "Sfordu Excavation picture". Nothing but the debris we have knocked down, that valley is as serene as before. Only the falling rocks & soils from higher slope make a noise in all this vacant valley seems saying good-bye to us.

Went to Hsiangtan after we left Machia hou kow. On the way there we examined 陈東苑's unconformity between Cretaceous rocks. Which is not wholly without meaning. Under the highway which is 30 meters above the 大通河 Valley bottom. The sound of the swift waves makes a continuous harmony while clear voices of singings by the girls washing clothes beneath mingled with it. The occasionally faint and consequently strong of the melody carried by wind is still more charming.

We have bought 1 pack of tea (\$4.4.) 5 alleys of mutton (\$2.0) for present to Mr. Yang. the military leader here in Hsiangtan. Tsinghai is a special place with its special customes and one has to visit all these people before working in its area. Trees alongs the highway, and the better paved road with a modern bridge between Tatungho, Garrison Soldiers all these seems to be a national boundary.

The garrison barracks is situ on the northern foothill of 阿拉古山. It is said the 李文用 tomb was there.

Now the Tsinghai troops occupied that area. It is not a bad place anyway. Formerly that place was not so flat a drill ground like now.

在甘肃马家户沟采集化石活动记录（英文）（1948年）

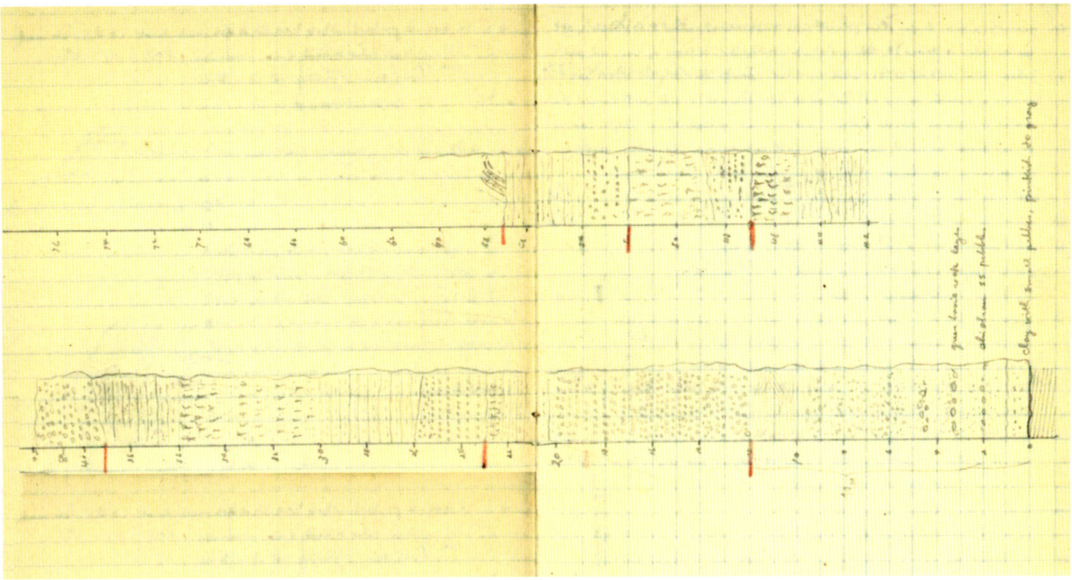

甘肃马家户沟冲沟内出露地层岩性柱状图（1948年）

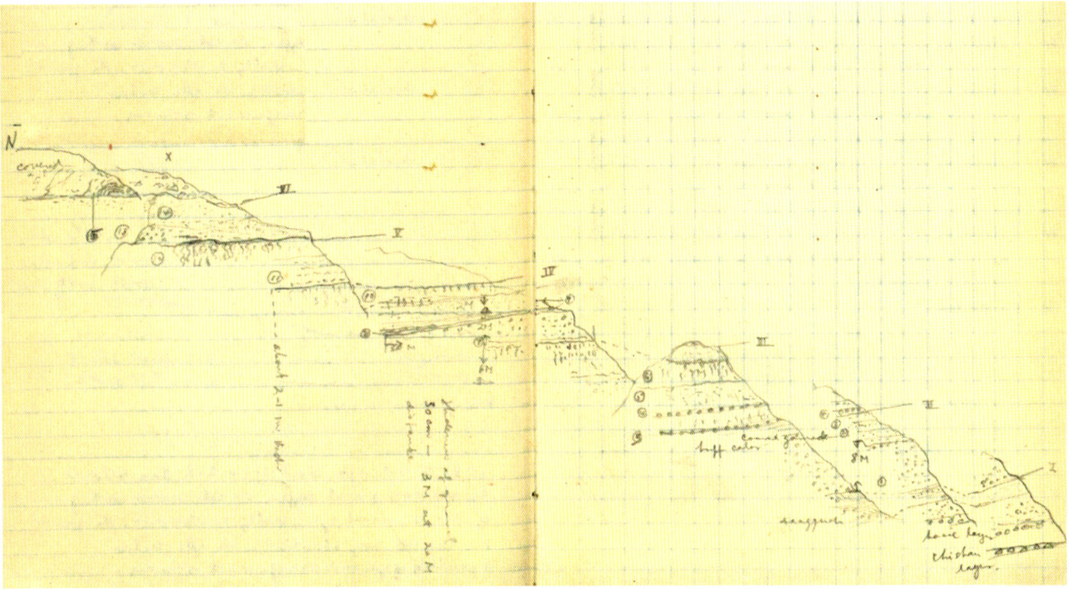

甘肃马家户沟冲沟内出露地层剖面图（1948年）

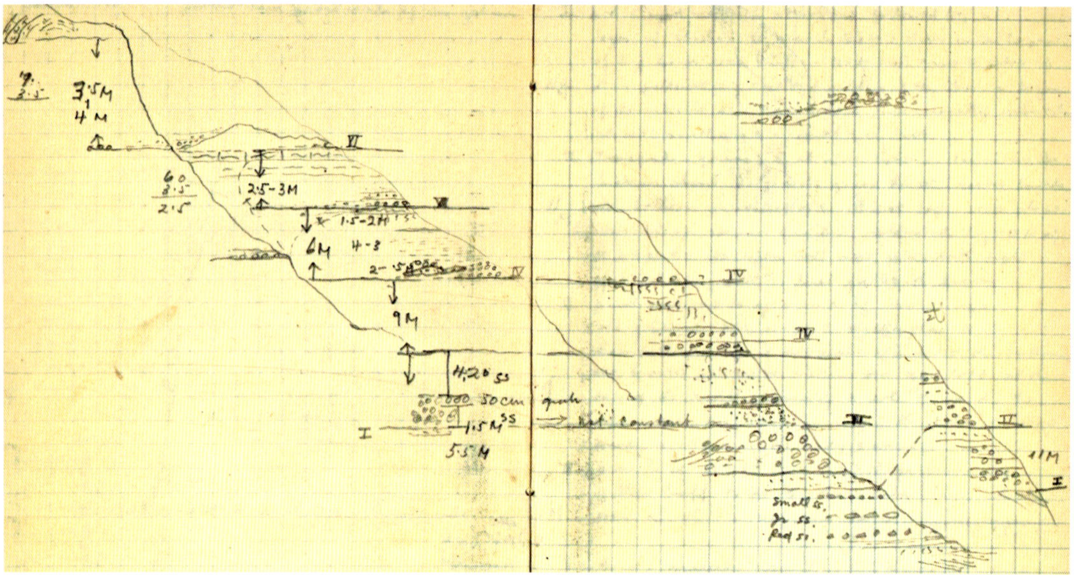

甘肃马家户沟不同地点剖面比较（1948年）

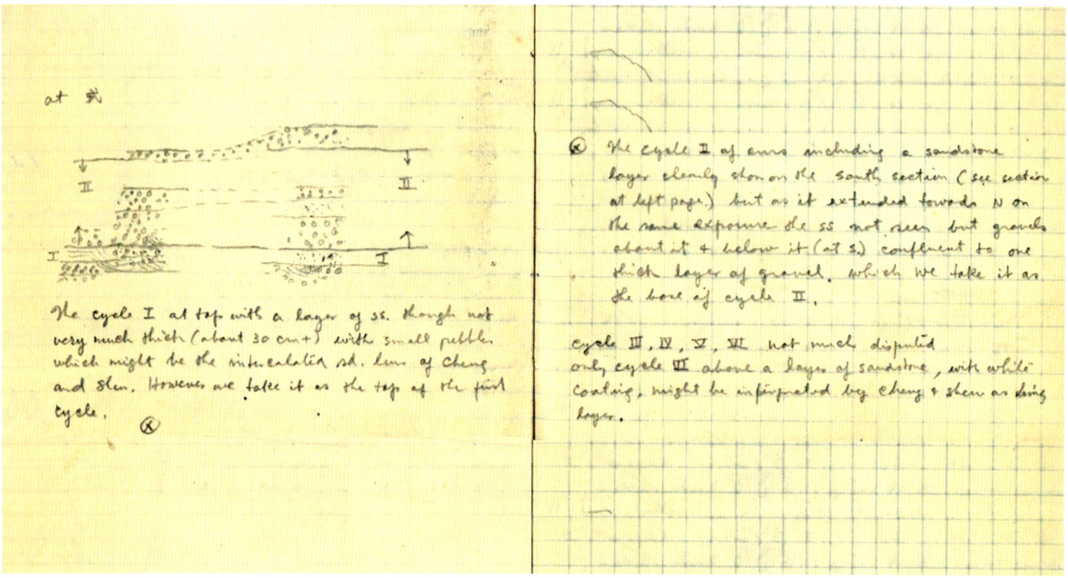

甘肃马家户沟不同地点剖面岩性描述（1948年）

北京北海白塔和五龙亭（1951年）

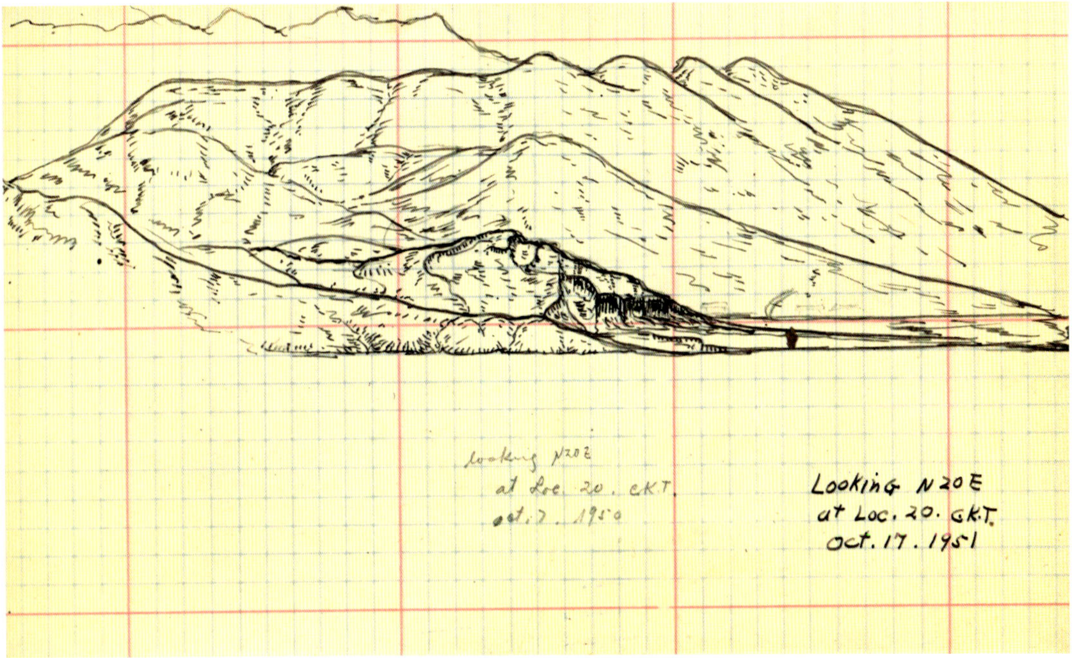

北京周口店猿人洞远眺（1951年）

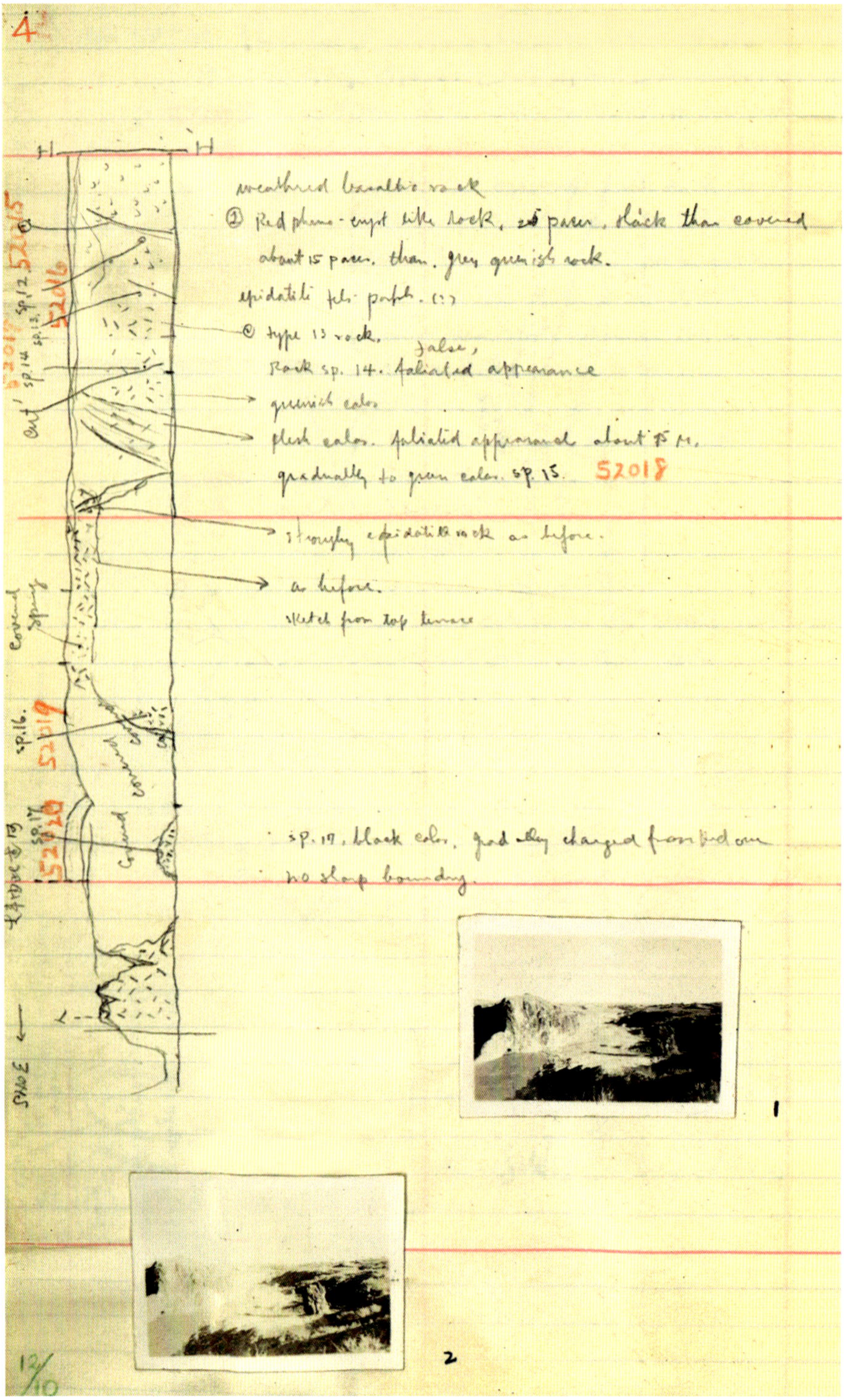

河道采样点位置图和文字描述+照片（1952年）

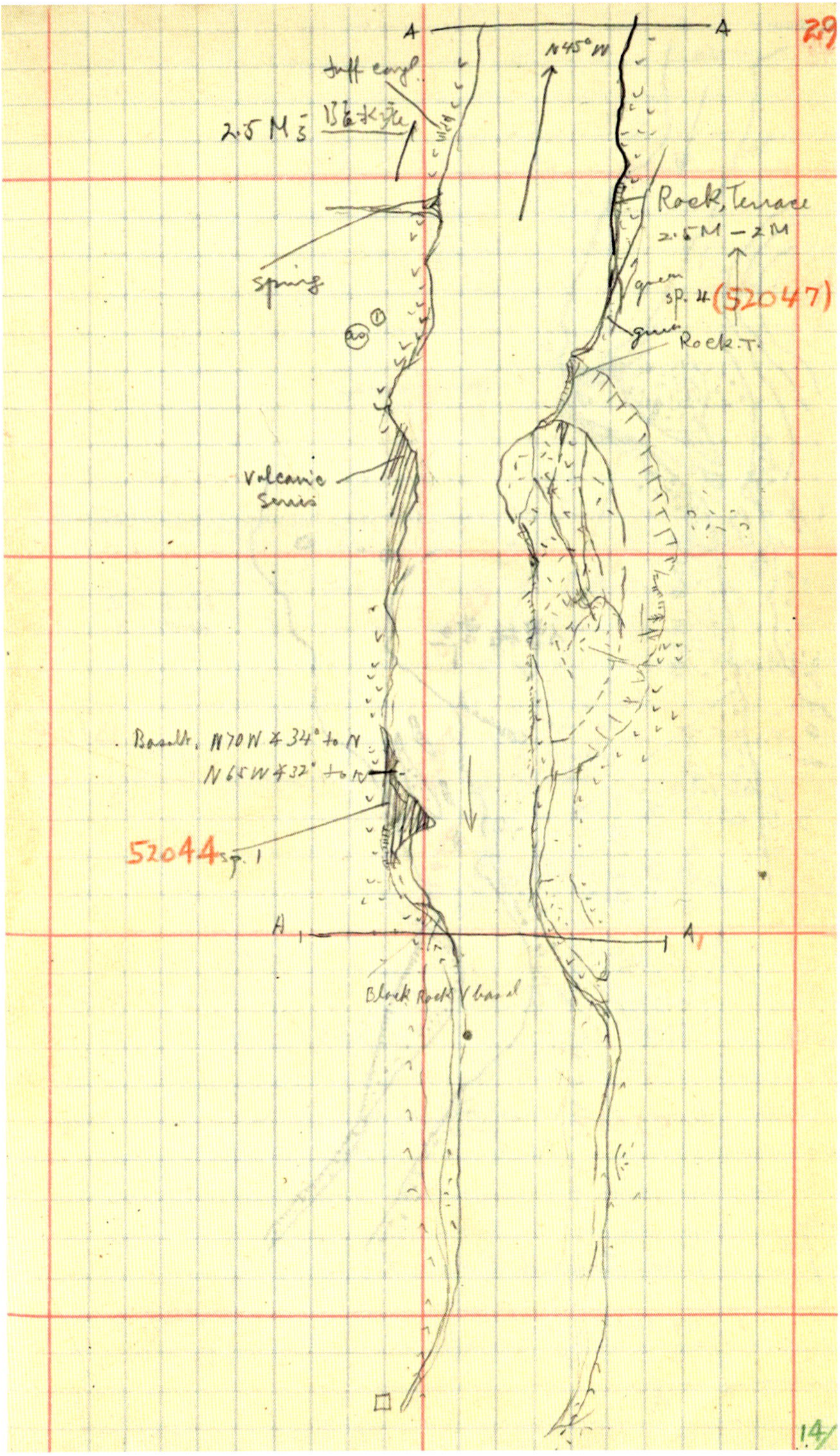

采样点位置和岩性图（1952年）

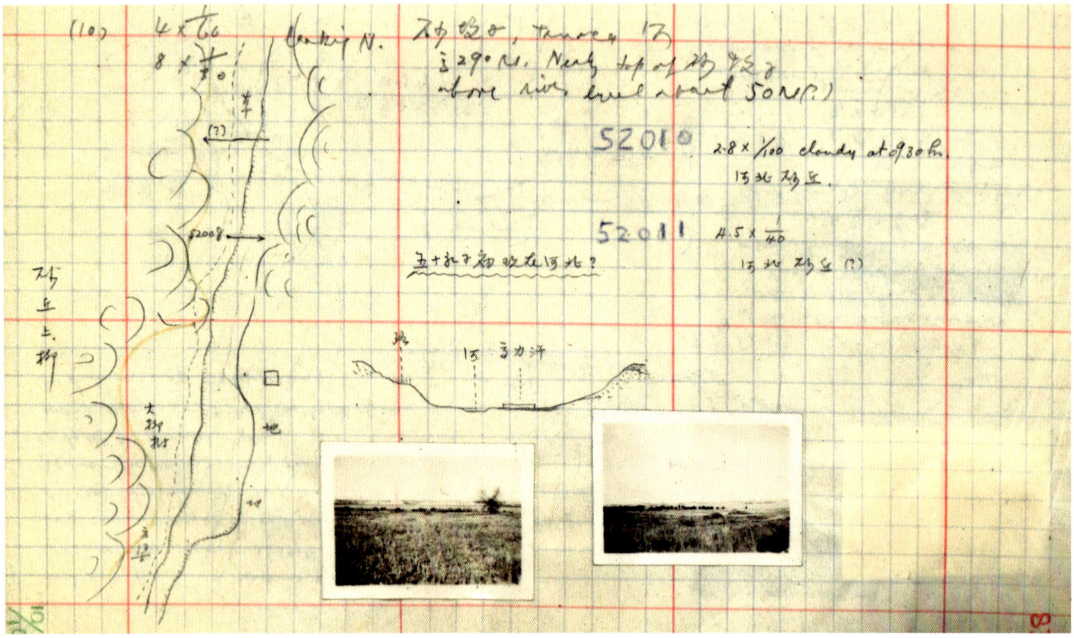

大柳树附近河道平面图与断面图+照片（1952年）

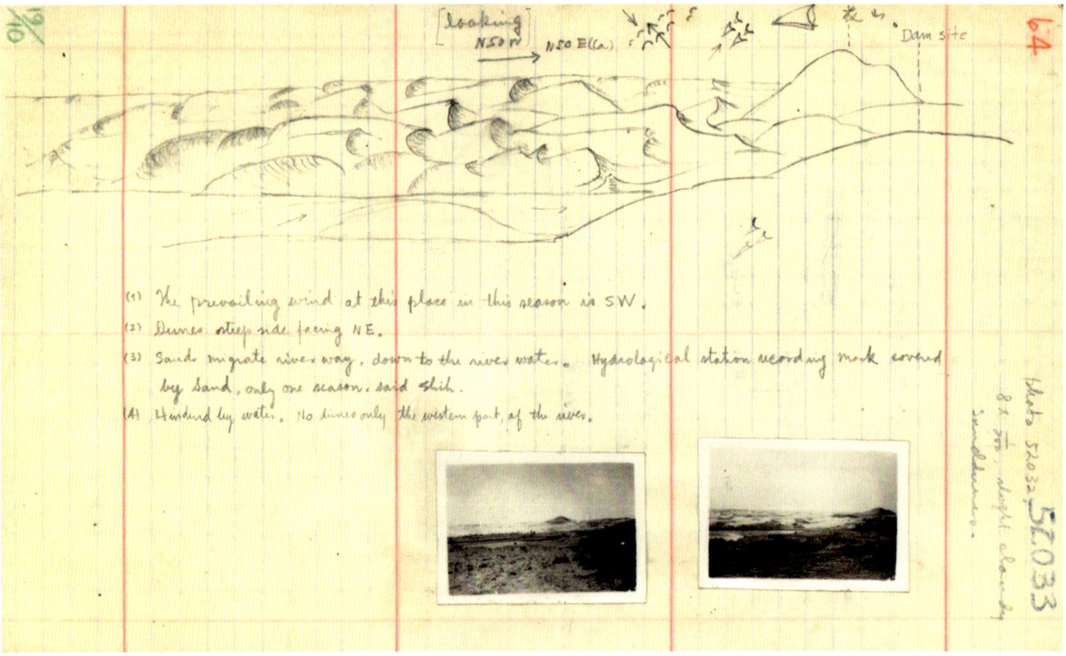

大柳树附近河道边沙丘素描图+照片（1952年）

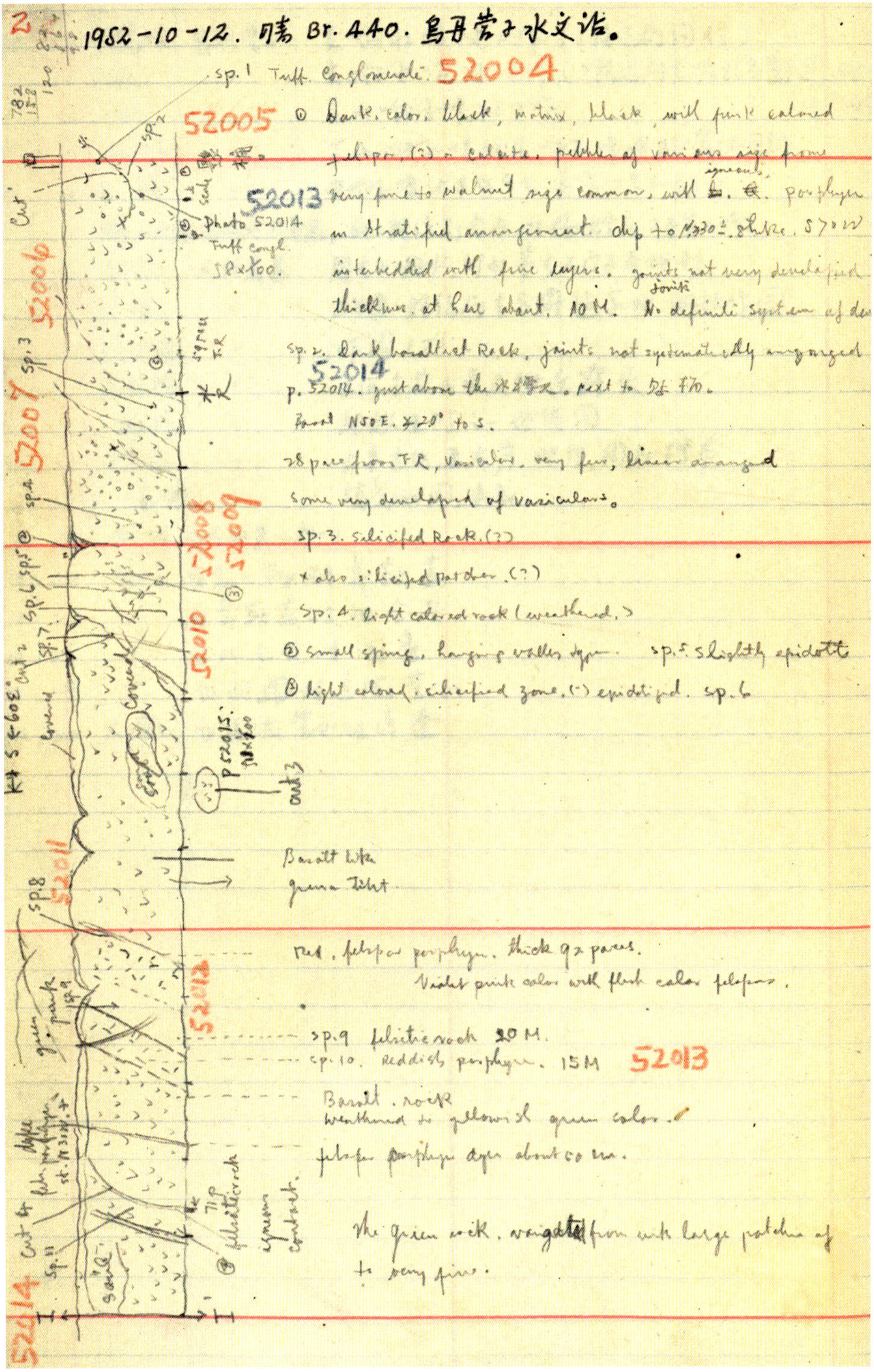

乌丹营子水文站附近观测断面+样品编号（1952年）

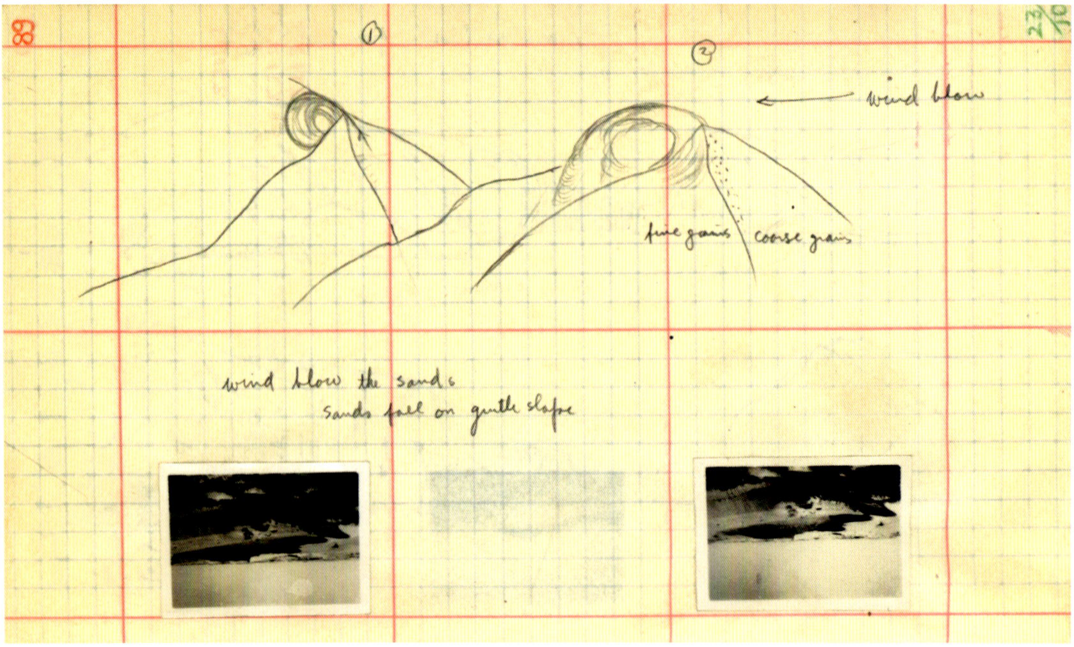

风力作用对沙丘迎风坡和背风坡颗粒的分选+照片（1952年）

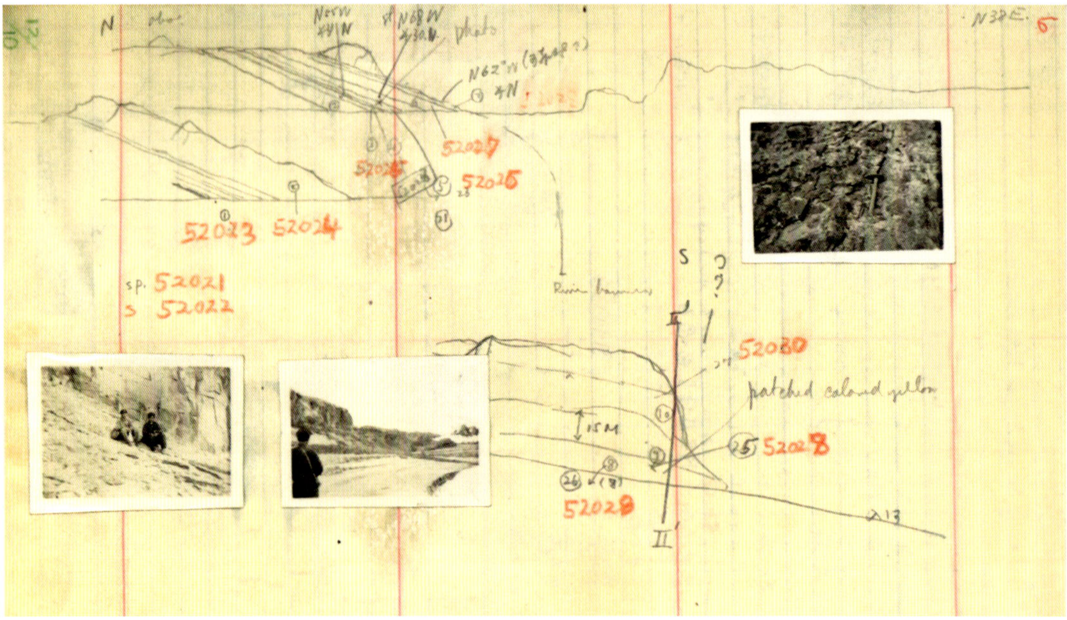

采样点位置和岩性描述+照片、样品编号（1952年）

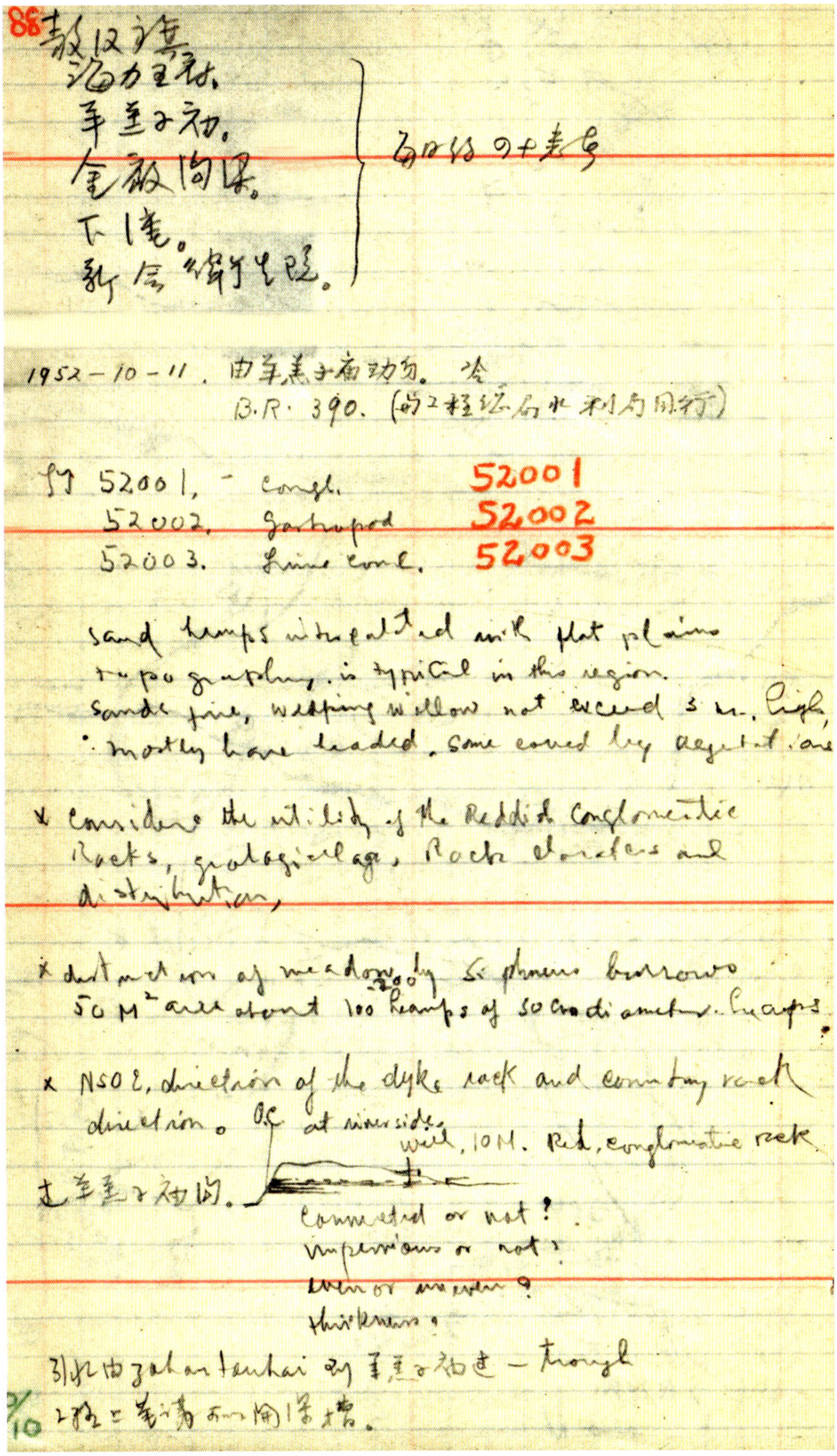

10月11日考察文字记录（1952年）

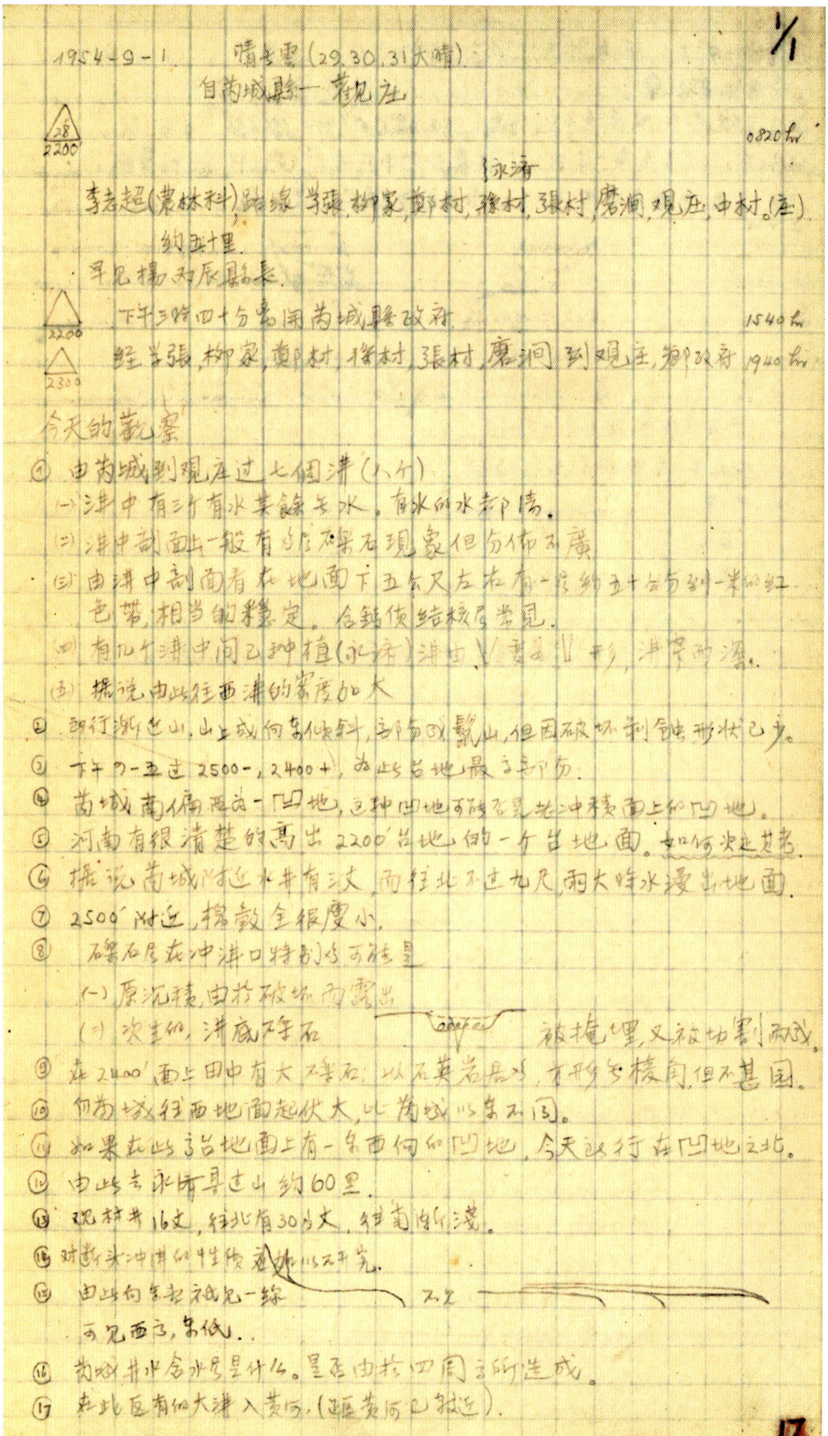

1954-9-1　晴多云（29.30.31大晴）

自芮城县—观庄

0820hr

永济

李志超（农林科）路线：半张，柳家，郑村，徐村，張村，磨涧，观庄，中村。（左）

约五十里

并见杨[illegible]县长

下午三时四十分离开芮城县政府　1540hr

经半张，柳家，郑村，徐村，張村，磨涧到观庄，乡政府　1940hr

今天的观察

① 由芮城到观庄过七个沟（八个）

(一) 沟中有[illegible]有水，其余无水。有水的水都清。

(二) 沟中剖面上一般有[illegible]砾石现象，但分布不广

(三) 由沟中剖面看，在地面下五公尺左右有一层约五十公分到一米的红色带，相当的稳定。含钙质结核层常见。

(四) 有几个沟中间已种植（[illegible]）沟由V变为U形，沟岸两[illegible]。

(五) 据说由此往西沟的密度加大

② 所行的近山，山坡成向东倾斜，部分成[illegible]山，但因破坏剥蚀形状已少。

③ 下午一直在2500-，2400+，为此台地最高部分。

④ 芮城南偏西有一凹地，这种凹地可能是冲积面上的凹地。

⑤ 河南有很清楚的高出2200′台地的一个台地面。如何决定其高

⑥ 据说芮城附近水井有三丈，而往北不过九尺，雨大时水漫出地面。

⑦ 2500′附近，沟数全很度小。

⑧ 砾石层在冲沟口特别多，可能是

(一) 原沉积由于破坏而露出

(二) 次生的，沟底砾石　被掩埋又被切割而成。

⑨ 在2400′面上田中有大砾石，以石英岩为多，方形多棱角，但不甚圆。

⑩ 但芮城往西地面起伏大，比芮城以东不同。

⑪ 如果在此台地面上有一东西向的凹地，今天所行在凹地之北。

⑫ 由此去永济县过山约60里。

⑬ 观村井16丈，往北有30多丈，往南渐浅。

⑭ 对此次冲沟的性质[illegible]以后研究。

⑮ 由此向东[illegible]观见一線　[illegible]

可见西高，东低。

⑯ 芮城井水含水层是什么。是否由于四周[illegible]所造成。

⑰ 在北区有个大沟入黄河（距黄河已很近）。

17

山西芮城观庄剖面文字描述（1954年）

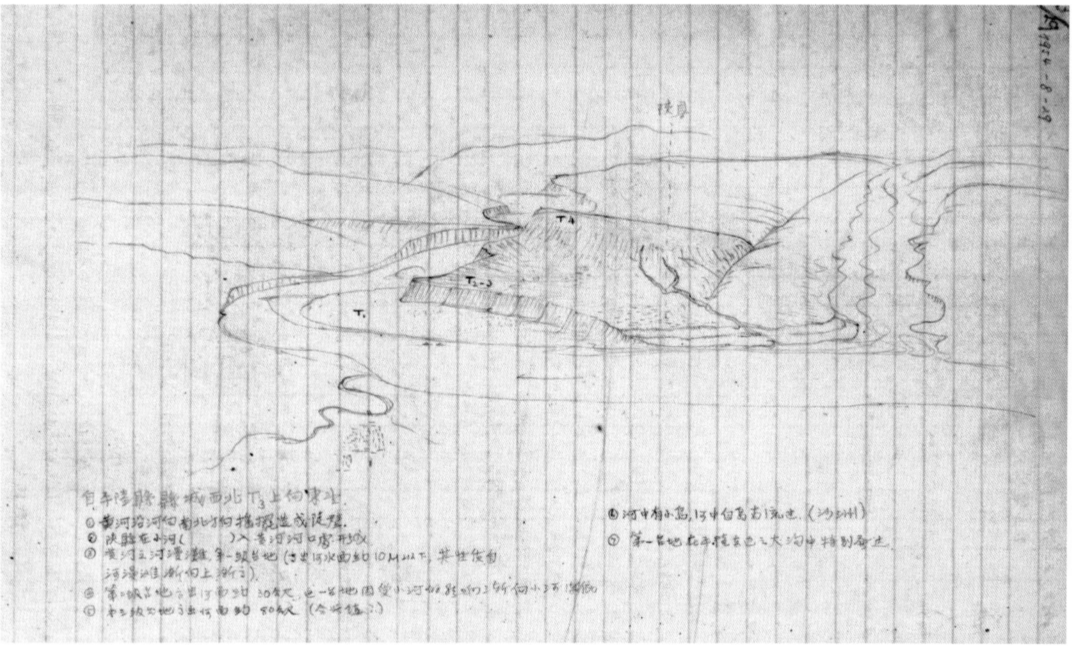

山西平陆西北三级阶地上东望素描图（1954年）

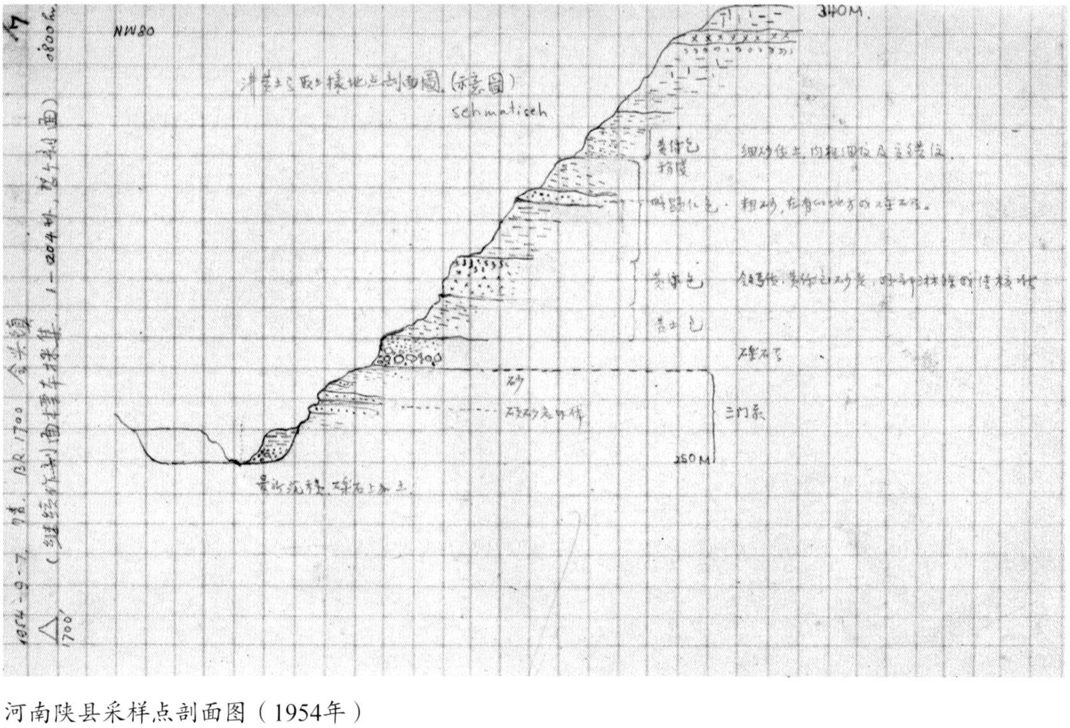

河南陕县采样点剖面图（1954年）

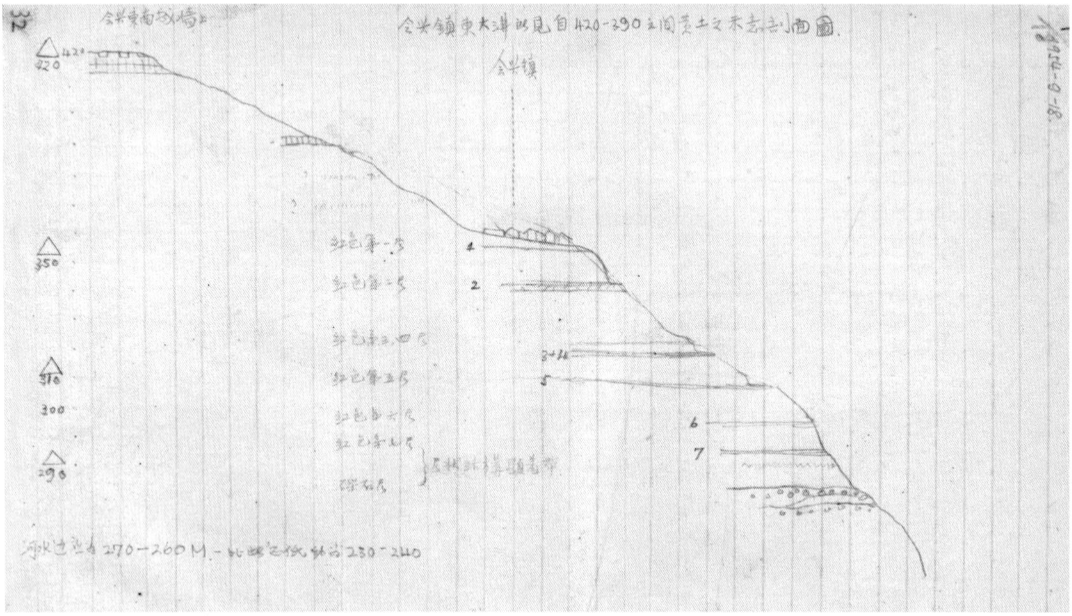

河南陕县会兴镇东大沟红色土中的红色条带（1954年）

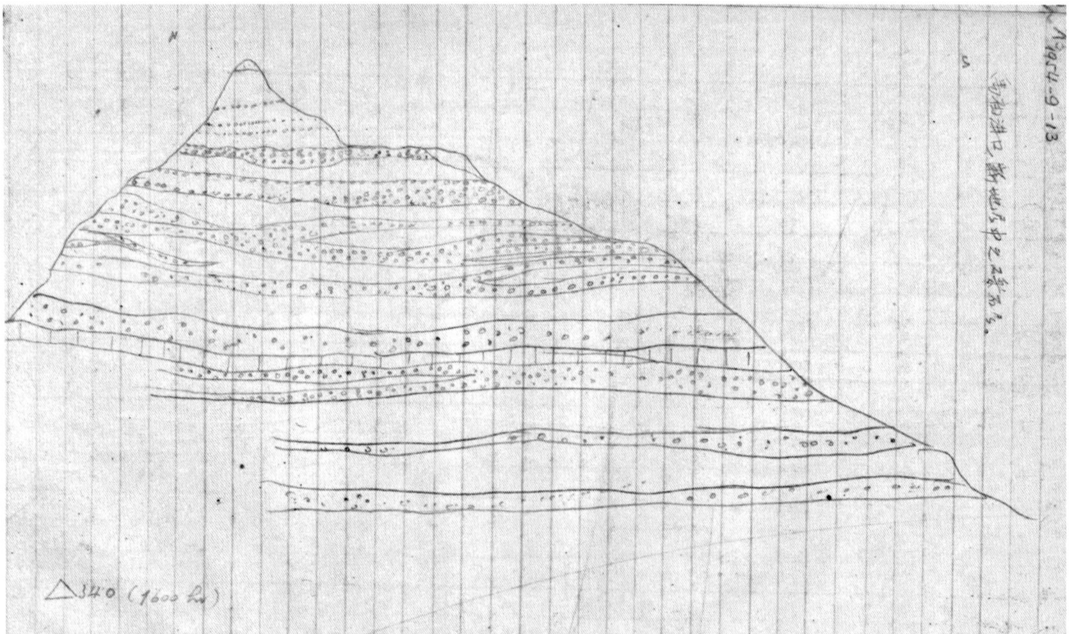

禹庙沟沟口新砾石层剖面图（1954年）

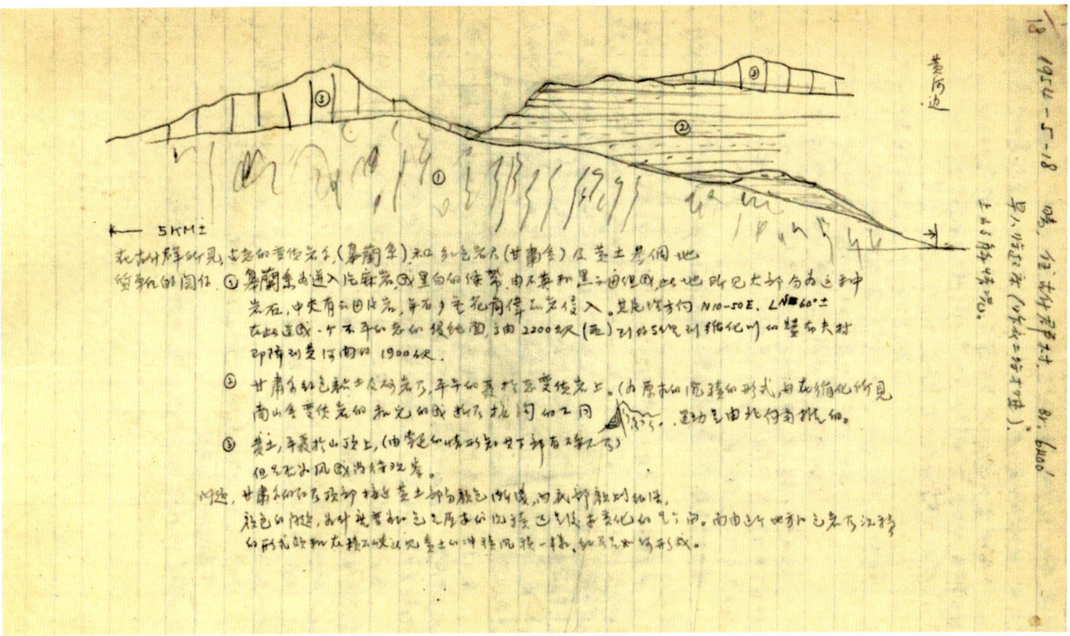

皋兰系变质岩和甘肃系红色岩层上的黄土（1954年）

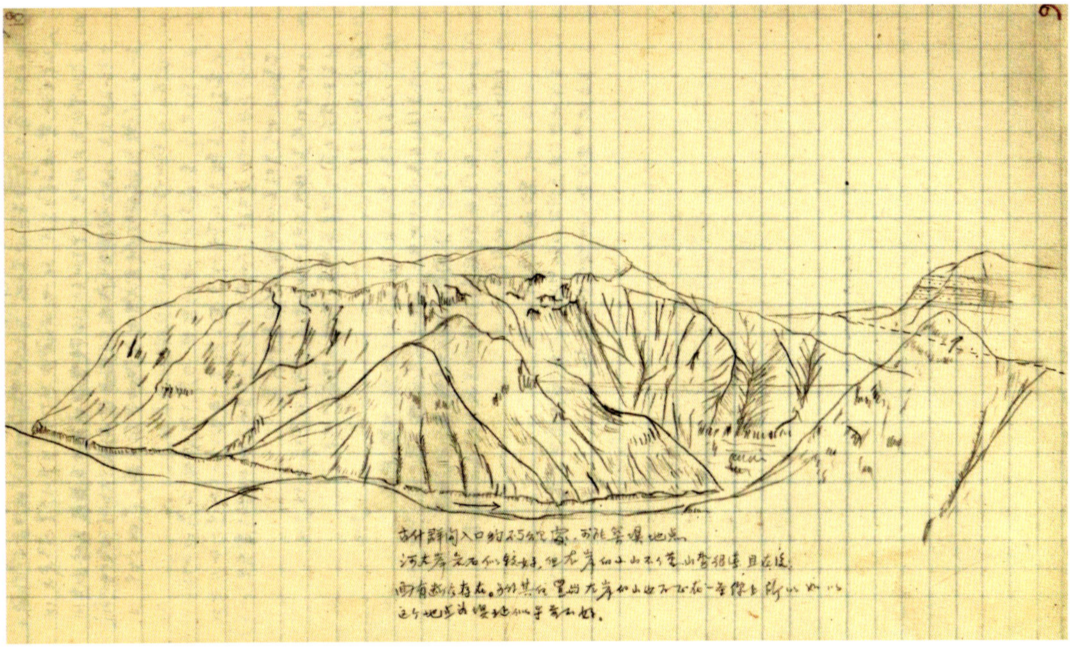

古什群沟口附近适宜大坝选址点素描图（1954年）

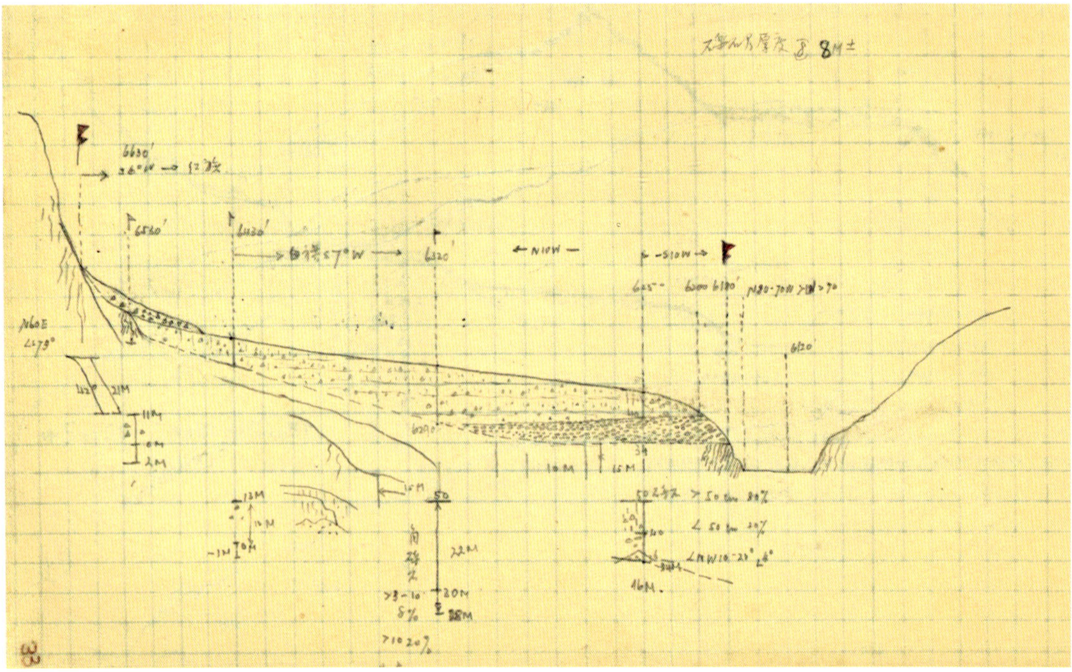

实测河谷断面图（1954年）

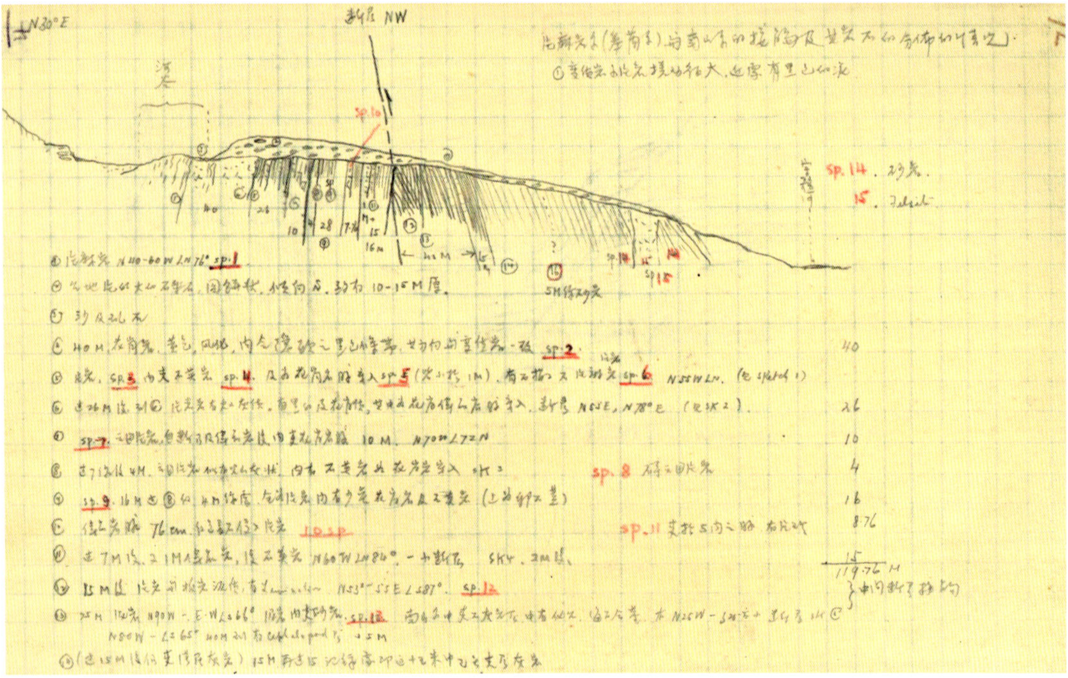

宗务河河谷皋兰系与南山系接触关系（1954年）

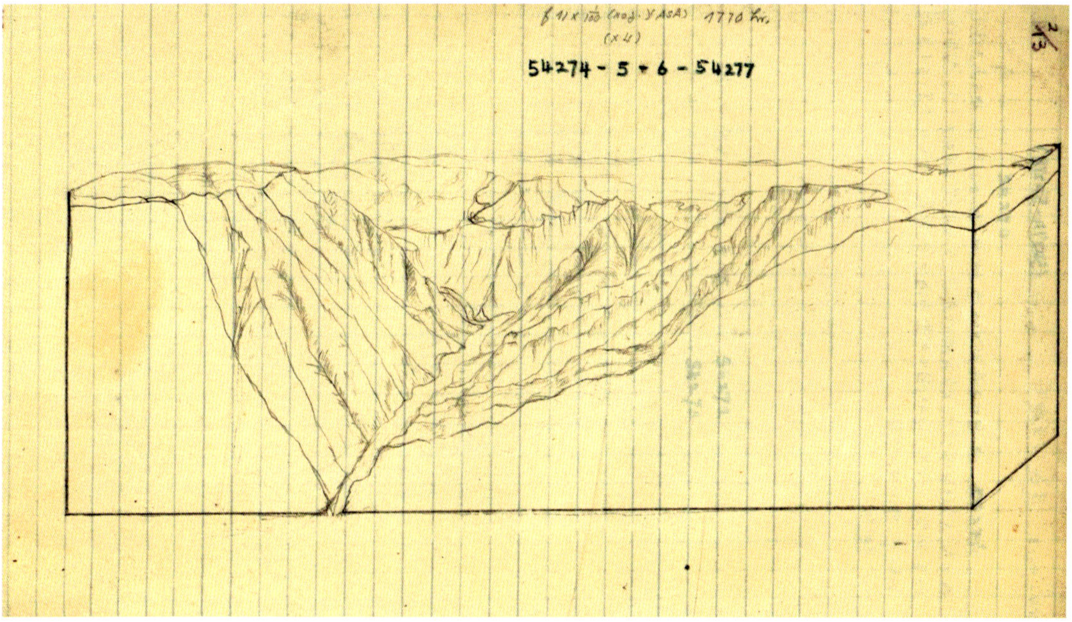

青海龙羊峡灯笼沟坝址向上游望素描图（1954年）

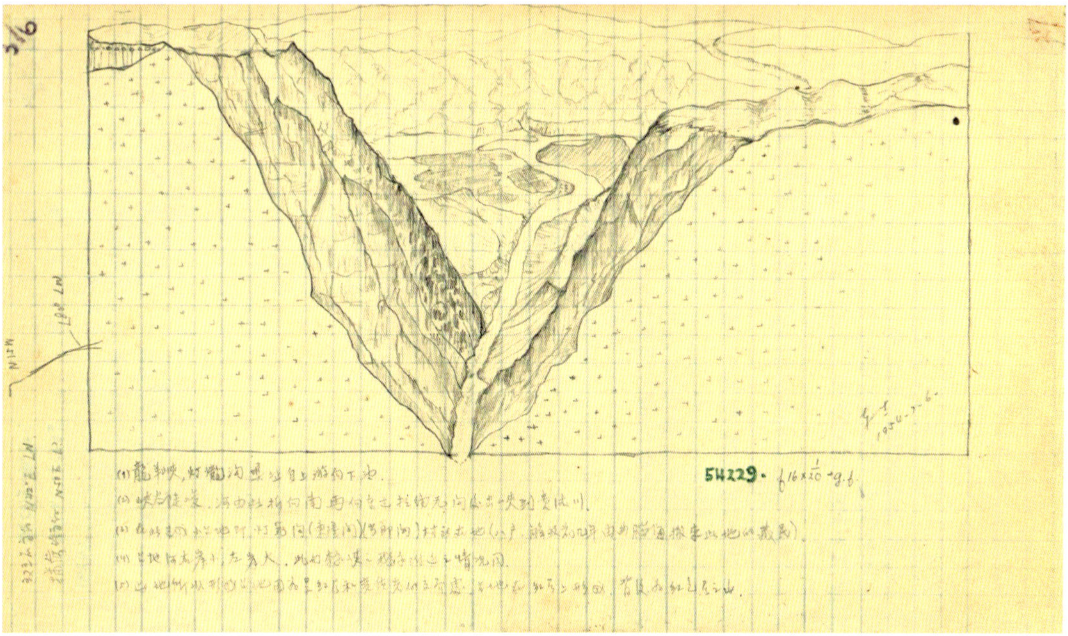

青海龙羊峡灯笼沟坝址向下游望河谷大大加宽（1954年）

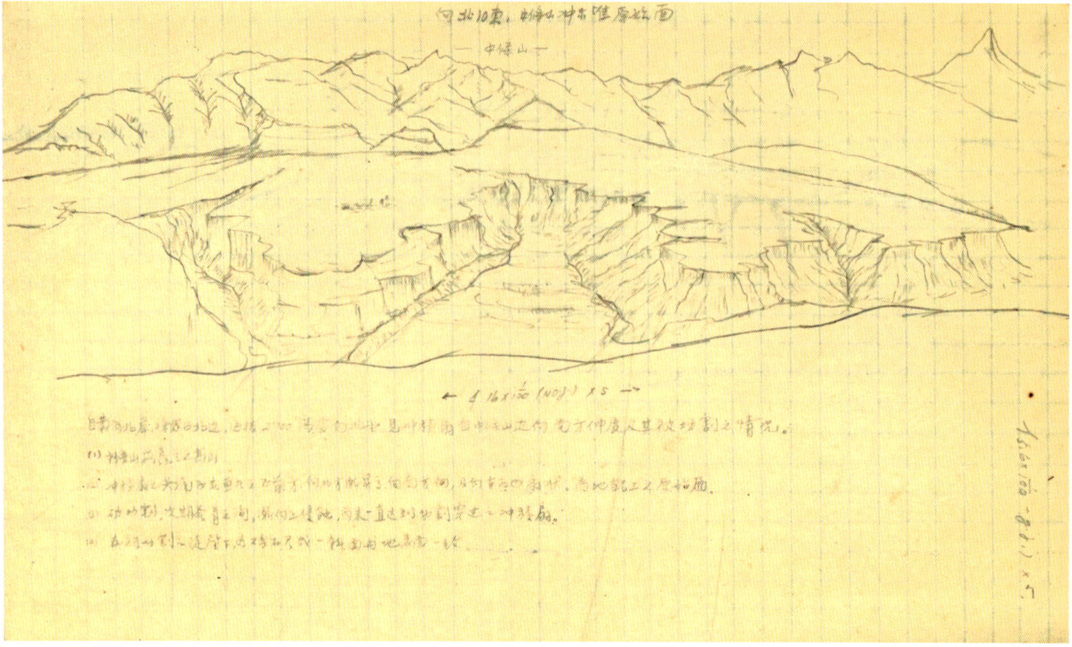

山西黄河北岸北望中条山山前的冲积扇（1954年）

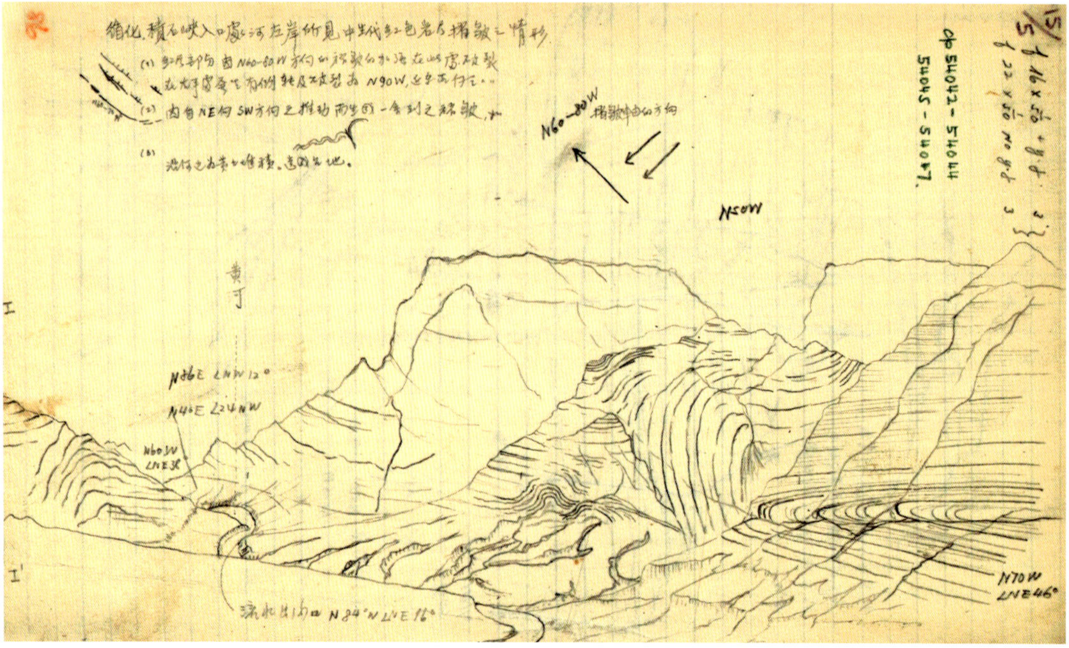

青海循化积石峡左岸红色岩系的褶皱（1954年）

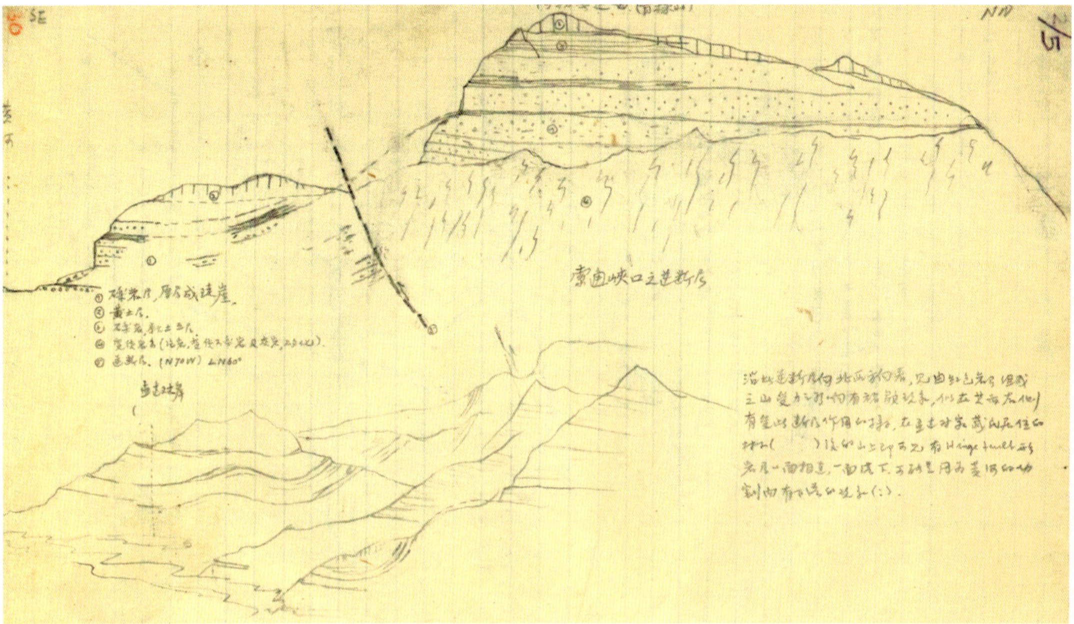

黄河上游索通峡口之逆断层（1954年）

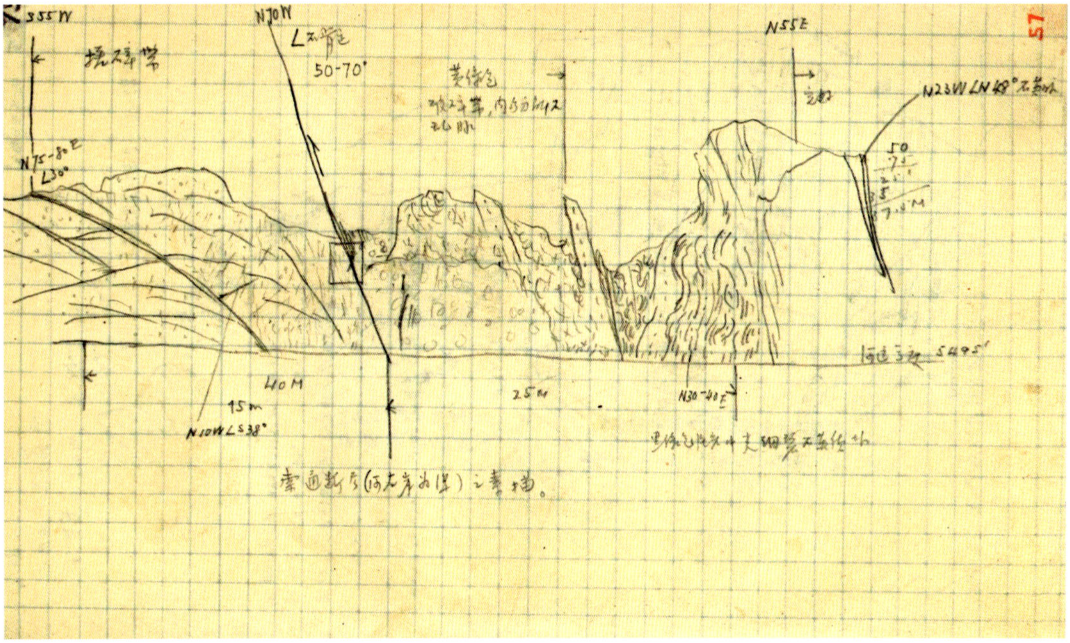

索通断层素描图（1954年）

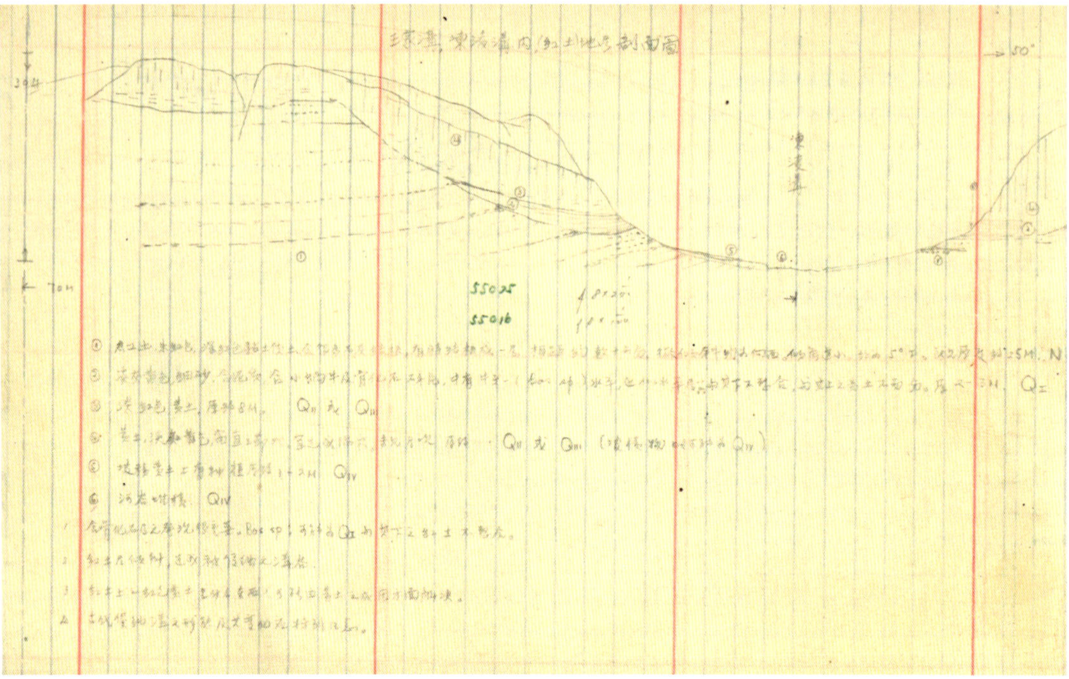

山西离石王家沟东凌沟红土与黄土地层剖面图（1955年）

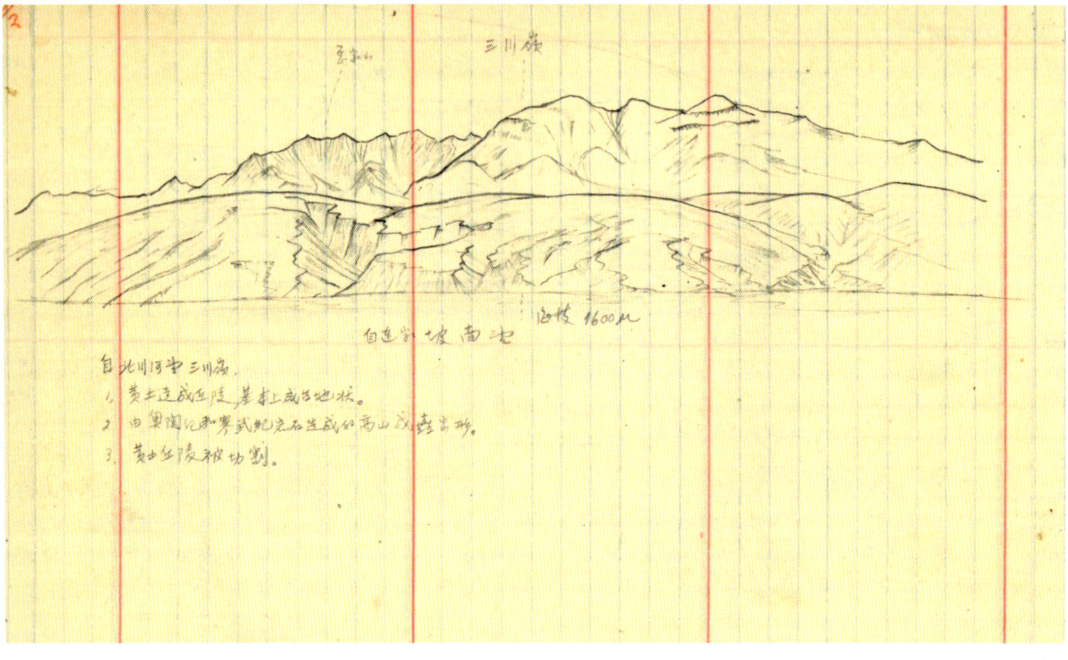

山西离石三川岭下黄土台地和沟谷（1955年）

自山西真武向山西南望：黄土覆盖在基岩山的山坡上（1955年）

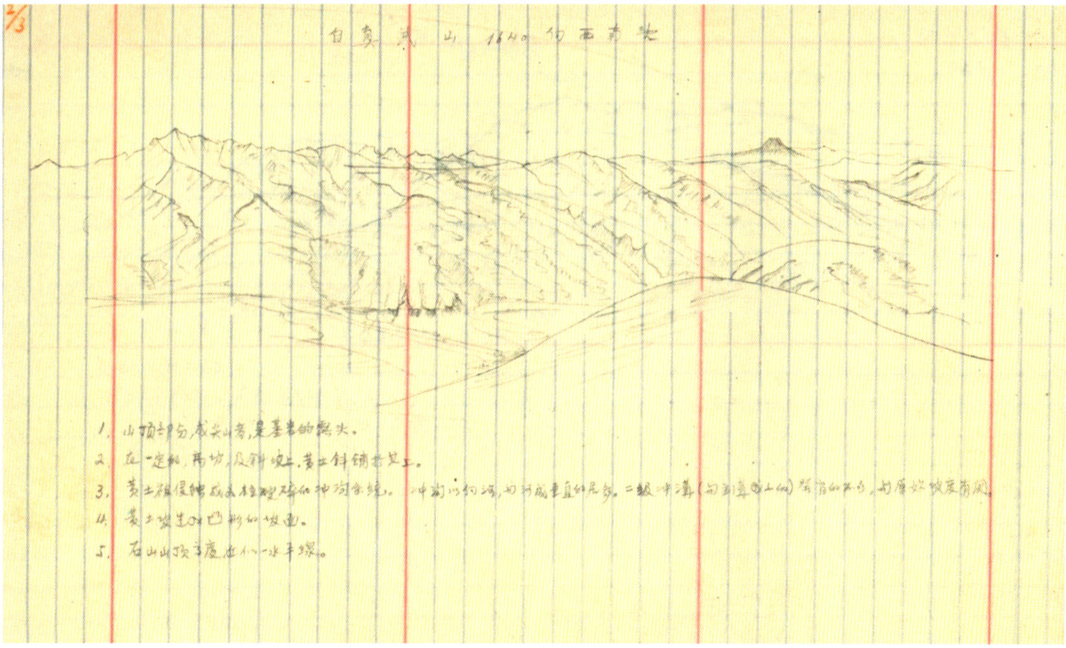

自山西真武向山东南望：吕梁山高处的古冰斗（？）（1955年）

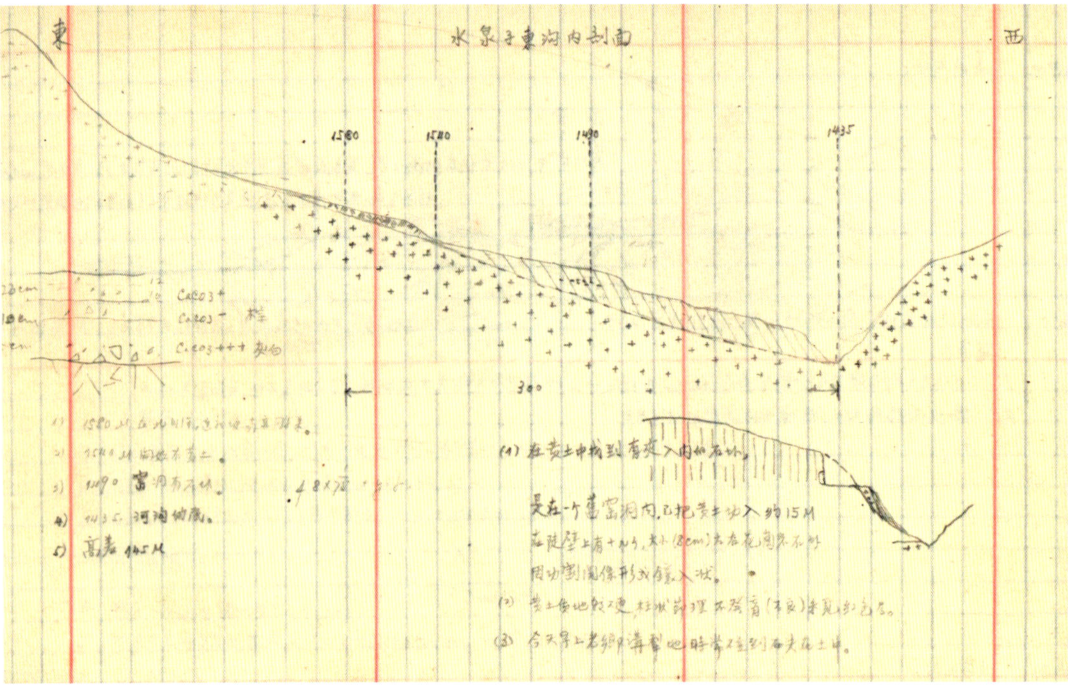

山西吕梁水泉子东沟剖面图（1955年）

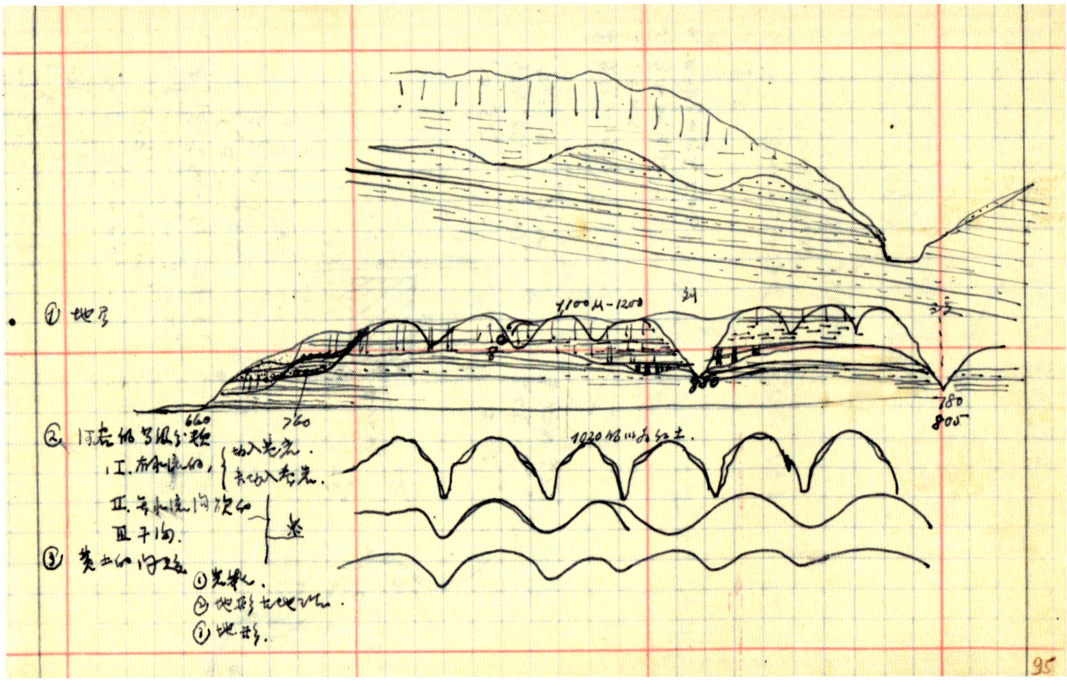

山西黄土剖面和各种类型的沟谷（1955年）

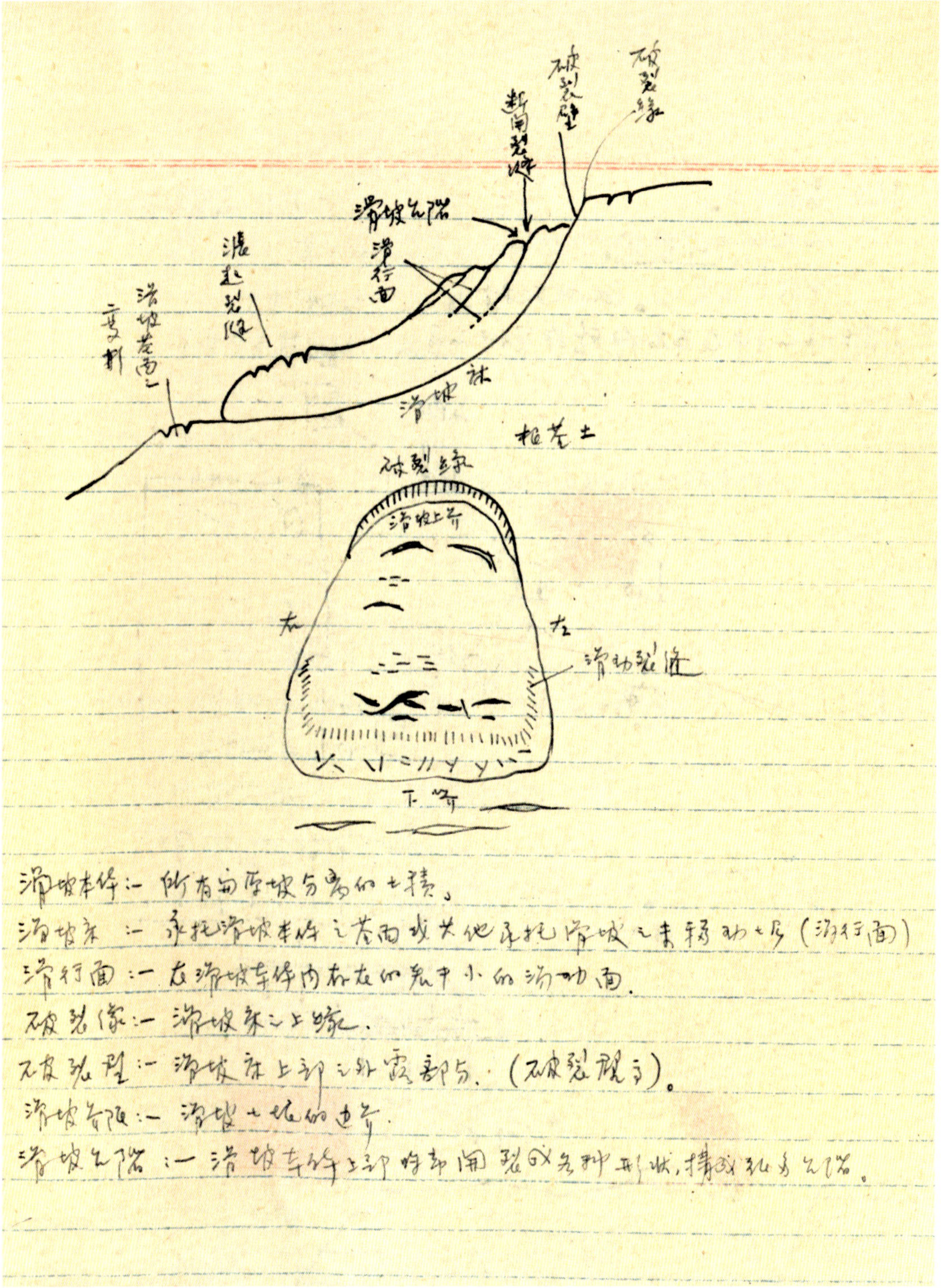

黄土滑坡体（剖面图+平面示意图）（1955年）

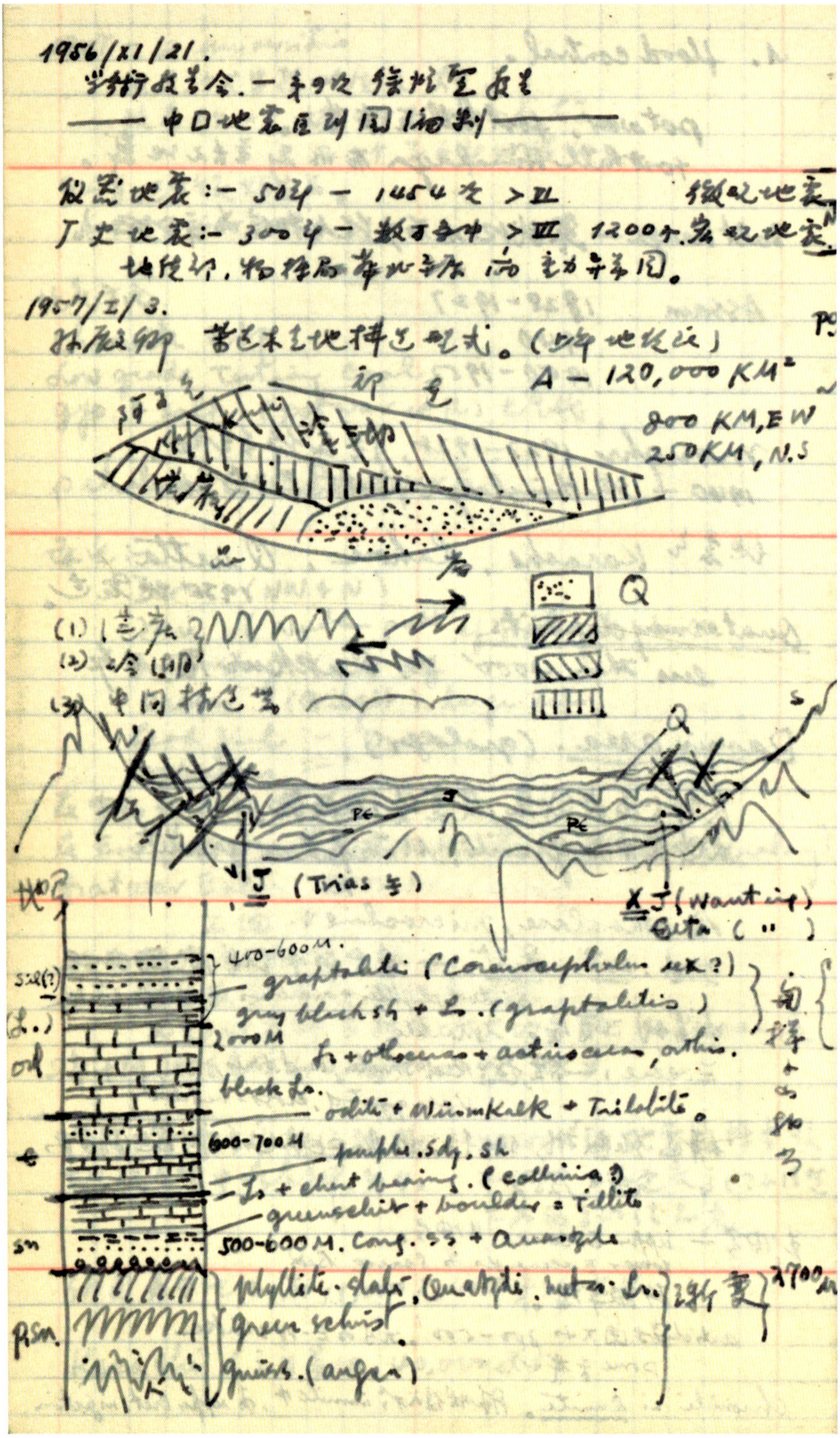

徐煜坚先生报告记录—1（1956年）

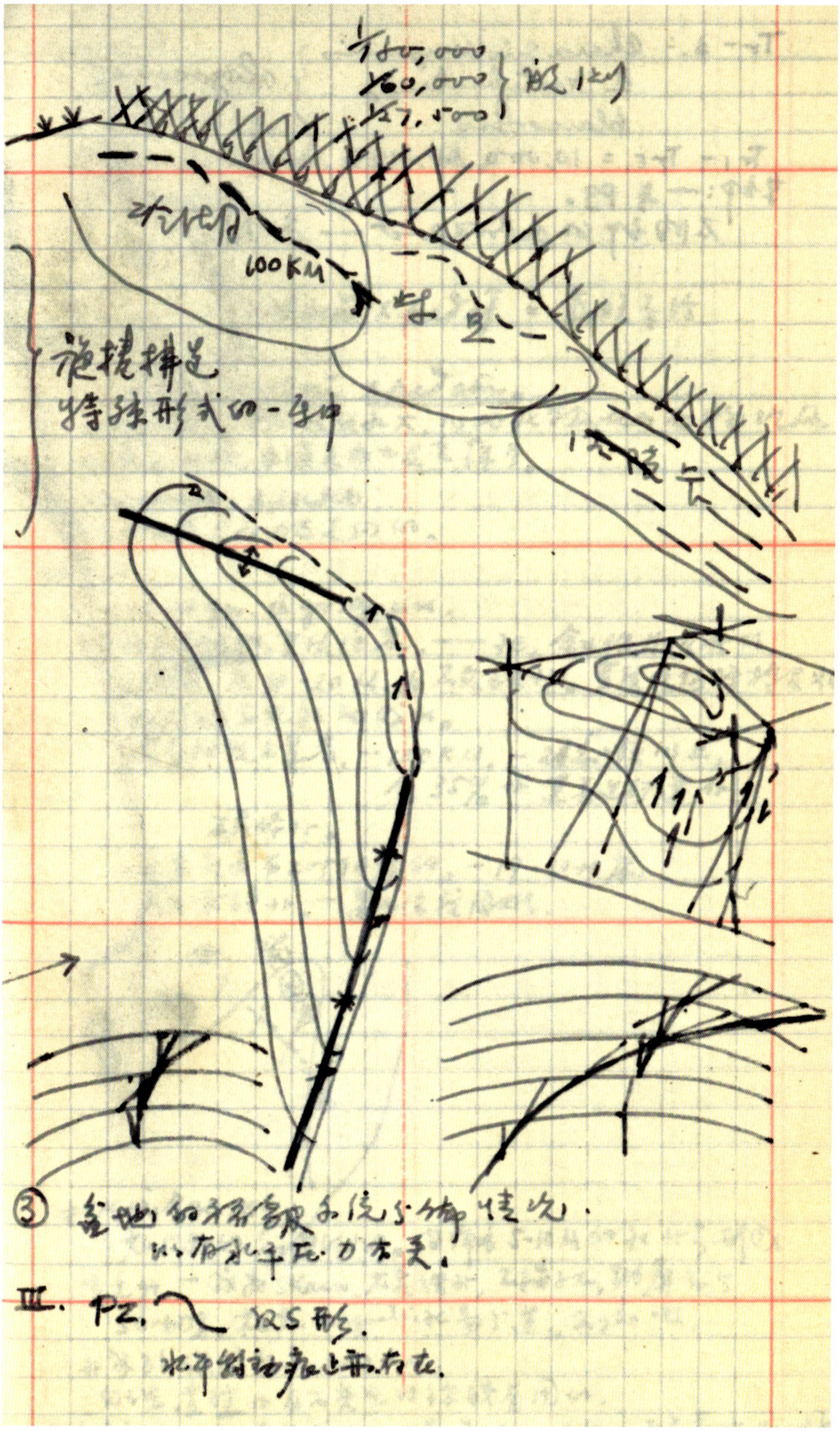

徐煜坚先生报告记录—2（1956年）

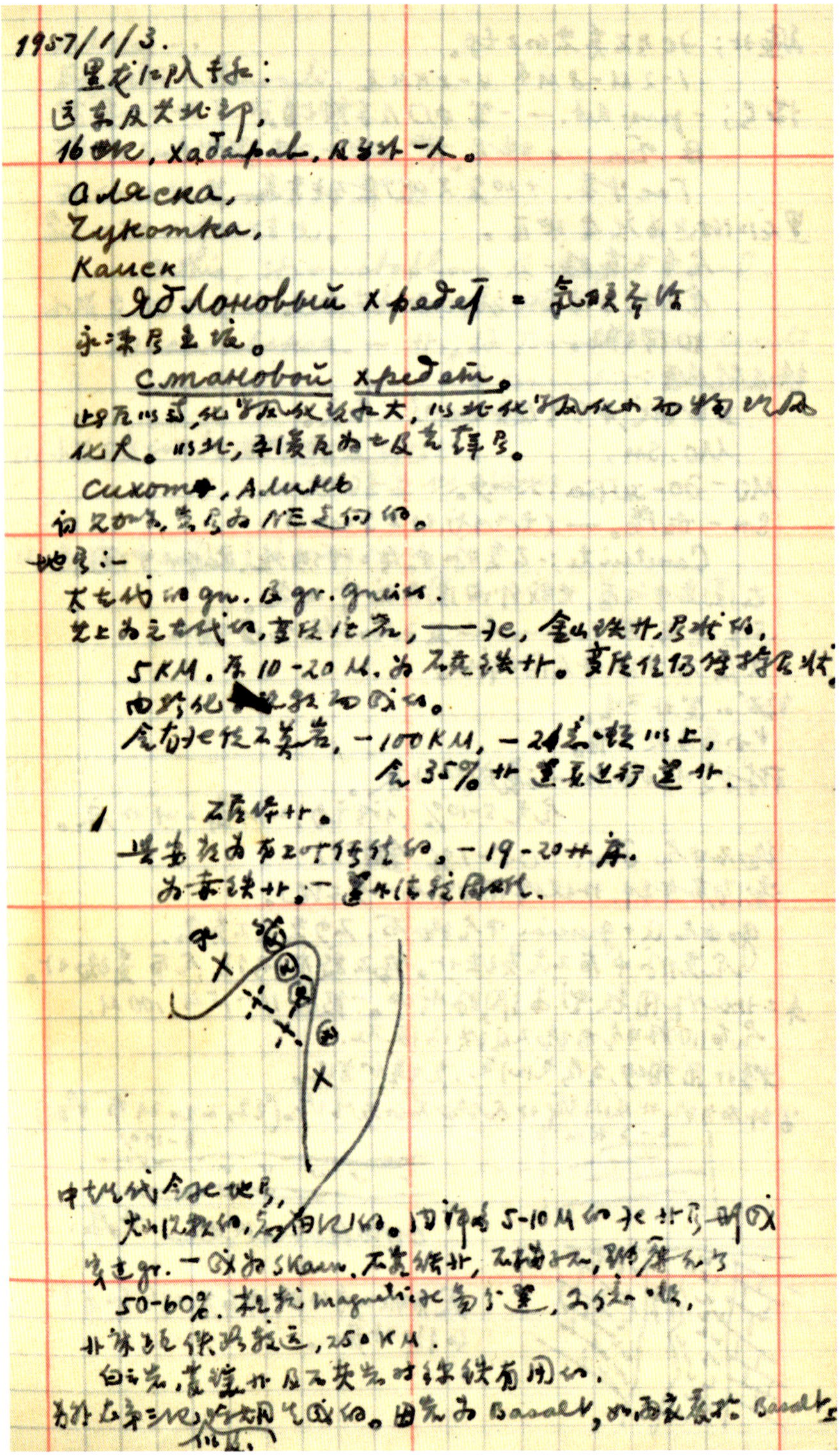
1957/1/3.
黑龙江队报告:
远东及东北部,
16世纪, Хабарав, 是第一人。
Аляска,
Чукотка,
Камчк
Яблоновый хребет = 气候分界
永冻层主体。
Становой хребет.
[illegible]
化大。[illegible]
Сихотэ, Алинь
[illegible] NE走向的。
地层:—
太古代的gn. 及gr. gneiss.
其上为元古代的,变质火山岩,——[illegible],含山铁矿,层状的,
5KM. 厚10-20M. 为石英磁铁矿。[illegible]
[illegible]
含有北纬石英岩, ~100KM, ~2公里以上,
含35%铁 重要进行选矿.
1 [illegible]
[illegible] ~19-20世纪.
[illegible]
中生代含[illegible]地层,
[illegible] 5-10M [illegible]
[illegible] gr. [illegible] skarn, [illegible]
50-60%. [illegible] magnetic [illegible]
[illegible] 250KM.
白云岩,[illegible]
[illegible] Basalt, [illegible] Basalt

黑龙江专家报告记录—1（1957年）

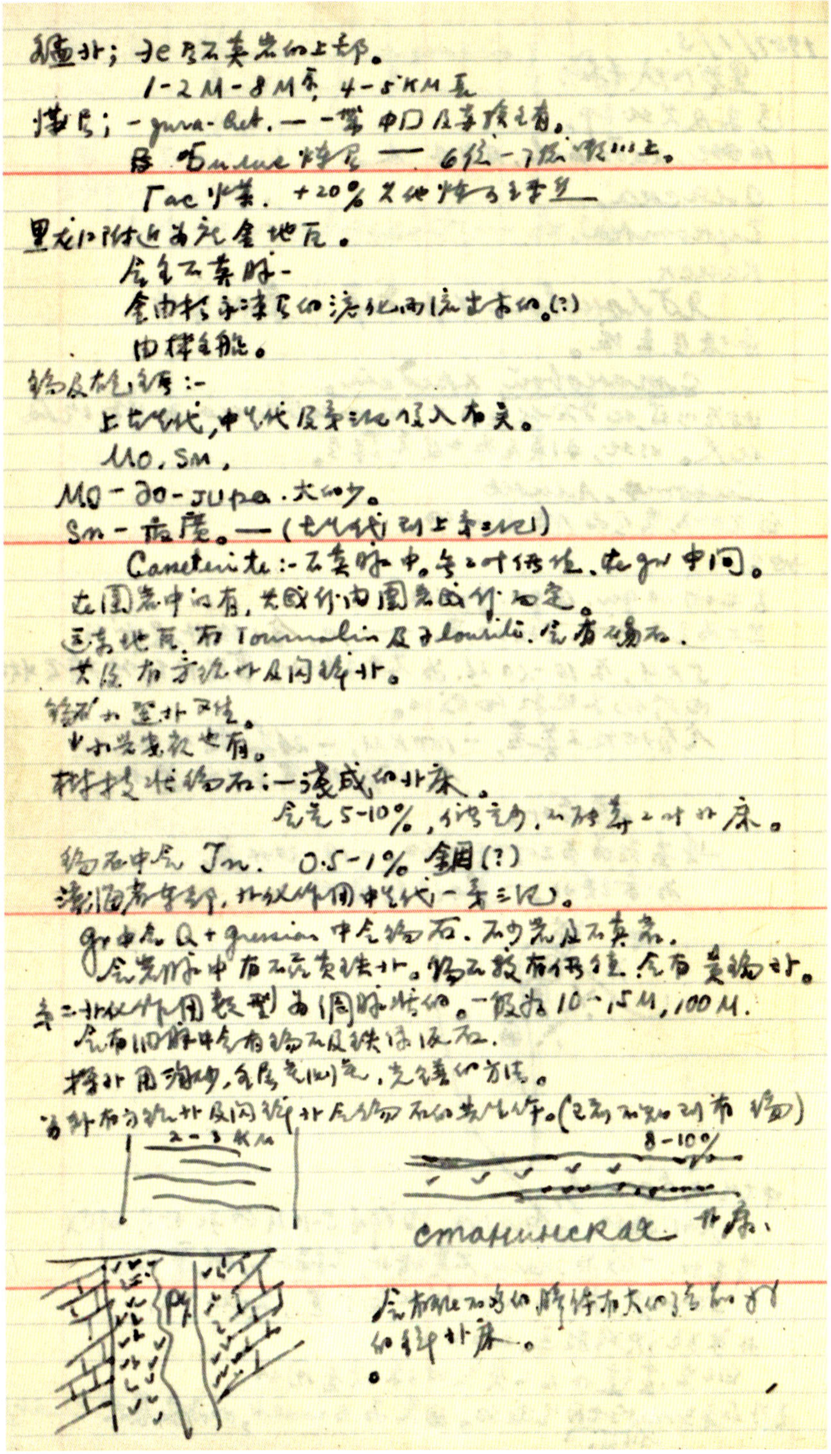

黑龙江专家报告记录—2（1957年）

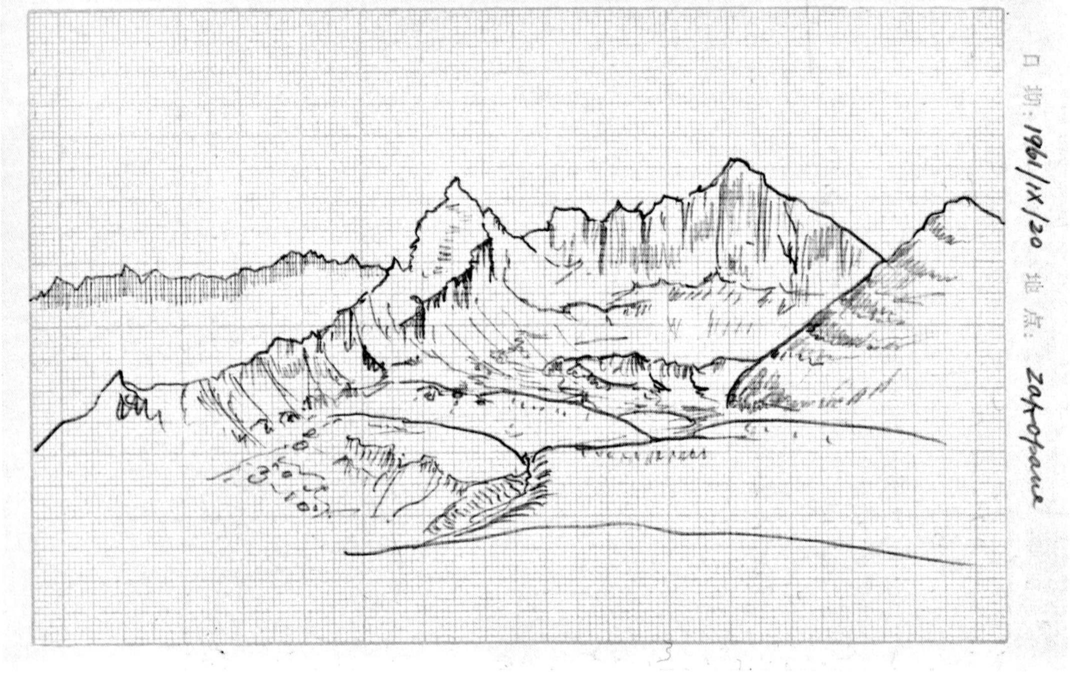

波兰第四纪大会后地质旅行素描图—1（1961年）

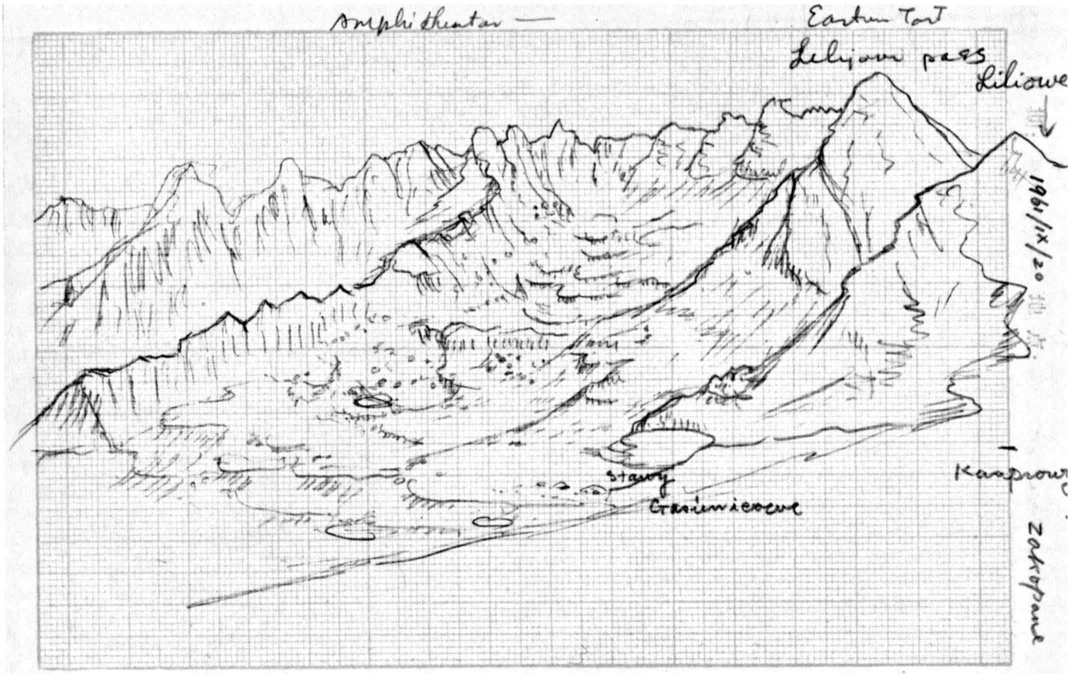

波兰第四纪大会后地质旅行素描图—2（1961年）

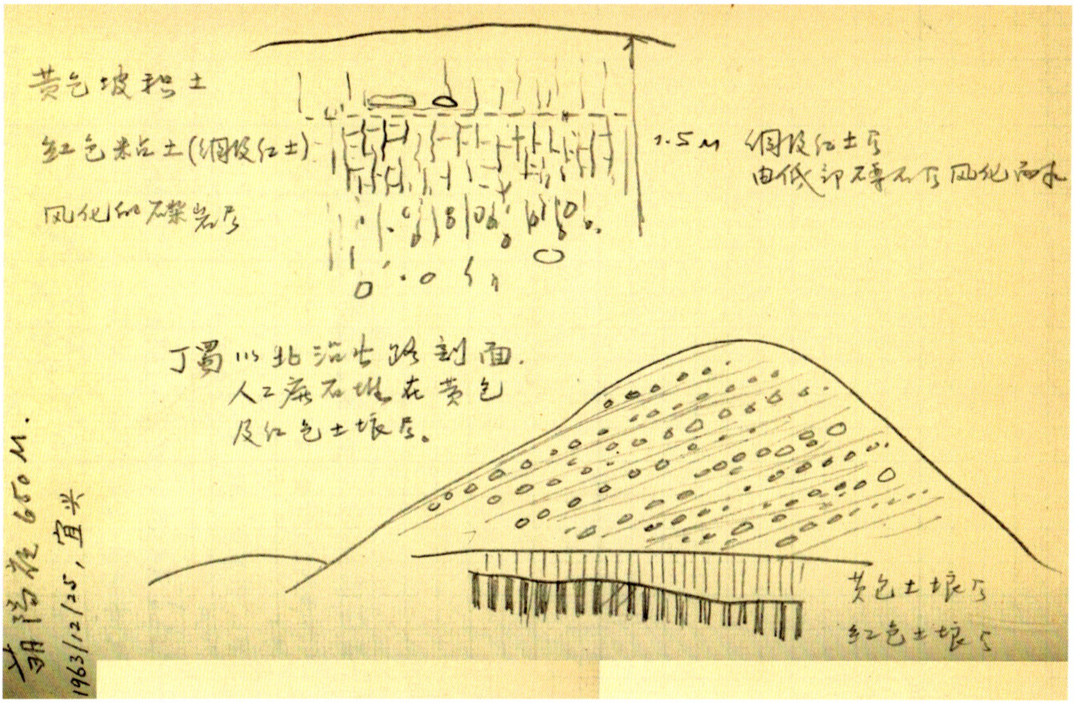

宜兴萌阳岭剖面图（1963年）

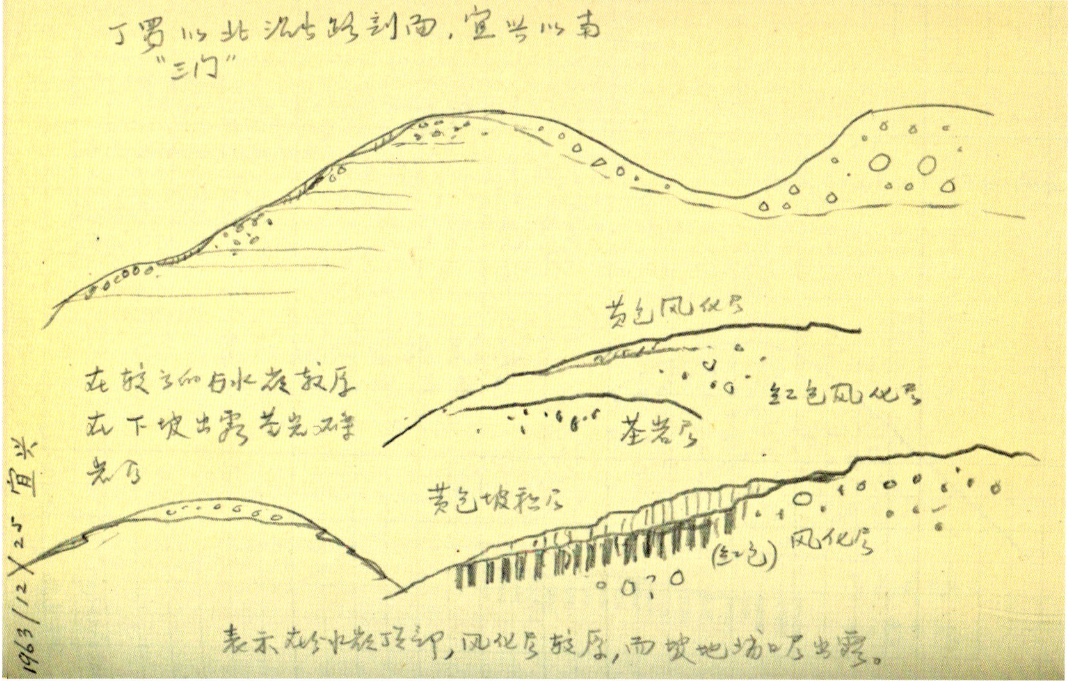

下蜀附近公路边剖面图（1963年）

定日看喜马拉雅山诸峰素描图—1（1964年）

定日看喜马拉雅山诸峰素描图—2（1964年）

定日看喜马拉雅山诸峰素描图—3（1964年）

定日—贡达布间山形素描图（1964年）

东望珠穆朗玛峰（1964年）

高原面素描图（1964年）

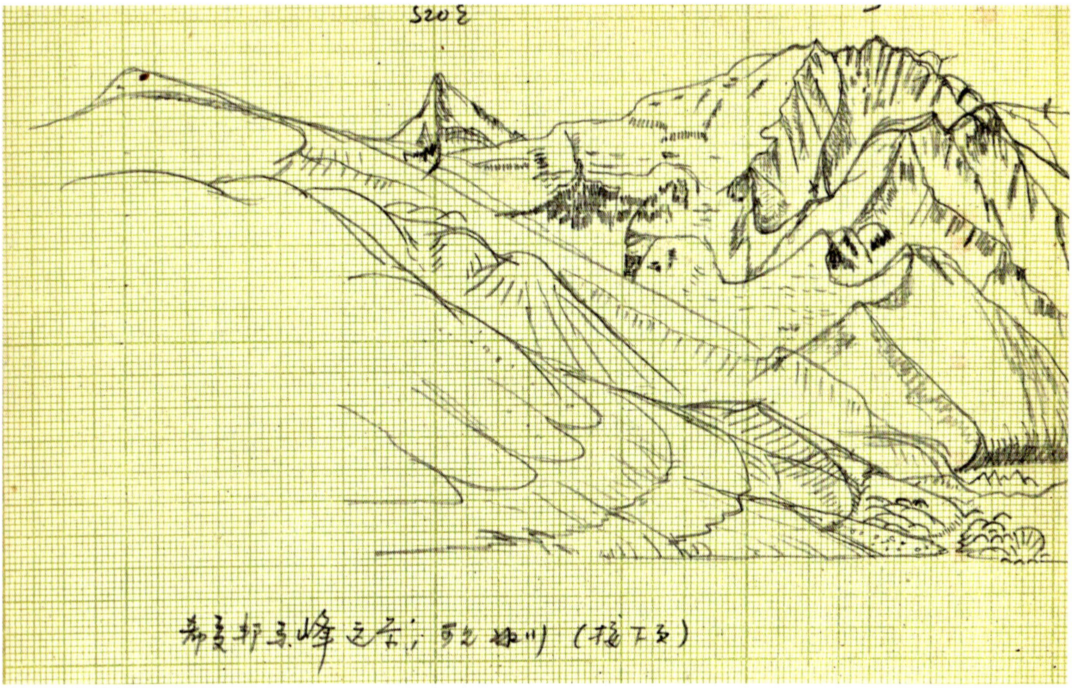

希夏邦马峰远景—1 （1964年）

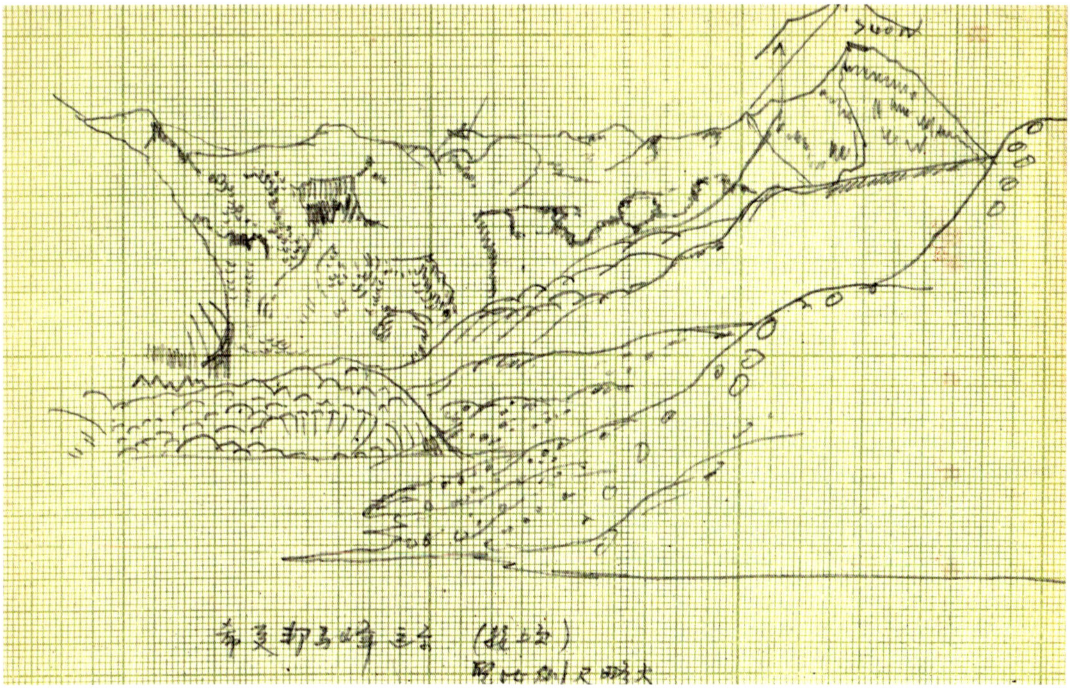

希夏邦马峰远景—2 （1964年）

15

年 4 月 4 日　氣候 晴

希夏邦马冰川冰上湖相沉积融化后随冰核流动形成小褶曲示意图。

① 冰，透明，有乳白色冰川冰
② 粘土條层有不到1cm褶曲的小褶皱 流向西边
③ 砂砾石层 大的可达10cm以上，小的一般为5-2cm.
④ 粘土條层褶曲以两坡最显著，幅度较粗的较大。
⑤ 砂砾石。
⑥ 粘土，粉砂條层

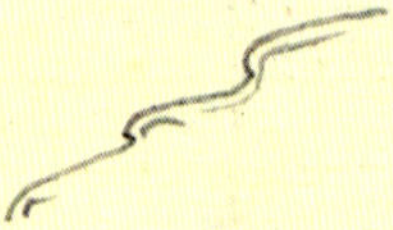

明显的向坡下滑动。

⑦ 粉砂石层。

晚上回来很晚。贾政善去5800后反应也大被送下5300。呕吐吃不下东西。
我忙冰碛，吃饭后整理笔记。
大本营命令在此工作三天后去5800。
今天下来三人（贾政善，二个雪盲，因未带戴眼镜）
听说今天三位已自6900下到6300，有六人冻伤，反应了。
明天休息后三位再上一次6900即可成功。三位已到7400M。
夜晚了解雪盲病原。

冰上湖相沉积随冰核流动形成小褶曲（文字）（1964年）

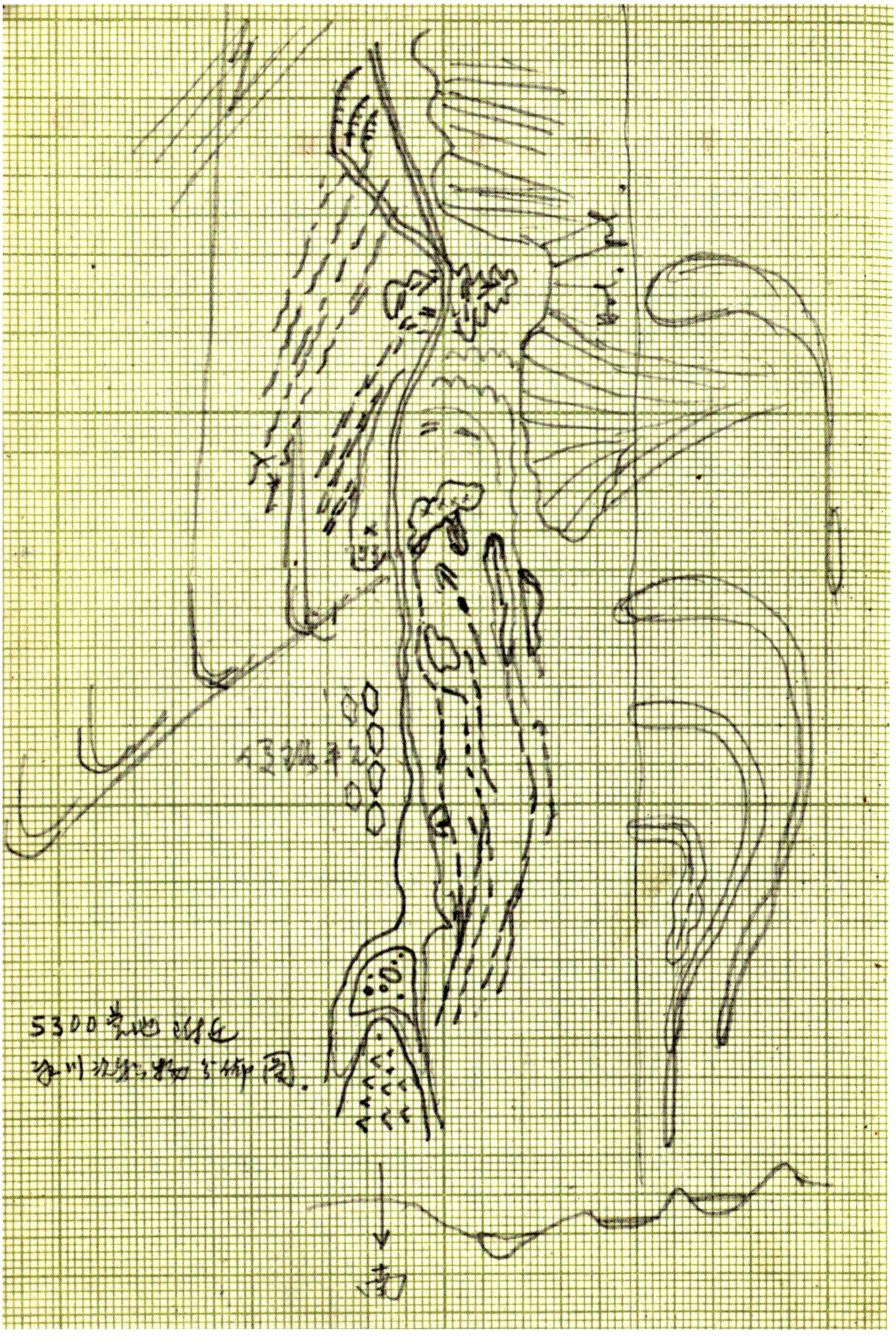

海拔5300m营地附近冰川沉积分布图（1964年）

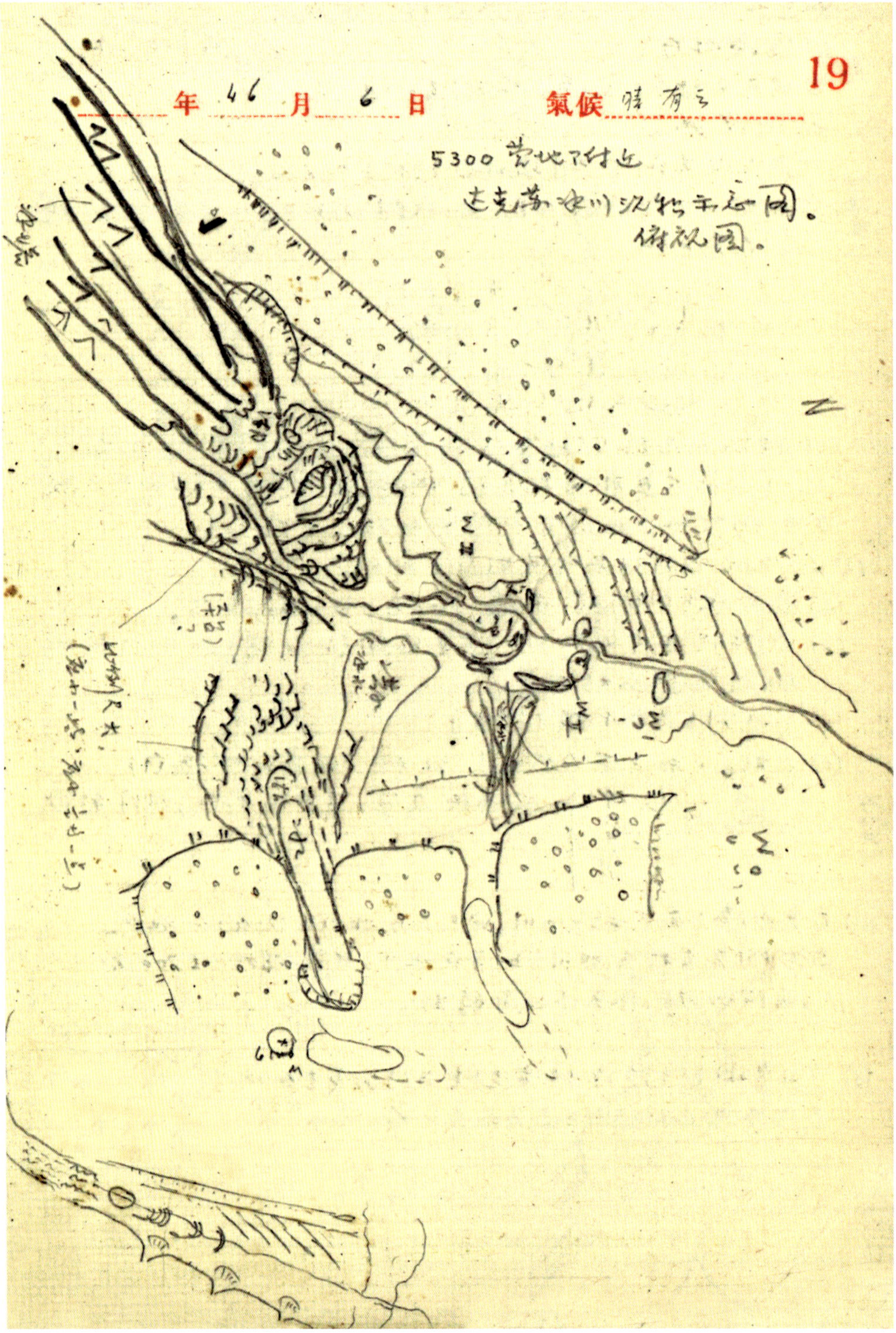

海拔5300m营地附近达克苏冰川沉积俯视图（1964年）

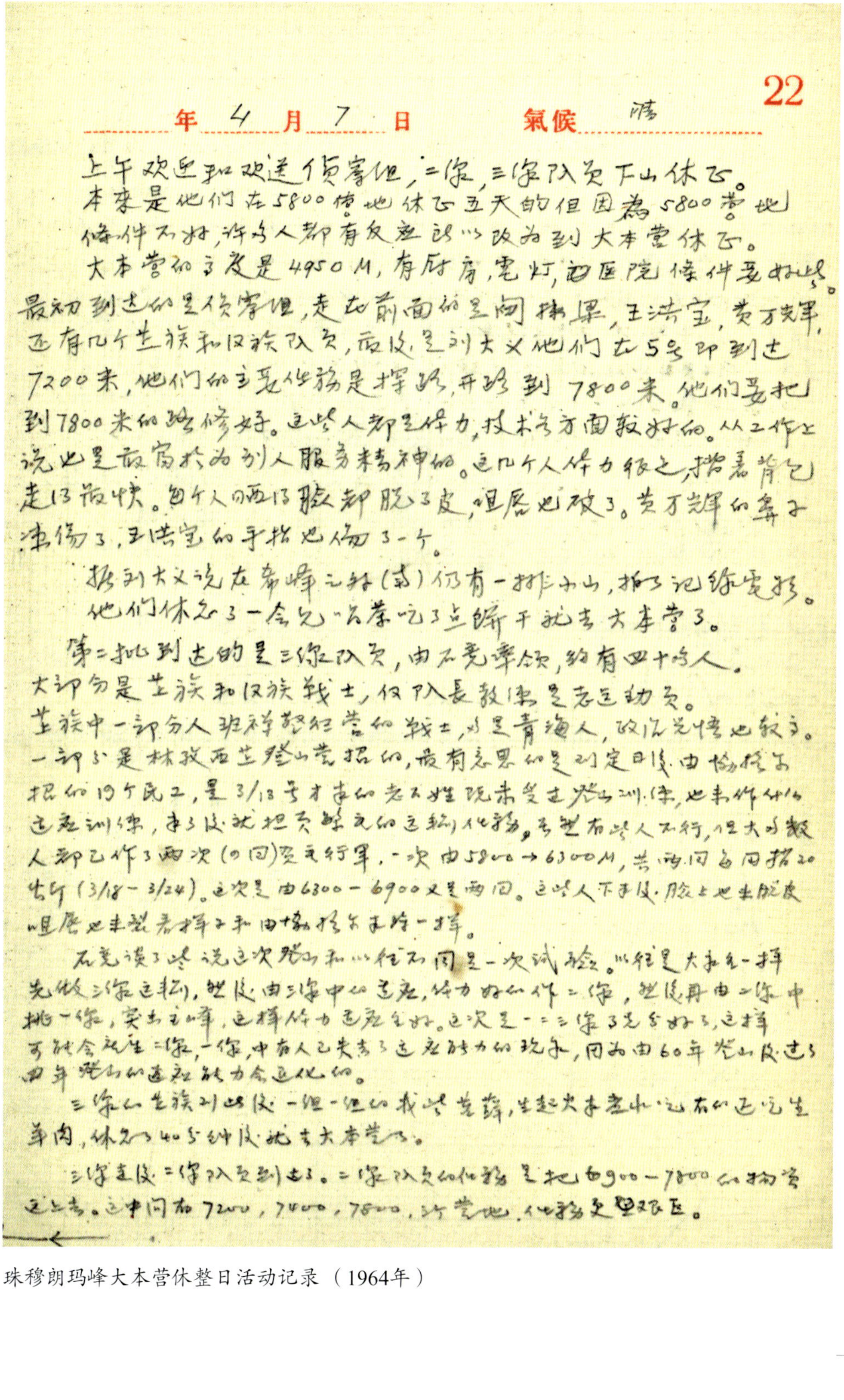

年 4 月 7 日 氣候 晴 22

上午欢迎和欢送侦察组，二分，三分队员下山休息。

本来是他们在5800营地休息五天的，但因为5800营地条件不好，许多人都有反应，所以改为到大本营休息。

大本营的高度是4950 M，有厨房，电灯，和医院，条件要好些。最初到达的是侦察组，走在前面的是阎栋梁，王洪宝，黄万辉，还有几个藏族和汉族队员，后边是刘大义他们。在5号即到达7200米，他们的主要任务是探路，开路到7800米。他们要把到7800米的路修好。这些人都是体力，技术各方面较好的。从工作上说也是最富于为别人服务精神的。这几个人体力很足，据嘉荫说走得最快。每个人的两颊脸都脱了皮，嘴唇也破了。黄万辉的鼻子冻伤了，王洪宝的手指也伤了一个。

据刘大义说在希峰之后（前）仍有一排小山，拍了记录电影。

他们休息了一会儿，喝茶吃了点饼干就去大本营了。

第二批到达的是三分队员，由石竞率领，约有四十多人。大部分是藏族和汉族战士，仅队长教练是老运动员。藏族中一部分人班禅警卫营的战士，多是青海人，政治觉悟也较高。一部分是林政西藏登山营招的，最有意思的是刘定日后由协格尔招的19个民工，是3/13号才来的，老百姓说未受过登山训练，也未作什么适应训练，来了后就担负繁重的运输任务。虽然有些人不行，但大多数人都工作了两次（四日）适应行军，一次由5800→6300M，共两日，每日背20公斤（3/18－3/24）。这次是由6300－6900又是两日。这些人下来后，脸上也未脱皮，嘴唇也未裂，高兴得和由协格尔来时一样。

石竞谈了些说这次登山和以往不同是一次试验。以往是大家一样先做三分运输，然后由三分中的适应、体力好的作二分，然后再由二分中挑一分，突击主峰，这样体力适应会好。这次是一二三分了先分好了，这样可能会产生二分，一分中有人已失去了适应能力的现象，因为由60年登山后过了四年，登山的适应能力会退化的。

三分的藏族到此后一组一组的找些草皮，生起火来煮水，之后的还吃生羊肉，休息了40分钟后就去大本营了。

三分走后二分队员到达了。二分队员的任务是把6900－7800的物资运上去。这中间有7200，7400，7600，三个营地，任务更艰巨。

珠穆朗玛峰大本营休整日活动记录（1964年）

到达海拔5800m营地时画的素描图（1964年）

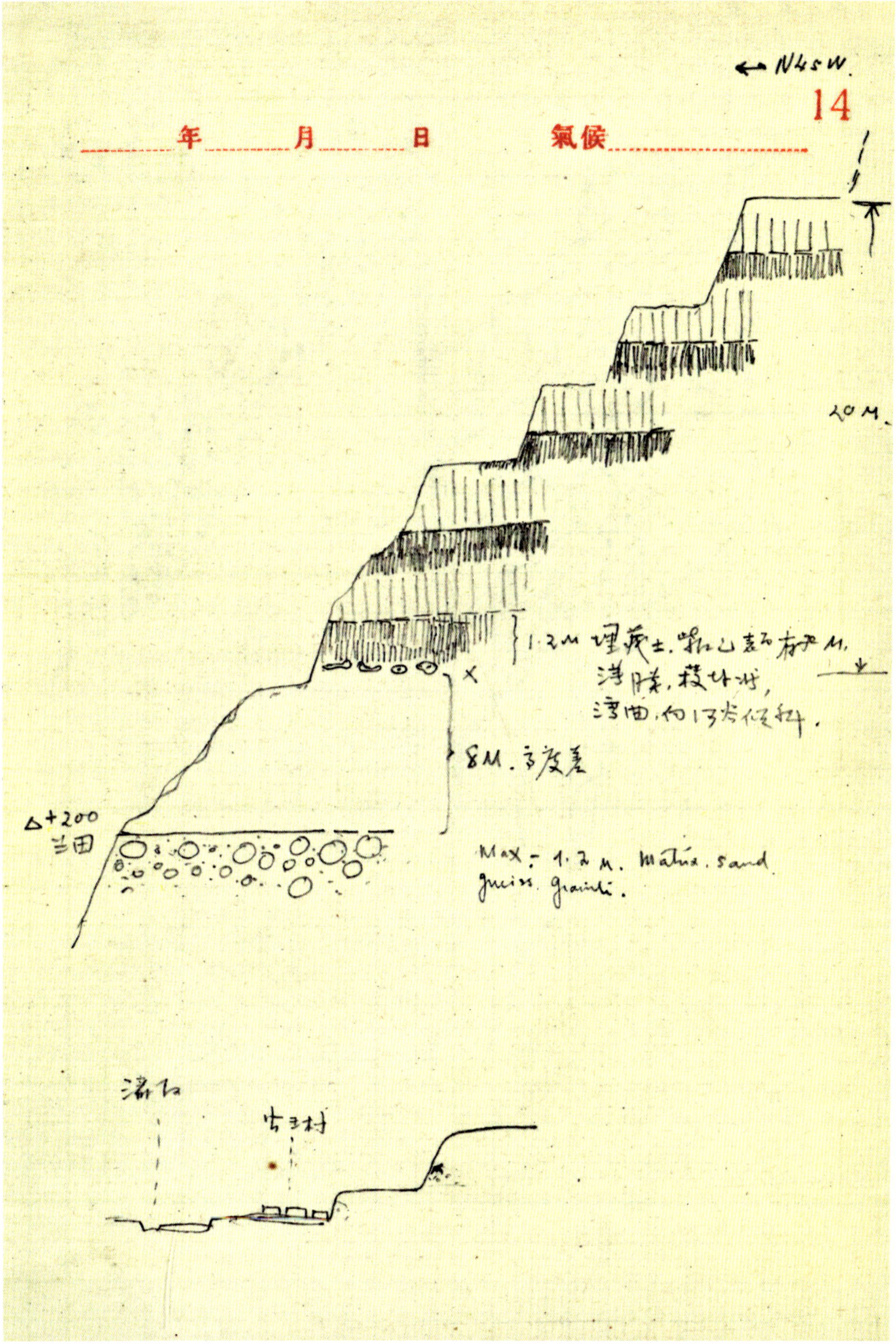

陕西蓝田黄土古土壤剖面（1964年）

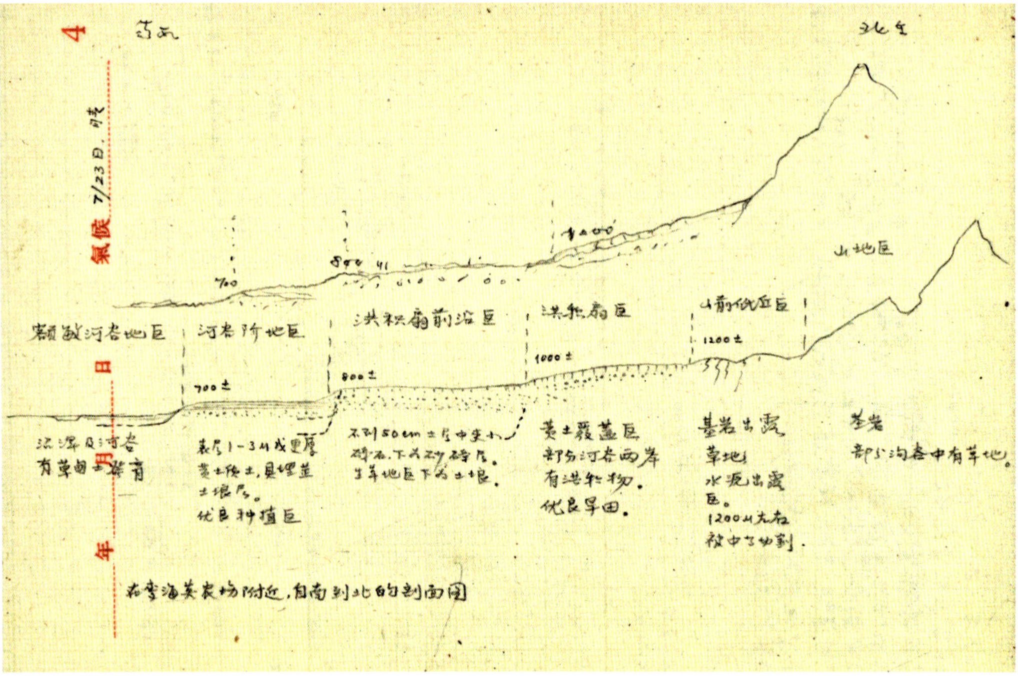

新疆额敏河河谷南北大断面（1965年）

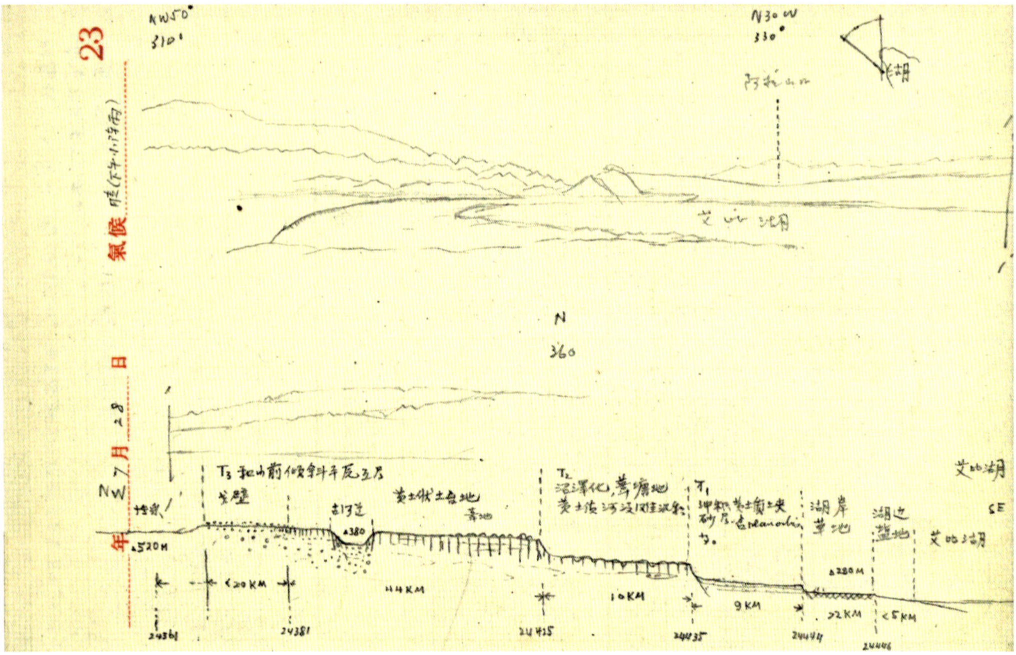

新疆艾比湖西边台地上的第四纪沉积（1965年）

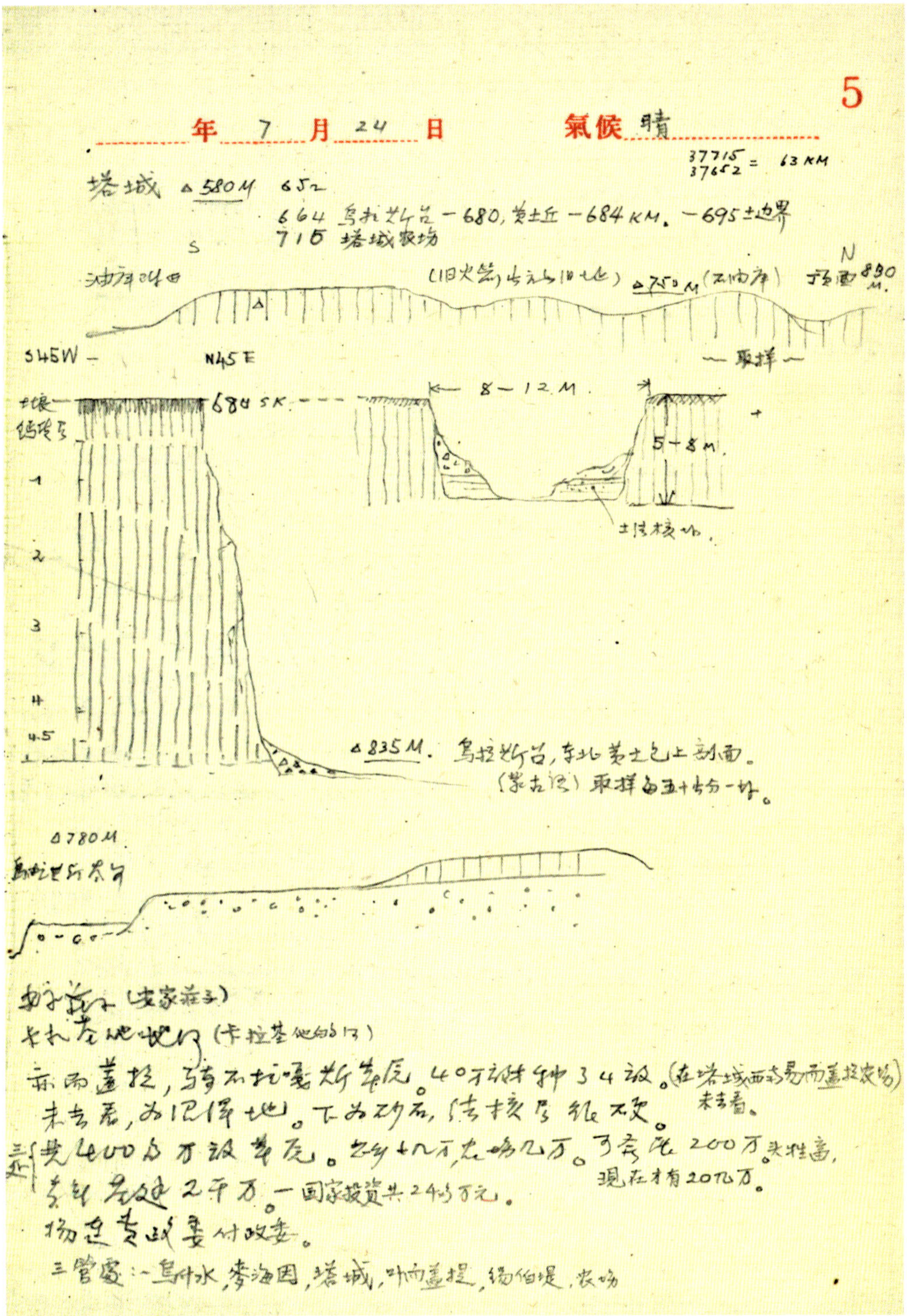

新疆塔城几处黄土剖面（1965年）

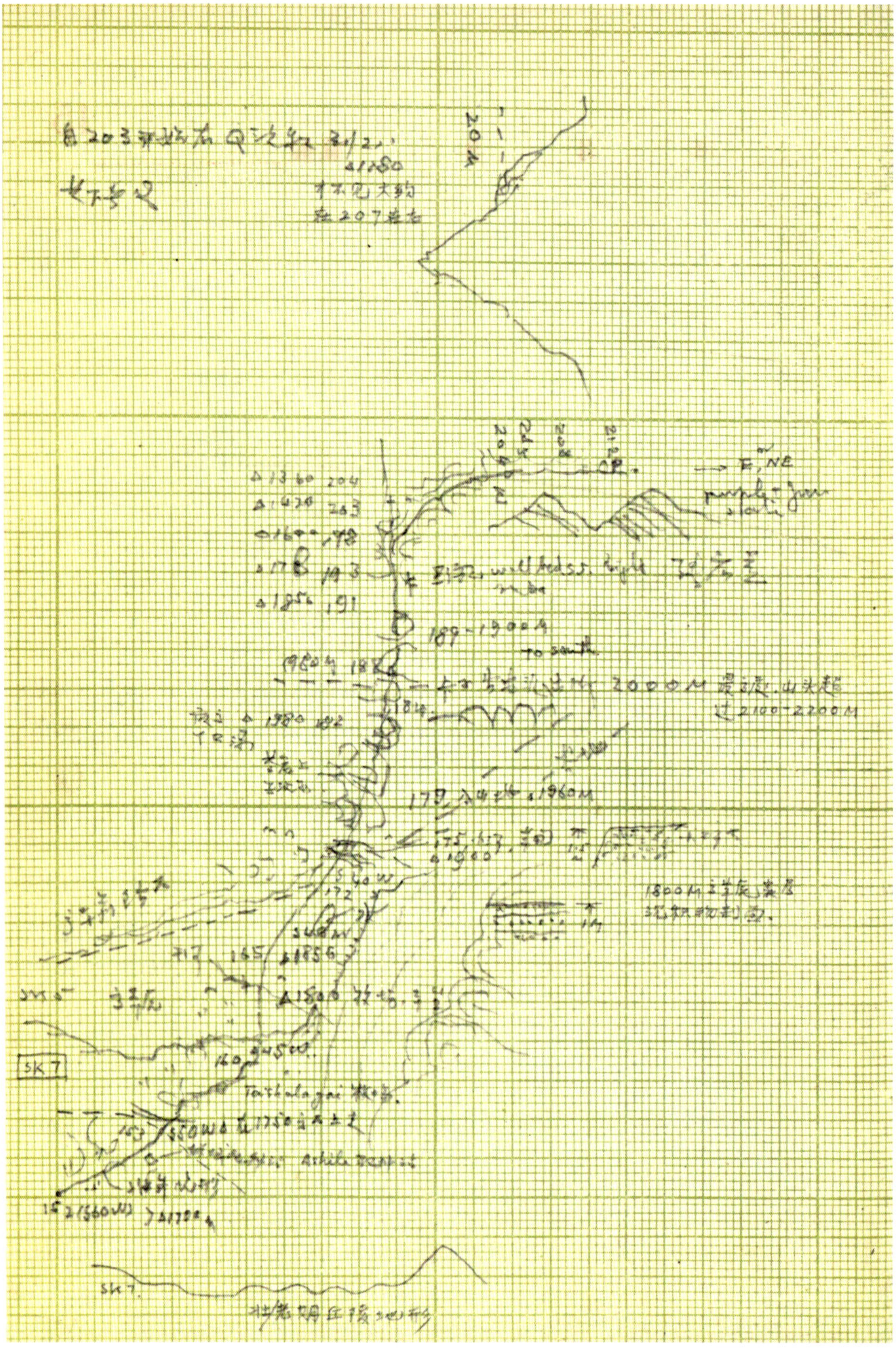

沿河植物和沉积物分布图（1965年）

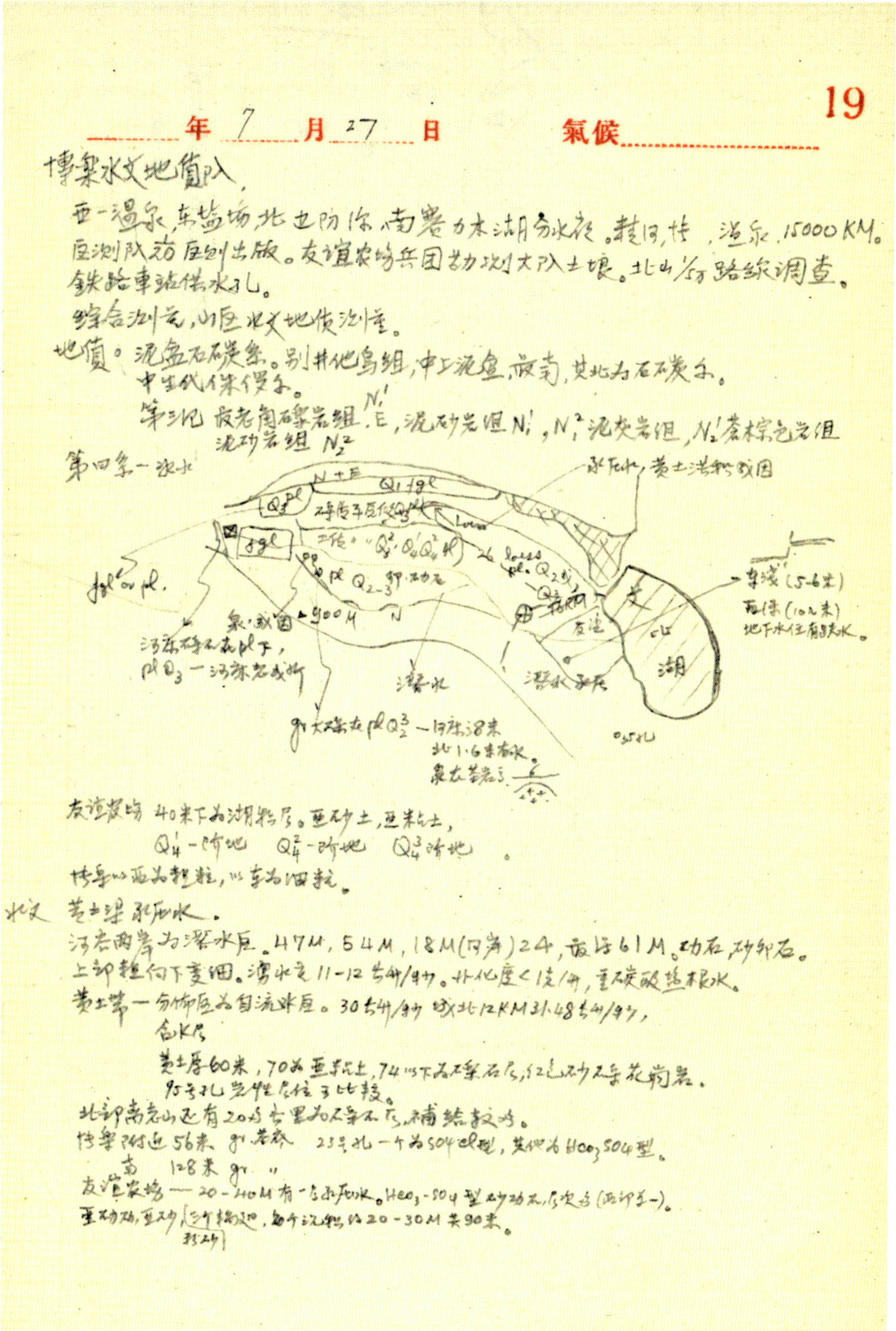

年 7 月 27 日 氣候 19

博乐水文地質队

西—温泉，东盐场，北边防你，南塞力木湖分水岭。精河，博乐，温泉，15000 KM。
区测队有区划出版。友谊农场兵团勘测大队土壤。北山1/5万路线调查。
铁路車站供水孔。

综合测定，山区水文地质测量。

地質。泥盆石炭系。别什他乌组，中上泥盆，泥盆，艾北为石炭系。
中生代侏罗系。
第三纪 灰色角砾岩组 N_1^1 .E，泥砂岩组 N_1^1，N_1^2 泥灰岩组，N_2^1 杏棕色岩组
泥砂岩组 N_2^2

第四系—冰水

友谊农场 40米下为湖积层。亚砂土，亚粘土，
Q_4^1—阶地 Q_4^2—阶地 Q_4^3 阶地。

博乐以西为粗粒，以东为细粒。

水文 黄土梁承压水。
河谷两岸为潜水层。47M，54M，18M（河岸）24，最深61M。砂石，砂卵石。
上部粗向下变细。潜水位11–12 吨/时。矿化度<1克/升，重碳酸盐水。
黄土第一分水层为自流水层。30吨/时 城北12KM 31.48吨/时，
含K层
黄土厚60米，70为亚粘土，74以下为砾石层，红色砂砾花岗岩。
95号孔岩性层位可比较。
北部离老山还有20公里为砾石层，補给较好。
博乐附近56米 gr.茶林 23号孔一个为SO_4 Cl型，其他为HCO_3 SO_4型。
南 128米 gr. 〃
友谊农场—20–40M有一层承压水。HCO_3–SO_4型砂砾石层（西部第一）。
亚砂粘，亚砂（三个揭现，每个沉积约20–30M共90米。
粉砂）

艾比湖西侧第四纪沉积物分布图（1965年）

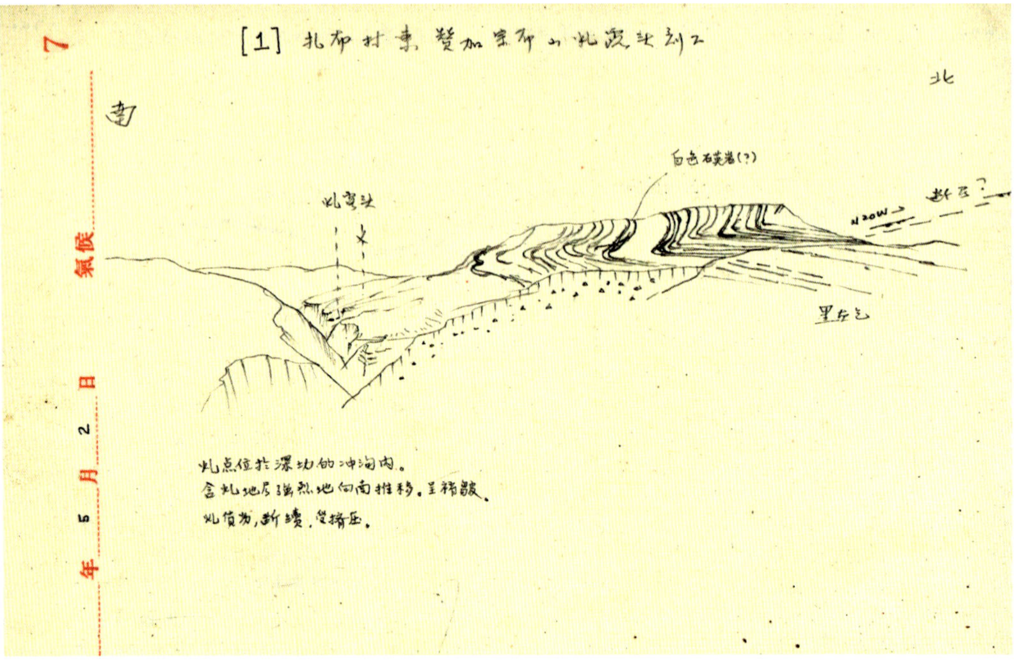

西藏扎布村含煤地层露头剖面（1966年）

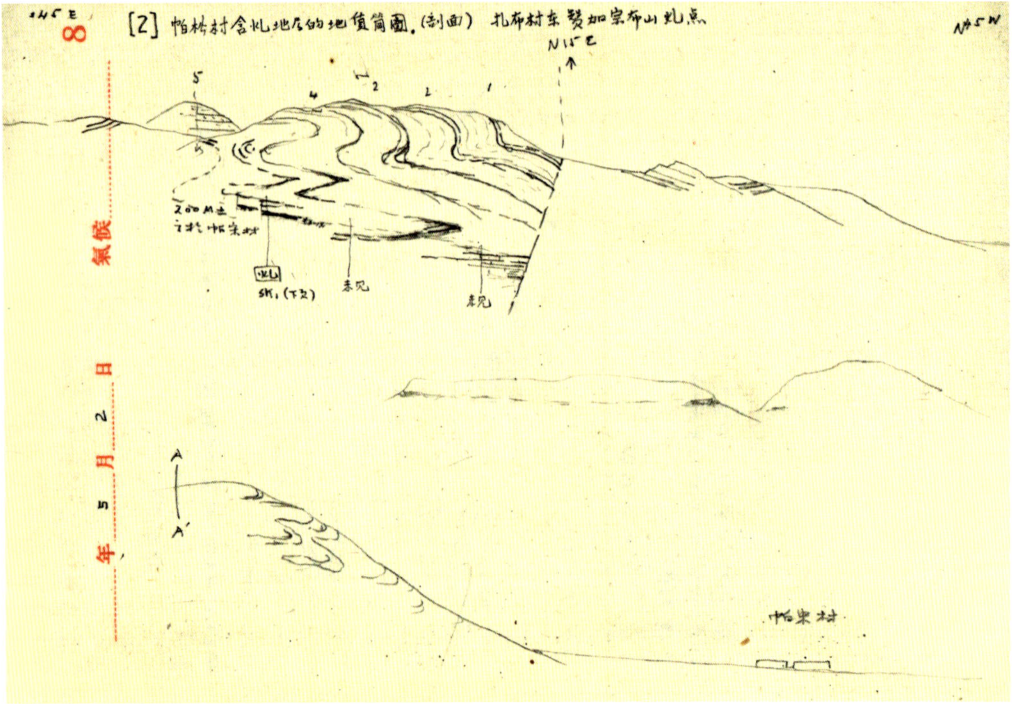

西藏帕松村含煤地层（1966年）

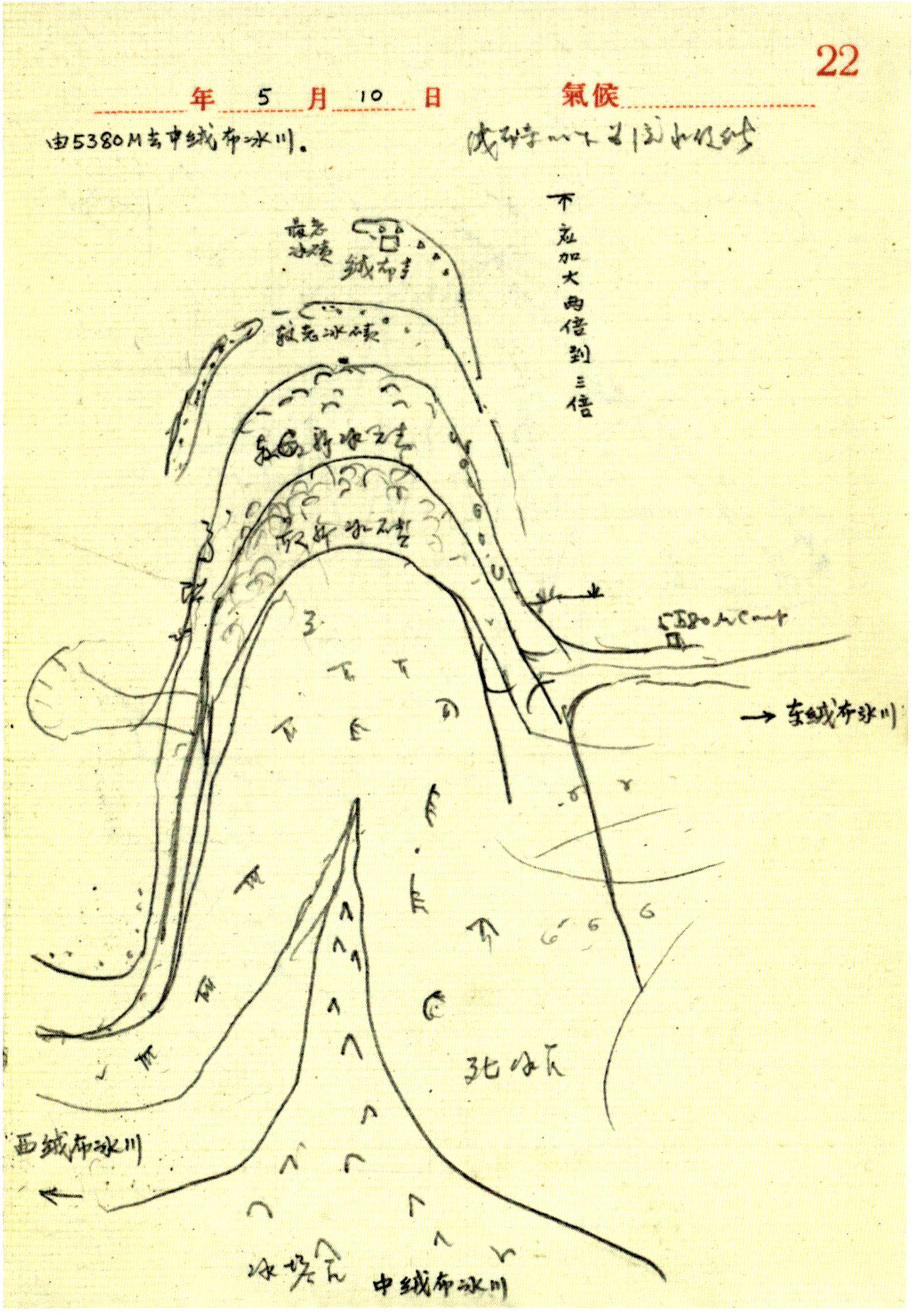

西藏绒布冰川示意图和中绒布冰川的沉积物（1966年）

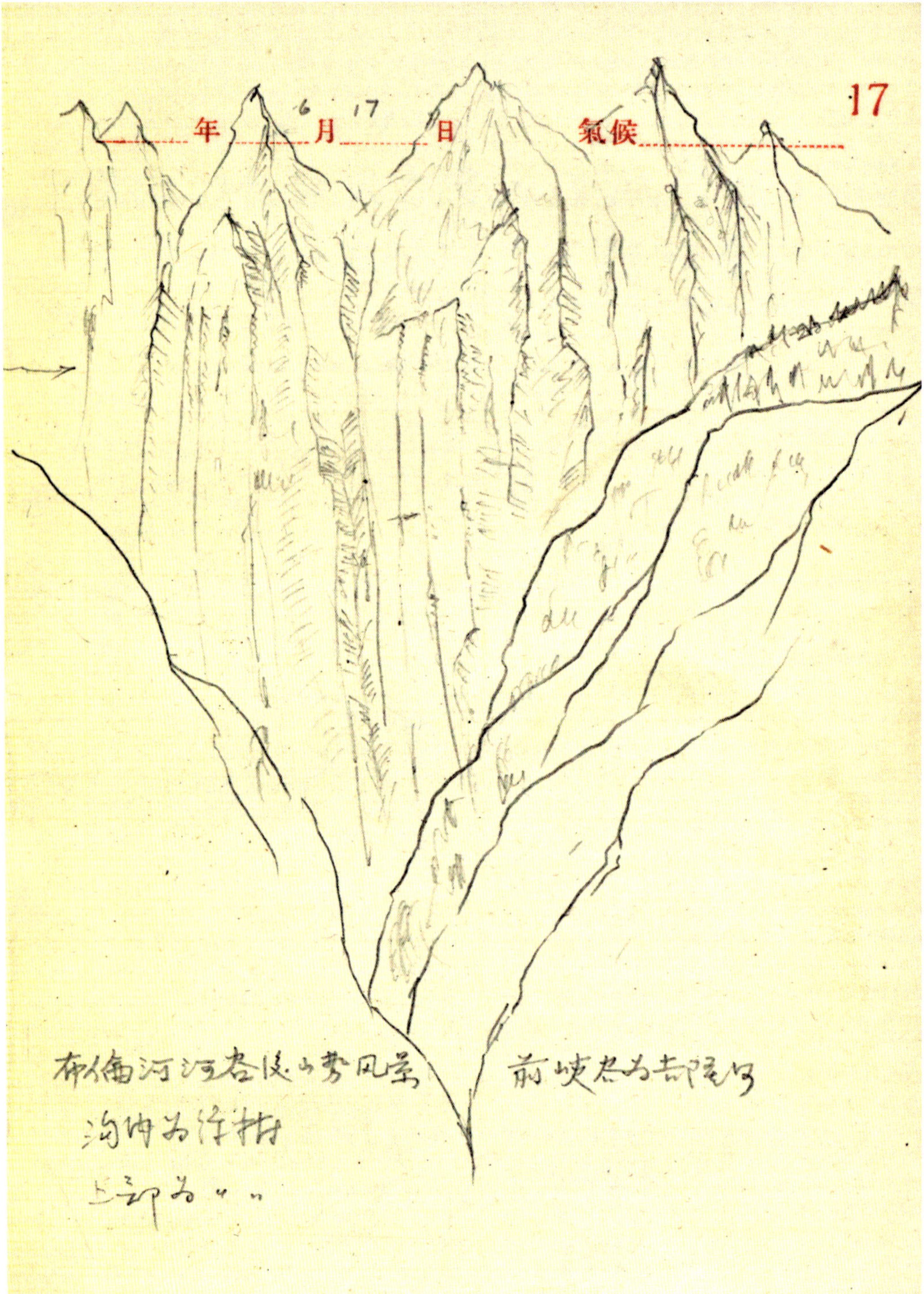

西藏布伦河河谷上游山势（1966年）

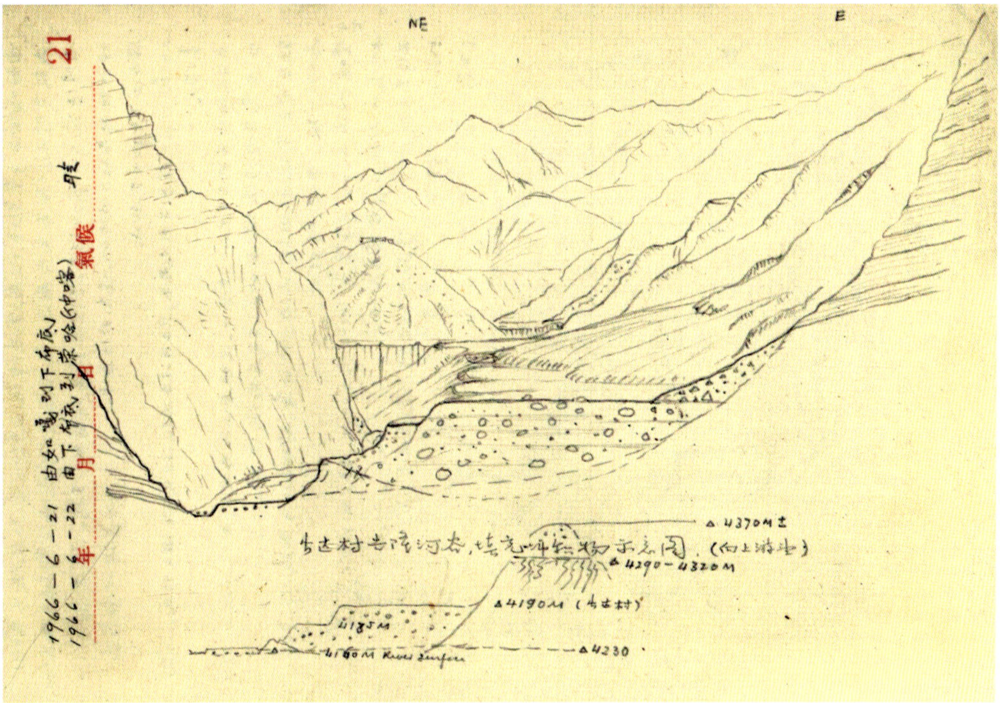

西藏吉隆河谷冲积物素描图（1966年）

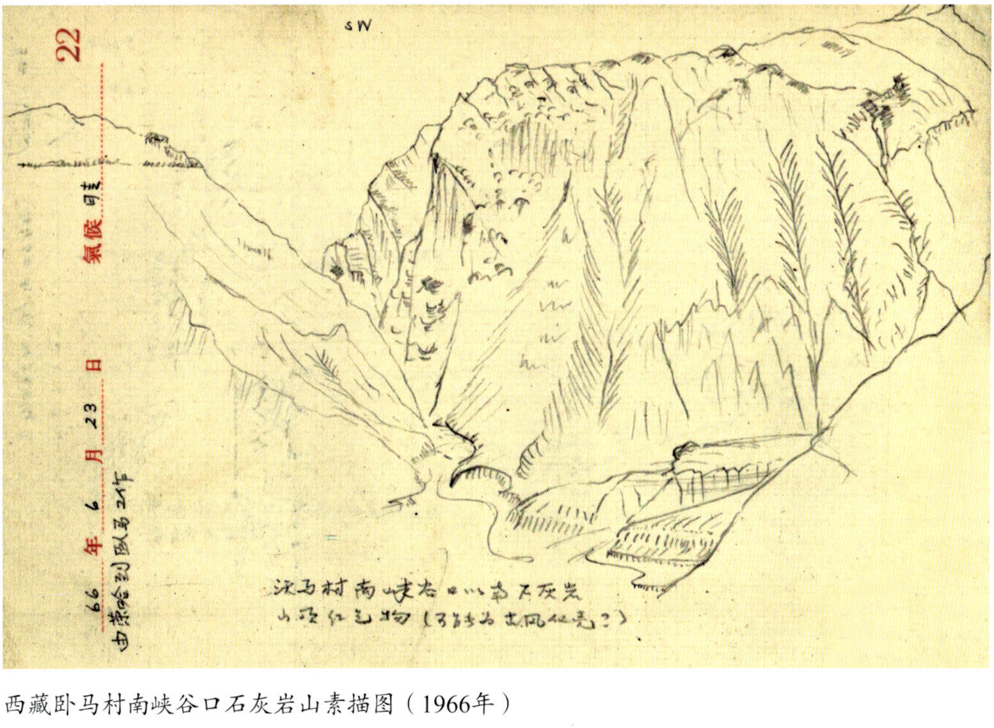

西藏卧马村南峡谷口石灰岩山素描图（1966年）

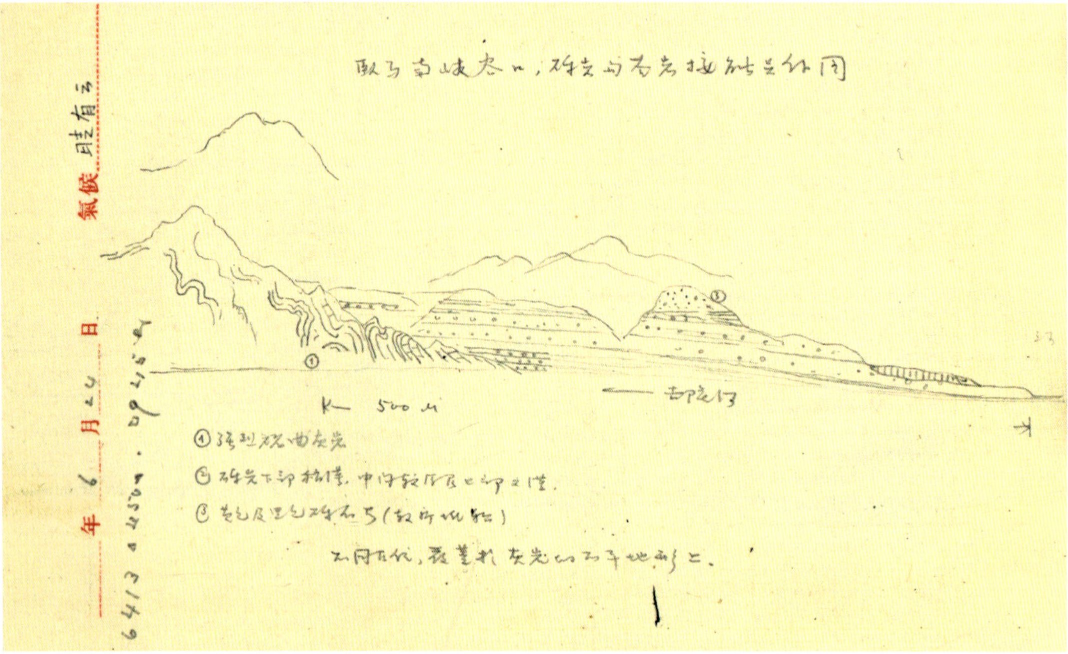

西藏卧马南村峡谷口砾石层与基岩接触关系（1966年）

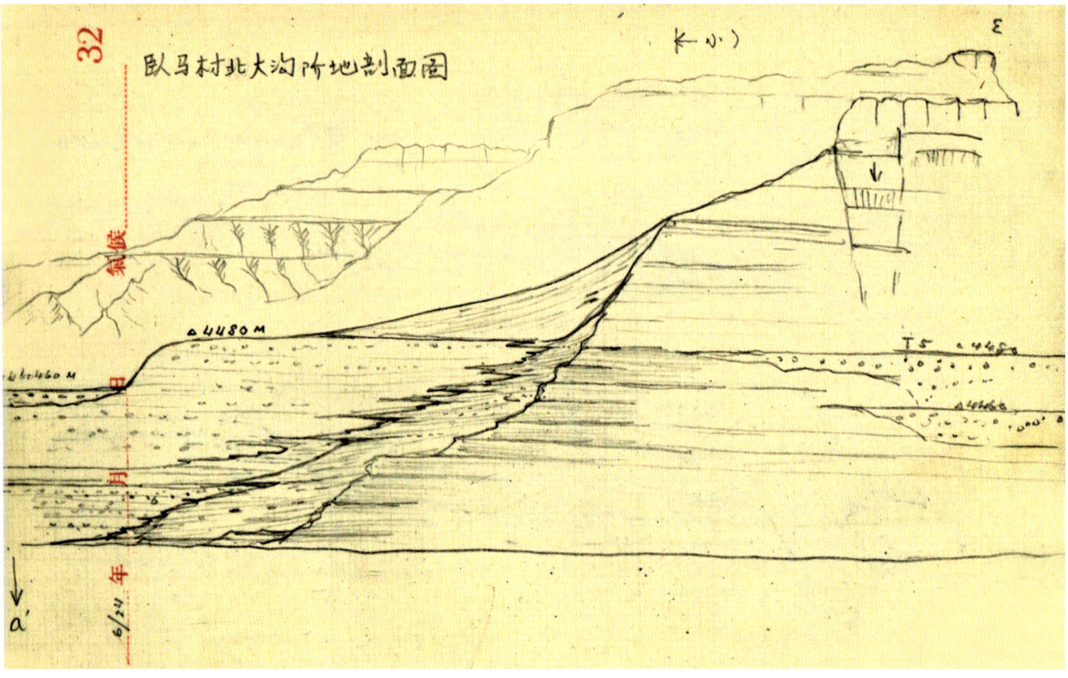

西藏卧马村北大沟阶地剖面图（1966年）

西藏卧马村南大沟内N-Q地层成背斜（1966年）

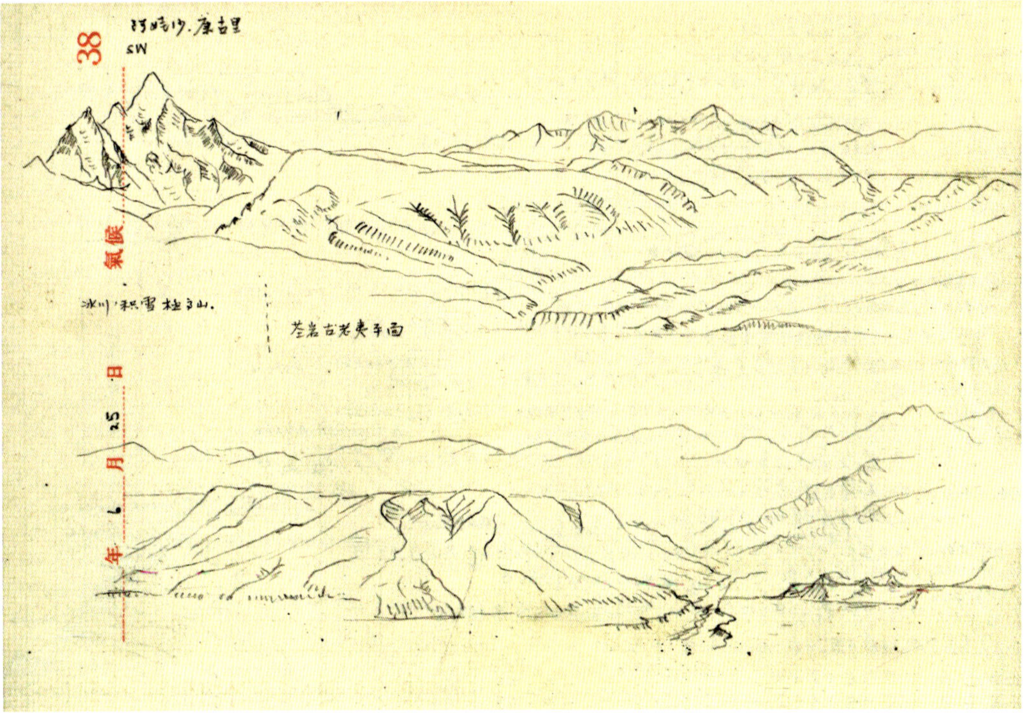

蒙哈河谷鸟瞰图（1966年）

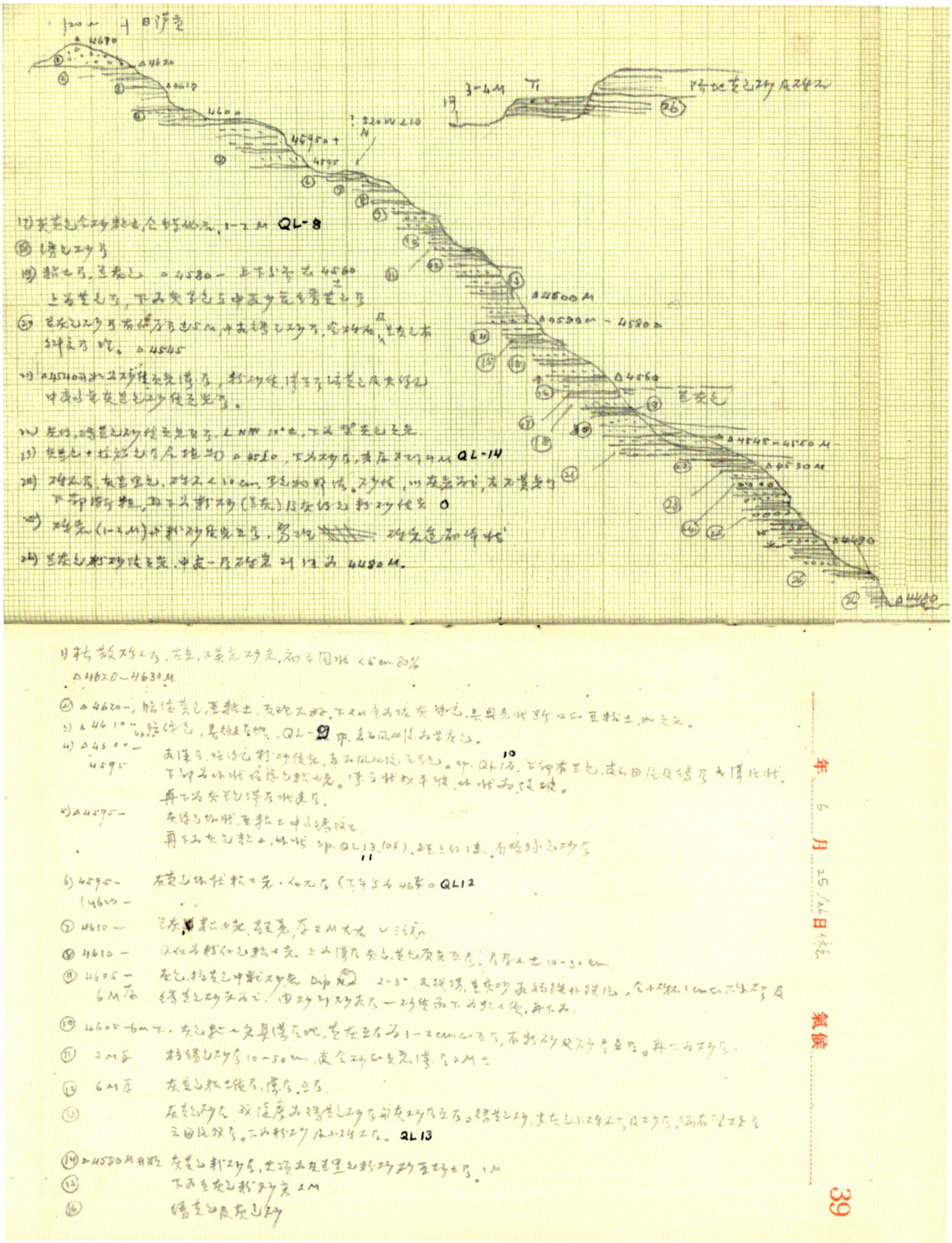

日萨贡东附近吉隆河河谷断面图和各层岩性描述（1966年）

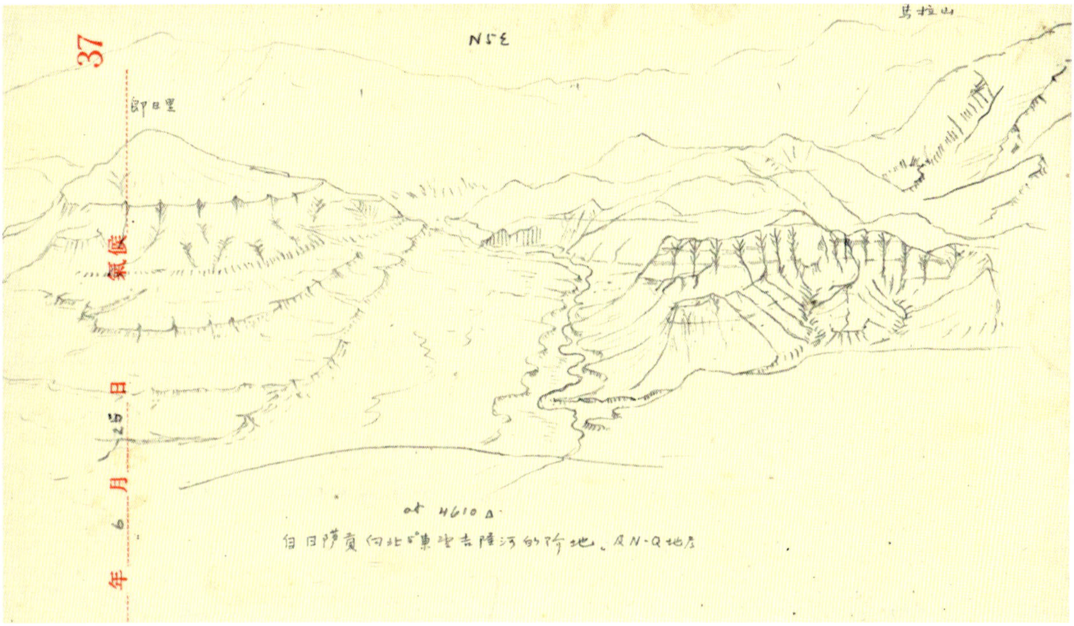

日萨贡东望吉隆河阶地素描图（1966年）

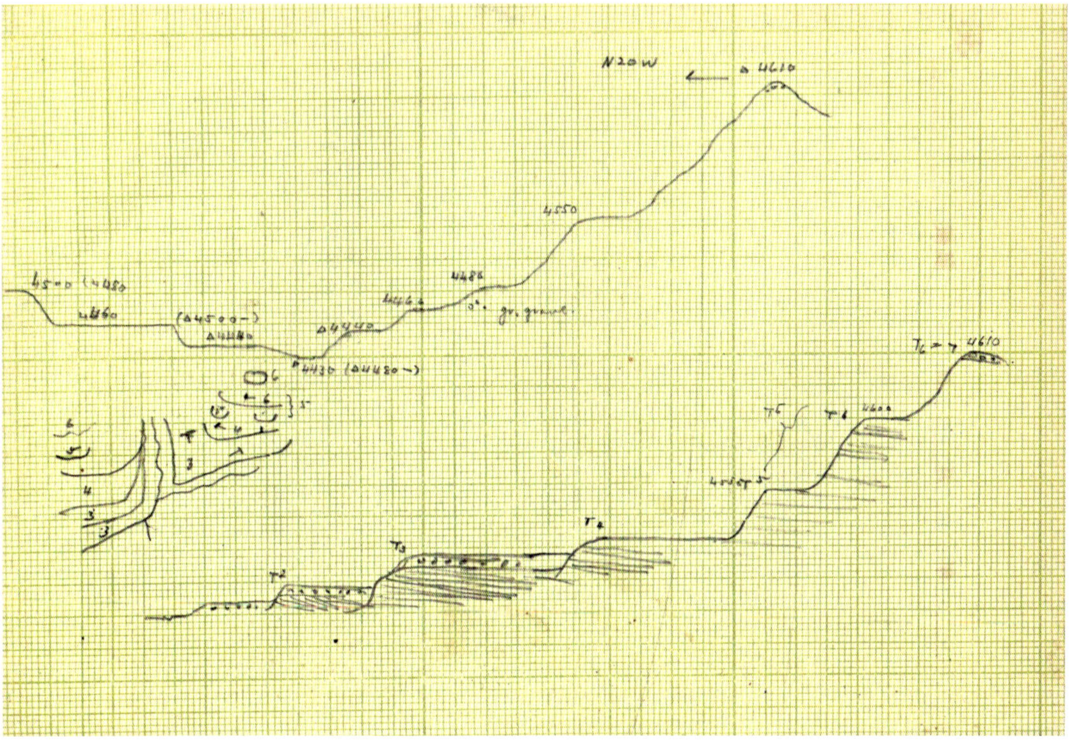

吉隆河阶地横断面图（1966年）

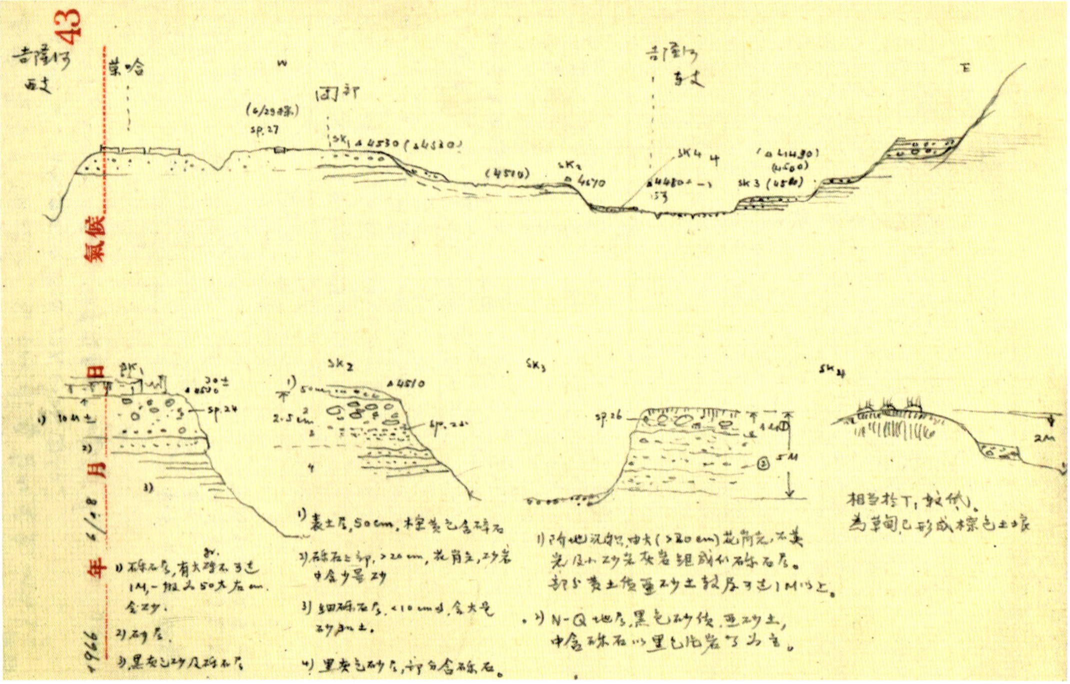

荣哈附近吉隆河横断面和各阶地沉积物剖面（1966年）

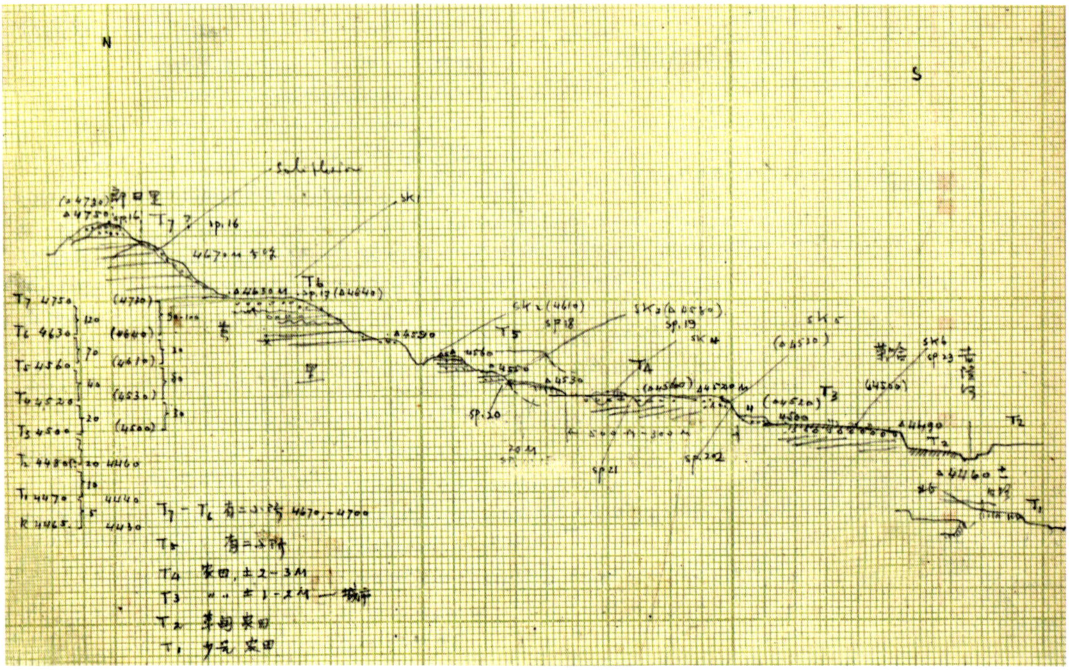

郎日里附近吉隆河横断面图（1966年）

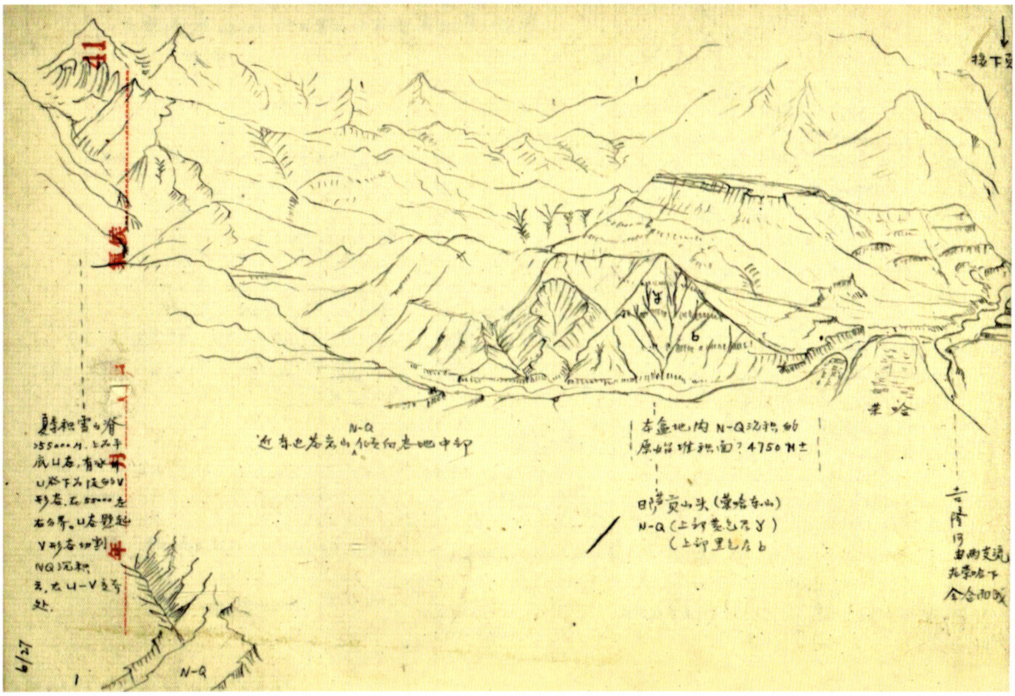

荣哈盆地N-Q沉积物素描图（1966年）

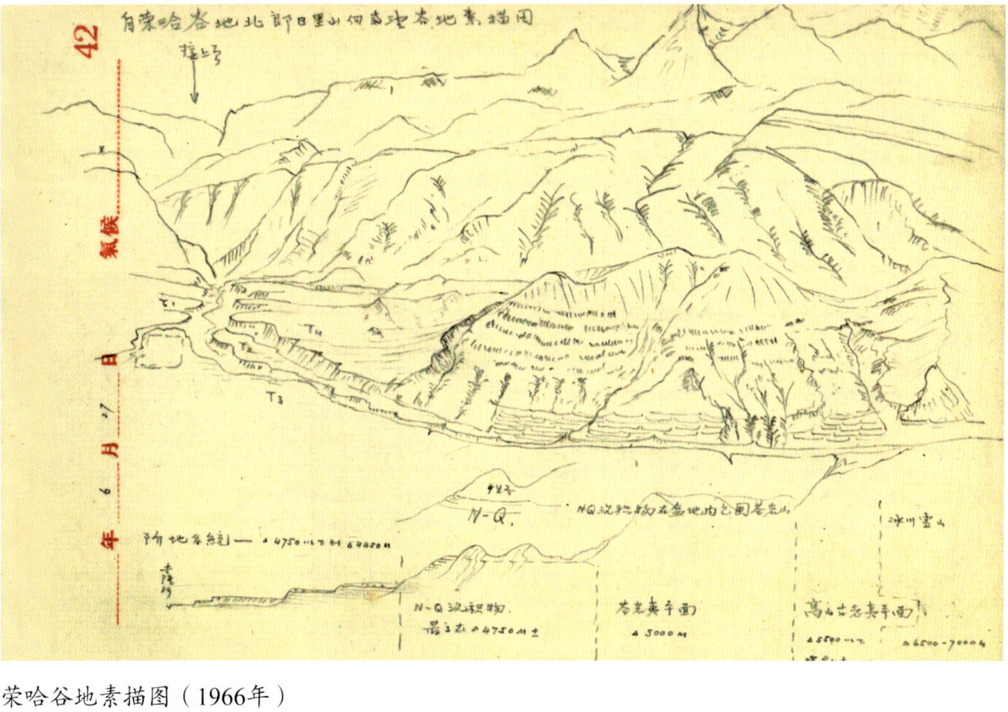

荣哈谷地素描图（1966年）

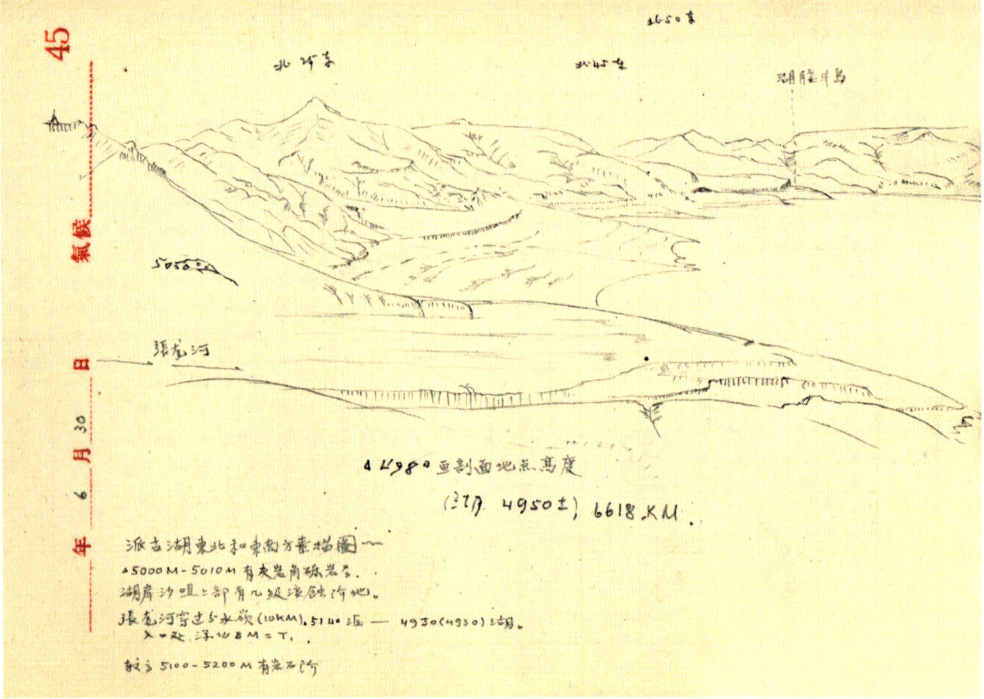

派古湖东北和东南方素描图（1966年）

派古湖北端素描图（1966年）

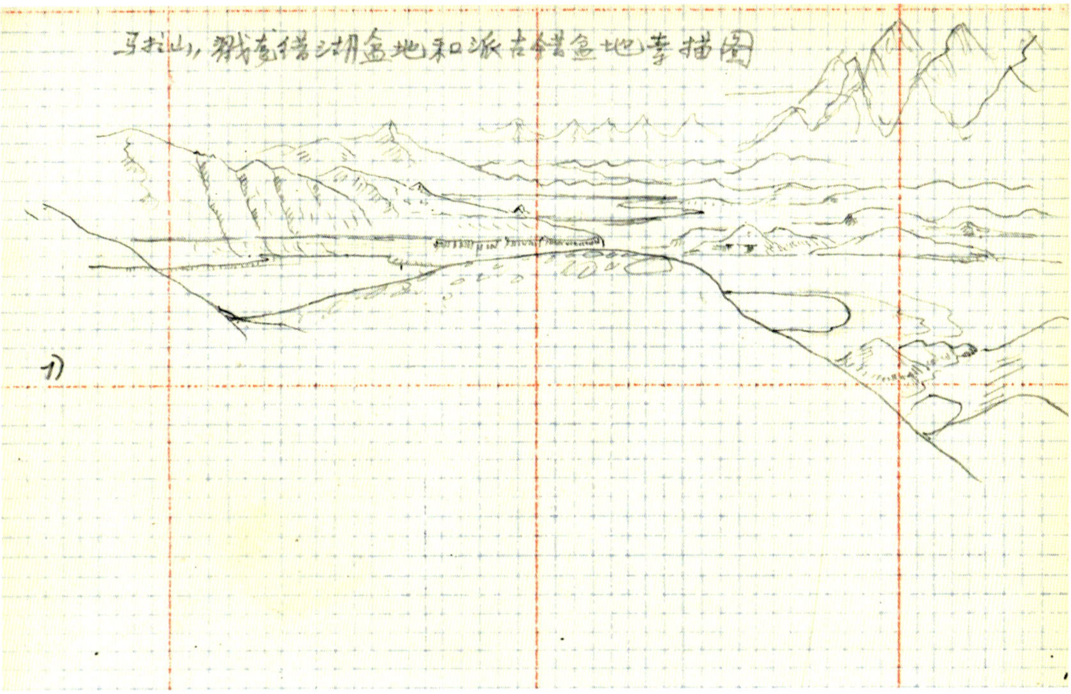

马拉山和戳龙错湖盆地素描—1（1966年）

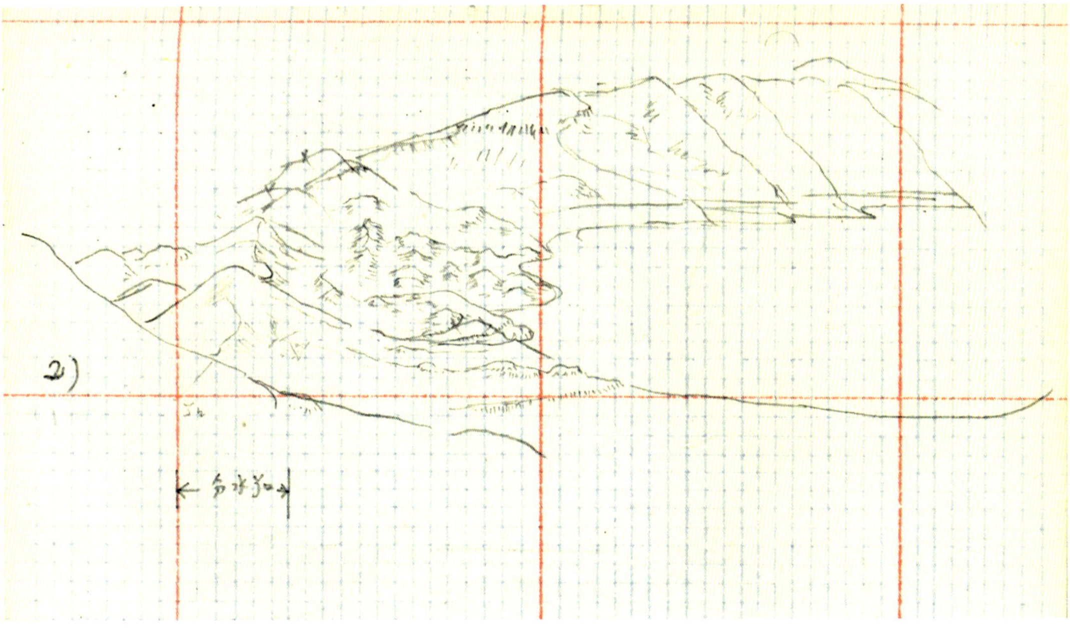

马拉山和戳龙错湖盆地素描—2（1966年）

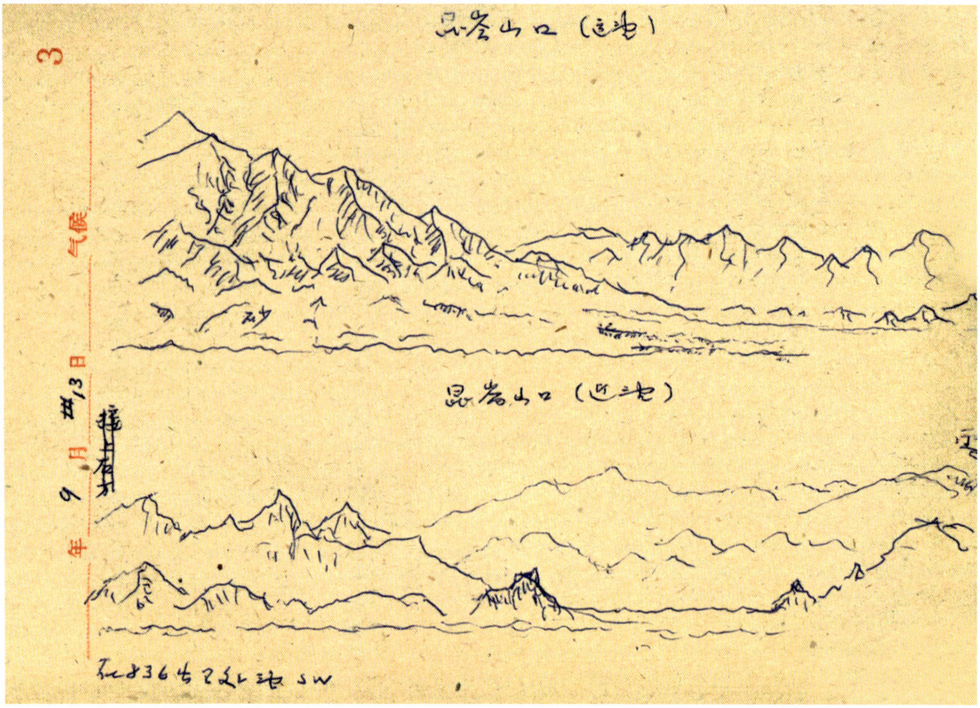

昆仑山口素描图（1967年）

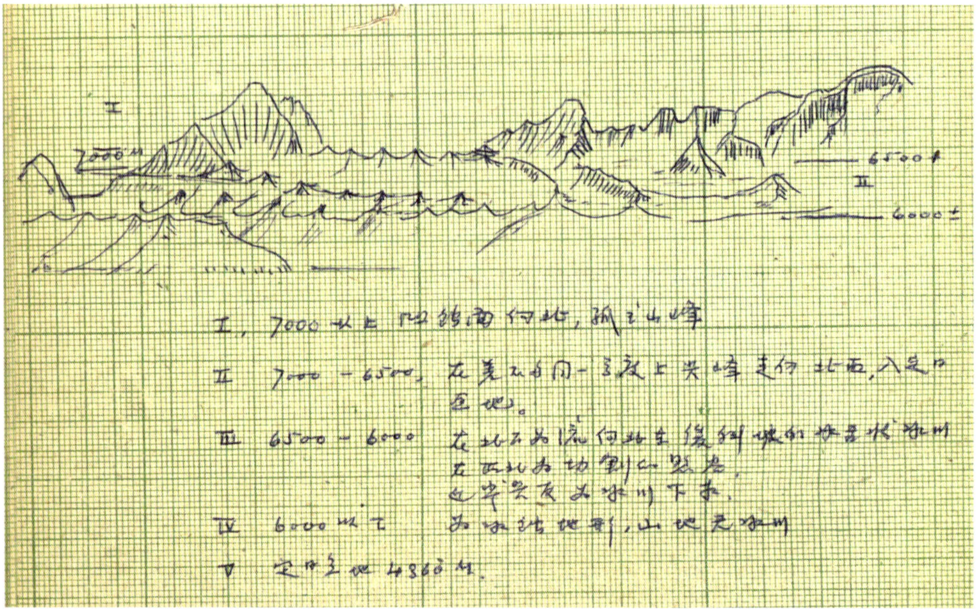

古错兵站附近山势图（1967年）

纳赤台兵站附近昆仑山坡黄土覆盖（1967年）

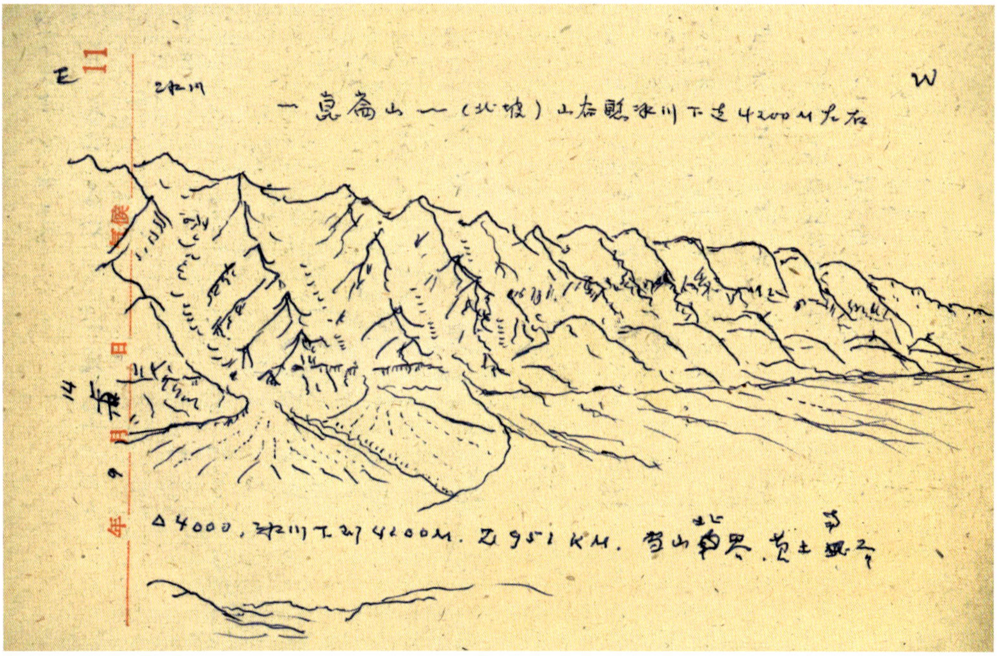

昆仑山北麓素描图，冰川下伸到4200m处（1967年）

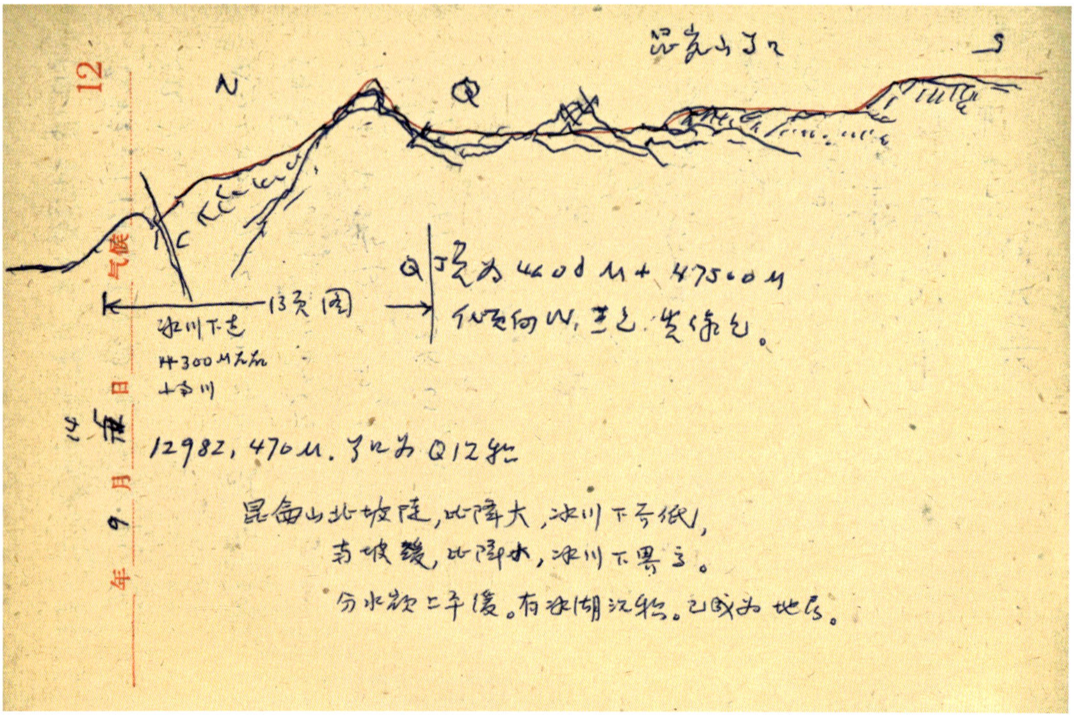

昆仑山垭口剖面图（1967年）

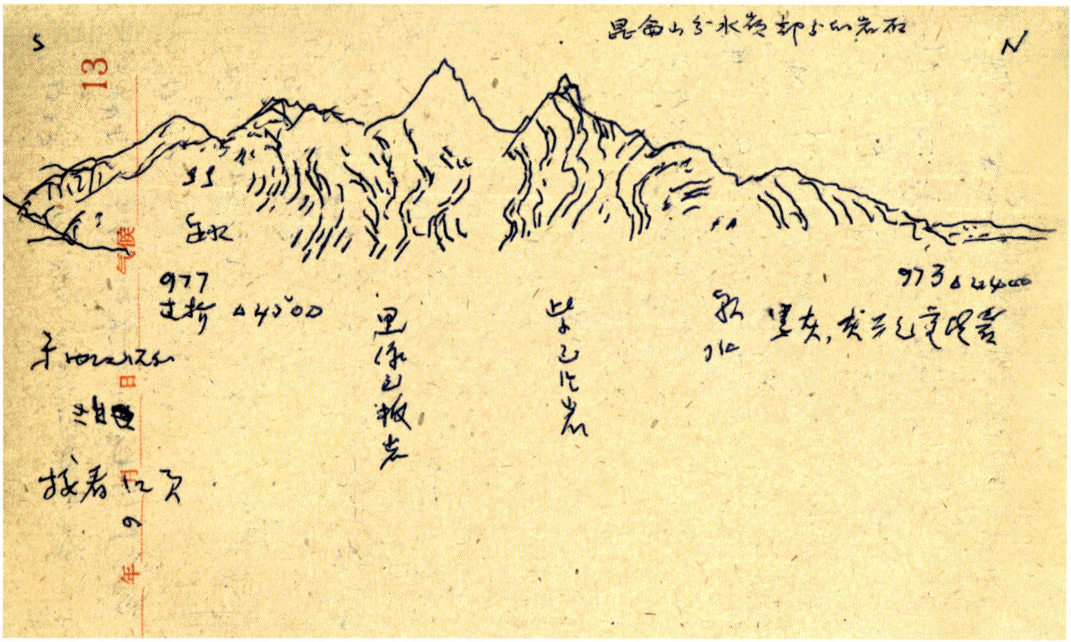

昆仑山分水岭岩石类型（1967年）

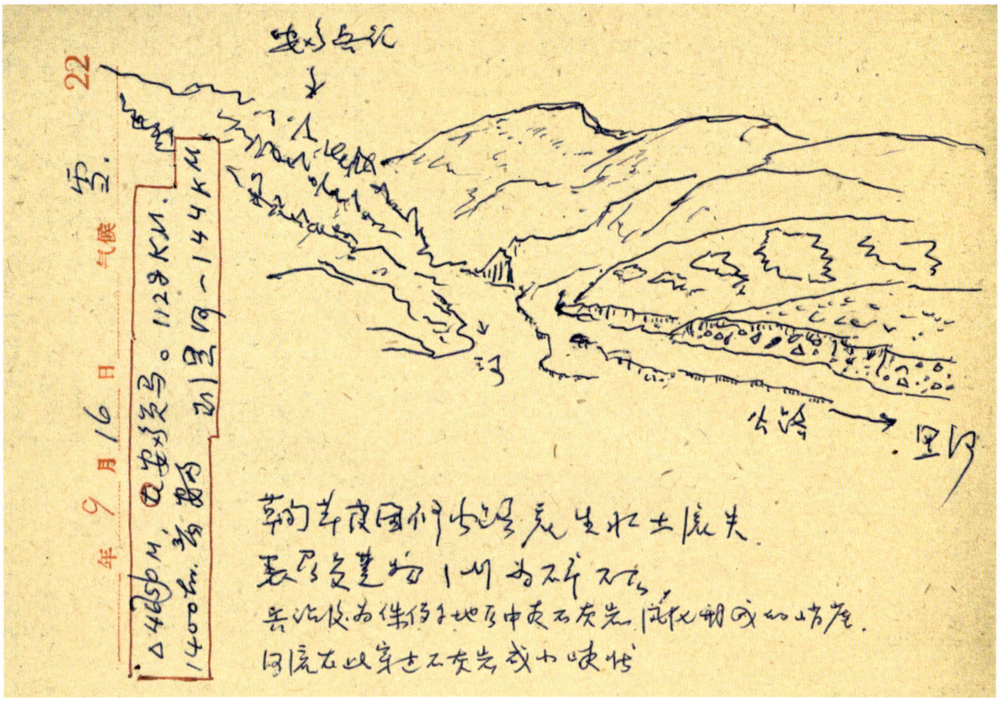

公路开挖引起水土流失（1967年）

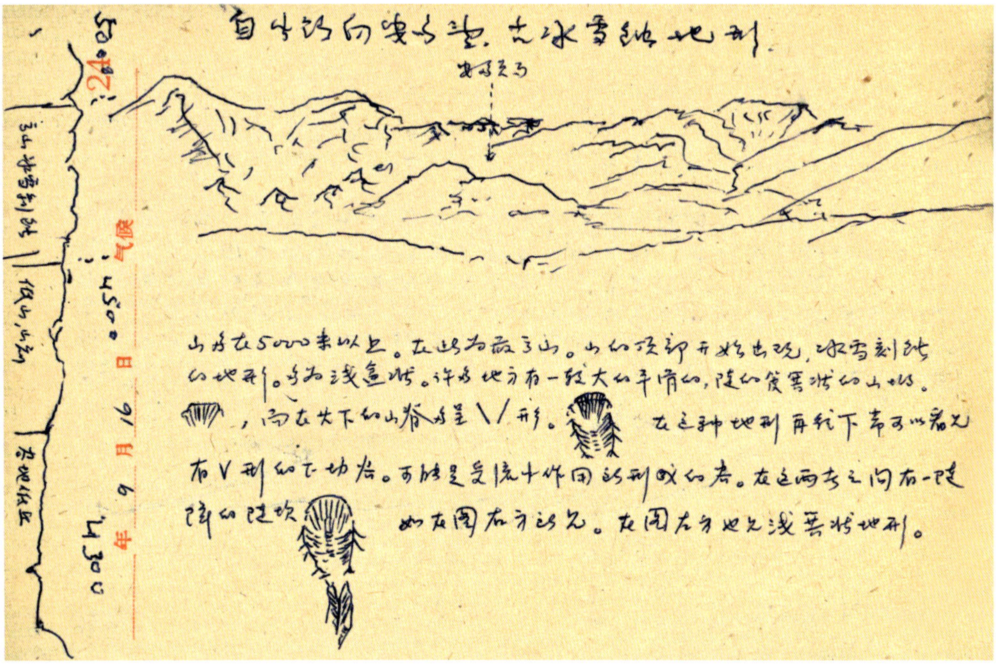

远望高山上冰雪侵蚀地形素描图（1967年）

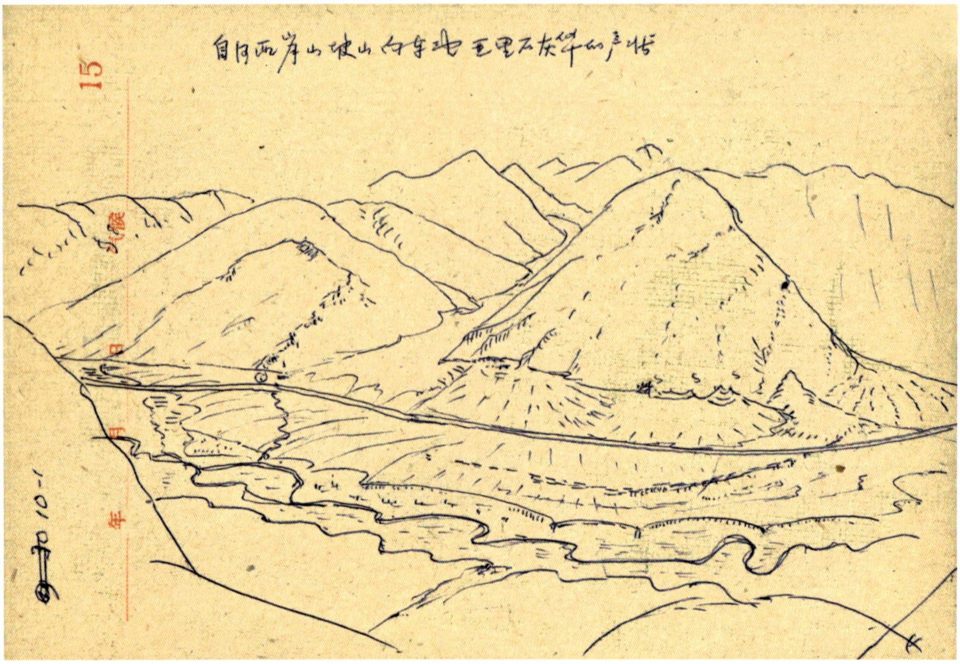

石灰华沉积素描图（1967年）

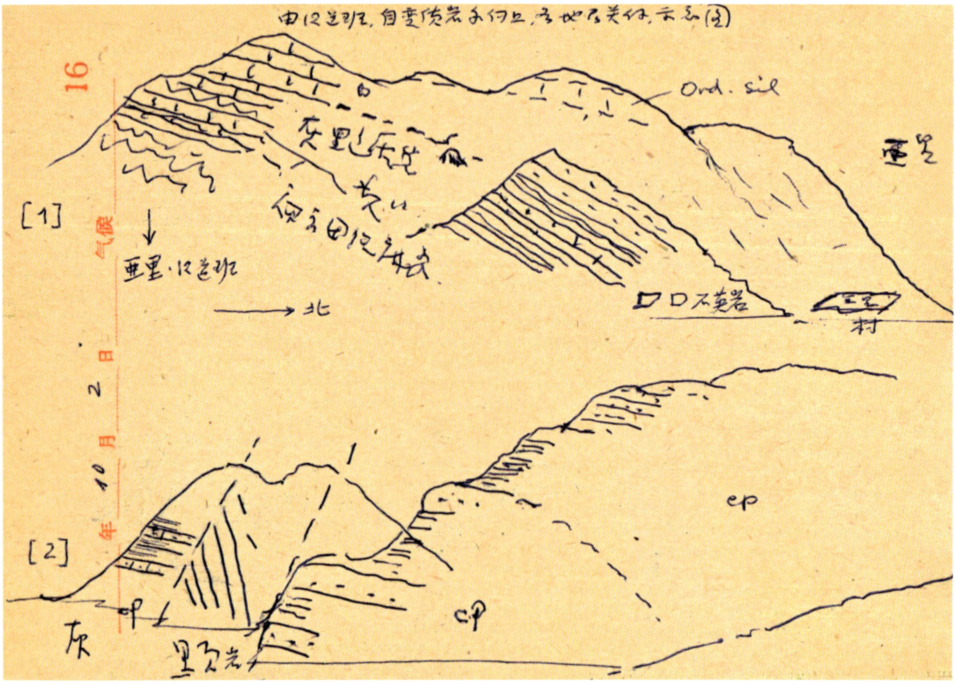

12道班附近变质岩系各种接触关系（1967年）

加布拉山口的冰川素描图（1967年）

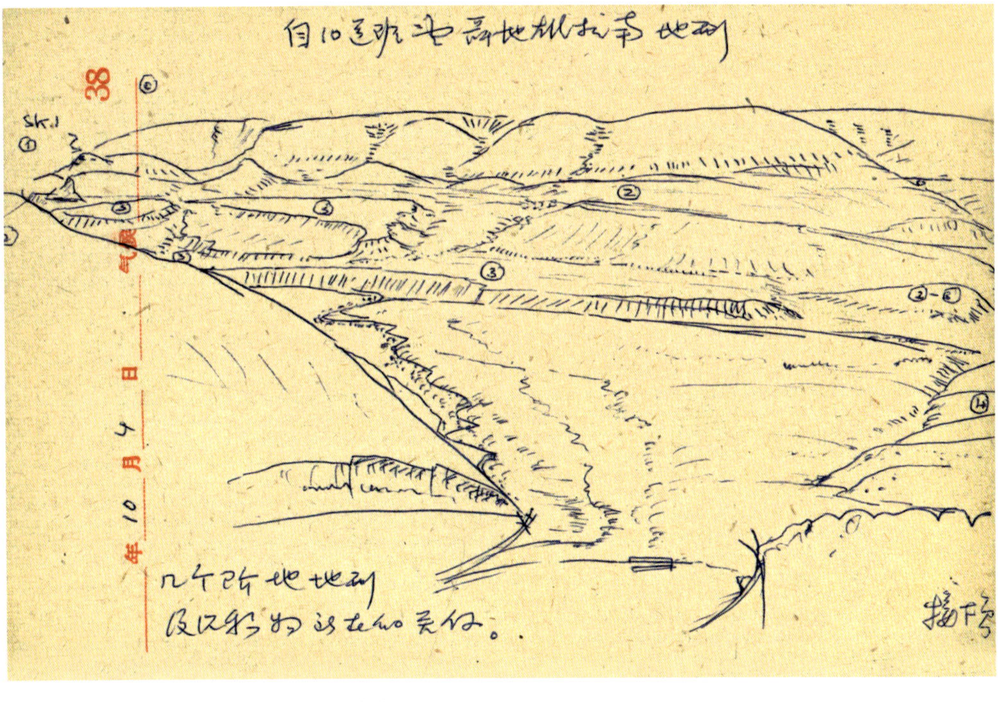

10道班附近沉积物素描图（1967年）

从古错兵站远望珠峰（1967年）

古错兵站对面山上古冰川地形—1（1967年）

古错兵站对面山上古冰川地形—2（1967年）

古错兵站对面山上古冰川地形—3（1967年）

古错兵站对面山上古冰川地形—4（1967年）

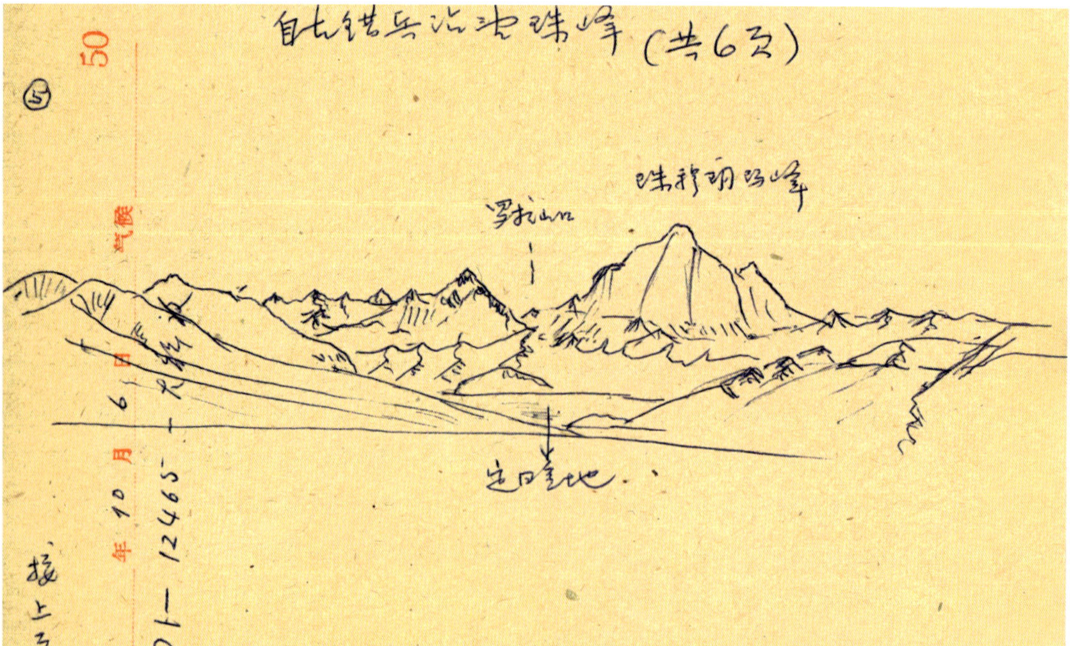

古错兵站远望珠峰（1967年）

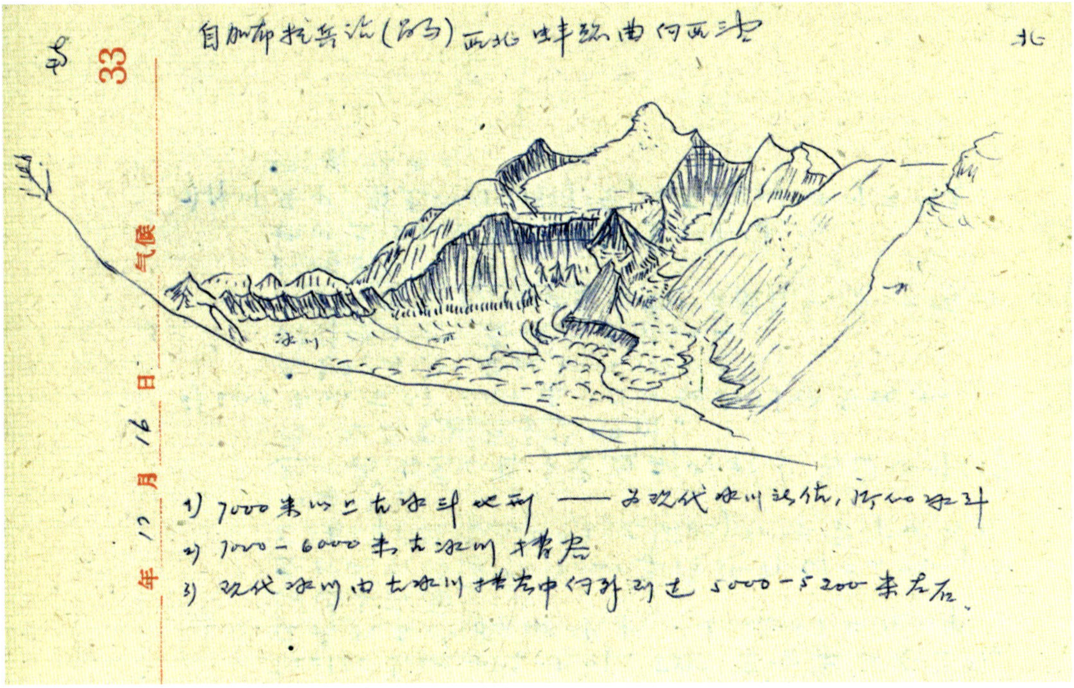

加布拉兵站西望古冰斗和古冰川槽谷（1967年）

79道班附近素描图（1967年）

卓奥友峰下的冰川及冰川沉积素描图（1967年）

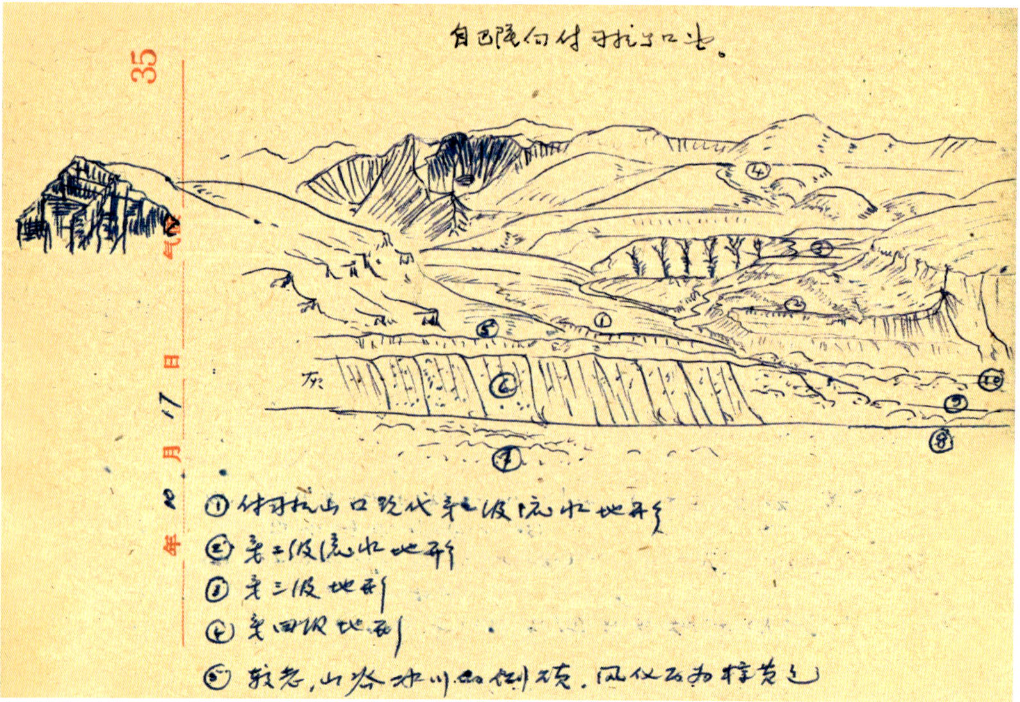

从巴隆远望付司拉垭口的地形素描图（1967年）

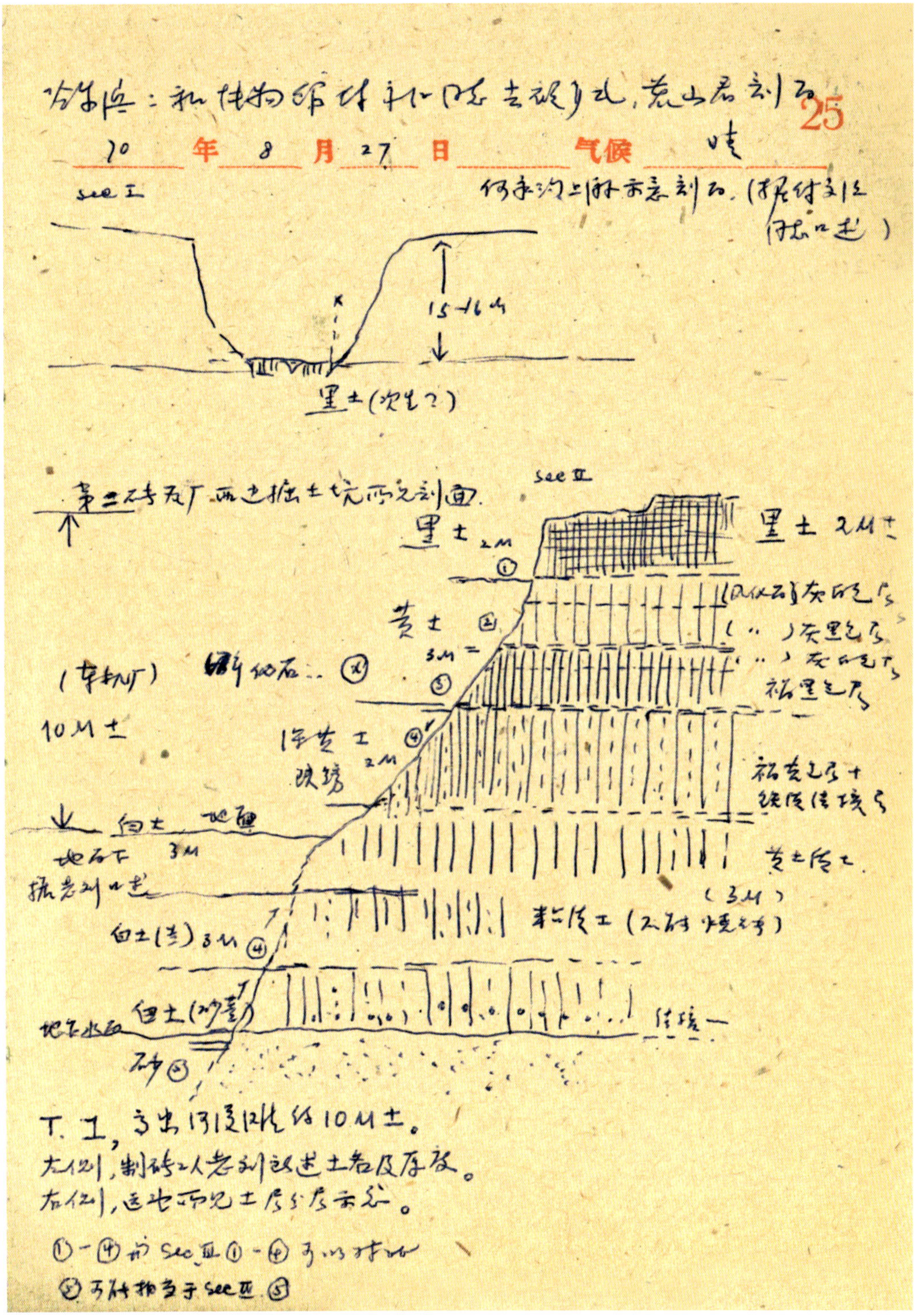

黑龙江顾乡屯第二砖厂西取土坑剖面（1970年）

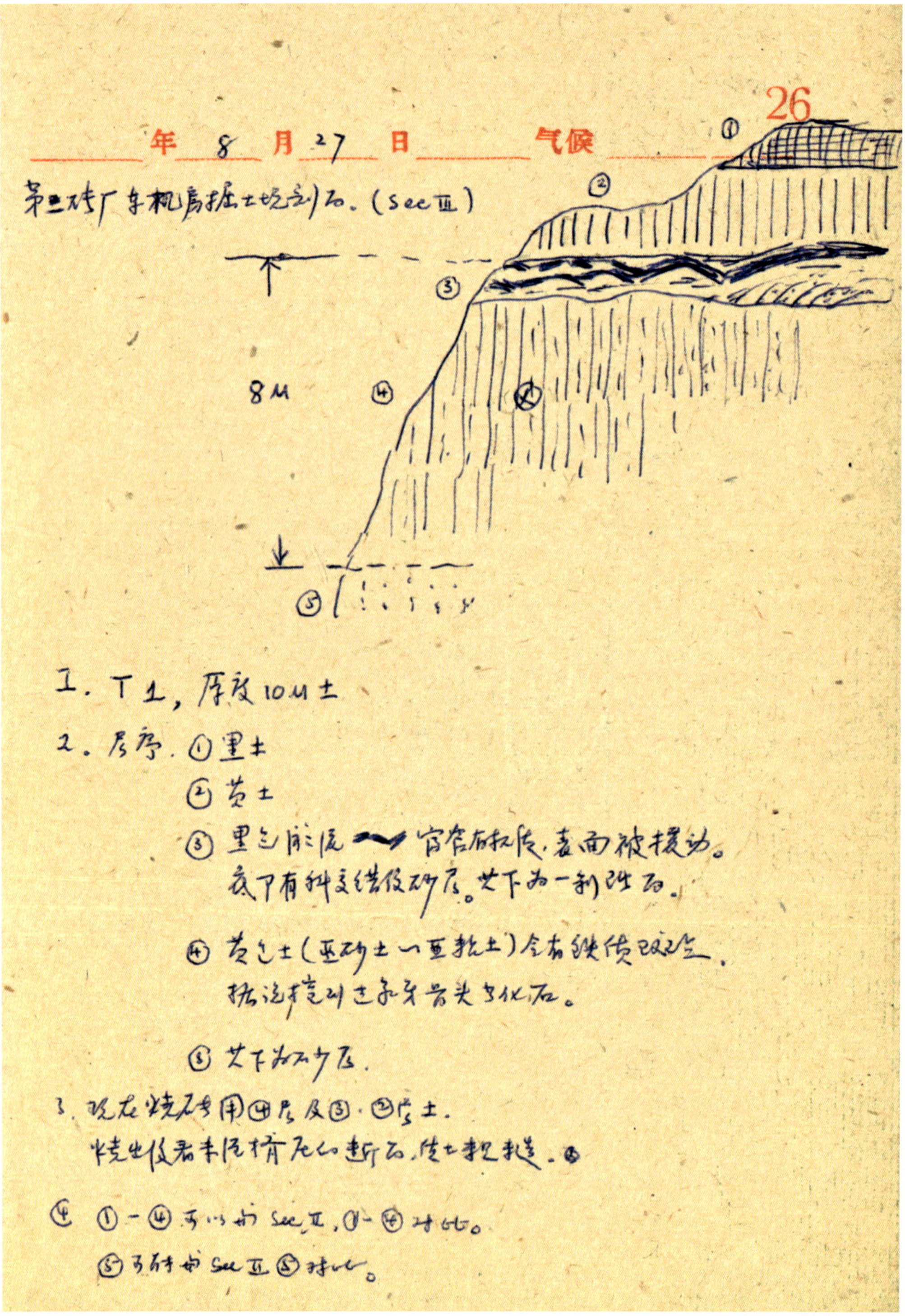

黑龙江顾乡屯第二砖厂东取土坑剖面（1970年）

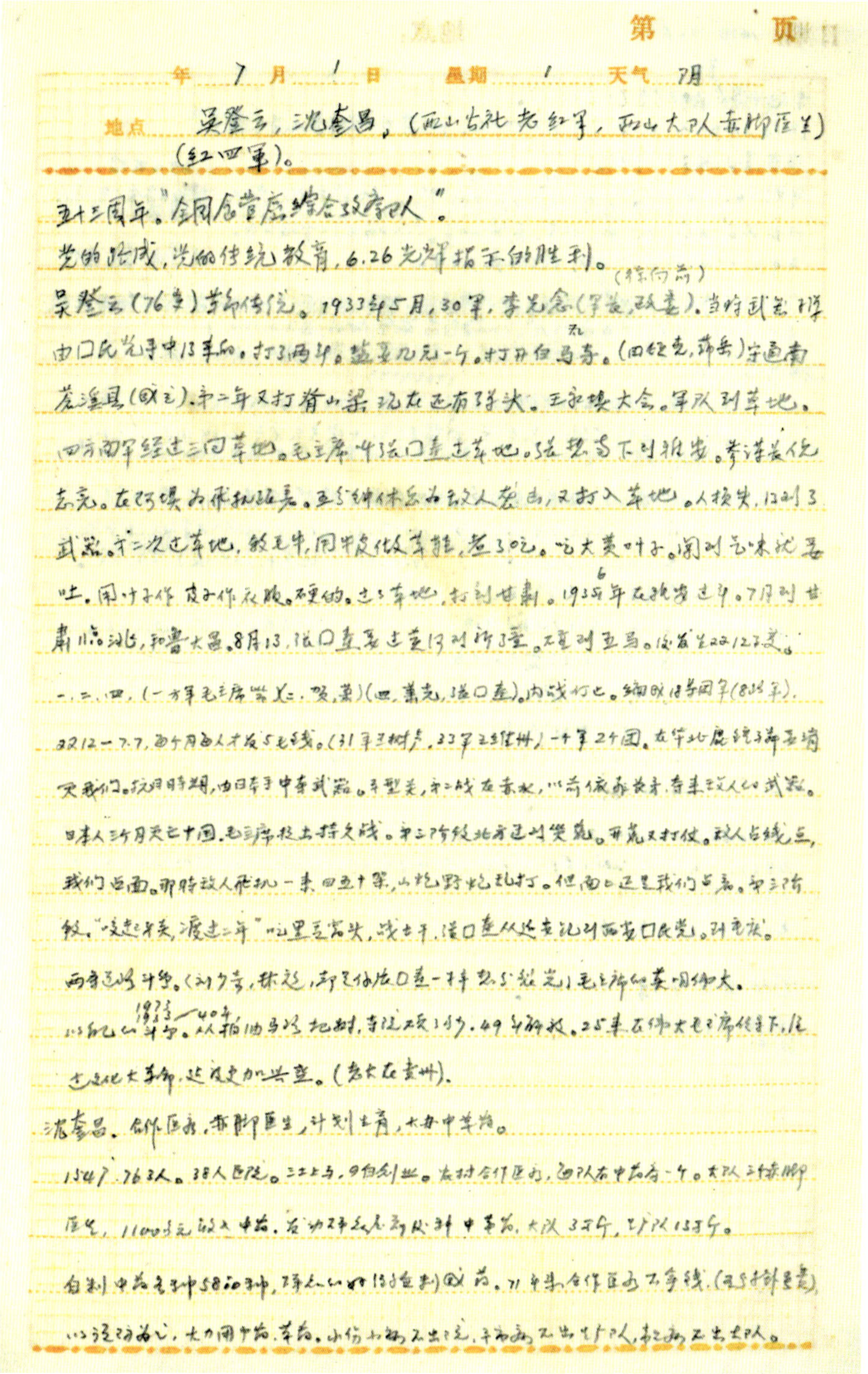
第 页
年 7月 1日 星期 1 天气 阴
地点 吴登云，沈奎昌，（西山公社 老红军，西山大队赤脚医生）（红四军）。
五十三周年。"全国食管癌综合考察队"。
党的路线，党的传统教育，6.26光辉指示的胜利。

全国食管癌综合考察队访问老乡记录（1974年）

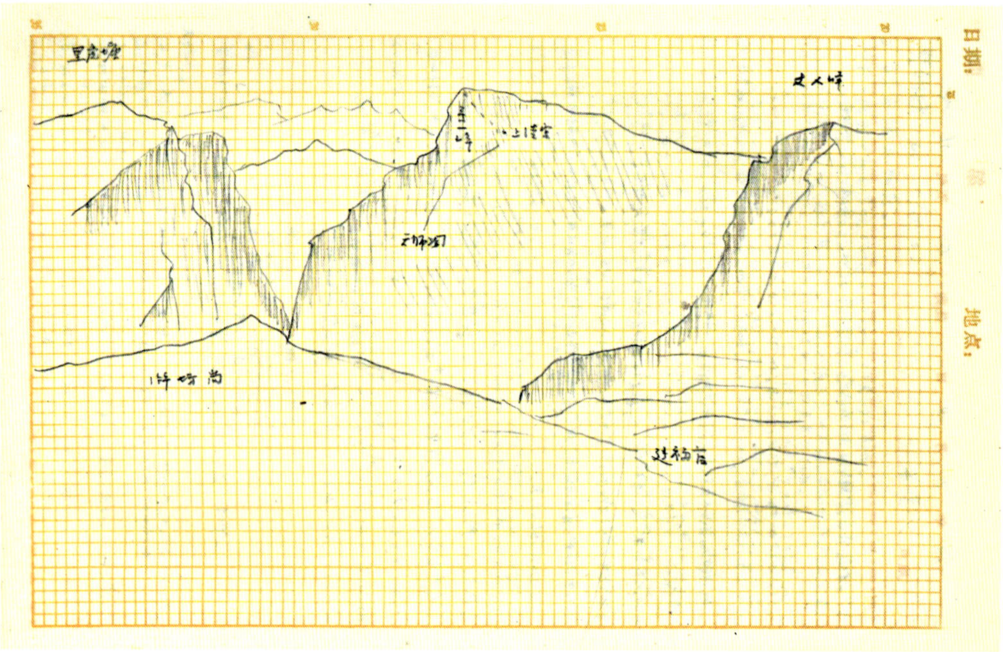

四川阆中黑虎塘山势素描图（1974年）

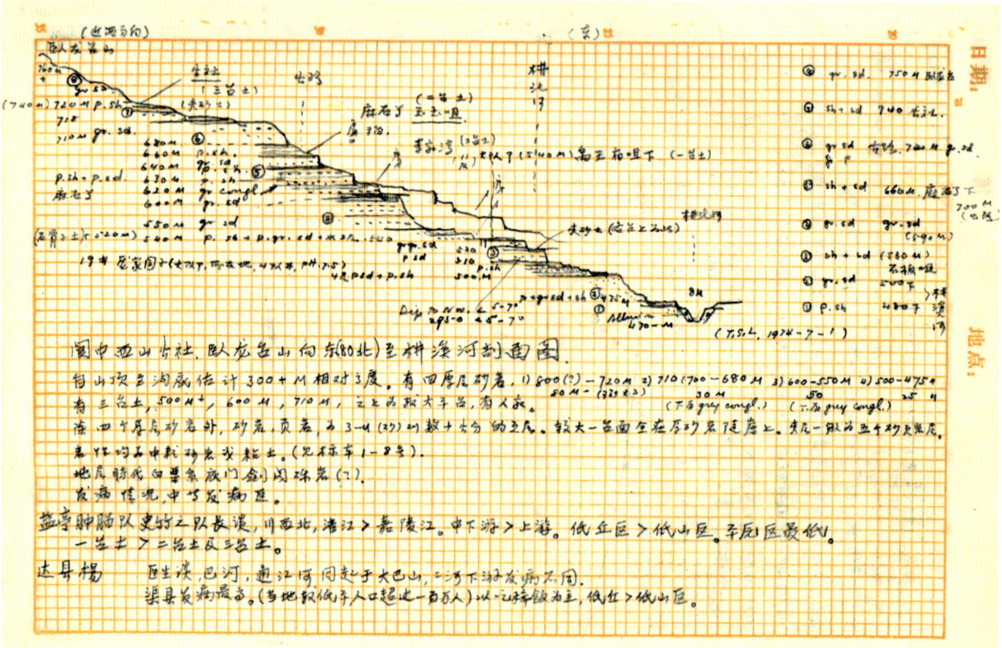

四川阆中溪山公社—构溪河横剖面图（1974年）

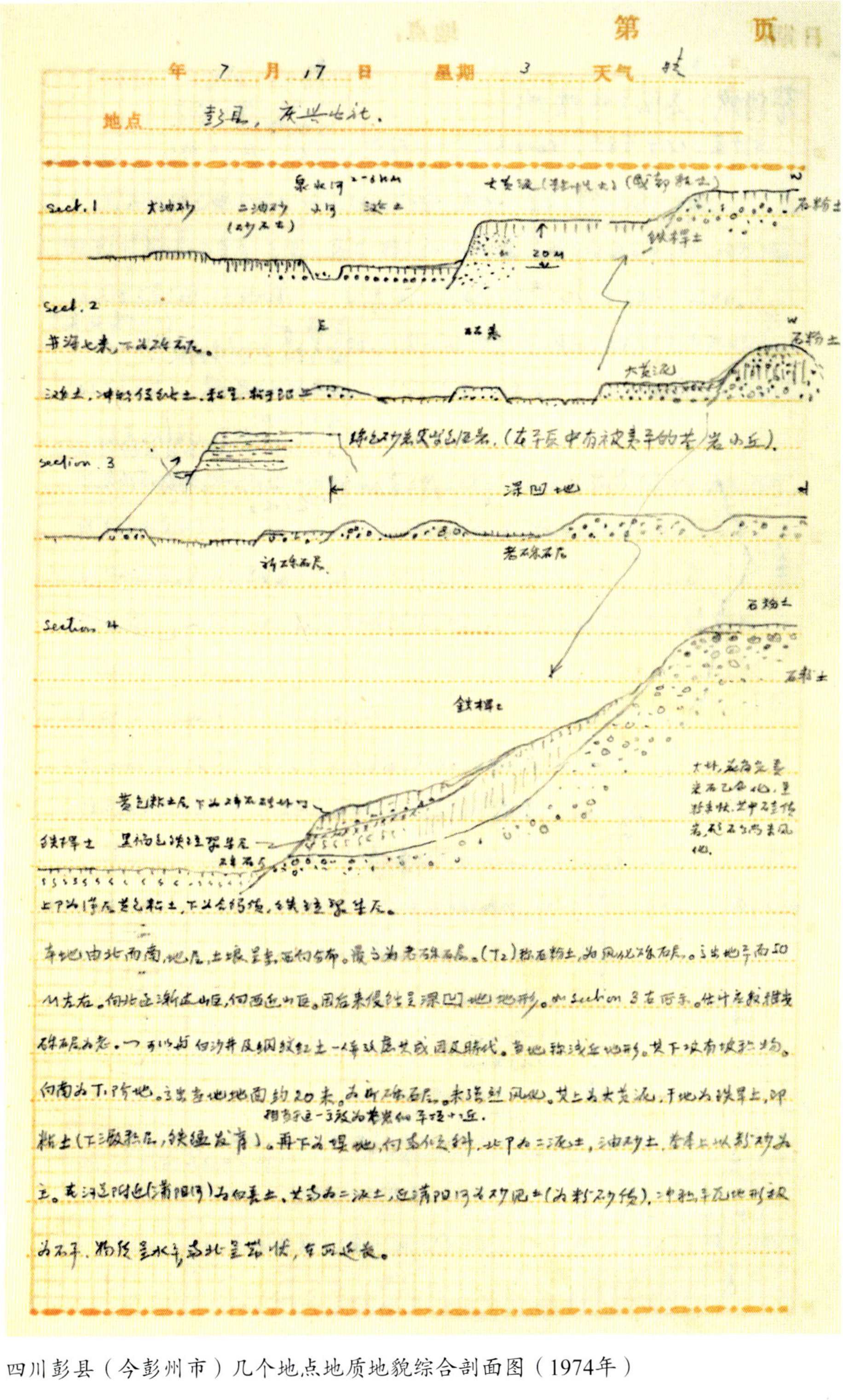

四川彭县（今彭州市）几个地点地质地貌综合剖面图（1974年）

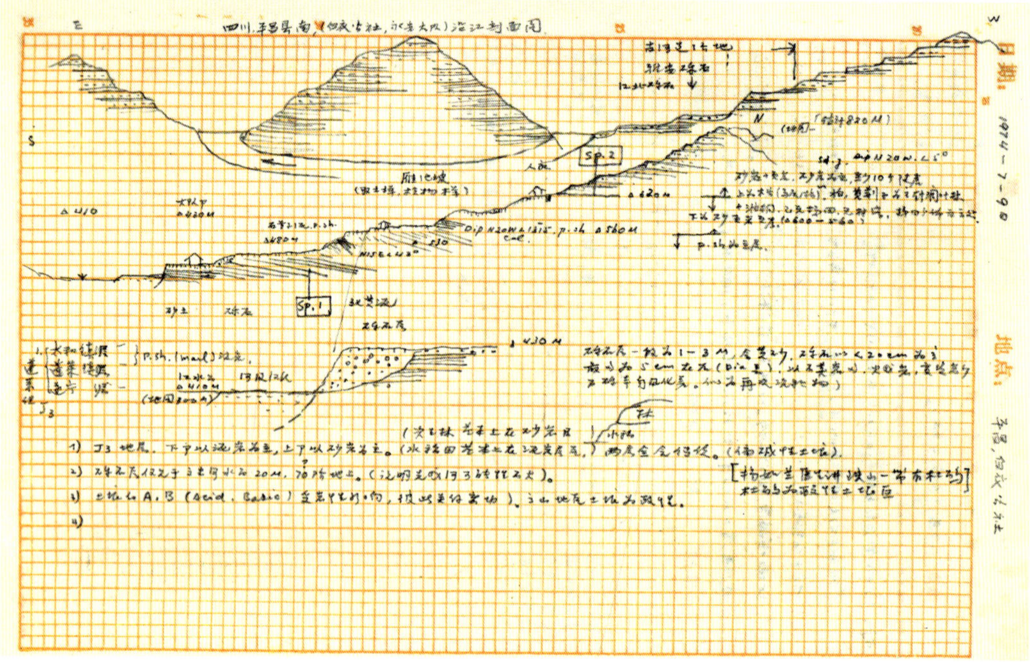

四川平昌白衣公社永安大队沿江剖面图（1974年）

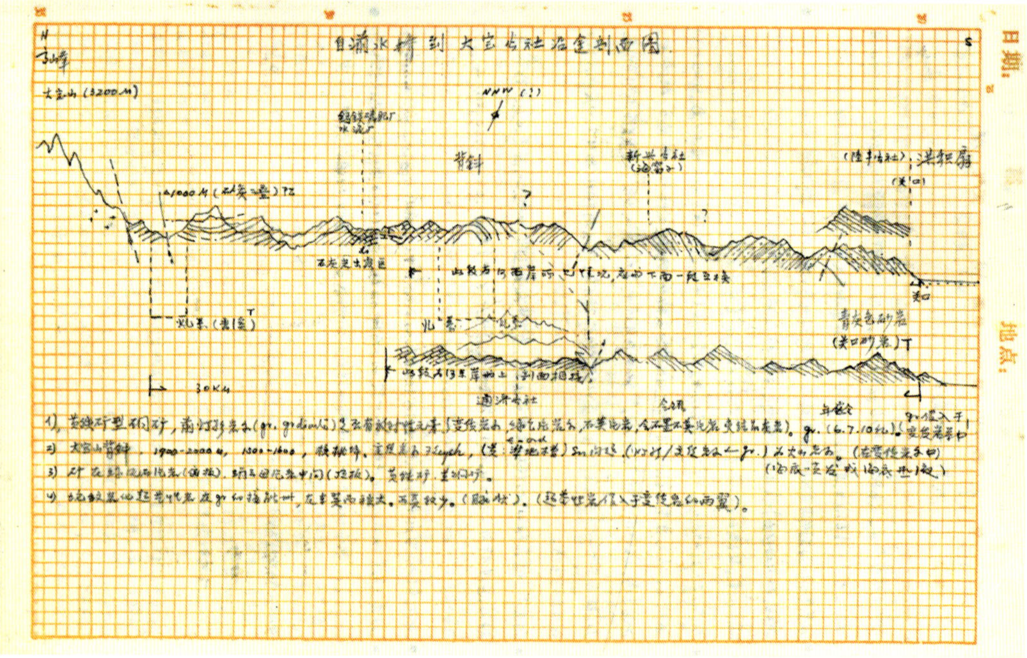

四川阆中湔水桥—大宝公社剖面图（1974年）

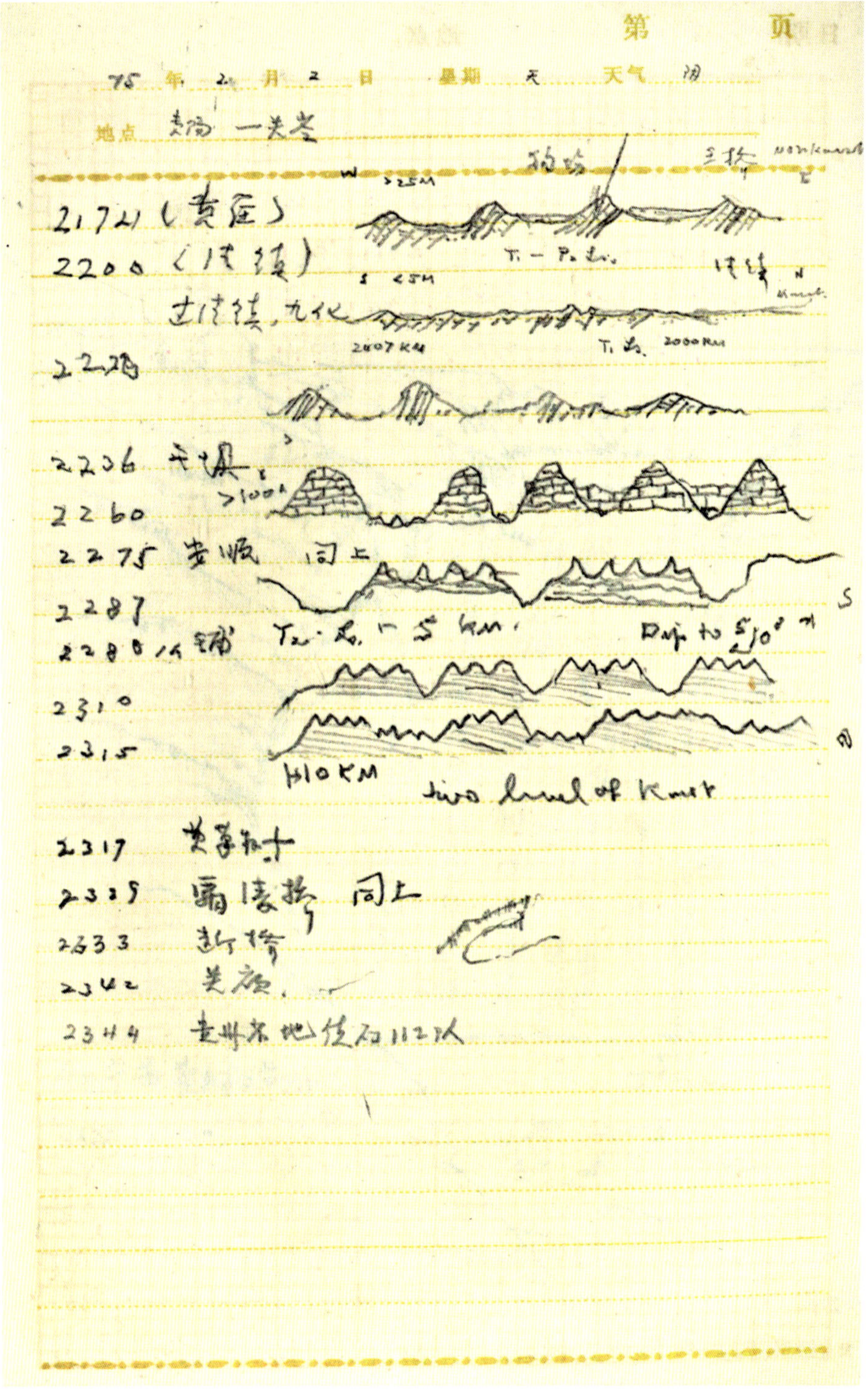

贵州贵阳—关岭路线剖面（1975年）

黄果树瀑布素描图（1975年）

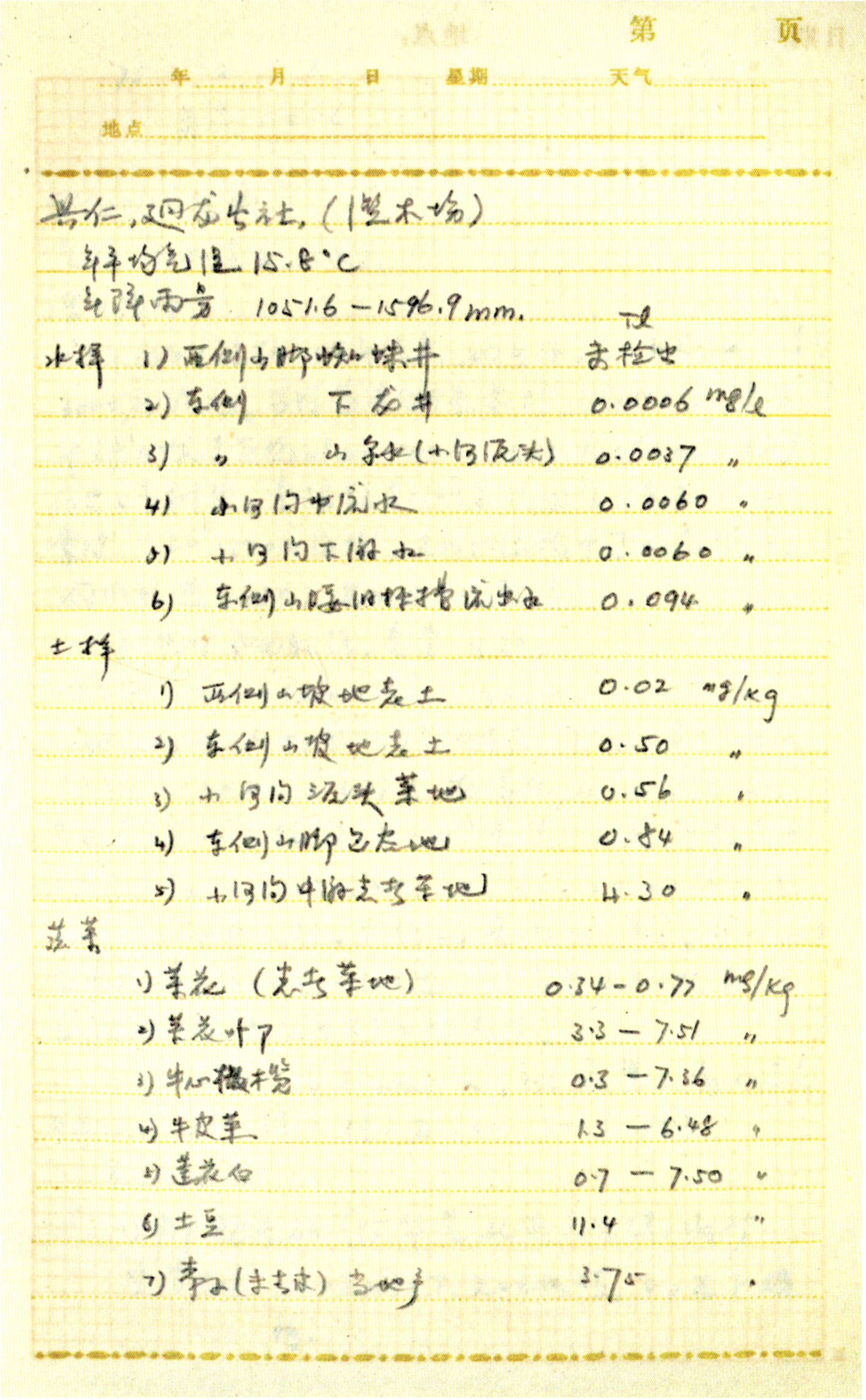

第　　页

年　　月　　日　　星期　　天气

地点

兴仁，迥龙公社，（伐木场）

年平均气温 15.8°C

年降雨量 1051.6—1596.9 mm.

		Tl
水样	1) 西侧山脚蜈蚣井	未检出
	2) 东侧　下岩井	0.0006 mg/l
	3) 〃　山泉水（小河源头）	0.0037 〃
	4) 小河沟中流水	0.0060 〃
	5) 小河沟下游水	0.0060 〃
	6) 东侧山腰旧堆槽流出水	0.094 〃
土样	1) 西侧山坡地表土	0.02 mg/kg
	2) 东侧山坡地表土	0.50 〃
	3) 小河沟源头菜地	0.56 〃
	4) 东侧山脚包谷地	0.54 〃
	5) 小河沟中游老矿菜地	4.30 〃
蔬菜	1) 菜花（老矿菜地）	0.34—0.77 mg/kg
	2) 菜花叶子	3.3—7.51 〃
	3) 牛心橄榄	0.3—7.36 〃
	4) 牛皮菜	1.3—6.48 〃
	5) 莲花白	0.7—7.50 〃
	6) 土豆	11.4 〃
	7) 李子（毛桃）老矿地	3.75 〃

贵州兴仁迥龙公社水土蔬菜样品元素铊（Tl）测定结果（1975年）

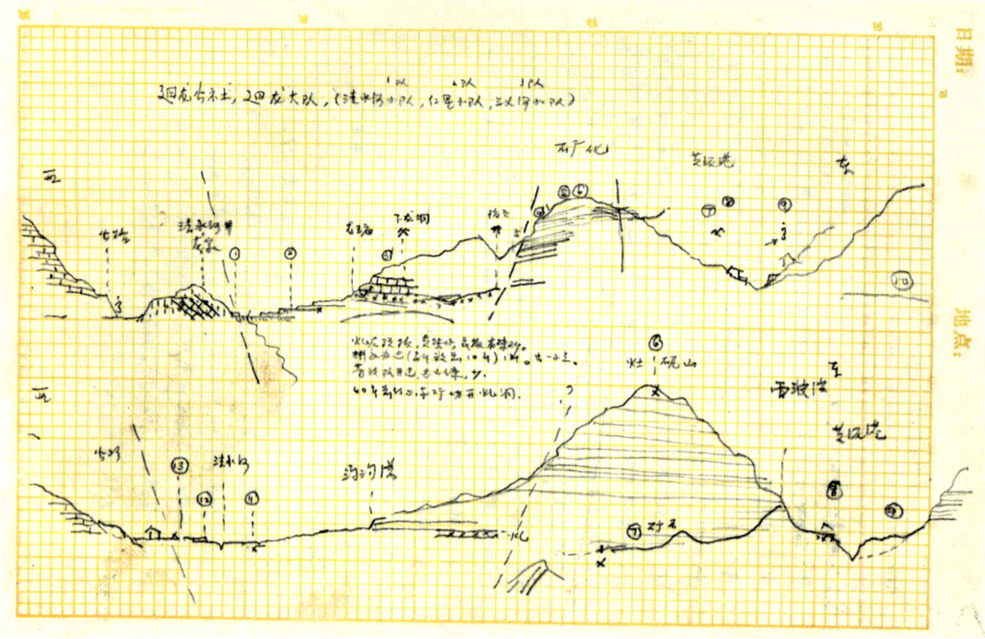

贵州兴仁迴龙公社迴龙大队附近地质剖面图（1975年）

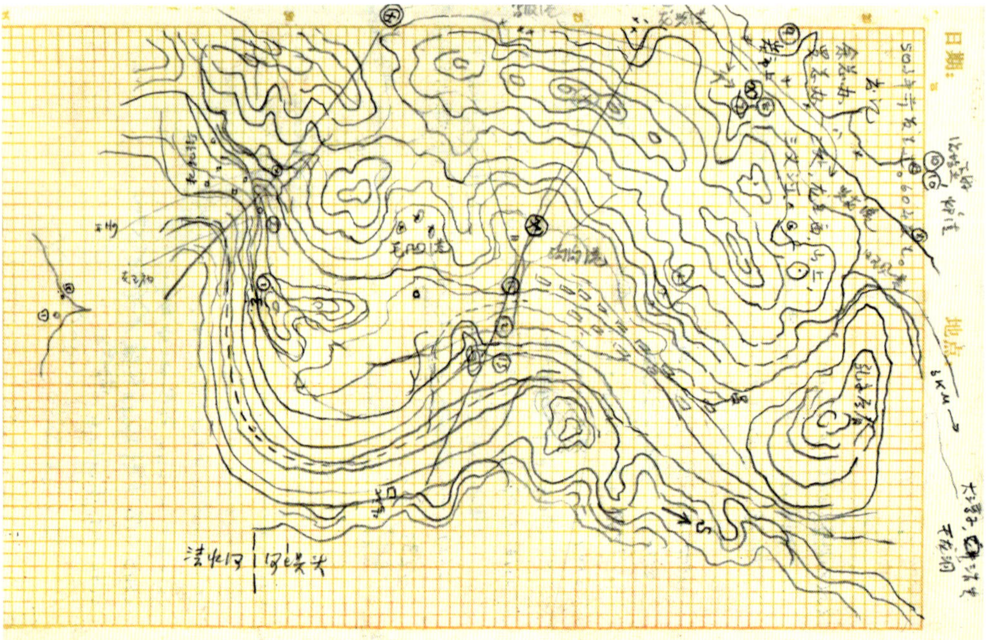

贵州兴仁迴龙公社迴龙大队附近地形图（1975年）

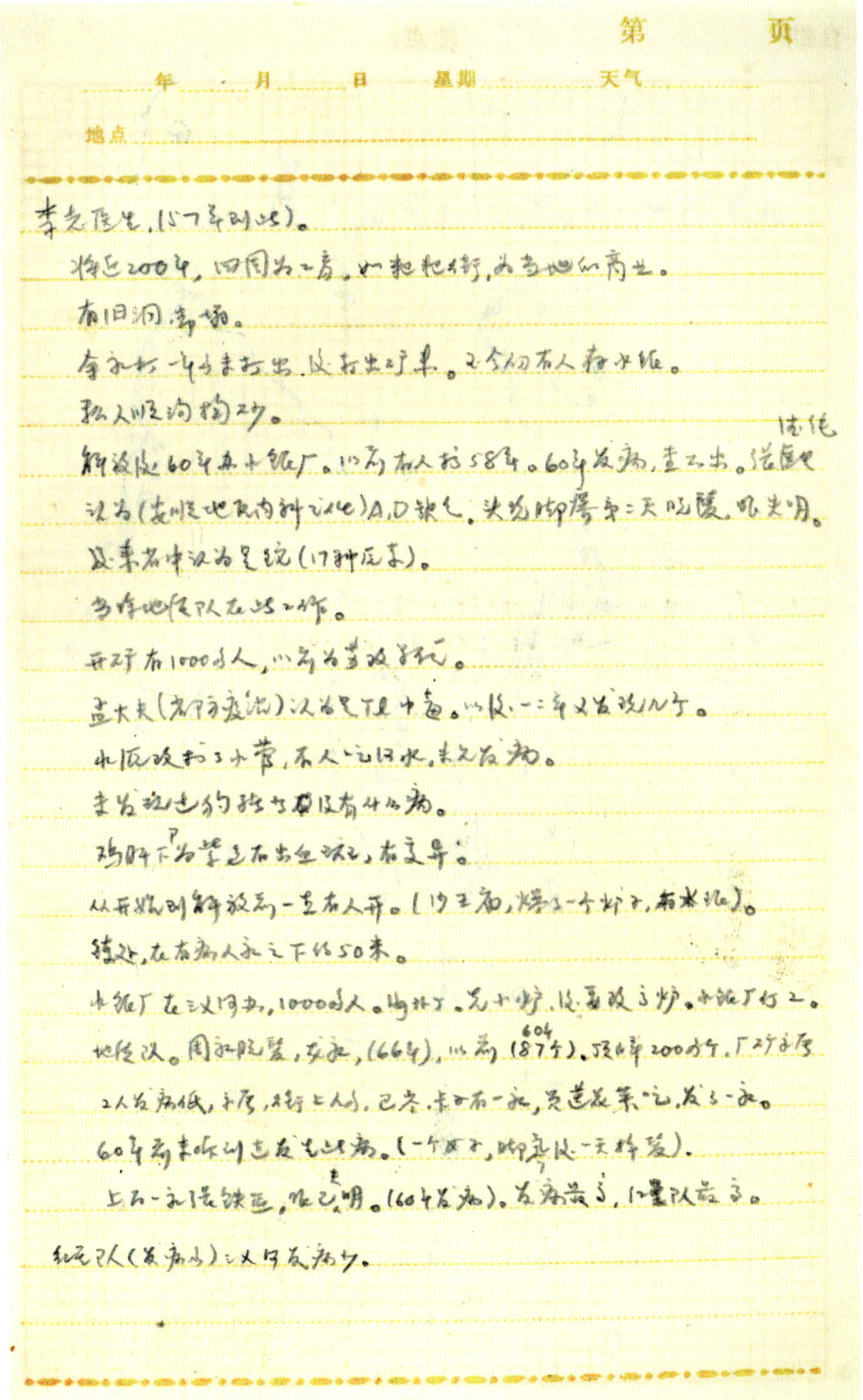

第　　页

年　月　日　星期　天气

地点

贵州兴仁防疫站大夫介绍实录（1975年）

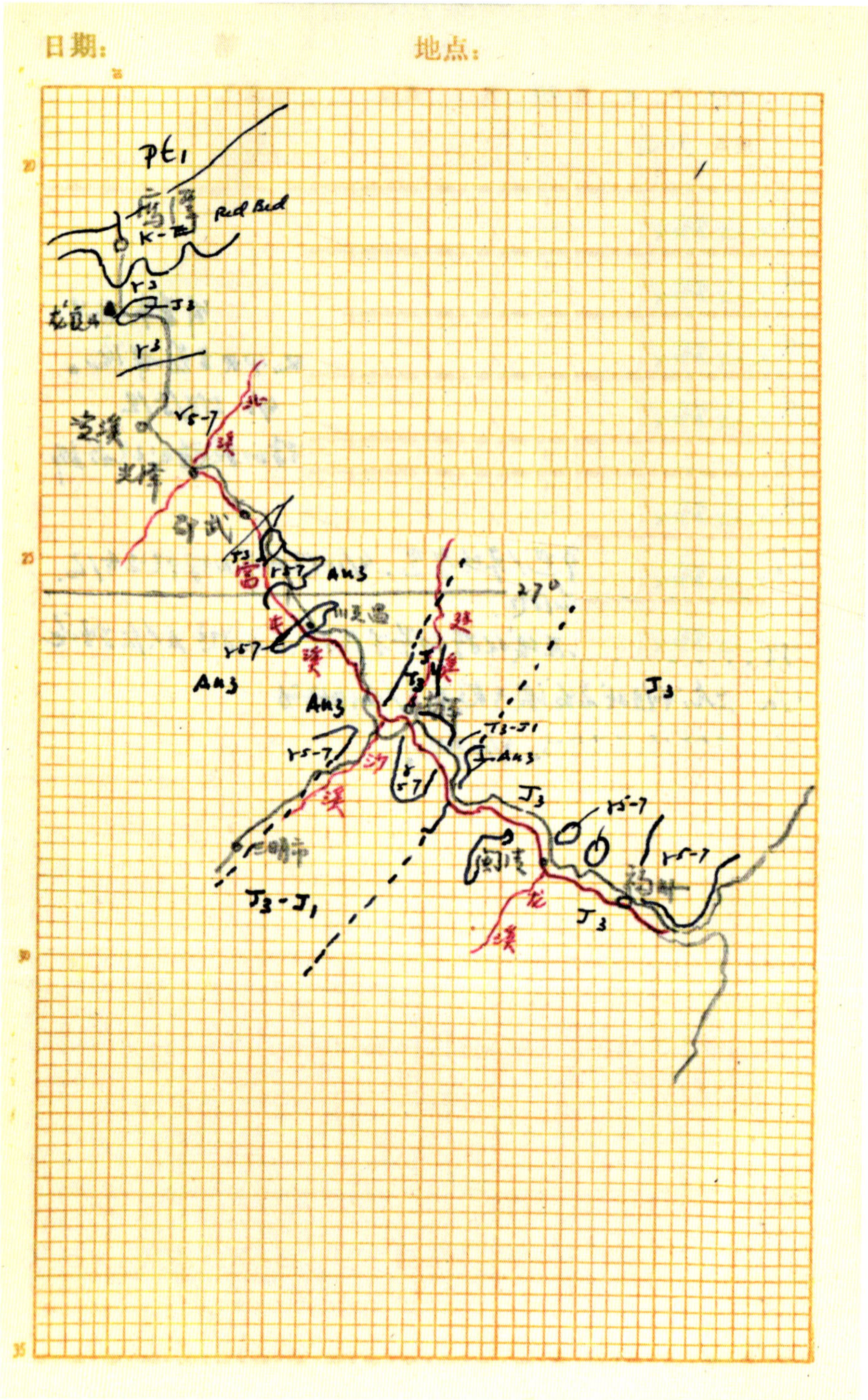

鹰潭—福州间铁路沿线地质草图（1975年）

云南大理苍山素描图（1976年）

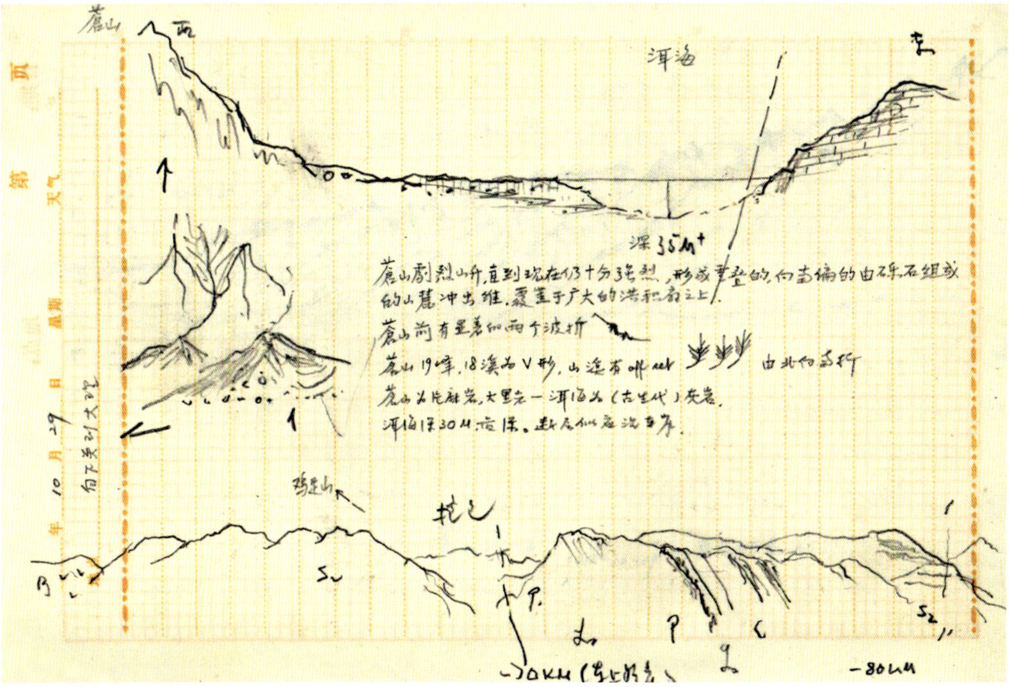

云南下关—大理地质剖面图（1976年）

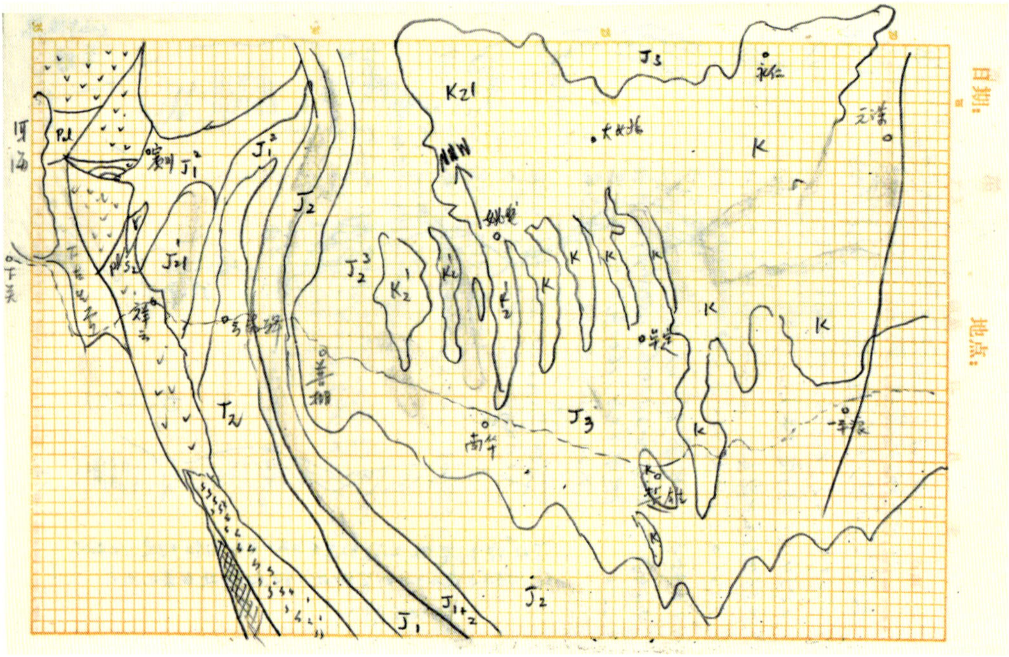

云南楚雄附近地质图（1976年）

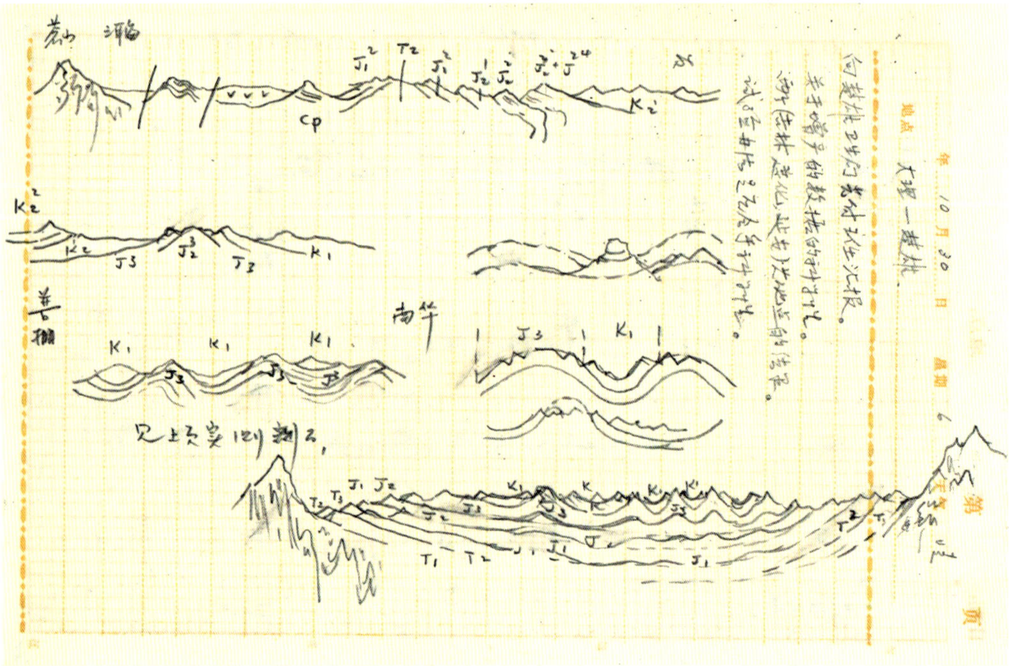

云南大理，南华地质剖面图（1976年）

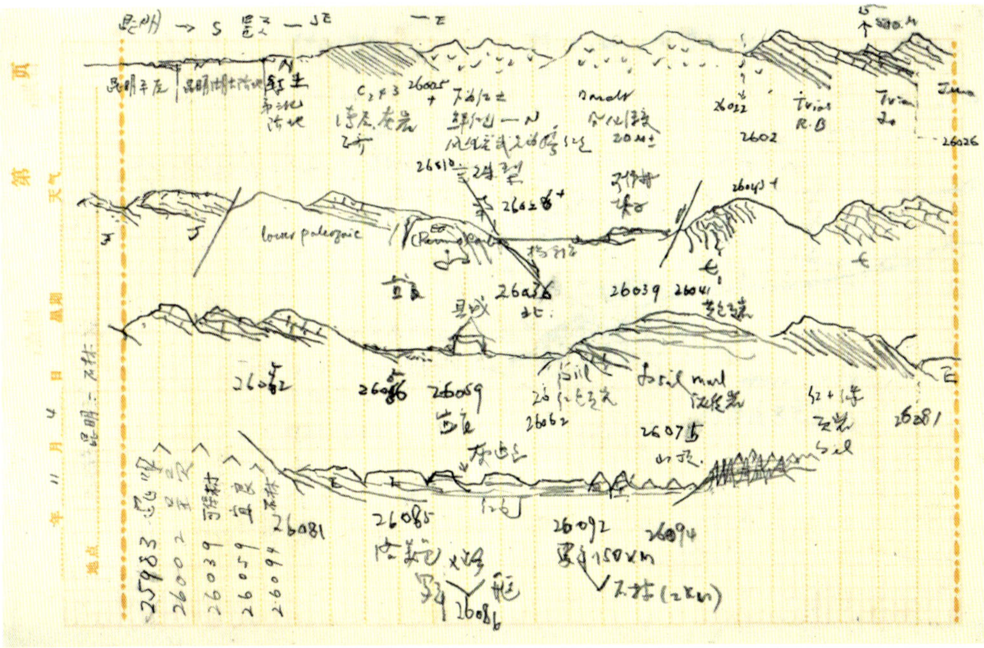

云南昆明—石林地质断面图（1976年）

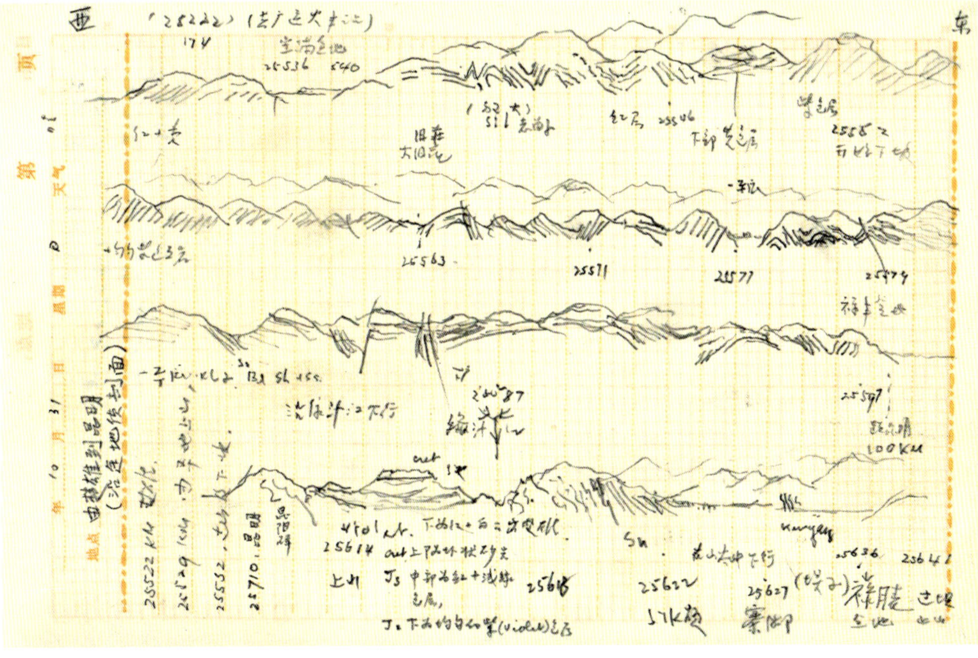

云南昆明—楚雄地质断面图（1976年）

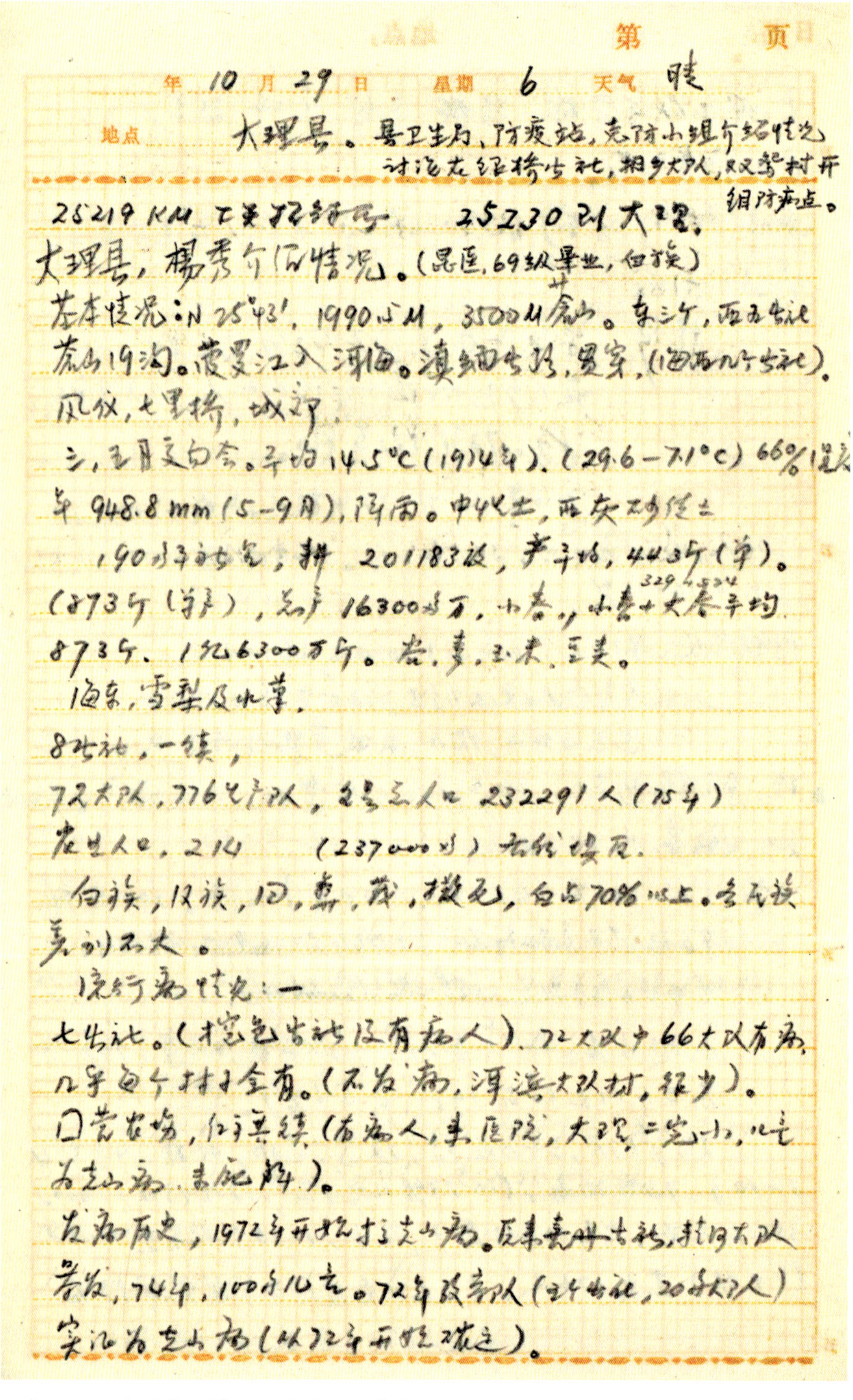

第 页

年 10 月 29 日 星期 6 天气 晴

地点 大理县。县卫生局、防疫站、克防小组介绍情况 讨论在经桥公社，湘乡大队，双鸳村开组防病点。

25219 KM 下关招待所 25230 到大理。

大理县，杨秀介绍情况。(昆医，69级毕业，白族)

基本情况：N 25°43′，1990 M，3500 M 苍山。东三个，西五公社

苍山19涧。[illegible]入洱海。滇缅公路，贯穿，(西面几个公社)。

风仪，七里桥，城郊。

三，五月交白会。平均14.5°C (1974年)。(29.6－7.1°C) 66%湿度

年948.8 mm (5－9月)，降雨。中性土，两灰砂性土

190万亩耕地，耕 201183亩，产平均，443斤(单)。

(873斤(双季))，总产16300万斤，小春，小春+大春平均 329 4824

873斤。1亿6300万斤。谷，麦，玉米，豆类。

海东，雪梨及水果。

8公社，一镇，

72大队，776生产队，总人口232291人(75年)

农业人口，21万 (237000斤) 出纯增长。

白族，汉族，回，彝，藏，傈僳，白占70%以上。各民族差别不大。

流行病情况：—

七公社。(挖色公社没有病人)。72大队中66大队有病，几乎每个村子全有。(不发病，洱滨大队村，很少)。

以前农场，仁和镇(有病人，未住院，大理，二完小，儿童为克山病，未死亡)。

发病历史，1972年开始有克山病。反来喜洲公社，[illegible]大队首发，74年，100多儿童。72年成立防治队(24公社，20多大队人)实行为克山病(从72年开始防治)。

云南大理卫生局介绍情况记录（1976年）

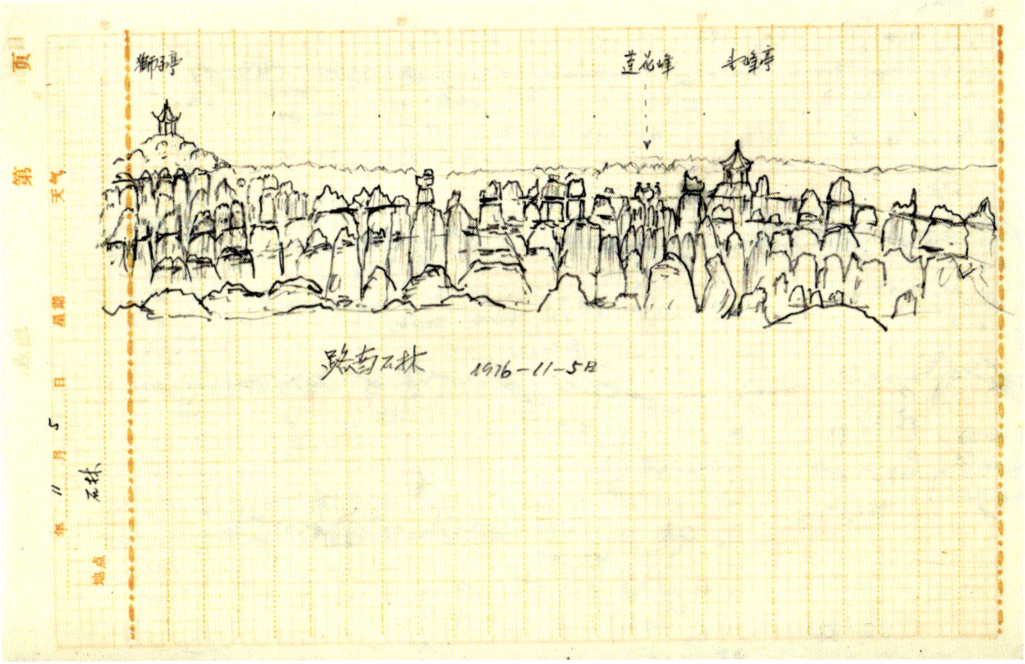

云南路南石林素描图（1976年）

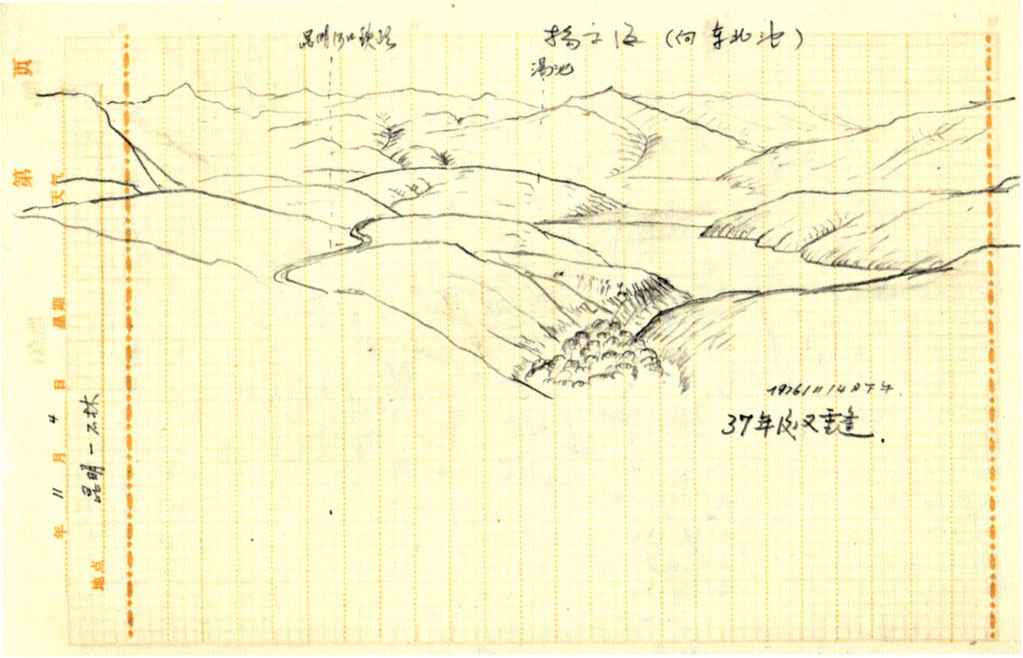

云南阳宗海素描图：西南联大毕业37年后又重回昆明考察（1976年）

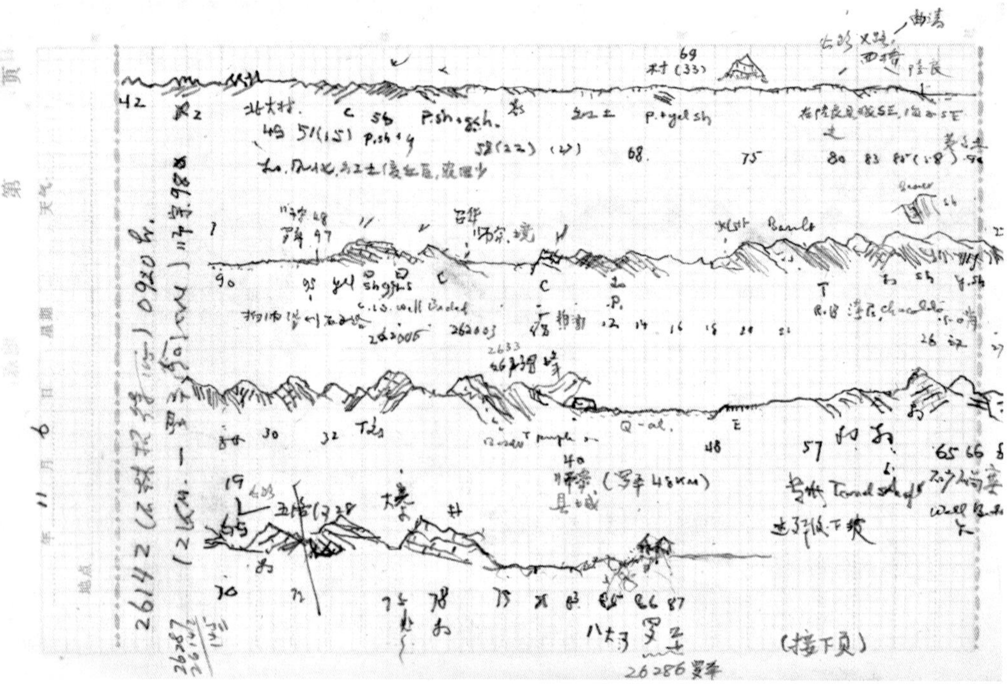

云南曲靖—贵州兴义路线剖面图—1（1976年）

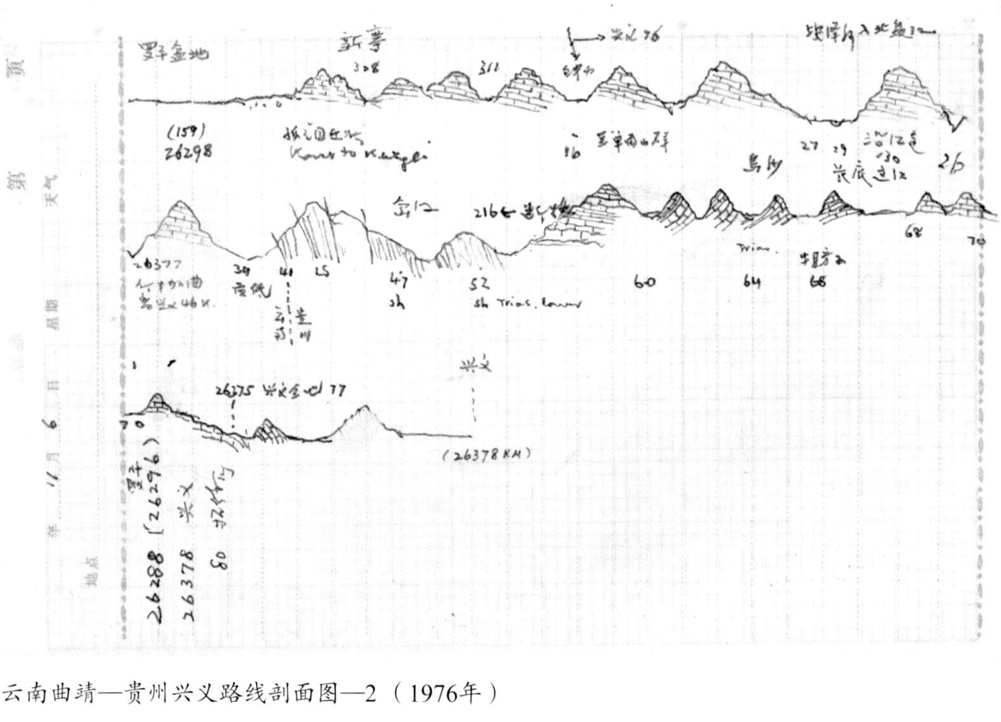

云南曲靖—贵州兴义路线剖面图—2（1976年）

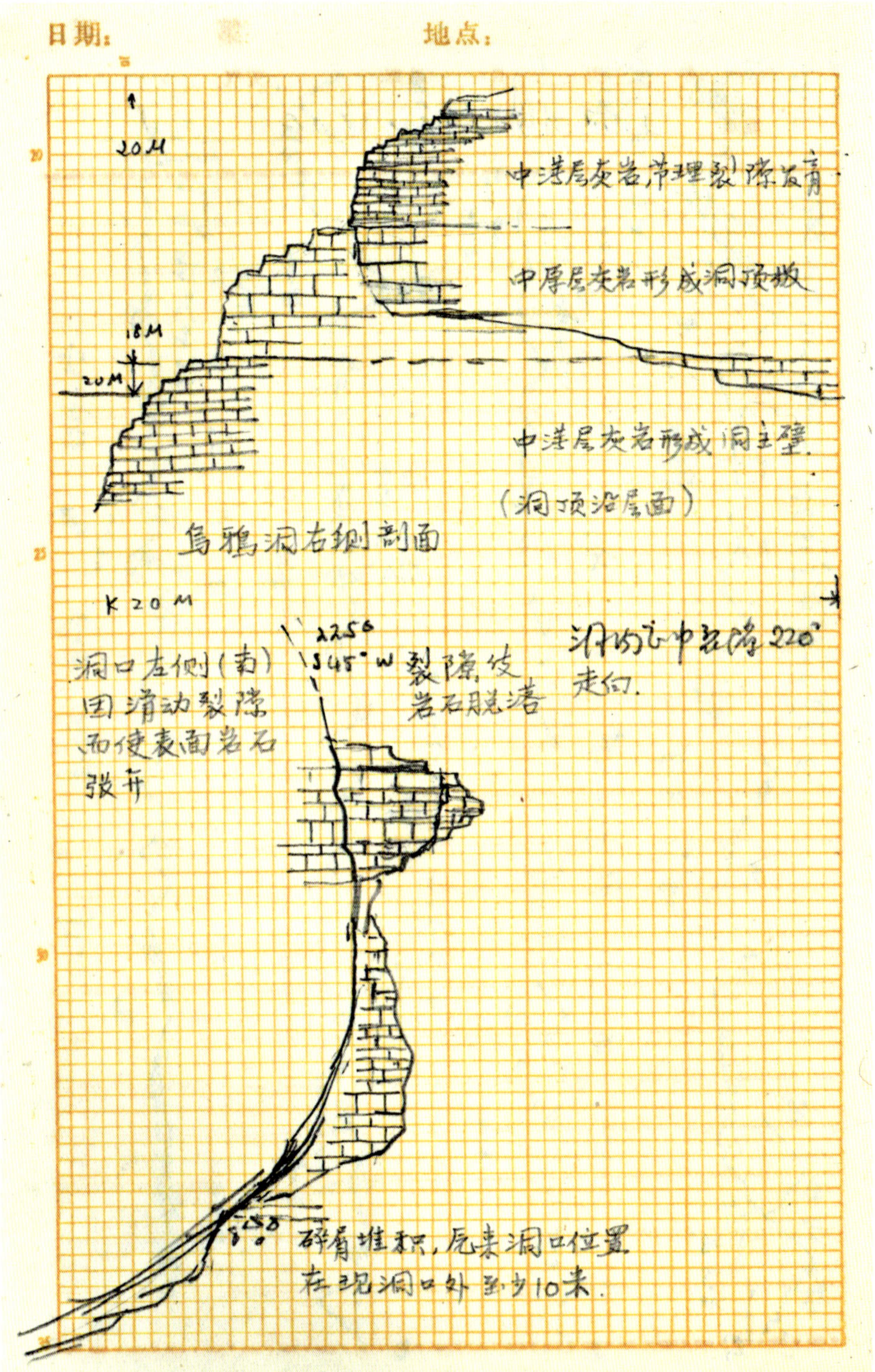

贵州大方乌鸦洞左右侧地质剖面图（1976年）

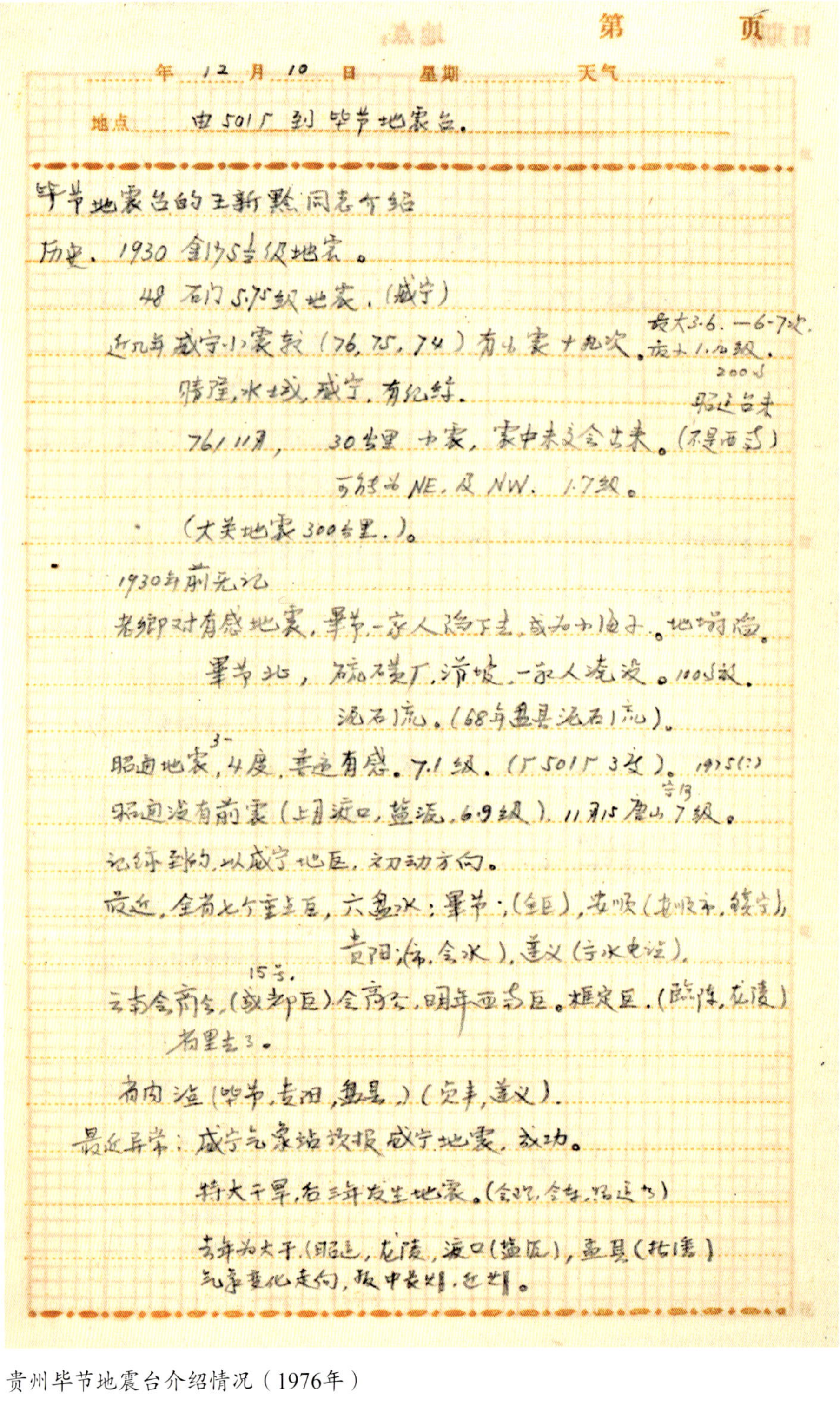
第　页

年 12 月 10 日　星期　天气

地点　由501厂到毕节地震台。

毕节地震台的王新黔同志介绍

历史. 1930 金沙5½级地震。

48 石门 5.75级地震.（威宁）

近几年威宁小震较（76, 75, 74）有小震十九次。最大3.6. —6.7次. 最大1.几级. 200多 昭通台来

晴隆, 水城, 威宁. 有记録.

76 / 11月，30公里 中震，震中未定会出来。（不是西南）

可能为 NE. 及 NW. 1.7级。

（大关地震 300公里.）。

1930年前无记

老乡对有感地震，毕节一家人陷下去，成为小塘子。地塌陷。

毕节北，硫磺厂，滑坡，一家人淹没。110多级。

泥石流。（68年盘县泥石流）。

昭通地震，4度，普遍有感。7.1级。（厂501厂 3次）。1975(?)

昭通没有前震（上月渡口，盐源，6.9级）。11月15唐山 宁河 7级。

记録到的，以威宁地区，初动方向。

最近，全省七个重点区，六盘水：毕节：（全区），安顺（安顺市，镇宁），

贵阳（市，金水），遵义（宁水电站）。

云南会商会，（威宁地区）全省会，明年西南区。確定区.（临沧，龙陵）

南里去了。

省内注（毕节，贵阳，盘县）（安丰，遵义）。

最近异常：威宁气象站预报威宁地震，成功。

特大干旱，后三年发生地震。（会泽，全年，昭通等）

去年为大干（昭通，龙陵，渡口（盐源），盘县（拓县）

气象变化走向，取中长期，短期。

贵州毕节地震台介绍情况（1976年）

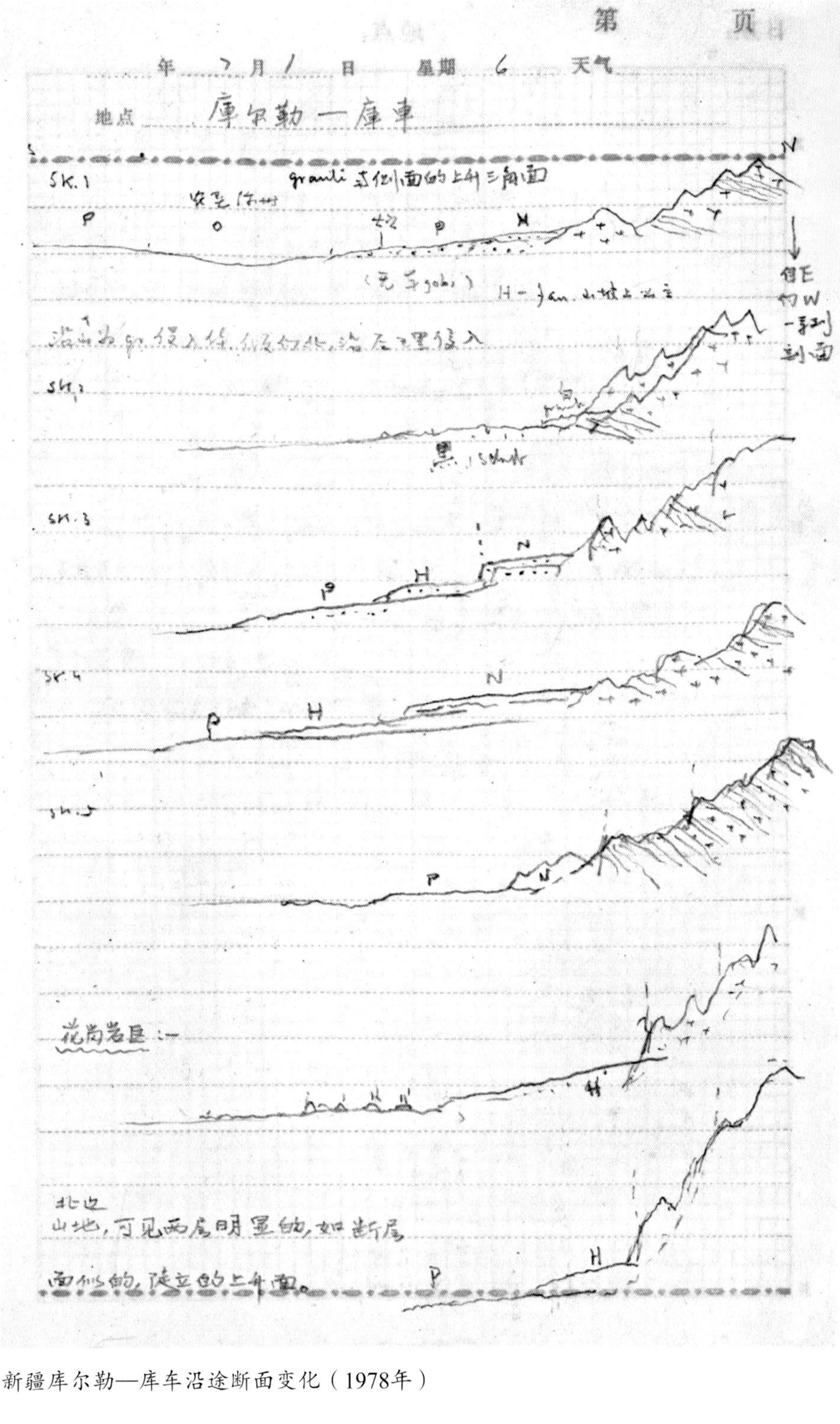

新疆库尔勒—库车沿途断面变化（1978年）

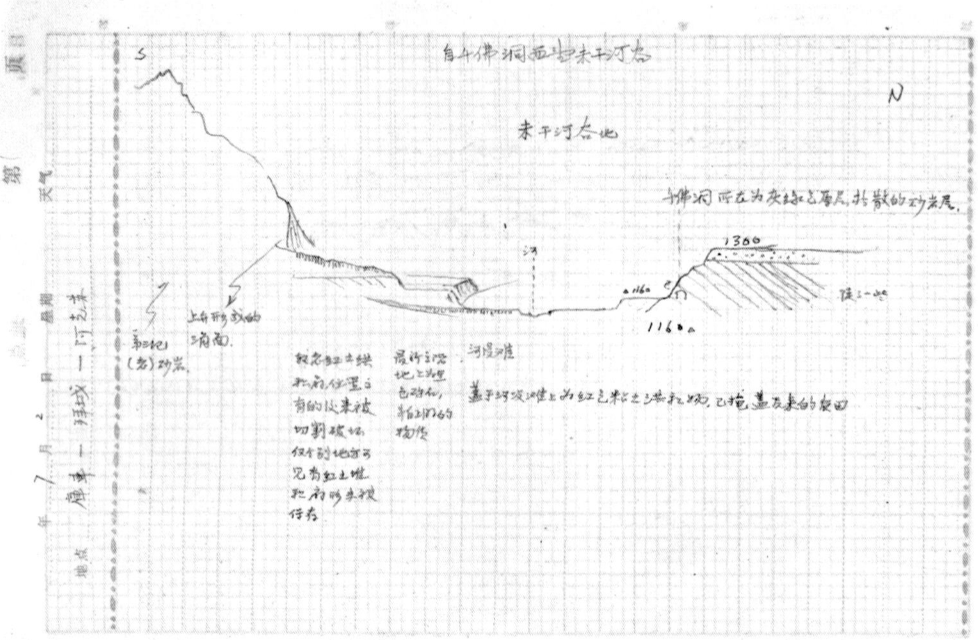

从新疆焉耆千佛洞远望未干河谷素描图（1978年）

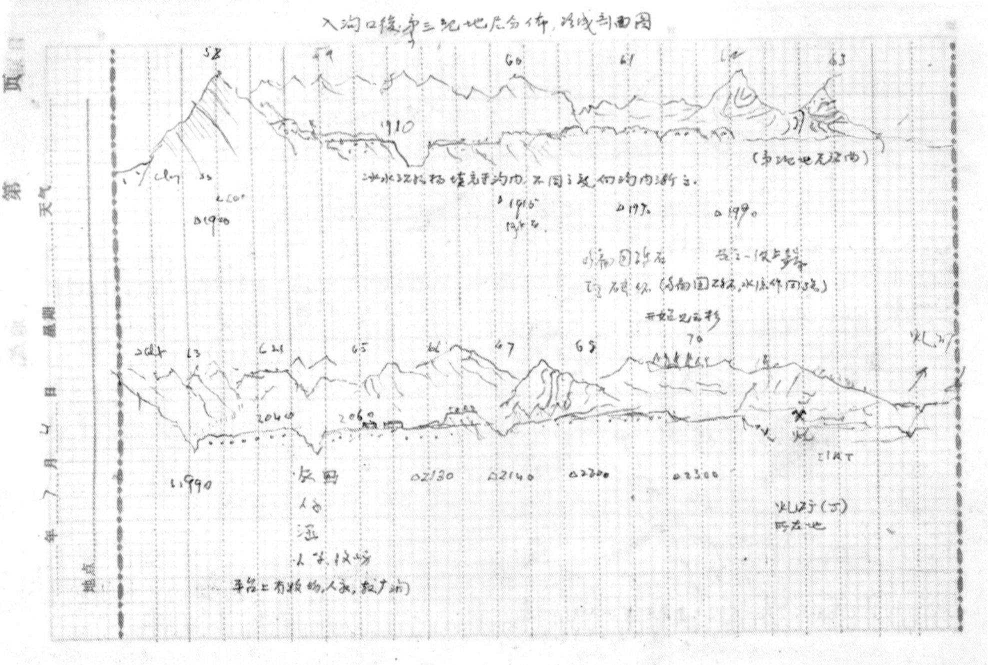

入沟口后第三纪（古、新近纪）地层分布路线剖面（1978年）

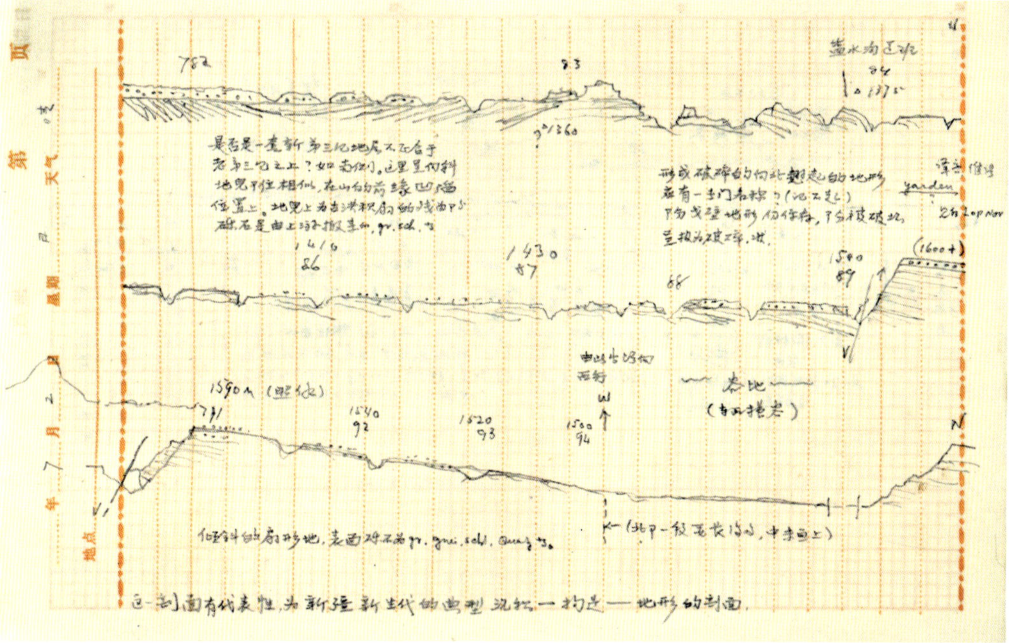

新疆新生代典型地形–构造–沉积剖面（1978年）

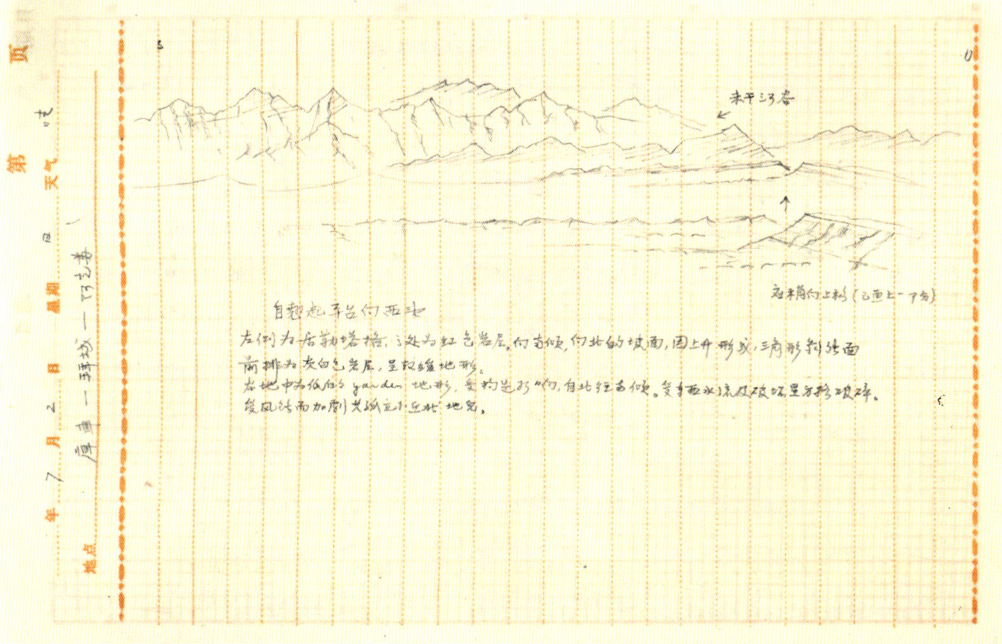

自翘起平台西望居勒塔格素描图（1978年）

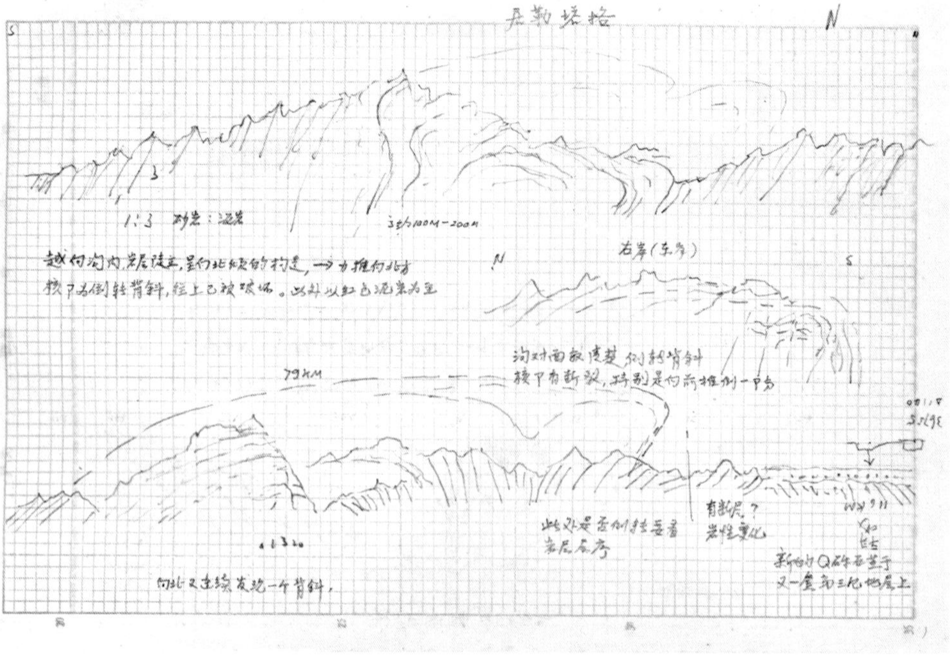

横切居勒塔格山剖面—1（1978年）

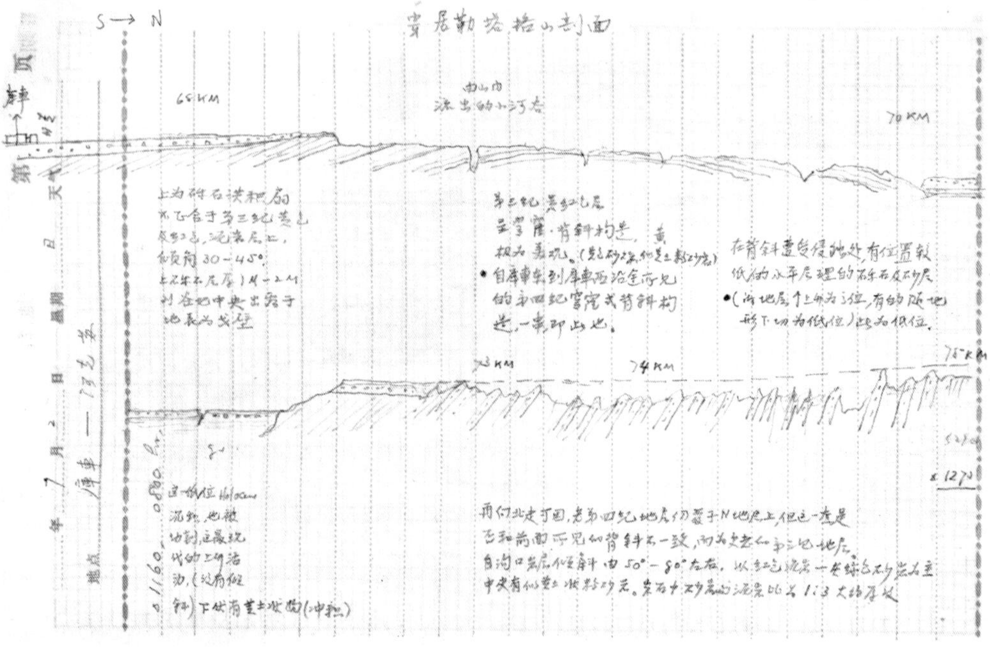

横切居勒塔格山剖面—2（1978年）

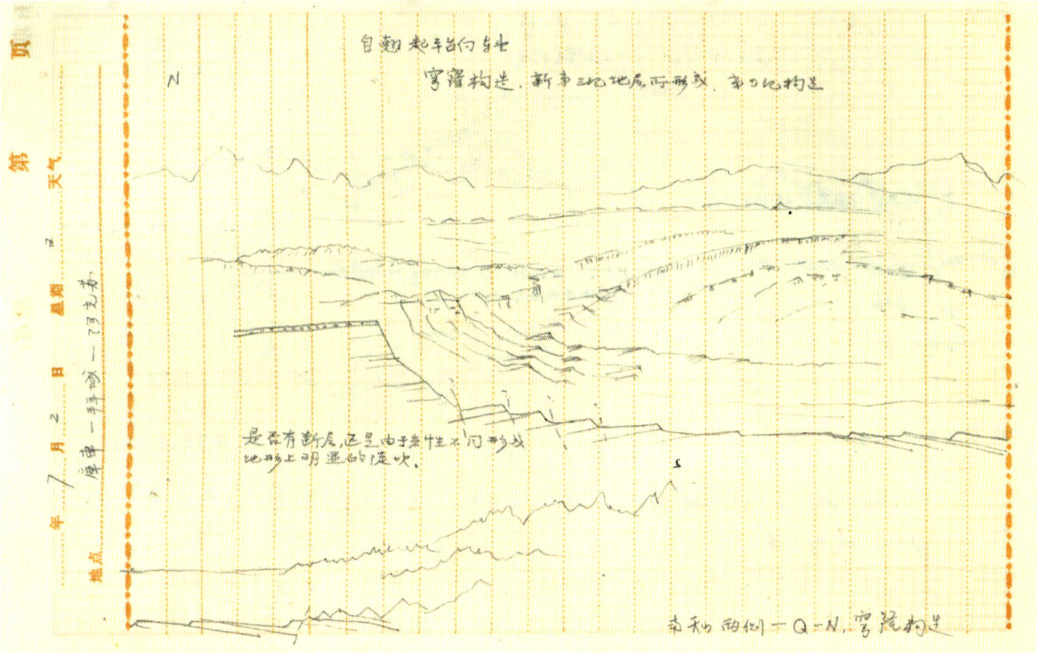

南天山两侧N-Q地层的穹窿构造（1978年）

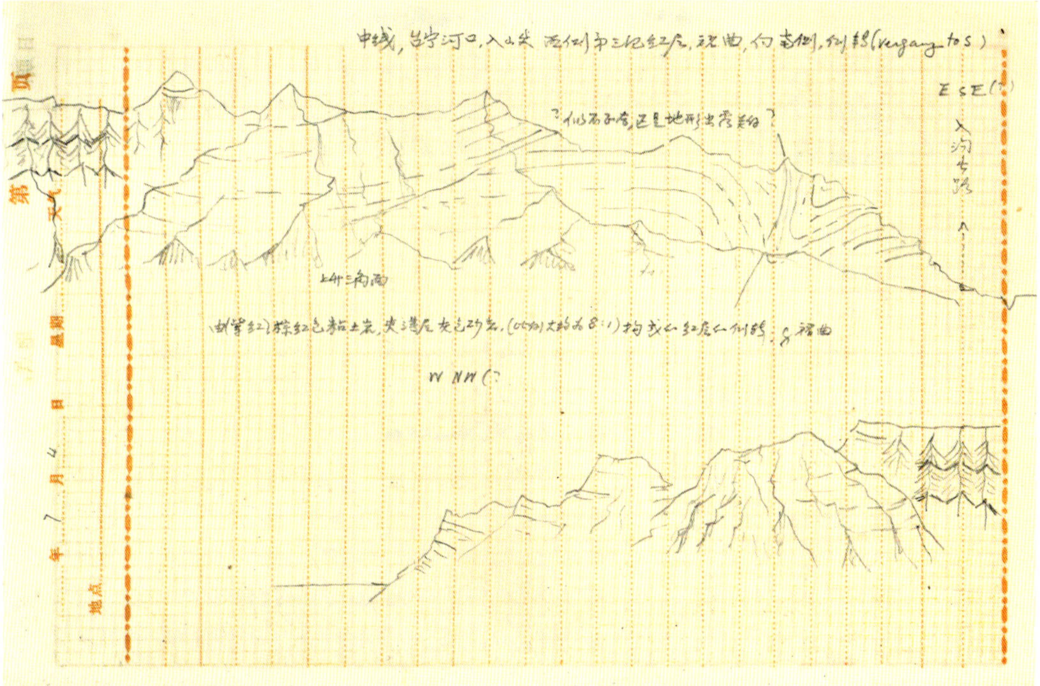

泰宁河口入山处西侧第三纪（古、新近纪）红层褶曲（1978年）

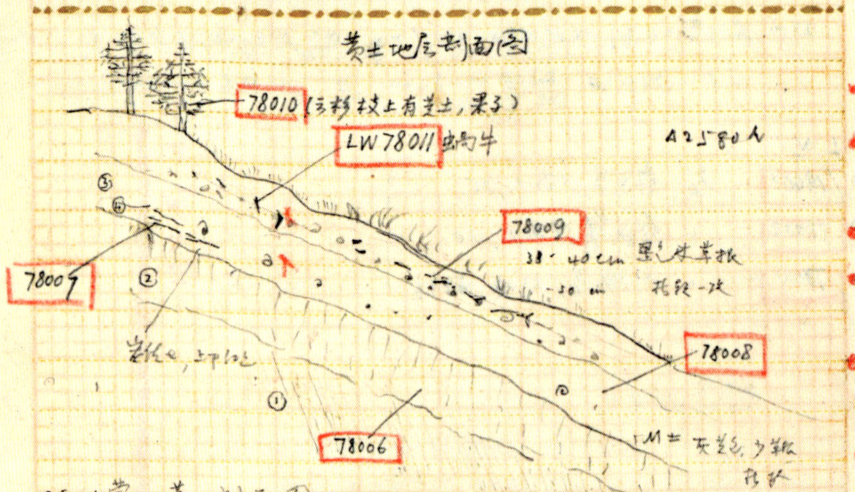

第　　页

78 年 7 月 5 日 星期 3 天气

地点 2500营地

2500M营地黄土剖面图

在营地东南约300M山坡迎风坡（向北北东），坡度≤30-45°，上部岩石裸露，为（侏罗系？或第三系），下部坡面，为黄土覆盖，为草地，山的半山腰处，有云杉，草地以　　为主。

草地表面有波浪状起伏，为坡积及冻融作用所形成之地貌。

(1) 红色泥岩及砂岩层，部分紫色砂岩，N SW ∠60° NE（大致） 1.00

(2) 风化的红层，浅红色，有淋滤作用，岩石已碎，表层中常含有未风化的岩块（见标本 sp. 78006　）厚1-2M，一般在1M以下 2.00

(3) 黄土，呈薄壳状披覆于红土之上，随地形起伏而起伏 1.00 2.00 50

中含大蜗牛及螺。与红土为地层接触，未见渐变现象，在靠近红土处见有细小红土碎块。表层（红土）黄土向下移或将有坡积现象。（78008） 3.50

(4) 有时见黄土与红色层为互层，大约厚5cm左右，低部有木炭碎片（可能为山火形成）标本 78?007。[作 C^{14}]。此层厚1-2M（以风积为主，部分有坡积）

(5) 黄土层（含草根），平坦地区为褐土型。（生长灌木及云杉）

厚30-40-50 cm，灰黑色，多草根，与下伏黄土交界处夹一层蜗牛化石[78011]

（岩质木，坡积，为坡积，排除流水作用）。（78009）—— 下面见左手页

2400m营地附近的黄土剖面（1978年）

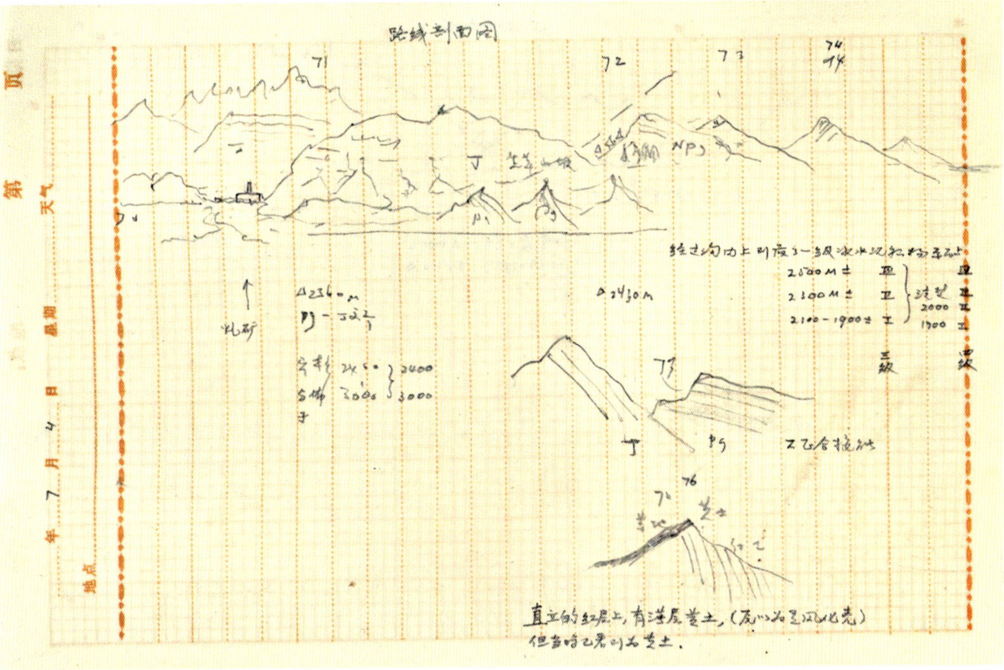

第三纪（古、新近纪）直立的红层上有薄层黄土覆盖（1978年）

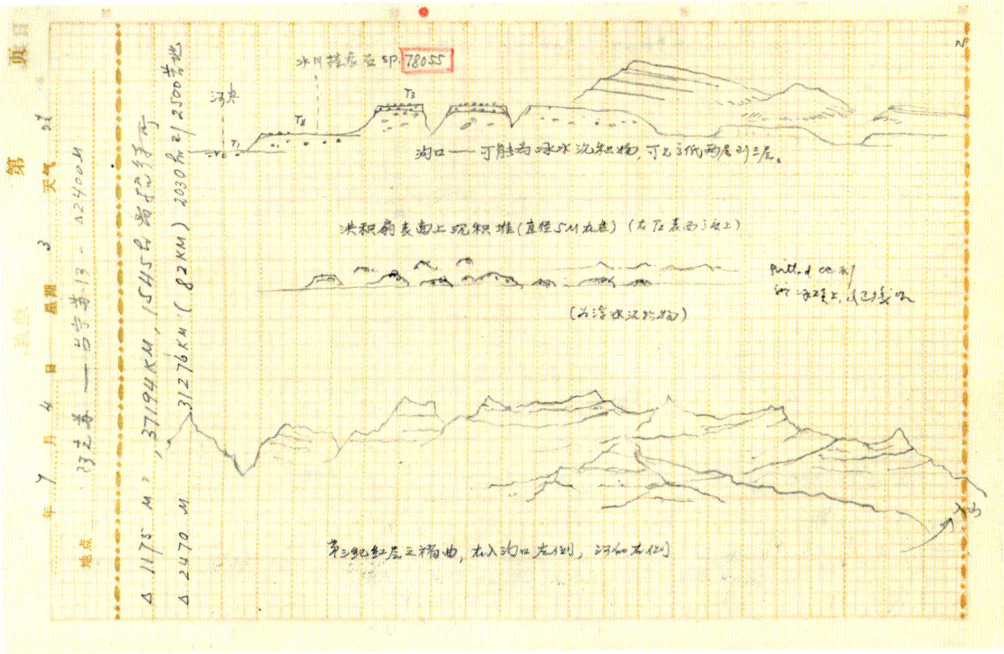

台宁苏河进山口的2～3层冰水沉积（1978年）

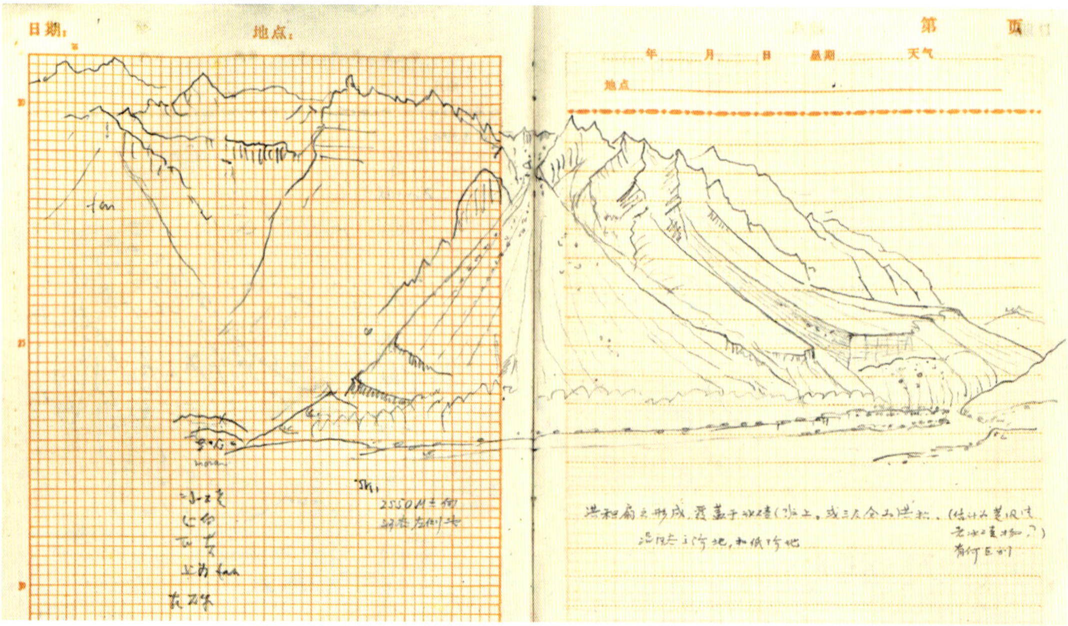

新洪积扇沉积盖在冰川沉积之上（1978年）

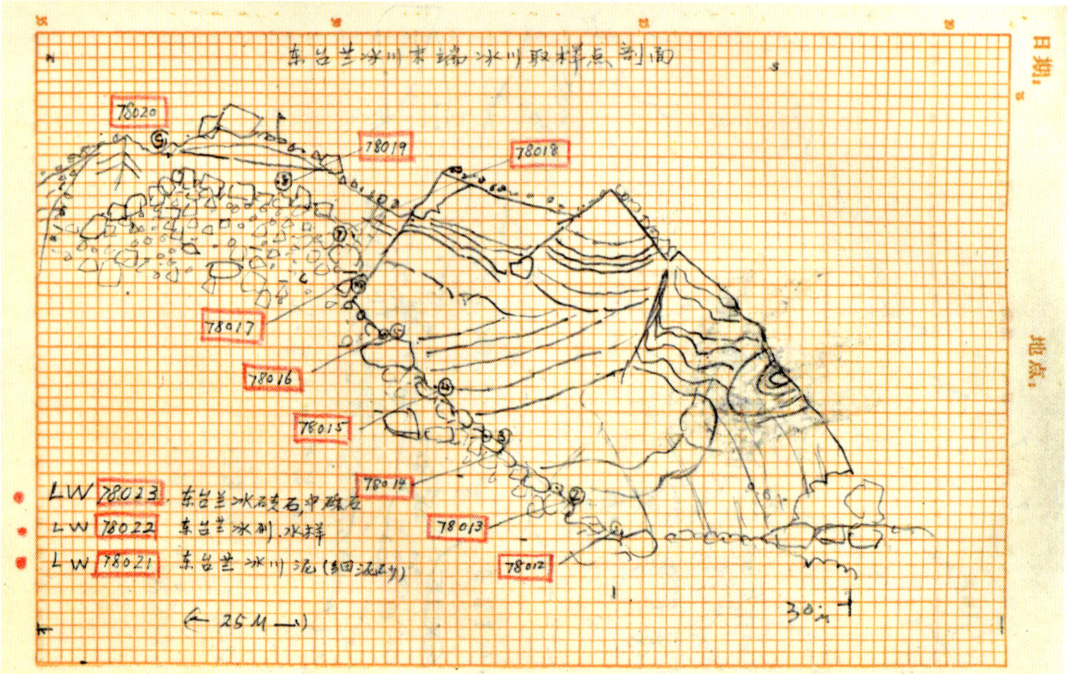

西台兰冰川末端素描及采样点分布图（1978年）

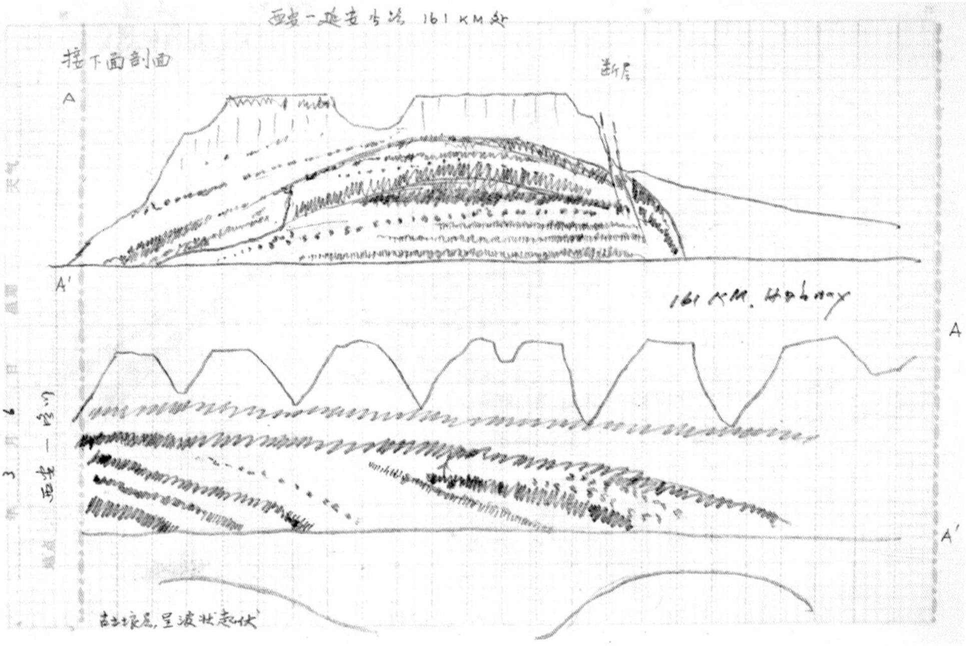

陕西宜君—洛川间155km附近古土壤的不整合（1978年）

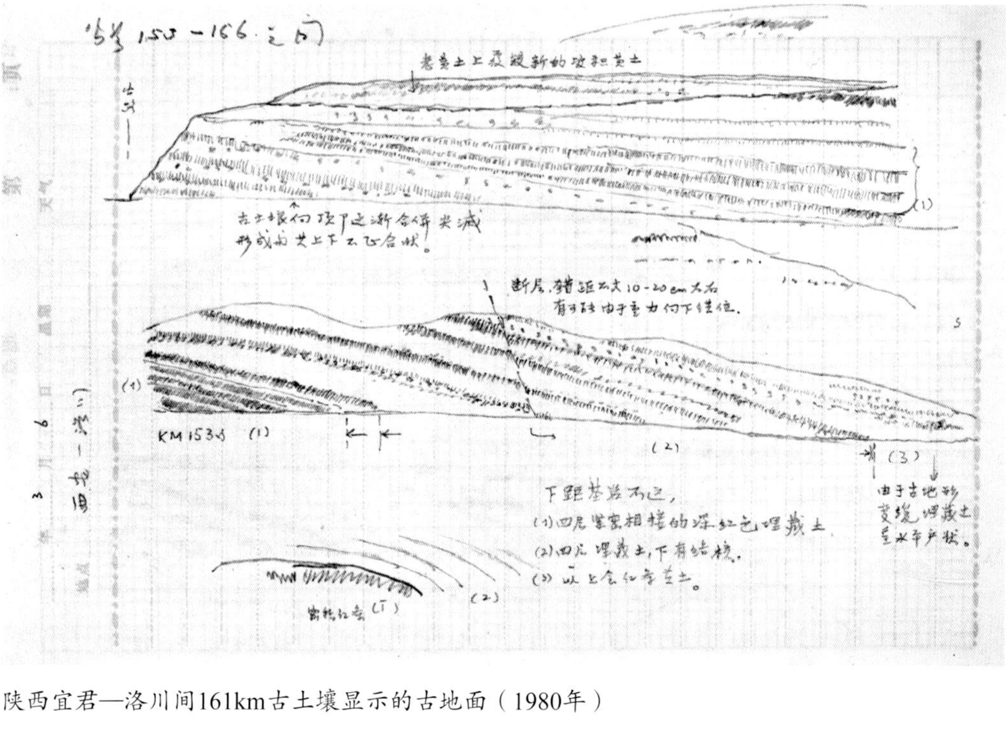

陕西宜君—洛川间161km古土壤显示的古地面（1980年）

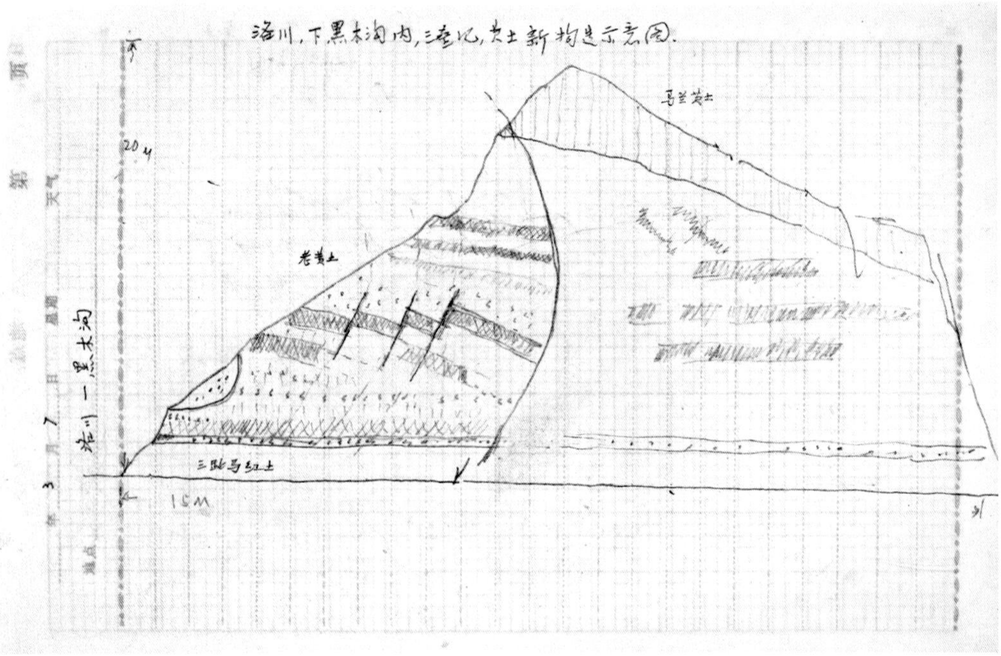

陕西洛川黑木沟构造活动示意图（1980年）

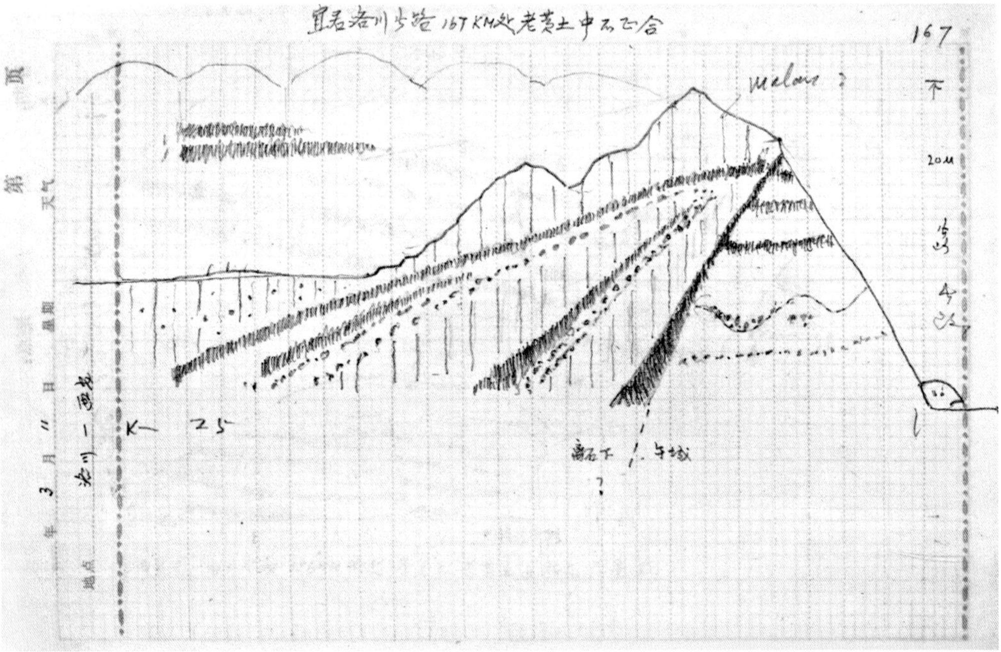

陕西洛川—宜君间167km处黄土层不整合（1980年）

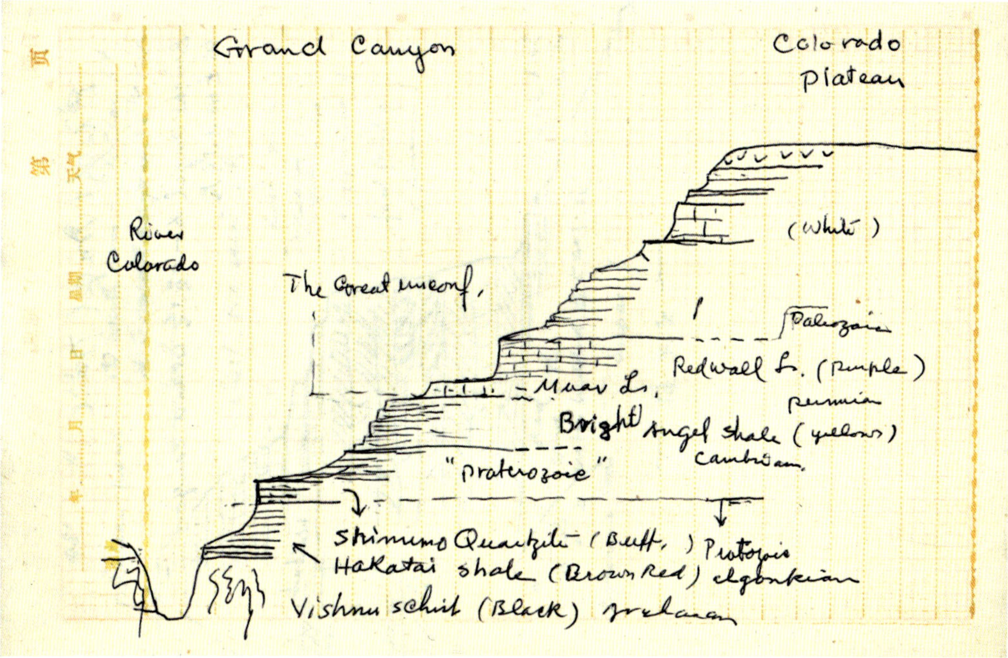

美国科罗拉多大峡谷—科罗拉多河剖面图（1981年）

从高原面上北望大峡谷（1981年）

美国亚利桑那大峡谷素描图（1981年）

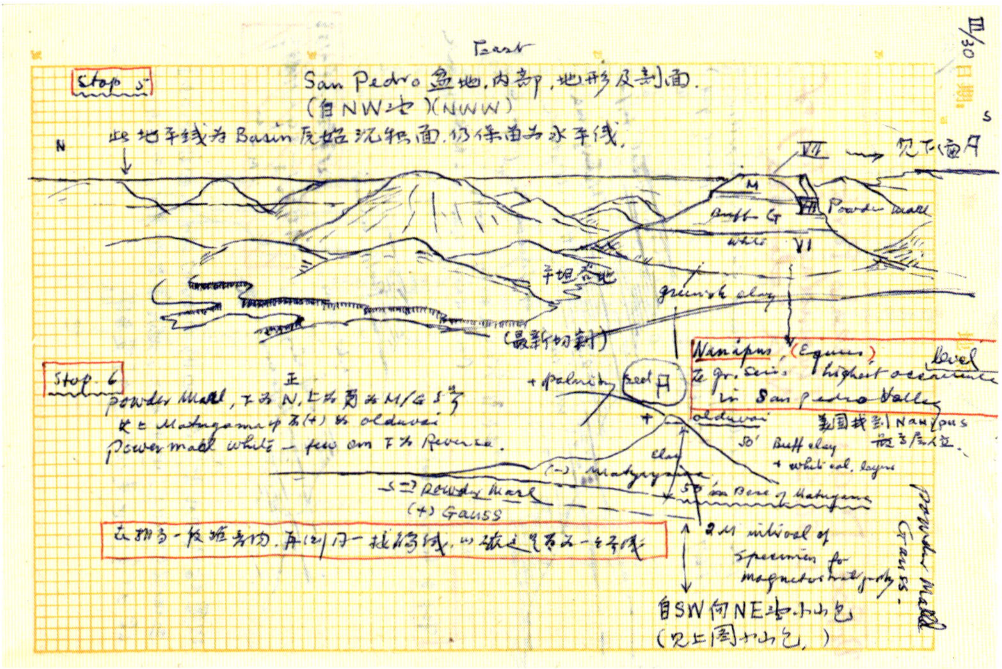

美国圣佩德罗（San Pedro）盆地内部地形及剖面（1981年）

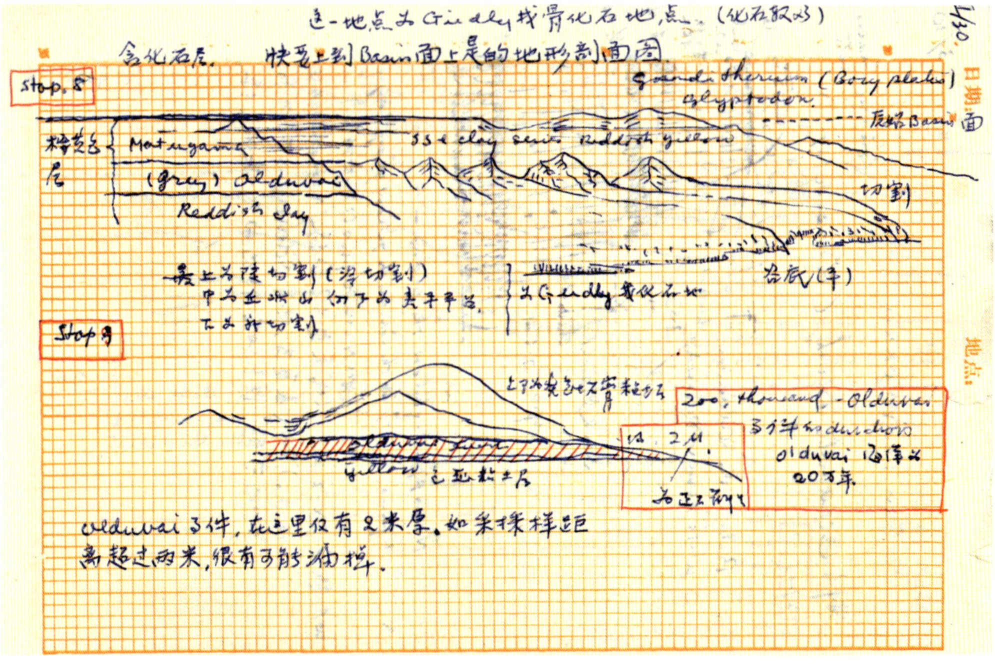

记录古地磁亚时的地层厚仅2m，采样间距不能过大（1981年）

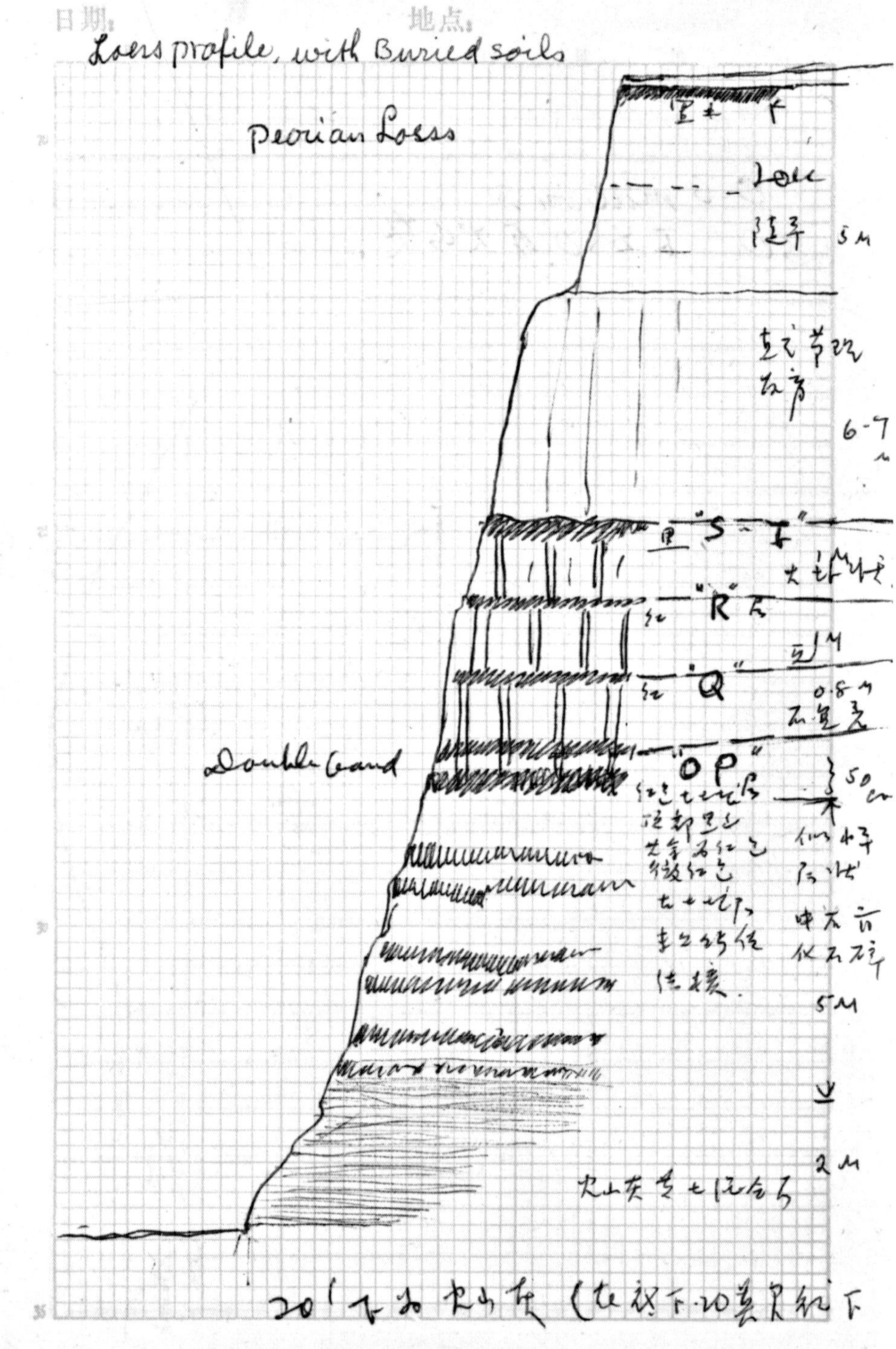

瑞士典型的含古土壤黄土剖面（1981年）

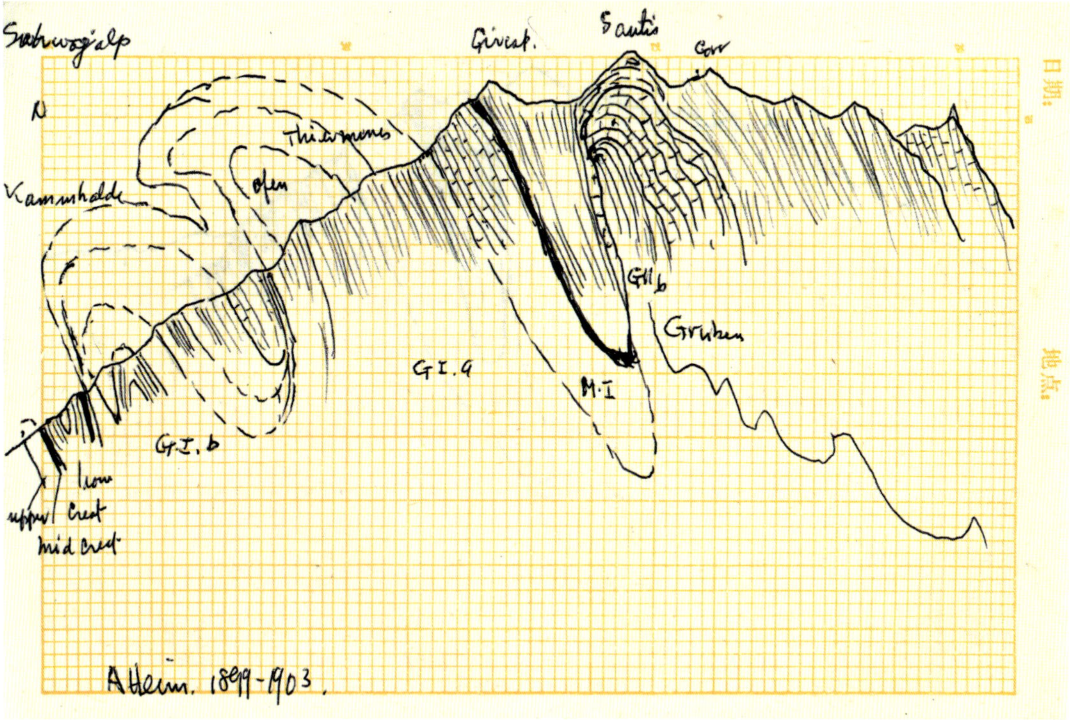

瑞士境内阿尔卑斯山褶皱剖面图—1（1981年）

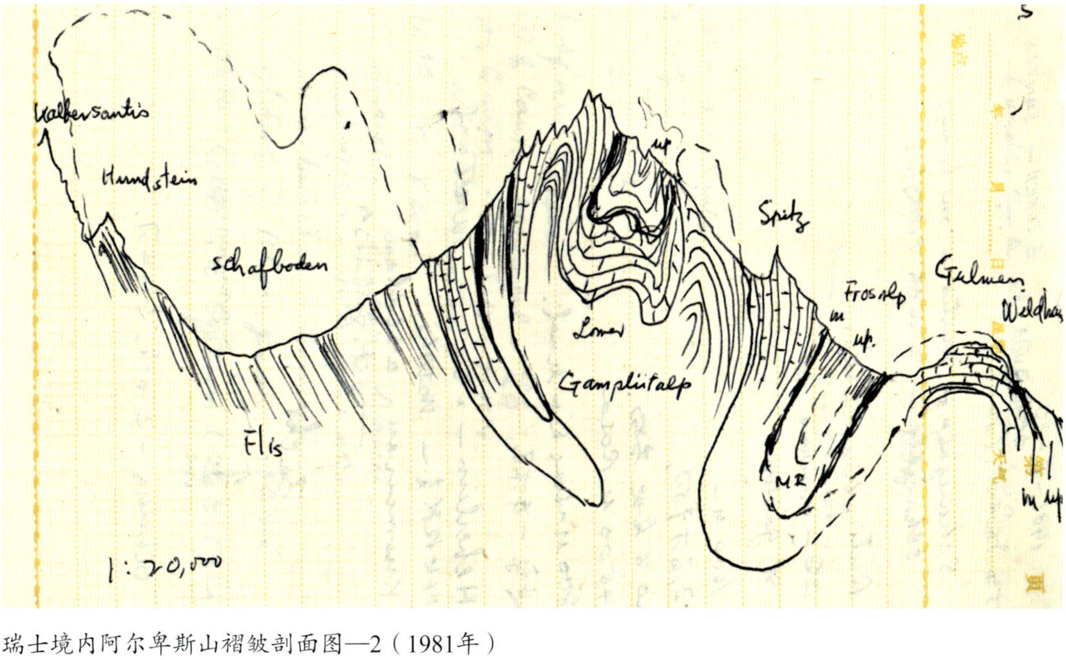

瑞士境内阿尔卑斯山褶皱剖面图—2（1981年）

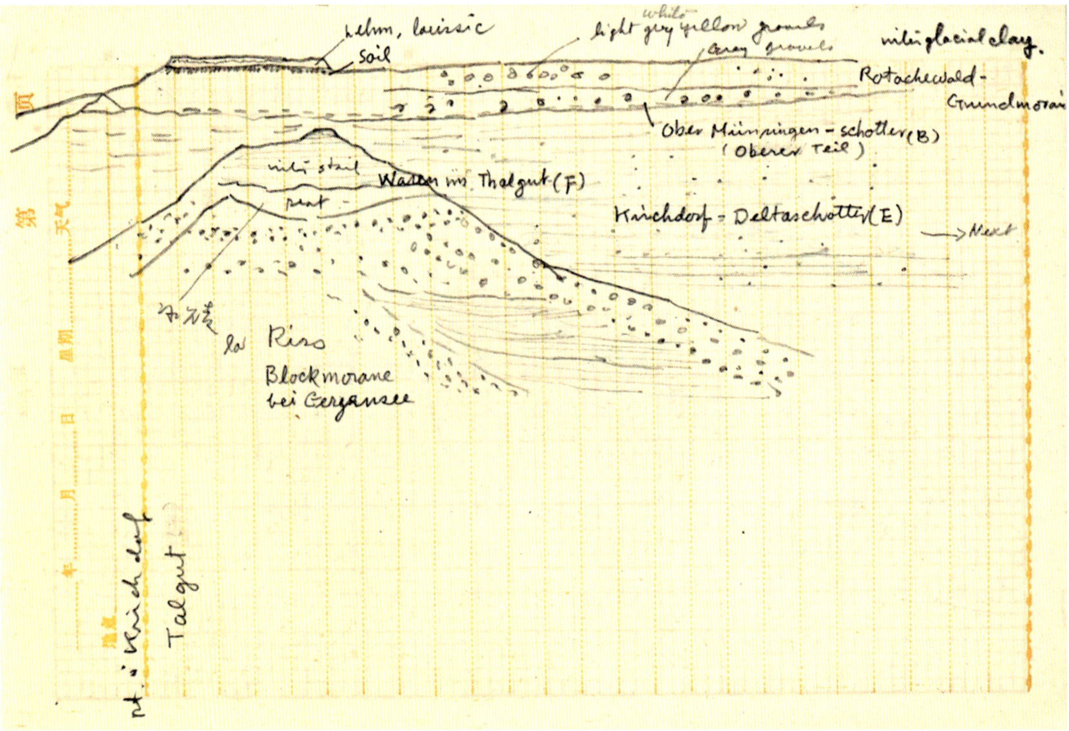

阿尔卑斯山的冰川沉积物（1981年）

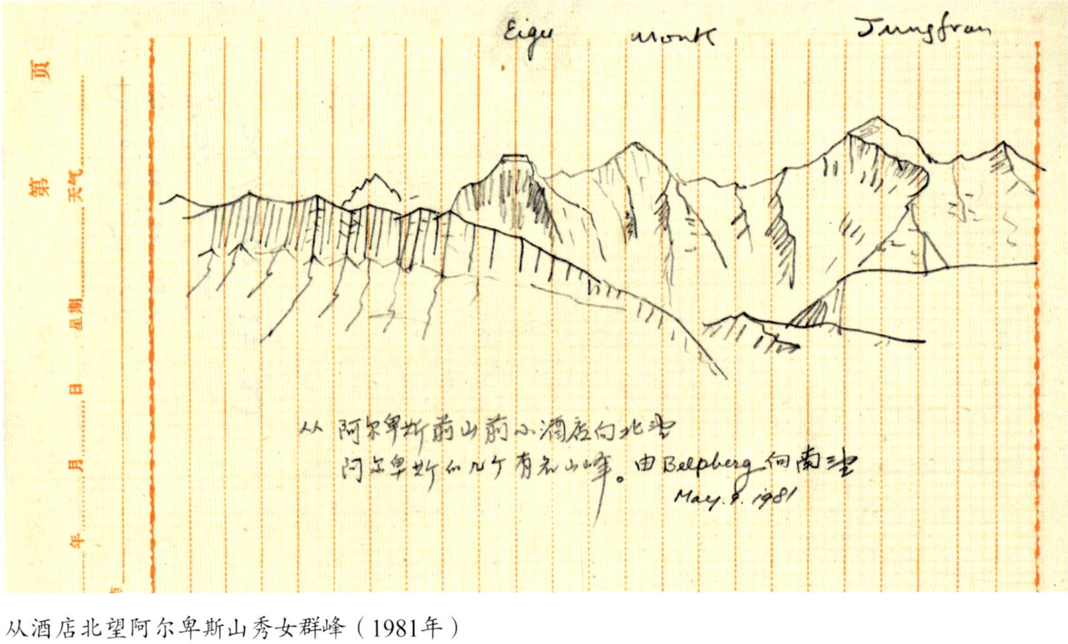

从酒店北望阿尔卑斯山秀女群峰（1981年）

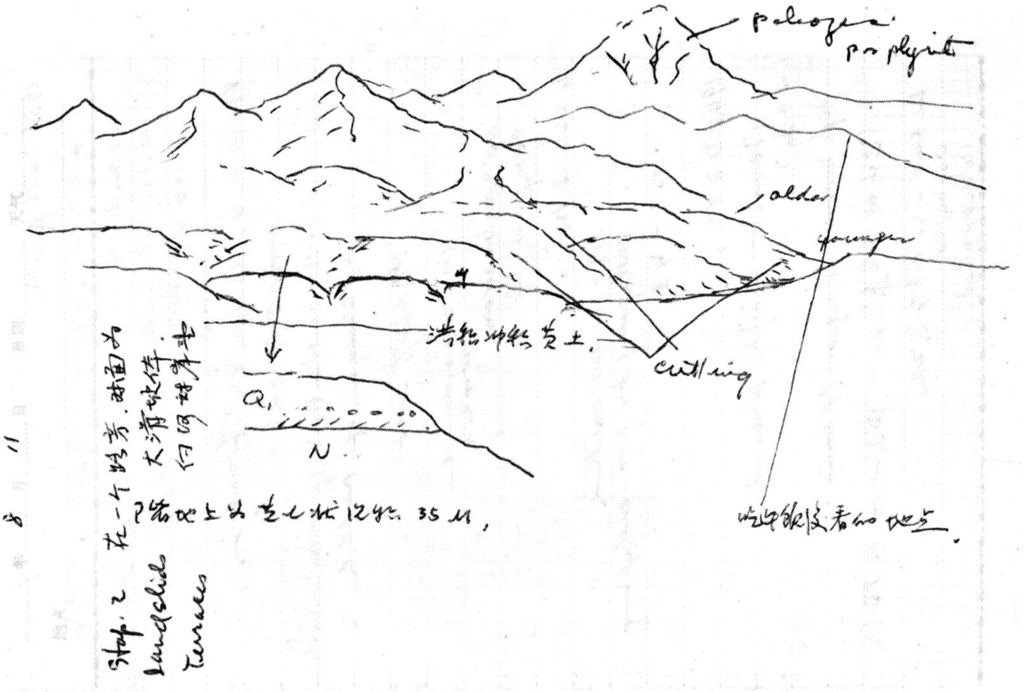

阶地上35m厚的黄土状沉积（1982年参加在莫斯科召开的第Ⅺ届INQUA大会时画）

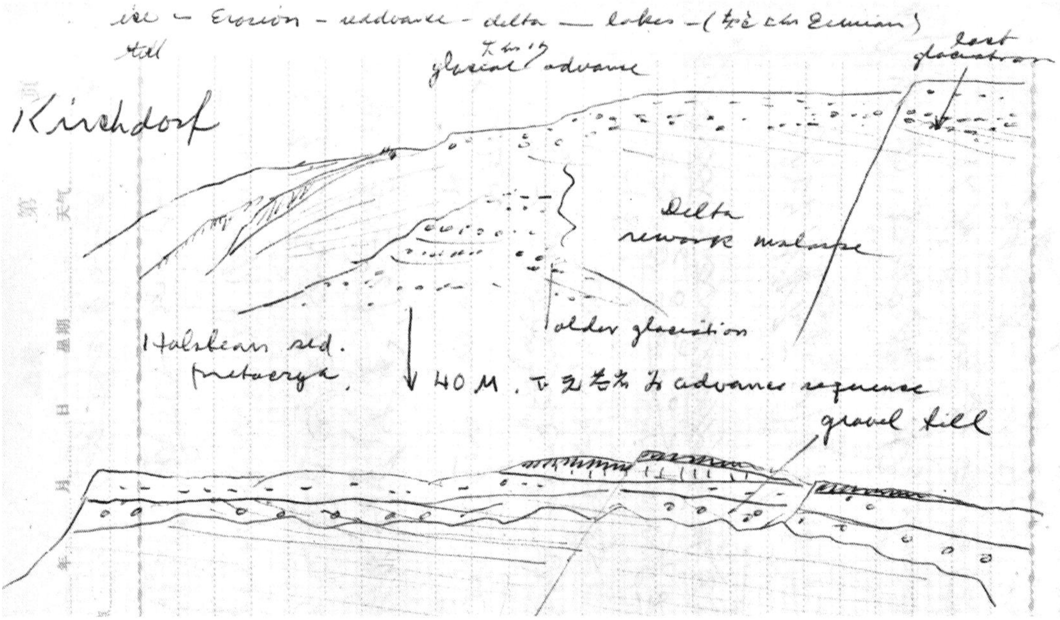

Kirchdorf的三角洲沉积，冰川沉积，黄土状沉积（1982年）

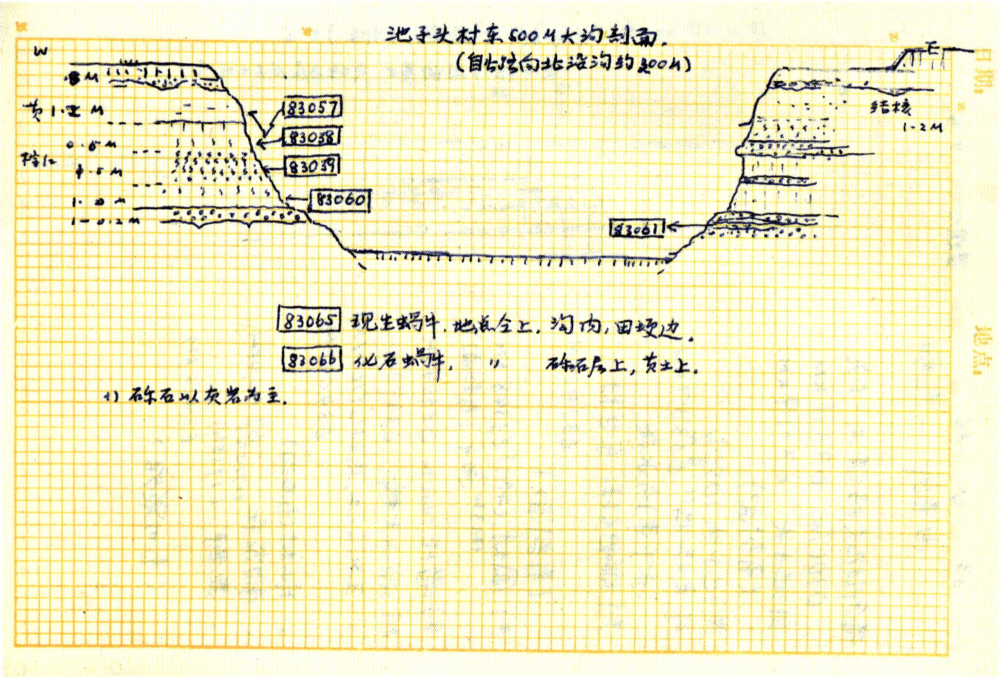

山东章丘—益都间池子头村大沟剖面（1983年）

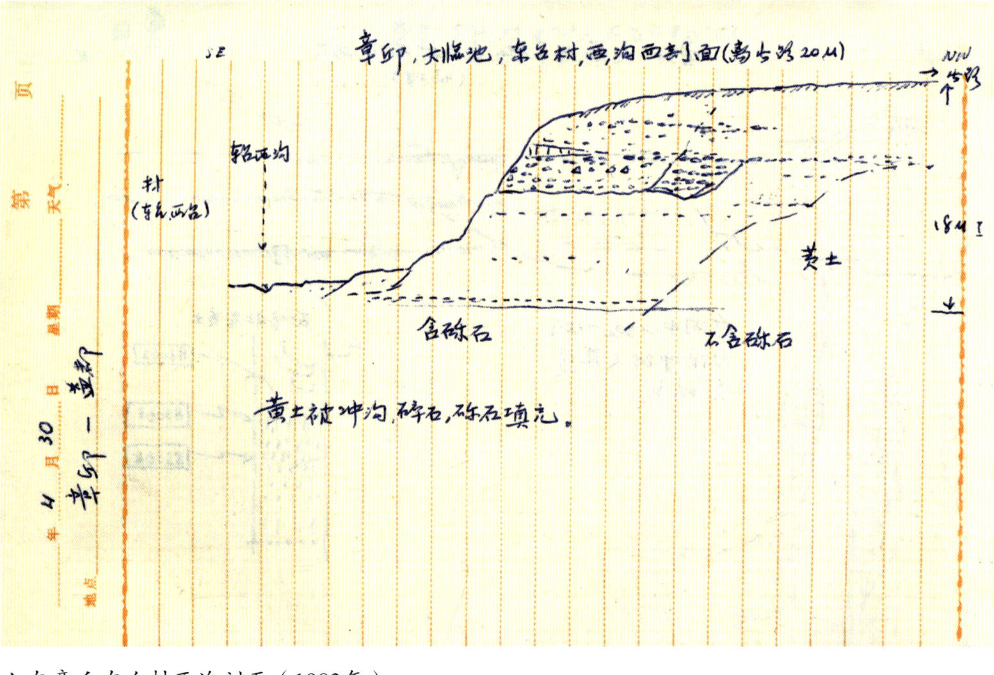

山东章丘东台村西沟剖面（1983年）

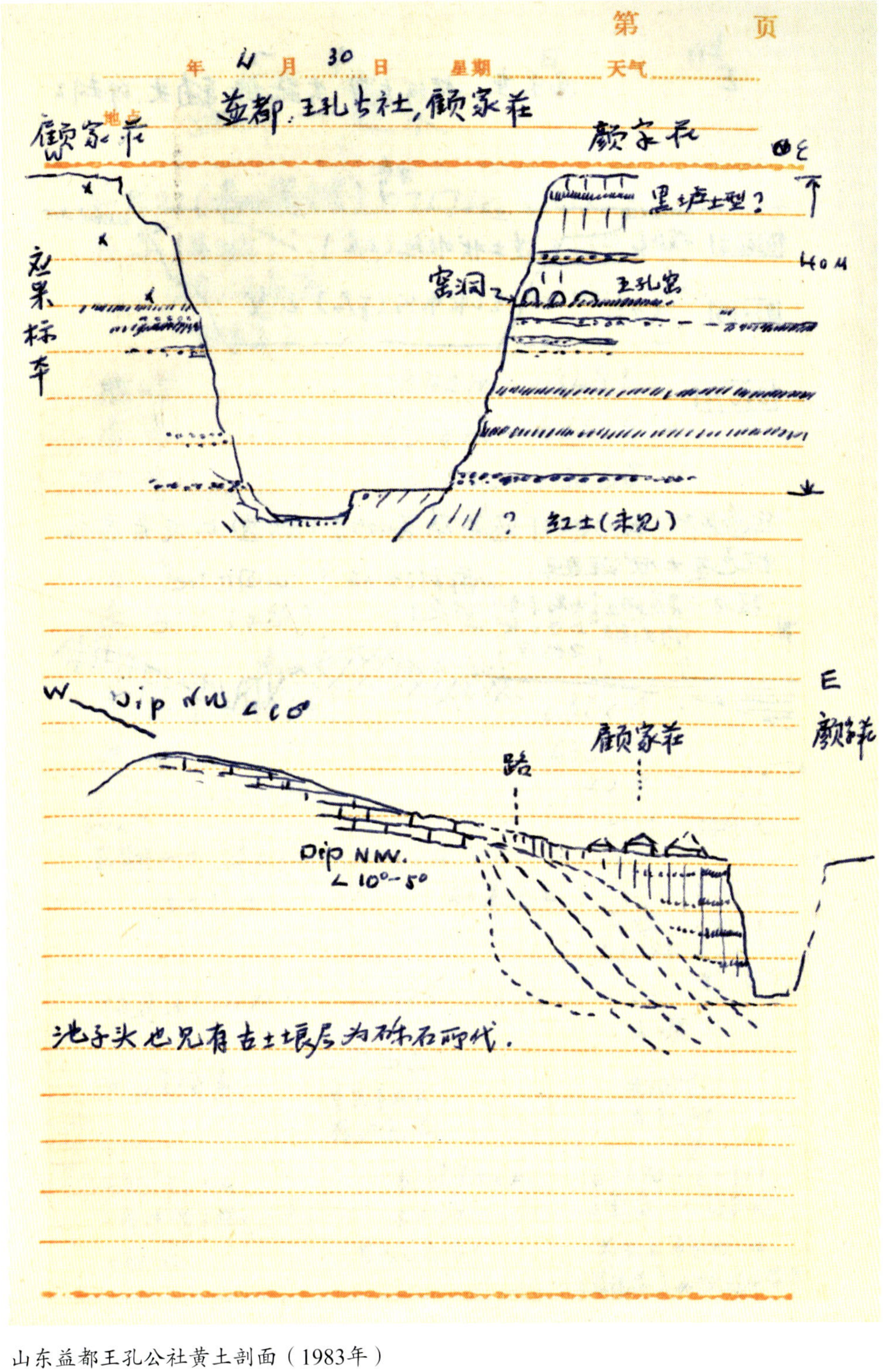

山东益都王孔公社黄土剖面（1983年）

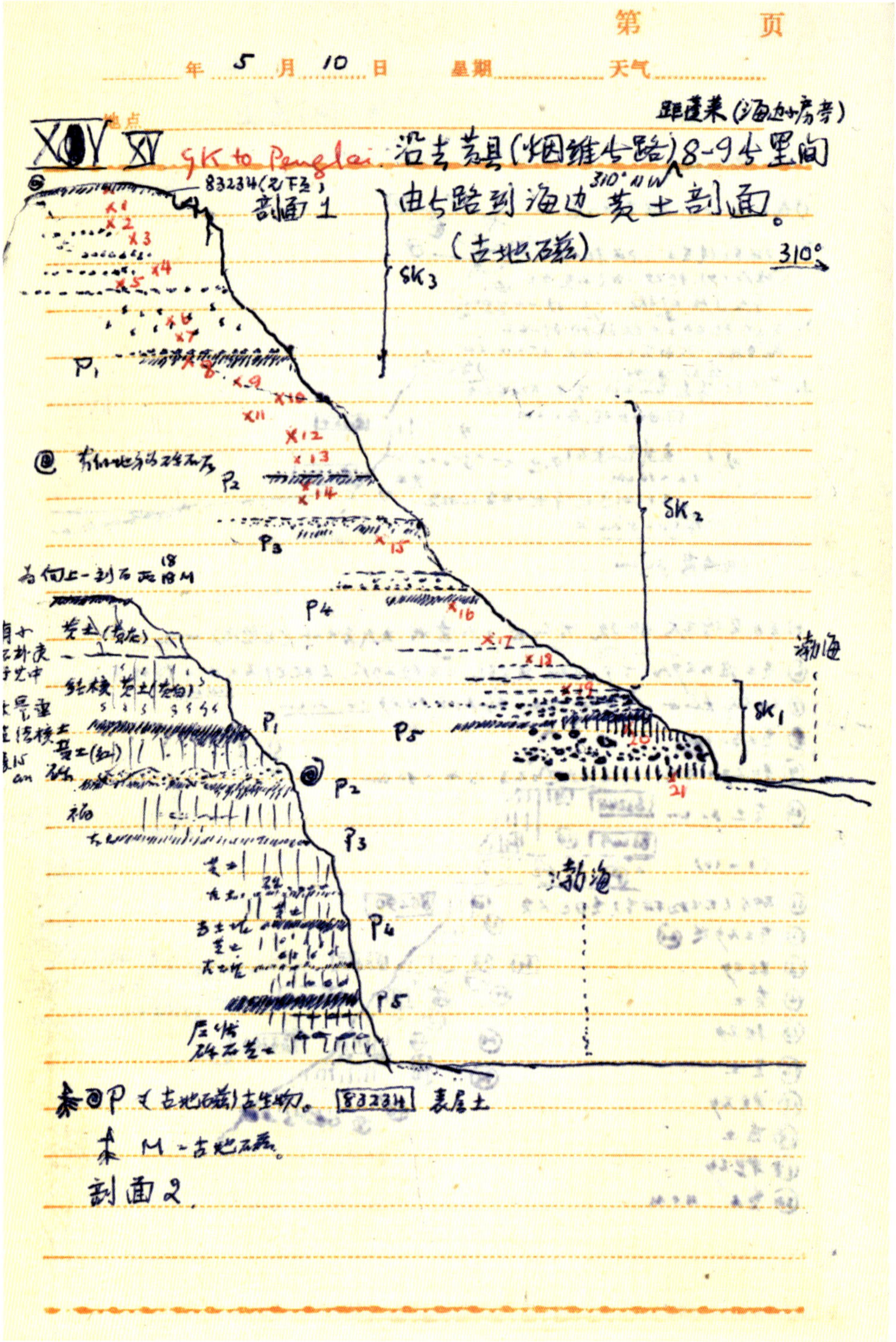

山东蓬莱烟维公路8～9km处海边剖面（1983年）

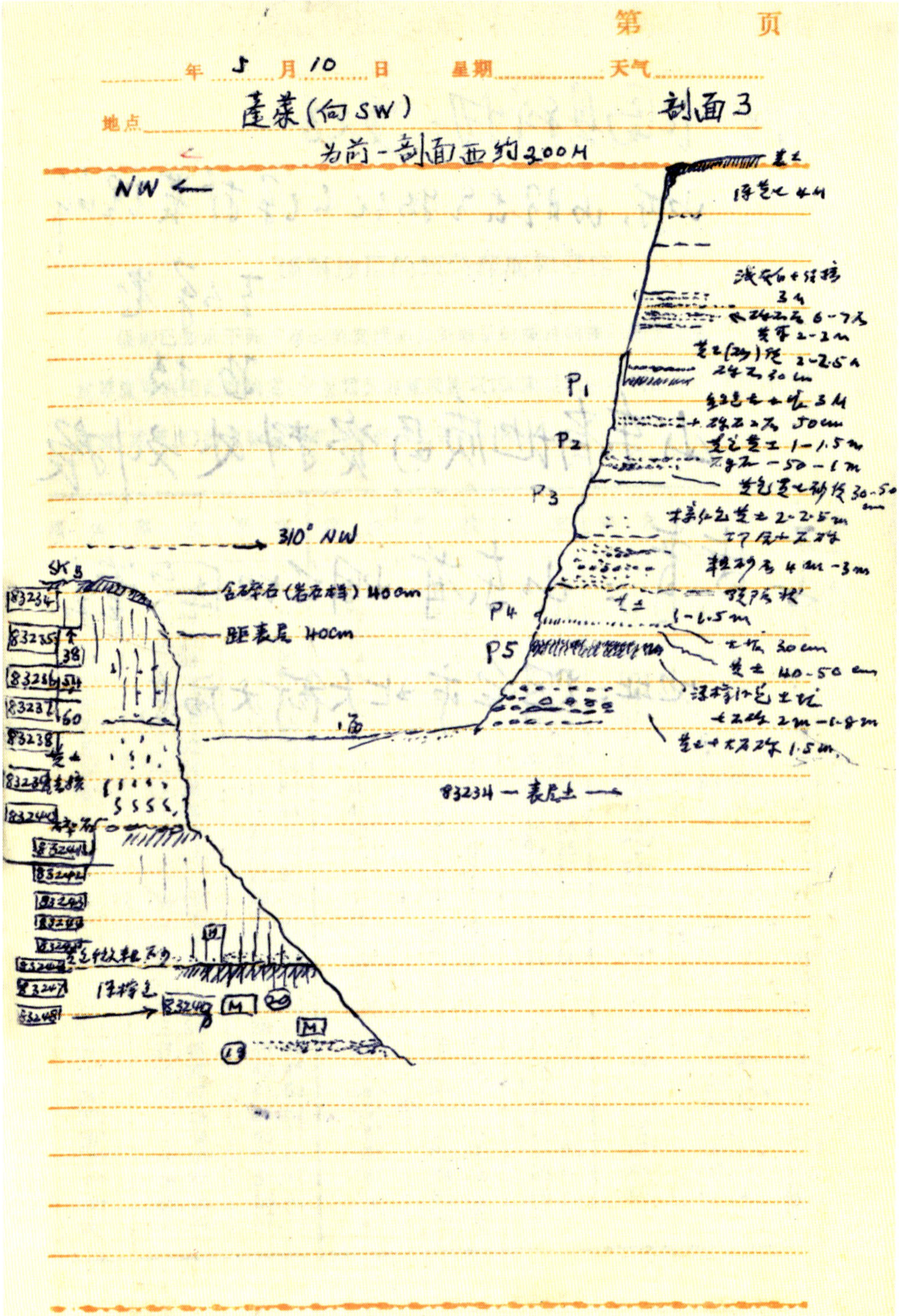

山东蓬莱附近黄土剖面及样品采集的层位（1983年）

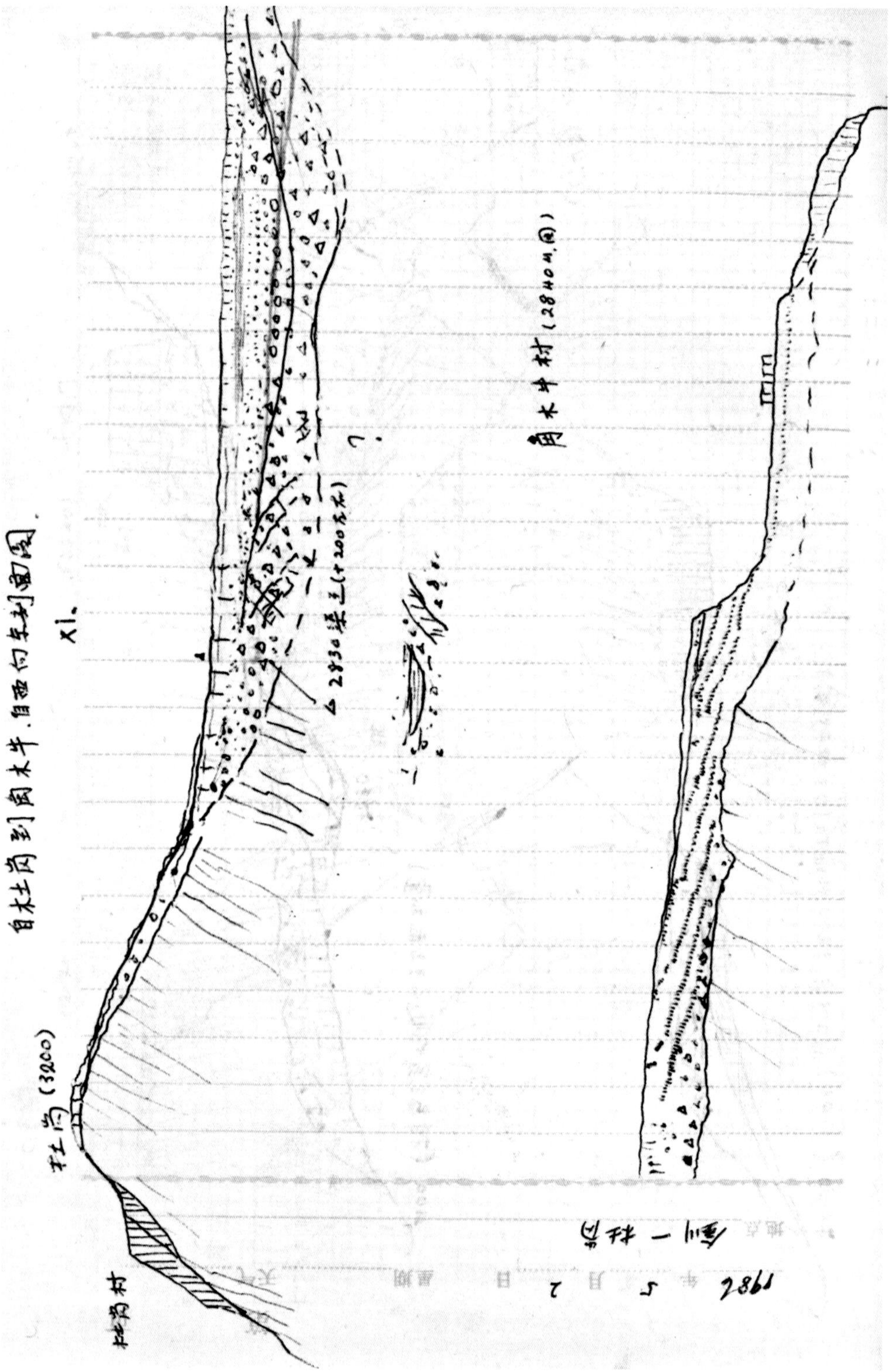

四川金川杜岗—角木牛断面图（1986年）

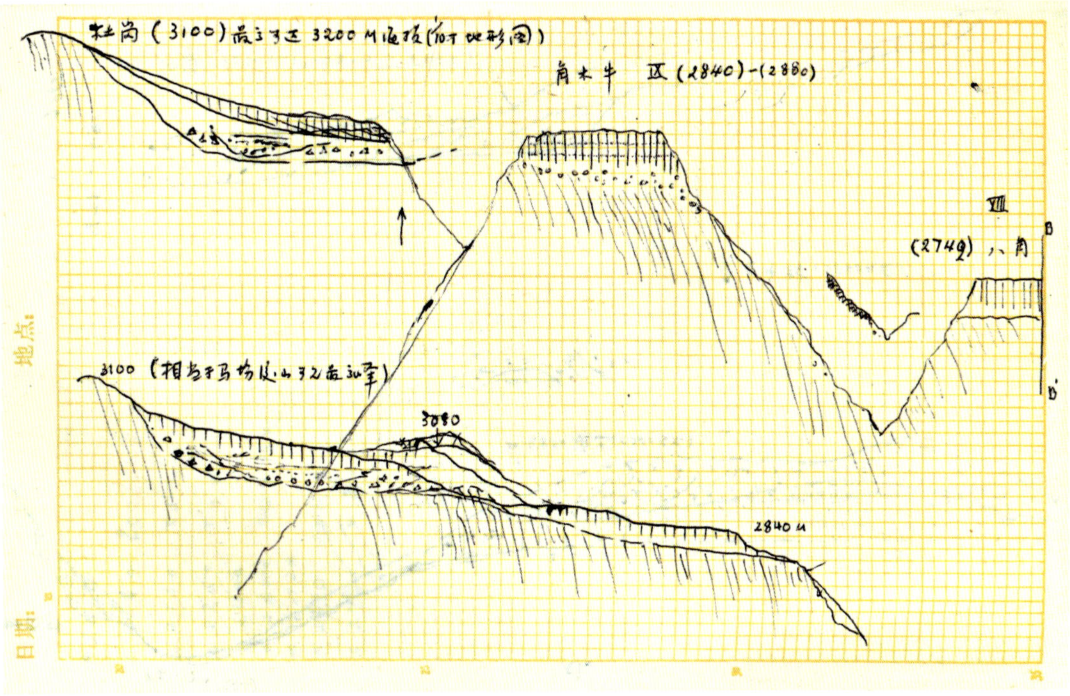

四川金川八角与壕沟门剖面比较（1986年）

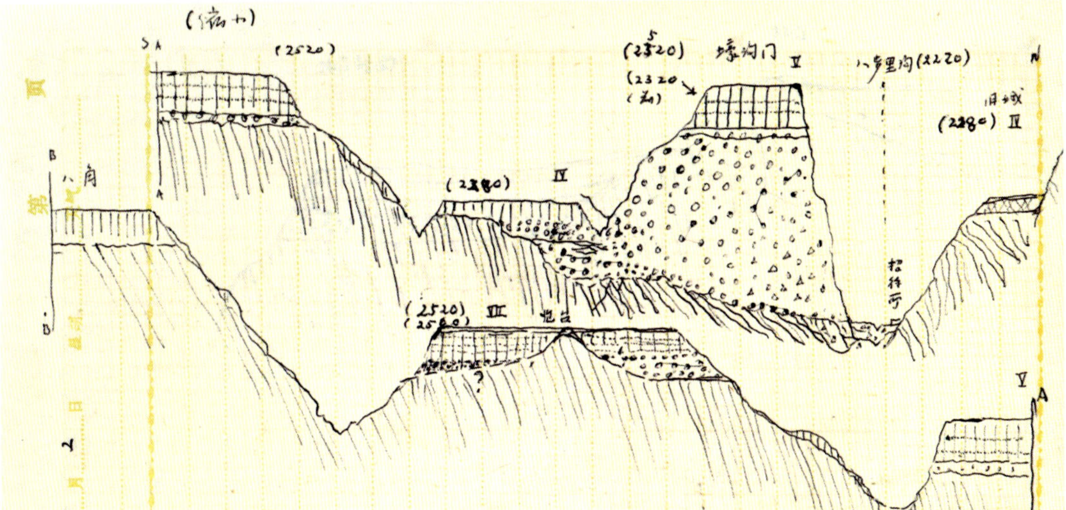

四川金川角木牛黄土剖面（1986年）

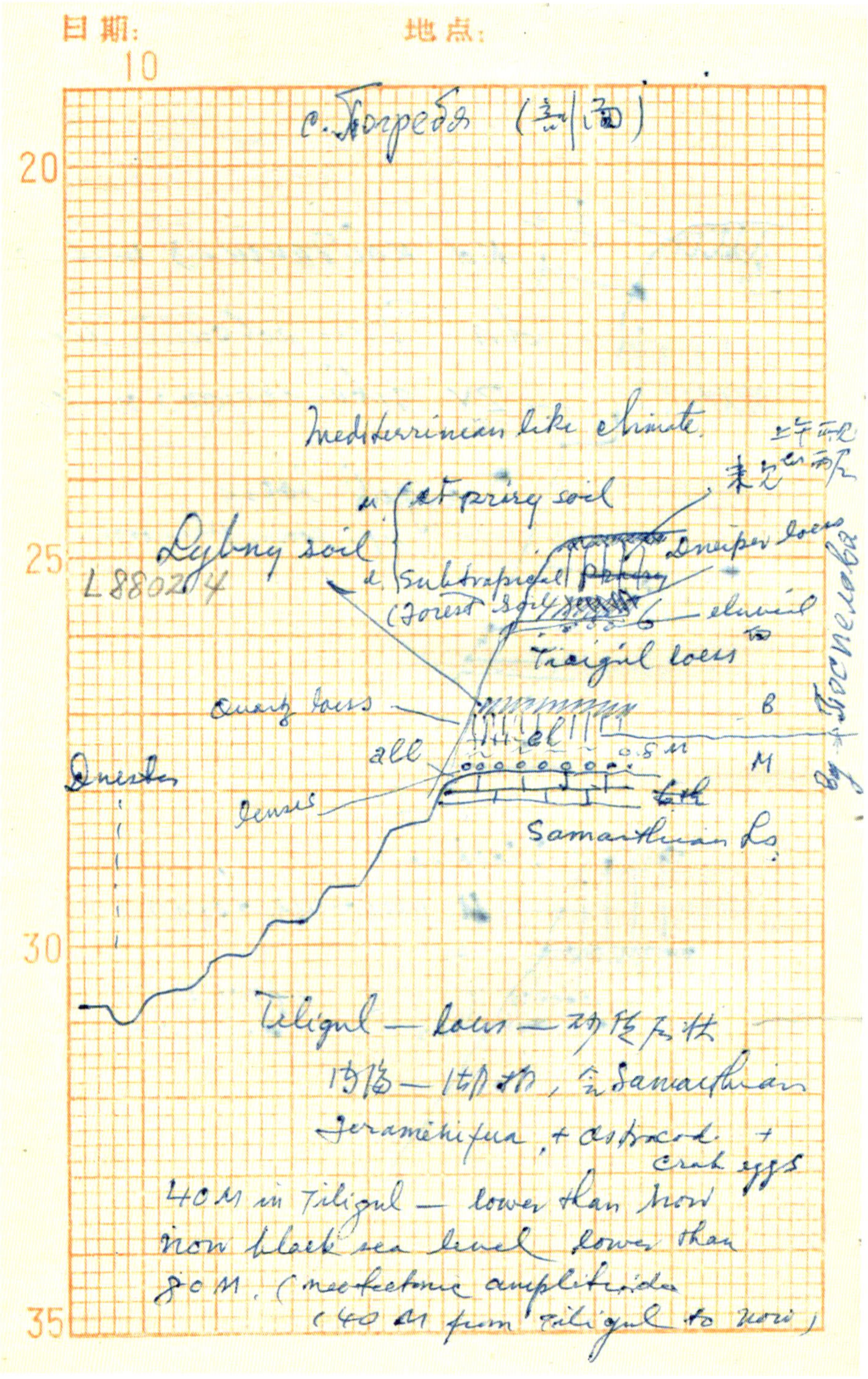

乌克兰典型黄土剖面（1988年）

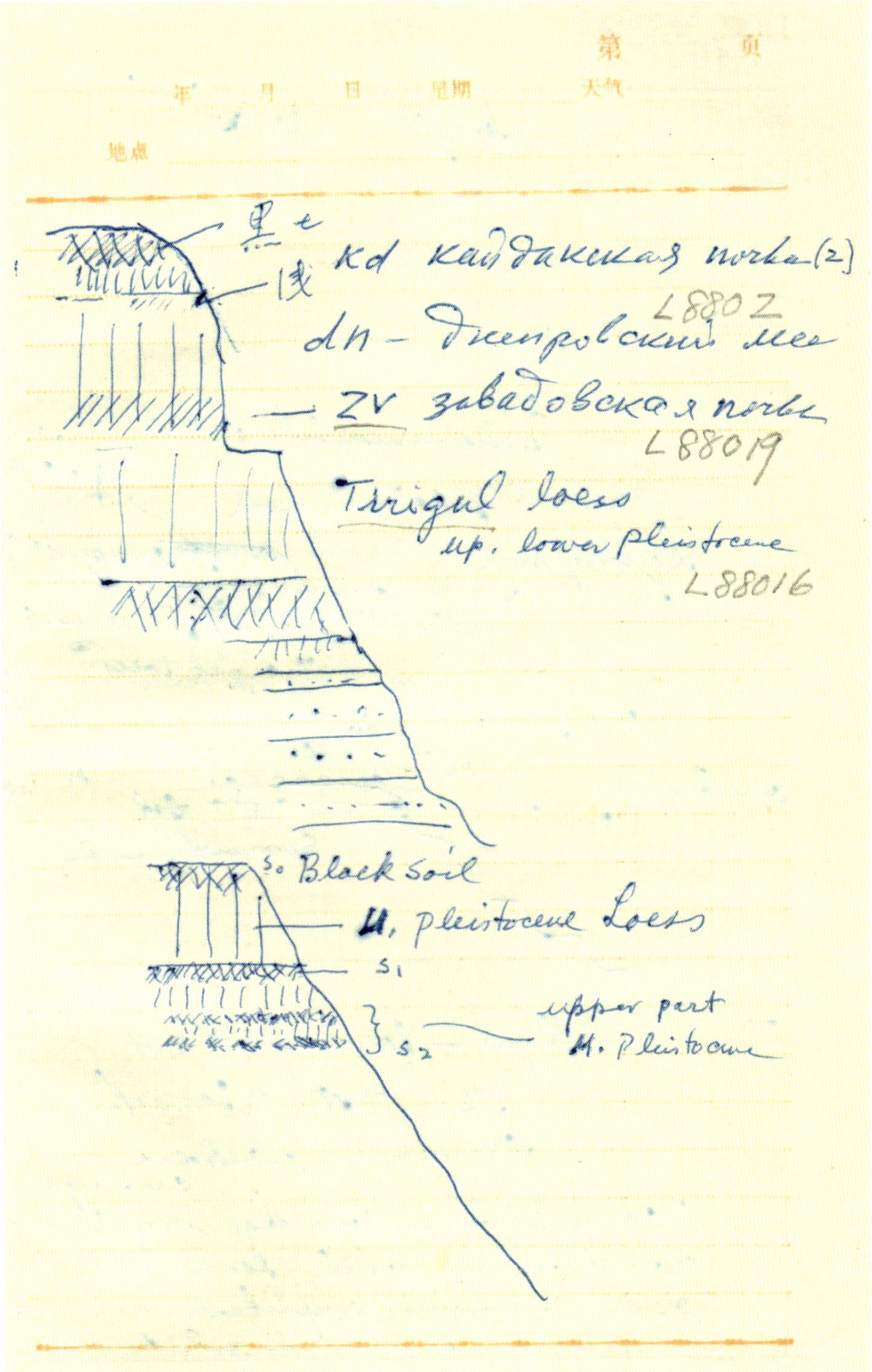

乌克兰黄土剖面与中国S_2以上黄土的比较（1988年）

黄土之上覆盖有冰川沉积物（1988年）

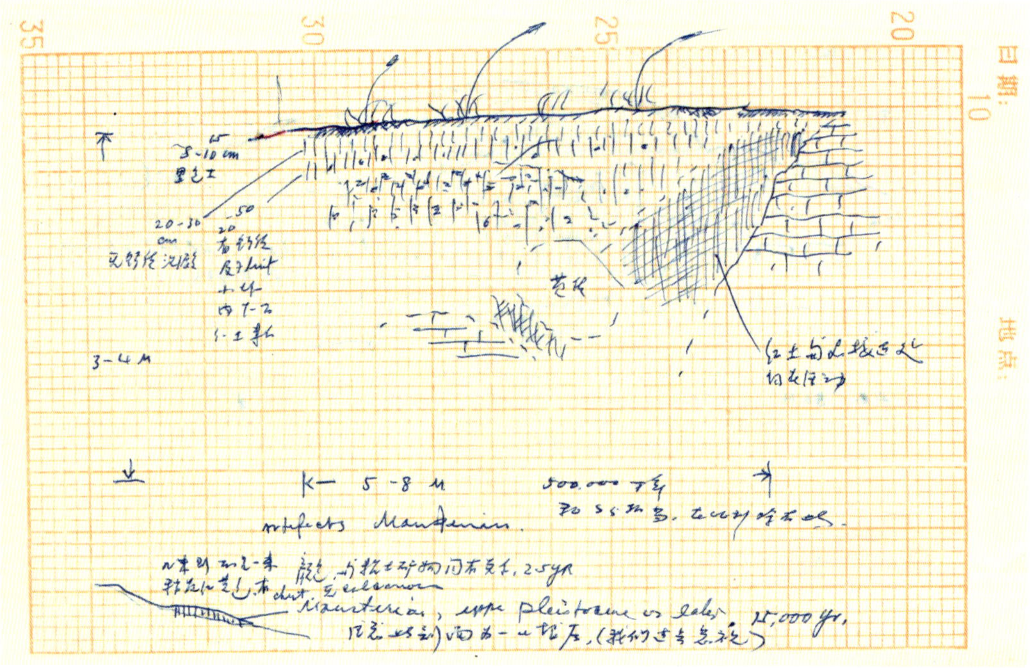

欧洲在15ka左右发育的一层古土壤（1988年）

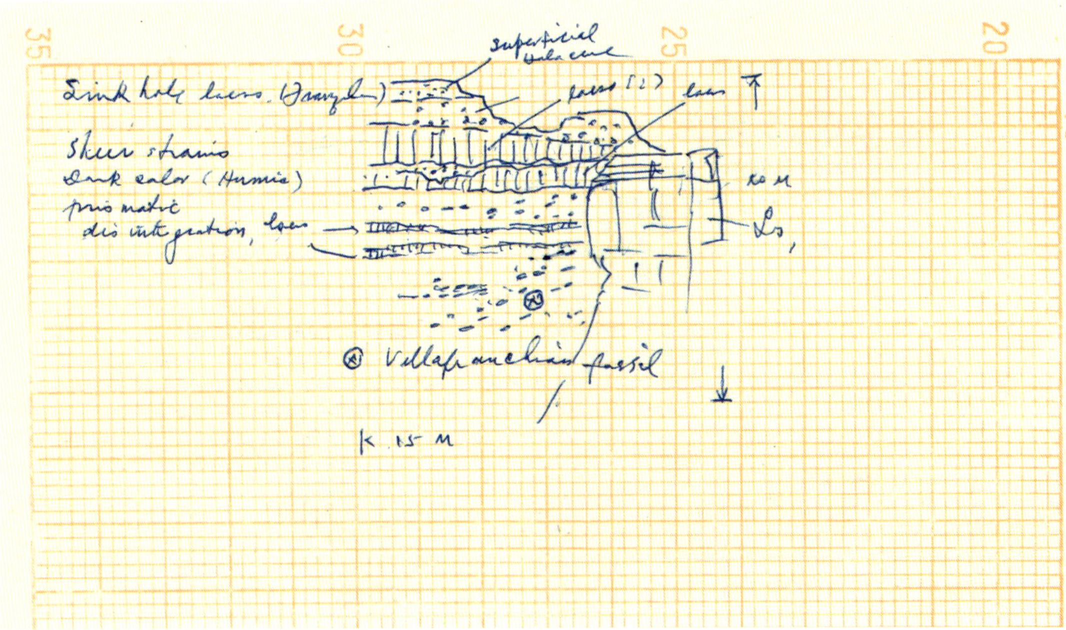

意大利波河地区的黄土剖面（1988年）

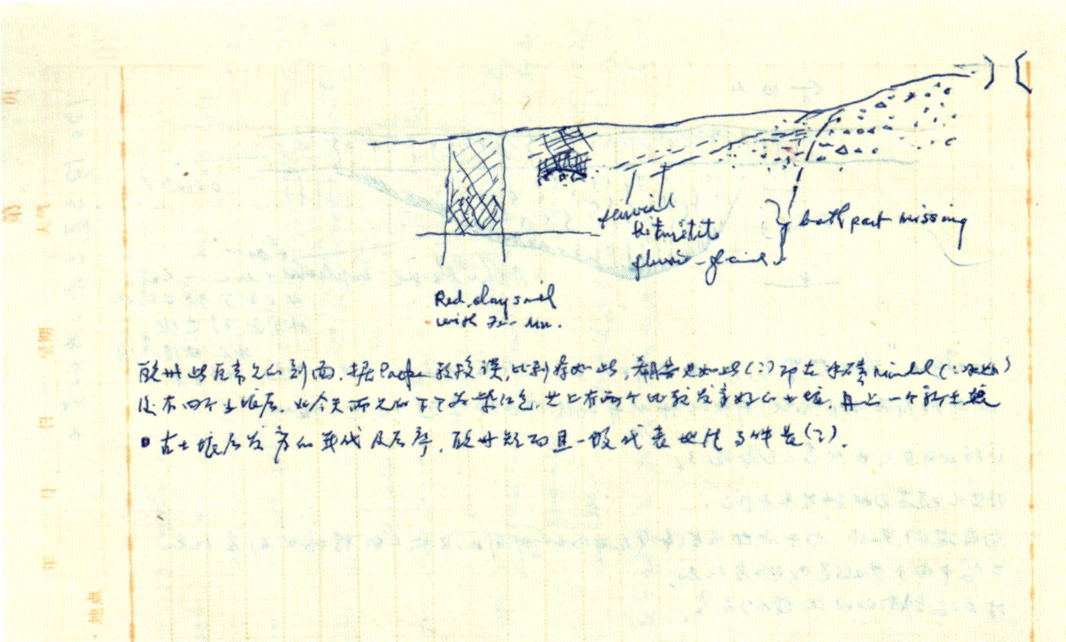

意大利冰川沉积上有三层古土壤，最下层紫红色（1988年）

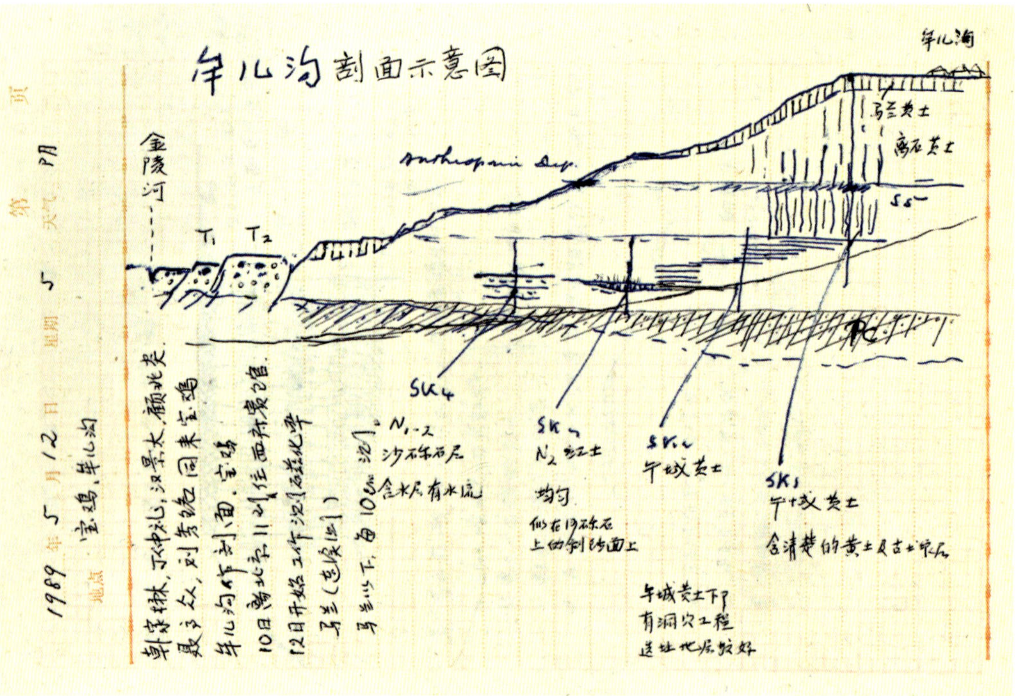

陕西宝鸡牟儿沟剖面示意图（1989年）

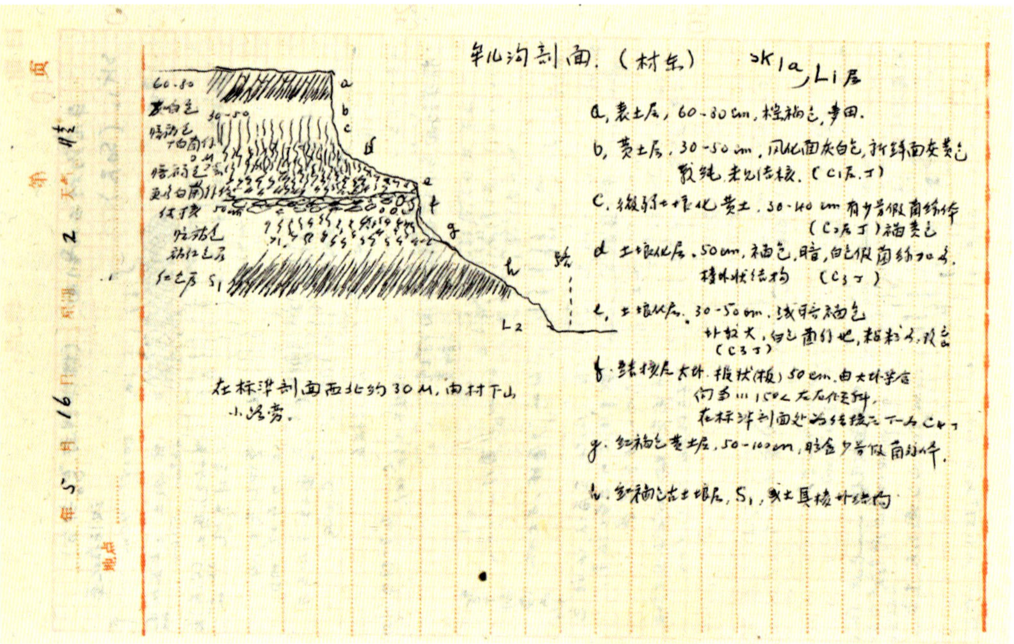

陕西宝鸡牟儿沟村东L_1地层剖面图（1989年）

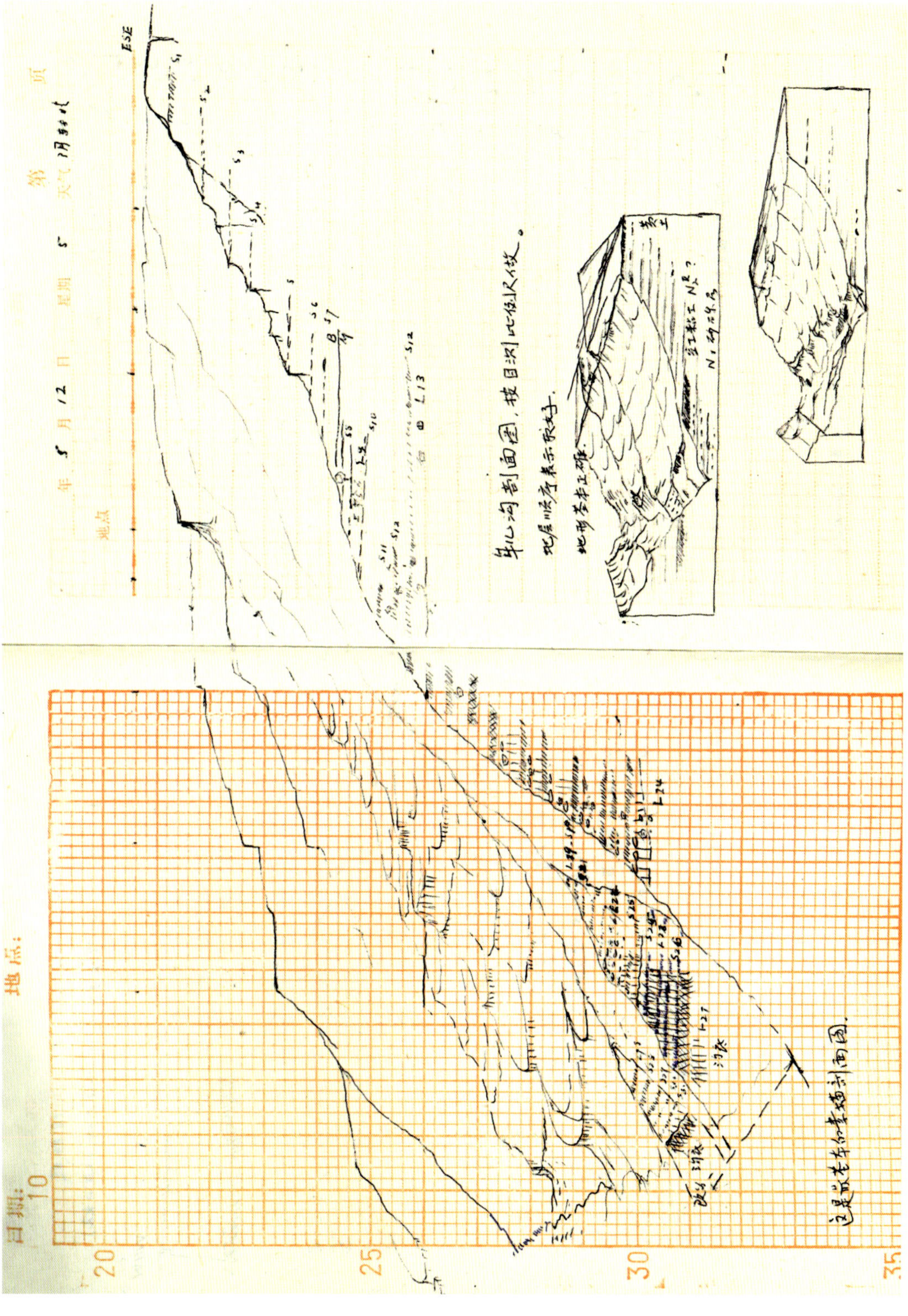

陕西宝鸡牟儿沟素描剖面图（1989年）

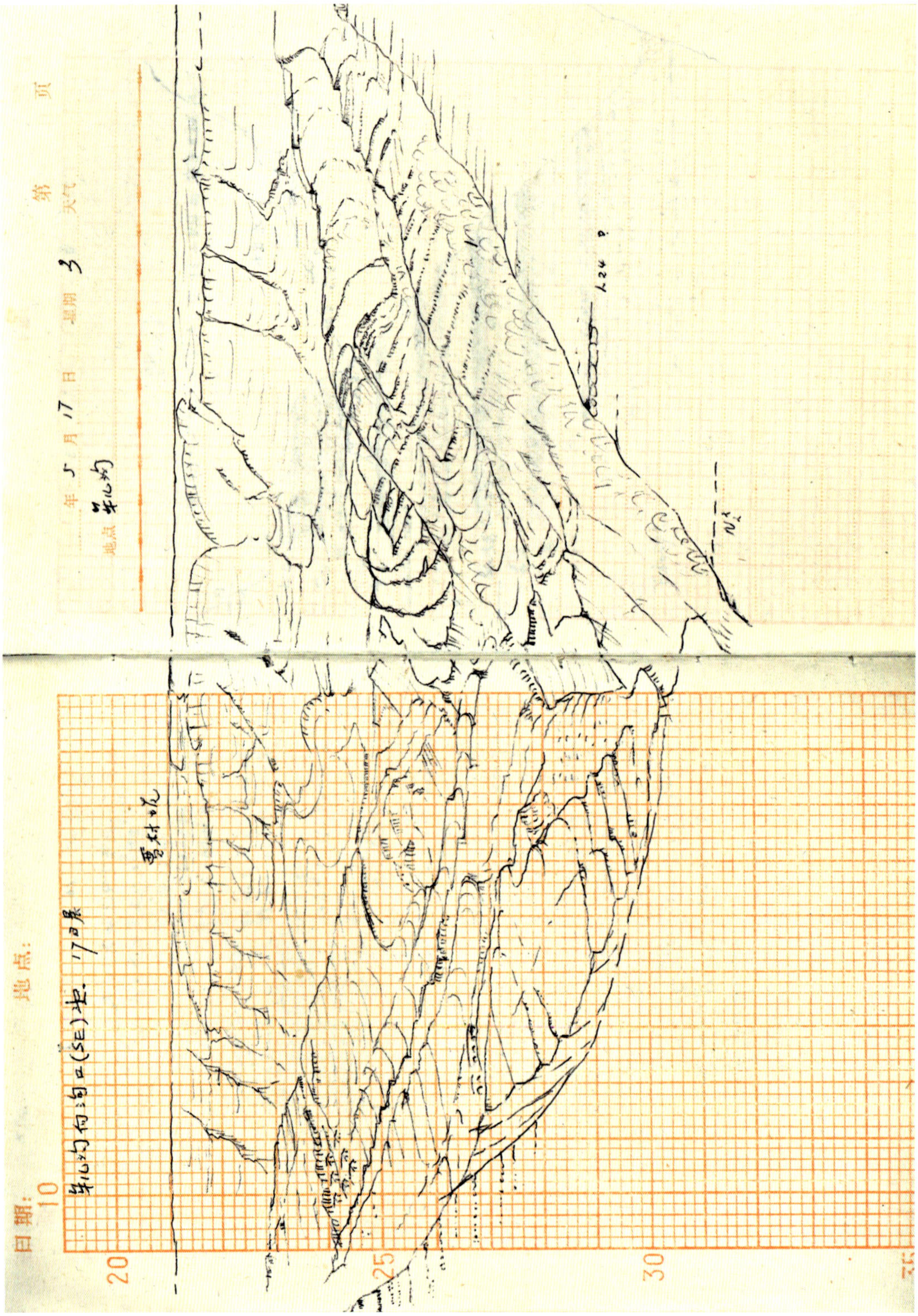

远望宝鸡贾村塬素描图（1989年）

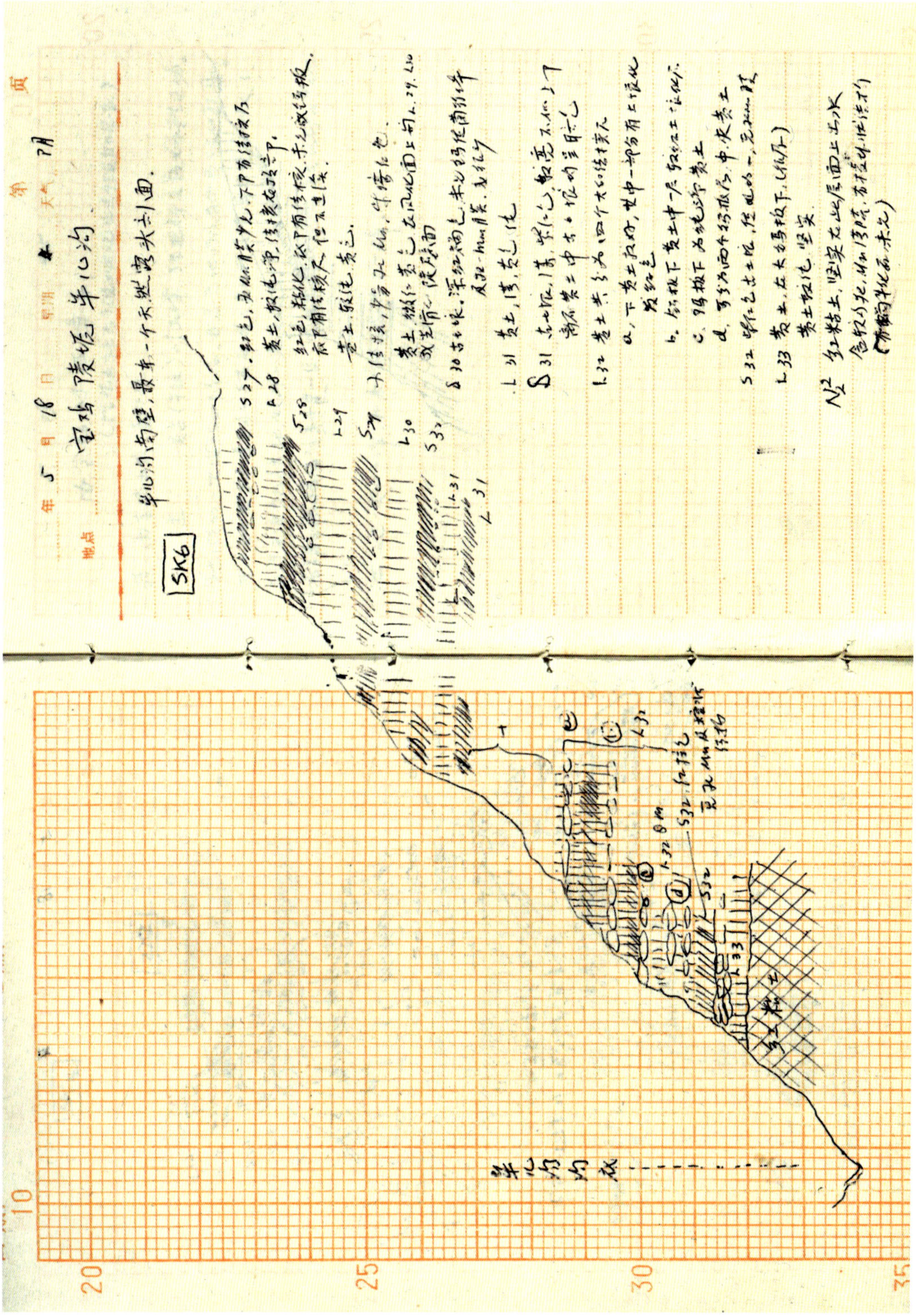

陕西宝鸡羊儿沟底部黄土与下伏红黏土（1989年）

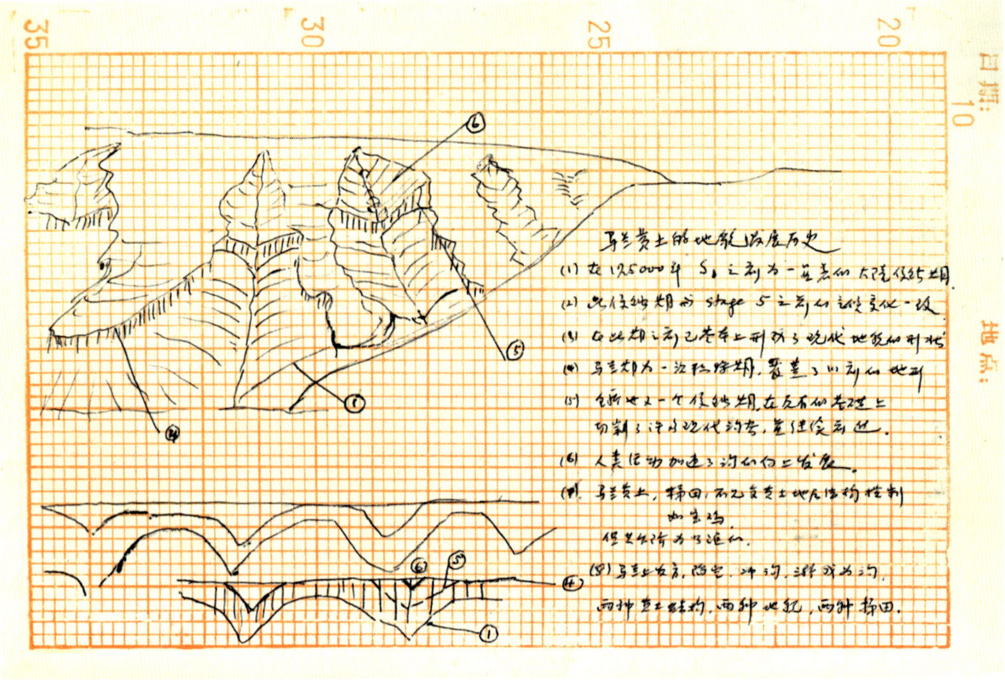

甘肃西峰陈家庄马兰黄土地貌发育历史（1989年）

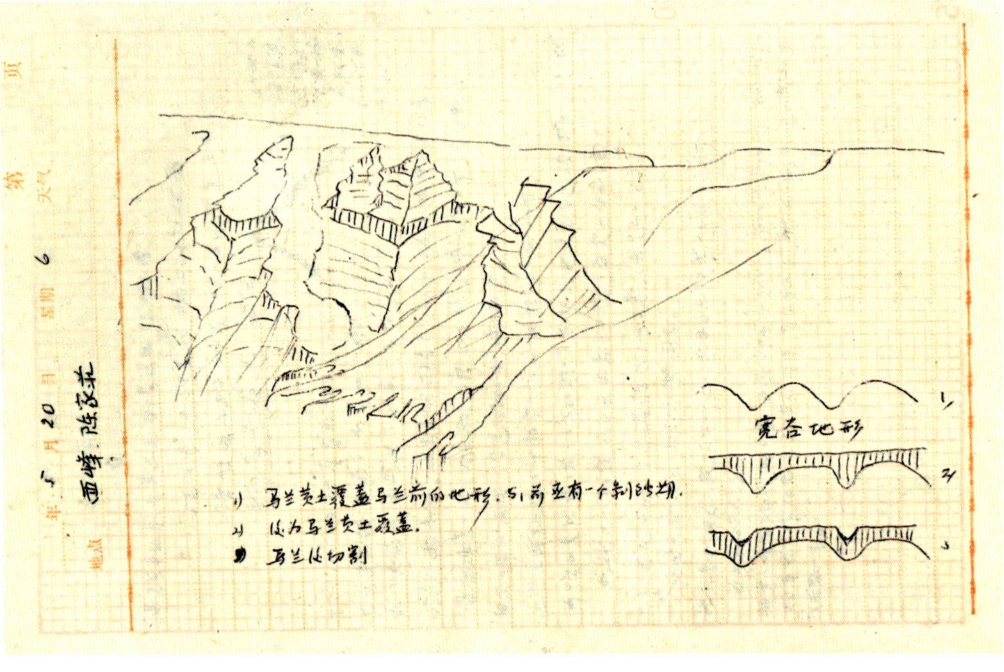

甘肃西峰陈家庄马兰黄土堆积前古地形（1989年）

笔记本扉页上的南极长城站纪念戳（1991年）

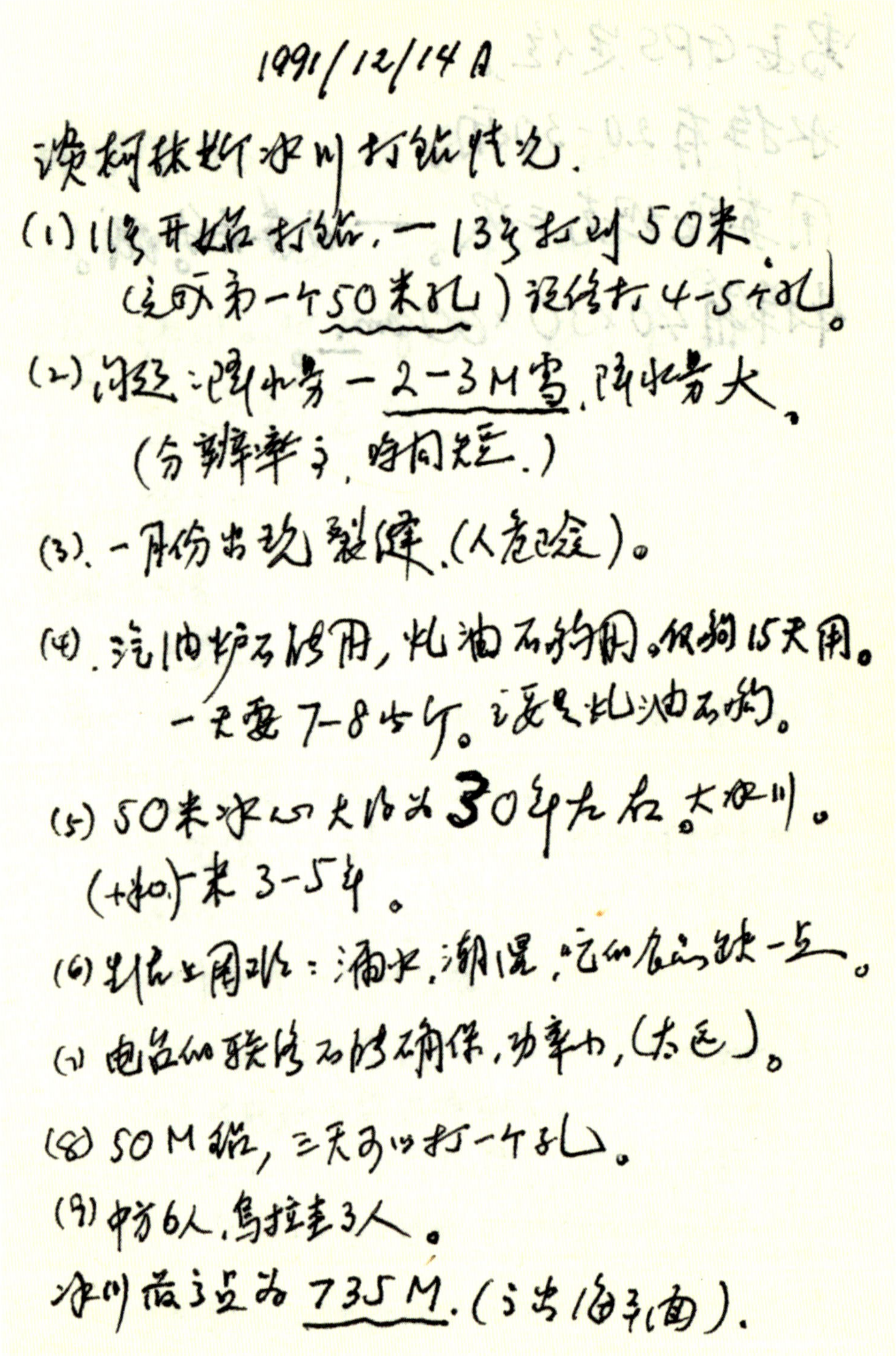
1991/12/14日

谈柯林斯冰川打钻情况.

(1) 11号开始打钻，一13号打到50米
(完成第一个50米孔) 还准备打4-5个孔。

(2) 冰芯温度一2-3M雪，降水量大。
(分辨率高，时间短.)

(3)、一月份出现裂缝.(人危险)。

(4). 汽油炉不够用，柴油不够用。仅够15天用。
一天要7-8公斤。该是柴油不够。

(5) 50米冰心大约为30年左右。大冰川。
(+100)米 3-5年。

(6) 生活上困难：温度大，潮湿，吃的食物缺一点。

(7) 电台的联络不够确保，功率小，(太近)。

(8) 50M钻，三天可以打一个孔。

(9) 中方6人，乌拉圭3人。

冰川最高点为735M.(高出海平面).

在南极长城站了解冰心钻进进展情况（1991年）

再入三峡，想起1946年与侯德封、姜达权、陈梦熊一起考察的日子（1994年）

进入牛肝马肺峡“层峦叠翠，高峡出平湖”（1994年）

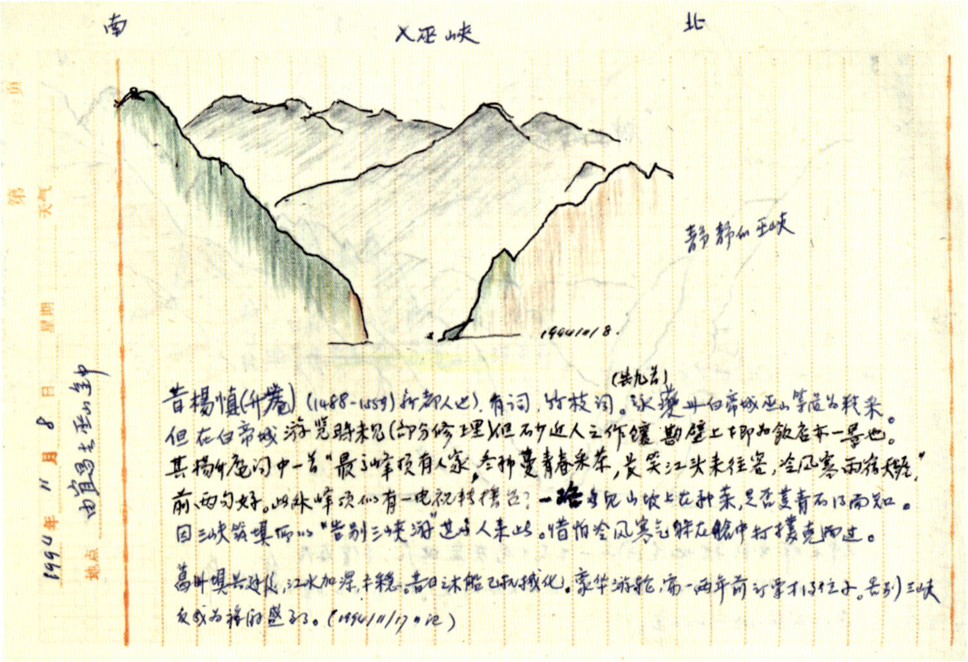

入巫峡，想起了杨慎（升庵）写三峡的诗篇（1994年）

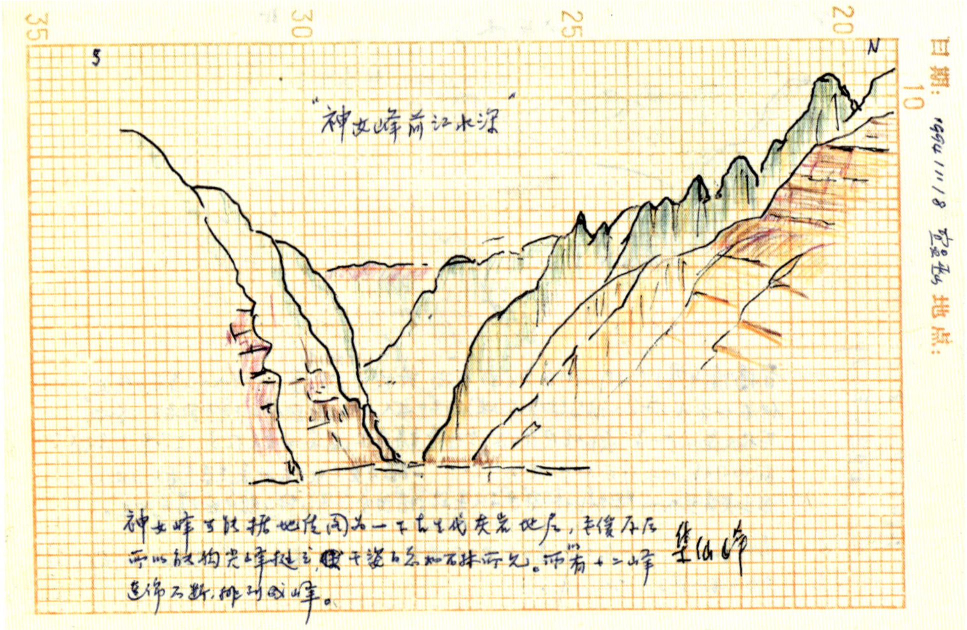

神女峰由下古生代灰岩组成（1994年）

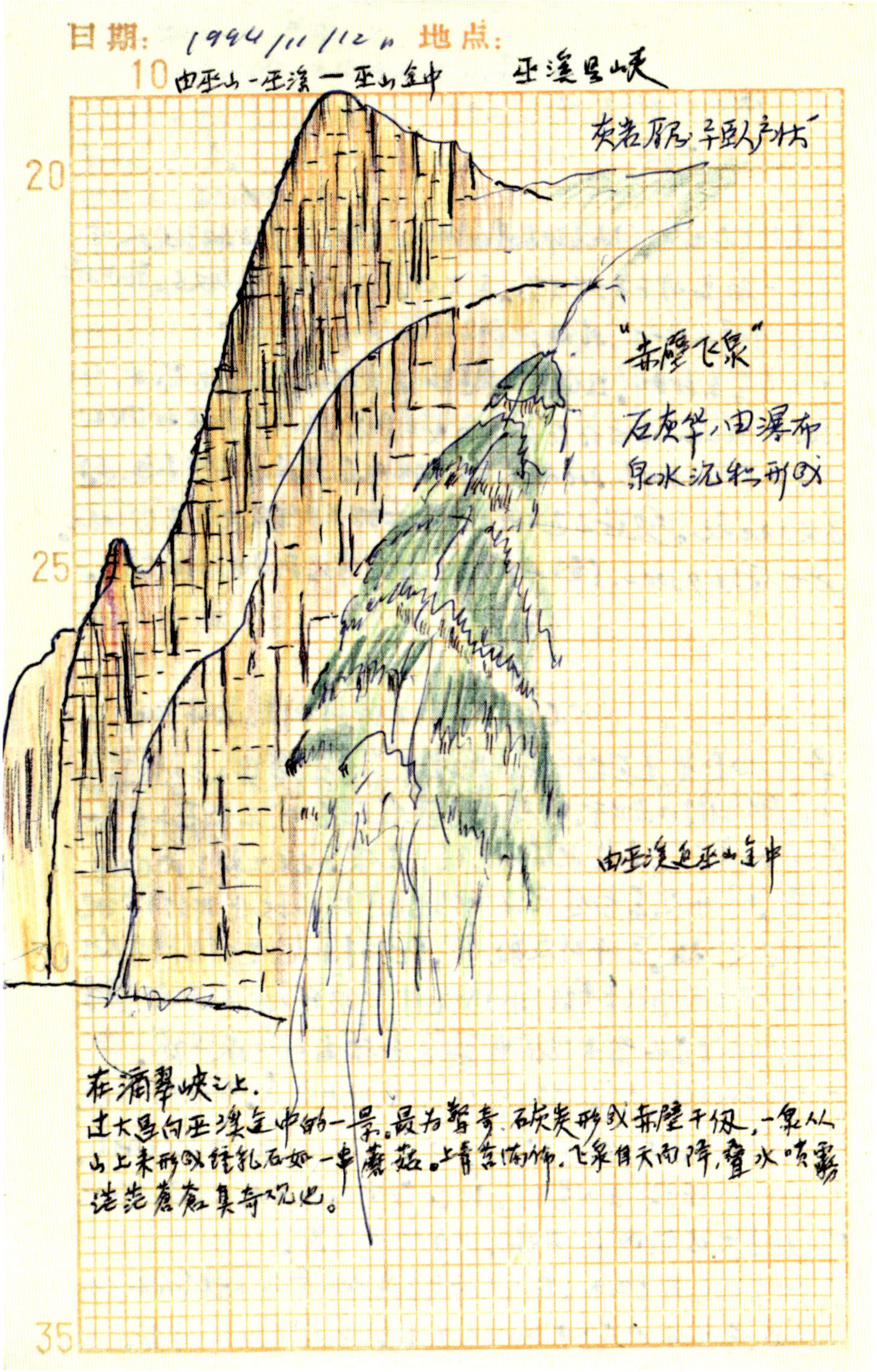
日期：1994/11/12日 地点：
由巫山—巫溪—巫山途中
灰岩层，平卧产状
“赤壁飞泉”
石灰华，由瀑布
泉水沉积所成
由巫溪返巫山途中
在滴翠峡之上。
过大昌向巫溪途中的一景。最为惊奇。石灰华形成赤壁千仞，一泉从
山上来形成钟乳石如一串蘑菇。上青苔满布。飞泉自天而降，霰水喷雾
茫茫苍苍，集奇观也。

赤壁飞泉（1994年）

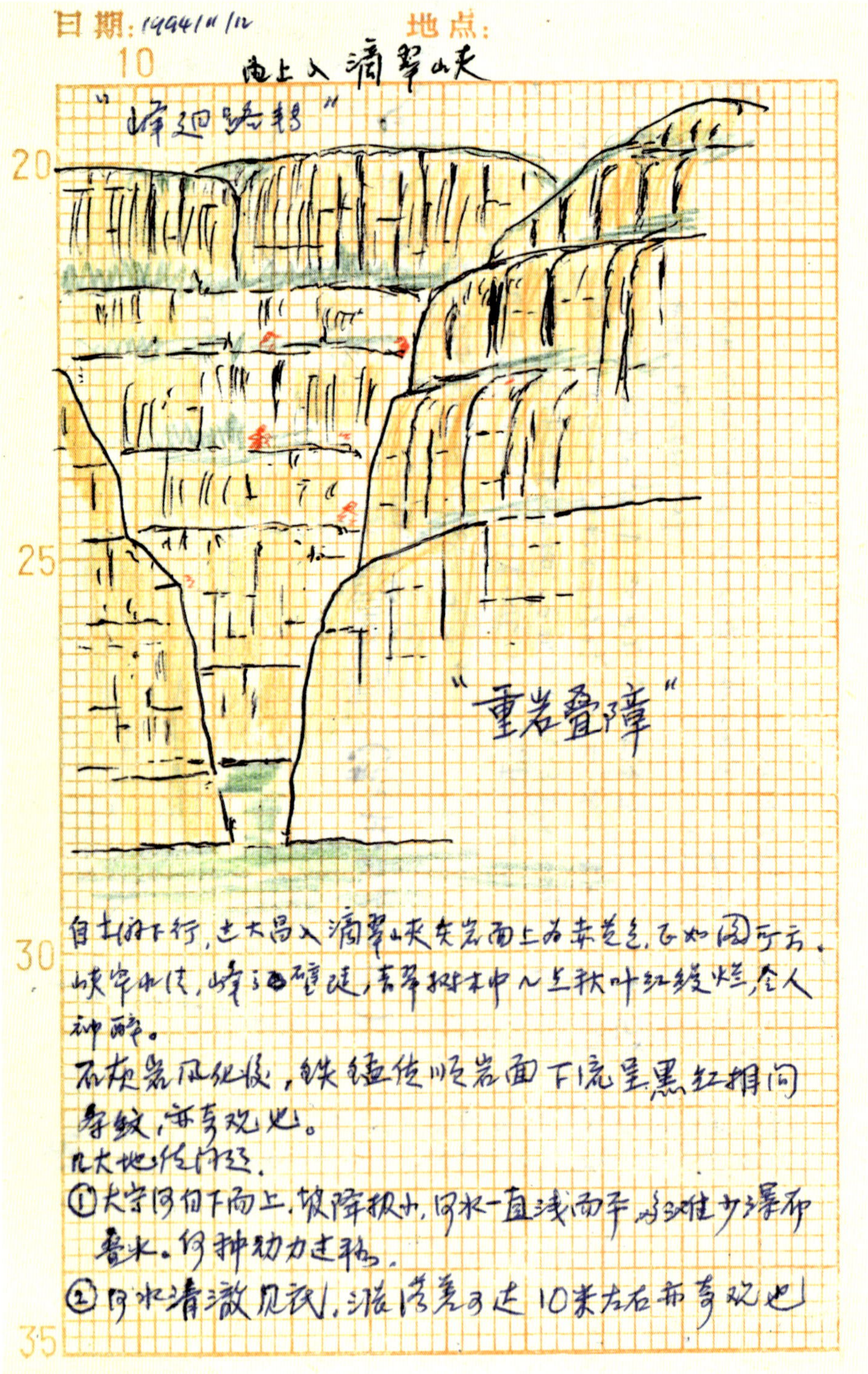

重岩叠嶂峰回路转（1994年）

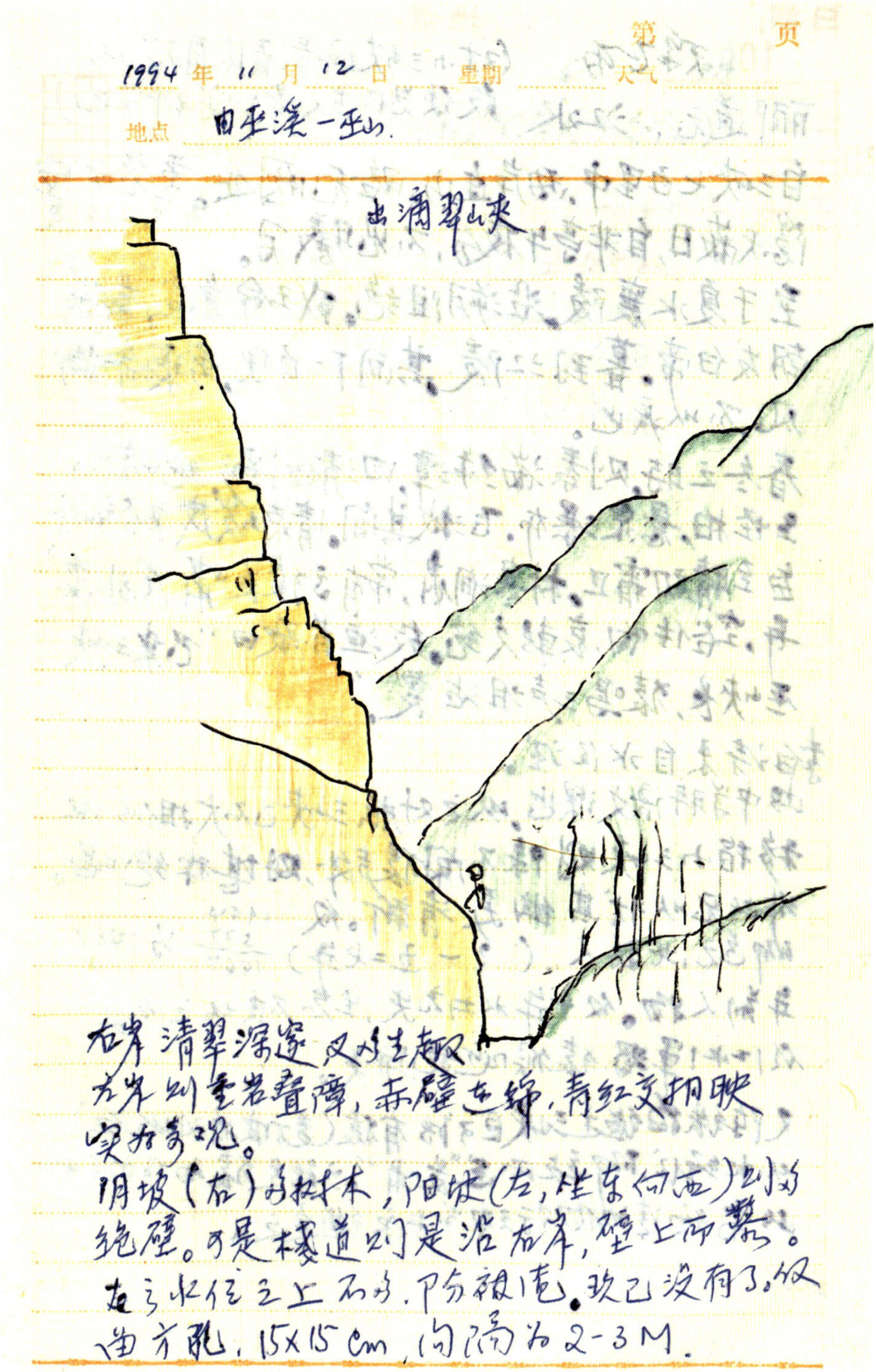

出滴翠峡阴坡多树，阳坡峭基岩裸露（1994年）

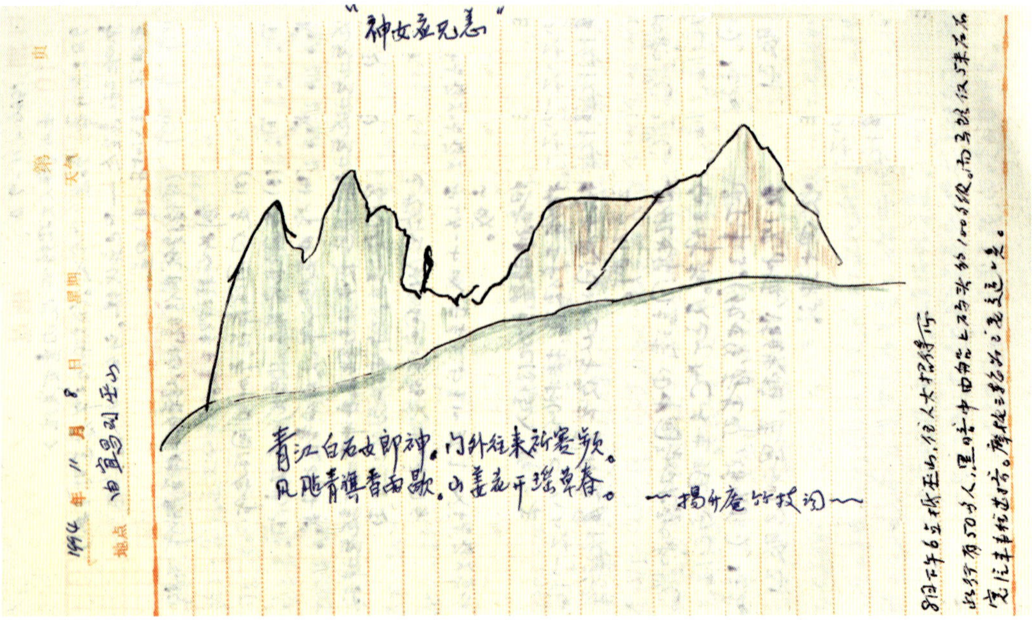

“神女应无恙”（1994年）

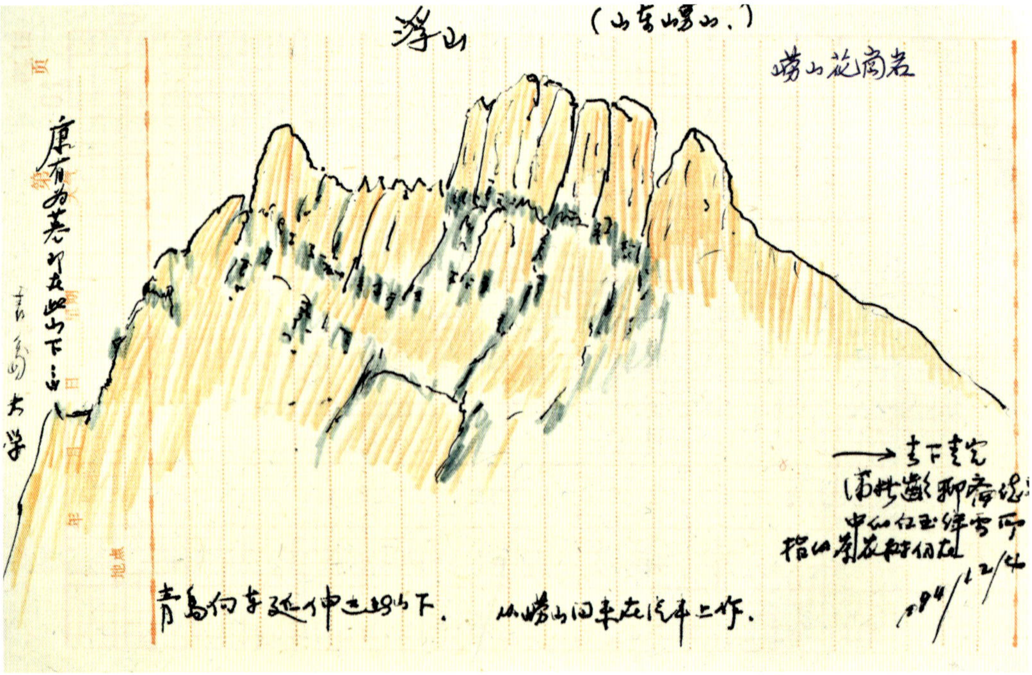

山东青岛崂山花岗岩素描图（1994年）

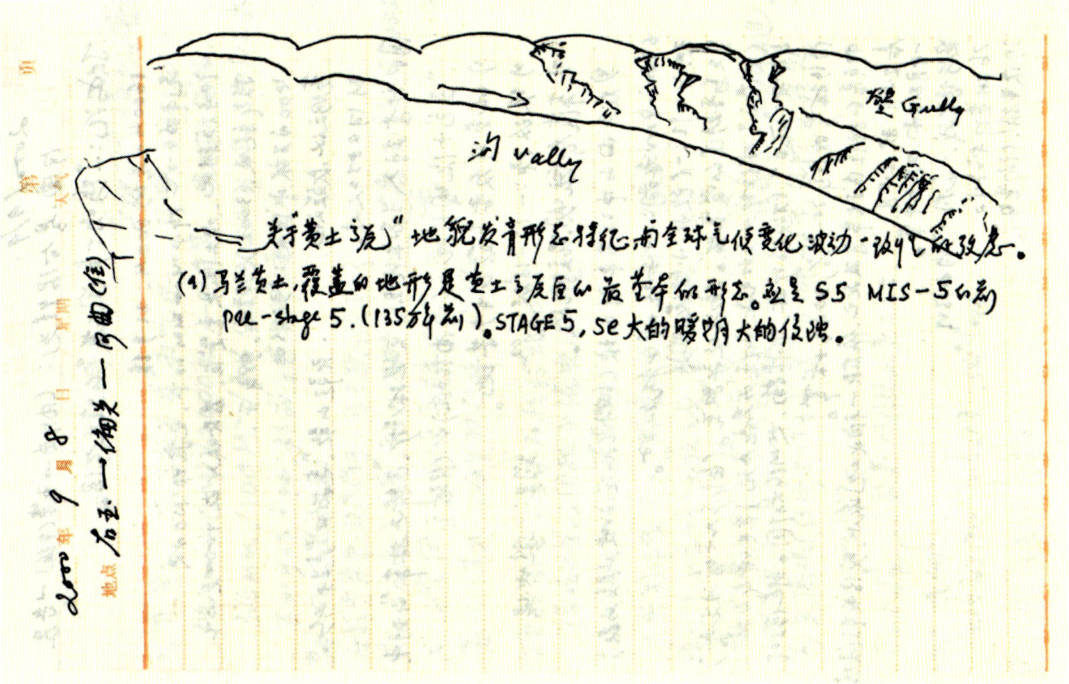

山西黄土区氧同位素5e阶段的侵蚀与沟谷发育（2000年）

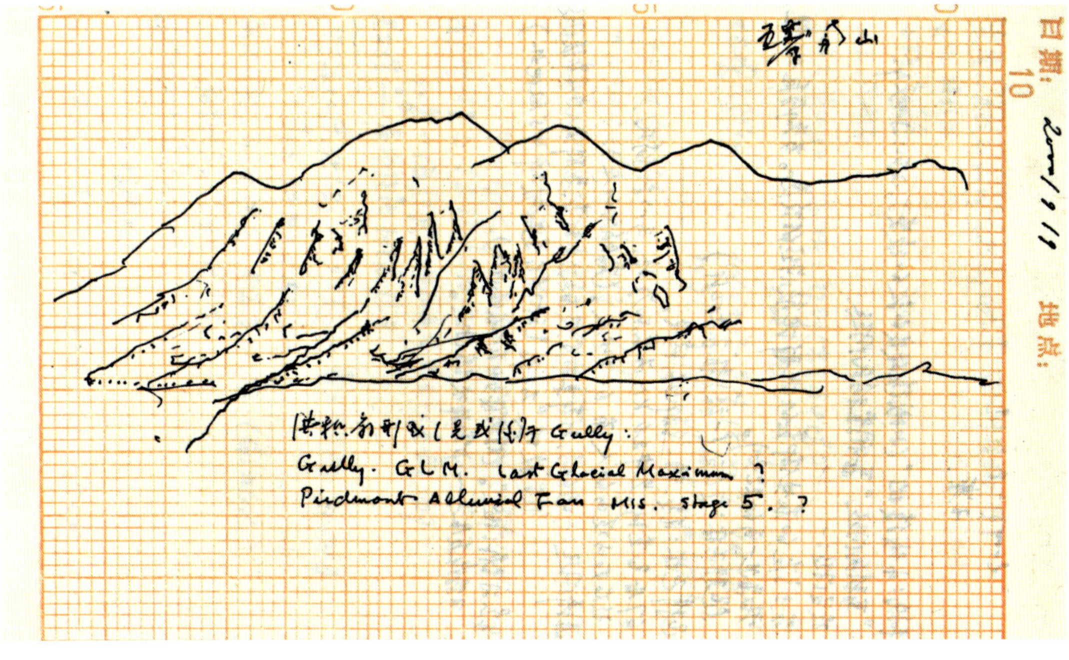

山西黄土区山麓洪积扇的形成与5e阶段的侵蚀有关（2000年）

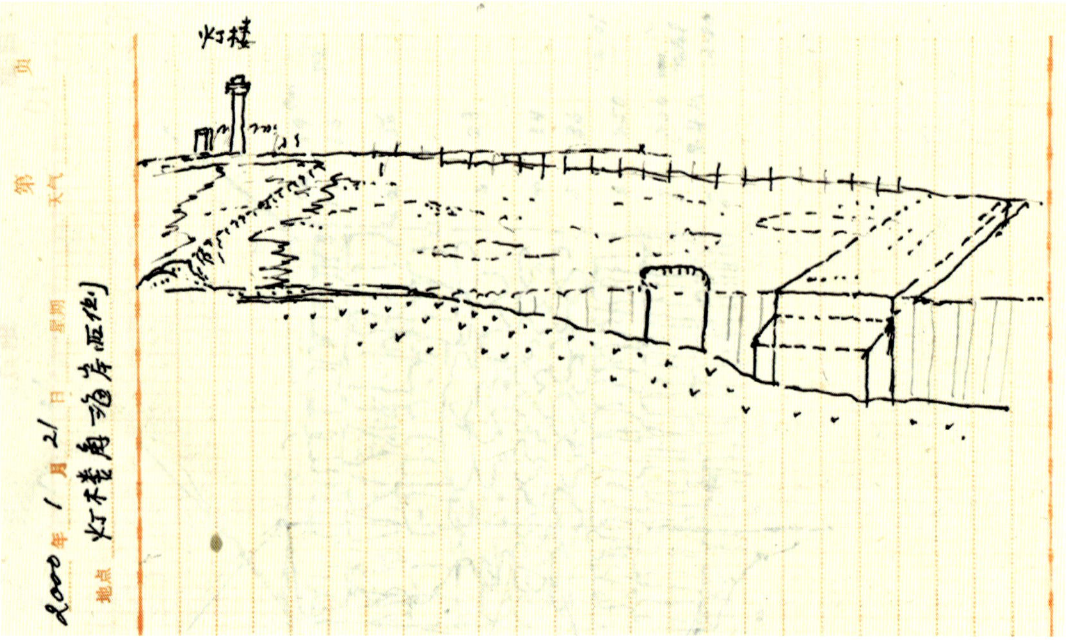

广东徐闻灯楼角西侧海岸横剖面（2000年）

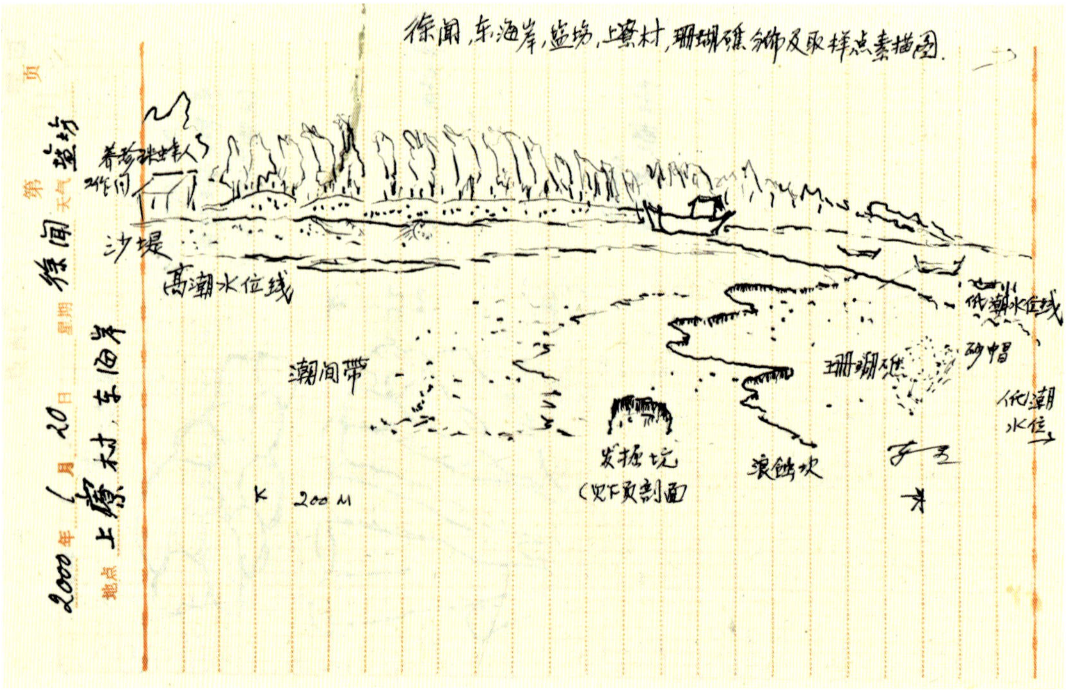

广东徐闻上寮村附近从低潮线到陆地的素描图（2000年）

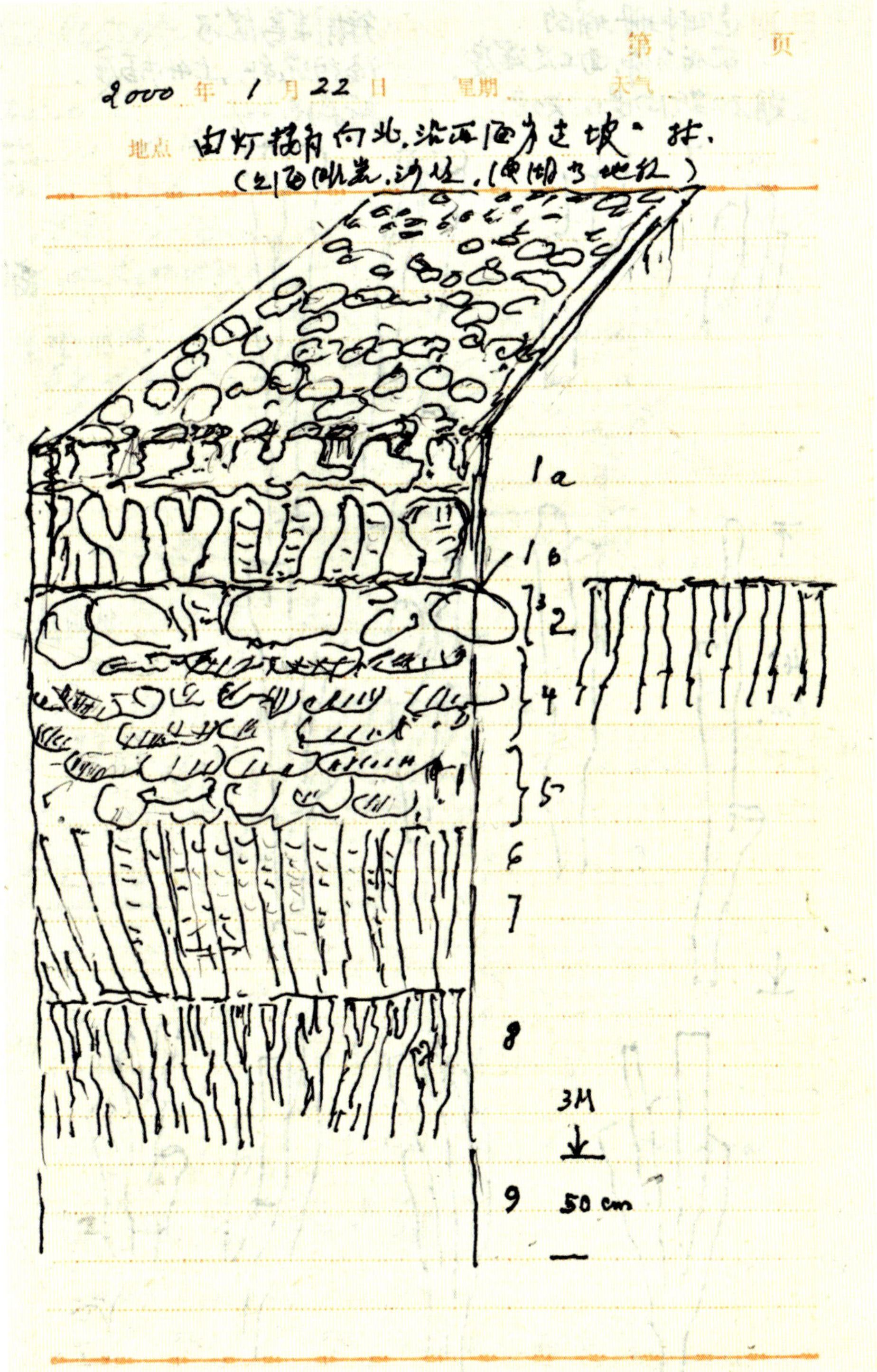

广东徐闻灯楼角向北珊瑚礁平台剖面图（2000年）

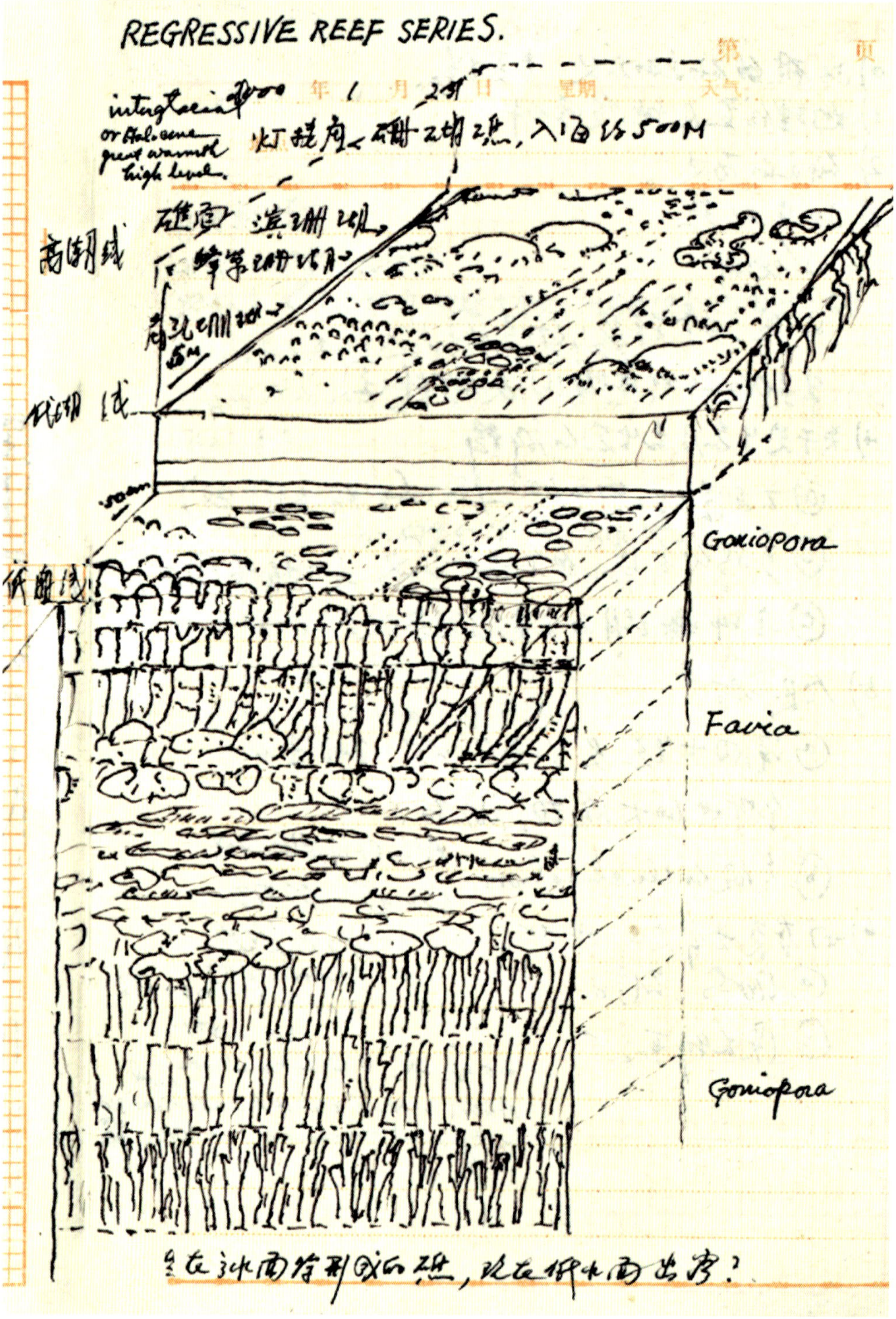

广东徐闻灯楼角低潮面上下珊瑚礁剖面比较（2000年）

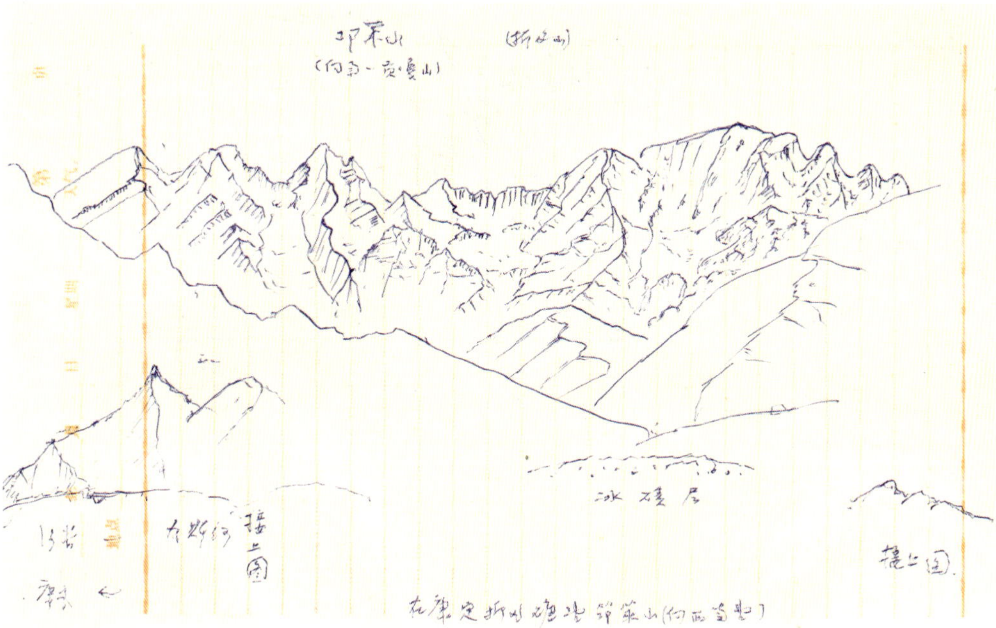

四川康定折多塘西南望邛崃山（2000年）

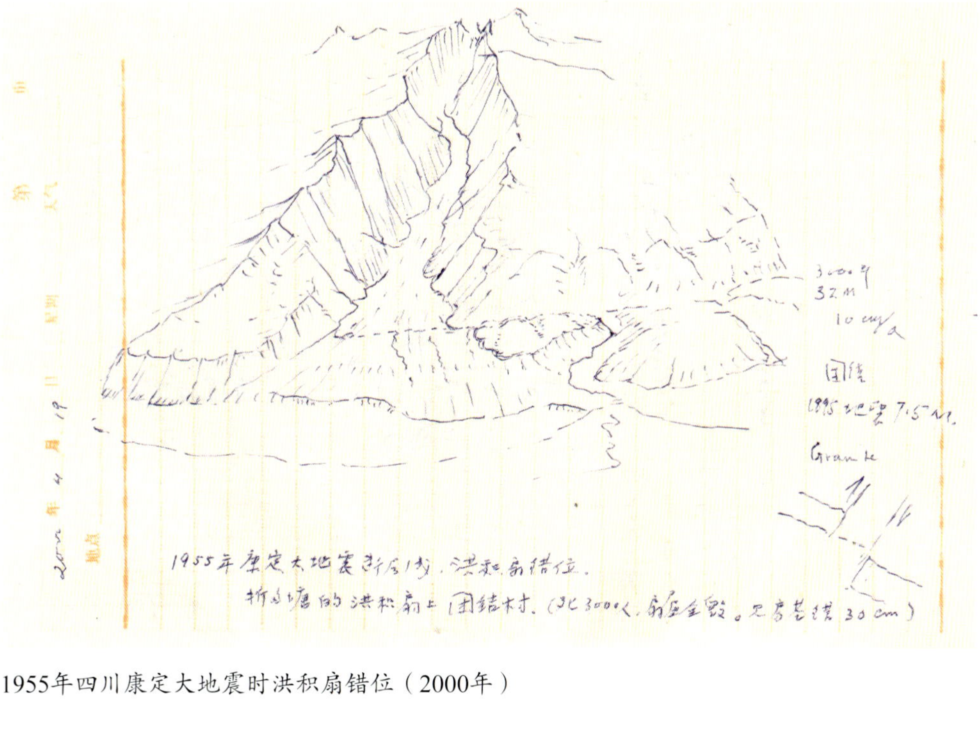

1955年四川康定大地震时洪积扇错位（2000年）

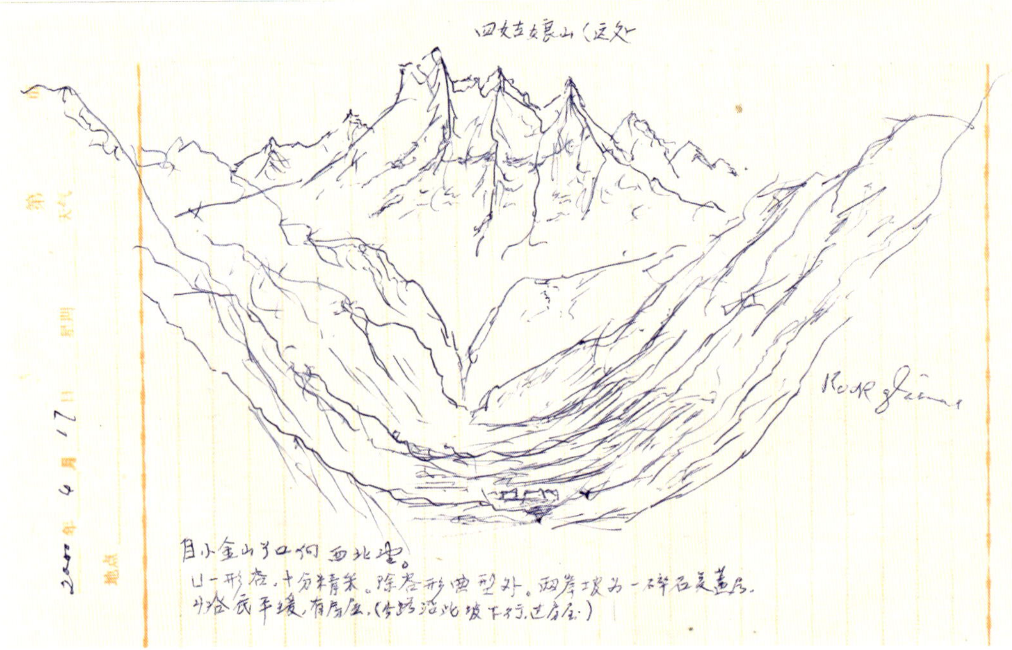

四川小金山垭口西北望四姑娘山（2000年）

四川西部高山积雪表面有赭黄色尘土堆积（2000年）

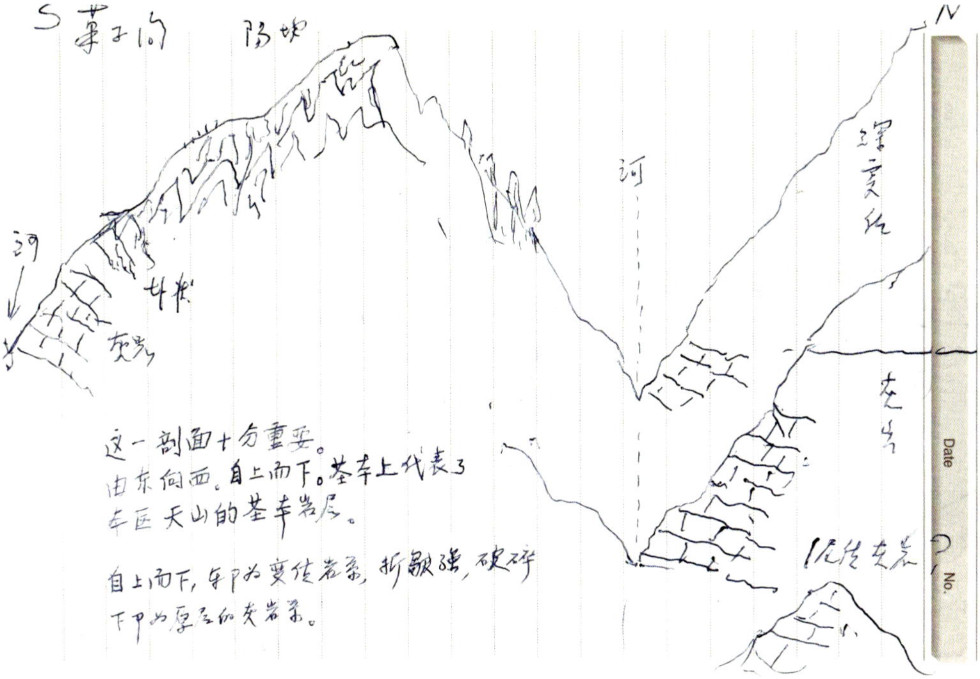

组成天山的岩石类型—1（2001年）

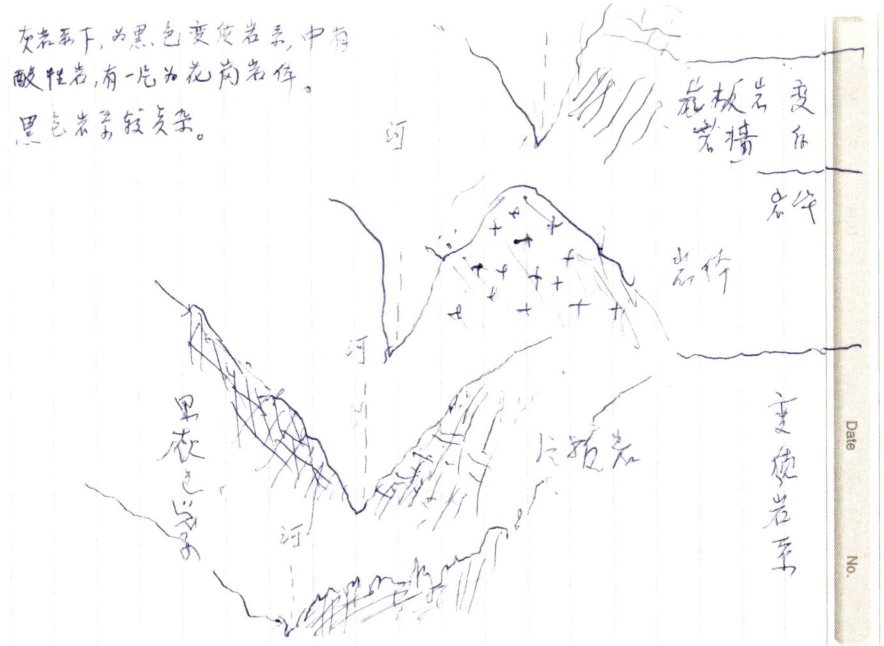

组成天山的岩石类型—2（2001年）

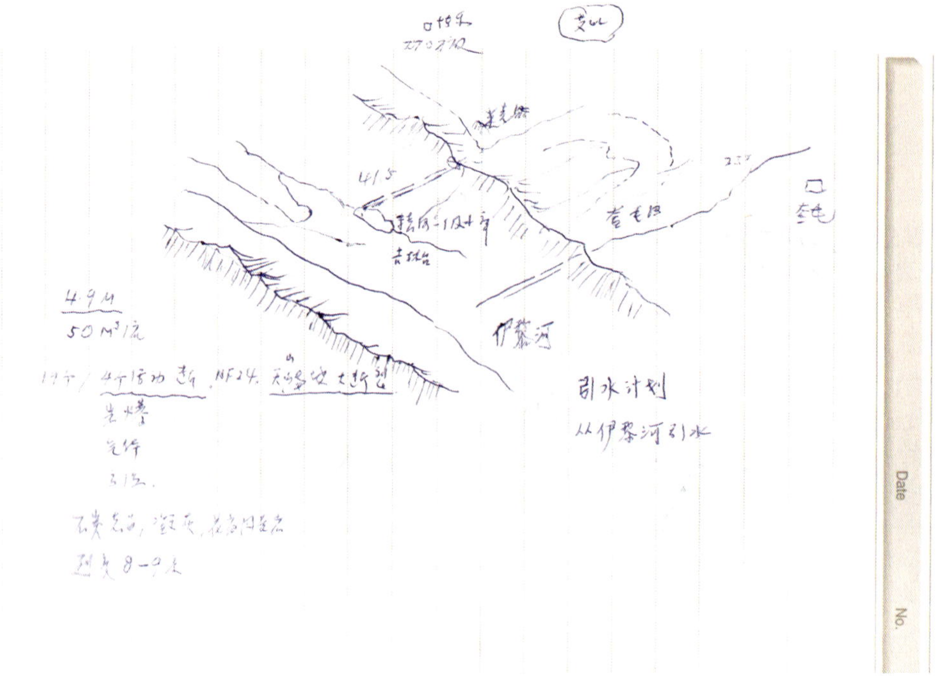

新疆伊犁河引水工程示意图（2001年）

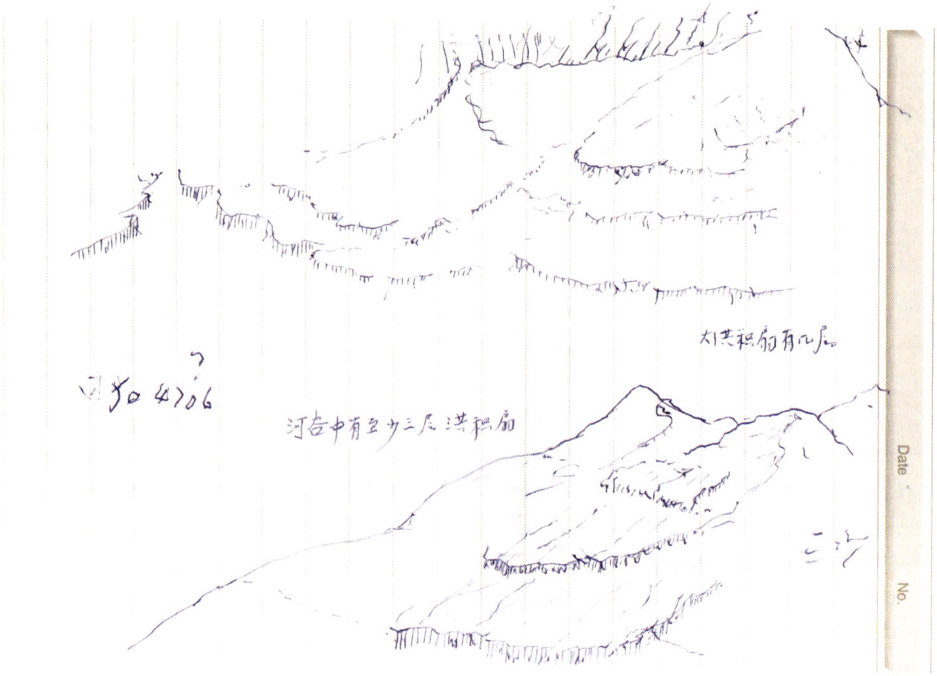

台兰河河谷中可见到的三期洪积扇（2001年）

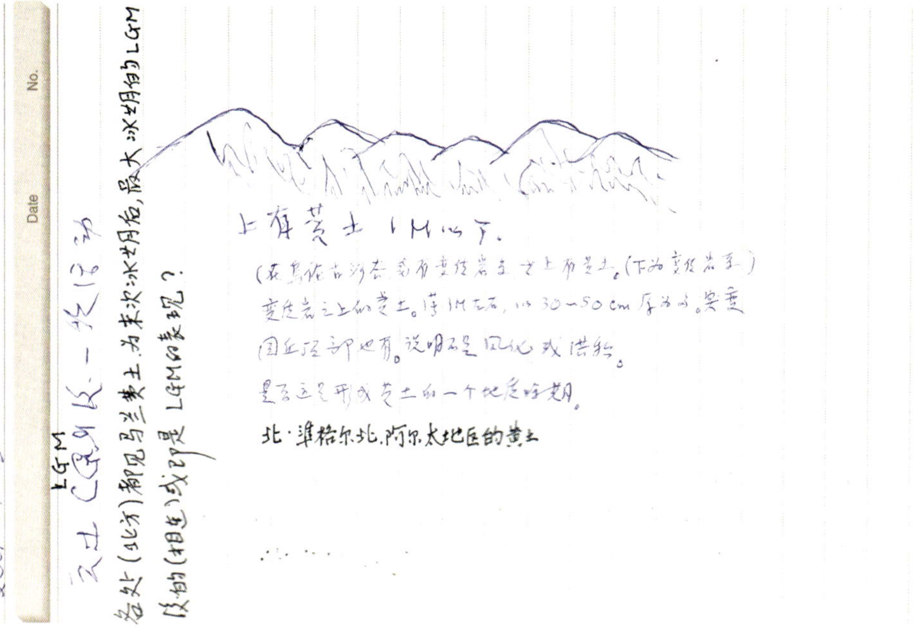

新疆准噶尔盆地北的黄土（2001年）

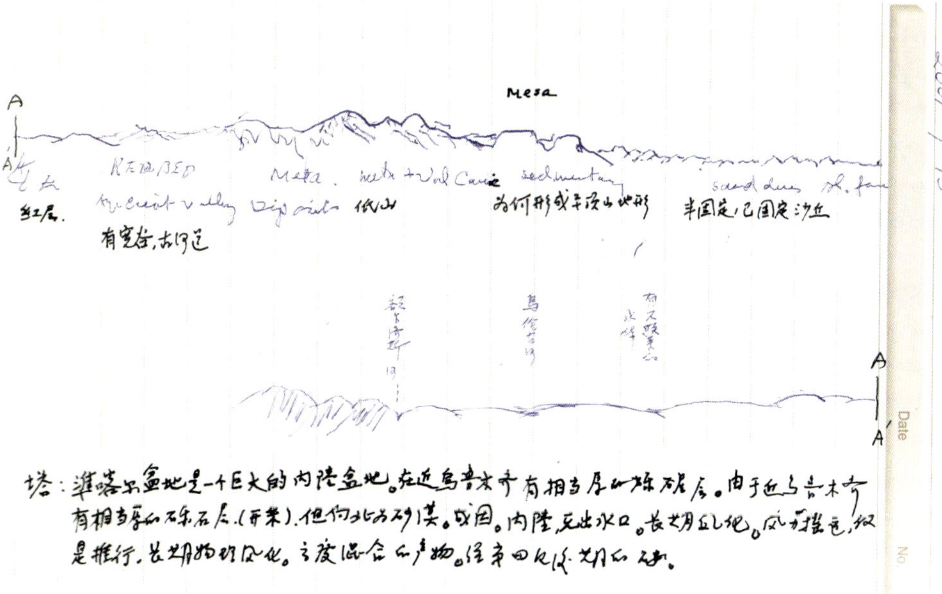

新疆准噶尔盆地半固定沙丘素描图（2001年）

Date No.

察中感到从实践中学习到"自然历史"课题的要求。今年七月
在荷兰，和Paul Crutzen的报告。他提出Anthropocene，把
1786年作为开始，和在伊犁河谷，听到锡伯族1784年改修
了水利工程几乎同时。说明人类改变自然，不仅机械
工业，而且有水利土地利用的改变，这和这次大会上
所列由四个当前庞大的生态环境组织共同提出的
对本世纪的对人类三大环境挑战，碳循环、食物
和水资源的三大重点，也有关。

从1786或1784开始作为一个地质历史时期，使环境地质工
作更从理论上实践上使自己的工作和时代要求相符合，这
是我的很重要的收获。不仅对完成这次项目有利，而且对于在我
国的地质学和环境地质的研究有利。

我们在北疆额尔齐斯河的调水，伊犁河调水是本流域和
跨流域调水，本身是一个改变自然的举措。

这种改变自然生态环境的人类活动工程措施。十分重要。这方面9/19
的汇报已讲了。今后工作中许多应注意问题。须学习。如渭河希望
能有人参加。对完成已经中的一部分有好处。 14

从人类活动改变自然历史环境，特别是不同水系的调水
（我要通过不同的历史生态环境的讨论。）
出发。

这些问题在汇报中都已反应到了。就所想到的。再重复强调一下

新疆考察小结（2001年）

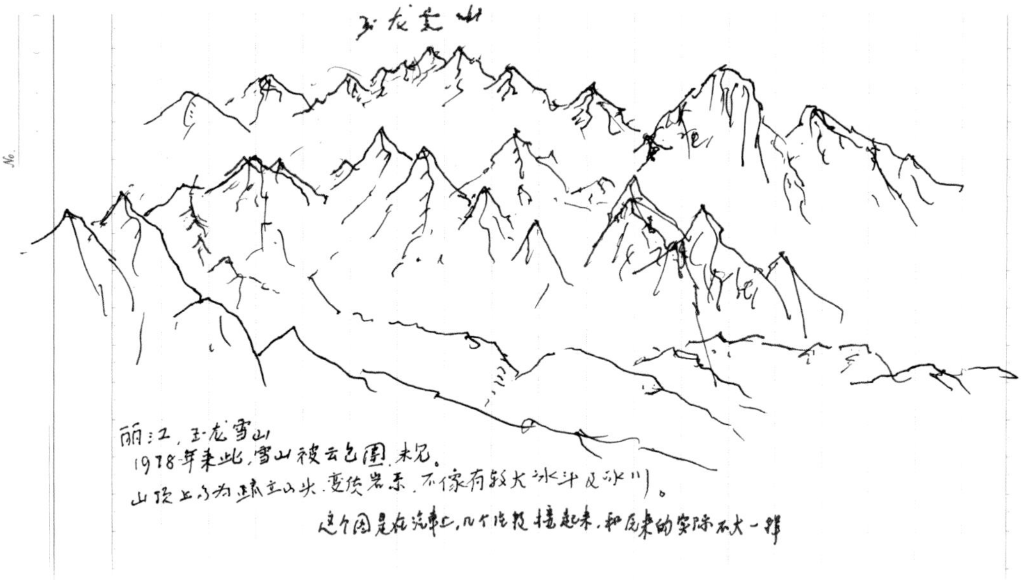

云南丽江玉龙雪山素描图（2002年）

云南丽江玉龙雪山U形冰川宽谷？（2002年）

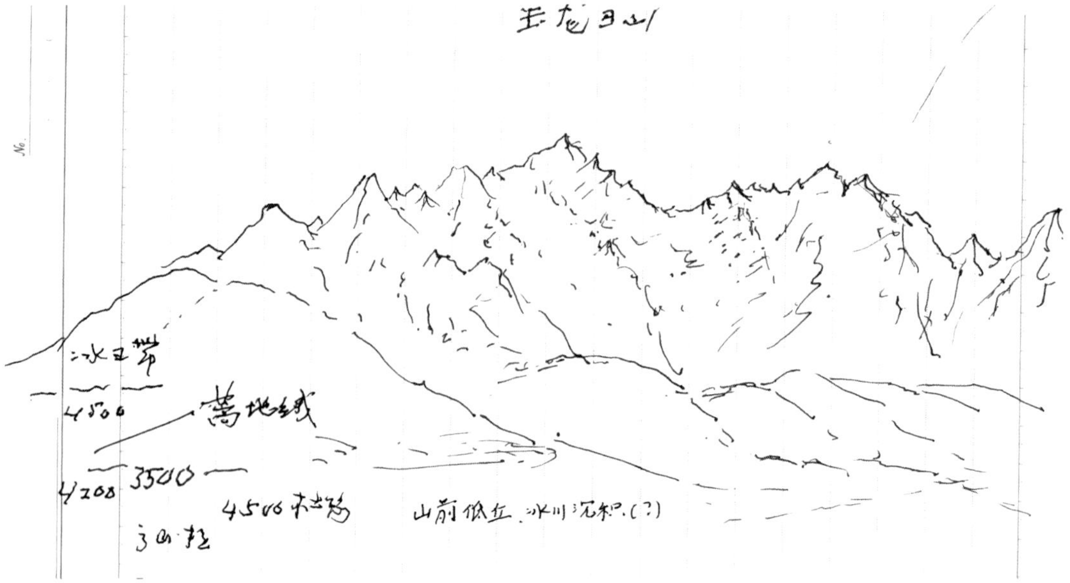

云南丽江玉龙雪山素描图：植被带分布高度（2002年）

云南丽江玉龙雪山素描图：变质岩系出露位置（2002年）

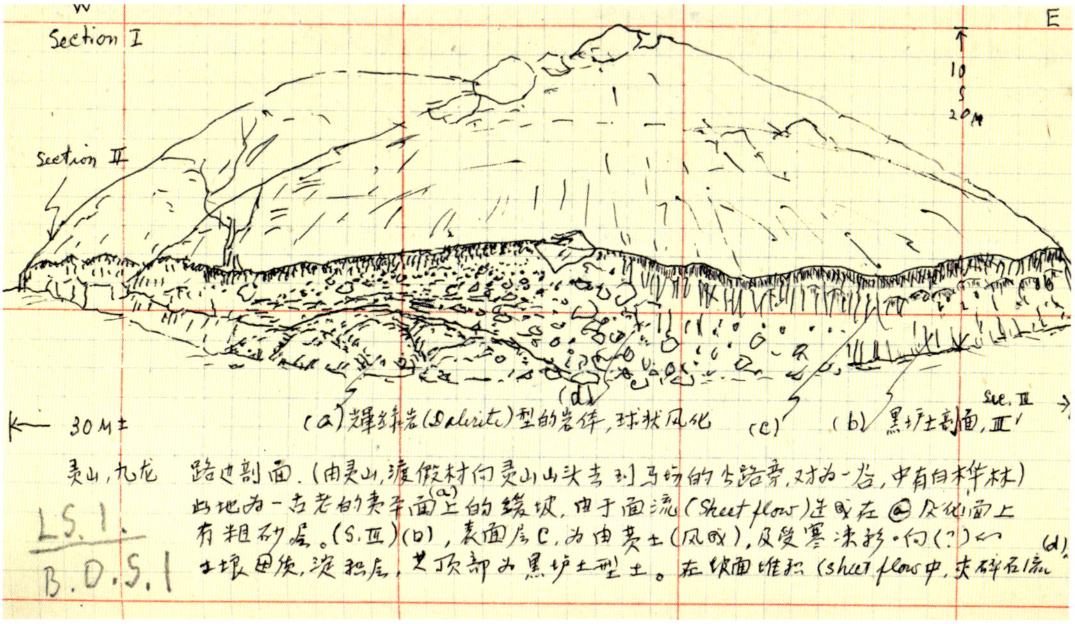

北京东灵山古夷平面上片流形成的沉积物素描图（2002年）

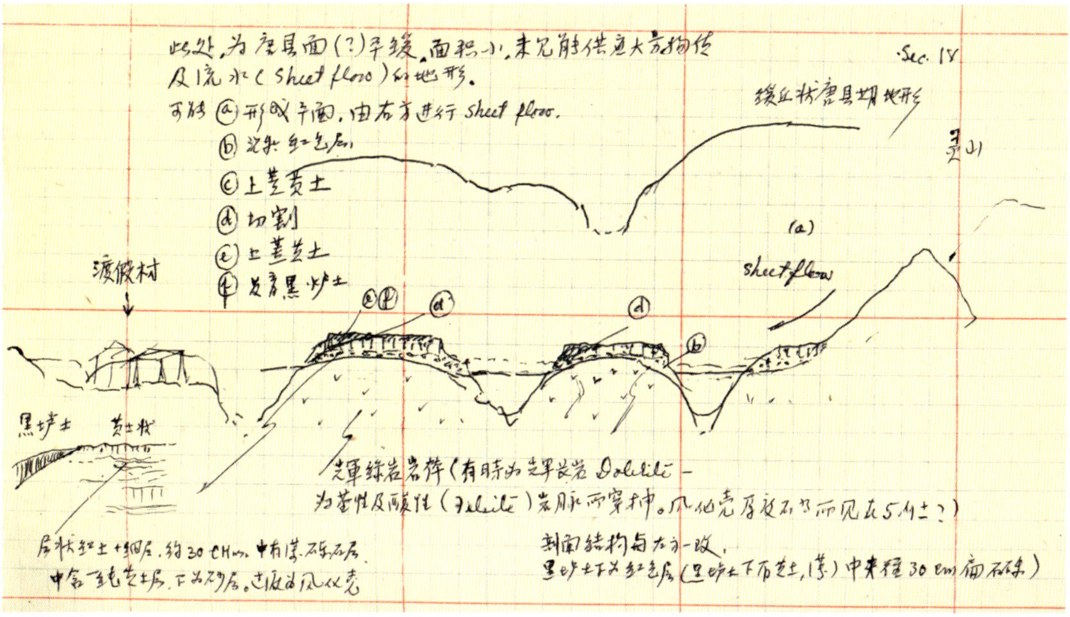

北京东灵山唐县期侵蚀面（2002年）

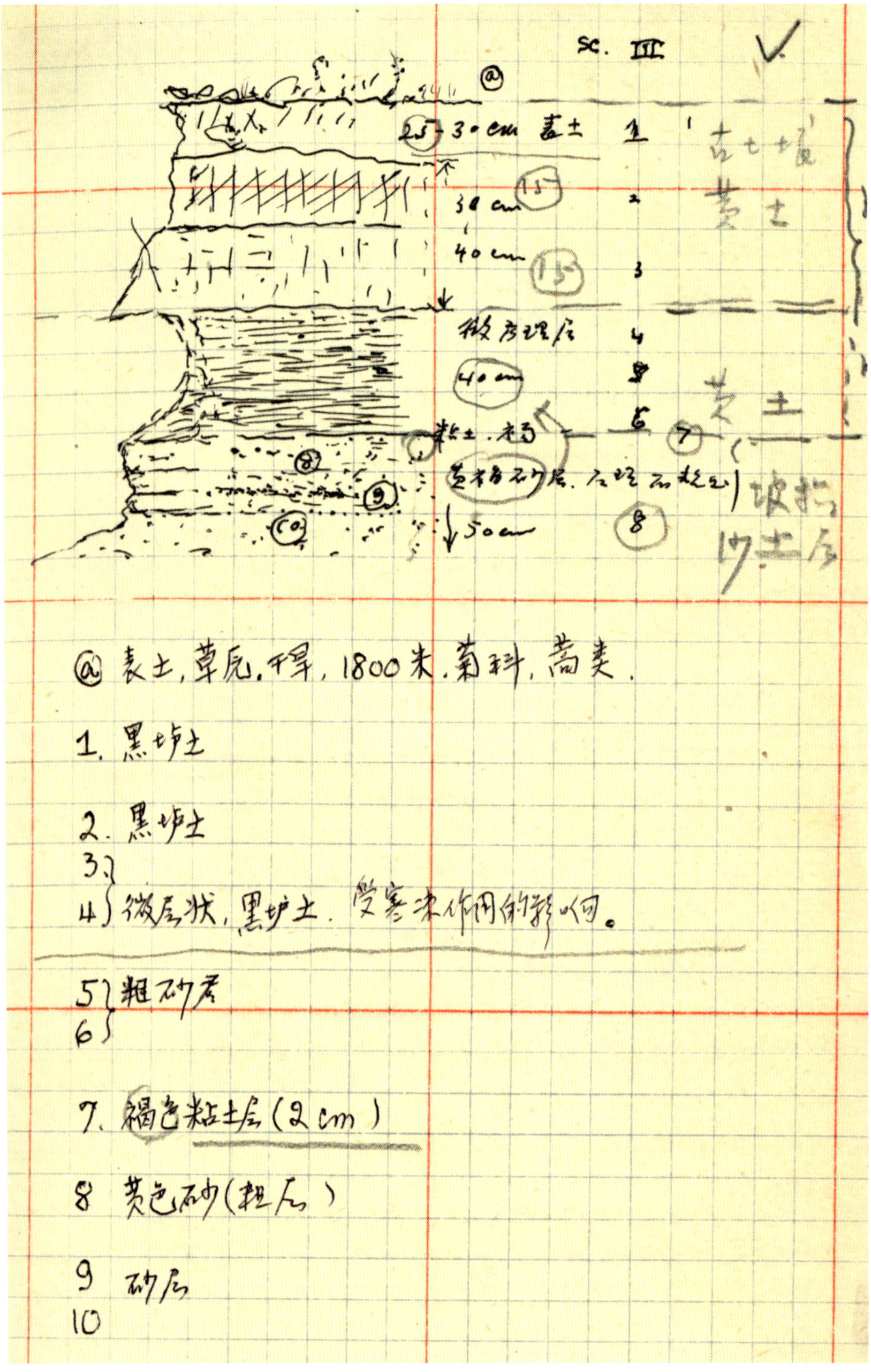
SC. III

@

25-30 cm 黄土 1

30 cm 2

40 cm 3

古土壤

黄土

微层理层 4

40 cm 5

黄土

黏土. 褐 6

7

8

50 cm

坡积砂土层

@ 表土，草原，干旱，1800米，菊科，蒿类。

1. 黑垆土

2. 黑垆土

3.}
4} 微层状，黑垆土，受寒冻作用的影响。

5} 粗砂层
6}

7. 褐色粘土层（2 cm）

8 黄色砂（粗层）

9 砂层
10

北京东灵山黄土剖面图及描述（2002年）

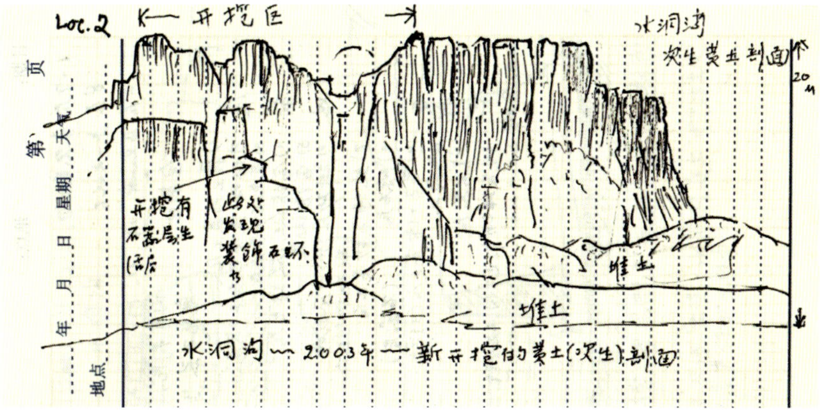

宁夏灵武水洞沟次生黄土剖面（2003年）

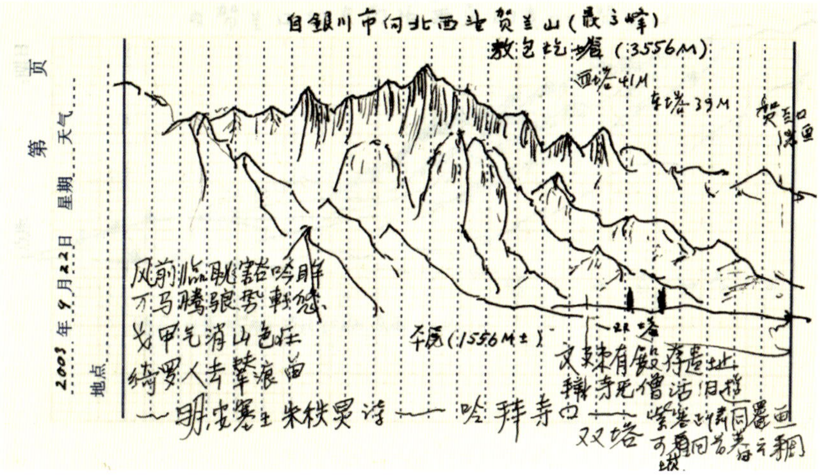

从银川远眺贺兰山素描图（2003年）

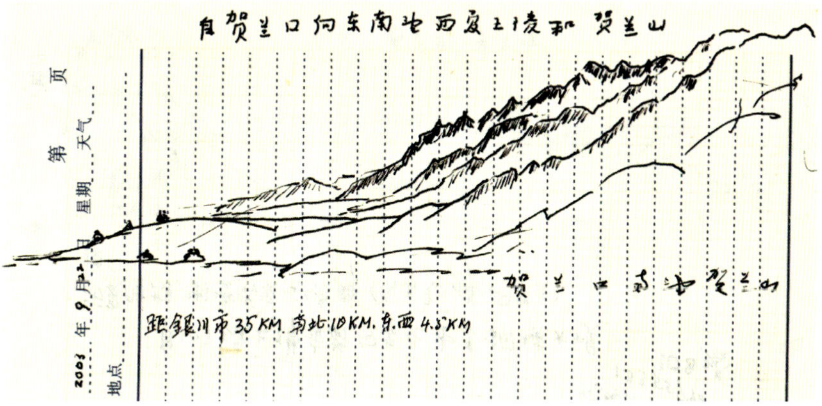

从宁夏贺兰县贺兰口南望西夏王陵素描图（2003年）

第　　页

2003年9月20日　星期　　天气

地点 水洞沟

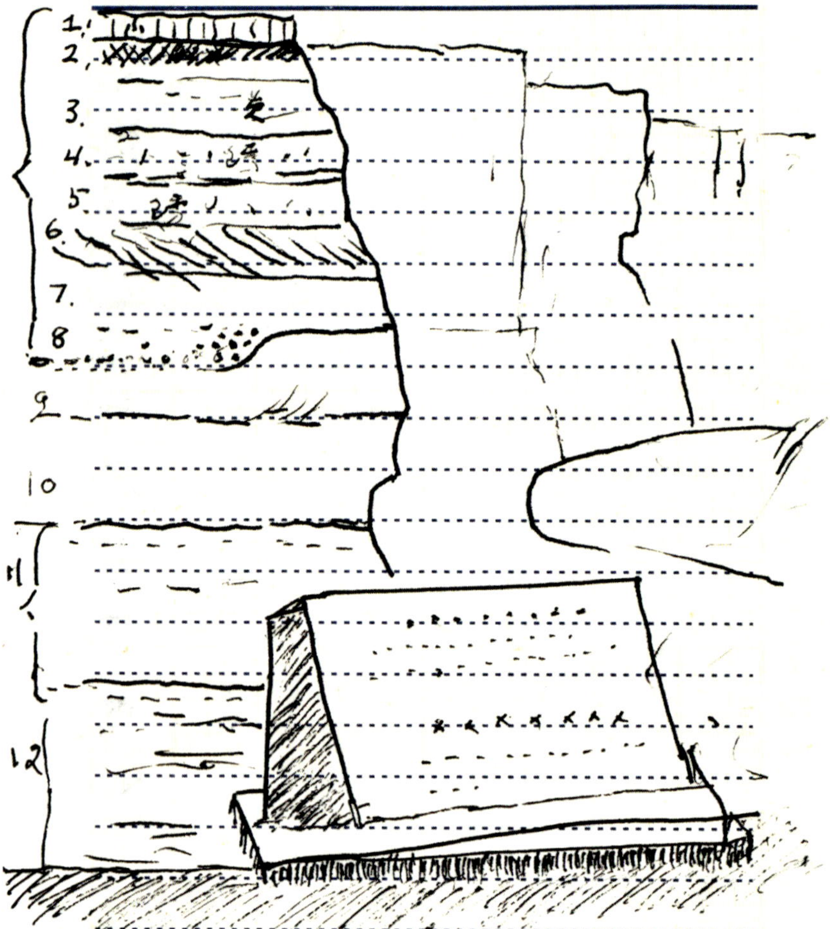

在德日进层剖面后，纪念碑后之剖面

晚8:9:30座谈，水洞沟建立"世界级文化遗产保护区的事。

宁夏灵武水洞沟遗址德日进纪念碑背后地质剖面图（2003年）

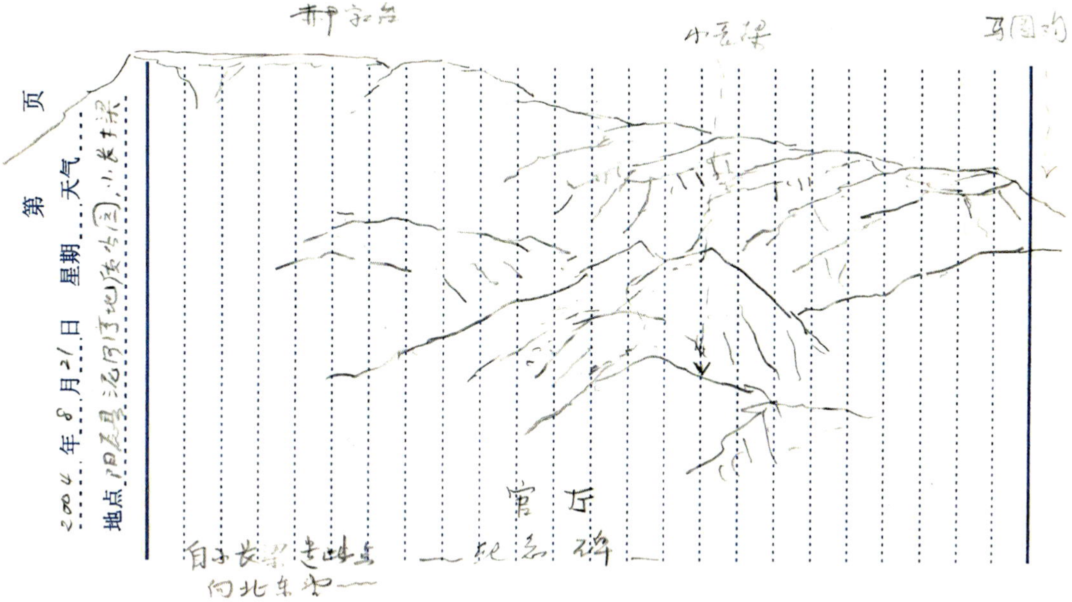

河北阳原小长梁附近泥河湾组素描图（2004年）

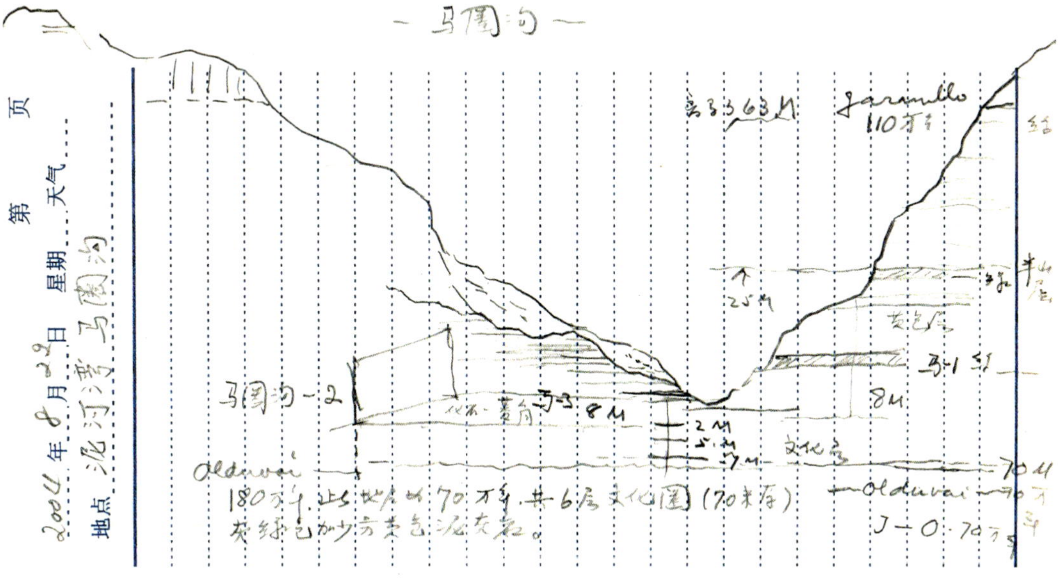

河北阳原马圈沟泥河湾组剖面图（2004年）

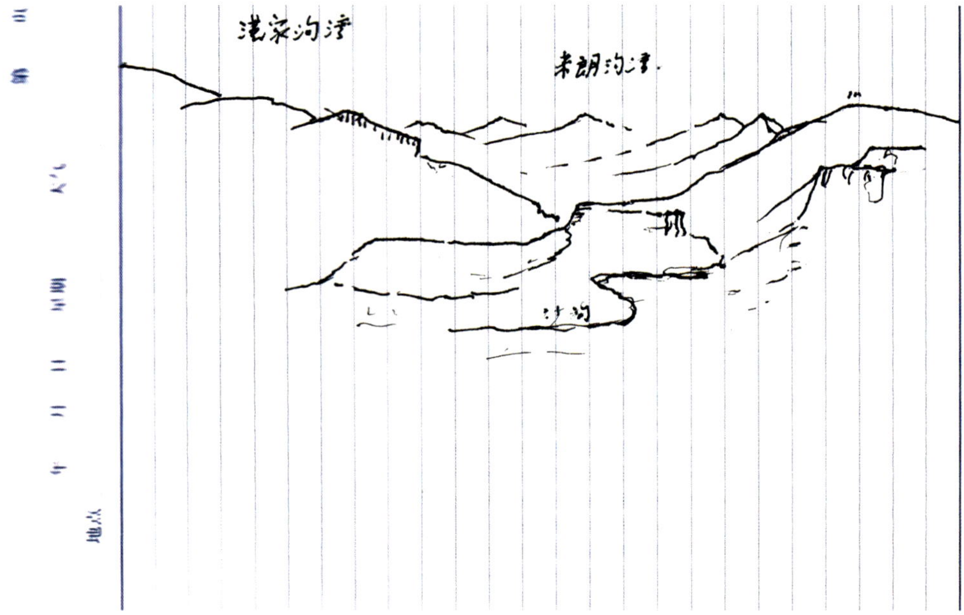

内蒙古乌审旗米朗沟湾附近萨拉乌苏组（2006年）

沙漠入侵到陕西靖边统万成遗址附近（2006年）

第　　页

2006年 8月11日　星期　　天气

地点　滴哨沟剖面

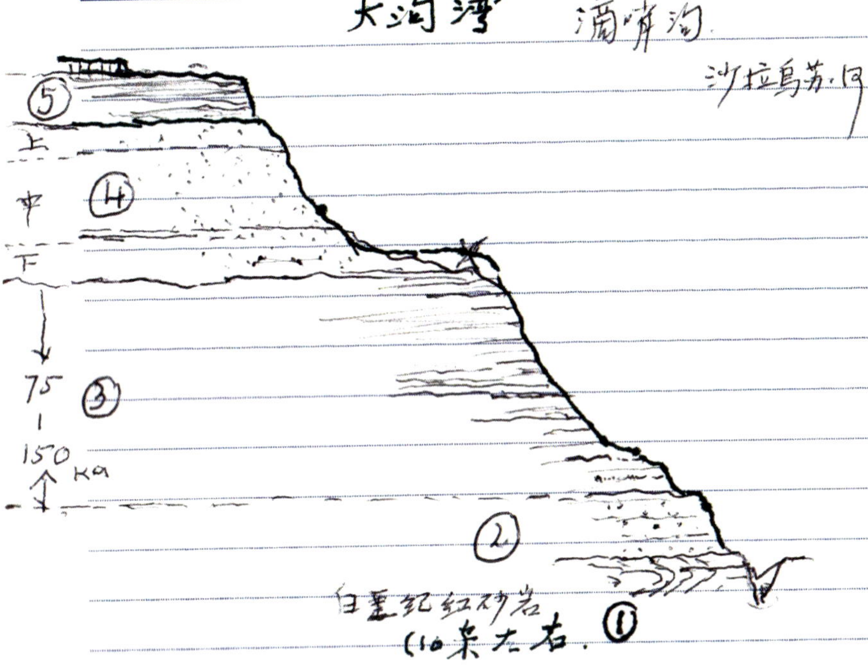

滴哨沟剖面，本地新辟为旅游点、

(1) 白垩纪红砂岩

(2) 沙砾层，　(相当于老黄土，离石黄土)

(3) 萨拉乌苏组。以沙层及砂层沉积为主河流沉积

是一种湖滨相沉积(?)

中段见人骨

(4) 城川组(上萨拉乌苏组)，似不应分出，应为上萨拉乌苏

为以砂层为主的沉积。沉积。

(5) 大沟湾，(河)湖相(另一过渡期的名称，应当以沉积的

相为主。

内蒙古乌审旗滴哨沟萨拉乌苏组剖面图（2006年）

二、论文专著

刘东生毕生著作颇丰，据统计发表的专业科学论文500余篇，主编专著近10部（不包括“文化大革命”期间以集体署名的），还有诸多文字散见于其他科普期刊和报纸上。

刘东生的科学论文大多影响深远，引用率高，在申报国家最高科学技术奖时曾于2002年检索，主要论文的引用频次达3336次。刘东生和张宗祜1961年在华沙召开的第VI届国际第四纪研究联合会（INQUA）大会上所做的报告“The ‘Huangtu’ (Loess) of China”（1964年出版大会文件中正式刊印出），在近40年后仍得到国外知名学者的充分肯定（详见本书第177页）。

1964年用中文出版的专著《黄土的物质成分和结构》，曾引起国外学术界关注。在改革开放初期，中国—澳大利亚第四纪研究合作执行期间，澳方科学家发现其价值，曾组织力量完成翻译，准备用英文出版。后来因获知新书《黄土与环境》不久即将出版，这一计划才告终止。

《黄土与环境》一书于1985年出版，它的英文版“Loess and the Environment”同时由海洋出版社出版。此书在国际上反响强烈，需求很旺。著名的Springer-Verlag出版社经与海洋出版社协商，由他们重新组织排印，以“Loess in China”为名，作为第二版，由两家出版社联合出版。“Loess in China”投放市场后，影响很大，成为中国黄土研究国际合作的重要推动力。越来越多希望与中国合作研究黄土的后来者，正是在读到此书后起步的。

这里刊出的是存有刘东生亲笔手稿的论文，以前期的为主，因为后来有了计算机，文稿大多由助手或研究生输入，往往只留存电子文档，反而忽视了刘先生的亲笔手稿的保存，实在是一件令人惋惜的事情。现存的手稿中有好几篇涉及中国第四纪研究的进展，都是在不同时期向国外介绍时的手稿。尽管题目大同小异，但仔细阅读，发现内容都各不相同，这是刘东生作为中国第四纪研究的带头人对中国各阶段第四纪研究的总结，从中可以看出研究工作一步步推进的历史，很有价值，这里选登了几篇。

以文章发表的先后排序，限于篇幅，每份手稿主要刊登首页，其余部分叠覆刊印。对每篇论文写作背景资料有简单的说明，以便于读者阅读。

埋藏的古土壤

自从刘东生参与三门峡坝区的综合考察，继而进入第四纪研究领域之后，涉及的不是当年第四纪研究最热门的冰川，而是黄土问题。涉足中国黄土研究的外国学者可不少，先有来自西方的李希霍芬（Ferdinand von Richthofen）、安特生（Johan Gunnar Andersson）、德日进（Pierre Teilhard de Chardin），后有苏联的奥勃鲁契夫（B. A.Обручев）、格拉西莫夫（M. И. Герасимов）、帕甫林诺夫（B.И. Павлинов）。刘东生分析前人成果的同时，将自己的研究归纳为3个问题：黄土是由哪些物质组成的？黄土的上限和下限在哪里？黄土是原生的还是次生的？

读过刘东生传记的人一定记得“窑洞灯光”的故事，那是在三门峡库区综合地质调查期间，傍晚散步，看到会兴镇附近居然有像高楼一样，一层一层的灯光。出于好奇，第二天到看见灯光的地方查看，原来是当地居民在黄土断面上挖的一层层的窑洞。仔细观测窑洞主要是开挖在黄土层中，但窑洞的顶大多在红色土层，这土层比较黏，结构也紧，拿它做窑洞顶板不易坍塌，比较安全。见此情景，刘东生首先想到的便是恩师杨钟健与德日进文章中的“红色土”，这红色土层不就是他们所说的“红色土”中的红色条带吗？

经过与一起考察的同事们讨论，一个念头同时出现在研究土壤的朱显谟和研究地质的刘东生脑海里，这是不是就是过去地质历史时期的土壤，后来被沉积物覆盖了呢？

这一即兴的想法使两人兴奋异常，便采集了样品到各自的实验室做进一步的分析。果然，粒度分析和显微镜下的结构鉴定都证实的确是地质时期的土壤，即古土壤。它们后来被新的沉积物所覆盖，变成了“埋藏土”，也称“埋藏古土壤”。朱显谟和刘东生同时在1958年《中国第四纪研究》创刊号上发表了各自的结果：朱显谟从土壤角度研究，指出“陡坡断面上所见的：红层大部分是古土壤的剖面”（“关于黄土层中红层问题的讨论”，《中国第四纪研究》第1卷第1期，72～78）；刘东生则明确断言：“红色土本身所夹的红条是被埋藏的一种褐色土型的古土壤”，很遗憾这一篇关于古土壤的重要文稿未能全文刊登，只是在“黄河中游山西陕西一带黄土的初步观察”的结论中提到这关键的一句。

为了让读者了解刘东生对古土壤的论述，我们特地将这篇未全部发表的手稿登载在本书中。

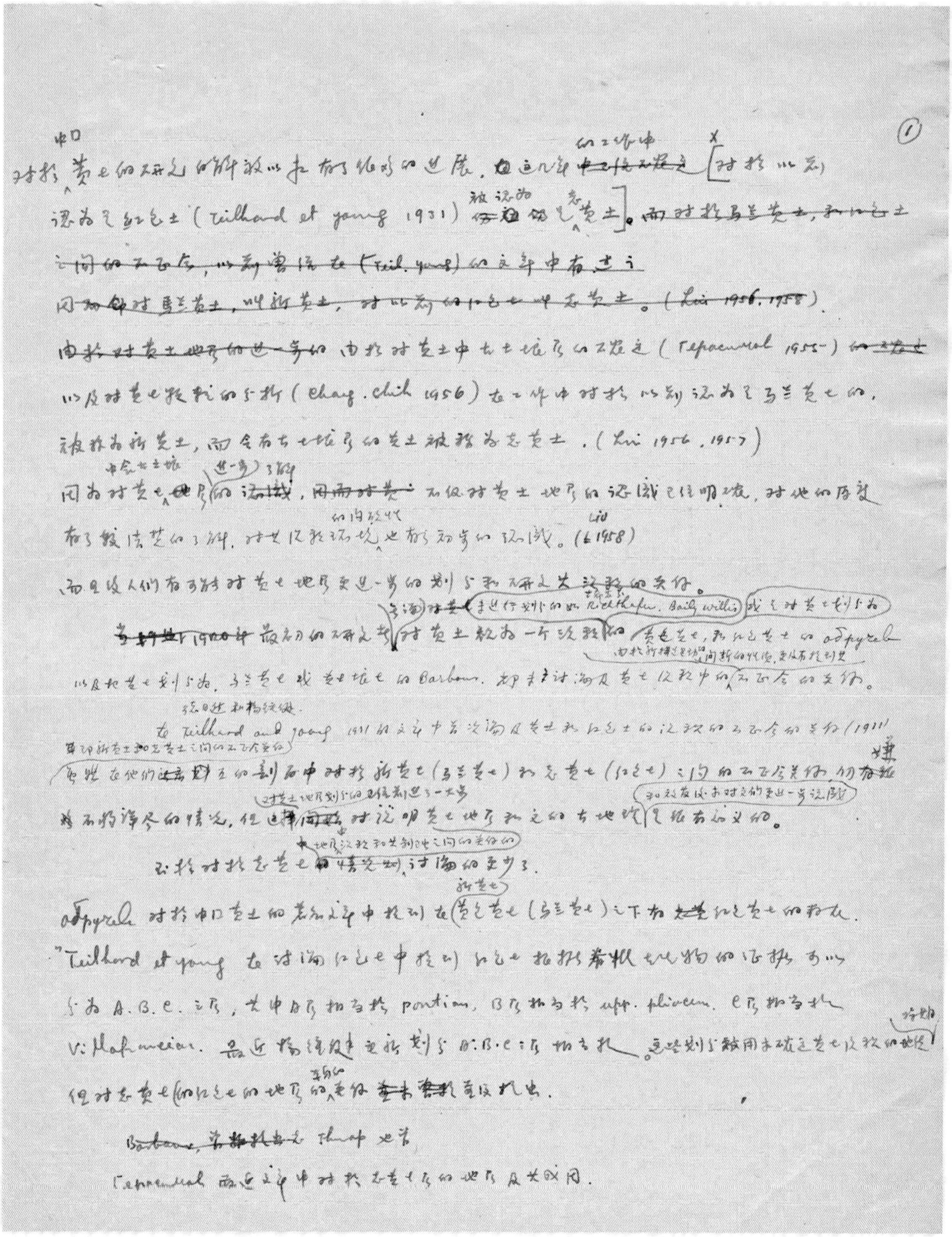

埋藏的古土壤（手稿）

刘 东 生 手 迹

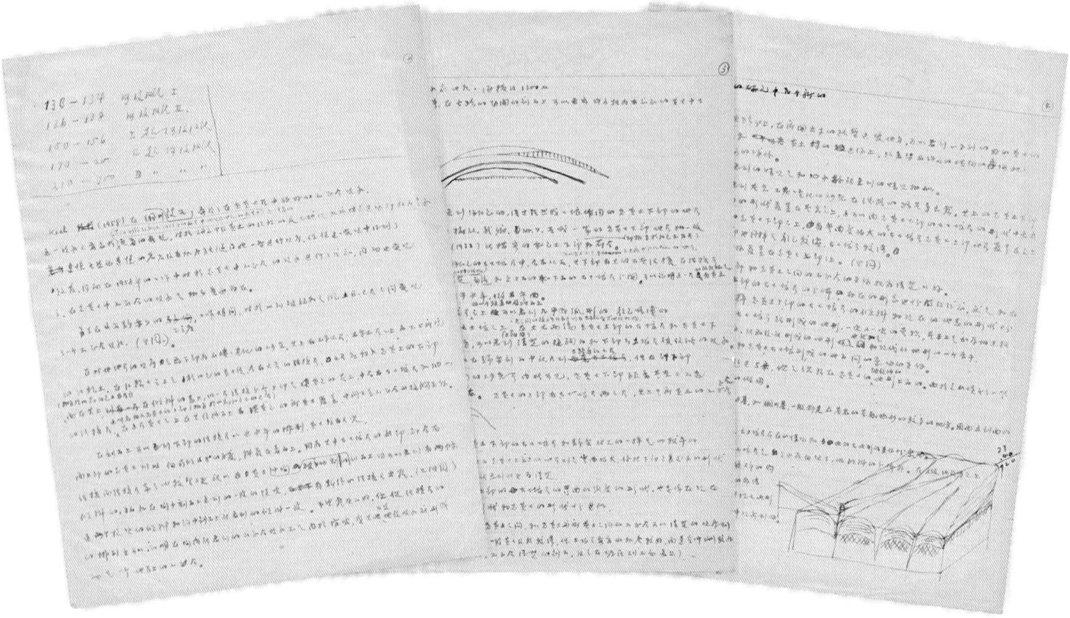

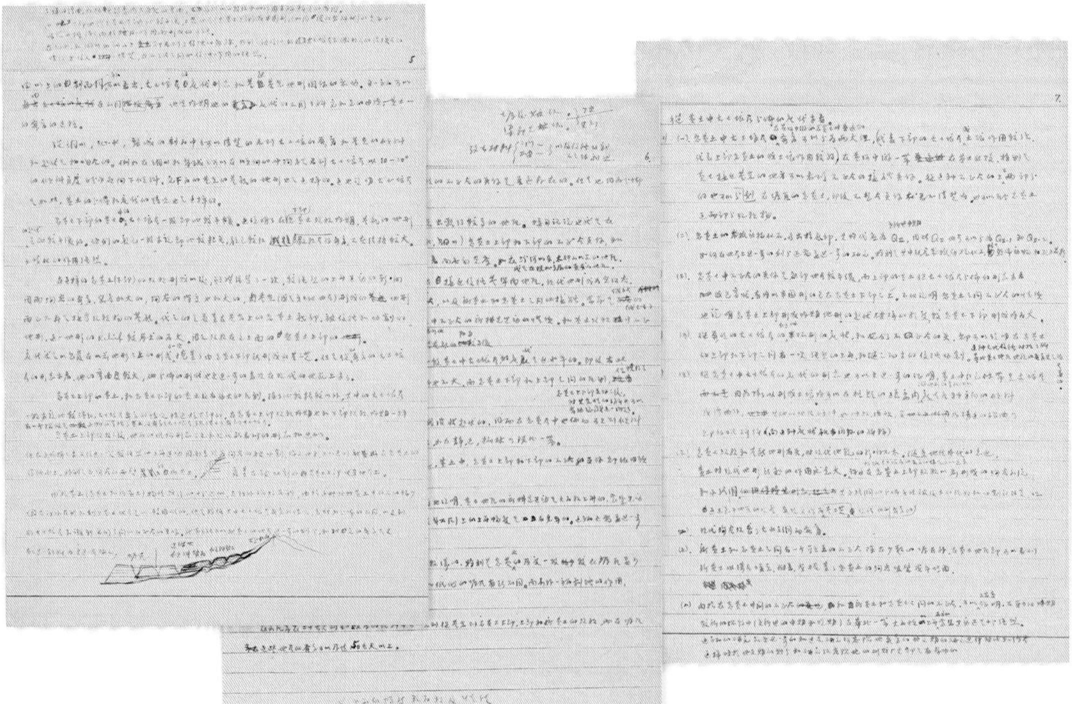

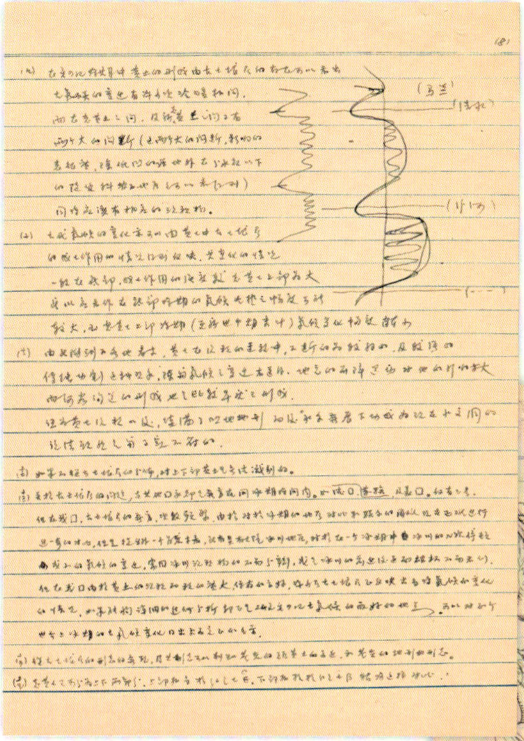

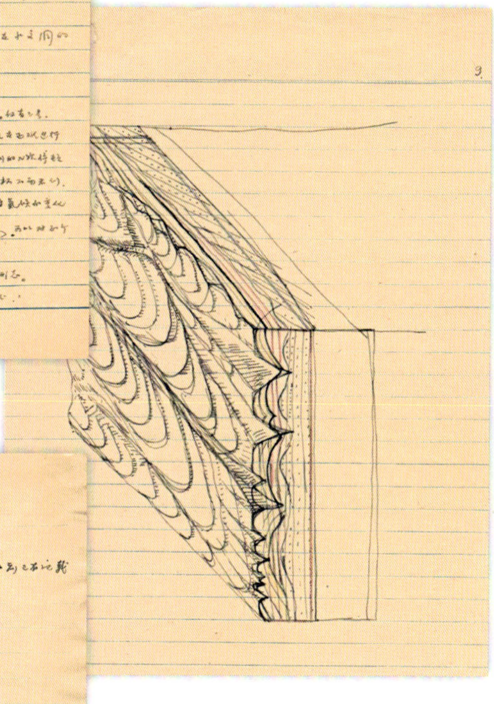

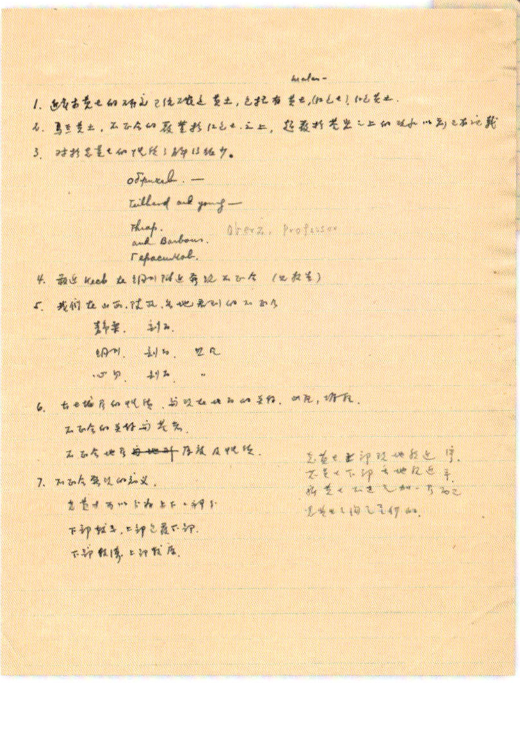

新黄土和老黄土

自从1954年三门峡坝区地质综合考察以来，从“窑洞的灯光”到古土壤的鉴别是黄土研究中极为关键的一步，有了这一概念，认识到黄土不仅仅是原先所说的马兰黄土，德日进和杨钟健的“红色土B”和“红色土C”便是夹古土壤的黄土，这就使得黄土的概念大大扩展了。

1955年成立黄河中游水土保持综合考察队，刘东生带队在晋陕两省大规模考察后，带着全新的夹有“古土壤”黄土的概念，对晋陕两省的黄土无论从分布、地层等都有了新的认识。在这种情况下，有必要在“黄河中游山西陕西一带黄土的初步观察”的基础上，根据山西静乐、沁水，陕西铜川等地发育在不同构造背景和不同古地形之上的黄土剖面的观察和研究，系统总结关于黄土的新概念，提出黄土地层划分的新方案，刘东生写下了“新黄土和老黄土”一文。

在文章中，首次将黄土地层划分为“新黄土”和“老黄土”。“新黄土”相当于原先的“马兰黄土”，时代为晚更新世；“老黄土”则是含有古土壤条带的黄土，应为中更新世的沉积。进一步可将老黄土细分为上部和下部，上部为中更新世晚期的沉积；下部为早期的沉积。从分水岭向黄土沉积盆地的中心，即塬区，黄土的厚度逐渐增大，其中的古土壤条带由倾斜逐步趋向平缓。在黄土塬区每一层黄土和发育在它上面的古土壤呈整合接触，而在墚峁地区以及塬边靠近河谷的地区，不同时代的黄土之间有侵蚀面，而古土壤就是侵蚀面最好的指示。

这篇文章将黄土的概念从马兰黄土扩展到原先的“红色土”；而从黄土的分布表明要研究黄土在第四纪时期的变化，重点应该放在黄土厚度大，地层完整的黄土塬区。

《新黄土和老黄土》一文为正确认识黄土，指导以后的野外调查和研究工作迈出了极为重要的一步，为今后10条大断面调查结果的系统总结奠定了很好的基础。

该文于1959年发表在《地质月刊》的5月号上。

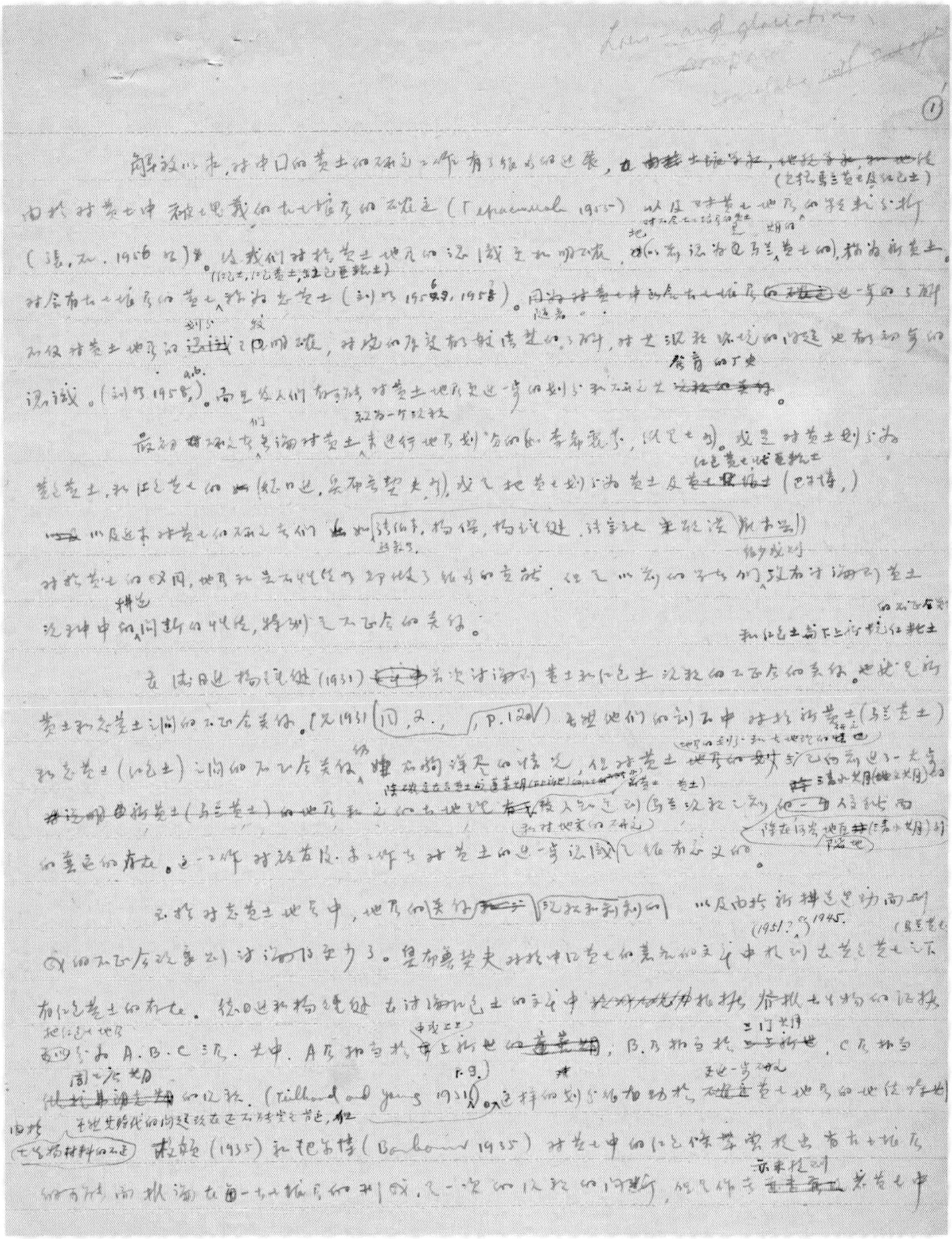

新黄土和老黄土（手稿）

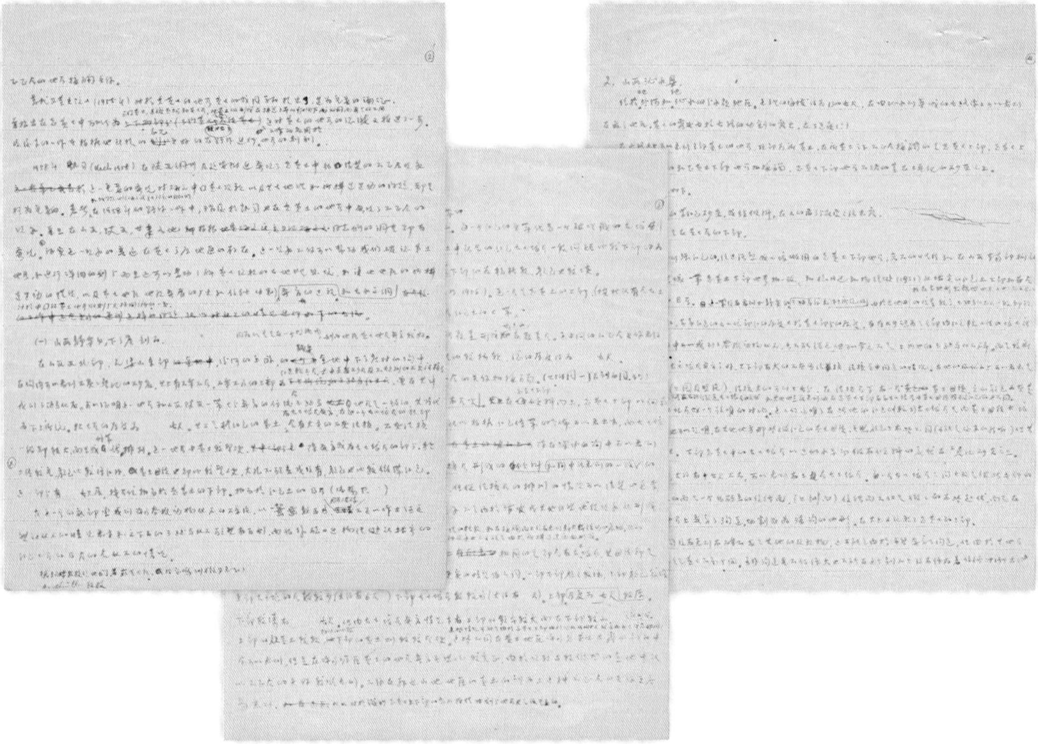

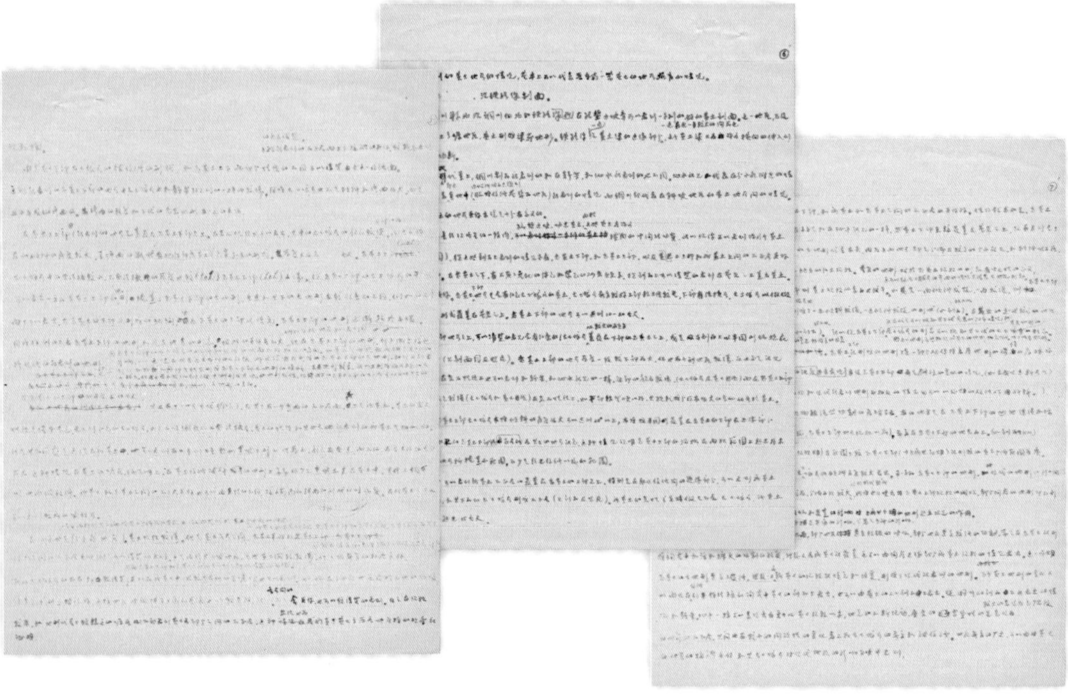

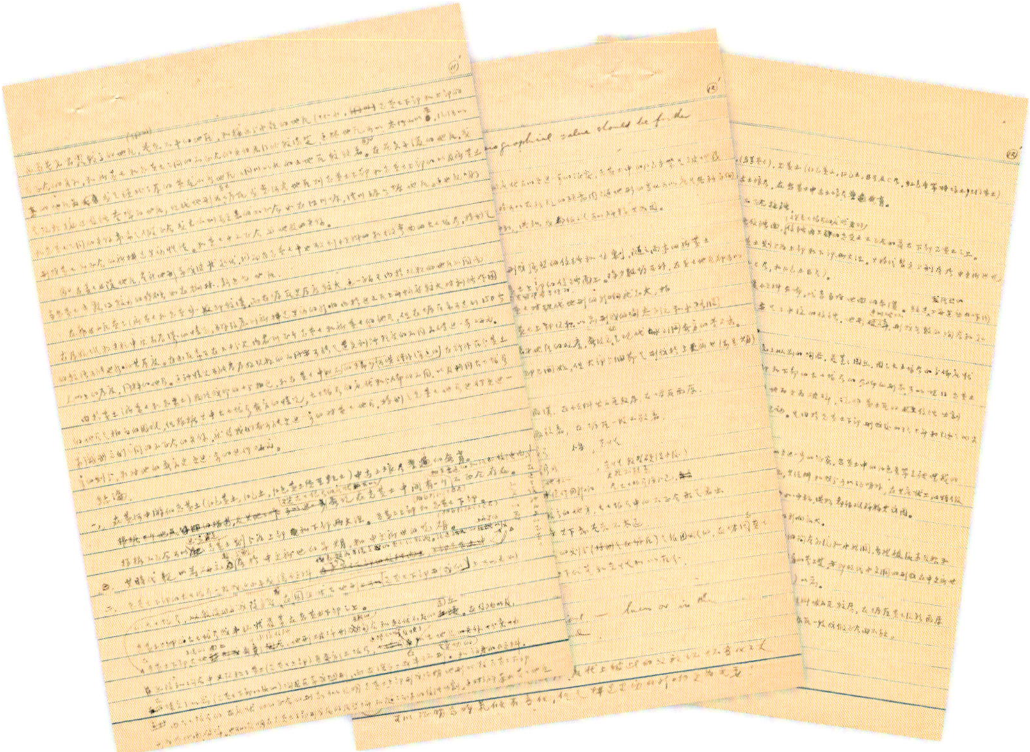

西安蓝田间新生界地层剖面

从中国科学院第四纪委员会召开的三门峡第四纪地质会议上获悉，陕西蓝田一带曾发现三趾马和鬣狗等哺乳动物化石，为搞清楚三门系与黄土和第四纪其他沉积物的关系，刘东生带丁梦林和高福清两位挖化石的好手前往渭河谷地白鹿塬地区发掘和考察，在蓝田洩湖镇水家嘴和西安西郊的毛西村发现了很好的剖面，对剖面地层进行了详细的划分：上部是黄土，下部是一套新第三纪和老第三纪（现在已更名为新近纪和古近纪）的地层，找到了不少古脊椎动物化石。

《西安蓝田间新生界地层剖面》是对这一次野外工作的系统总结，文中详细描述了水家嘴和毛西村的剖面，并根据地层中遗留的古脊椎动物化石，将这套地层分为渐新-始新统的白鹿塬组，中新统的寇家村组，下上新统的灞河组，上上新统的蓝田组，最上面的就是第四系的离石黄土。

一次野外工作就将这一地区的新生界地层搞个一清二楚，本来应该是值得高兴的。但后来刘东生提起这项工作，还是充满遗憾。本来计划这里的工作是要继续的，但因某种原因从野外被召回，没能按照他的预期完成。随后几年也因为忙于黄土的研究，未能再次回到蓝田工作。谁知不久后的1963年和1964年，中国科学院古脊椎动物与古人类研究所的同仁就在蓝田洩湖镇的陈家窝子和公王岭的黄土层中先后发现了蓝田人（学名为直立人蓝田亚种）的头盖骨和下颌骨。虽然古脊椎动物与古人类研究所的发现也令刘东生十分兴奋，但他亲身体会到了“成功往往诞生于再坚持一下的努力之中”这一句名言。20世纪80年代陪同美籍学者许靖华先生到蓝田考察时，刘东生再次提及此事。

《西安蓝田间新生界地层剖面》刊登在1960年的《地质科学》，第3卷，第4期，199～208页（合作者丁梦林、高福清）。论文的中文原稿没有找到，这里刊出的是英文手稿。

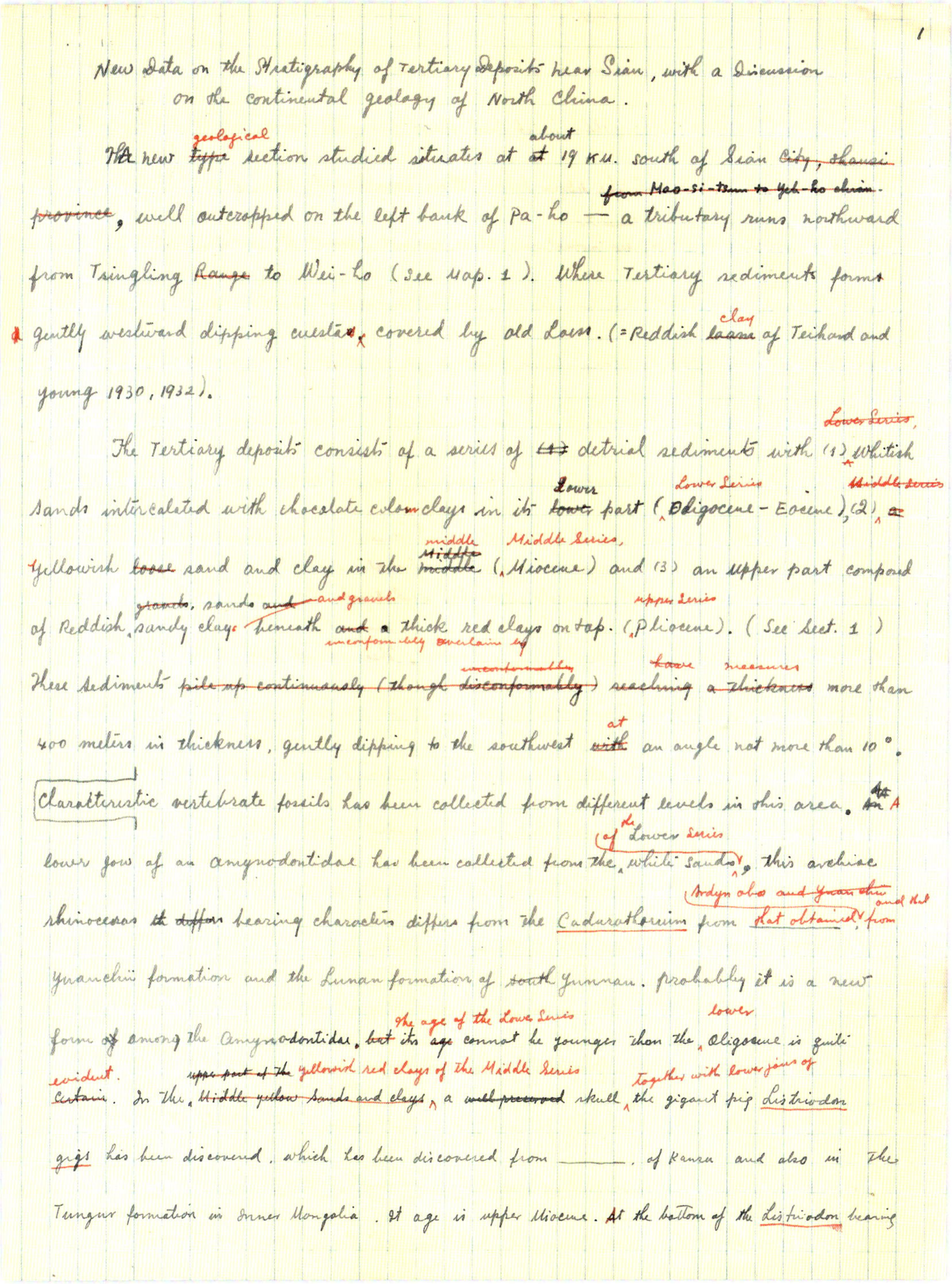

1

New Data on the Stratigraphy of Tertiary Deposits near Sian, with a Discussion on the continental geology of North China.

~~The~~ The new ~~type~~ geological section studied situates at ~~at~~ about 19 KM. south of Sian ~~City, Shansi province~~, well outcropped on the left bank of Pa-ho — ~~from Mao-si-tsun to Yeh-ho chin.~~ a tributary runs northward from Tsingling ~~Range~~ to Wei-ho (See Map. 1). Where Tertiary sediments form~~s~~ a gently westward dipping cuesta~~s~~, covered by old Loess. (= Reddish ~~loam~~ clay of Teihard and Young 1930, 1932).

The Tertiary deposits consist of a series of ~~(1)~~ detrial sediments with (1) ~~Lower Series,~~ Whitish Sands intercalated with chocolate colour clays in its ~~lower~~ Lower part (Lower Series Oligocene - Eocene), (2) ~~Middle Series~~ ~~a~~ Yellowish ~~loose~~ sand and clay in the ~~middle~~ ~~Middle~~ middle (Middle Series, Miocene) and (3) an upper part composed of Reddish ~~gravels~~, sands ~~and~~ and gravels sandy clays ~~beneath~~ ~~and~~ a thick red clays on top. (upper Series Pliocene). (See Sect. 1) unconformably overlain by

These Sediments ~~pile up continuously (though~~ ~~disconformably~~ ~~unconformably~~) ~~reaching~~ ~~have~~ measures ~~a thickness~~ more than 400 meters in thickness, gently dipping to the southwest ~~with~~ at an angle not more than 10°.

Charatteristic vertebrate fossils has been collected from different levels in this area. ~~An~~ A lower jaw of an Amynodontidae has been collected from the white Sands (of the Lower Series), this archiac rhinoceras ~~th~~ ~~differ~~ bearing characters differs from the Cadurotherium from ~~that obtained~~ ~~Ardyn obo and Yuanchu~~ and that from Yuanchü formation and the Lunan formation of ~~south~~ Yunnan. probably it is a new form ~~of~~ among the Amynodontidae, ~~but~~ its ~~age~~ the age of the Lower Series cannot be younger than the lower Oligocene is quite ~~certain~~ evident. In the ~~Middle yellow Sands and clays~~ ~~upper part of the~~ yellowish red clays of the Middle Series, a ~~well preserved~~ skull together with lower jaws of the gigant pig Listriodon gigs has been discoverd, which has been discovered from ______ of Kansu and also in the Tungur formation in Inner Mongolia. It age is upper Miocene. At the bottom of the Listriodon bearing

西安蓝田间新生界地层剖面（手稿）

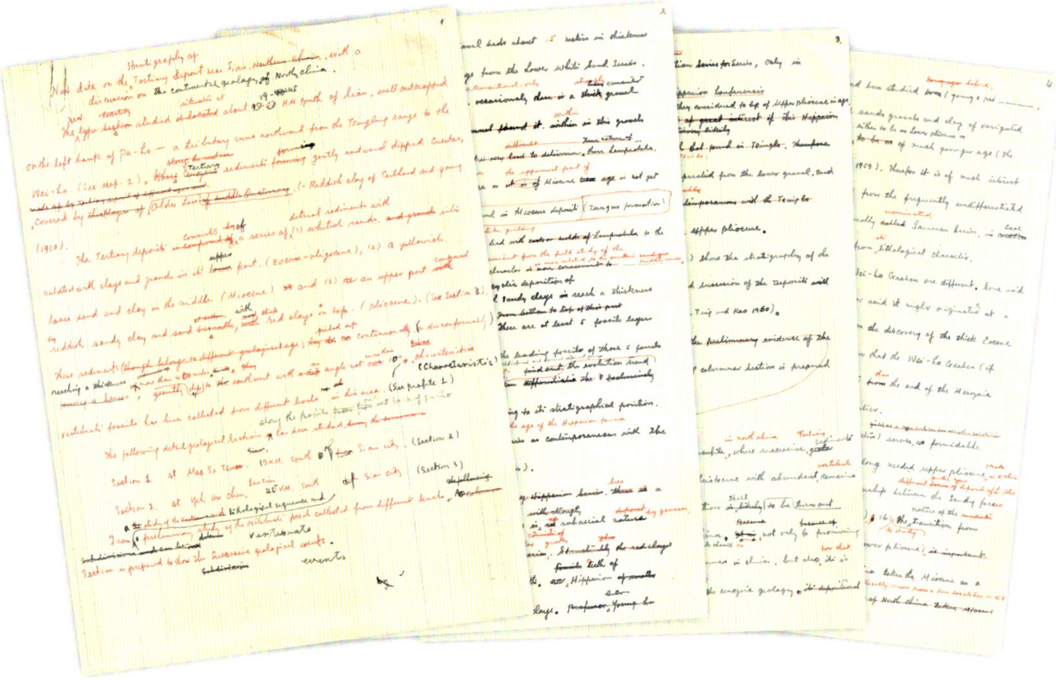

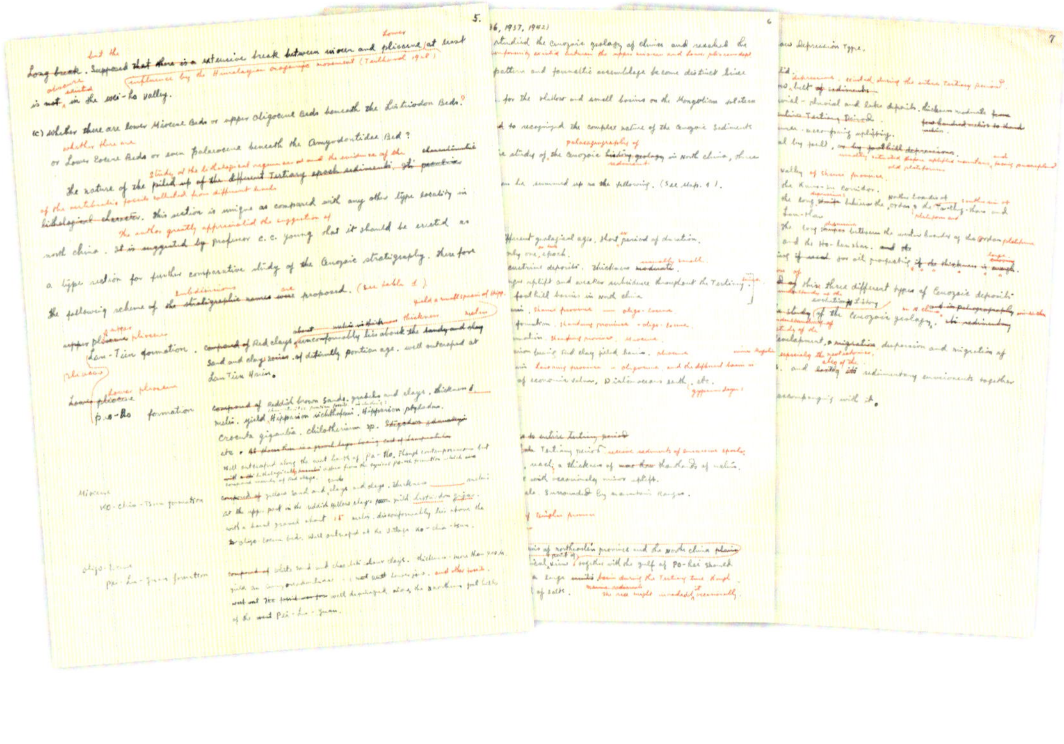

中国的黄土

从新中国成立到“文化大革命”前，除了与社会主义阵营的国家有些学术交流以外（就第四纪研究领域而言，大多是外国专家来访，1957年裴文中和刘东生赴莫斯科出席全苏第四纪大会是屈指可数的重要对外学术交流活动），完全没有与西方世界进行学术交流的机会。由于第Ⅵ届国际第四纪研究联合会（INQUA）大会在波兰召开，由于苏联“老大哥”的撮合，大会组委会邀请中国派出代表与会。对这次国际交流，国内是十分重视的，在1960年初，中国第四纪研究委员会侯德封副主任召集委员会专门会议，决定推荐中国第四纪研究有特色的黄土、冰川和古人类作为参加交流的重点，当年成立了3个筹备组，分别由刘东生负责中国黄土，孙殿卿负责中国第四纪冰川，杨钟健负责古人类论文编写组的工作。提交大会的论文是经李四光主任亲自把关审定的。后来，前往参加会议的是孙殿卿和刘东生。

中国代表团提交1961年在华沙召开的第Ⅵ届国际第四纪研究联合会（INQUA）大会关于中国黄土的论文题目是“The‘Huangtu’(Loess) of China（中国的黄土）”，署名刘东生（Liu Tungsheng）和张宗祜（Chang Tsunghu）。论文介绍了中国黄土研究的成果，尽管当时经典的四次冰期的理论仍牢牢统治着第四纪学术界，刘东生在大会期间报告的论文中提供的山西午城的黄土剖面，其中黄土所夹的古土壤就有17层之多，还是使得国外学者大开眼界，影响深远。

美国科学家奥德菲尔德（Frank Oldfield）教授在1998年撰文指出：“1961年在他（刘东生）出席国际第四纪大会时，通过典型黄土剖面的研究，指出第四纪气候变化有远比原先视为经典的4次冰期要多得多的冰期-间冰期旋回”。著名黄土研究史专家英国人斯莫莱（Ian Smalley）2000年发表文章也承认，刘东生在大会上关于黄土成果的报告表明“中国科学家显然走在了前头”。

“The‘Huangtu’(Loess) of China（中国的黄土）”刊登在“Report of the VIth International Congress on Quaternary, Warsaw (1961)”，Lódz，4 (Symposium on Loess)：503～524页，《中国的黄土》是论文的中文文稿，发表在1962年的《地质学报》，第42卷，第1期，1～14页。

第 1c 頁

Huanghi (Loess) of China

Huanghi is the traditional chinese name for the yellow earth (Loess). It is a rather homogeneous, superficial, ~~thick~~ sheet widely spread in northwestern china and especially well developed in the middle Huangho region, usually called the Huanghi plateau. ~~where Huanghi covered an area of about 320,000 KM², and reaches a thickness about 120 m.~~

Since the founding of the People's Republic of China in 1949, chinese people under the leaderships of Chinese Communist Party enthusiastically engaged in ~~the~~ building of socialism in their country. Large scaled and new construction works such as the rehabilitation and reclamation of soils, construction of highways and irrigation canals and building of factories on the Huanghi plateau ~~in the northwest provinces~~ provided the geologists and related scientists ~~(formidable)~~ unequalled chances to study the various problems of the Huanghi.

The authors wishes to present here the results of their works on (1) the geomorphic features and bed rock reliefs of the Huanghi plateau, (2) the stratigraphic sequence of the Huanghi, younger and older, (3) the composition and distributional variance of the Huanghi and finally (4) the thickness, areal distribution of Huanghi in china. Emphasis is placed upon the stratigraphic sequence of Huanghi. The discussion which follows will briefly relate the Huanghi to the more general Quaternary stratigraphy in northern China and a broad interpretation of the Huanghi in relation to climate will be

中国的黄土（英文手稿）

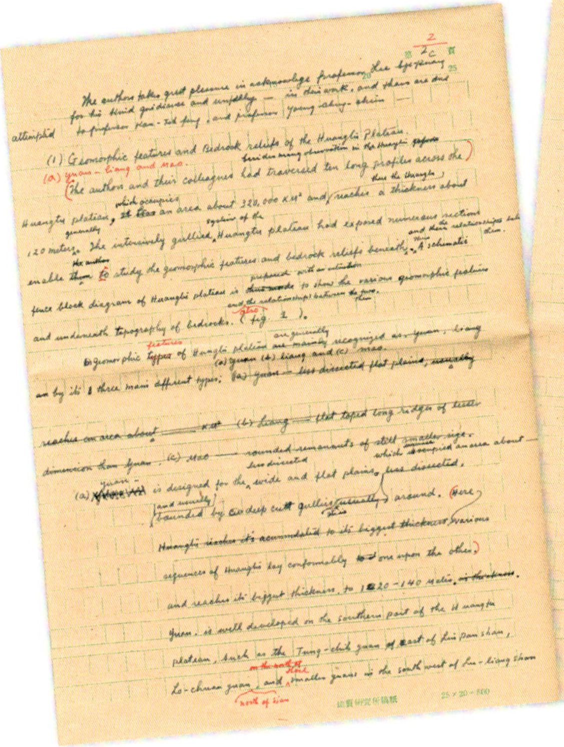

2c

The authors takes great pleasure in acknowledge professor Lee Sy-kwang for his kind guidance and sympathy — in this work, and thanks are due to professor Kan-tsi Fung, and professor Yang Chung-chien —

(1) Geomorphic features and Bedrock reliefs of the Huangtu Plateau.

(a) yuan – liang and mao.

The authors and their colleagues had traversed ten long profiles across the Huangtu plateau, which occupies an area about 320,000 Km² and reaches a thickness about 120 meters. The intensively gullied system of the Huangtu plateau had exposed numerous sections and their relationships beneath. The authors to study the geomorphic features and bedrock reliefs beneath. A schematic fence block diagram of Huangtu plateau is prepared to show the various geomorphic features and underneath topography of bedrocks. (fig. 2).

Geomorphic features of Huangtu plateau are generally recognized as yuan, liang (a) yuan (b) liang and (c) mao.

(a) yuan – is designed for the wide and flat plains, less dissected, and usually bounded by deep cutt gullies around. Here various sequences of Huangtu lay conformably one upon the other, and reaches its biggest thickness, to 120–140 meters.

Yuan is well developed on the southern part of the Huangtu plateau, such as the Tung-chih yuan east of Liu-pan-shan, Lo-chuan yuan north of Sian and smaller yuans in the south west of Lu-liang Shan

地質研究所稿紙 25×20=500

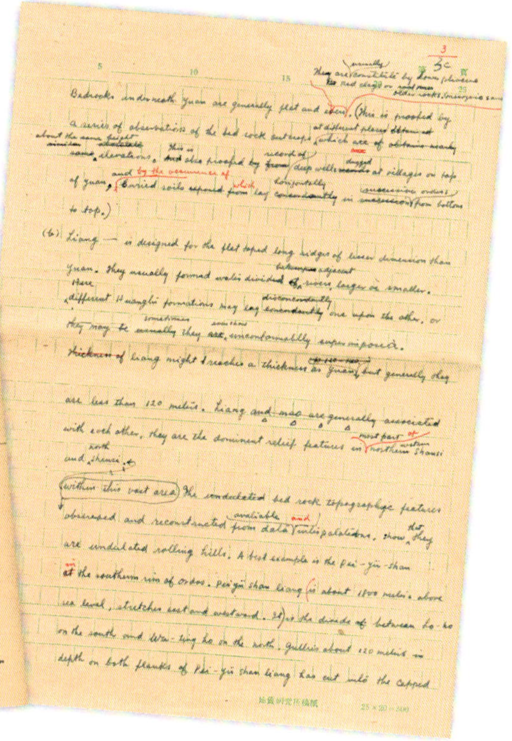

3c

Bedrocks underneath yuan are generally flat and even. (This is proofed by a series of observation of the bed rock outcrops at different places at about the same height elevations, and also proofed by record of deep wells dugged at villages on top of yuan, and by the occurrence of buried soils which lay horizontally in successive orders from bottom to top.)

(b) Liang — is designed for the flat toped long ridges of lesser dimension than yuan. They usually formed water divided between adjacent rivers, larger or smaller. Here different Huangtu formations may lay disconcordantly one upon the other, or they may be sometimes unconformably superimposed.

Liang might reaches a thickness as yuan, but generally they are less than 120 meters. Liang and mao are generally associated with each other, they are the dominant relief features in most part of northern Shensi and north Shansi.

Within this vast area the undulated bed rock topographic features observed and reconstructed from available data and interpolations, show that they are undulated rolling hills. A best example is the Pai-yu-shan on the southern rim of Ordos. Pai-yu-shan liang is about 1800 meters above sea level, stretches east and westward. It is the divide between Lo-ho on the south and Wu-ting ho on the north. Gullies about 120 meters in depth on both flanks of Pai-yu shan liang has cut into the capped

地質研究所稿紙 25×20=500

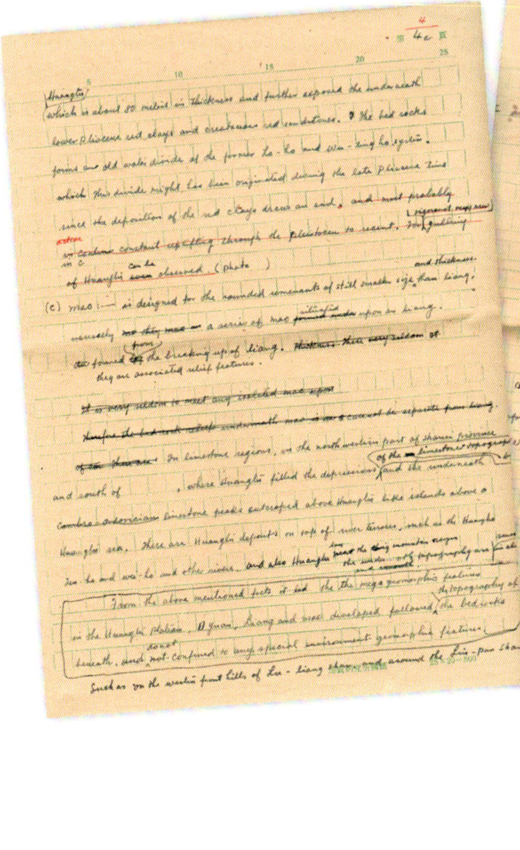

4c

Huangtu which is about 80 meters in thickness and further exposed the underneath lower Pliocene red clays and cretaceous red sandstones. The bed rocks forms an old water divide of the former Lo-ho and Wu-ting ho system, which this divide might has been originated during the late Pliocene time since the deposition of the red clays drew an end, and most probably in a constant uplifting through the pleistocene to recent. Gullying of Huangtu can be observed. (photo)

(c) mao :— is designed for the rounded remnants of still smaller size and thickness than liang. usually a series of mao situated upon a liang. formed from the breaking up of liang. they are associated relief features.

In limestone regions, in the northwestern part of Shansi province and south of , where Huangtu filled the depressions of the limestone topography and the underneath Cambro-Ordovician limestone peaks outcroped above Huangtu like islands above a Huangtu sea. There are Huangtu deposits on top of river terraces, such as the Huangho, Fen-ho and Wei-ho and other rivers.

From the above mentioned facts it led the mega geomorphic features in the Huangtu Plateau, yuan, liang and mao developed followed the topography of the bed rocks beneath, and do not confined to any special environment geomorphic features. Such as on the western front hills of Lu-liang Shan around the Liu-pan Shan

地質研究所稿紙 25×20=500

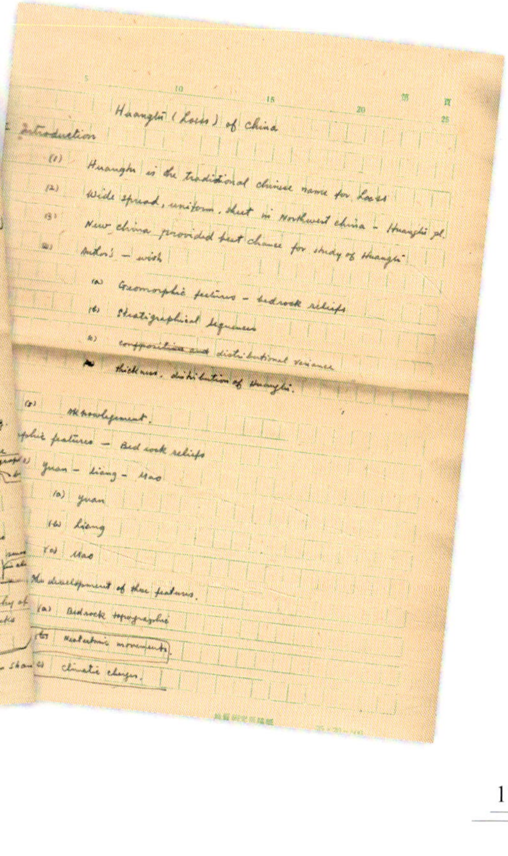

Huangtu (Loess) of China

Introduction

(1) Huangtu is the traditional chinese name for Loess
(2) Wide spread, uniform, sheet in Northwest china – Huangtu pl.
(3) New china provided best chance for study of Huangtu
(4) Author's – wish
(a) Geomorphic features – bedrock reliefs
(b) Stratigraphical sequences
(c) distributional variance
(d) thickness, distribution of Huangtu.
(5) Acknowlegement.

Geomorphic features – Bed rock reliefs
Yuan – liang – mao
(a) yuan
(b) liang
(c) mao
The development of these features.
(a) Bedrock topographic
(b) Neotectonic movements
(c) climatic changes.

地質研究所稿紙 25×20=500

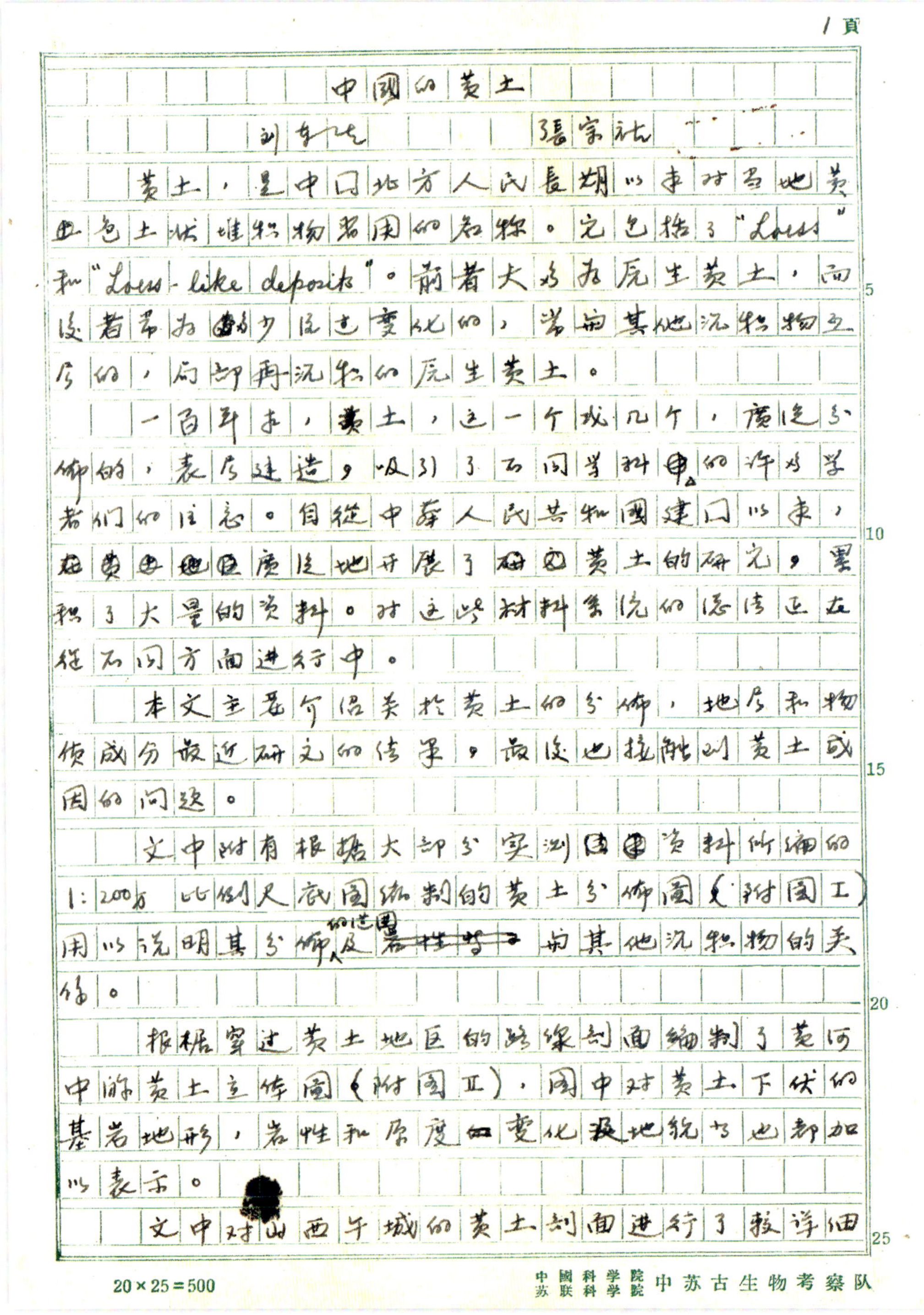

1頁

中国的黄土

刘东生　张宗祜

黄土，是中国北方人民长期以来对当地黄色土状堆积物普用的名称。它包括了"Loess"和"Loess-like deposits"。前者大多为原生黄土，而后者常为较少经过变化的，常与其他沉积物互层的，局部再沉积的原生黄土。

一百年来，黄土，这一个或几个，广泛分布的，表层建造，吸引了不同学科的许多学者们的注意。自从中华人民共和国建国以来，在黄土地区广泛地开展了对黄土的研究，累积了大量的资料。对这些材料系统的总结正在从不同方面进行中。

本文主要介绍关于黄土的分布，地层和物质成分最近研究的结果。最后也接触到黄土成因的问题。

文中附有根据大部分实测资料所编的1:200万比例尺底图绘制的黄土分布图（附图I）用以说明其分布的范围及~~岩性等~~与其他沉积物的关系。

根据穿过黄土地区的路线剖面编制了黄河中游黄土立体图（附图II），图中对黄土下伏的基岩地形，岩性和厚度变化与地貌等也都加以表示。

文中对山西午城的黄土剖面进行了较详细

20×25=500　中国科学院 苏联科学院 中苏古生物考察队

中国的黄土（手稿）

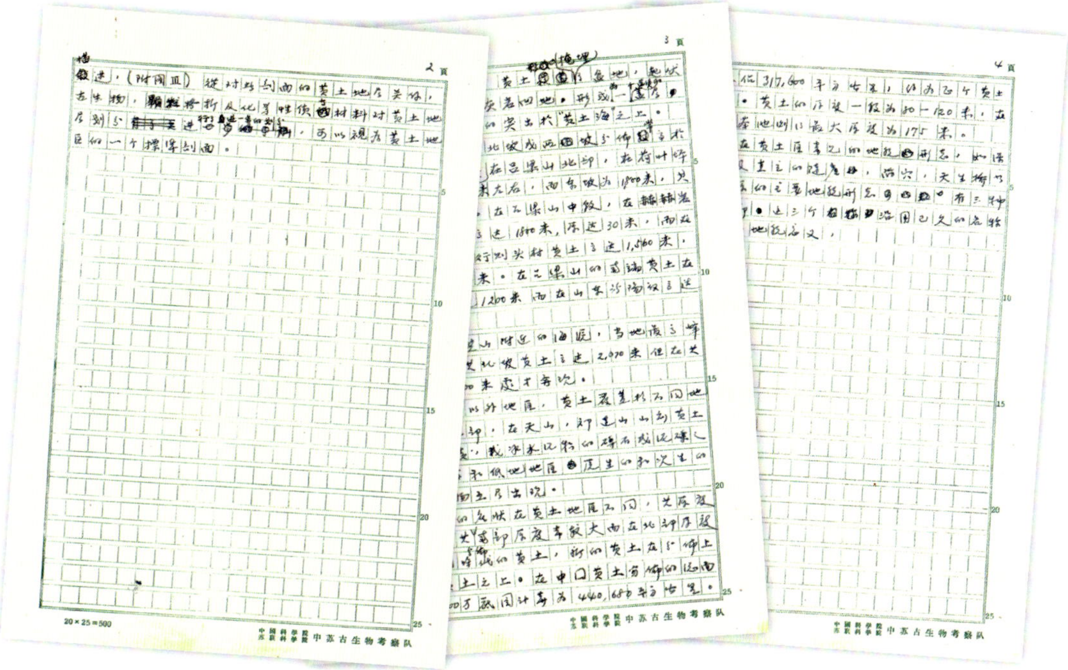
20×25=500
中国科学院 中苏古生物考察队

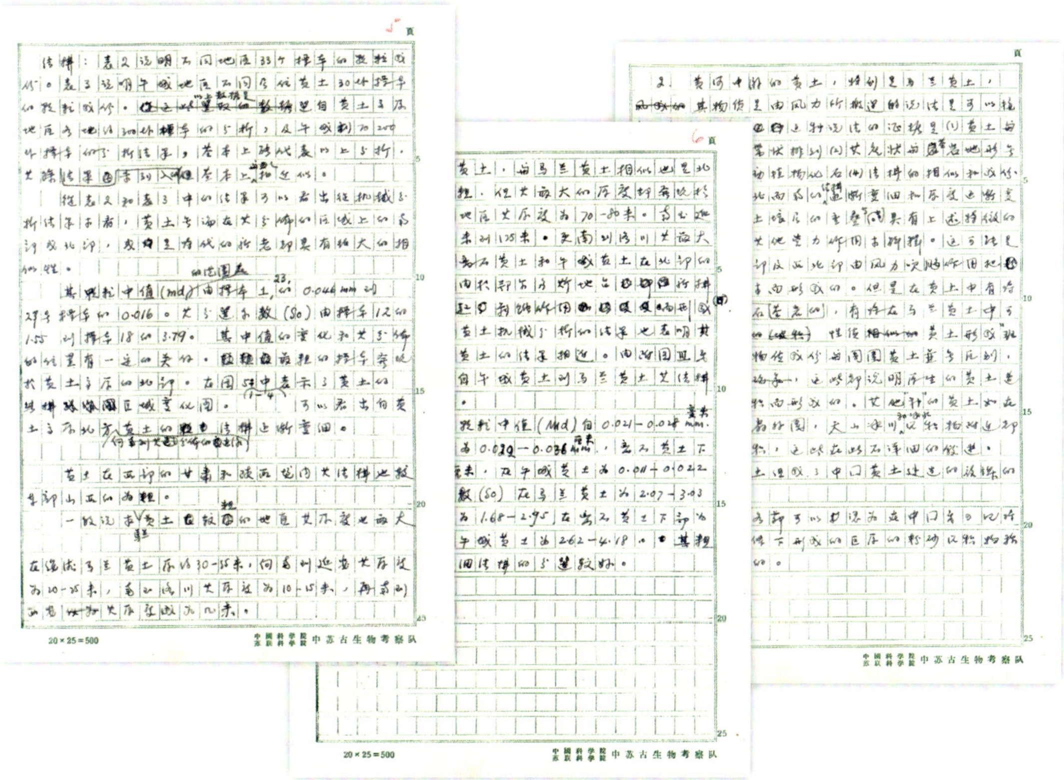
20×25=500
中国科学院 中苏古生物考察队

1964年希夏邦马峰综合科学考察初步结果

1964年中国登山队决定攀登希夏邦马峰，中国科学院组织了以施雅风为队长的考察队准备随登山队去希夏邦马峰地区进行科学考察，一次与施雅风偶然相遇，使得刘东生获得了进藏考察的机会，还担任了考察队的副队长。限于名额，他没有助手，地质研究所就他一人单枪匹马上了西藏。2月集中到拉萨，3月到海拔5300m的大本营适应以后，登山队于5月2日成功登上希夏邦马峰。14人组成的科考队在登山队科学考察组王富洲等人的协助下，也取得了圆满成功。从海拔6900m至顶峰采集了冰样；在海拔6000m钻取了冰心；在博野康加勒冰川附近采集到植物化石；在定日附近发现大型爬行类骨骼的印痕及在附近发现了动物的牙齿化石，成果丰硕。

由于西方国家的封锁，我国的科技界在新中国成立以后很少有机会与国外进行学术交流，为突破这一限制，中国政府决定，1964年召开一次大规模的国际学术会议，那就是“1964北京科学讨论会”，是新中国成立以来，规模最大的一次国际学术活动。“Preliminary Results on the Scientific Researches of the Chinese Hsisha Pangma Expedition, 1964”就是为在科学讨论会上交流，对希夏邦马峰科学考察成果的初步总结。除了介绍考察的重要发现外，还就实验室研究结果作了介绍：据杨钟健先生权威鉴定，定日附近发现的牙和骨骼印痕都是鱼龙。博野康加勒冰川附近采集到植物化石经徐仁先生与克什米尔产出的化石比较，鉴定为高山栎。这样从高山栎分布的上限到发现化石地点的海拔高度比较，得出大约从更新世早期开始，西藏高原抬升了约3000m。

“Preliminary Results on the Scientific Researches of the Chinese Hsisha Pangma Expedition, 1964（1964年希夏邦马峰综合科学考察初步结果）”工作完成，文章刊登在科学出版社出版的《中国提交1964’北京国际科学讨论会论文汇编（Contributions at the 1964 Peking Symposium）》上，279～292页；中文版刊发在1964年的《科学通报》，第9卷，第10期，928～938页。

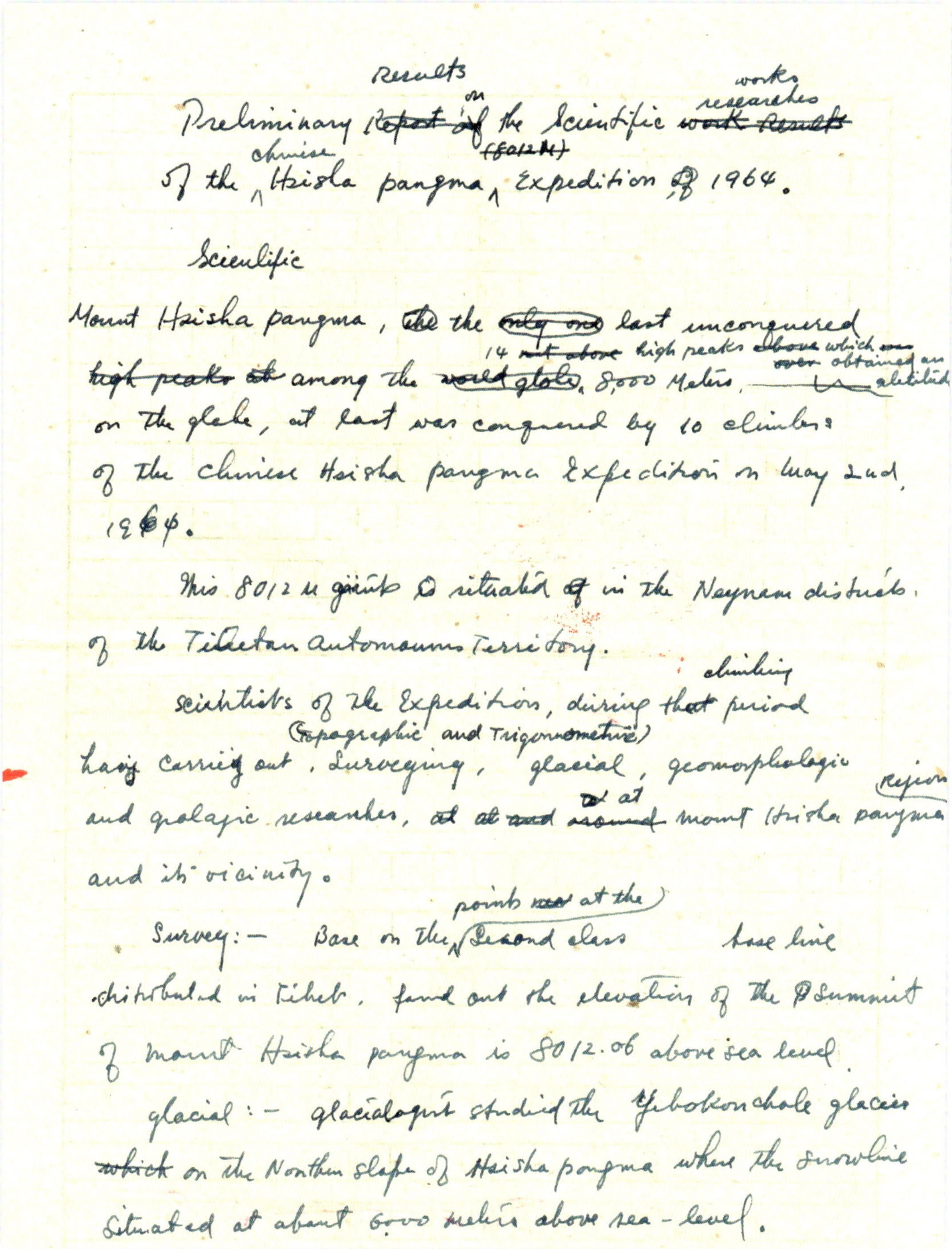

Preliminary ~~Report~~ Results on ~~of~~ the Scientific ~~work Results~~ researches works

of the Chinese Hsisha pangma (8012 M) Expedition ~~of~~ 1964.

Scientific

Mount Hsisha pangma, ~~the~~ the ~~only one~~ last unconquered ~~high peaks at~~ among the ~~world globe~~ 14 ~~not above~~ high peaks ~~above~~ which ~~over~~ obtained an altitude 8,000 Meters, on the globe, at last was conquered by 10 climbers of the Chinese Hsisha pangma Expedition on May 2nd, 1964.

This 8012 M giant is situated ~~of~~ in the Neynam districts of the Tibetan autonomous Territory.

scientists of the Expedition, during that climbing period have carried out, Surveying (topographic and Trigonometric), glacial, geomorphologic and geologic researches, at ~~at and around~~ at mount Hsisha pangma region and its vicinity.

Survey:— Base on the points ~~near~~ at the second class base line distributed in Tibet, found out the elevation of the Summit of mount Hsisha pangma is 8012.06 above sea level.

glacial:— glaciologist studied the Yebokonchale glacier ~~which~~ on the Northern slope of Hsisha pangma where the snowline situated at about 6000 meters above sea-level.

1964年希夏邦马峰综合科学考察初步结果（英文手稿）

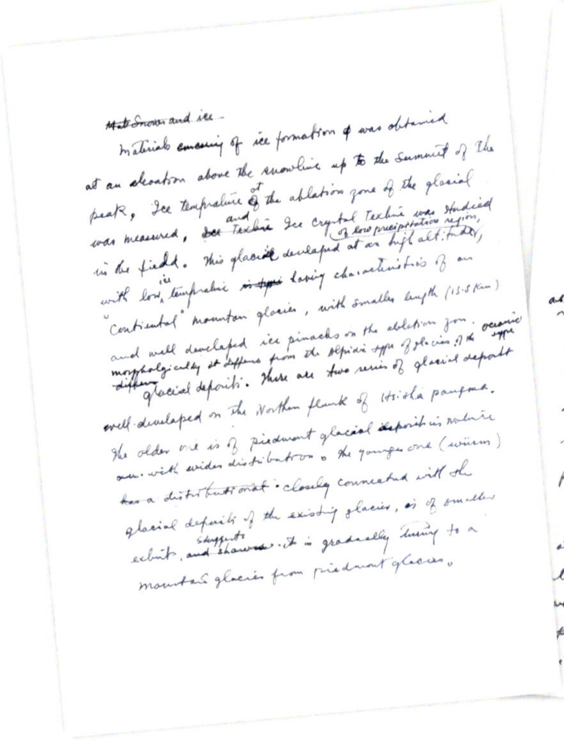

Snow and ice.

Materials of ice formation was obtained at an elevation above the snowline up to the summit of the peak. Ice temperature at the ablation zone of the glacial was measured, and Ice crystal Texture was studied in the field. This glacier developed at an high altitude of low precipitation region, with low ice temperature having characteristics of an "continental" mountain glacier, with smaller length (13.5 Km) and well developed ice pinacles on the ablation zone. morphologically it differs from the alpine type of glacier of the oceanic type glacial deposits. There are two series of glacial deposit well developed on the Northern flank of Hsisha pangma. The older one is of piedmont glacial in nature with wider distribution. The younger one (würm) closely connected with the glacial deposits of the existing glacier, is of smaller extent, suggests it is gradually turning to a mountain glacier from piedmont glacier.

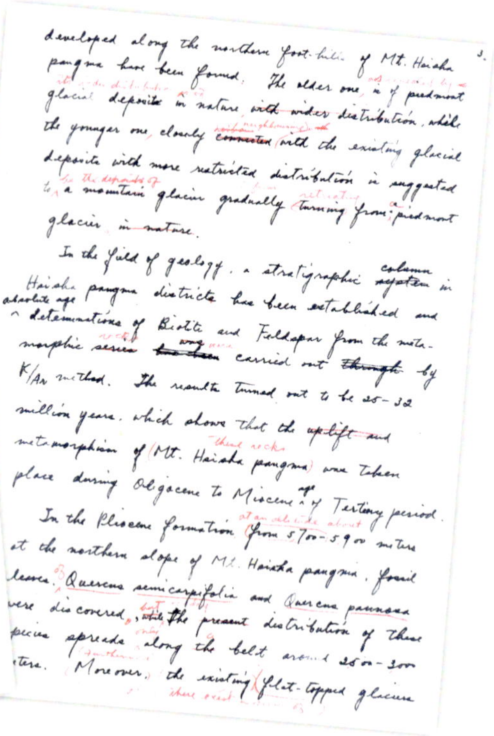

developed along the northern foot-hills of Mt. Hsisha pangma have been found. The older one, is of piedmont glacial deposits in nature, with wider distribution, while the younger one, closely neighbouring with the existing glacial deposits with more restricted distribution is suggested to a mountain glacier gradually retreating from a piedmont glacier.

In the field of geology, a stratigraphic column in Hsisha pangma districts has been established and absolute age determinations of Biotite and Feldspar from the metamorphic rocks were carried out by K/Ar method. The results turned out to be 25–32 million years, which shows that the metamorphism of these rocks was taken place during Oligocene to Miocene age of Tertiary period.

In the Pliocene formation at an altitude about 5700–5900 meters at the northern slope of Mt. Hsisha pangma, fossil leaves of Quercus semicarpifolia and Quercus pannosa were discovered, but the present distribution of these species spreads only along the belt around 2500–3000 meters. Moreover, the existing flat-topped glaciers

3.

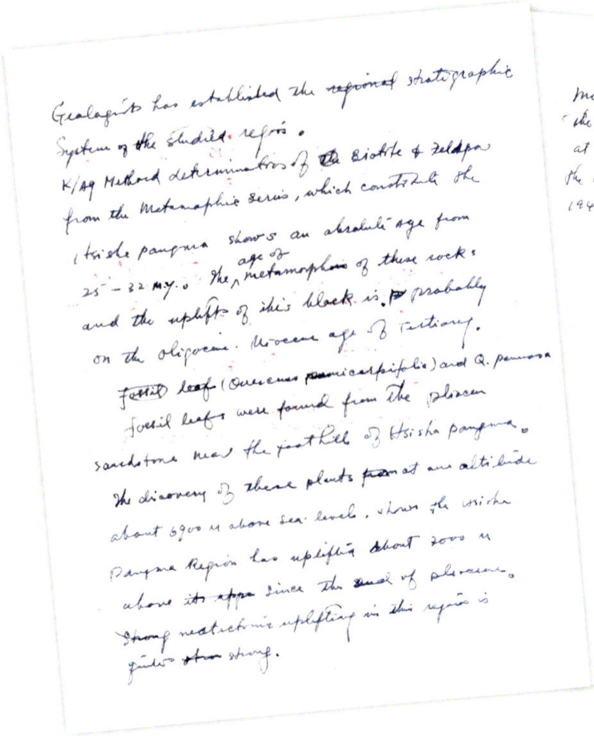

Geologists has established the stratigraphic System of the studied region. K/Ar Method determinations of Biotite & Feldspar from the Metamorphic series, which constitute the Hsisha pangma shows an absolute age from 25–32 M.Y. The age of metamorphism of these rocks and the uplift of this block is probably on the Oligocene-Miocene age of Tertiary.

leaf (Quercus semicarpifolia) and Q. pannosa fossil leafs were found from the pliocene sandstone near the foothill of Hsisha pangma. The discovery of these plants at an altitude about 5900 m above sea level, shows the Hsisha Pangma Region has uplifted about 2000 m above since the end of pliocene. neotectonic uplifting in this region is quite strong.

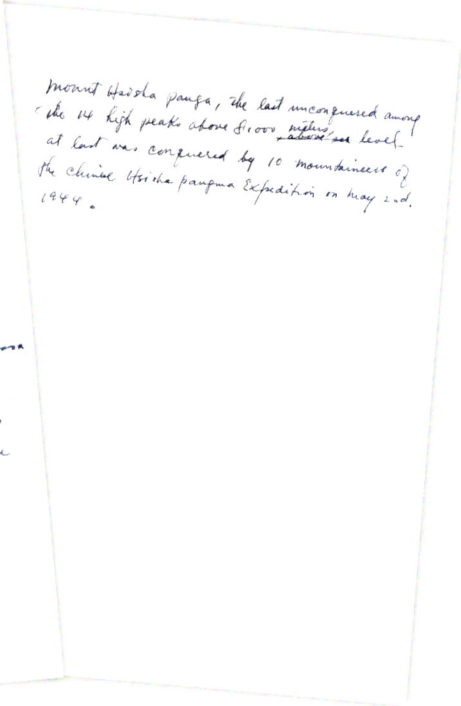

Mount Hsisha panga, the last unconquered among the 14 high peaks above 8,000 meters level at last was conquered by 10 mountaineers of the Chinese Hsisha pangma Expedition on May 2nd, 1964.

黄河中游黄土和中国的黄土堆积

提起刘东生，一定会涉及他于20世纪60年代完成的三本专著《黄河中游黄土》、《中国的黄土堆积》和《黄土的物质成分和结构》。这三本专著是对黄河中游水土保持考察以后，对黄土高原10条大断面调查所获得资料的总结。参加黄河中游水土保持调查的队伍集中了很多专家，名气不在刘东生之下，但只有刘东生在考察后，将黄土研究工作坚持做了下去，完成了影响他一生的这三本专著，关于专著撰写，其中还有不少故事。

当时，考虑到曾有苏联黄土研究的专家参与考察队的工作，必须抢先在理论上对黄土研究做出总结。作为一项重要任务，所里给以特殊安排，甚至让刘东生和参与写作的“小分队”成员关起门来搞写作。就这样，终于在1964年，1965年就将这三本专著付诸出版了。

《黄河中游黄土》主要是1958年，中国科学院地质研究所第四纪地质研究室组织的黄土高原东西、南北方向的10条大断面调查资料的总结。书中系统介绍了10条大断面调查所积累的基本黄土剖面资料所构建的“黄土建造”格架，还对黄土分布高度和厚度，它与下伏地形与基岩及其他类型的第四纪沉积物的关系做了深入的分析，看得出当时还是以黄土的成因为主要切入点的。其中对古土壤识别，古土壤类型的初步研究，特别是对古土壤在古地理与古气候研究方面的价值的阐述，对后续研究具有重大指导意义。

《中国的黄土堆积》是黄土分布图的说明书，重点介绍了图件编制的原则，各主要黄土分布区（东北，华北，黄河中游，西北内陆盆地）黄土的分布，与成因的探讨。对黄土地层的划分，已经从前书的新黄土2、新黄土1、老黄土2、老黄土1（从新到老）定义了马兰黄土2（后来改为全新世黄土），马兰黄土1、离石黄土（上、下部）和午城黄土等几个单元，是一大进展。并对各时代黄土之间，特别是河谷区黄土与河流相沉积的关系做了明确阐述。

随着大量室内分析结果的积累，特别是颗粒分析、pH值的测定和薄片的显微镜下鉴定工作的开展，对黄土粒度、pH值的区域变化，对黄土、古土壤的矿物成分，化学成分等积累了大量基本数据，对黄土成因的讨论、为后人进一步研究工作具有指导意义。

《黄河中游黄土》和《中国的黄土堆积》是当时国际上处于先进水平的成果，其中很多剖面资料实际上已经为突破经典的四次冰期理论提供了依据，只是因为“文化大革命”，使得黄土研究中断很长时间。一直到20世纪80年代，新著《黄土与环境》才得以出版。

《黄河中游黄土》和《中国的黄土堆积》分别在1964年和1965年由科学出版社出版。

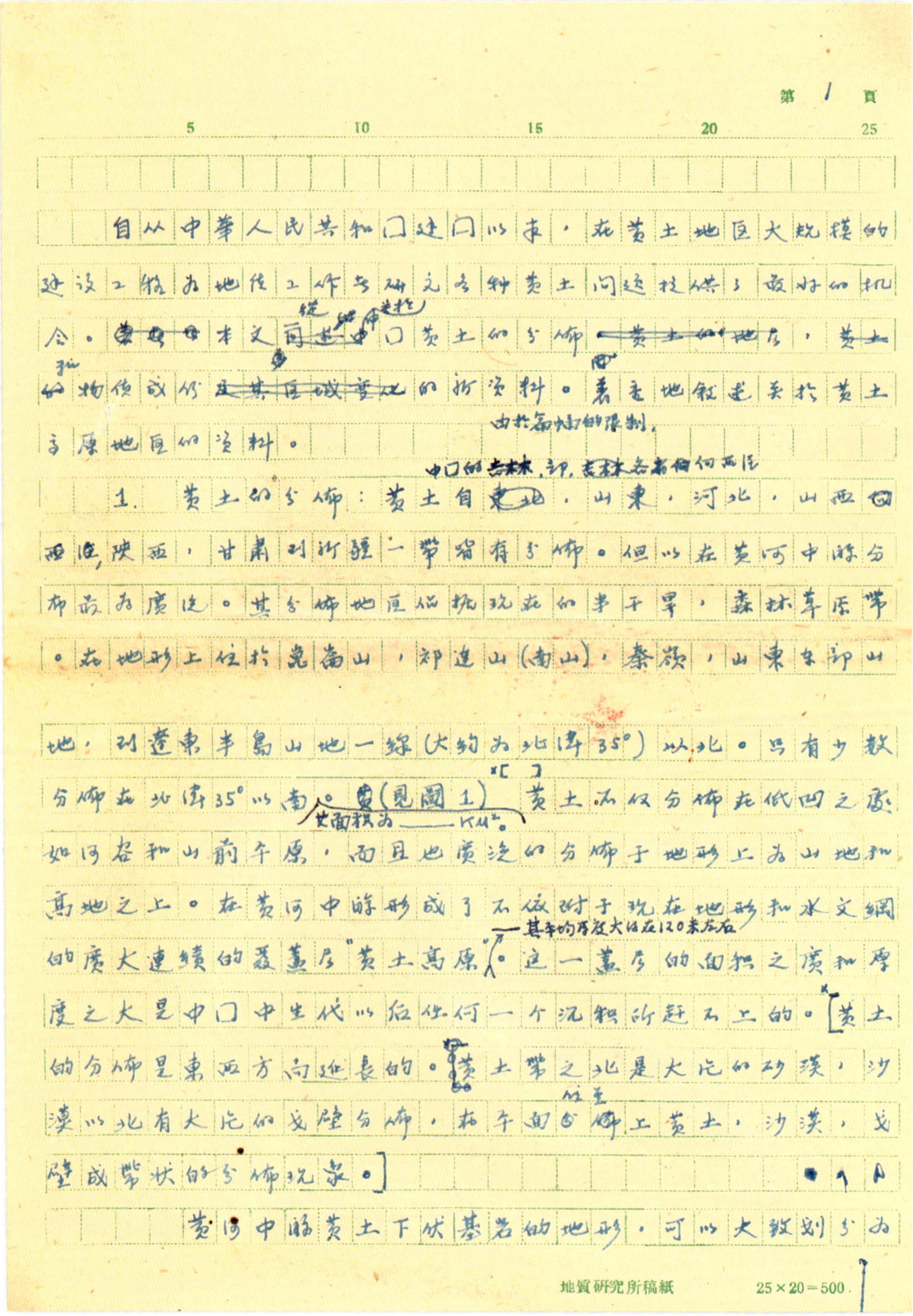

第 1 页

自从中华人民共和国建国以来，在黄土地区大规模的建设工程为地质工作者研究各种黄土问题提供了最好的机会。本文从中国黄土的分布，黄土和的物质成份的新资料。由于篇幅的限制，主要地叙述关于黄土高原地区的资料。

1. 黄土的分布：黄土自中国的东北，山东，河北，山西西陲，陕西，甘肃到新疆一带皆有分布。但以在黄河中游分布最为广泛。其分布地区恰巧在的半干旱，森林草原带。在地形上位于昆仑山，祁连山（南山），秦岭，山东东部山地，到辽东半岛山地一线（大约为北纬35°）以北。只有少数分布在北纬35°以南。（见图1）其面积为＿＿＿KM²。黄土不仅分布在低凹之处如河谷和山前平原，而且也广泛的分布于地形上为山地和高地之上。在黄河中游形成了不依附于现在地形和水文网的广大连续的覆盖层"黄土高原"。其平均厚度大约在120米左右。这一盖层的面积之广和厚度之大是中国中生代以后任何一个沉积所赶不上的。[黄土的分布是东西方向延长的。黄土带之北是大片的砂漠，沙漠以北有大片的戈壁分布，在平面分布上黄土，沙漠，戈壁成带状的分布现象。]

黄河中游黄土下伏基岩的地形，可以大致划分为

地质研究所稿纸　25×20＝500

黄河中游黄土（手稿）

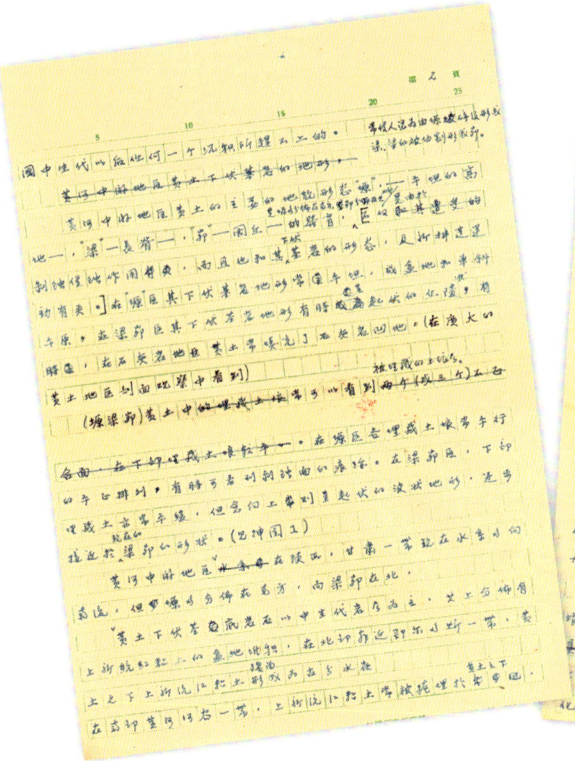

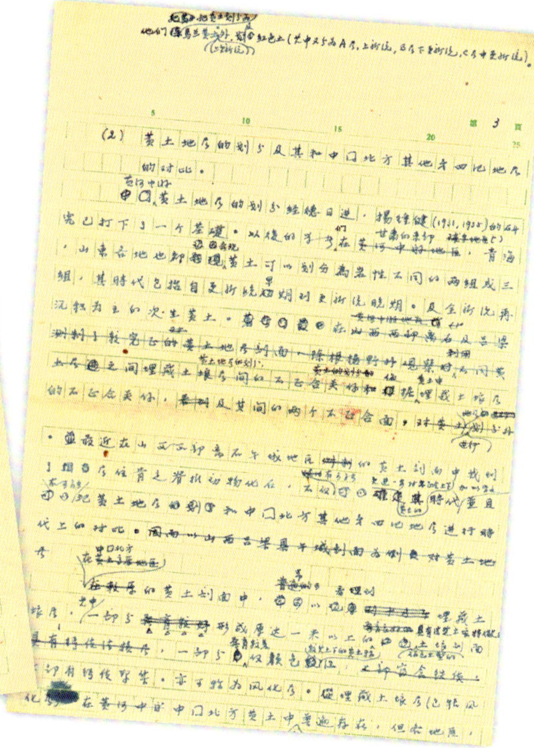

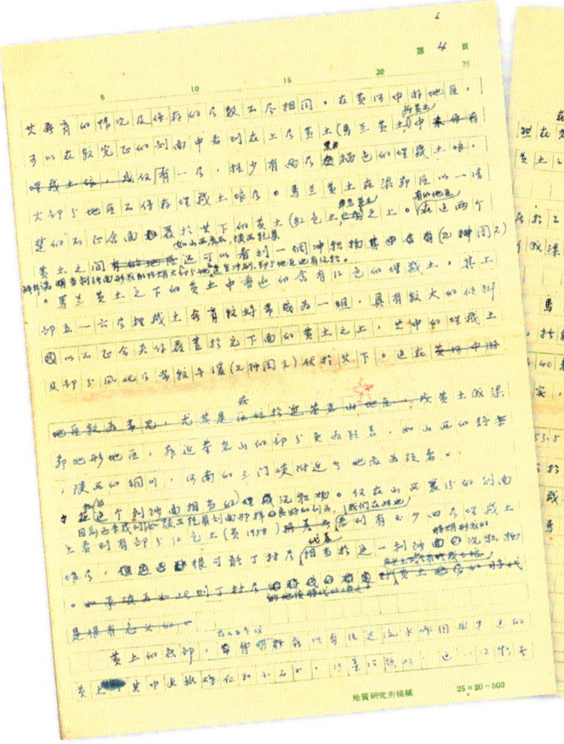

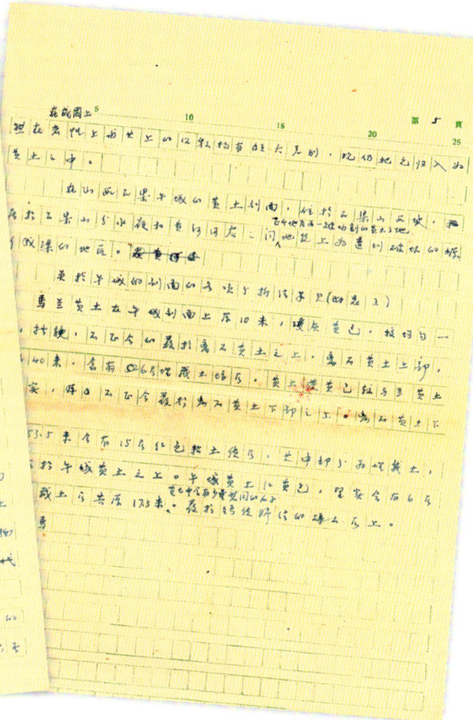

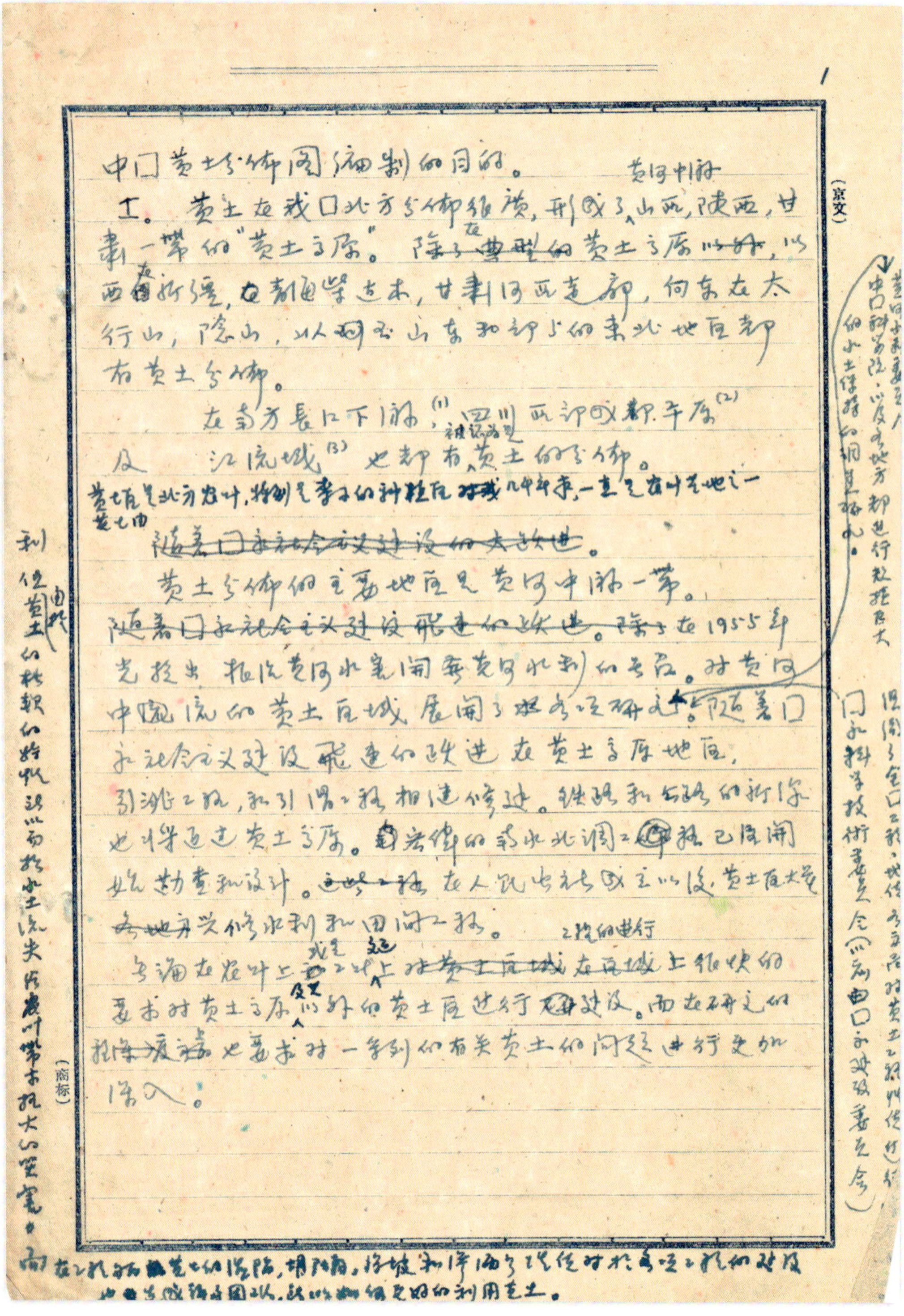

中国黄土分布图编制的目的。

I. 黄土在我国北方分布很广，形成了山西、陕西、甘肃一带的"黄土高原"。除了在典型的黄土高原以外，以西在新疆，在青海东部，甘肃河西走廊，向东在太行山、阴山，以至于山东和部分的东北地区都有黄土分布。

在南方长江下游(1)、四川西部成都平原(2)及 江流域(3)也都有被认为是黄土的分布。

黄土分布的主要地区是黄河中游一带。在1955年党提出根治黄河水害开发黄河水利的号召，对黄河中游流域的黄土区域展开了大量的研究工作。随着我国社会主义建设飞速的跃进，在黄土高原地区，引洮工程，和引渭工程相继修建。铁路和公路的新线也将通过黄土高原。宏伟的南水北调工程已经开始勘查和设计。在人民公社成立以后，黄土区大量兴修水利和田间工程。

无论在农业上或是工程上，都要求对黄土高原以及其外的黄土区进行建设。而在研究方面也要求对一系列的有关黄土的问题进行更加深入。

中国的黄土堆积（手稿）

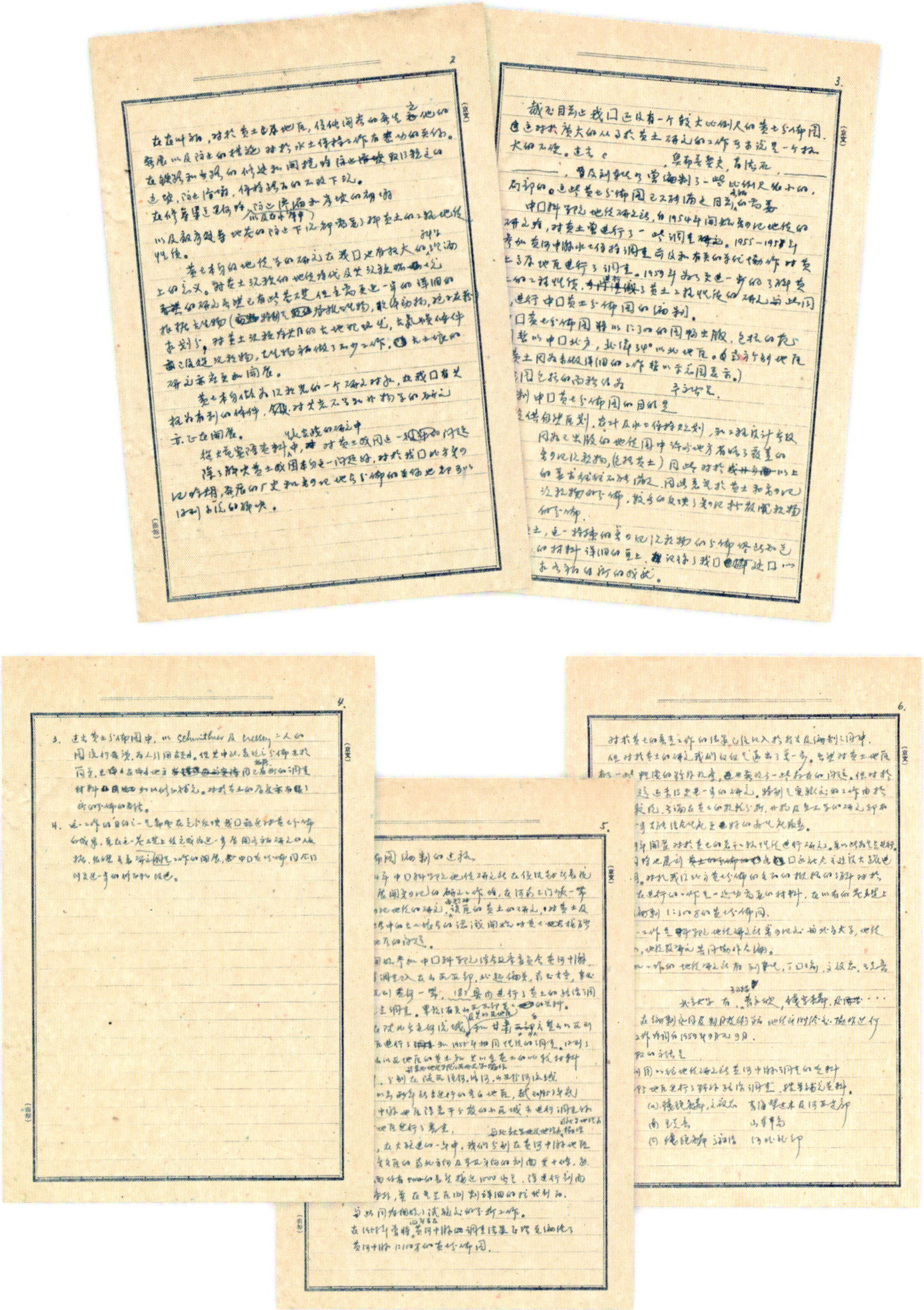

中国黄土的若干问题和关于第四纪地层划分问题

在刘东生的学术成就中，没有引起足够重视的便是由他主编，于1964年由科学出版社出版的《第四纪地质问题》。这虽然是一本论文集，但其中刘东生（或与人合作）撰写的就有“中国北方第四纪地层的某些问题”、“关于第四纪地层划分问题”和“中国第四纪沉积物区域分布特征的探讨”，这本论文集是刘东生所领导的第四纪地质研究室除了黄土研究以外所从事的研究工作的介绍和初步总结。其中最为突出的一点就是中国科学院地质研究所（现地质与地球物理研究所）的第四纪地质研究室很早就关注到气候变化与第四纪沉积物的形成以及对沉积物特性的影响，明确提出“气候标志”在第四纪地层研究中的意义，对古土壤也有较为深入的阐述。

“中国黄土的若干问题”着重讨论了黄土与河湖相地层的关系，提出三门系与午城黄土是同期异相的沉积，实际上就表明三门系的很多原始物质与黄土物质是同源的，三门系中还含有再搬运的黄土而已，在大河谷中有带微层理的黄土状沉积物向风成黄土的过渡。“中国黄土的若干问题”经修改后，以《中国北方第四纪地层的某些问题》刊登在1964年由科学出版社出版的《第四纪地质问题》第65～76页。

《关于第四纪地层划分问题》一文中，刘东生将中国各种类型的第四纪沉积物都赋予其气候意义，指出一个地区如果有完整的地层序列，那么从含有各种不同气候标志的沉积物便代表相应时段的气候变化的历史。这种对第四纪沉积物气候指标的重视，给人以一种清新的感觉，为后来大规模开展第四纪古环境的研究奠定了很好的基础。

《关于第四纪地层划分问题》刊登在1964年由科学出版社出版的《第四纪地质问题》第45～64页。

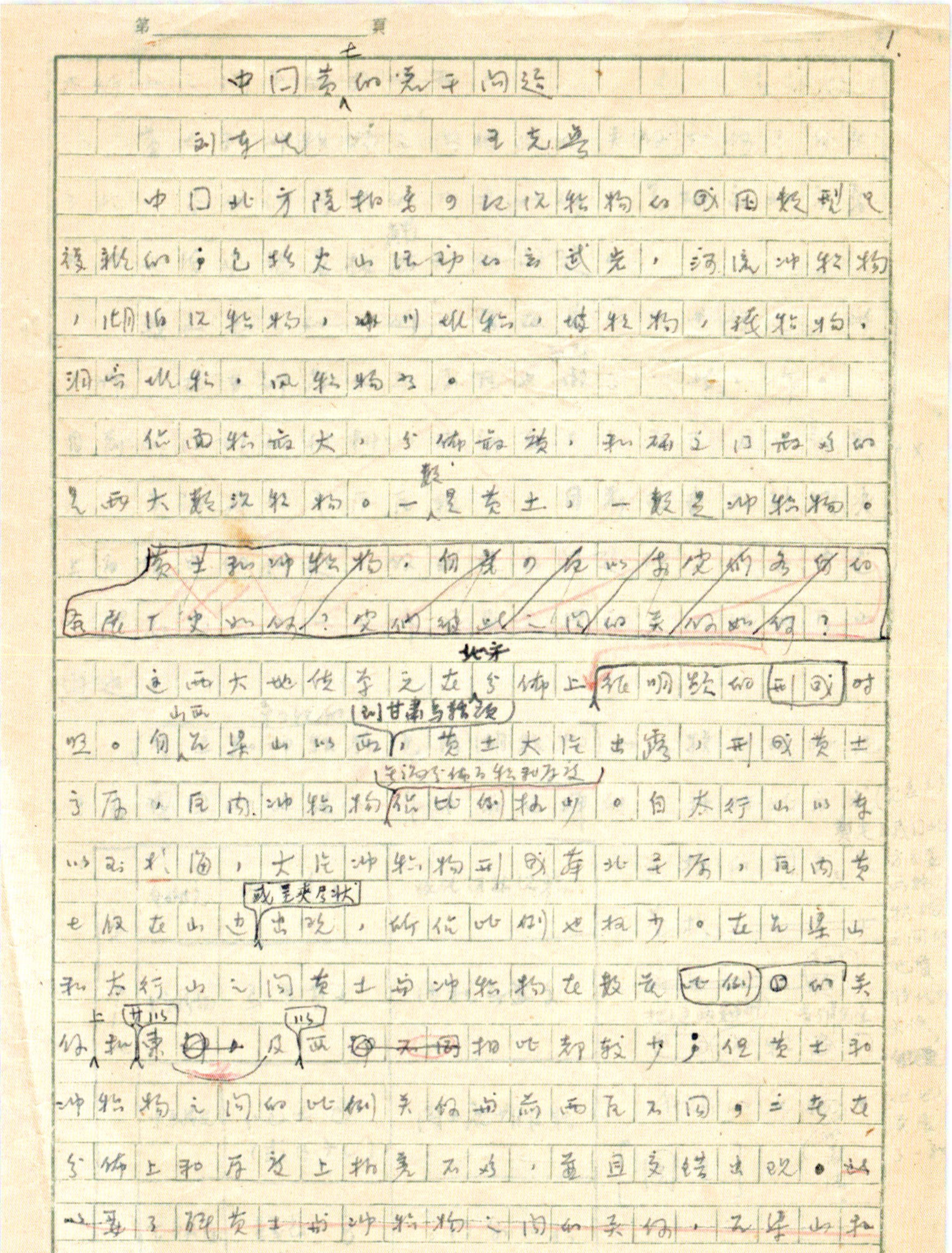

中国黄土的若干问题（手稿）

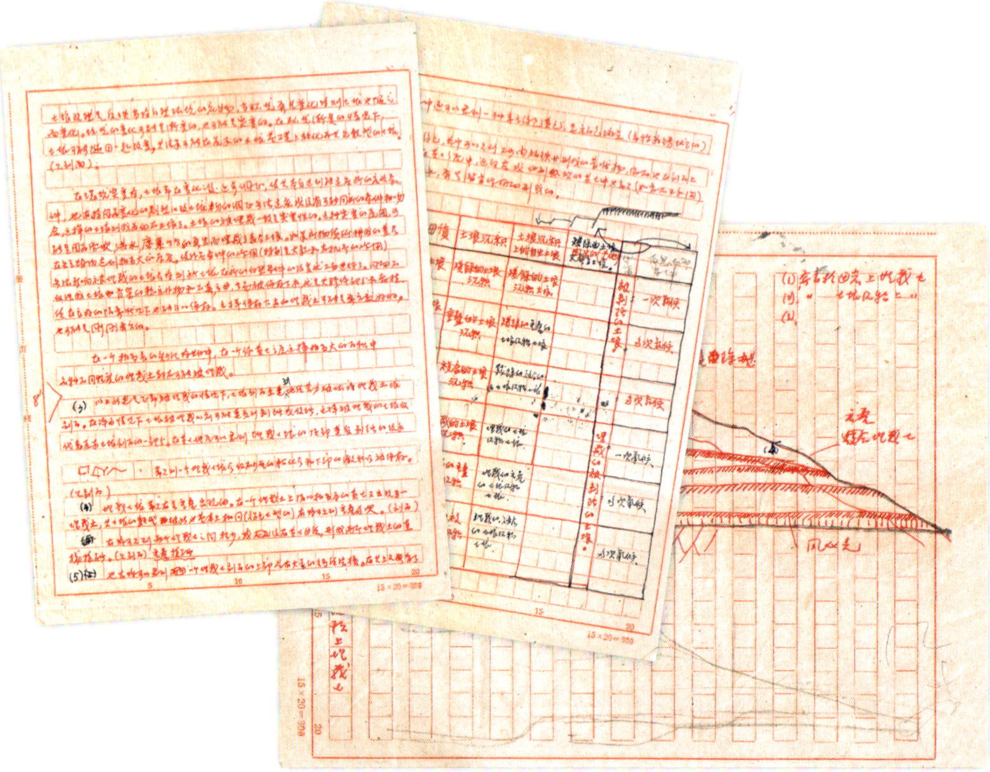

中国北方第四纪地质的某些问题（手稿）

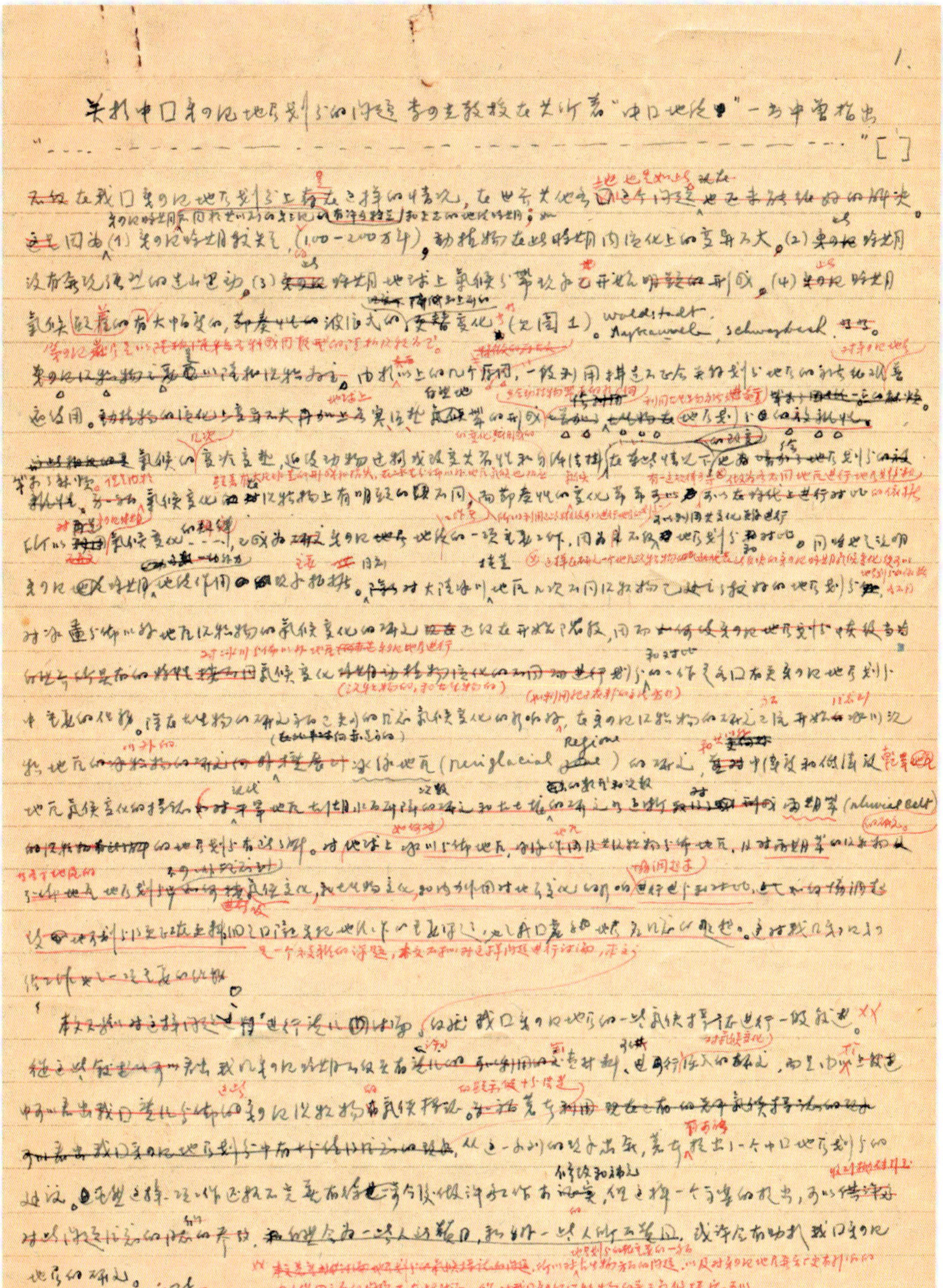
关于中国第四纪地层划分的问题 李四光教授在其所著"中国地质学"一书中曾指出

关于第四纪地层划分问题（手稿）

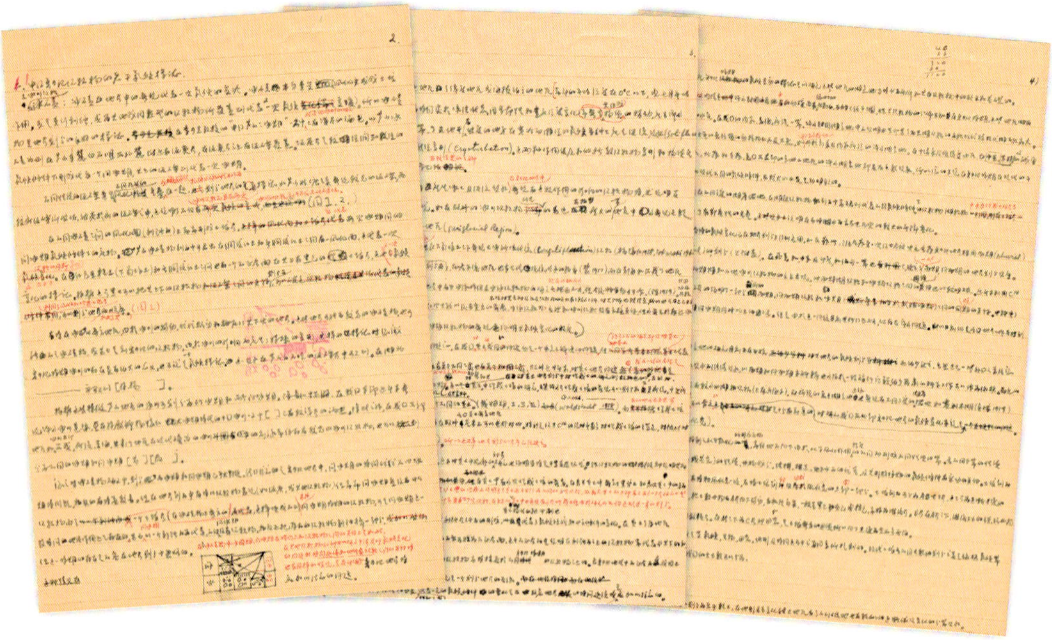

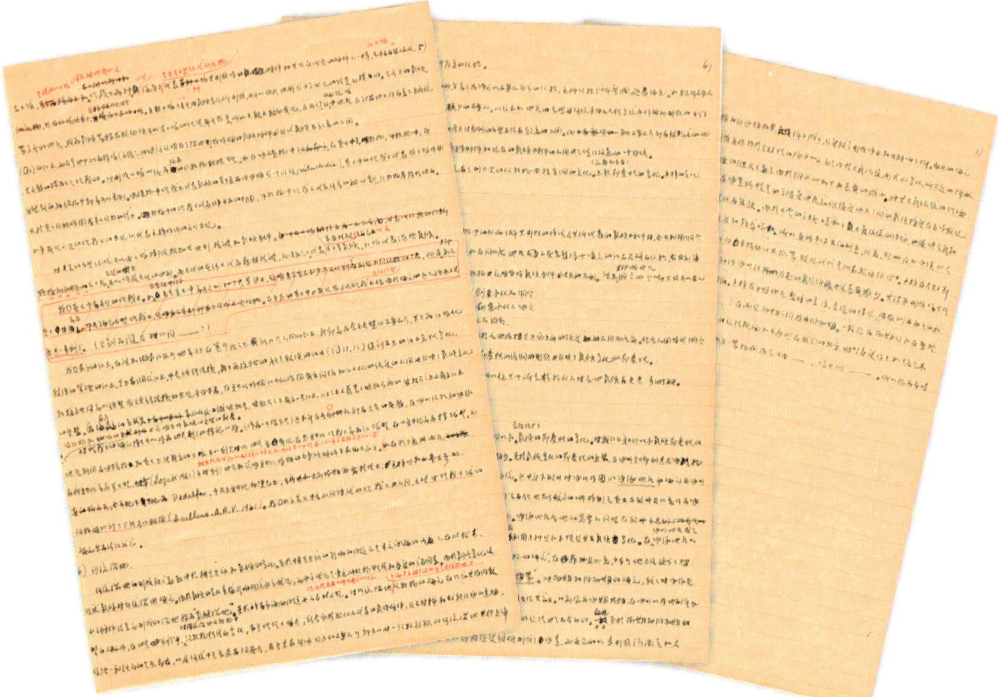

中国第四纪研究新进展

除了在1961年，孙殿卿与刘东生参加在波兰华沙举行的第Ⅵ届国际第四纪研究联合会（INQUA）大会带去了关于第四纪冰川和黄土的论文在会上交流外，由于当时的国际环境，中国处于“孤立”的地位，国内的政治气氛又不允许在国外发表论文，除了早年与社会主义国家曾经有过学术交流外，外界对中国的了解差不多是空白。对第四纪来说，也就前文提到过1957年在全苏第四纪研究会议时，裴文中和刘东生曾前往参加，但也只是向“老大哥”学习，而没有带去论文交流。

直到改革开放，中国开始向国外打开大门，1982年中国加入国际第四纪研究委员会的事情已经基本成定局，才又一次派代表前往莫斯科参加在那里举行的第Ⅺ届国际第四纪研究联合会大会。

“Progress in Quaternary Research in China（中国第四纪研究新进展）”这篇文稿就是在参加莫斯科会前，应苏联方面的要求，为让外部世界了解中国的第四纪研究状况而准备的。文中，从第四纪地层和年代、第四纪气候多次波动问题、古人类和史前文化、第四纪断层活动、第四纪沉积物形成过程等5个方面，介绍了中国在黄土、华北钻孔岩心研究中古地磁测量，黄土-古土壤序列与深海沉积的对比，新发现人类化石和石器，粒度变化结合卫星图片对风尘运移的新认识、新成果。

这确实也是当时能够反映中国第四纪研究成果的最好总结，给予国外了解中国第四纪的基本状况和研究水平的机会。

“Progress in Quaternary Research in China”是1964年以俄文在苏联发表的。

中国第四纪研究委员会 1

Progress in Quaternary Research in China

~~Stratigraphical~~

Recent progress in various fields of Quaternary research in China can be ~~summed up~~ summarized as follows:

1. Better understanding of the chronology of the stratigraphy.

Stratigraphical sequences of various genetic types of Quaternary deposits have been intensively studied. According to the correlation of continental and marine ~~deposits~~ strata and studies of foraminiferal assemblages from cores ~~in~~ from the North China plain as well as the mammalian fauna together with paleomagnetic studies, the Pliocene Pleistocene boundary ~~were~~ was tentatively ~~determined~~ established, which correspond~~s~~ with the boundary of the Matuyama / Gauss chron, at is about 2.4 m.y. in age.

中国第四纪研究新进展（英文手稿）

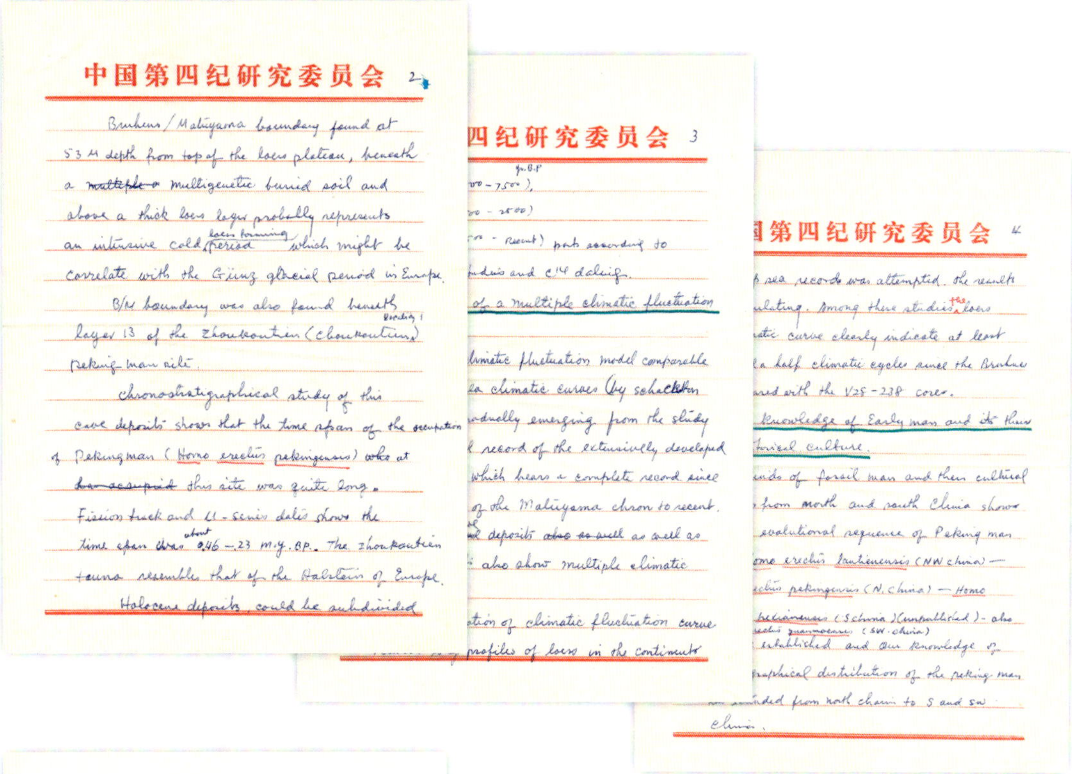

中国第四纪研究委员会 2

Bruhens / Matuyama boundary found at 53 M depth from top of the loess plateau, beneath a ~~multiple a~~ multigenetic buried soil and above a thick loess layer probably represents an intensive cold loess forming period which might be correlate with the Günz glacial period in Europe.

B/M boundary was also found beneath layer 13 of the Zhoukoutien (Choukoutien, locality 1) peking man site.

Chronostratigraphical study of this cave deposits shows that the time span of the occupation of Pekingman (Homo erectus pekingensis) ~~who at he occupied~~ at this site was quite long. Fission track and U-series dates shows the time span ~~was~~ about 0.46 – .23 m.y. B.P. The Zhoukoutien fauna resembles that of the Holstein of Europe.

Holocene deposits could be subdivided

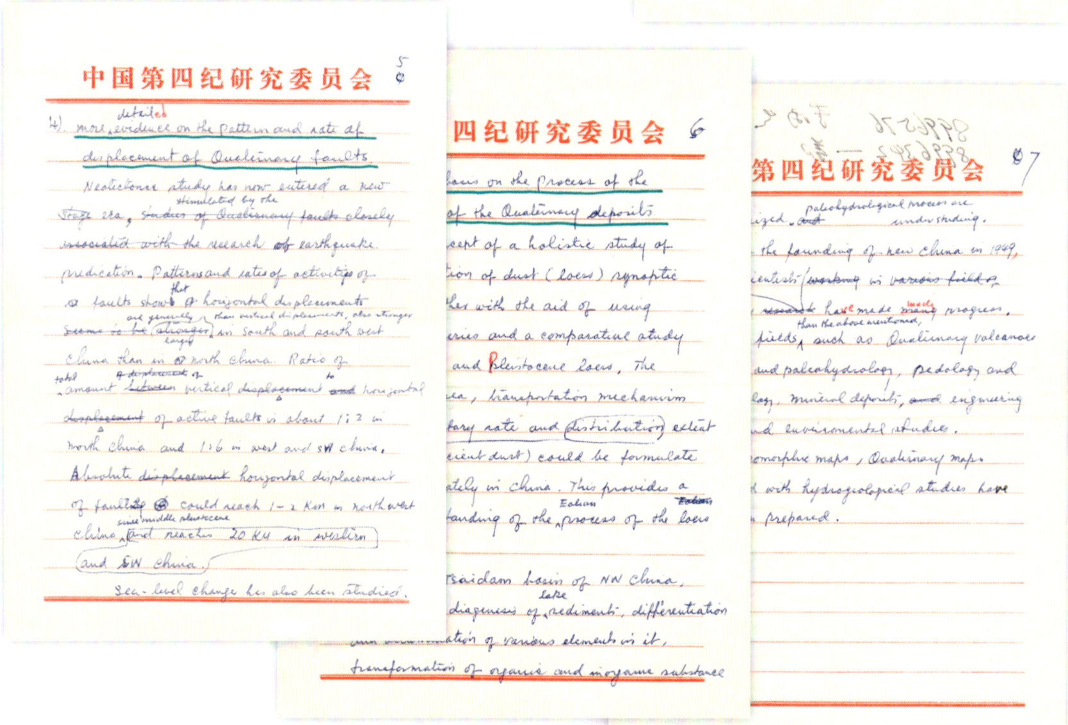

中国第四纪研究委员会 5

4). more detailed evidence on the pattern and rate of displacement of Quaternary faults

Neotectonic study has now entered a new stage era, stimulated by the ~~studies of Quaternary faults closely associated with the~~ research of earthquake predication. Patterns and rates of activities of faults shows that horizontal displacements ~~seems to be~~ are generally ~~stronger~~ larger than vertical displacements, also stronger in South and south west China than in north China. Ratio of total amount ~~of displacement between~~ of vertical displacement ~~and~~ to horizontal ~~displacement~~ of active faults is about 1:2 in north China and 1:6 in west and SW china.

Absolute ~~displacement~~ horizontal displacement of faults could reach 1–2 Km in northwest China and reaches 20 KM in western and SW china since middle pleistocene.

Sea-level change has also been studied.

中国黄土古土壤序列与气候变化

1964年至1966年出版的三本黄土专著产生了较大的影响，正准备大干的刘东生不幸遇上了“文化大革命”的爆发。“文化大革命”期间尽管无法开展正常的研究，但刘东生并没有闲着，他在开展地方病野外调查期间，有很长的一段时间蹲点在陕西长武和永寿等地黄土区，思考着黄土研究的下一步。他利用一切机会阅读了大量的国外文献，西方正在兴起的环境科学给了他新的启示，黄土-古土壤叠覆的剖面不就意味着黄土区的环境在不断变化吗！

“文化大革命”结束后，科研工作逐步走上正轨，他重新组织队伍，黄土研究也陆续恢复。对新兴环境科学的了解，刘东生新的黄土研究思路出现了：那就是第四纪时期的环境变化。经过几年的摸索，进入20世纪80年代，他萌生了将三本黄土专著以后的研究工作做出总结，新著《黄土与环境》就这样诞生了。为了尽快让国外了解中国的第四纪研究状况，特别是黄土研究的新成果，《黄土与环境》刚写完，他要在国外刊物上发表文章，“The Loess-Paleosol Sequence in China and Climatic History（中国黄土古土壤序列与气候变化）”就是在这样的背景下写出来的。

文章中刘东生以洛川黄土剖面近期研究中新的古地磁定年资料，以及粒度、磁化率、碳酸盐和Fe_2O_3/FeO比值的变化曲线为基础，讨论了剖面所反映的第四纪时期黄土高原区的气候变化历史。参与了这个过程的同志记得，在文章的初稿写出后，曾在友谊宾馆奋战了两周，请中国科学技术协会国际部的吴甘美同志帮助润色英文稿。

将文稿寄往国外刊物“Episodes”，因材料新，思想也新，很快就被录用，刊登在1985年，第8卷，第1期，21～28页。

功夫不负有心人，文章的发表影响巨大，我国改革开放的“新时期”刚刚开始不久，中国黄土的研究就因此走上了国际合作的快车道。这一切，正好应了那句话：“Opportunities are for those who are prepared（机会总是留给有准备的人的）！”

①

Environment and Loess - Paleosol Series in China

LIU Tungsheng (Institute of Geology) Academia Sinica
An Zhisheng Institute of Geochemistry Academia Sinica
Yuan Bao yin Institute of Geology Academia Sinica

A significant feature of the loess in China is that they were found to be built up within 2.4 million years (B.P.) by a series of consecutive loess and paleosol complexes? layers. Loess of China which reaches a maximum of about 200 meters thick is actually a "loess - paleosol series". Profiles of typical loess - paleosol series are well exposed at Lochuan in the central part of the loess plateau.

1. Loess - Paleosol Series at Lochuan

Loess - paleosol series constitutes a series of loess and the paleosols developed on it which is were more or less consecutive both in time and deposition but differs in composition and soil maturity.

(接 page ②)

中国黄土古土壤序列与气候变化史（英文手稿）

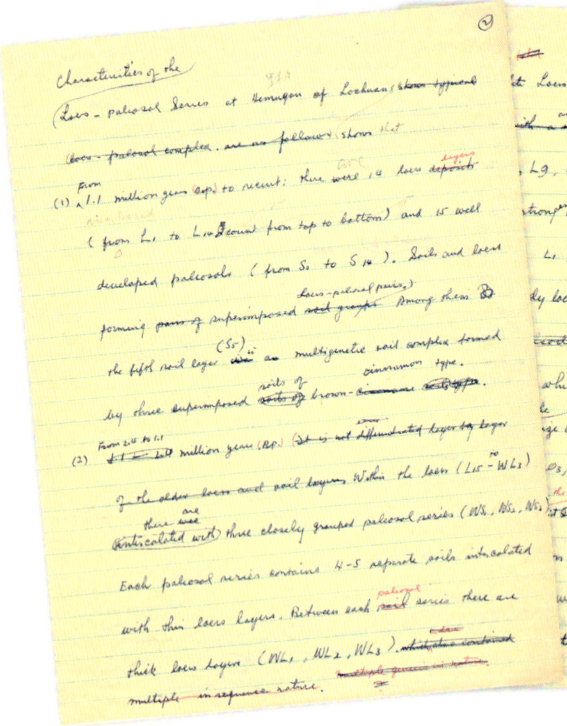

②

Characteristics of the Loess-paleosol Series at Heimugou of Lochuan shows that:

(1) From 1.1 million years (B.P.) to recent: there are 14 loess layers (from L_1 to L_{14} count from top to bottom) and 15 well developed paleosols (from S_0 to S_{14}). Soils and loess forming superimposed loess-paleosol pairs. Among them the fifth soil layer (S_5) is a multigenetic soil complex formed by three superimposed soils of brown-cinnamon type.

(2) From 2.4 to 1.1 million years (B.P.). Within the loess (L_{15} to WL_3) there are three closely grouped paleosol series (WS_1, WS_2, WS_3). Each paleosol series contains 4-5 separate soils intercalated with thin loess layers. Between each paleosol series there are thick loess layers (WL_1, WL_2, WL_3). multiple in sequence nature.

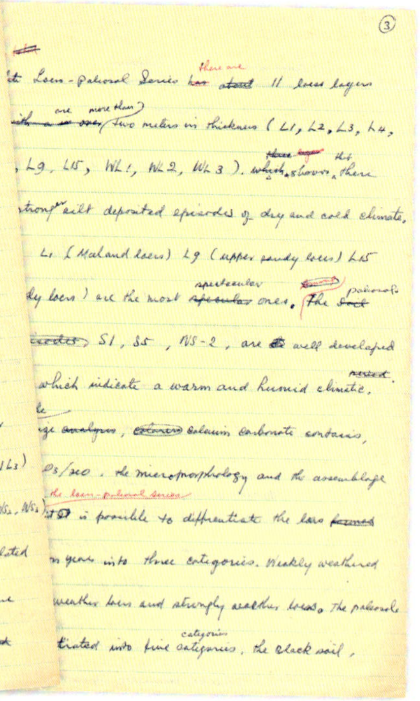

③

...t Loess-paleosol Series there are 11 loess layers ... more than two meters in thickness (L1, L2, L3, L4, ... L9, L15, WL1, WL2, WL3), which shows that there ... strong silt deposited episodes of dry and cold climate. ... L1 (Maland loess) L9 (upper sandy loess) L15 ... dy loess) are the most spectacular ones. The paleosols ... S1, S5, WS-2, are well developed ... which indicate a warm and humid climatic. ... le ... ze analyses, calcium carbonate contents, ... O_3/xeo. the micromorphology and the assemblage ... the loess-paleosol series ... it is possible to differentiate the loess ... n years into three categories. Weakly weathered ... weather loess and strongly weather loess. The paleosols ... tiated into five categories, the black soil,

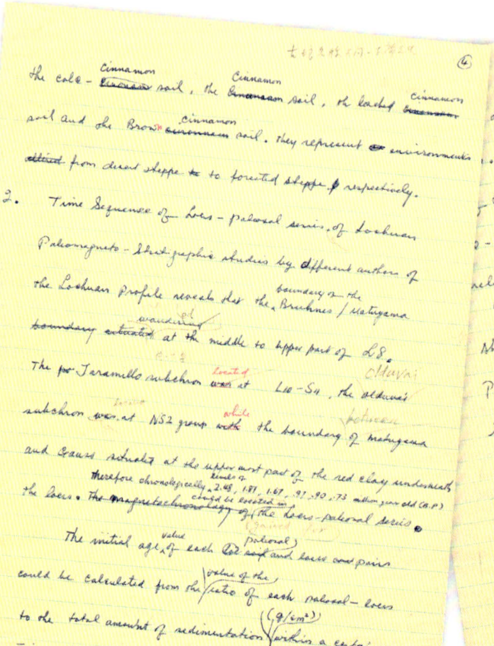

④

the calc-cinnamon soil, the cinnamon soil, the leached cinnamon soil and the Brown cinnamon soil. they represent environments from desert steppe to forested steppe respectively.

2. Time Sequence of loess-paleosol series of Lochuan

Paleomagneto-Stratigraphic studies by different authors of the Lochuan Profile reveals that the boundary of the Bruhnes/Matuyama wandering at the middle to upper part of L8. The Jaramillo subchron located at L10-S4, the Olduvai subchron located at WS2 group while the boundary of Matuyama and Gauss situated at the upper most part of the red clay underneath the loess. Therefore chronologically levels of 2.48, 1.81, 1.67, .97, .90, .73 million years old (B.P.) could be located in the Loess-paleosol series.

The initial age value of each paleosol and loess pairs could be calculated from the value of the ratio of each paleosol-loess to the total amount of sedimentation (g/cm²) within a certain time extent, which were calibrated by the paleomagnetic data.

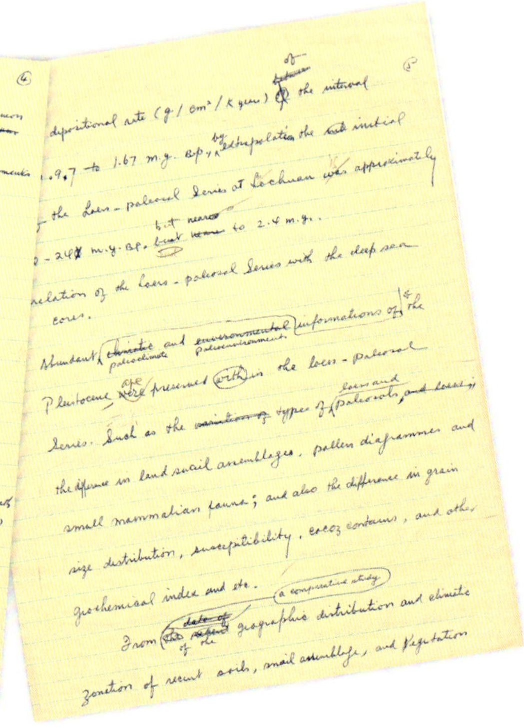

⑤

depositional rate (g/cm²/k year) of the interval ... 9.7 to 1.67 m.y. B.P., by extrapolation the initial ... the Loess-paleosol Series at Lochuan is approximately ... -2.4 m.y. B.P. but near to 2.4 m.y.

... relation of the loess-paleosol Series with the deep sea cores.

Abundant paleoclimate and paleoenvironment informations of the Pleistocene are preserved within the loess-paleosol Series. Such as the types of loess and paleosols, the difference in land snail assemblages, pollen diagrammes and small mammalian fauna; and also the difference in grain size distribution, susceptibility, $CaCO_3$ contents, and other geochemical index and etc.

From a comparative study of the geographic distribution and climatic zonation of recent soils, snail assemblage, and vegetation

环境不稳定性与人类演化和亚洲东部古环境与人类演化

人类起源的时间及环境背景是国际上，也是刘东生深为关注的课题。国外有报道说，分子生物学的研究，由DNA推论古人类从“猿”发展到“人”最早可达7.0Ma，在中国7.0Ma以来的沉积物就是上新统的红黏土和第四系的黄土。如果这种推论成立，那么红黏土和黄土中就可能埋藏有人类遗迹，如化石和石器，同时，这些沉积物形成时的环境也就是古人类生活和演化的背景。

得知中国科学院古脊椎动物与古人类研究所黄万波等在湖北巫山龙骨坡年代约为2.0Ma的洞穴沉积中先后发掘出巨猿的牙齿，特别是一段带有2个牙齿的下牙床等巫山猿人化石时，刘东生亲自前往考察，并推动成立了专门的研究机构。考虑人类出现的环境背景，便在1999年3月起草了“环境不稳定性与人类演化”这篇文稿。在这份手稿上，用红颜色笔写下了很大的“重要”两字，以及“题目好”，“还有的可再考虑”等字样。可见刘东生对这一手稿的重视。

在“环境不稳定性与人类演化”和“亚洲东部古环境与人类演化”中，刘东生就中国黄土-古土壤序列研究所获得的古环境变化旋回特征，说明了黄土形成时冰期和间冰期交替所反映的环境不稳定性。对比人类发祥地非洲的地质记录，非洲北部和东部深海沉积中的尘柱（Dust Plume）又与亚洲大陆黄土堆积记录的可比（特别是气候转型的同步性），结合中国古人类演化的化石记录论证了环境不稳定性与人类演化的关系，暗指环境不稳定性可能是人类出现的重要原因。

“亚洲东部古环境与人类演化”则更明确指出中国新生代的环境演化历史来看，中新世中晚期正是亚洲的气候环境从行星风系向季风环流转变的时期，如果DNA分析的推测确实存在的话，那时候正是季风环境形成的起始阶段。文章认为无论非洲或亚洲，季风环境与人类起源的关系值得期待，应该作为今后进一步研究的方向。手稿在进一步修改，付诸刊出前，更明确地将题目改为《季风区古环境演化的相似性与人类演化》发表在1999年的《第四纪研究》，第19卷，第4期，289～298页。

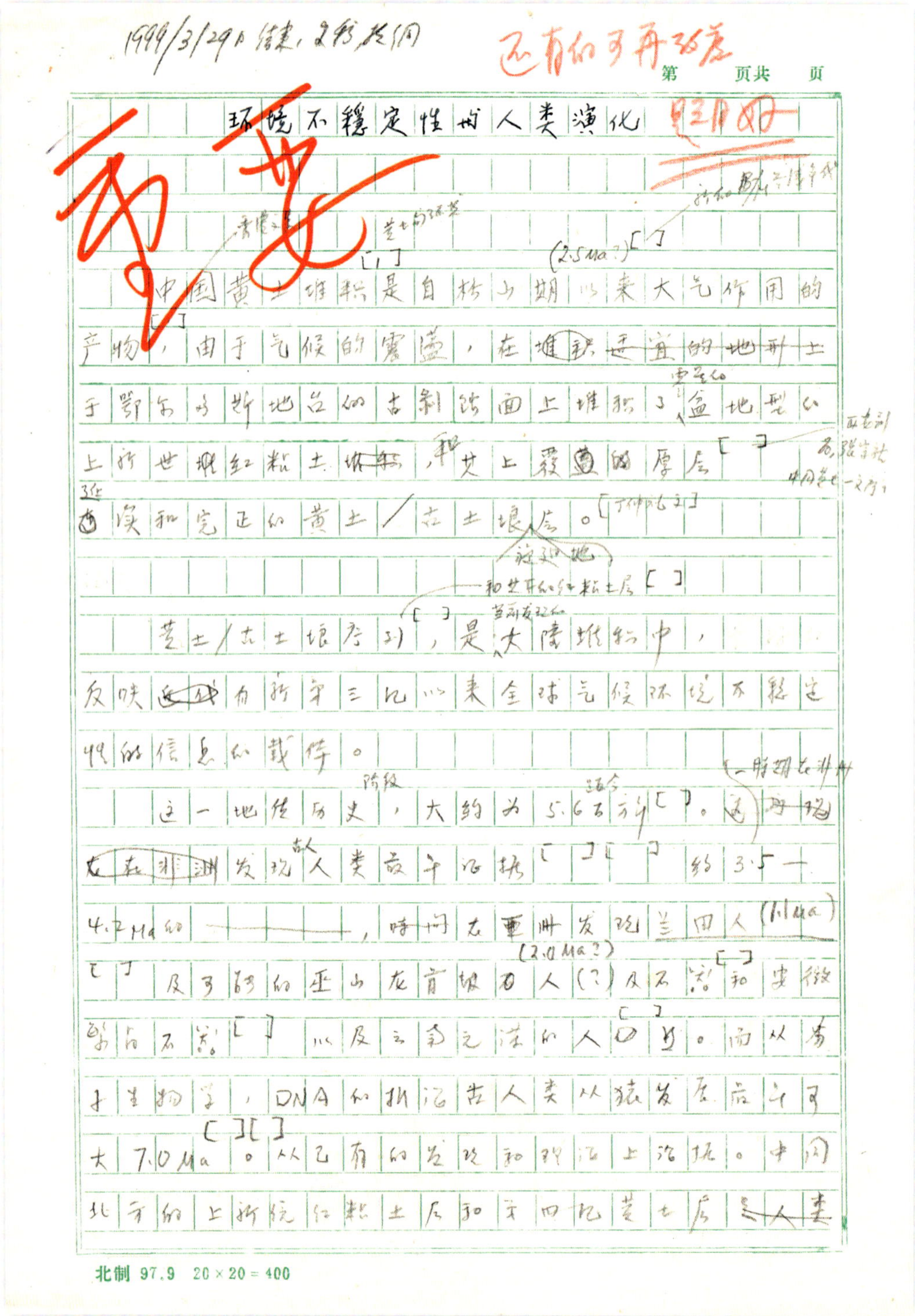
1999/3/29日

还有的可再讨论

第 页共 页

环境不稳定性与人类演化

重要

中国黄土堆积是自新生代以来大气作用的产物，由于气候的变迁，在堆积适宜的地形上于鄂尔多斯地台的古剥蚀面上堆积了盆地型的上新世红粘土，其上覆盖的厚层的黄土/古土壤层。

黄土/古土壤序列，是大陆堆积中，反映近几百万年以来全球气候环境不稳定性的信息的载体。

这一地质历史，大约为5.6百万年[ ]。……在非洲发现人类最早的化石[ ][ ]约3.5—4.7Ma的，时间在亚洲发现兰田人(1.1Ma)[ ]及可能的巫山龙骨坡猿人(?)及元谋和安徽繁昌[ ]以及之前的人……。而从分子生物学，DNA的推论古人类从猿发展而来于大7.0Ma[ ][ ]。从已有的发现和推论上论据。中国北方的上新统红粘土层和第四纪黄土层……

北制 97.9 20×20=400

环境不稳定性与人类演化（手稿）（“重要”等也为刘先生亲笔）

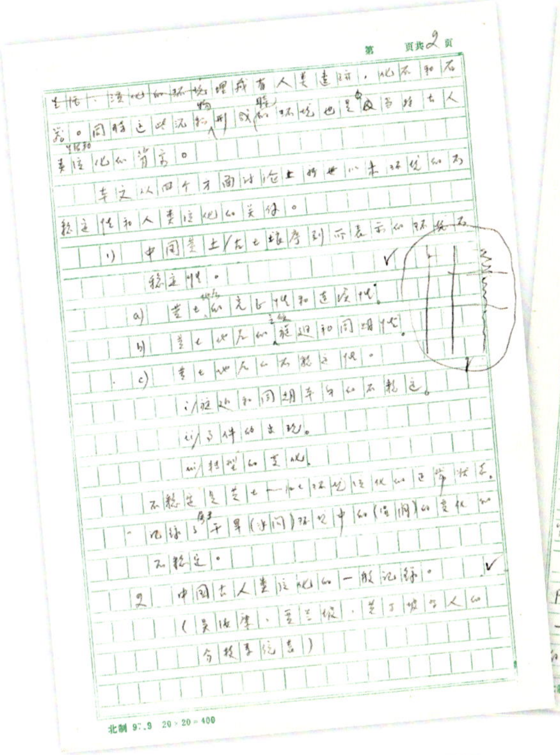
第 页共2页
北制 97.9 20×20=400

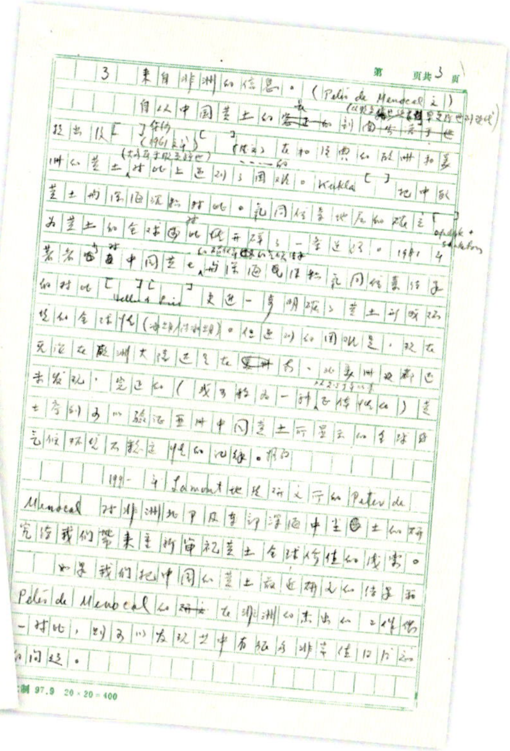
第 页共3页
北制 97.9 20×20=400

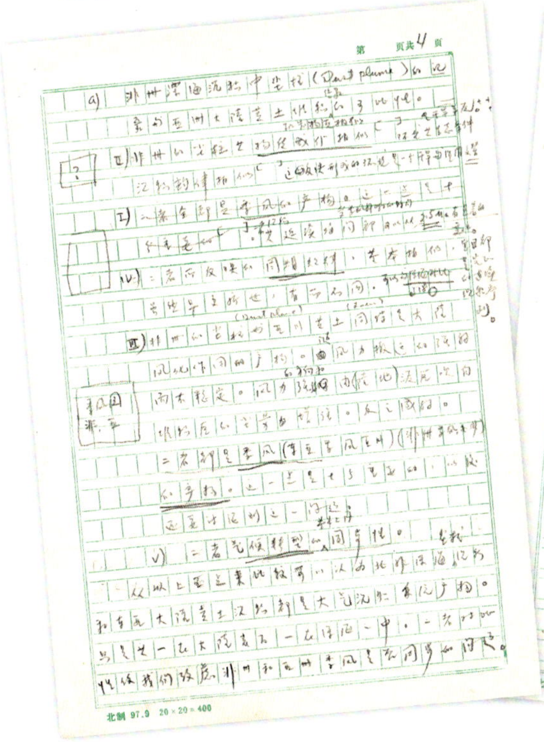
第 页共4页
北制 97.9 20×20=400

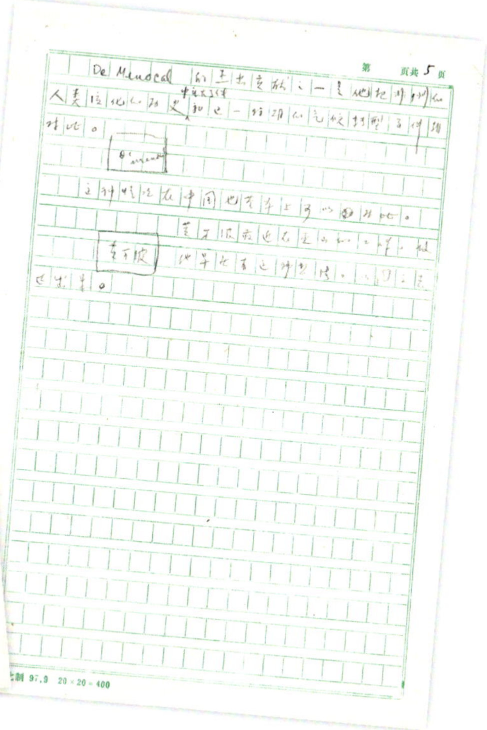
第 页共5页
北制 97.9 20×20=400

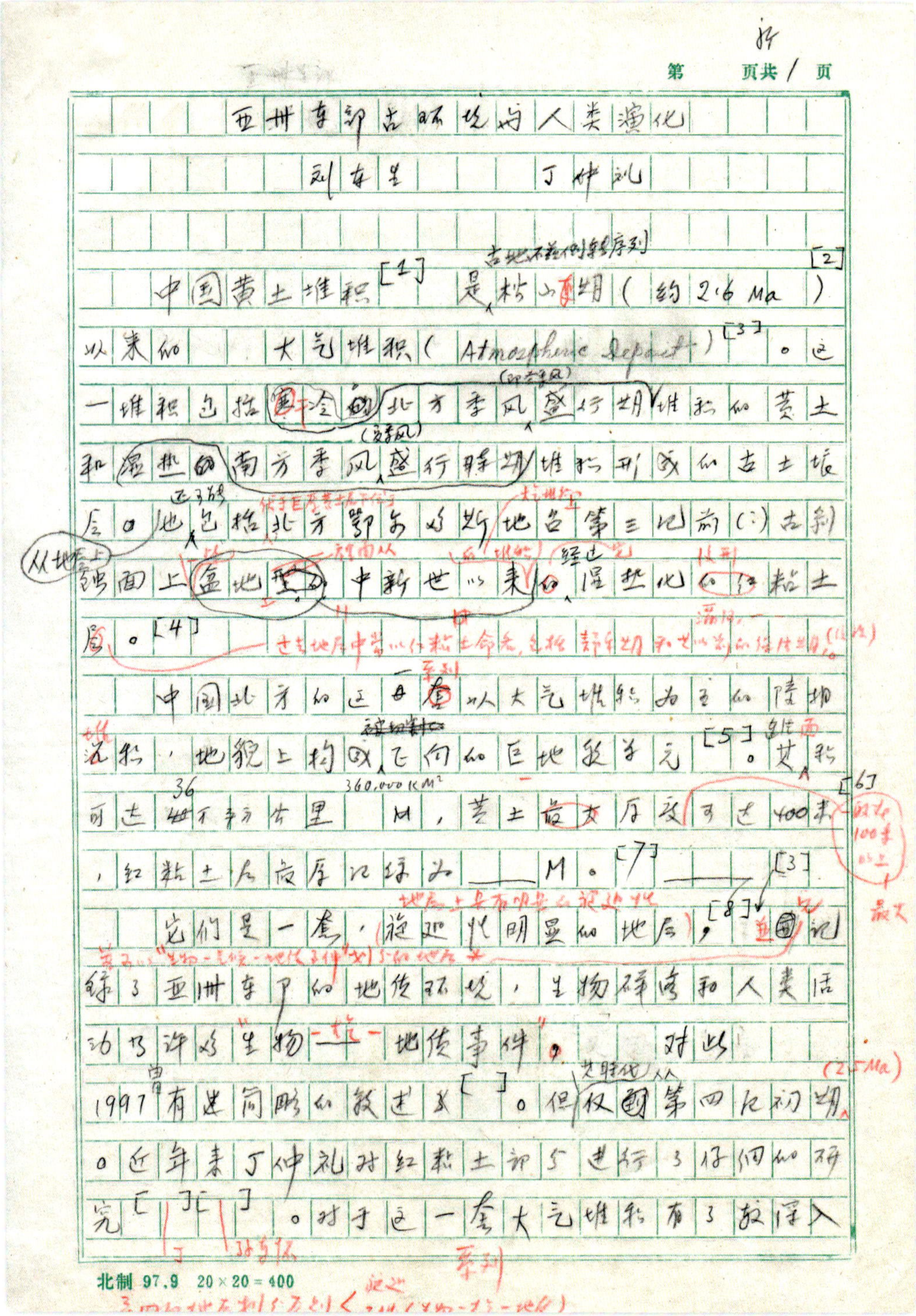

第　页共 1 页

亚洲东部古环境与人类演化

刘东生　丁仲礼

中国黄土堆积[1]是松山期（约2.6 Ma）[2]以来的大气堆积（Atmospheric Deposit）[3]。这一堆积包括寒冷的北方季风盛行期堆积的黄土和湿热的南方季风盛行时期堆积形成的古土壤层。它包括北方鄂尔多斯地台第三纪前（?）古剥蚀面上盆地里中新世以来的湿热化的红粘土层。[4]

中国北方的这套以大气堆积为主的陆相沉积，地貌上构成了面的巨地貌单元[5]。其分布可达36万平方公里，黄土最大厚度可达400米，红粘土层最厚达____M。[7]

它们是一套，旋回性明显的地层，[8]其记录了亚洲东部的地质环境，生物演化和人类活动等许多“生物—地质事件”。对此1997有过简略的叙述[ ]。但仅第四纪初期。近年来丁仲礼对红粘土部分进行了仔细的研究[ ][ ]。对于这一套大气堆积有了较深入

北制 97.9　20×20＝400

亚洲东部古环境与人类演化（手稿）

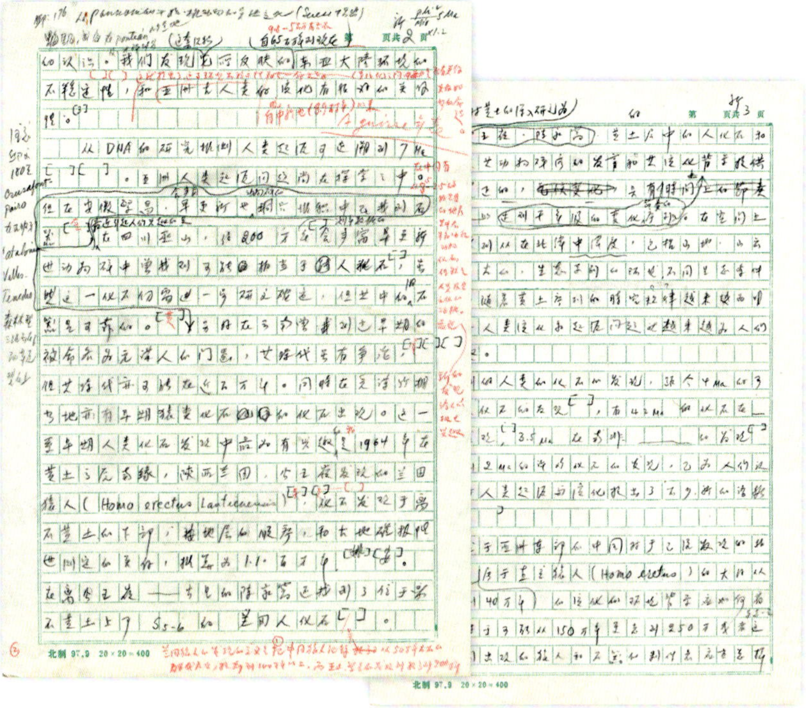

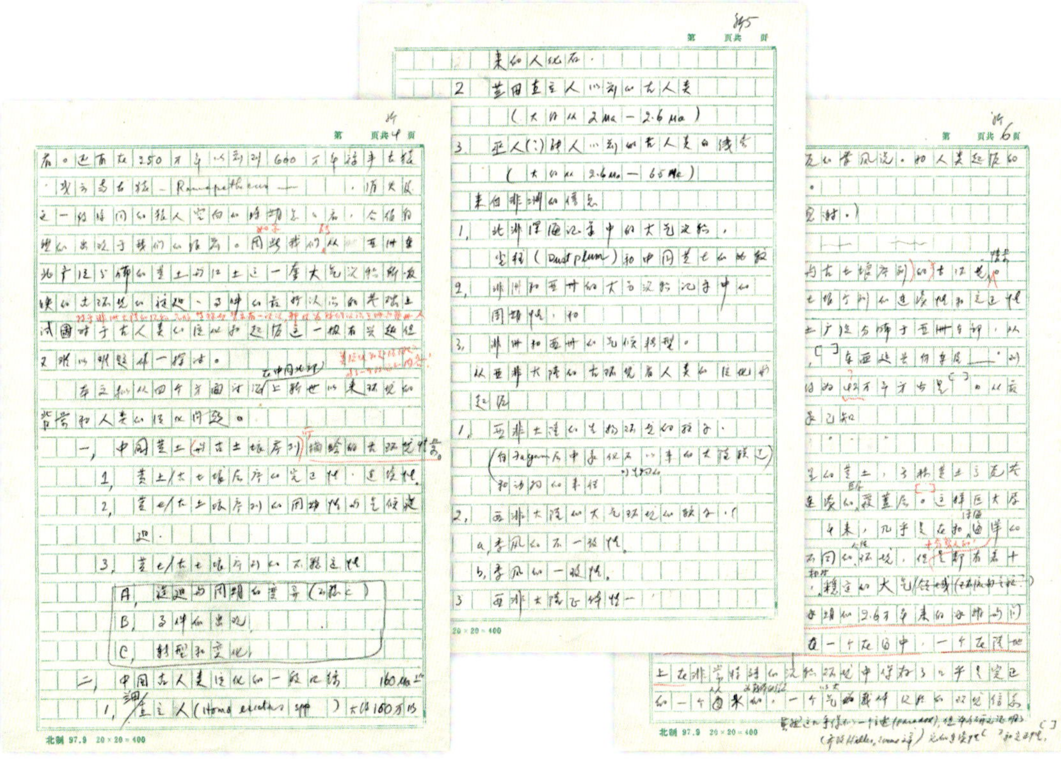

“里约2000年”

——31届国际地质大会杂感

1992年6月3～14日，全世界178个国家、17个联合国机构、33个政府组织的代表，其中有103位国家元首和首脑，聚集在巴西的里约热内卢，参加联合国环境与发展大会（UNCED），会议的目的是推广“可持续发展”的观念。联合国环境与发展大会以后，里约热内卢的名声大振，2000年的第31届国际地质大会（31st IGC）就在那里召开，

“‘里约2000年’——31届国际地质大会杂感”是大会结束以后，刘东生脑子里仍常常想起在巴西开会期间令人难忘的情境而写下的随感。

首先，想到的便是代表们每天早出晚归，搭乘大会的专用交通车花费3个小时往返于市中心的旅馆和大会场“里约会议中心”之间的情境，让人会想起中小学生坐校车的日子，两地距离之远是历届大会所未曾遇到过的。其次，刘东生回顾了先后六次参加国际地质大会（1980年巴黎、1984年莫斯科、1989年华盛顿、1992年京都、1996年北京、2000年里约热内卢）的感受，从以往在发达国家开会，到接连两届在发展中国家中国和巴西举行，表明发展中国家地质科学的崛起，受到国际社会的关注。第三，刘东生介绍了规模空前的里约大会特色，那就是强调地质科学与可持续发展的问题，他定义了与以往不同的“开窍报告”（Key Address），那就是请权威人士讲述未来世界将面临的水资源、矿物资源和能源问题，提请人们对此引起足够重视。第四，刘东生从里约大会得到的启示便是“以人为本”和“各得其所”。最后，就里约大会决定下一届国际地质大会将于2004年在意大利的佛罗伦萨举行，刘东生期望借文艺复兴的这块宝地，地质科学由此从地中海地区走向全面复兴。

“‘里约2000年’——31届国际地质大会杂感”以《难忘的“里约二○○○”》为题摘要刊登在2001年的《科学新闻》，第4期，18～19页。

第1页

"里约2000年"、31届国际地质大会杂感

（一）"里约2000年"序曲——地质学家的追求的人生——小学生的热情

号称"里约2000年"的第31届国际地质大会已经结束。但脑子里还常常想起从2000年8月6日到17日在巴西开会期间令人难忘的情景。

每天早晨七点多钟，当太阳刚刚从大西洋面升起的时候，在里约热内卢的滨海大道上，31届国际地质大会临時设置的交通站旁开始聚集起一群去开会的人。有的人背着会议发的大书包，有的手里还拿着图筒，他们都在胸前挂着鲜艳的红色有31届国际地质大会会徽的代表名牌。其中有头发花白的老人，也有挂着学生字样名牌的青年。这些从世界各处来的地质工作者，个个匆忙的从附近居住的旅館赶来乘大

20×15=300

"里约2000年"序曲（手稿）

科学工作假设是科学创新的基础

进入新世纪，特别是2005年下半年中国第四纪科学研究会会常务理事会决定第九届全国第四纪学术大会将于2006年国庆后在南京召开，在会议期间要同时举行庆祝中国第四纪科学研究会成立50周年的活动，作为中国科学院第四纪研究委员会（1957年初创建时的名称）创立的积极推动者和长期领导者刘东生思考了许多问题，其中最重要的是50年来我们最重要的启示或收获是什么？

《科学工作假设(working hypothesis)是科学创新的基础》就是2005年底前后，刘东生写下的文字，其目的就是要探究50年给我们的启示或收获。

刘东生从地球科学的特点区域性与全球性的辩证统一，指出中国的第四纪研究如何从中国的区域特点出发，来为全球性的问题解决提供办法。中国第四纪科学研究会组织和协调全国的第四纪研究工作表明他是一个“创新型”的学术团体。中国的第四纪研究既注重了世界各国普遍关注的问题，如冰川作用和冰期问题，海平面变化问题，新构造问题，地层问题，古生物问题，……但最重要的是抓住了最具中国特色的黄土问题和青藏高原问题，世界上有广泛的黄土分布，但哪里也没有中国这么大的面积，这么完整的地层。青藏高原的隆升是新生代构造变动的产物，但它的影响远远超出新构造运动本身。以中国的黄土为例，说明科学创新就是将中国特色，与世界的潮流——全球变化问题很好地结合起来。

刘东生以黄土成因研究为例，结合地球系统科学思想的形成仔细剖析了走上这条创新之路的历程。刘东生的这篇文章是试图对中国第四纪研究走过的创新之路的理论总结。

《科学工作假设（working hypothesis）是科学创新的基础》发表在2006年的《第四纪研究》，第26卷，第5期，673～677页。

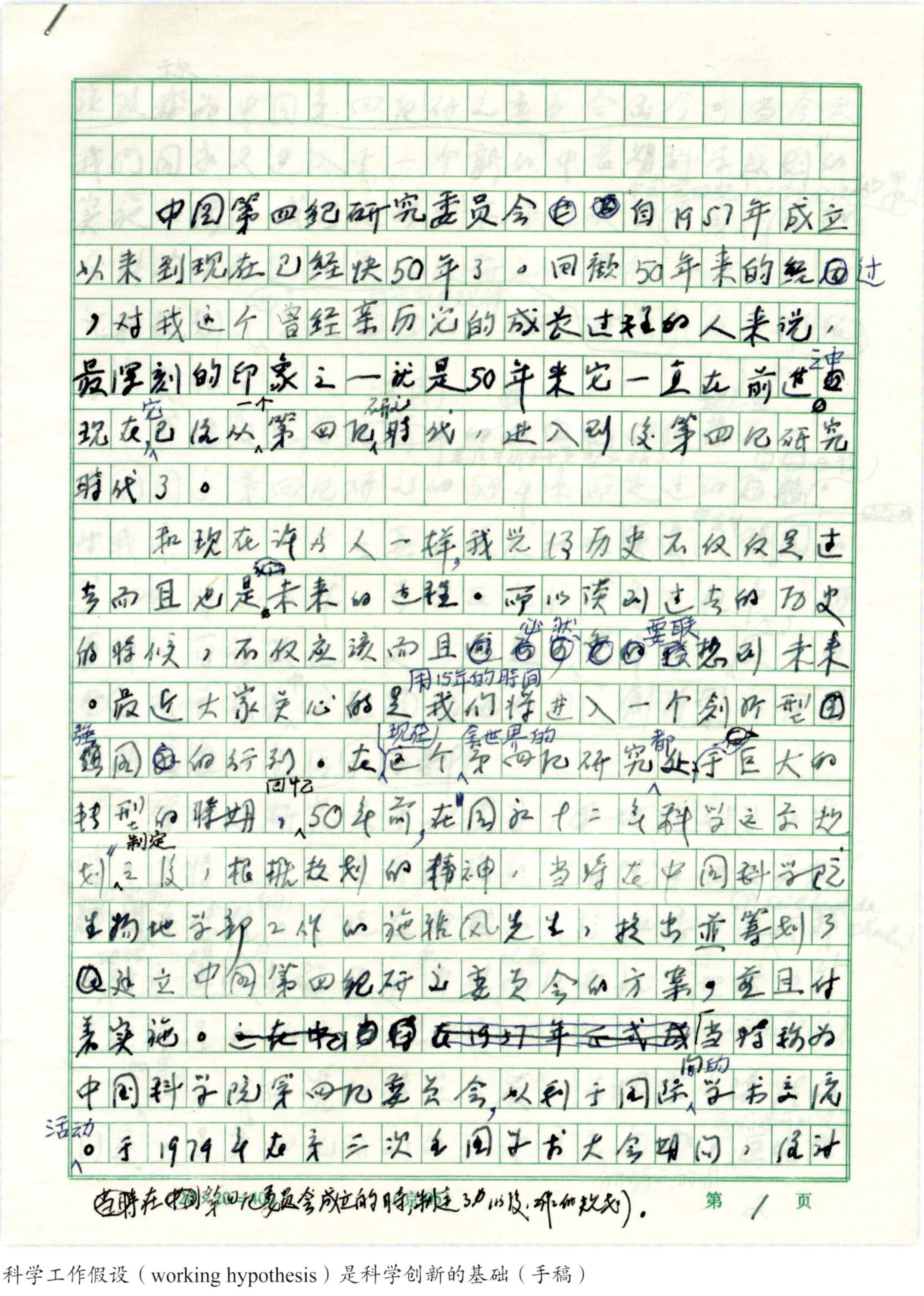

中国第四纪研究委员会自1957年成立以来到现在已经快50年了。回顾50年来的经过，对我这个曾经亲历它的成长过程的人来说，最深刻的印象之一就是50年来它一直在前进。现在它已经从一个第四纪研究时代，进入到了后第四纪研究时代了。

和现在许多人一样，我觉得历史不仅仅是过去而且也是未来的过程。所以谈到过去的历史的时候，不仅应该而且必然要联想到未来。最近大家关心的是我们将用15年的时间进入一个创新型国家的行列。在现在这个全世界的第四纪研究都处于巨大的转型的时期，回忆50年前，在国家十二年科学远景规划制定之后，根据规划的精神，当时在中国科学院生物地学部工作的施雅风先生，提出并筹划了建立中国第四纪研究委员会的方案，并且付诸实施。当时称为中国科学院第四纪委员会，以利于国际间的学术交流活动。于1979年在第三次全国学术大会期间，促使

（当时在中国第四纪委员会成立的时候制定了[illegible]以后[illegible]）。

第 1 页

科学工作假设（working hypothesis）是科学创新的基础（手稿）

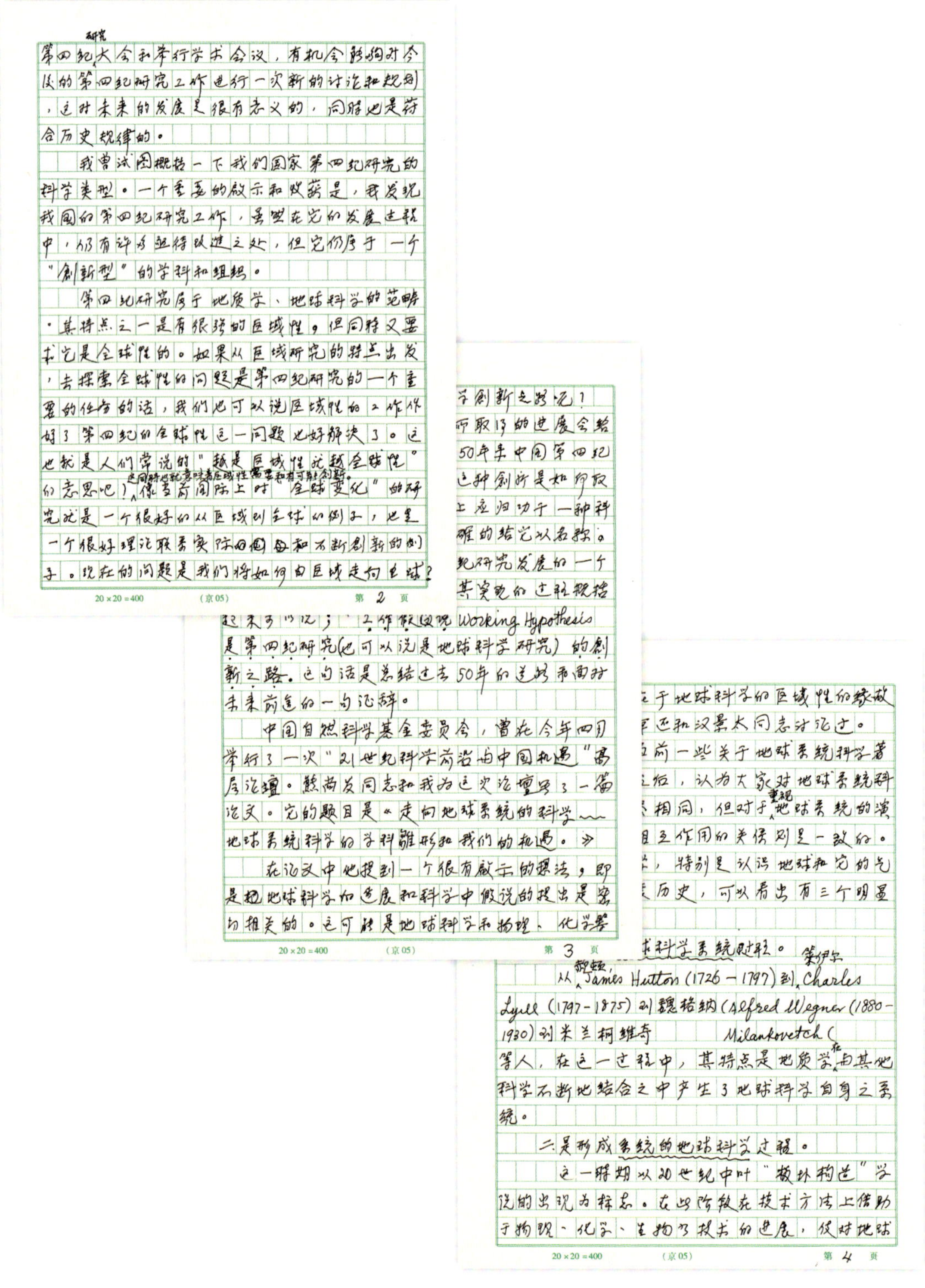

第四纪研究大会和举行学术会议，有机会能够对今后的第四纪研究工作进行一次新的讨论和规划，这对未来的发展是很有意义的，同时也是符合历史规律的。

我曾试图概括一下我们国家第四纪研究的科学类型。一个重要的启示和收获是，我发现我国的第四纪研究工作，虽然在它的发展过程中，仍有许多亟待改进之处，但它仍属于一个"创新型"的学科和组织。

第四纪研究属于地质学、地球科学的范畴。其特点之一是有很强的区域性，但同时又要求它是全球性的。如果从区域研究的特点出发，去探索全球性的问题是第四纪研究的一个重要的任务的话，我们也可以说区域性的工作做好了第四纪的全球性这一问题也好解决了。这也就是人们常说的"越是区域性就越全球性"的意思吧！这同时也就意味着区域性需要和有可能创新。像当前国际上对"全球变化"的研究就是一个很好的从区域到全球的例子，也是一个很好理论联系实际和不断创新的例子。现在的问题是我们将如何由区域走向全球？

20×20=400 （京05） 第 2 页

……学创新之路呢？
……所取得的进展会给
……50年来中国第四纪
……这种创新是如何取
……上应归功于一种科
……理的结它以名称。
……纪研究发展的一个
……其实施的过程概括
起来可以说；"工作假设说 Working Hypothesis 是第四纪研究（也可以说是地球科学研究）的创新之路。这句话是总结过去50年的道路和面对未来前途的一句话辞。

中国自然科学基金委员会，曾在今年四月举行了一次"21世纪科学前沿与中国机遇"高层论坛。滕尚发同志和我为这次论坛写了一篇论文。它的题目是《走向地球系统的科学——地球系统科学的学科雏形和我们的机遇。》

在论文中他提到一个很有启示的想法，即是把地球科学的进展和科学中假说的提出是密切相关的。这可能是地球科学和物理、化学等

20×20=400 （京05） 第 3 页

……于地球科学的区域性的缘故
……还和汉景太同志讨论过。
……前一些关于地球系统科学著
……作，认为大家对地球系统科
……相同，但对于重视地球系统的演
……相互作用的关系则是一致的。
……，特别是认识地球和它的气
……历史，可以看出有三个明显
……
……地球科学系统的过程。
从赫顿 James Hutton (1726–1797) 到莱伊尔 Charles Lyell (1797–1875) 到魏格纳 (Alfred Wegner (1880–1930) 到米兰柯维奇 Milankovetch (
等人，在这一过程中，其特点是地质学在与其他科学不断地结合之中产生了地球科学自身之系统。

二是形成系统的地球科学过程。

这一时期以20世纪中叶"板块构造"学说的出现为标志。在此阶段在技术方法上借助于物理、化学、生物等技术的进展，使对地球

20×20=400 （京05） 第 4 页

让历史的光辉照耀我们前进的道路

——现代地质科学时期后的中国黄土研究

“行必果”也是刘东生性格的一个重要方面。做完一件重要的事情，他总是要进行总结，总结经验和教训，并做理论上的提升。“我国北方干旱半干旱区环境演化的动态过程和发展趋势”这一重大项目取得成功，中国科学院自然科学一等奖、国家自然科学二等奖都已经获得，在一般人看来已经“功德圆满”，但了解他行事原则的人都明白，在他的心中，这件事“没完”！为了完成心愿，他亲自给各个二级课题的负责人写了言辞恳切的信，希望大家再努力一把，写出一本专著，将项目的理论总结做好。他甚至早就答应了安徽的一个出版社来出这本书。他将此事托付给了老下属卢演俦和韩家懋两人。两位没有辜负刘东生的期望，经过几年的努力，把书稿“黄土与干旱环境”，按照出版的要求给整出来了。面对耽误了10年的事情，猜想刘东生一定是感慨万千。他正处在化疗的摧残之下，但依然坚持利用精神稍好一点的时间，陆续写下了“让历史的光辉照耀我们前进的道路——现代地质科学时期后的中国黄土研究”，建议作为这本书的“跋”，印在书的最后。刘东生有话要说，他希望后来人按照这条他指的路，将黄土研究继续下去，并取得更大的辉煌!

看到手稿，明眼人一定会发现手稿上的字已经不像往常那么娟秀，但要知道，这是刘东生拼尽生命之力写下的文字呀！如果这份手稿能对读到的人有所触动的话，那么现在这本书的目的也就算基本达到了吧!

“让历史的光辉照耀我们前进的道路——现代地质科学时期后的中国黄土研究”刊登在2009年安徽科学技术出版社出版的《黄土与干旱环境》，535～537页。

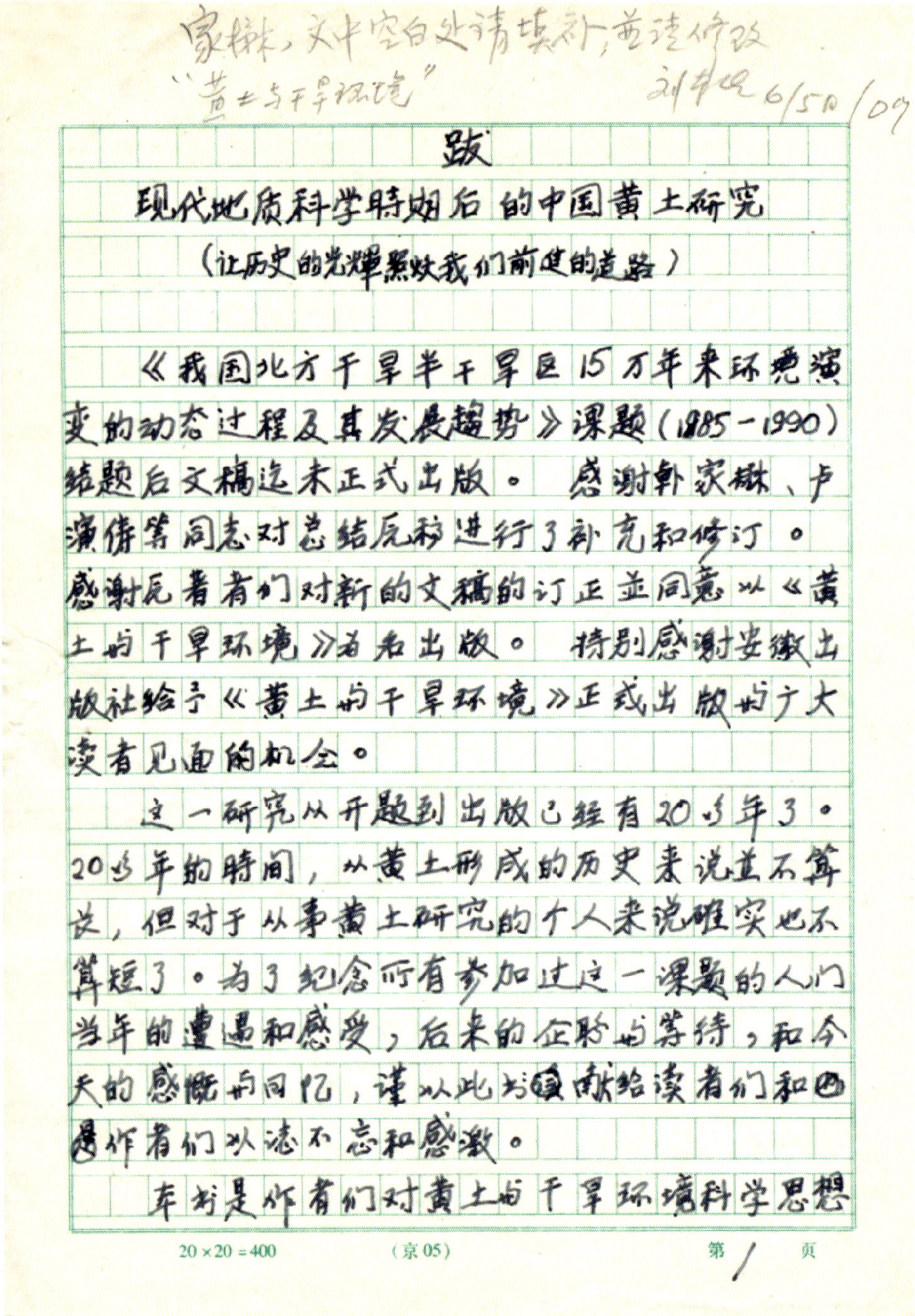
家彬，文中空白处请填补，并请修改
“黄土与干旱环境”
刘东生 6/5日/07

跋

现代地质科学時期后的中国黄土研究

（让历史的光辉照耀我们前进的道路）

《我国北方干旱半干旱区15万年来环境演变的动态过程及其发展趋势》课题（1885-1990）结题后文稿迄未正式出版。感谢郭家彬、卢演俦等同志对总结报告进行了补充和修订。感谢原著者们对新的文稿的订正並同意以《黄土与干旱环境》为名出版。特别感谢安徽出版社给予《黄土与干旱环境》正式出版与广大读者见面的机会。

这一研究从开题到出版已经有20多年了。20多年的時间，从黄土形成的历史来说並不算长，但对于从事黄土研究的个人来说确实也不算短了。为了纪念所有参加过这一课题的人们当年的遭遇和感受，后来的企盼与等待，和今天的感慨与回忆，谨以此书献给读者们和原作者们以志不忘和感激。

本书是作者们对黄土与干旱环境科学思想

20×20=400 （京05） 第 1 页

让历史的光辉照耀我们前进的道路——现代地质科学时期后的中国黄土研究[*]（手稿）

*正式付印时的题目。

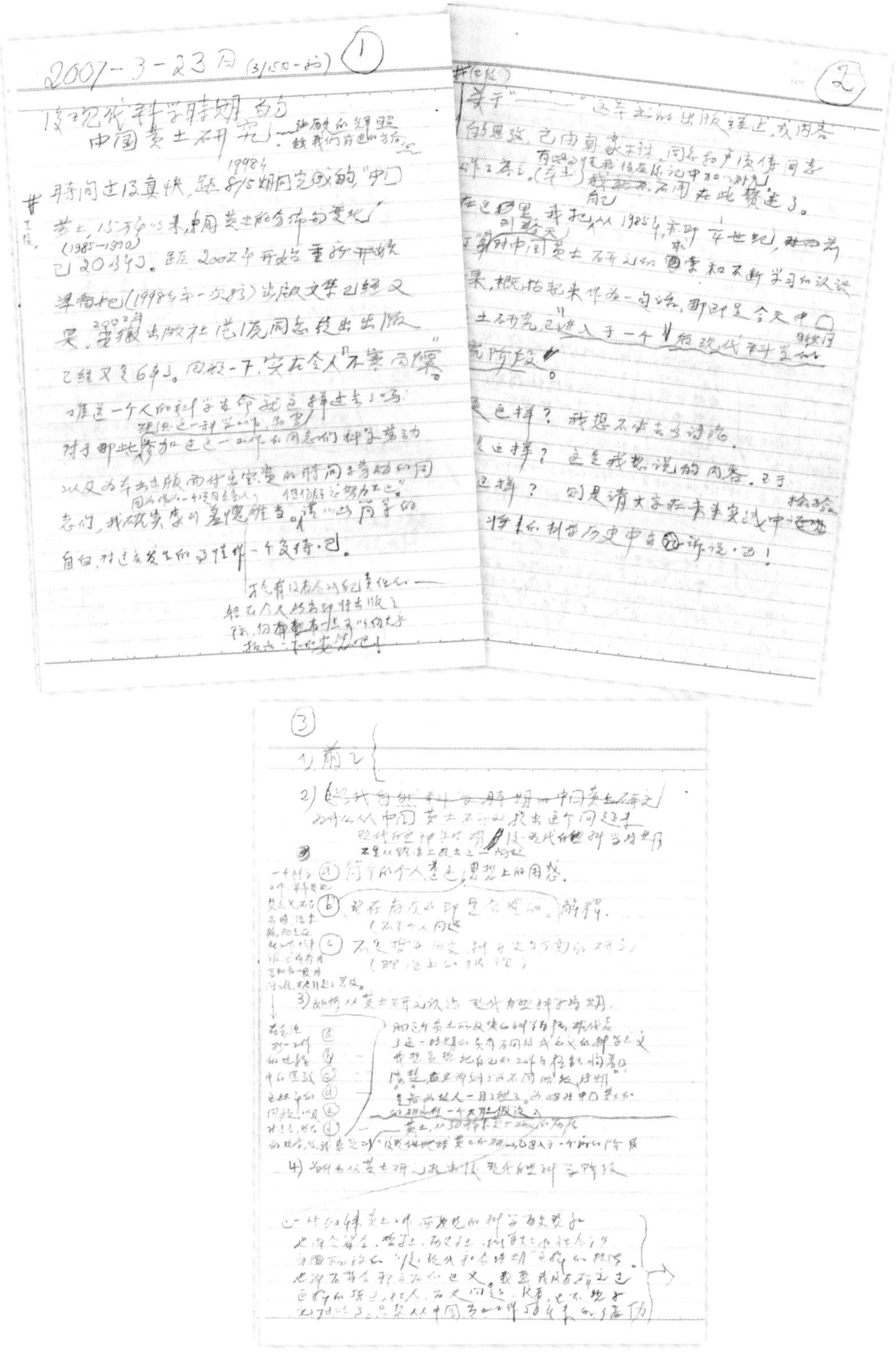
2007-3-23日 ①
进入现代科学时期的中国黄土研究
时间过得真快，距1998年完成的《中国黄土》
15万年以来中国黄土的分布和变化（1985–1990）
已20多年了。距2002年开始重新开始
准备把（1998年第一次印）出版文集已经又
是2002年出版社同志提出出版
已经又过6年了。回想一下，实在令人"不寒而栗"。
难道一个人的科学生命就这样过去了吗？
对于那些参加过这一工作的同志们科学劳动
以及为本书出版而付出宝贵的时间和劳动的同
志们，我确实感到羞愧难当。这些就算是我的
自白，对过去发生的事情作一个交待吧。
②
关于"这本书的出版经过或内容
已由同志和同志
作了交代。（本书）不用在此赘述了。
在这里，我把从1985年到本世纪
对中国黄土研究的回顾和不断学习和认识
概括起来作为一句话，那就是今天中国
黄土研究已进入了一个"后现代科学
研究阶段"。
是怎样？我想不必去多讨论。
是怎样？这是我想说的内容。
怎样？则是请大家在未来实践中检验
将来在科学历史中去评说吧！
③
1) 前言
2) 为什么从中国黄土研究提出这个问题
3) 如何从黄土研究认识现代科学时期
4) 为什么从黄土研究提出后现代科学阶段

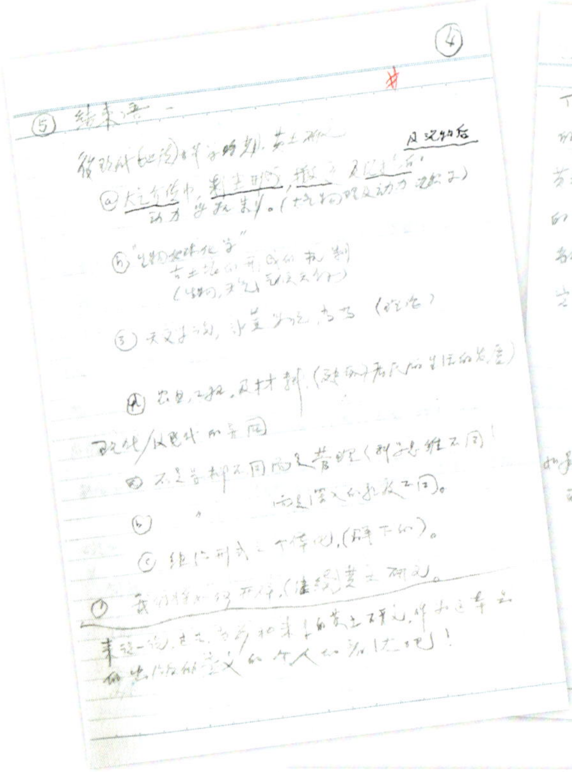

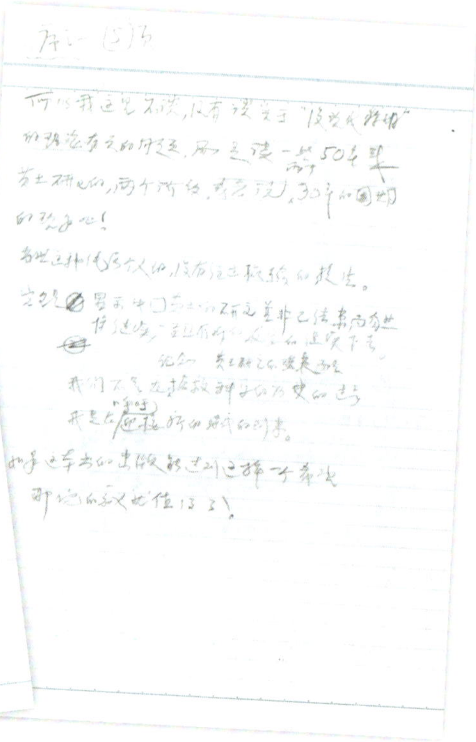

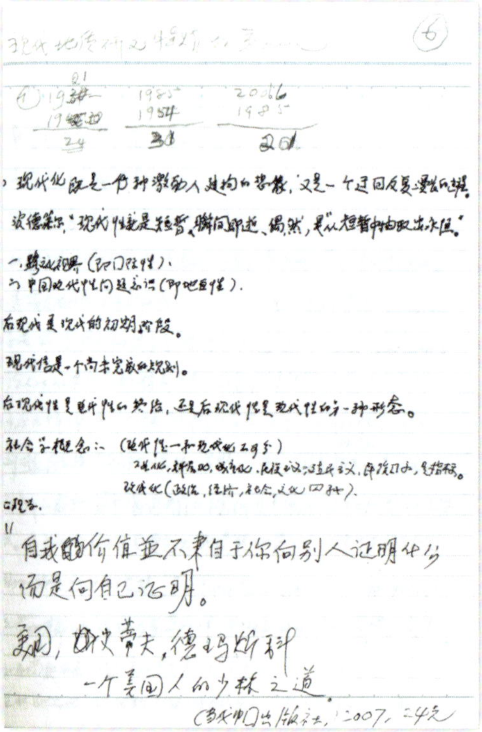
现代化既是一种激动人心的口号，又是一个迂回反复漫长的过程。
后现代是现代的初期阶段。
自我的价值并不来自于你向别人证明什么
而是向自己证明。
美国，马修·德玛斯科
一个美国人的少林之道
（当代中国出版社，2007，24元）

三、学术报告

学术报告是反映刘东生学术活动的重要组成部分。学术报告既是学术交流的通道，又是科学思想传播的途径。刘东生一生做各种学术报告和讲座无数，既有重大国际会议的特邀报告，如1995年在德国柏林召开的第XIV届国际第四纪研究联合会（INQUA）大会，刘东生就是唯一的大会特邀报告的报告人、1996年在北京召开第30届国际地质大会（30th IGC），刘东生又是三个大会报告中唯一的中国报告人，也有对研究生的讲课材料与以国内外中小学生为主要对象的科普报告。无论在什么场合，也不论听众是什么人，刘东生一贯的作风就是精心准备。有的重要报告，刘东生可能前后准备了八九个版本，反复修改，精益求精。就是最普通的科普报告，也总是写出完整的讲稿，体现了刘东生一丝不苟的高贵品格。与刘东生同事过的几代人，大概都不会忘记早年将图表抄成大字报（可惜这类材料已经荡然无存）供刘东生使用，也有后来的幻灯片，投影薄膜，一直到最后的多媒体。在整理刘东生遗物的过程中，纸质手稿是最为丰富的部分。不计零散的纸页，仅完整的就整理出五六十份（如果算上有些文稿有多个版本，总数就近百了）。

本部分以报告的时间为序，以存有刘东生亲笔撰写手稿的国际和国内重大会议的学术报告为主，含少数为研究生授课和国内外科普讲座的文字材料。这些材料，虽然无法反映刘东生学术活动的全貌，但也可以窥见刘东生学术思想的一角，以及刘东生治学严谨的态度。

中国的第四纪研究

成立于1928年的国际第四纪研究联合会（INQUA）是第四纪研究领域的重要国际学术组织，旨在推进全球第四纪研究，为该领域科学家提供学术交流平台。1962年的IQNUA大会在社会主义国家波兰召开，中国科学家孙殿卿和刘东生一起参加了那届大会。虽然中国第四纪，特别是黄土的研究成果都在大会上引起了强烈的反响，但后来的“文化大革命”使得中国与INQUA的联系中断。在刘东生的推动下，直到1979年中国第四纪研究委员会邀请当时的INQUA主席新西兰的宋斯（J. M. Soons）教授和秘书长比利时的帕普（Roland Paepe）教授访华，才又接上联系，并商谈中国加入INQUA的问题。双方约定，在莫斯科召开的第XI届国际第四纪研究联合会（INQUA）大会上解决中国入会问题。为此，中国第四纪研究委员会组织了24人的代表团出席第XI届国际第四纪研究联合会（INQUA）大会，刘东生担任中国代表团团长。

“中国的第四纪研究”（Progress in Quaternary Research in China）是刘东生在大会上的报告。在与国外第四纪学术界隔离了很长时间以后，刘东生向各国科学家介绍了中国第四纪研究的新成果，包括第四纪各时期：泥河湾、周口店和萨拉乌苏组地层；所发现的古人类化石：蓝田人、大理人和和县人等和古脊椎动物化石；黄土古地磁研究的新成果；对青藏高原隆升时间和幅度研究及新构造活动研究的进展；1980年4月17～20日的尘暴和史料记载的历史时期的“雨土”及它们与黄土沉积的可能联系。报告内容丰富，很吸引人，为刚打开大门的中国发展国际学术交流和合作研究起了很大的推动作用。

这次报告让外界瞥见了中国第四纪研究的基本情况，“小试牛刀”还是使外部世界感到十分震惊。

1

中国科学院地质研究所

Progress in Quaternary Research in China

LIU TUNG Sheng

(Institute of Geology, Academia Sinica)

Recent progress in various fields of Quaternary research in China can be outlined briefly as follows.

In statigraphical studies Quaternary continental deposits in China are generally classified into four genetic types, the fluvio-lacustrine deposit, the earthy-like deposit, the piedmont gravel deposit and the cave deposit.

Type ~~locality~~ section of the lower Pleistocene is ~~called~~ the Nihewan beds, a fluvio-lacustrine deposit well known for its Villafranchian fauna. Type ~~locality~~ section of the middle Pleistocene is the Zhoukoutien cave deposit, where the first skull of the Peking man (*Homo erectus pekingensis*) was found in

中国的第四纪研究（英文手稿）

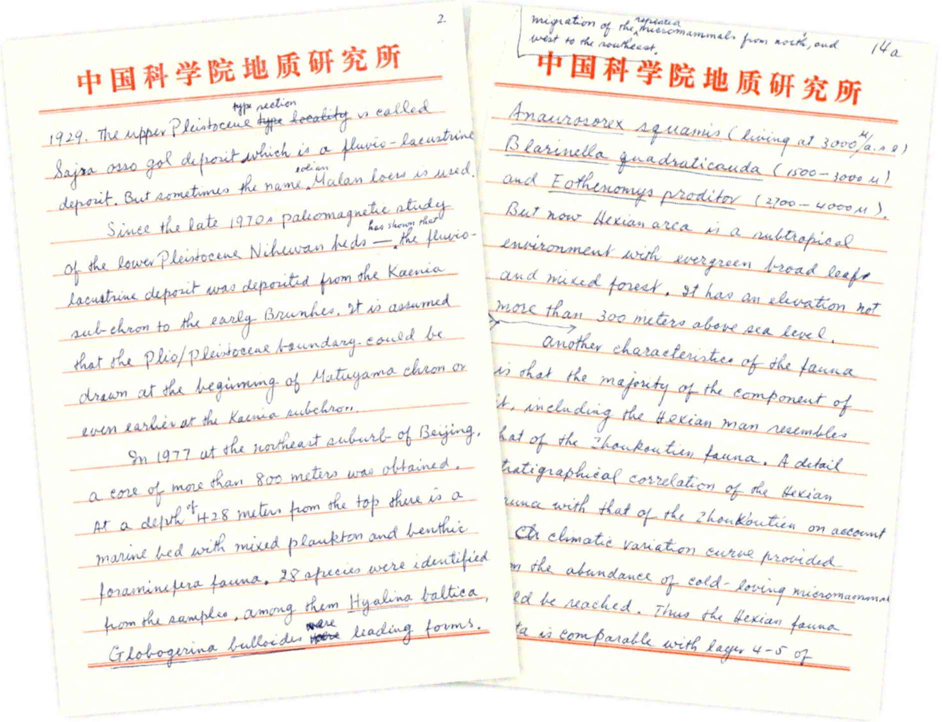

2

中国科学院地质研究所

1929. The upper Pleistocene type section is called Sajra osso gol deposit which is a fluvio-lacustrine deposit. But sometimes the name eolian Malan loess is used.

Since the late 1970s paleomagnetic study of the lower Pleistocene Nihewan beds has shown that the fluvio-lacustrine deposit was deposited from the Kaenia subchron to the early Brunhes. It is assumed that the Plio/Pleistocene boundary could be drawn at the beginning of Matuyama chron or even earlier at the Kaenia subchron.

In 1977 at the northeast suburb of Beijing, a core of more than 800 meters was obtained. At a depth of 428 meters from the top there is a marine bed with mixed plankton and benthic foraminifera fauna. 28 species were identified from the samples, among them Hyalina baltica, Globogerina bulloides ~~were~~ were leading forms.

migration of the micromammals from north, and west to the southeast.

14a

中国科学院地质研究所

Anaurosorex squamis (living at 3000 M/a.s.l) Blarinella quadraticauda (1500–3000 M) and Eothenomys proditor (2700–4000 M). But now Hexian area is a subtropical environment with evergreen broad leafs and mixed forest. It has an elevation not more than 300 meters above sea level.

Another characteristics of the fauna is that the majority of the component of it, including the Hexian man resembles that of the Zhoukoutien fauna. A detail stratigraphical correlation of the Hexian fauna with that of the Zhoukoutien on account of climatic variation curve provided from the abundance of cold-loving micromammal could be reached. Thus the Hexian fauna ...ta is comparable with layer 4–5 of

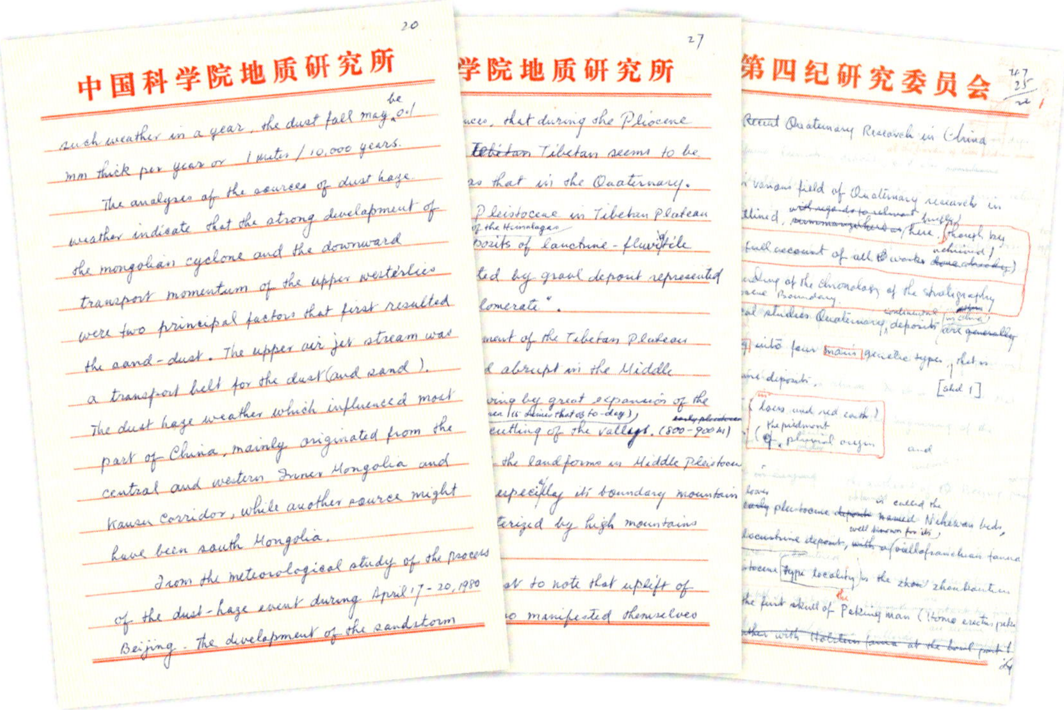

20

中国科学院地质研究所

such weather in a year, the dust fall may be 0.1 mm thick per year or 1 meter / 10,000 years.

The analyses of the sources of dust haze weather indicate that the strong development of the mongolian cyclone and the downward transport momentum of the upper westerlies were two principal factors that first resulted the sand-dust. The upper air jet stream was a transport belt for the dust (and sand). The dust haze weather which influenced most part of China, mainly originated from the central and western Inner Mongolia and Kansu Corridor, while another source might have been south Mongolia.

From the meteorological study of the process of the dust-haze event during April 17–20, 1980 Beijing. The development of the sandstorm

27

学院地质研究所

...ce, that during the Pliocene ~~Tibetan~~ Tibetan seems to be ...as that in the Quaternary.

...Pleistocene in Tibetan Plateau of the Himalayas ...posits of lacustrine-fluvial file ...ted by gravel deposit represented ...lomerate".

...ment of the Tibetan Plateau ...abrupt in the Middle ...wing by great expansion of the sea (is similar to that of to-day) ...cutting of the valleys. (800–900 M) ...the landforms in Middle Pleistocene ...especially its boundary mountain ...terized by high mountains

...nt to note that uplift of ...so manifested themselves

第四纪研究委员会

Recent Quaternary Research in China

...various field of Quaternary research in ...tlined, briefly here, (though by ...full account of all the works achieved) ...ding of the chronology of the stratigraphy ...cene boundary.

...al studies continental Quaternary deposits in China are generally ...into four main genetic types, that is ...ine deposits, [slide 1]

(loess and red earth)

(the piedmont of pluvial origin)

and

...loess ...pleistocene is called the Nihewan beds, well known for its ...lacustrine deposits, villafranchian fauna ...stocene type locality is the Zhoukoutien ...the first skull of the Peking man (Homo erectus peki...

全球环境变化与中国的研究现状

在参加日本京都举行的第29届国际地质大会（29th IGC）之后，刘先生顺带参加了国际第四级研究联合会地层委员会（Commission on Stratigraphy，INQUA）在日本举行的火山灰年代学学术讨论会。1992年9月9日，应日本地质学会环境地质研究委员会会长，著名学者藤井昭二（Fujii Shoji）的邀请，刘先生在富山市科学博物馆做了“全球环境变化与中国的研究现状”的专场学术报告。

在报告中刘东生说参加讨论会，使他想起挚友，已故的小林国夫（Kobayashi Kunio）教授，是他创立了国际第四级研究联合会火山灰年代学委员会，首次将古地磁技术引进第四纪研究。接着刘东生便从古地磁研究的最新结果开始，系统介绍了中国黄土研究的最新进展，以及中国的第四纪研究对全球变化研究的贡献：黄土中划分出的37个气候旋回，从陆相沉积记录证实了第四纪环境的多旋回变化；末次间冰期以来高密度采样研究，获得的末次间冰期高分辨率的气候变化记录、末次冰期的D-O（Dansgaard-Oeschger）旋回和哈因里奇（Heinrich）事件记录；西藏湖泊中冰后期的新仙女木（Younger Dryas）事件记录；以及大气CO_2含量加倍情况下气温变化的模拟等。最后，介绍了过去全球变化计划中国国家委员会（CNC，IGBP）及过去全球变化计划（IGBP）各核心项目对应的研究工作，以及古环境变化方面正在执行的、由刘东生亲自主持的“中国北方干旱半干旱区十五万年来环境演化的动态过程和发展趋势”的运行情况。

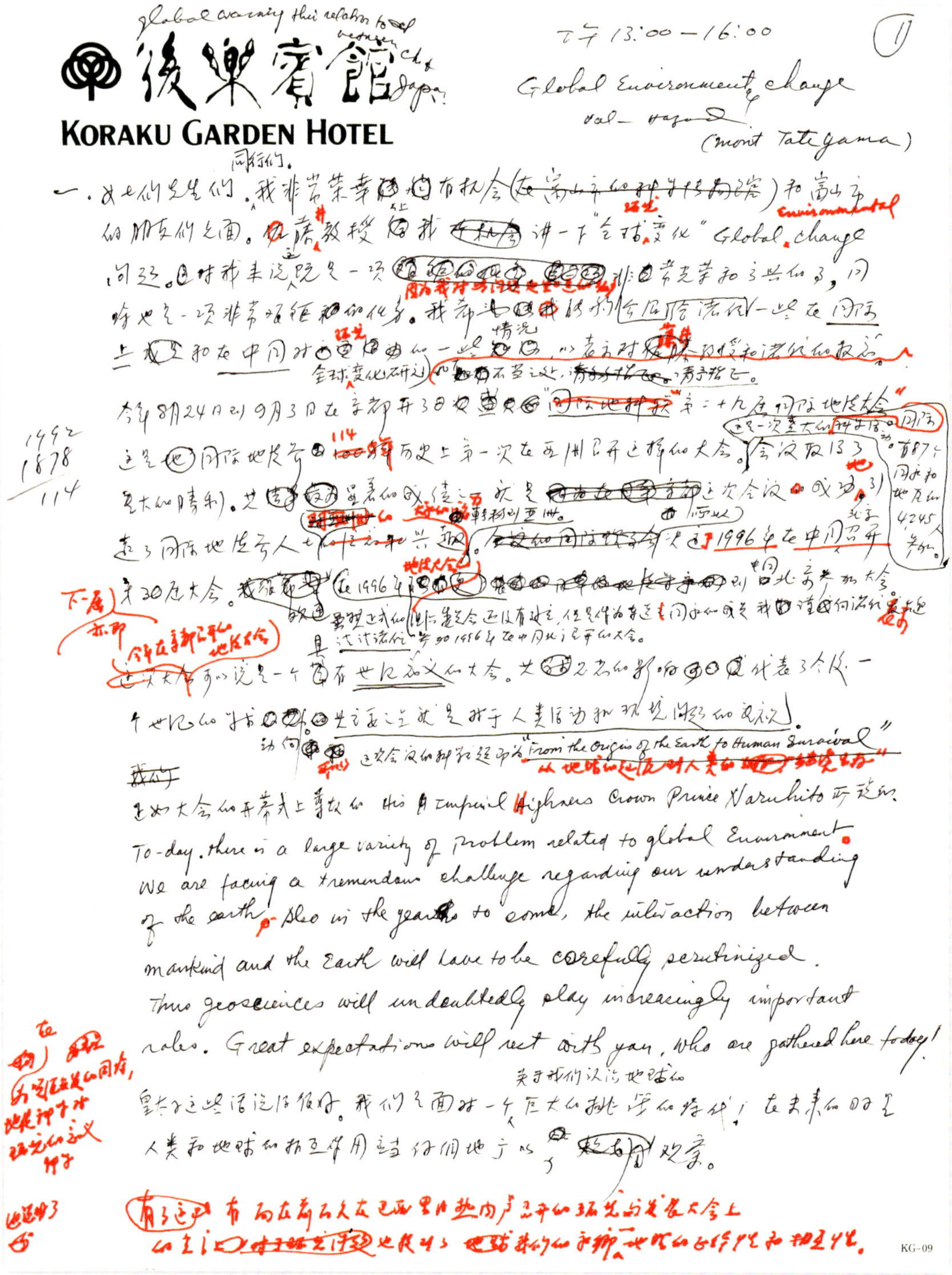

全球环境变化与中国的研究现状（手稿）

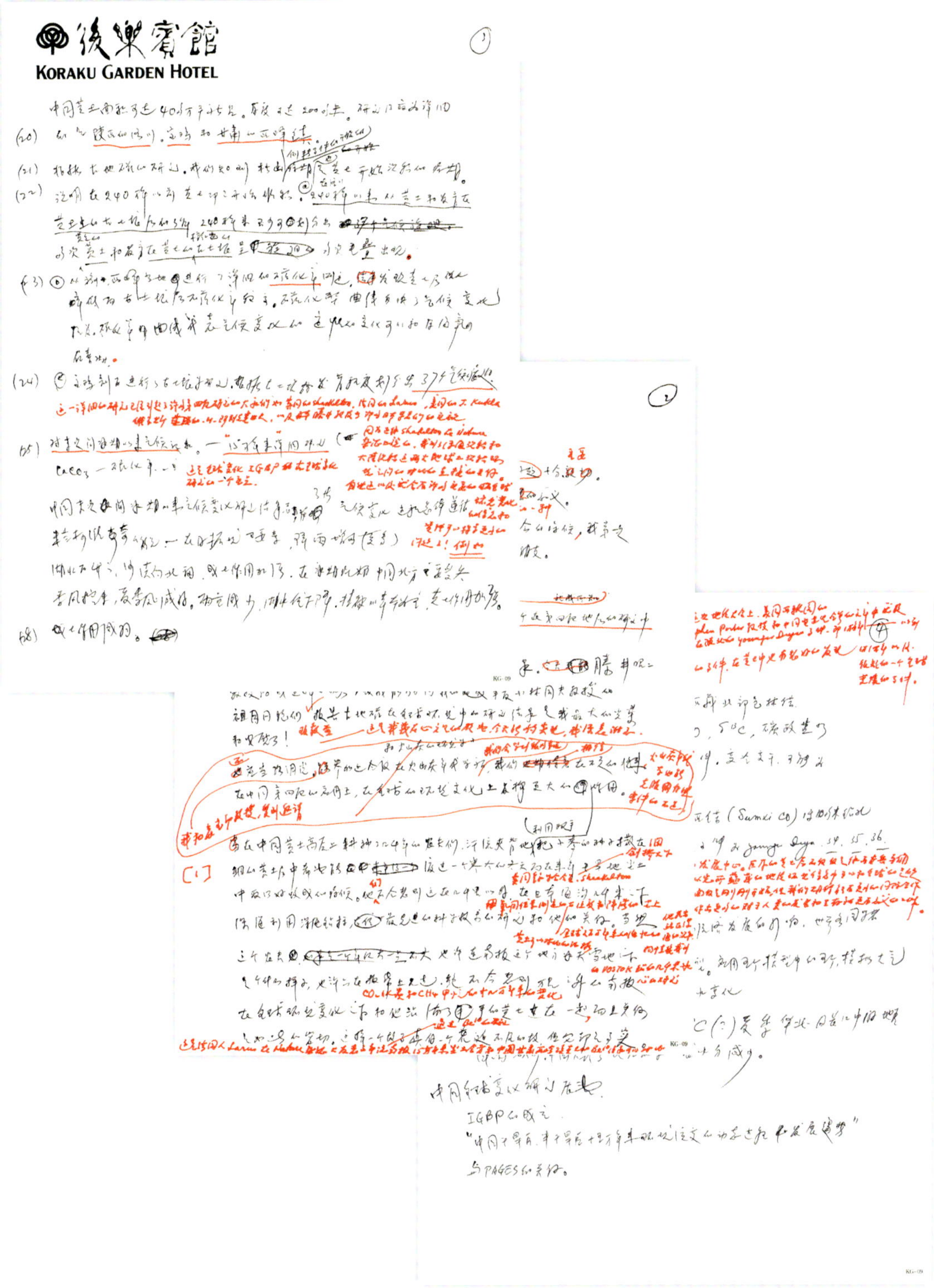
後樂賓館
KORAKU GARDEN HOTEL

中国黄土-古土壤序列推演的15万年来东亚季风的演化

佩蒂-玛丽（Nicole Petit-Maire）教授是法国国家科研中心研究总监，国际著名的地球科学家，具有较高的国际声望，对中国十分友好。

“Evolution of East Asian Monsoon over the Past 150ka Inferred from the Chinese Loess-Soil Sequence in China”（中国黄土-古土壤序列推演的15万年来东亚季风的演化）是1993年刘东生作为国际第四纪研究联合会（INQUA）主席，应邀专程前往巴黎参加“庆祝佩蒂-玛丽教授从事第四纪研究60周年”学术会议上做的学术报告，报告中对佩蒂-玛丽教授在国际第四纪古环境研究，特别是对亚洲季风演化与东亚第四纪环境演变的重视和做出的贡献给予了充分的肯定，对她一直关注中国黄土研究，并在很多场合推介古季风研究与全球气候环境变化的重要性表示感谢。

报告中，刘东生着重介绍了正在进行的“九五”重大项目“中国北方干旱半干旱区15万年来环境演化的动态过程与发展趋势”对渭南剖面黄土-古土壤序列高分辨率古环境记录，并对一些替代性气候指标环境，如磁化率的环境指示意义的深入研究所得到的最新成果：对15万年以来的环境变化划分出12个不同的阶段，指出大约在0～10ka，25～34ka，44～60ka，71～84ka，90～105ka 和115～130ka是成土过程比较强烈、古土壤充分发育的时期，反映出当时夏季风较强；从替代性气候指标的变化以及古土壤的类型，认为古土壤$S_{1\text{-}3}$发育时是渭南地区150ka来夏季风最为强烈的时期；从渭南黄土-古土壤记录可以看出黄土区古环境演化有明显的20ka周期，土壤发育时期与全球冰量减少相应，而土壤发育的强度与北半球夏季太阳辐射两者有很好的相关关系。

将国内的最新研究成果及时与国外进行交流，推进国际合作，也是刘东生十分注重的问题，无疑也对推动我国的第四纪科学研究发挥了很重要的作用。

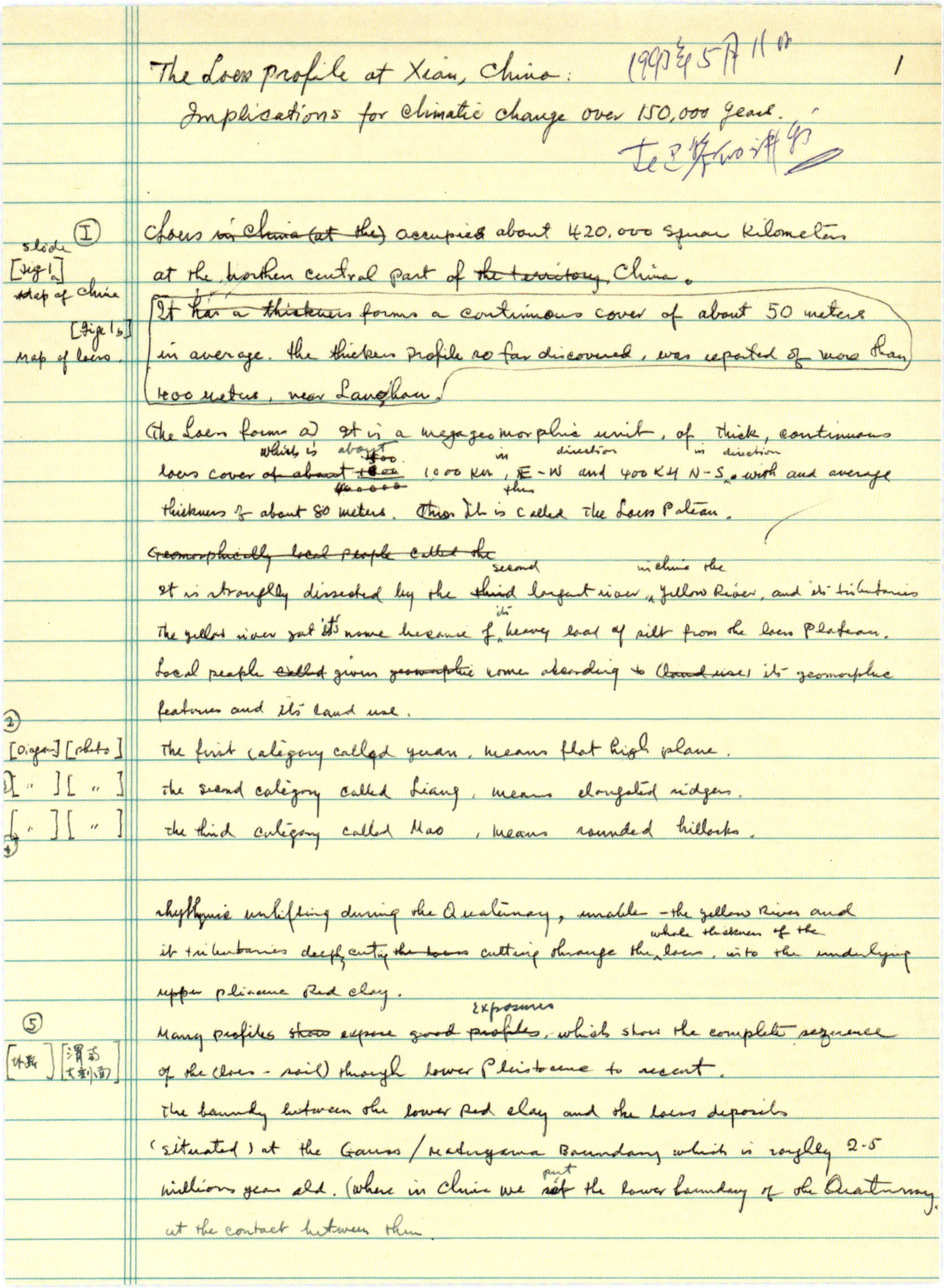

The Loess profile at Xian, China: 1993年5月11日 1

Implications for climatic change over 150,000 years.

[illegible]的讲稿

① slide [fig 1a] Map of China

~~Loess in China (at the)~~ occupies about 420,000 square kilometers at the northern central part of ~~the territory~~ China.

[fig 1b] Map of loess.

~~It has a thickness~~ forms a continuous cover of about 50 meters in average. the thickest profile so far discovered, was reported of more than 400 meters, near Lanzhou.

The Loess forms a It is a megageomorphic unit, of thick, continuous loess cover ~~of about~~ which is about ~~1400~~ 1000 km in E-W direction and 400 km N-S in direction, with and average thickness of about 80 meters. Thus It is called the Loess Plateau.

~~Geomorphically local people called the~~

It is strongly dissected by the ~~third~~ second largest river in China the Yellow River, and its tributaries

The yellow river got its name because of its heavy load of silt from the loess Plateau.

Local people ~~called~~ given ~~geomorphic~~ name according to ~~(land~~ uses) its geomorphic features and its land use.

② [Diagram] [photo] The first category called yuan, means flat high plane.

③ ["] ["] the second category called Liang, means elongated ridges.

④ ["] ["] the third category called Mao, means rounded hillocks.

rhythmic uplifting during the Quaternary, enable the yellow River and its tributaries deeply cutting ~~the loess~~ cutting through the whole thickness of the loess, into the underlying upper pliocene Red clay.

⑤ [休斯] [渭南大剖面] Many profiles ~~show~~ expose good ~~profiles~~ exposures, which show the complete sequence of the (loess-soil) through lower Pleistocene to recent.

The boundary between the lower Red clay and the loess deposits (situated) at the Gauss/Matuyama Boundary which is roughly 2.5 millions years old. (where in China we ~~set~~ put the lower boundary of the Quaternary.

at the contact between them.

中国黄土-古土壤序列推演的15万年来东亚季风的演化（英文手稿）

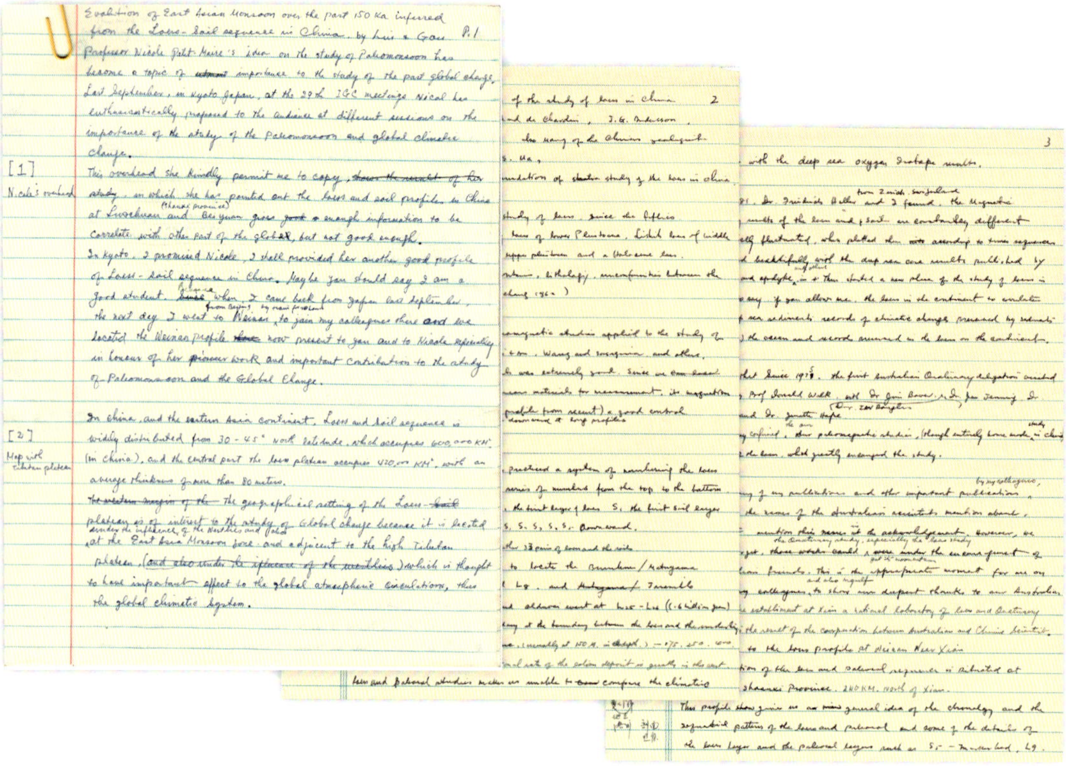
Evolution of East Asian Monsoon over the past 150 ka inferred
from the Loess-Soil sequence in China. by Liu & Guo P.1
Professor Nicole Petit-Maire's idea on the study of Paleomonsoon has
become a topic of importance to the study of the past global change,
Last September, in Kyoto Japan, at the 29th IGC meetings Nicol has
enthusiastically proposed to the audience at different sessions on the
importance of the study of the Paleomonsoon and global climatic
change.
[1] Nicole's overhead
This overhead she kindly permit me to copy, in which she has pointed out the loess and soil profile in China
at Luochuan and Baiyuan (Shanxi province) gives enough information to be
correlate with other part of the global, but not good enough.
In Kyoto, I promised Nicole, I shall provided her another good profile
of Loess-Soil sequence in China. Maybe you should say I am a
good student. When I came back from Japan last September,
the next day I went to Weinan from Beijing by train, to join my colleagues there we
located the Weinan profile now present to you and to Nicole especially
in honour of her pioneer work and important contribution to the study
of Paleomonsoon and the Global Change.
[2] Map with Tibetan plateau
In China, and the eastern Asia continent, Loess and soil sequence is
widely distributed from 30-45° north latitude, which occupies 600,000 KM²
(in China), and the central part the loess plateau occupies 420,000 KM², with an
average thickness of more than 80 meters.
The geographical setting of the Loess
plateau is of interest to the study of Global change because it is located
at the East Asia Monsoon zone and adjacent to the high Tibetan
plateau, which is thought
to have important affect to the global atmospheric circulations, thus
the global climatic system.

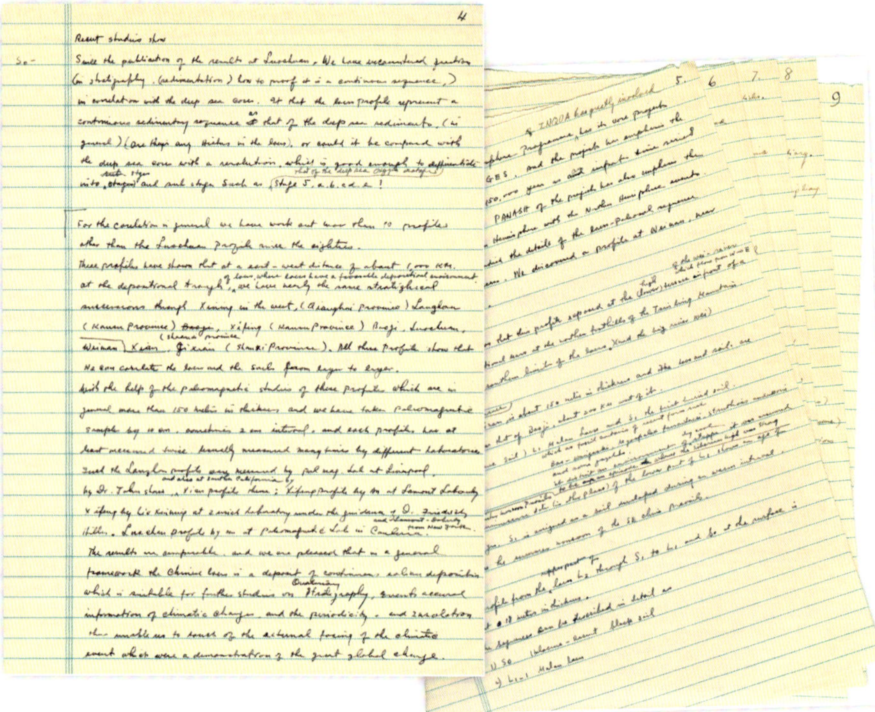
4
Recent studies show
Since the publication of the results at Luochuan, We have encountered question
(on stratigraphy, (sedimentation) how to proof it is a continuous sequence,)
in correlation with the deep sea cores. Is that the loess profile represent a
continuous sedimentary sequence as that of the deep sea sediments. (in
general) (are there any Hiatus in the loess), or could it be compared with
the deep sea cores with a resolution, which is good enough to differentiate
into sub-stages and sub stages such as (Stage 5, a.b.c.d.e) that of the deep sea oxygen isotope!
For the correlation in general we have work out more than 10 profiles
other than the Luochuan profile since the eighties.
These profiles have shown that at a east-west distance of about 1,000 KM.
at the depositional trough of loess, where loess have a favorable depositional environment, we have nearly the same stratigraphical
successions through Xining in the west, (Qinghai Province) Lanzhou
(Kansu Province) Xifeng (Kansu Province) Baoji, Luochuan,
Weinan, Xi'an, Jixian (Shanxi Province). All these Profile show that
We can correlate the loess and the soils from layer to layer.
With the help of the paleomagnetic studies of these profiles which are in
general more than 150 meters in thickness, and we have taken paleomagnetic
sample by 10 cm, sometimes 2 cm interval, and each profile has at
least measured twice, usually measured many times by different laboratories.
Such the Lanzhou profile was measured by Paleomag. Lab at Liverpool,
and also at Southern California by Dr. John shaw, Xi'an profile there; Xifeng profile by ... at Lamont Laboratory
Xifeng by Liu Xiuming at Zurich Laboratory under the guidance of Dr. Friedrich
Heller. Luochuan profile by ... at Paleomagnetic Lab in Canberra and Lamont-Doherty from New York.
The results are comparable, and we are pleased that in a general
framework the Chinese loess is a deposit of continuous aeolian deposition
which is suitable for further studies on Quaternary Stratigraphy, events accurate
information of climatic changes, and the periodicity, and resolution
then enable us to touch of the external forcing of the climatic
event which were a demonstration of the great global change.

德日进在中国的工作和他对中国黄土研究的贡献

法国著名古生物学家德日进（Pierre Teilhard de Chardin）早在1923年5月23日就抵达天津，到1946年6月离开中国，前后长达23年，其间除曾去索马里、印度尼西亚、缅甸考察和第二次世界大战时困守北京之外，大部分时间都在中国各地考察，足迹遍布华北、西北、西南、华中，也到过南京。主要从事古脊椎动物和古人类的化石发掘，也涉足旧石器考古和黄土研究。困守北京期间还建立过地质生物研究所，研究所收集了化石。德日进的学术成就深得刘东生赞赏，他的学术思想对刘东生也有重要影响，是刘东生敬仰的外国学者之一。

1993年5月刘东生在出席“庆祝佩蒂-玛丽教授从事第四纪研究60周年”学术会后，应邀在法国古生物研究所访问，利用这一机会，追寻德日进的足迹也是刘东生的兴趣所在。鉴于此，刘东生在古生物研究所还做了题为“Teilhard de Chardin’s Work and His Contribution to the Study of the Loess in China”刘东生（德日进在中国的工作和他对中国黄土研究的贡献）的学术报告。刘东生称德日进为中国人民的老师和朋友，分三个阶段系统介绍了德日进在华的工作，以及对萨拉乌苏、泥河湾等地层的研究；对新疆欧亚大陆“旱极”的研究；对黄土，特别是其中鼢鼠演化的研究以及对红黏土的研究，等等。也正是在这些研究领域，中国科学家后来对世界做出了重要的贡献（刘东生也顺带向法国朋友介绍了这些方面的新成果）。在取得这些新成果的时候，人们不会忘记德日进等前辈为后人奠定的良好基础。

刘东生1998年再一次访问法国时，意外获得会见德日进后人的机会（参见本书纪念追忆章节230页），他立即改变原安排计划，前去看望，也说明他对德日进的崇敬之情。

Teilhard de Chardin's work and his contribution to the study of the Loess in China. P.1

(1) 题目，清楚。

Teilhard de Chardin is a teacher and friend of the Chinese People, especially among the Geologists and vertebrate paleontologists in China. ~~There was~~ A great deal of books and papers were already published ~~since h~~ about his work and thoughts. I am indeed not in a position to stand at (the floor of Paris University) ~~a French scientist~~ face ~~toward~~ an ~~great~~ audience of French Scientists ~~in Paris~~ to talk about the work and contribution of ~~such~~ a great ~~Scientist of~~ French Scientists.

However, First all, I have to thank Professor Eric Buffetaut for giving ~~who gave~~ me the chance at this moment which makes me able to extand my sincere thanks to the Host and also to scientists of France, ~~and~~ and the reason for me to talk on this subject was that I feel strongly the need of the friendships of the French scientists to me and also collaboration between the Chinese and French Scientists on geology and Paleontology, in Science. To strengthen the link between scientists among our two countries in the study of Paleontology and geology is indeed Teilhard de Chardin has engaged silently for more than 20 years! (~~which~~ ...)

Speak frankly I know little about this great man Teilhard de Chardin. I can only express my gratitude to ~~worship of the great man~~ him, and ~~to~~ tell you how he and his work has influenced and benefitted the Chinese scientists in the study of the Quaternary, especially the loess!

(2) 德日进工作三个阶段划分，清楚。

德日进与葛氏二人同为中国近代科学的开拓者。

In a paper by Dr. Lu Yen zhan and I, we have subdivided ~~the time span~~ in time of Teilhard's work in China into 3 periods. This is not necessary a complete one nor a good one. This is only for the convienience to understand Teilhard's life and the background of his work. Teilhard is the only foreign scientist (~~Gr~~ and also Amadeus Grabau who cam to China nearly at the same time as Teilhard and dead one year before Teilhard left China, due to the bad life at the Concentration camp in the Japanese military authority in Beijing than occupied by the Japanese.

Chinese scientists takes Teilhard de Chardin as the Pioneer and founder of the modern Quaternary ~~Geology~~ Geology and Vertebrate Paleontology. (Grabau is the founder of the invertebrate paleontology and the stratigraphy).

德日进在中国的工作和他对中国黄土研究的贡献（手稿）

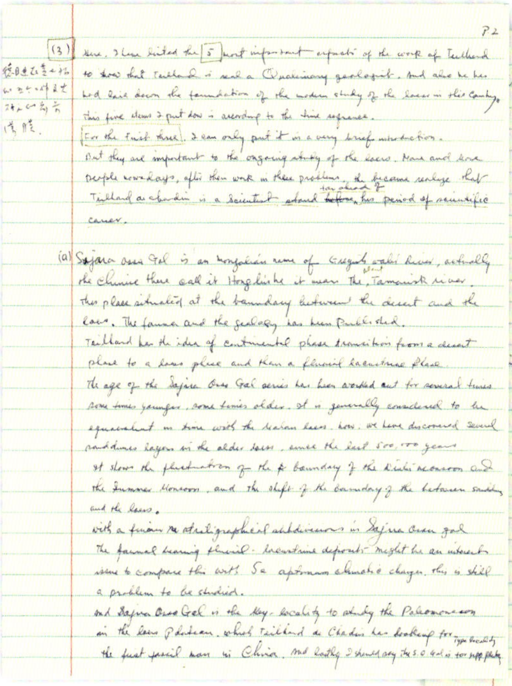
P.2

(3) Here, I have listed the [5] most important aspects of the work of Teilhard to show that Teilhard is not a Quaternary geologist. And also he has had laid down the foundation of the modern study of the loess in this Country. This five items I put down is according to the time sequence.

For the first three, I can only put it in a very brief introduction. But they are important to the ongoing study of the loess. More and more people nowadays, after their work in these problems, they became realize that Teilhard de Chardin is a Scientist ~~ahead before~~ far ahead of his period of scientific career.

(a) Sajara Osso Gol is an Mongolian name of [illegible] River, actually the Chinese there call it Hongliuhe it mean the plant Tamarisk river. This place situated at the boundary between the desert and the loess. The fauna and the geology has been published. Teilhard has the idea of continental phase transition from a desert phase to a loess phase and than a fluvial lacustrine phase. The age of the Sajara Osso Gol series has been worked out for several times some times younger, some times older. It is generally considered to be equivalent in time with the Malan loess. now, we have discovered several sanddunes layers in the older loess, since the last 500,000 years. It shows the fluctuation of the boundary of the Winter monsoon and the Summer Monsoon, and the shift of the boundary of the between sanddunes and the loess. With a finer stratigraphical subdivisions in Sajara Osso Gol, the faunal bearing fluvial-lacustrine deposits might be an interesting issue to compare this with the aptimum climatic changes. this is still a problem to be studied. and Sajara Osso Gol is the key-locality to study the Paleomonsoon in the loess Plateau. which Teilhard de Chardin has looking for the first fossil man in China. And lastly I should say the S.O. Gol is too [illegible] type locality

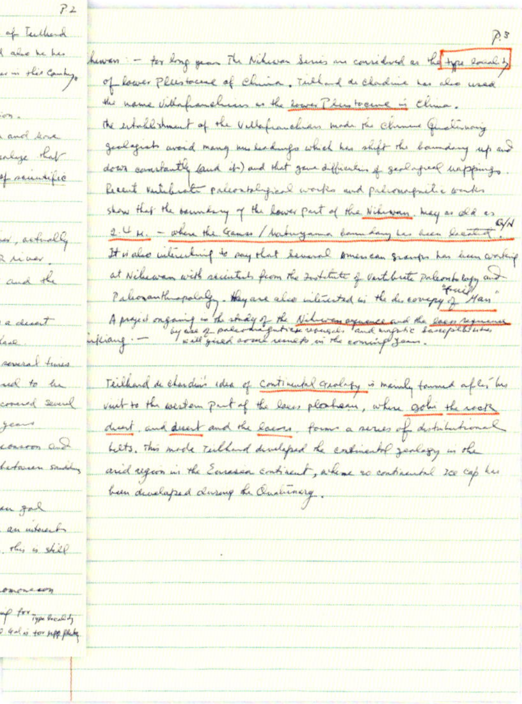
P.3

[illegible]hewan: — for long years The Nihewan Series are considered as the type locality of lower Pleistocene of China. Teilhard de Chardin has also used the name Villafranchian as the lower Pleistocene in China. The establishment of the Villafranchian made the Chinese Quaternary geologists avoid many misleadings which has shift the boundary up and down constantly (and it) and that gave difficulties of geological mappings. Recent vertebrate paleontological works and paleomagnetic works show that the boundary of the lower part of the Nihewan may as old as 2.4 M. — where the Gauss / Matuyama boundary has been located. G/M It is also interesting to say that several American groups has been working at Nihewan with scientists from the Institute of Vertebrate Paleontology and Paleoanthropology. they are also interested in the discovery of "fossil Man". A project ongoing in the study of the Nihewan sequence and the loess sequence by use of paleomagnetic [illegible] and magnetic susceptibilities will yield some results in the coming years.

[illegible]jiang: —

Teilhard de Chardin's idea of Continental Geology is mainly formed after his visit to the western part of the loess plateau, where gobi the rock desert, and desert and the loess, form a series of distributional belts. this made Teilhard developed the continental geology in the arid region in the Eurasian continent, where no continental ice cap has been developed during the Quaternary.

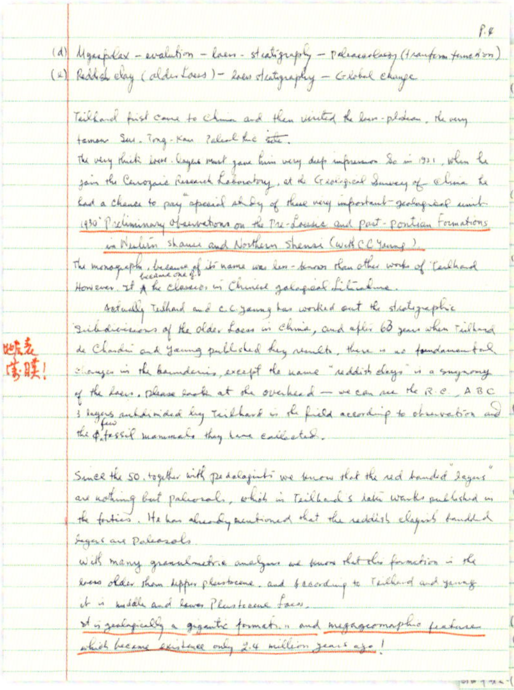
P.4

(d) Megaplax — evolution — loess — stratigraphy — paleoecology (transform function)
(e) Reddish clay (older Loess) — loess stratigraphy — Global change

Teilhard first came to China and then visited the loess-plateau, the very famous Sjara-Tong-Kou Paleolithic site. The very thick loess layers must gave him very deep impression So in 1931, when he join the Cenozoic Research Laboratory, at the Geological Survey of China he had a chance to pay "special study of those very important geological unit.

1930 "Preliminary observations on the Pre-Loessic and post-pontian Formations in Western Shansi and Northern Shensi (with C.C. Young).

The monograph, because of its name was less-known than other works of Teilhard However. It became one of the classics in Chinese geological Literature.

Actually Teilhard and C.C. Young has worked out the stratigraphic subdivisions of the Older Loess in China, and after 60 years when Teilhard de Chardin and Young published they results, there is no fundamental changes in the boundaries, except the name "reddish clays" is a synonymy of the loess. Please look at the overhead — we can see the R.C. ABC 3 layers subdivided by Teilhard in the field according to observation and the few fossil mammals they have collected.

Since the 50, together with pedologists we know that the red banded "layers" are nothing but paleosols, which in Teilhard's later works published in the forties. He has already mentioned that the reddish clayish banded layers are Paleosols. With many granulometric analyses we know that this formation is the loess older than upper pleistocene. and according to Teilhard and Young it is middle and lower Pleistocene loess.

It is geologically a gigantic formation and megageomorphic features which became existence only 2.4 million years ago!

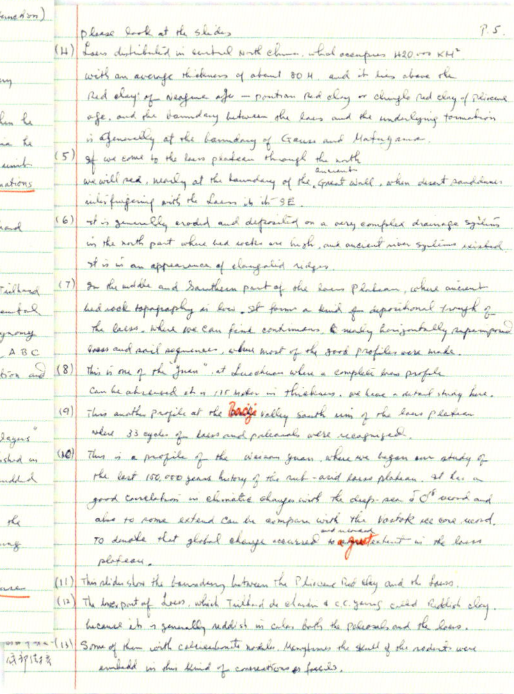
Please look at the slides P.5.

(4) Loess distributed in central North China. which occupies 420,000 KM^2 with an average thickness of about 80 M. and it lies above the Red clay of Neogene age — pontian red clay or chingle red clay of Pliocene age. and the boundary between the loess and the underlying formation is generally at the boundary of Gauss and Matuyama.

(5) If we come to the loess plateau through the north we will see, nearly at the boundary of the ancient Great Wall, when desert sanddunes interfingering with the Loess in its SE.

(6) It is generally eroded and deposited on a very complex drainage systems in the north part where bed rocks are high, and ancient river systems existed. It is in an appearance of elongated ridges.

(7) In the middle and Southern part of the loess Plateau, where ancient bed rock topography is low. It forms a kind of depositional trough of the loess. where we can find continuous & nearly horizontally superimposed loess and soil sequences, where most of the good profiles were made.

(8) This is one of the "Yuan", at Luochuan where a complete loess profile can be observed it is 135 meter in thickness. we have a detail study here.

(9) This another profile at the Baoji valley south rim of the loess plateau where 33 cycles of loess and paleosols were recognized.

(10) This is a profile of the Weinan Yuan, where we began our study of the last 150,000 years history of the sub-arid loess plateau. It has a good correlation in climatic changes with the deep-sea δO^{18} record and also to some extend can be compare with the Vostok ice core record. To denote that global change occurred to ~~a great~~ and unevenly extent in the loess plateau.

(11) This slides show the boundary between the Pliocene Red clay and the loess.

(12) The lower part of Loess, which Teilhard de Chardin & C.C. Young called Reddish clay. because its is generally reddish in color both the paleosols and the loess.

(13) Some of them with calcicarbonate nodules. Manytimes the skull of the rodents were embedd in this kind of concretions as fossils.

黄土与全球变化

刘东生在柏林召开的第XIV届INQUA大会上获得了殊荣，他在第四纪研究领域最重要的工作——中国黄土研究被指定为这届大会唯一的大会报告。这是一次难得的机会，可以让全世界各国从事第四纪研究的科学家，以及准备以第四纪作为自己职业的大学生和研究生有充分了解中国黄土的可能。

“黄土与全球变化 (Loess and Global Change)”是刘东生在大会上的报告题目。对中国黄土的分布、地层、黄土地貌和早年的研究史简要说明之后，刘东生详细介绍了新近对渭南黄土剖面S_0—L_1—S_1段研究所获得的约150ka以来的环境变化结果，揭示了相当于深海氧同位素阶段3的弱发育的土壤和古土壤S_1细分出来的对应深海氧同位素阶段5a、5c和5e的成土过程，大大提高了黄土剖面在这一层段的分辨率。渭南剖面的底部也出露了上新世的红黏土，古地磁测量证实了原先洛川剖面的研究结果，松山和高斯（Matuyama/Gauss，M/G）的界线就位于黄土和红黏土的界面附近。新近的研究表明高分辨率的粒度变化曲线与磁化率曲线一样也能与深海氧同位素曲线进行对比，认为粒度曲线不仅是反映了冬季风的强度变化，而且这也与北半球的冰量变化有关。仔细比较深海氧同位素和陆地上黄土-古土壤的磁化率和粒度变化曲线也发现两者在S_4、S_{5-1}和S_{5-3}的差异，这些段落的黄土记录与南大西洋的碳同位素分馏系数的增大相对应，表明可能与北大西洋深海流（NADW）的增强有关。对接近沙漠边缘、黄土堆积速率较快的李家塬剖面S1及以上部分高密度采样（黄土的时间分辨率达到80a，古土壤约200a）所获得的高分辨率的粒度变化曲线，可以获得与极地冰心记录中的Dansgaard-Oeschger旋回高度一致的记录，表明黄土也可以提供末次冰期时气候不稳定的记录，也是气候遥相关系的一个很好的例证。总之，中国黄土-古土壤确实是第四纪环境变化的极好载体。很好地解读黄土记录一定会大大推动全球变化研究。

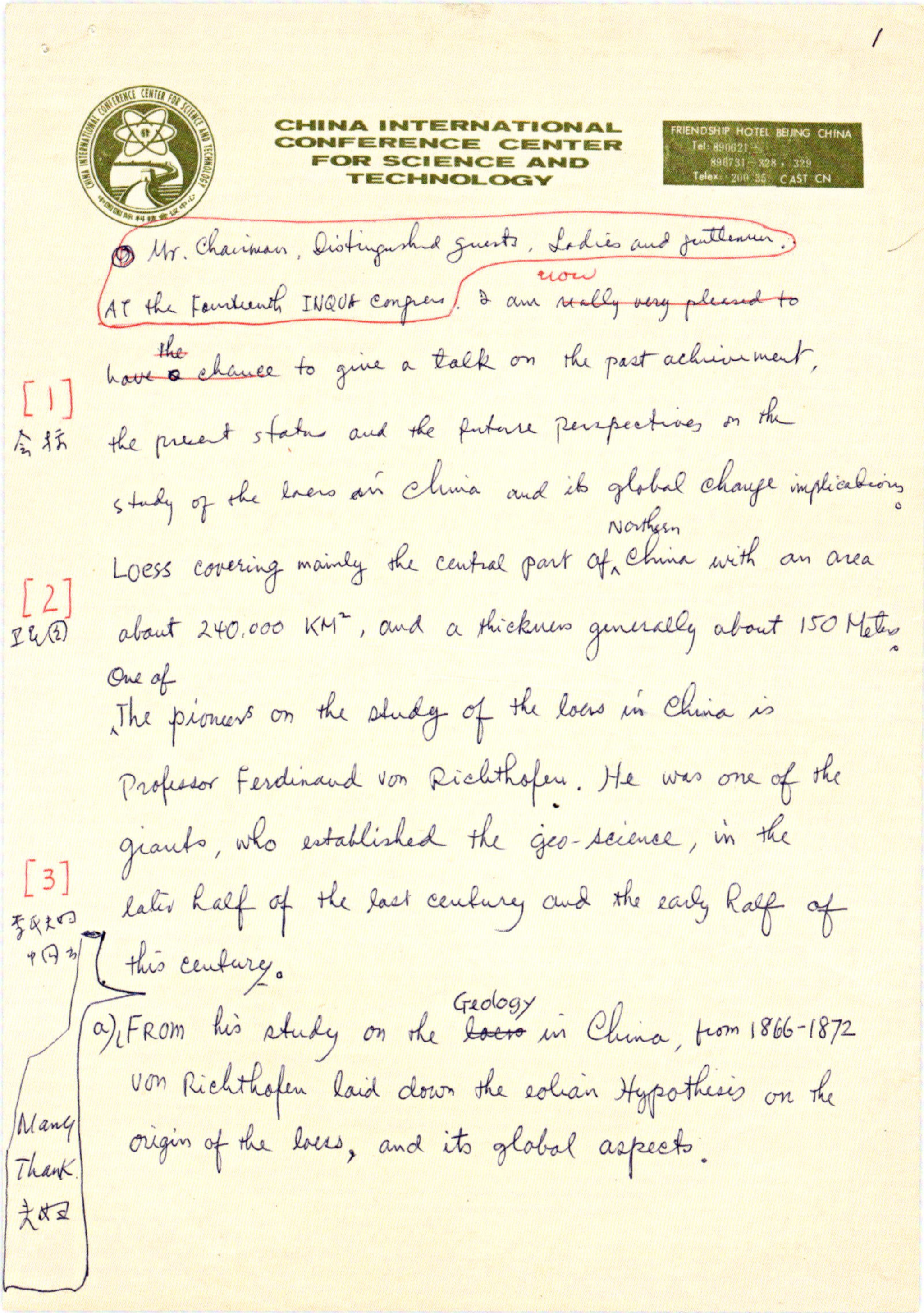

1

CHINA INTERNATIONAL CONFERENCE CENTER FOR SCIENCE AND TECHNOLOGY

FRIENDSHIP HOTEL BEIJING CHINA
Tel: 890621—
896731—328, 329
Telex: 200 35 CAST CN

① Mr. Chairman, Distinguished guests, Ladies and gentlemen.

AT the Fourteenth INQUA Congress. I am ~~really very pleased to~~ now have ~~a~~ the chance to give a talk on the past achievement, the present status and the future perspectives on the study of the loess in China and its global change implications.

[1] 会标

Loess covering mainly the central part of Northern China with an area about 240,000 KM^2, and a thickness generally about 150 Meters.

[2] 黄土(2)

One of The pioneers on the study of the loess in China is Professor Ferdinand von Richthofen. He was one of the giants, who established the geo-science, in the later half of the last century and the early half of this century.

[3] 李氏夫妇 中国书

a) FROM his study on the ~~loess~~ Geology in China, from 1866-1872 von Richthofen laid down the eolian Hypothesis on the origin of the loess, and its global aspects.

Many Thank. 夫妇

黄土与全球变化（英文手稿）

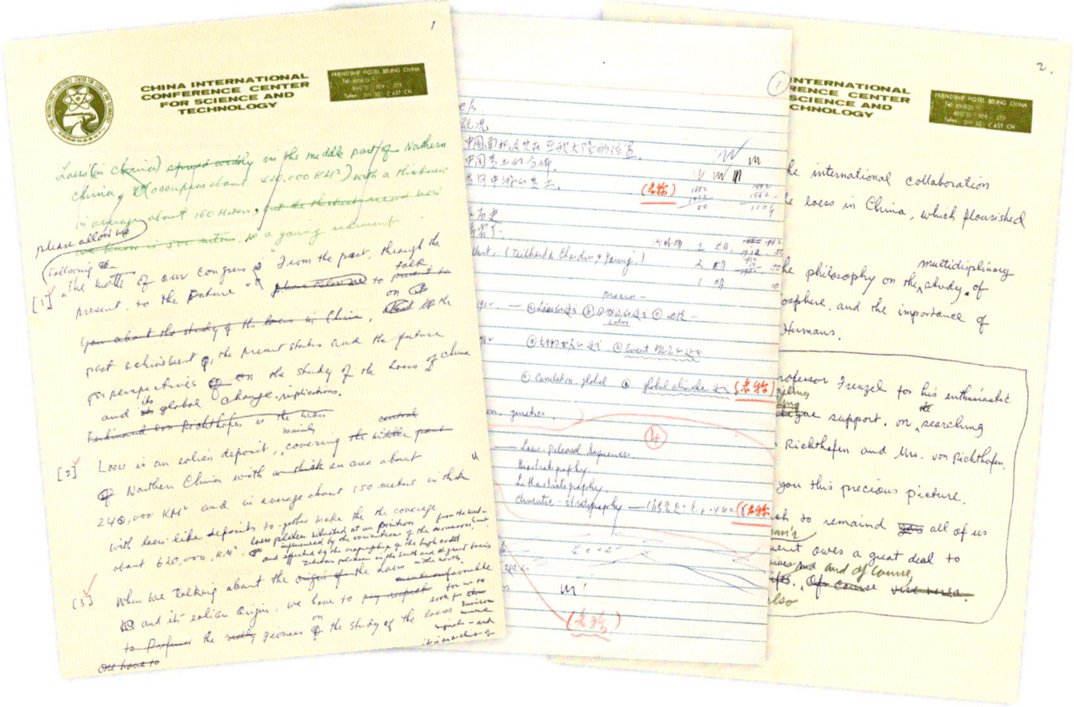

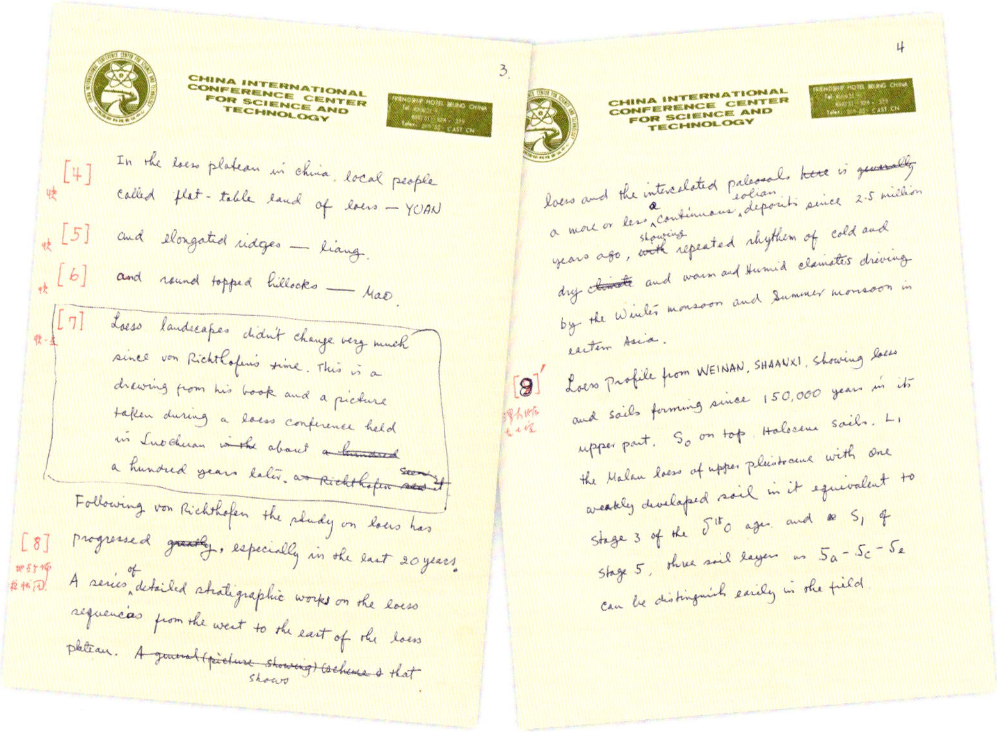
CHINA INTERNATIONAL CONFERENCE CENTER FOR SCIENCE AND TECHNOLOGY
3.
[4] In the loess plateau in China, local people called flat-table land of loess — YUAN
[5] and elongated ridges — liang.
[6] and round topped hillocks — Mao.
[7] Loess landscapes didn't change very much since von Richthofen's time. This is a drawing from his book and a picture taken during a loess conference held in Suochuan about a hundred years later.
Following von Richthofen the study on loess has
[8] progressed, especially in the last 20 years. A series of detailed stratigraphic works on the loess sequences from the west to the east of the loess plateau. A that shows
4
loess and the intercalated paleosols is a more or less continuous eolian deposits since 2.5 million years ago, showing repeated rhythem of cold and dry and warm and Humid climates driving by the Winter monsoon and Summer monsoon in eastern Asia.
[9] Loess profile from WEINAN, SHAANXI, showing loess and soils forming since 150,000 years in its upper part. S0 on top Holocene soils. L1 the Malan loess of upper pleistocene with one weakly developed soil in it equivalent to stage 3 of the δ18O age and S1 of stage 5, three soil layers as 5a-5c-5e can be distinguish easily in the field.

中国地质环境与全球变化

地质大会是全球地质学家的盛会，第30届国际地质大会在我国举行，每届的国际地质大会都被认为是主办国显示杰出研究成果和展示本国地质资源的机会。第30届国际地质大会，北京迎来了数以千计的各国地质学家，中国拿出什么来向各国地质学家展示呢？大会组委会特别邀请刘东生做大会报告，是这届大会上3个大会报告中唯一的中国学者，为此刘东生花费了大量的精力，做了精心的准备。

“中国地质环境与全球变化”（Geological Environment in China and Global Changes）一文是刘东生在大会上的报告。

第30届国际地质大会的主题是“大陆地质”，刘东生所做的大会报告“中国地质环境与全球变化”（Geological Environments of China and Global Changes），涉及的是当前地质学界关注的中国地质环境的变化。

从大量文献中，刘东生收集了各种不同反映气候与环境变化的指标，如石盐和石膏沉积；还有钾盐、褐煤、红层，以及孢粉、植被演替、各种动植物化石、湖泊和沼泽扩大或缩小，等等，以其分别代表的干湿和冷暖的变化，恢复了我国从古新世、始新世、渐新世、中新世、上新世一直到更新世的古环境演化史。中国新生代以来环境的演化历史很好地记录在中国保存的各种地质记录之中。认真解读这些证据便可以看到中国从古新世正常环流形势下的纬向气候分带逐步演化成现代的季风气候环境下东南-西北向的分带，而其中中新世时期更是这种转变的关键时期，并由此探讨了青藏高原隆升与东亚季风气候环境形成的关系。自距今22Ma开始，干旱化的趋势使得我国北方开始出现风成堆积，进入第四纪以后，大规模的冷暖干湿波动明确地反映在更新世时期的中国黄土-古土壤序列中，高分辨率的研究证实中国的地质记录还提供了哈恩里奇（Heinrich）事件和更新的地质时期Dansgaard- Oeschger气候变化旋回。

中国的地质环境变化是在全球变化的大背景下发生的，而新生代时期发生在中国特定的地质事件，如青藏高原的隆升，又反过来影响了全球环境，体现了全球性与区域性的统一。

International Union for Quaternary Research
Union Internationale pour l'Etude du Quaternaire
Internationale Quartärvereinigung
Union Internacional para el Estudio del Cuaternario
Международный Союз по Изучению Четвертичного Периода

President:
LIU Tungsheng
Institute of Geology
Academia Sinica
P.O.Box 634
Beijing 100029
P.R.CHINA
Phone: (86) 202-7766 ext.322
Fax: (86) 1-4919140

1

Secretary:
Edward DERBYSHIRE
Centre for Loess Research
Department of Geography
University of Leicester
Leicester LE1 7RH
UNITED KINGDOM
Phones: (44) 533-523821
(44) 784-443647
Faxes: (44) 273-748919
(44) 533-523918
(44) 784-472836

2

Treasurer:
Ed F.J. de MULDER
Geological Survey of
The Netherlands
P.O.Box 157
2000AD Haarlem
THE NETHERLANDS
Phones: (31) 23-300292
(31) 23-300291
Fax: (31) 23-352184

3

Vice-Presidents:
Jim M. BOWLER
Department of Geology
Melbourne University
Parkville, Victoria 3052
AUSTRALIA
Phone: (61) 3-344-6535
Fax: (61) 3-344-7761

Horst HAGEDORN
Geographisches Institut
der Universität Würzburg
Am Hubland
D-8700 Würzburg
GERMANY
Phone: (49) 931-8885555
Fax: (49) 931-8885544

Stephen C. PORTER
Quaternary Research Center
University of Washington
Seattle
Washington 98195
U.S.A.
Phone: (1) 206-543-1166
Fax: (1) 206-543-3836

Andrej A. VELICHKO
Institute of Geography
Academy of Sciences
Staromonetny 29
Moscow 109017
RUSSIA, USSR
Phone: (7) 238-02-98
Fax: (7) 095-230-2090

Past-President:
N.W. RUTTER
Department of Geology
University of Alberta
Edmonton
Alberta TG6 2E3
CANADA
Phones: (1) 403-492-3085
(1) 403-492-3265
Fax: (1) 403-492-2030

THANK YOU Mr. CHAIRMAN !
GOOD MORNING LADIES AND GENTLEMEN !
The great Wall
WELCOME YOU TO BEIJING !
HAVE THE CHANCE
I AM VERY HONORED TO PRESENT TO YOU OUR RECENT PROGRESS
ON THE STUDY OF "GEOLOGICAL ENVIRONMENT IN CHINA & GLOBAL CHANGE"
ONE ASPECT OF THE VERY FASCINATING CONTINENTAL GEOLOGY.

REGION
THE MONSOON CLIMATE
THE GREAT WALL STRETCHES ABOUT 5,000KM EAST AND WEST IN NORTHERN CHINA.
SITUATES AT IN TH
IT ~~IS~~ THE BOUNDARY BETWEEN THE DESERT & SAND DUNES IN THE
NORT AND THE LOESS PLATEU AND ~~LOESSIC~~ ALLUVIAL PLAINS IN THE
ARID FROM THE N
SOUTH. THIS BOUNDARY EXPERIENCED THE WINTER MONSOON. AND THE
MOIST
SUMMER MONSOON FROM THE SOUTH EAST. AND ALSO THE IMPACT OF THE HUMANS

THIS YEAR WE HAVE A HUMID AND HOT SUMMER MONSOON WEATHER IN BEIJING, but
IN SPRING WE HAVE STRONG DUST STORMS IN THE WEST AND DUST FALLS IN BEIJING.
THESE PICTURES SHOW YOU
A DUST FALL WEATHER IN THE WESTERN SUBURB OF BEIJING IN 1988.
DUST PARTCIE USUALLY TRANSPORTED IN LONG DISTANCE AT HIGH ALTITUDE
INTERESTING RESULTS OBTAINED FROM THE STUDY OF THE
GISP2 ICE CORES FROM GREENLAND, By Dr. PAUL MAYEWSKI TOLD
OF NEW HAMPSHIRE UNIVERSITY U.S. ... POTASSIUM MINERAL AEROSOLS
MAYEWSKI. HAS SHOWN THAT PARTICAL OF DUST FOUND FROM THE ICE CORE
EXPOSED
COULD CAME FROM THE TSAIDAM BASIN. WHERE POTASSIUM RICH SALINE LAKES ARE WELL EXPOSED.
FROM JAPAN ALSO SHOWN US
METEOROLOGIST HAS ~~ALREADY~~ THE PROBABLE TRAJACTORY
OF DUST
OF THE TRANSPORTATION FROM CHINA TO GREENLAND AND THE
Following Lyell HAS MENTION
ARCTICS. "THE PRESENT IS THE KEY TO THE PAST". LET US LOOK FOR THE
GEOLOGICAL PAST. OF THIS ARIDIFICATION PROCESS CHINA

Mineral aerosols rich in potassium

中国地质环境与全球变化（英文手稿）

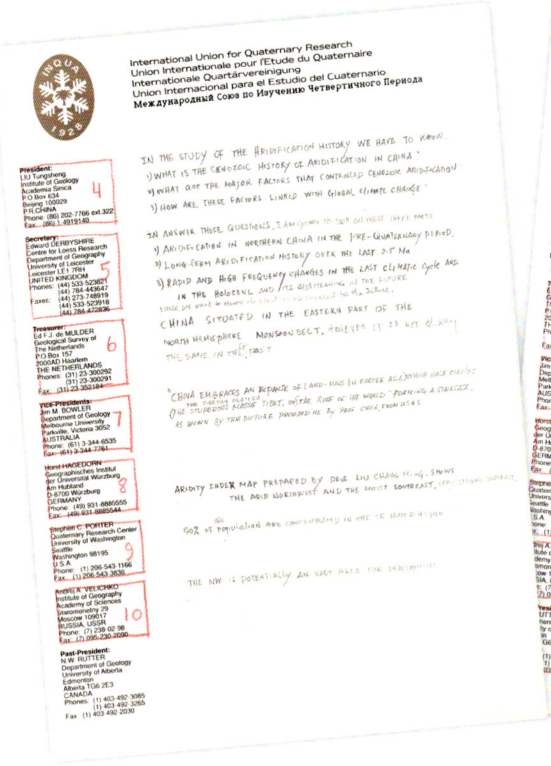

International Union for Quaternary Research
Union Internationale pour l'Etude du Quaternaire
Internationale Quartärvereinigung
Union Internacional para el Estudio del Cuaternario
Международный Союз по Изучению Четвертичного Периода

President: LIU Tungsheng, Institute of Geology, Academia Sinica, P.O.Box 634, Beijing 100029, P.R.CHINA, Phone: (86) 202-7766 ext.322, Fax: (86) 1-4919140 — 4
Secretary: Edward DERBYSHIRE, Centre for Loess Research, Department of Geography, University of Leicester, Leicester LE1 7RH, UNITED KINGDOM, Phones: (44) 533-523821, (44) 784-443647, Faxes: (44) 273-748919, (44) 533-523918, (44) 784-472836 — 5
Treasurer: Ed F.J. de MULDER, Geological Survey of The Netherlands, P.O Box 157, 2000AD Haarlem, THE NETHERLANDS, Phones: (31) 23-300292, (31) 23-300291, Fax: (31) 23-352184 — 6
Vice-Presidents: Jim M. BOWLER, Department of Geology, Melbourne University, Parkville, Victoria 3052, AUSTRALIA, Phone: (61) 3-344-6535, Fax: (61) 3-344-7761 — 7
Horst HAGEDORN, Geographisches Institut der Universität Würzburg, Am Hubland, D-8700 Würzburg, GERMANY, Phone: (49) 931-8885555, Fax: (49) 931-8885544 — 8
Stephen C. PORTER, Quaternary Research Center, University of Washington, Seattle, Washington 98195, U.S.A, Phone: (1) 206-543-1166, Fax: (1) 206-543-3836 — 9
Andrej A. VELICHKO, Institute of Geography, Academy of Sciences, Staromonetny 29, Moscow 109017, RUSSIA, USSR, Phone: (7) 238-02-98, Fax: (7) 095-230-2090 — 10
Past-President: N.W. RUTTER, Department of Geology, University of Alberta, Edmonton, Alberta TG6 2E3, CANADA, Phones: (1) 403-492-3085, (1) 403-492-3265, Fax: (1) 403-492-2030

IN THE STUDY OF THE ARIDIFICATION HISTORY WE HAVE TO KNOW.
1) WHAT IS THE CENOZOIC HISTORY OF ARIDIFICATION IN CHINA?
2) WHAT ARE THE MAJOR FACTORS THAT CONTROLLED CENOZOIC ARIDIFICATION
3) HOW ARE THESE FACTORS LINKED WITH GLOBAL CLIMATE CHANGE?
IN ANSWER THESE QUESTIONS, I AM GOING TO TALK ON THESE THREE PARTS
1) ARIDIFICATION IN NORTHERN CHINA IN THE PRE-QUATERNARY PERIOD.
2) LONG-TERM ARIDIFICATION HISTORY OVER THE LAST 2.5 Ma
3) RAPID AND HIGH FREQUENCY CHANGES IN THE LAST CLIMATIC CYCLE AND IN THE HOLOCENE AND ITS MEANING IN THE FUTURE
CHINA SITUATED IN THE EASTERN PART OF THE NORTH HEMISPHERE MONSOON BELT. HOWEVER IT IS NOT ALWAYS THE SAME IN THE PAST
"CHINA EMBRACES AN EXPANSE OF LAND-MASS IN EASTERN ASIA ... HALF CIRCLES (THE STUPENDOUS MASSIF TIBET, OR THE ROOF OF THE WORLD" FORMING A STAIRCASE. AS SHOWN BY THIS PICTURE PROVIDED ME BY PROF CHEN, FROM USGS
ARIDITY INDEX MAP PREPARED BY PROF LIU CHANG MING. SHOWS THE ARID NORTHWEST AND THE MOIST SOUTHEAST, VERY STRONG CONTRAST.
90% OF THE POPULATION ARE CONCENTRATED IN THE SE HUMID REGION
THE NW IS POTENTIALLY AN VAST AREA FOR DEVELOPMENT

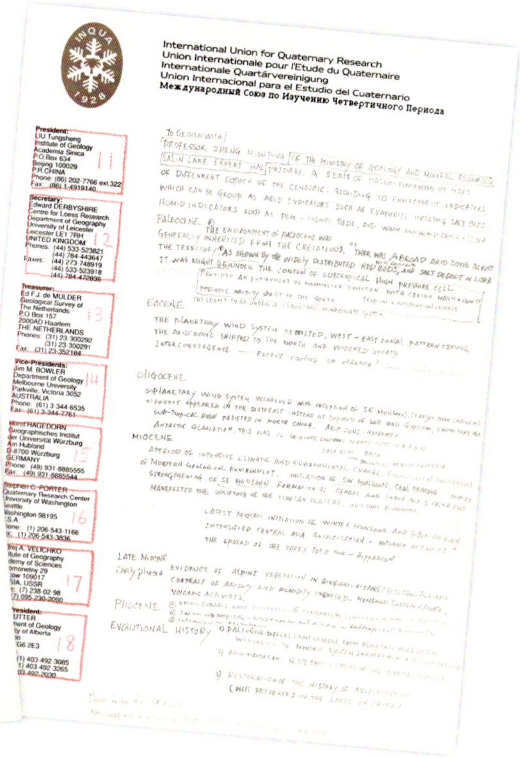

International Union for Quaternary Research
Union Internationale pour l'Etude du Quaternaire
Internationale Quartärvereinigung
Union Internacional para el Estudio del Cuaternario
Международный Союз по Изучению Четвертичного Периода

11 12 13 14 15 16 17 18

TO GETHER WITH PROFESSOR ZHENG MIANPING OF THE MINISTRY OF GEOLOGY AND MINERAL RESOURCES SALIN LAKE EXPERT HAS PREPARE A SERIES OF PALEO-ENVIRONMENT MAPS OF DIFFERENT EPOCH OF THE CENOZOIC. ACCORDING TO ENVIRONMENT INDICATORS WHICH CAN BE GROUP AS ARID INDICATORS SUCH AS EVAPORITE INCLUDING SALT BEDS, HUMID INDICATORS SUCH AS PEAT – LIGNITE BEDS, AND WARM AND HUMID FAUNA + FLORA
PALEOCENE. THE ENVIRONMENT OF PALEOCENE WAS GENERALLY INHERITED FROM THE CRETACEOUS. THERE WAS A BROAD ARID ZONE ACROSS THE TERRITORY AS SHOWN BY THE WIDELY DISTRIBUTED RED BEDS AND SALT DEPOSIT IN CHINA. IT WAS MIGHT BE UNDER THE CONTROL OF SUBTROPICAL HIGH PRESSURE CELL.
EOCENE
THE PLANETARY WIND SYSTEM PERSISTED, WEST – EAST ZONAL PATTERN OBVIOUS. THE ARID ZONE SHIFTED TO THE NORTH AND WIDENED GREATLY
INTERCONVERGENCE —— EOCENE COOLING OR WARMING?
OLIGOCENE
PLANETARY WIND SYSTEM WEAKENED WITH INCEPTION OF SE MONSOON ... FOREST APPEARED IN THE SOUTHEAST INSTEAD OF DEPOSITS OF SALT AND GYPSUM ... SUB-TROPICAL HIGH PERSISTED IN NORTH CHINA. ARID ZONE NARROWER. ANTARCTIC GLACIATION ...
MIOCENE
A PERIOD OF INTENSIVE CLIMATIC AND ENVIRONMENTAL CHANGE ... OF MODERN GEOLOGICAL ENVIRONMENT. INITIATION OF SW MONSOON. COAL BEARING ... STRENGTHENING OF SE MONSOON. FORMATION OF ... MANIFESTED THE UPLIFTING OF THE TIBETAN PLATEAU ...
LATEST MIOCENE INITIATION OF WINTER MONSOON AND SIBERIAN HIGH. INTENSIFIED CENTRAL ASIA ARIDIFICATION + VOLCANIC ACTIVITIES. THE SPREAD OF THE THREE TOED HORSE – HIPPARION
LATE MIOCENE EARLY PLIOCENE: EVIDENCE OF ALPINE VEGETATION IN QINGHAI-XIZANG (TIBETAN) PLATEAU. CONTRAST OF ARIDITY AND HUMIDITY INCREASED. MONSOON SYSTEM ... VOLCANIC ACTIVITIES.
PLIOCENE
EVOLUTIONAL HISTORY: 1) PALEOGENE ... 2) ARIDIFICATION ... 3) RESTORATION OF THE HISTORY OF ARIDIFICATION (WELL PRESERVED IN THE LOESS IN CHINA)

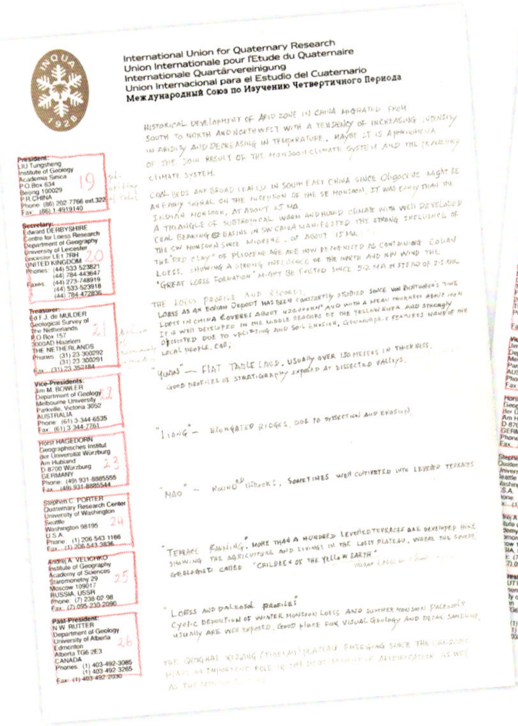

International Union for Quaternary Research
Union Internationale pour l'Etude du Quaternaire
Internationale Quartärvereinigung
Union Internacional para el Estudio del Cuaternario
Международный Союз по Изучению Четвертичного Периода

19 20 21 22 23 24 25 26

HISTORICAL DEVELOPMENT OF ARID ZONE IN CHINA MIGRATED FROM SOUTH TO NORTH AND NORTHWEST WITH A TENDENCY OF INCREASING INTENSITY IN ARIDITY AND DECREASING IN TEMPERATURE. MAYBE IT IS A PHENOMENA OF THE JOIN RESULT OF THE MONSOON CLIMATE SYSTEM AND THE PLANETARY CLIMATE SYSTEM.
COAL BEDS AND BROAD LEAFED IN SOUTH EAST CHINA SINCE OLIGOCENE MIGHT BE AN EARLY SIGNAL ON THE INCEPTION OF THE SE MONSOON, IT WAS EARLY THAN THE INDIAN MONSOON, AT ABOUT 25 MA.
A TRIANGLE OF SUBTROPICAL WARM AND HUMID CLIMATE WITH WELL DEVELOPED COAL BEARING BASINS IN SW CHINA MANIFESTED THE STRONG INFLUENCE OF THE SW MONSOON SINCE MIOCENE, OF ABOUT 15 MA.
THE "RED CLAY" OF PLIOCENE AGE ARE NOW RECOGNIZED AS CONTAINING EOLIAN LOESS, SHOWING A STRONG INFLUENCE OF THE NORTH AND NW WIND. THE "GREAT LOESS FORMATION" MIGHT BE EXISTED SINCE 5.2 MA INSTEAD OF 2.5 MA.
THE LOESS PROFILE AND RECORDS. LOESS AS AN EOLIAN DEPOSIT HAS BEEN CONSTANTLY STUDIED SINCE VON RICHTHOFEN'S TIME. LOESS IN CHINA COVERES ABOUT 420,000 KM² AND WITH A MEAN THICKNESS ABOUT 100 M. IT IS WELL DEVELOPED IN THE MIDDLE REACHES OF THE YELLOW RIVER AND STRONGLY DISSECTED DUE TO UPLIFTING AND SOIL EROSION, GEOMORPHIC FEATURES NAMES OF THE LOCAL PEOPLE, CALL;
"YUAN" — FLAT TABLE LAND, USUALLY OVER 150 METERS IN THICKNESS. GOOD PROFILES OF STRATIGRAPHY EXPOSED AT DISSECTED VALLEYS.
"LIANG" — ELONGATED RIDGES, DUE TO DISSECTION AND EROSION
"MAO" — ROUNDED HILLOCKS, SOMETIMES WELL CULTIVATED INTO LEVELED TERRACES
"TERRACE FARMING". MORE THAN A HUNDRED LEVELED TERRACES ARE DEVELOPED HERE SHOWING THE AGRICULTURAL AND LIVINGS IN THE LOESS PLATEAU, WHERE THE SPIRIT GEOLOGIST CALLED "CHILDREN OF THE YELLOW EARTH"
"LOESS AND PALEOSOL PROFILES" CYCLIC DEPOSITION OF WINTER MONSOON LOESS AND SUMMER MONSOON PALEOSOLS USUALLY ARE WELL EXPOSED. GOOD PLACE FOR VISUAL GEOLOGY AND DETAIL SAMPLING
THE QINGHAI XIZANG (TIBETAN) PLATEAU EMERGING SINCE THE CENOZOIC PLAYS AN IMPORTANT ROLE IN THE ... OF ARIDIFICATION AS WELL AS THE ...

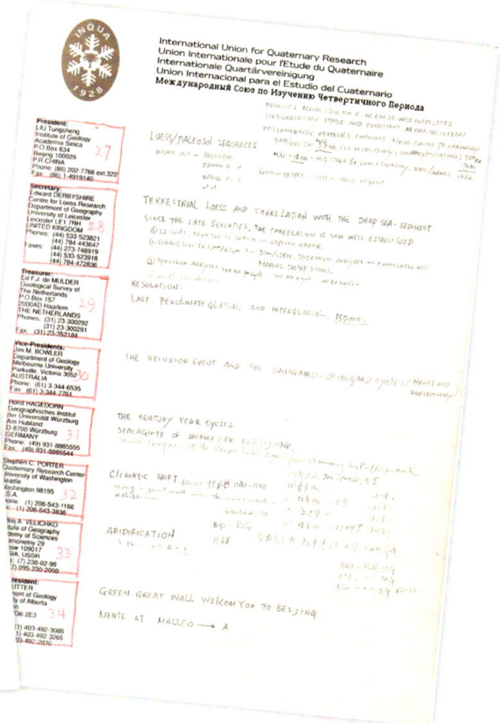

International Union for Quaternary Research
Union Internationale pour l'Etude du Quaternaire
Internationale Quartärvereinigung
Union Internacional para el Estudio del Cuaternario
Международный Союз по Изучению Четвертичного Периода

27 28 29 30 31 32 33 34

LOESS/PALEOSOL SEQUENCES
TERRESTRIAL LOESS AND CORRELATION WITH THE DEEP SEA-SEDIMENT
SINCE THE LATE SEVENTIES, THE CORRELATION IS NOW WELL ESTABLISHED
RESOLUTION:
LAST PENULTIMATE GLACIAL AND INTERGLACIAL. 150,000.
THE HEINRICH EVENT AND THE DANSGAARD-OESCHGARD CYCLES
THE CENTURY YEAR CYCLES
STALAGMITE OF SHIHUA CAVE IN BEIJING
CLIMATIC SHIFT ... 1168
ARIDIFICATION
GREEN GREAT WALL WELCOME YOU TO BEIJING
MENTE ET MALLEO → A

在夏威夷大学的三次学术报告

刘东生应夏威夷大学范宝峰教授邀请在夏威夷逗留期间，曾多次在地质地球物理系、地理系和单独对范宝峰的学生们做过多场学术报告和讲演。下面介绍留下手稿的三场学术活动。

1997年8月28日刘东生应中国留学生科学论坛的邀请，做了题为“中国的全球变化研究”（The Research on the Global Change in China）的讲演。首先介绍了从1982年开始酝酿，到1992年正式开始实施的国际地圈和生物圈计划（IGBP，通常就称为全球变化）的主要目标，它的7个核心计划和3项支持活动的基本情况。中国的全球变化研究，由地圈和生物圈计划国家委员会组织实施，以对口成立的工作组参与国际活动。在介绍了中国的自然地理状况以后，刘东生归纳出中国地形的阶梯形状及中国气候以季风气候为特征。以黑河—腾冲一线为界，可将中国分为6个景观区：西部的青藏高原区、塔里木沙漠区、黄土高原区、东部的平原区、南方的红土区和沿海陆架区。中国的全球变化研究就是从各个区的演化、它们与人类生存的关系，以及未来的发展趋势展开的。最后，还给学生介绍了研究工作的典型案例。

9月5日，在地质地球物理系给老师和同学做了“气候变化及其在全球环境变化研究中的意义”（The Climatic Variations and Its Significance to Global Change）的讲座。重点介绍了中国黄土研究的成果。在提供中国黄土的分布、厚度、地层等基本资料后，重点讨论了黄土中提取的古气候信息的各种替代性指标的基本原理，以典型的宝鸡黄土剖面作为实例，将黄土区的各种替代性指标的变化做了介绍，分析了这些变化与东亚古季风变迁的联系，以及季风气候格局形成与青藏高原隆升的关系，对黄土-古土壤记录中冷暖、干湿的基本原因做了深入浅出的解释。

9月24日，应章生道教授之请，在地理系给学生做了“中国黄土地貌”（The Transformation of the Loess Topography in China）的讲演。就秦岭和鄂尔多斯之间的半干旱的沉积盆地对黄土形成的影响进行了说明，介绍了各种黄土地貌类型：塬、墚和峁的基本特征和分布，其上的黄土堆积和侵蚀堆积作用的基本规律，基底地形对黄土地貌的影响。最后，以黄土记录的各种不同时间尺度的气候变化时间及它们对全球变化研究的意义结束了讲座。

刘东生深入浅出、鞭辟入里的报告受到夏威夷大学老师和同学的热烈欢迎。

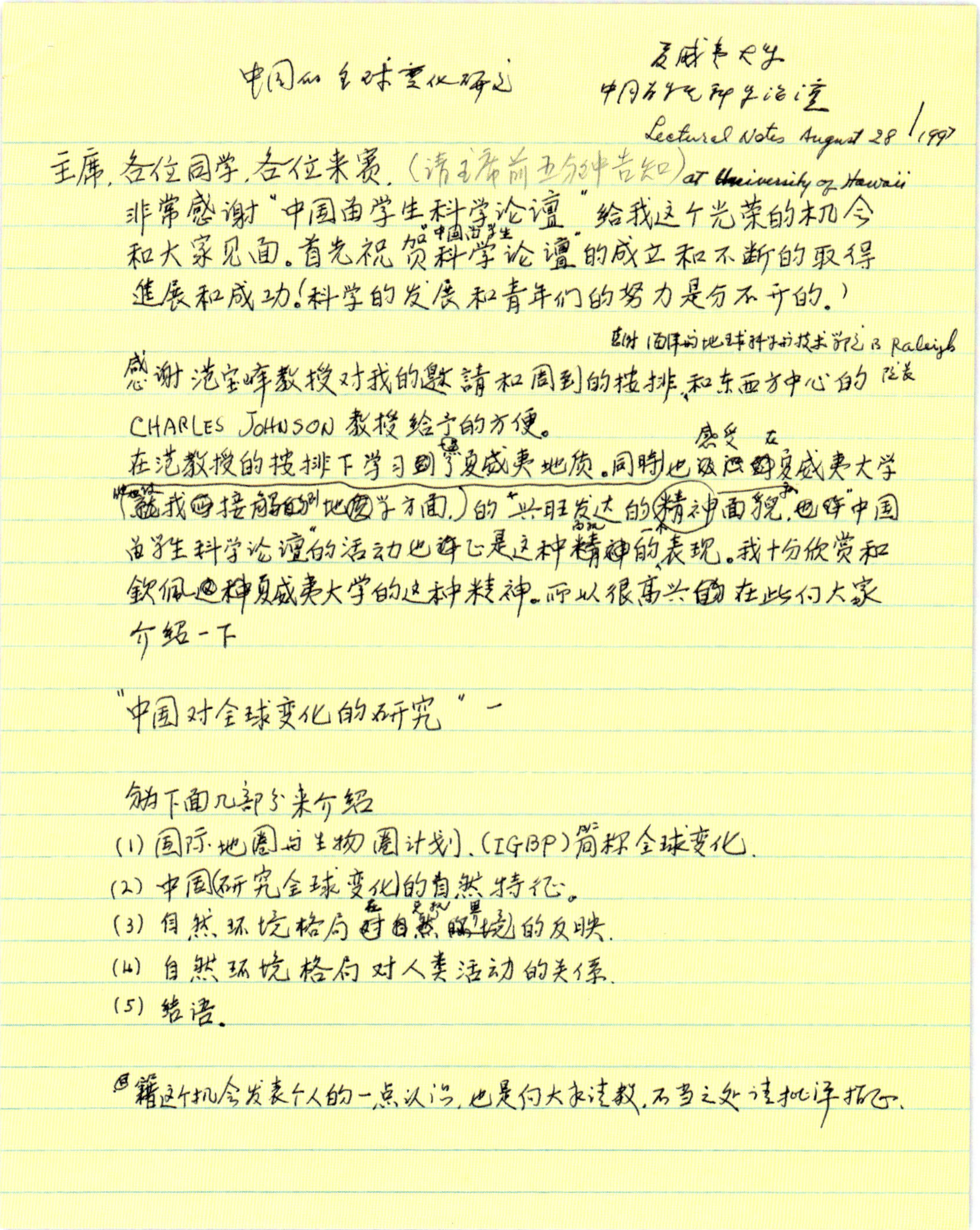

中国的全球变化研究　　　　夏威夷大学
中国留学生科学论坛
Lectural Notes August 28 1997
at University of Hawaii

主席、各位同学、各位来宾，（请主席前五分钟告知）

非常感谢"中国留学生科学论坛"给我这个光荣的机会和大家见面。首先祝贺"中国留学生科学论坛"的成立和不断的取得進展和成功。（科学的发展和青年们的努力是分不开的。）

感谢范宝峰教授对我的邀請和周到的安排，和东西方中心的院长 CHARLES JOHNSON 教授给予的方便。

在范教授的安排下学习了夏威夷地质。同时也感受到在夏威夷大学中体现在学方面的"兴旺发达的精神面貌"，也是"中国留学生科学论坛"的活动也是这种高尚精神的表现。我十分欣赏和钦佩夏威夷大学的这种精神。所以很高兴在此向大家介绍一下

"中国对全球变化的研究"一

分下面几部分来介绍

(1) 国际地圈与生物圈计划、(IGBP)简称全球变化.

(2) 中国研究全球变化的自然特征。

(3) 自然环境格局在自然界的反映.

(4) 自然环境格局对人类活动的关係.

(5) 结语。

借这个机会发表个人的一点认识，也是向大家请教，不当之处请批评指正。

中国的全球变化研究（手稿）、气候变化及其在全球环境变化研究中的意义（手稿）和中国黄土地貌（手稿）

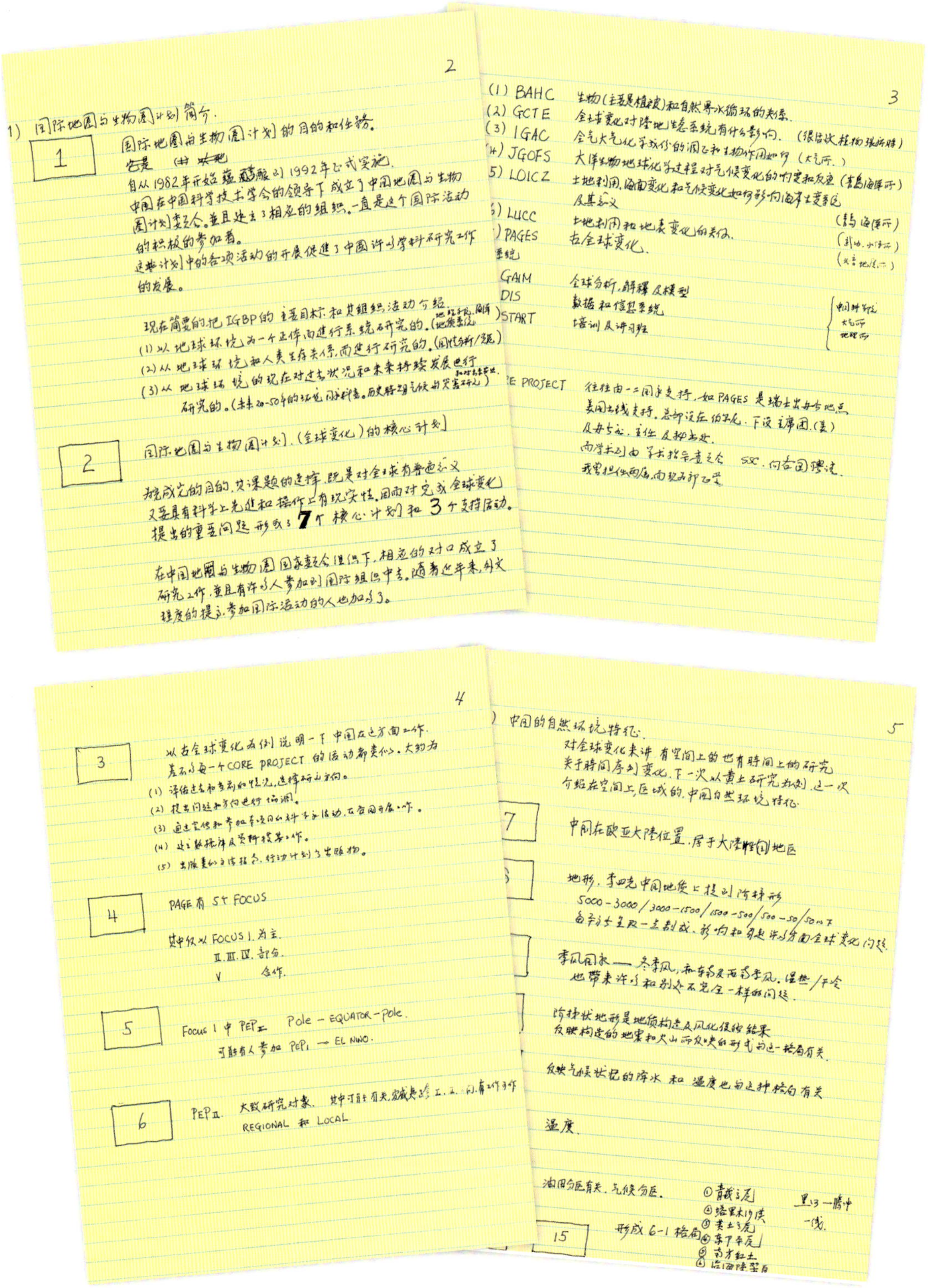

2

1) 国际地圈与生物圈计划简介.

1 国际地圈与生物圈计划的目的和任务.

自从1982年开始酝酿到1992年正式实施,
中国在中国科学技术学会的领导下成立了中国地圈与生物圈计划委员会。并且建立了相应的组织,一直是这个国际活动的积极的参加者。
这些计划中的各项活动的开展促进了中国许多学科研究工作的发展。

现在简要的把IGBP的主要目标和其组织活动介绍
(1) 从地球环境为一个整体而进行系统研究的。(地球系统)
(2) 从地球环境和人类生存关系而进行研究的。(国情分析/规)
(3) 从地球环境的现在对过去状况和未来持续发展进行研究的。(未来20-50年的环境问题科学。历史时期与气候与灾害研究)

2 国际地圈与生物圈计划(全球变化)的核心计划

挑战完的目的,其课题的选择,既是对全球有普遍意义又要是有科学上先进和操作上有现实性,国面对完成全球变化提出的重要问题形成了7个核心计划和3个支持活动。

在中国地圈与生物圈国家委员会组织下,相应的对口成立了研究工作,并且有许多人参加到国际组织中去。随着近年来,外交程度的提高,参加国际活动的人也加多了。

3

(1) BAHC 生物(主要是植被)和自然界水循环的关系.
(2) GCTE 全球变化对陆地生态系统有什么影响.
(3) IGAC 全气大气化学成分的调查和生物作用如何(大气所.) (张培钦 植物 张新时)
(4) JGOFS 大洋生物地球化学过程对气候变化的响应和反应(青岛海洋所)
(5) LOICZ 土地利用,海面变化和气候变化如何影响海岸生态系统及其意义
(6) LUCC 土地利用和地表覆盖的变化 (青岛海洋所)
(7) PAGES 过去全球变化. (科地 水保所) (大气 地化所)
支持系统
GAIM 全球分析,解释及模型
DIS 数据和信息系统
START 培训及评估程序 (中国科学院 大气所 地理所)

CORE PROJECT 往往由一二国家支持,如PAGES是瑞士出办公地点美国出钱支持。总部设在伯尔尼,下设主席团(委)及办公室,主任及秘书处。
国际学术组织由学术指导委员会 SSC.内各国联选.
我曾担任两届,而现在部分了.

4

3 以过去全球变化为例说明一下中国在这方面工作.
差不多每一个CORE PROJECT的活动都类似。大约为
(1) 评估过去和当前的状况,选择研究方向。
(2) 提出问题和方向进行协调。
(3) 通过会议和参加专项国际科学活动,在各国开展工作。
(4) 建立数据库及资料搜集工作。
(5) 出版专刊之会议报告,行动计划等出版物。

4 PAGE有5个FOCUS
其中仅以FOCUS I为主.
II.III.IV. 部分.
V 合作.

5 Focus I 中 PEP II Pole - EQUATOR - Pole.
可能有人参加 PEP I → EL NINO.

6 PEP II. 大陆研究对象. 其中可能有关,REGIONAL 和 LOCAL

5

2) 中国的自然环境特征.
对全球变化来讲有空间上的也有时间上的研究,关于时间序列变化,下一次从黄土研究报到。这一次介绍在空间上区域的中国自然环境特征.

7 中国在欧亚大陆位置,属于大陆性间地区

8 地形,李四光中国地质上提到阶梯形
5000-3000/3000-1500/1500-500/500-50/50m以下
由于这个呈现一上部剥蚀,影响和引起许多方面全球变化问题

季风因素——冬季风,和夏季风及西南季风。湿热/干冷
也带来许多和别处不完全一样的问题.

阶梯状地形是地质构造及风化侵蚀结果
反映构造的地震和火山而反映的形成与这一格局有关.

反映气候状况的降水和温度也与这种格局有关

温度.

油田与区有关,气候与区.
①青藏高原 ②塔里木沙漠 ③黄土高原 ④东部平原 ⑤南方红土 ⑥沿海陆架
黑河—腾冲一线.

15 形成6-1格局

Loess of China —

Dept. of Geology and Geophysics
University of Hawaii

the climatic variation and its
significance to 'world climate' / global change

P. 1.

Sept. 5, 1997

Thank you Mr. Chairman. Dr.

I would like to take this opportunity to thank Dr. Barry Raleigh, Dr. Charles Johnson and Dr. Pow-Foong Fan for their kindness to invite me to visit your (beautiful) University and the department of Geology and Geophysics. (At SOEST)

As a student on the research of loess in China, I am very happy and very honoured to have the chance to report to you on "Some Aspects on the study of the loess in China.

FIRST. I Brief Introduction on the Loess Plateau

1

Loess generally recognized as an eolian deposit of Quaternary Age, is well distributed in the world. including Hawaii Islands.

2

3

Loess (~~is well developed in the NW~~ North central part of ~~China.~~)

(It) covers about 440,000 square Kilometers ~~in th~~ along the Middle reaches of the Yellow River. ~~It has a depth~~

It is generally ~~about~~ 100–150 Meters in thickness., ~~It~~ The ~~highest record~~ is ~~More than~~ 400 M. The loess Plateau is ~~now~~ deeply dissected. Soil erosion and desertification ~~are~~ is a serious problem in this Region.

4

5

The loess plateau ~~is~~ was geomorphologically subdivided by the local people into three categories. "YUAN" "LIANG" and "MAO"

Yuan – Mean Table land. ~~In this part~~ THIS IS THE WHEAT BELT IN THE S. PART of the loess plateau whenever they have ~~have~~ enough water (GOOD PREPICITATION) in the year. They have good Harvest

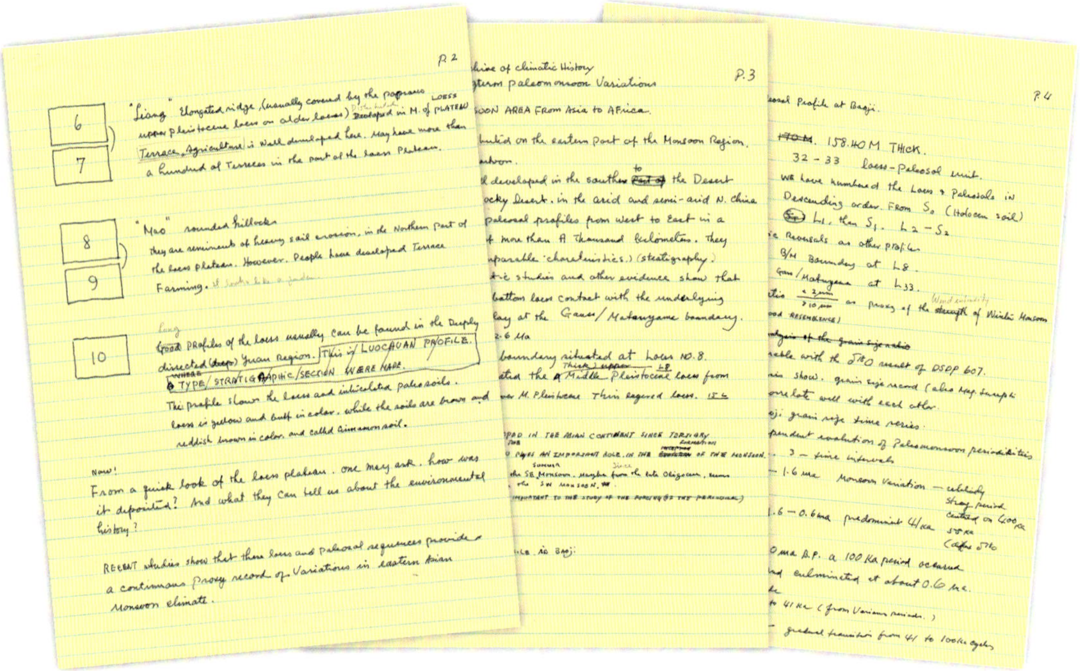
P.2
P.3
P.4
MONSOON AREA FROM Asia to AFRICA.

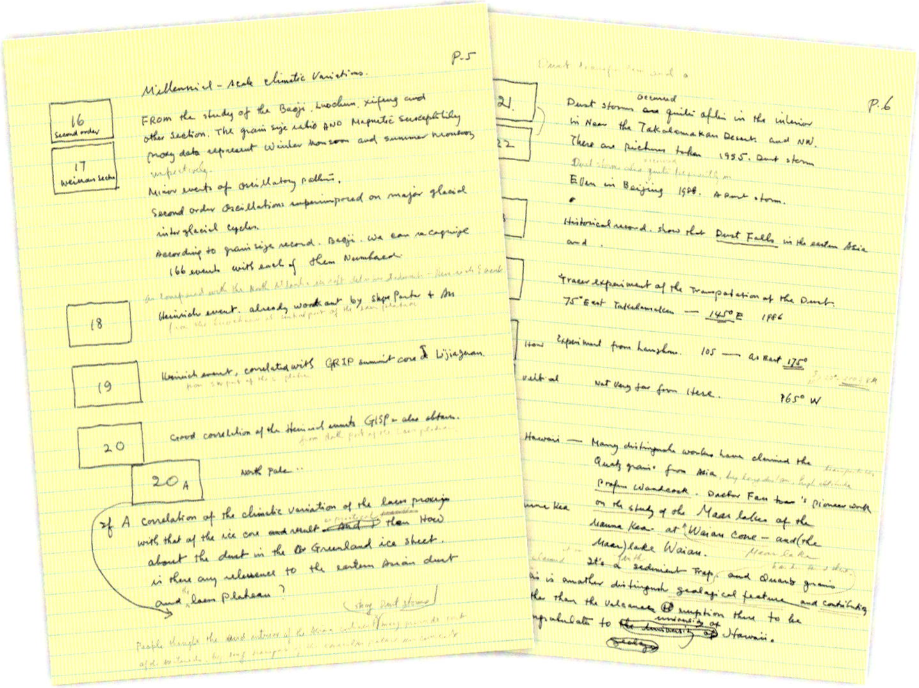
P.5
Millennial-Scale Climatic Variations
P.6

Department of Geography
章生道教授.

The Transformation of the loess topography in China (1)

Sept. 24

1

Loess - is a widely distributed surfacial deposit in the World
there is a good Profile in the Hawaii islands. this is one
at the big Island. studied by Prof. Steve Porter
Prof. Fen did very important work in Lake ______
at Mauna Kea.

2

Loess in China mainly developed in the Central part of
Northern China. with an area of more than 300.000. KM²
an averaged thickness about 100 M. generally Loess Plateau.
The 2nd largest River the yellow River flows over
the loess plateau.
Which has a suspended load of 1.6 Billion Tons of
Sediments pass to the North China plain. due to heavy
(soil) erosion of the loess plateau. It is a hanging River at the lower streams.
In recent years, the second large river, has
disscated. dried up at its lower reaches for
some days. Sometimes in the dry season it has
a dry period of no water for 30 days in a distance
from the mouth of the River up to 600 KM.

3

One estimation the loess plateau and loess covered 1/10 agricultural Total area
Soil erosion and desertification in the loess plateau
is heaviest in the country. The united Nations has
prepared a map. which shows the distribution of
the loess area too.

Megageomorphic UNIT

Looking at the map. there raise the question
How this heavily eroded loess plateau and its
topography or land-forms was formed and transformed.

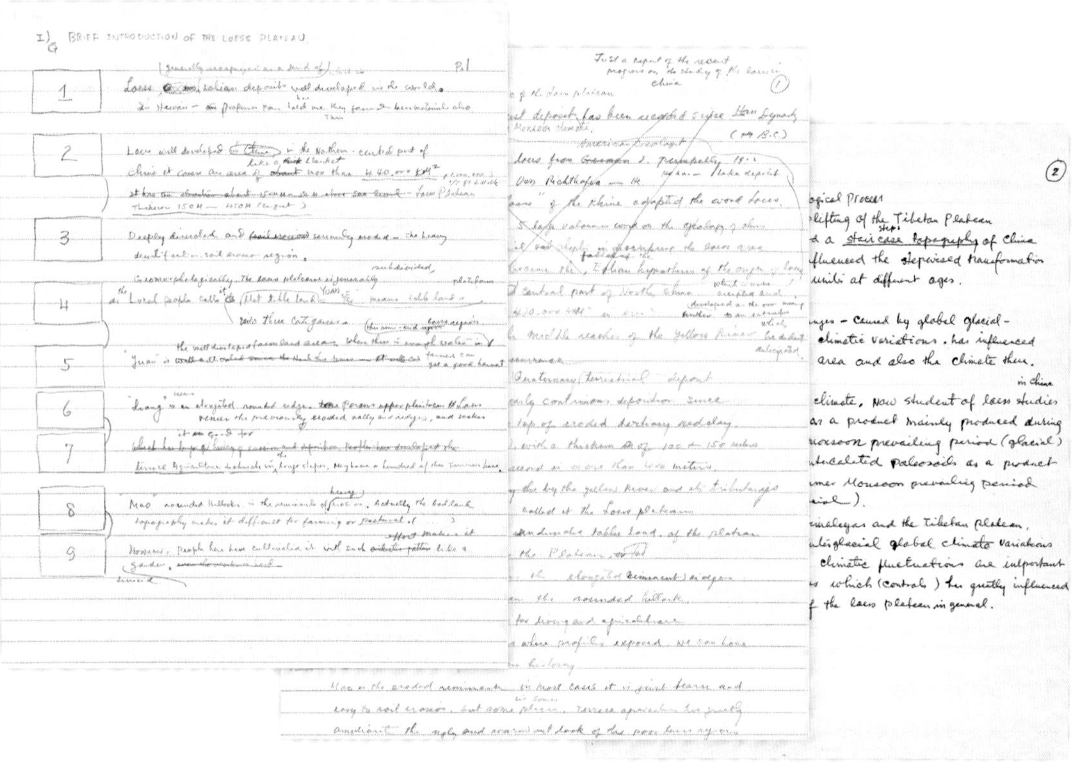

1) G BRIEF INTRODUCTION OF THE LOESS PLATEAU

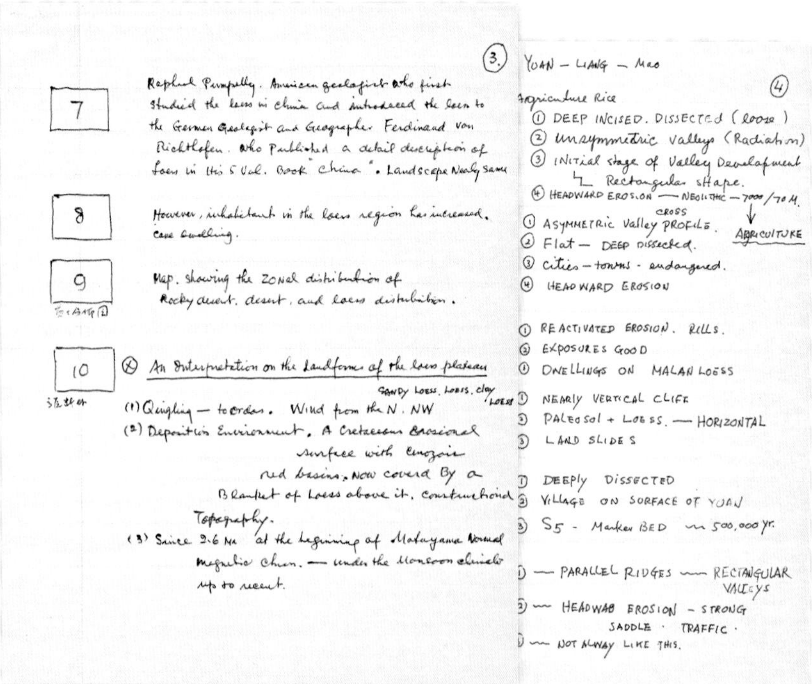

(3.)

7 — Raphael Pumpelly. American geologist who first studied the loess in China and introduced the loess to the German Geologist and Geographer Ferdinand von Richthofen. who Published a detail description of loess in His 5 Vol. Book "China". Landscape Nearly Same

8 — However, inhabitant in the loess region has increased. Cave dwelling.

9 — Map. showing the ZONal distribution of Rocky desert. desert. and loess distribution.

10 — ⊗ An Interpretation on the Landforms of the loess plateau

SANDY LOESS. LOESS. clay LOESS

(1) Qingling — to Ordos. Wind from the N. NW

(2) Depositional Environment. A Cretaceous Erosional surface with Cenozoic red basins. Now covered By a Blanket of Loess above it. Constructional Topography.

(3) Since 2.6 Ma at the beginning of Matuyama Normal magnetic Chron. — under the Monsoon climate up to recent.

(4)

YUAN — LIANG — MAO

Agriculture Rice

① DEEP INCISED. DISSECTED (loose)
② unsymmetric valleys (Radiation)
③ INITIAL stage of Valley Development — Rectangular sHape.
④ HEADWARD EROSION — NEOLITHIC — 7000/70 M. ↓ AGRICULTURE

① ASYMMETRIC Valley CROSS PROFILE.
② Flat — DEEP DISSECTED.
③ cities — towns · endangered.
④ HEADWARD EROSION

① REACTIVATED EROSION. RILLS.
② EXPOSURES GOOD
① DWELLINGS ON MALAN LOESS

① NEARLY VERTICAL CLIFF
② PALEOSOL + LOESS. — HORIZONTAL
③ LAND SLIDES

① DEEPLY DISSECTED
② VILLAGE ON SURFACE OF YUAN
③ S5 - Marker BED ~ 500,000 yr.

① — PARALLEL RIDGES — RECTANGULAR VALLEYS
② ~ HEADWAB EROSION - STRONG SADDLE · TRAFFIC ·
③ ~ NOT ALWAY LIKE THIS.

论转态

自从赫顿（James Hutton）在18世纪末提出“现代地质过程中起作用的物理学、化学和生物学法则也适用于过去的地质时期”的观点后，莱伊尔（Charles Lyell）在他的《地质学原理》中对此有所发展，被后人概括为“现在是过去的钥匙”，这一学说也被称为“均变说（Uniformitarianism）”。差不多同时，居维叶（Gtorge Cuvier）从生物演化得出地球历史上曾发生过巨大的突变事件，是一些原有的生物种属毁灭，一些新的种属产生，这一学说被称为“灾变说（Catastrophism）”。长期以来，在认识地质、古生物的发展演化史上，互相矛盾，但更重要的是互为补充。在20世纪间断平衡（Punctuated Equilibrium）的学说提出以后，引起了很多学者，也包括刘东生的注意。“论转态”就是刘东生1997年11月6日在北京召开的“第七届全国第四纪学术大会”上所做的学术报告的题目。

早在10年前，即于1987年在加拿大渥太华召开的第Ⅻ届国际第四纪研究联合会（INQUA）大会上就曾以中国黄土-古土壤叠覆的现象，从间断平衡的观点加以比拟。以后10年对全球变化的研究，人们逐渐认识到古气候变化既有一定的旋回性，又有很多突变性的事件发生，如冰心记录中气温短时间内的快速变化（Abrupt Change）

在“论转态”中刘东生定义“转态”为联结地质上事件与空间标志的环节。刘东生以分水岭到侵蚀基准面作为一个单元，以第四纪在不同空间的变化划分出“替换转态（Alternative Transformation）”、“间断转态（Punctuated Transformation）”、“隐形转态（Crypoto-Transformation）”等三种类型。报告中还讨论了空间转态和时间转态等问题，可以认为是刘东生对第四纪时期环境变化的研究在理论上的总结和提升，有待我们逐步深入理解。

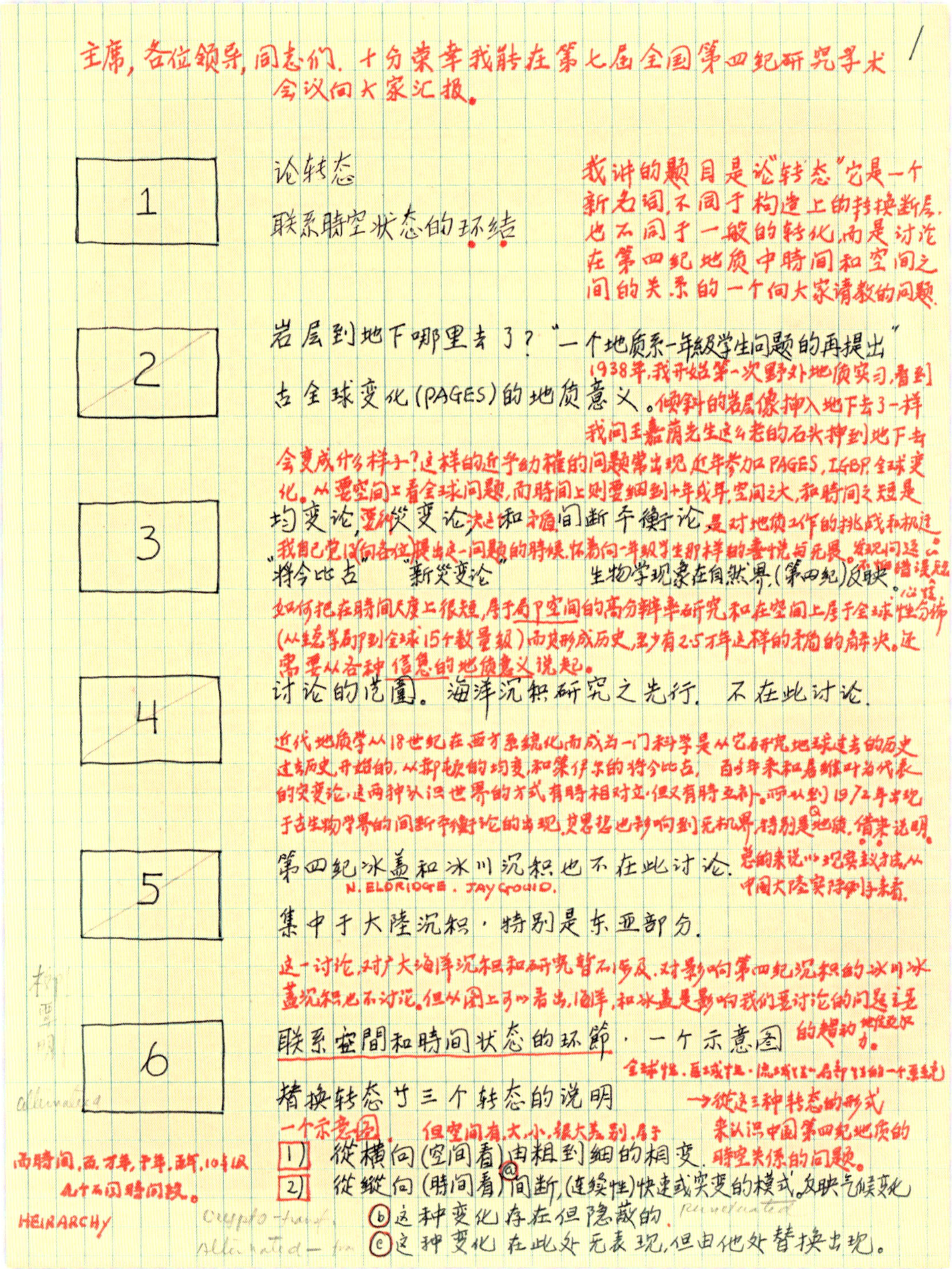
主席，各位领导，同志们，十分荣幸我能在第七届全国第四纪研究学术会议向大家汇报。
1
论转态
联系时空状态的环结
我讲的题目是论转态，它是一个新名词，不同于构造上的转换断层，也不同于一般的转化，而是讨论在第四纪地质中时间和空间之间的关系的一个向大家请教的问题。
2
岩层到地下哪里去了？“一个地质系一年级学生问题的再提出”
1938年，我开始第一次野外地质实习，看到倾斜的岩层像插入地下去了一样，我问王嘉荫先生这么老的石头插到地下去会变成什么样子？这样的近乎幼稚的问题常出现。
古全球变化(PAGES)的地质意义。
近年参加PAGES，IGBP，全球变化。从空间上看全球问题，而时间上则要细到十年或年，空间之大，和时间之短是
3
均变论，灾变论，和间断平衡论
是对地质工作的挑战和机遇。
“将今比古”　“新灾变论”　生物学现象在自然界（第四纪）反映。
如何把在时间尺度上很短，属于局部空间的高分辨率研究和在空间上属于全球性分布（从局部到全球15个数量级）而又形成历史，至少有2.5万年这样的矛盾的解决。还需要从各种信息的地质意义说起。
4
讨论的范围。海洋沉积研究之先行，不在此讨论。
近代地质学从18世纪在西方系统化而成为一门科学是从它研究地球过去的历史开始的。
5
第四纪冰盖和冰川沉积也不在此讨论。
N. ELDRIDGE . JAY GOULD.
总的来说以现实主义方法从中国大陆实际例子来看。
集中于大陆沉积，特别是东亚部分。
这一讨论，对广大海洋沉积和研究暂不涉及，对影响第四纪沉积的冰川冰盖沉积也不讨论。
6
联系空间和时间状态的环节，一个示意图
全球性，区域性，流域性……的一个系统
替换转态等三个转态的说明
一个示意图。
→从这三种转态的形式来认识中国第四纪地质的时空关系的问题。
但空间有大小，很大差别，属于
1) 從横向（空间看）由粗到细的相变。
2) 從縱向（時间看）ⓐ间断，（连续性）快速或突变的模式。反映气候变化
ⓑ这种变化存在但隐蔽的。
ⓒ这种变化在此处无表现，但由他处替换出现。
而时间，百万年，千年，百年，10年以及几个不同时间段。
HEIRARCHY
crypto-trans.
Alternated-tra

论转态（手稿）

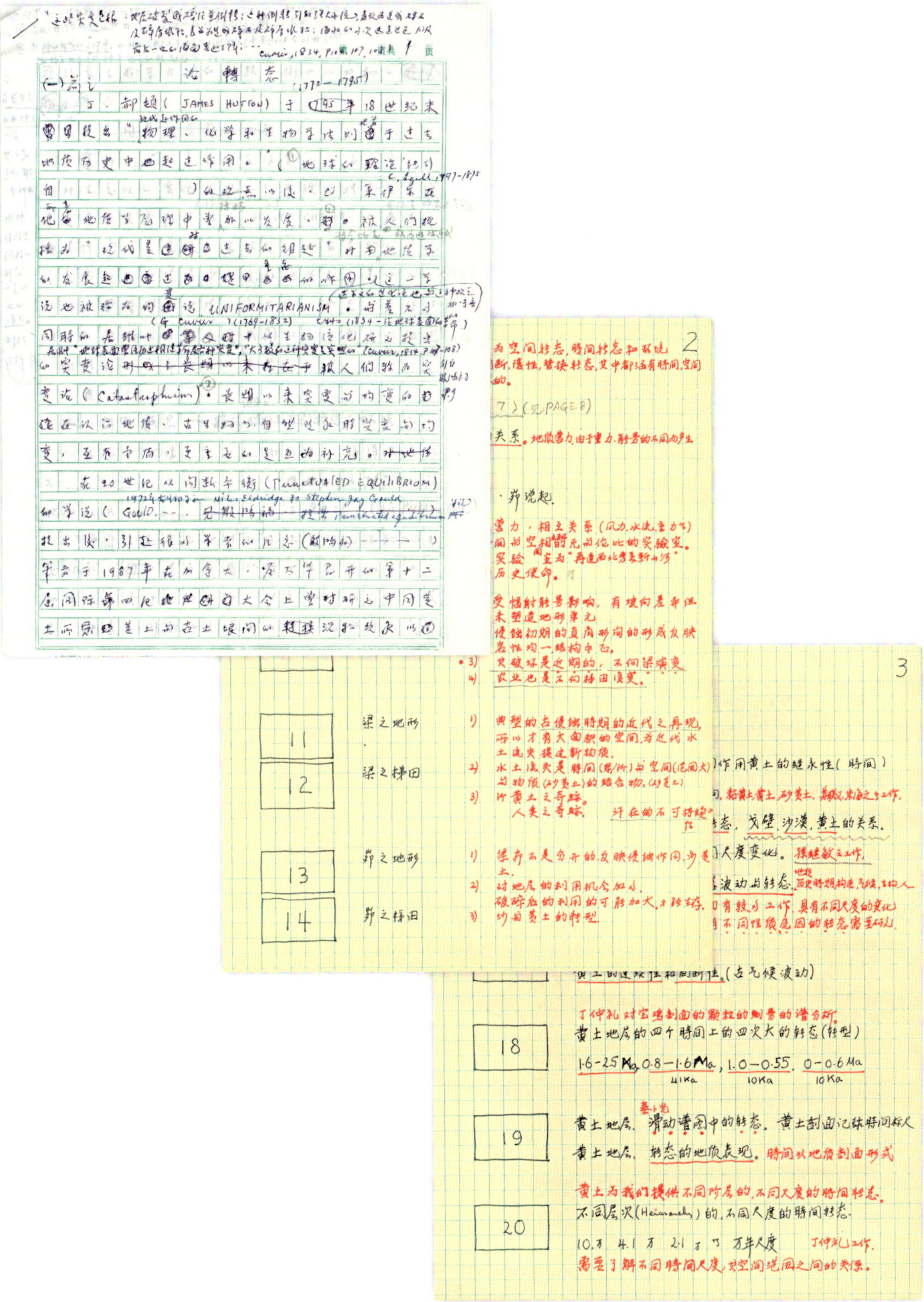
UNIFORMITARIANISM
PUNCTUATED EQUILIBRIUM
黄土地层的四个时间上的四次大的转态(转型)
1.6-2.5 Ma, 0.8-1.6 Ma, 1.0-0.55, 0-0.6 Ma
41Ka 10Ka 10Ka
黄土为我们提供不同阶层的,不同尺度的时间转态。
不同层次(Heirarchy)的,不同尺度的时间转态
需要了解不同时间尺度,与空间范围之间的关系。

中国现代地质科学的发展

1998年4月20～28日，第一次过去全球变化公开科学会议（1st IGBP PAGES Open Science Meeting）在英国伦敦召开，大会的主题是："过去全球变化研究对未来的意义（Past Global Changes and Their Significance for the Future）"。

"Modern Geology Developed in China（中国现代地质科学的发展）"是刘东生在首次公开科学会议上的报告，向给来自各国的与会人员介绍中国的过去全球变化方面的研究，既包括已经取得的成果，也包括正在开展的工作。报告首先介绍了中国的自然地理概况，特别是阶梯状的地势格局对环境的基本影响。然后，从各种地质记录中提取的环境变化的替代性指标所揭示的新生代环境变迁的基本轮廓：从古新世的纬向展布的行星风系所形成的气候带分布逐渐过渡到现在的东南西北向底边的季风气候环境格局，中新世是重要的转折时期，而在这一过程中，青藏高原的隆升对气候环境的变化起了很大的作用。刘东生接着介绍了一系列新的研究方向和成果。

汪品先新近在南中国海钻孔岩心研究的结果，发现冰期时颗粒明显变粗，表明大量陆源的粉尘加入沉积物中；高分辨率的孢粉分析显示在很可能相当于哈恩里奇（Heinrich）事件时，针叶树和蒿的相对含量增加，这些结果都可以与近来在黄土记录的新发现互相印证。

前第四纪的红黏土及玛珥湖沉积是新的研究领域。由于集水面积小，外界的干扰少，玛珥湖能很好记录周边的环境变化，成为新的记录载体；红黏土的原始物质被证明同样是粉尘，这些前第四纪的粉尘事件为亚洲干旱化起始的时间提供了依据。

湖北巫山发现距今约2Ma的人类牙齿化石，给人希望，看能否有其他的重要发现。

此外，青藏高原、冰心、石笋、微层等的研究，也显示了很好的前景。刘东生的报告给听众一幅中国古全球变化研究的亮丽图景。

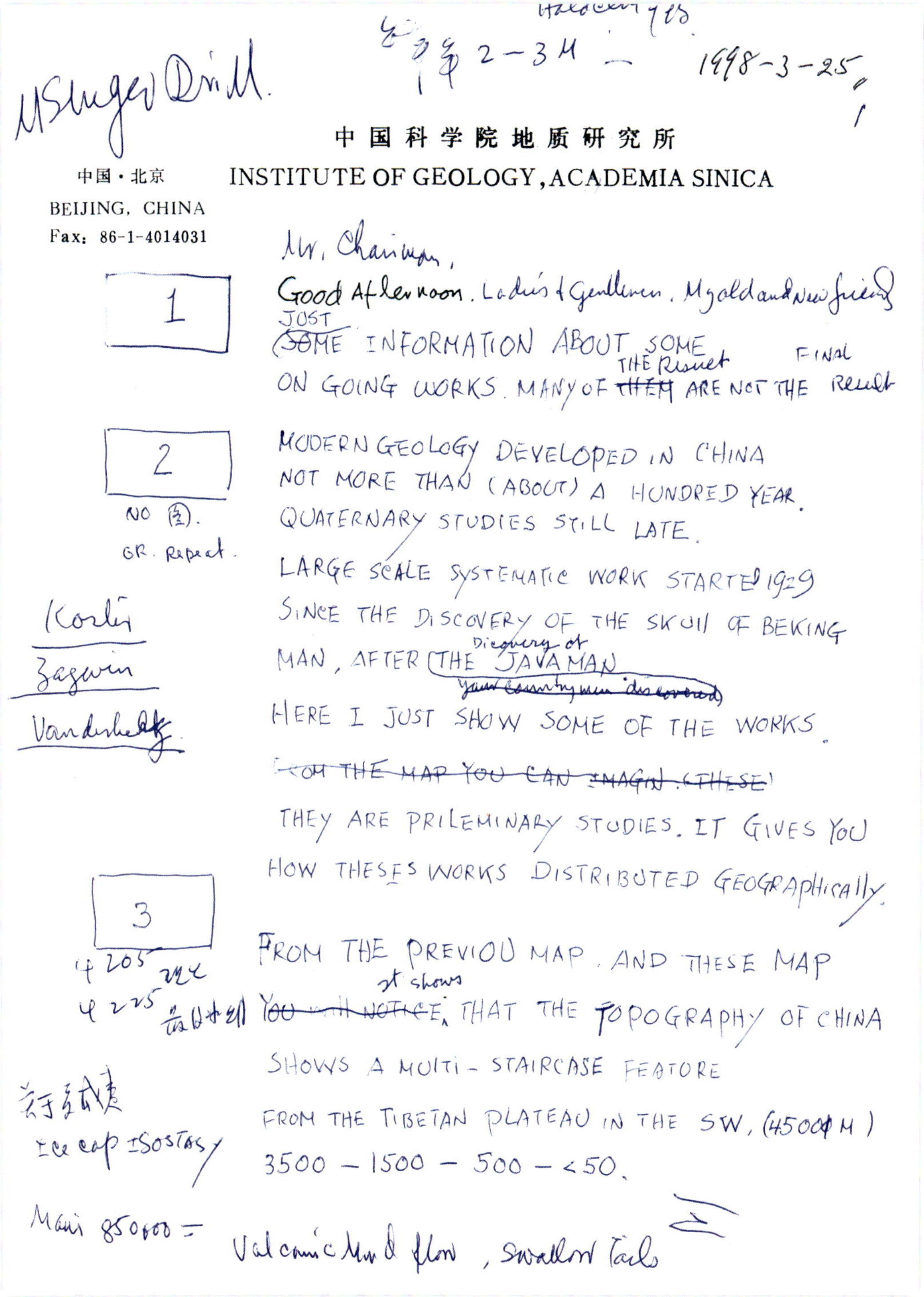

1998-3-25

中国科学院地质研究所

INSTITUTE OF GEOLOGY, ACADEMIA SINICA

中国·北京

BEIJING, CHINA

Fax: 86-1-4014031

Mr. Chairman,

Good Afternoon. Ladies & Gentlemen. My old and new friends

1

~~SOME~~ JUST INFORMATION ABOUT SOME ON GOING WORKS. MANY OF ~~THEM~~ THE Result ARE NOT THE FINAL Result

2

MODERN GEOLOGY DEVELOPED IN CHINA NOT MORE THAN (ABOUT) A HUNDRED YEAR.

QUATERNARY STUDIES STILL LATE.

LARGE SCALE SYSTEMATIC WORK STARTED 1929

SINCE THE DISCOVERY OF THE SKULL OF PEKING MAN, AFTER THE Discovery of JAVA MAN

NO 图. OR. Repeat.

Kozlis

Zagwin

Vandenhelf

HERE I JUST SHOW SOME OF THE WORKS.

~~FROM THE MAP YOU CAN IMAGN. (THESE)~~

THEY ARE PRILEMINARY STUDIES. IT GIVES YOU HOW THESES WORKS DISTRIBUTED GEOGRAPHICALLY.

3

FROM THE PREVIOU MAP, AND THESE MAP ~~YOU will NOTICE~~ it shows THAT THE TOPOGRAPHY OF CHINA SHOWS A MULTI-STAIRCASE FEATURE

FROM THE TIBETAN PLATEAU IN THE SW. (4500 M)

3500 — 1500 — 500 — <50.

Ice cap ISOSTASY

Mani 850000 =

Valcanic Mud flow, Swallow Tails

中国现代地质科学的发展（英文手稿）

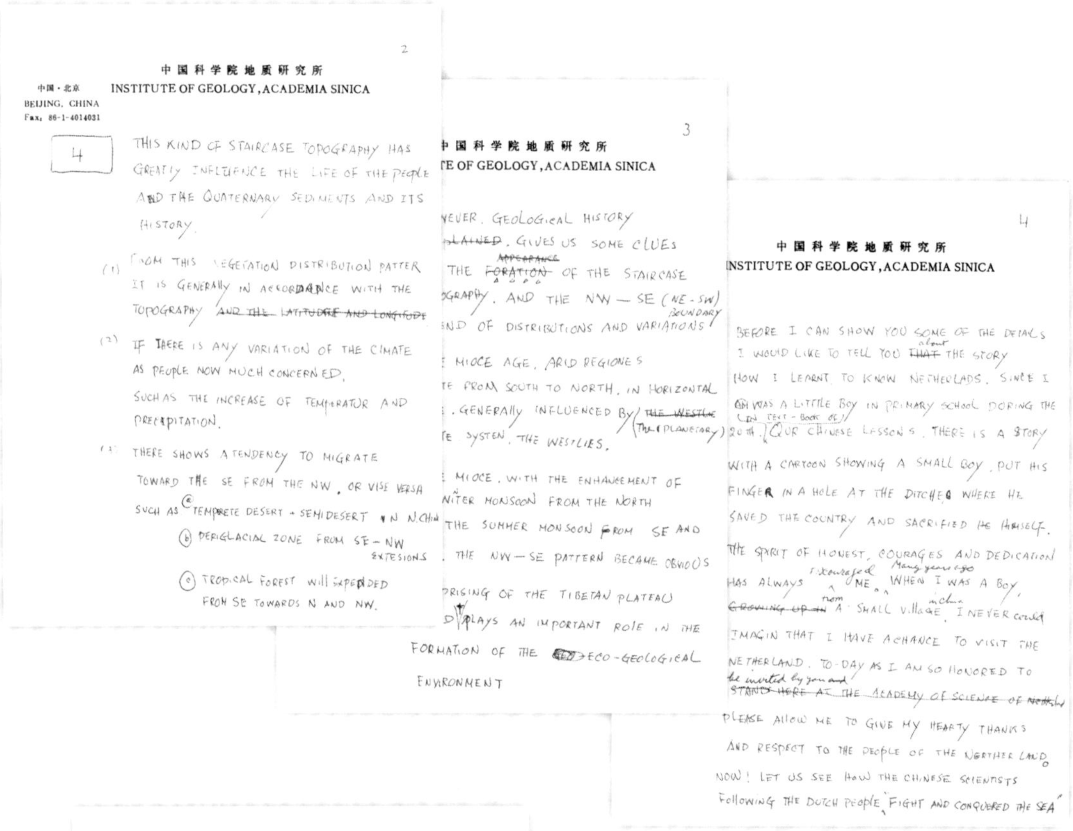
2

中国科学院地质研究所
中国·北京 INSTITUTE OF GEOLOGY, ACADEMIA SINICA
BEIJING, CHINA
Fax: 86-1-4014031

4

THIS KIND OF STAIRCASE TOPOGRAPHY HAS GREATLY INFLUENCE THE LIFE OF THE PEOPLE AND THE QUATERNARY SEDIMENTS AND ITS HISTORY.

(1) FROM THIS VEGETATION DISTRIBUTION PATTER IT IS GENERALLY IN ACCORDANCE WITH THE TOPOGRAPHY ~~AND THE LATITUDE AND LONGITUDE~~

(2) IF THERE IS ANY VARIATION OF THE CIMATE AS PEOPLE NOW MUCH CONCERNED, SUCH AS THE INCREASE OF TEMPERATUR AND PRECIPITATION,

(3) THERE SHOWS A TENDENCY TO MIGRATE TOWARD THE SE FROM THE NW, OR VISE VERSA SUCH AS
ⓐ TEMPRETE DESERT + SEMIDESERT IN N. CHIN
ⓑ PERIGLACIAL ZONE FROM SE – NW EXTESIONS
ⓒ TROPICAL FOREST will EXPENDED FROM SE TOWARDS N AND NW.

3

中国科学院地质研究所
…TE OF GEOLOGY, ACADEMIA SINICA

…VEVER, GEOLOGICAL HISTORY ~~…PLAINED~~, GIVES US SOME CLUES … THE ~~FORATION~~ APPEARANCE OF THE STAIRCASE …OGRAPHY, AND THE NW – SE (NE-SW) BOUNDARY …END OF DISTRIBUTIONS AND VARIATIONS

…E MIOCE AGE, ARID REGIONES …TE FROM SOUTH TO NORTH, IN HORIZONTAL …E, GENERALLY INFLUENCED BY ~~THE WESTLIE~~ (THE PLANETARY) …TE SYSTEN, THE WESTLIES,

…E MIOCE, WITH THE ENHANCEMENT OF …NITER MONSOON FROM THE NORTH … THE SUMMER MONSOON FROM SE AND … THE NW – SE PATTERN BECAME OBVIOUS

…PRISING OF THE TIBETAN PLATEAU …D PLAYS AN IMPORTANT ROLE IN THE FORMATION OF THE ~~…~~ ECO-GEOLOGICAL ENVIRONMENT

4

中国科学院地质研究所
INSTITUTE OF GEOLOGY, ACADEMIA SINICA

BEFORE I CAN SHOW YOU SOME OF THE DETALS I WOULD LIKE TO TELL YOU ~~THAT~~ about THE STORY HOW I LEARNT TO KNOW NETHERLADS. SINCE I ~~AM~~ WAS A LITTLE BOY IN PRIMARY SCHOOL DURING THE 20TH. (IN TEXT-BOOK OF) OUR CHINESE LESSONS, THERE IS A STORY WITH A CARTOON SHOWING A SMALL BOY PUT HIS FINGER IN A HOLE AT THE DITCHES WHERE HE SAVED THE COUNTRY AND SACRIFIED HE HIMSELF. THE SPIRIT OF HONEST, COURAGES AND DEDICATION HAS ALWAYS encouraged ME. Many years ago WHEN I WAS A BOY, ~~GROWING UP IN~~ from A SMALL village in China, I NEVER could IMAGIN THAT I HAVE A CHANCE TO VISIT THE NETHERLAND. TO-DAY AS I AM SO HONORED TO be invited by you and ~~STAND HERE~~ AT THE ACADEMY OF SCIENCE of Netherland PLEASE ALLOW ME TO GIVE MY HEARTY THANKS AND RESPECT TO THE PEOPLE OF THE NETHERLAND. NOW! LET US SEE HOW THE CHINESE SCIENTISTS FOLLOWING THE DUTCH PEOPLE "FIGHT AND CONQUERED THE SEA"

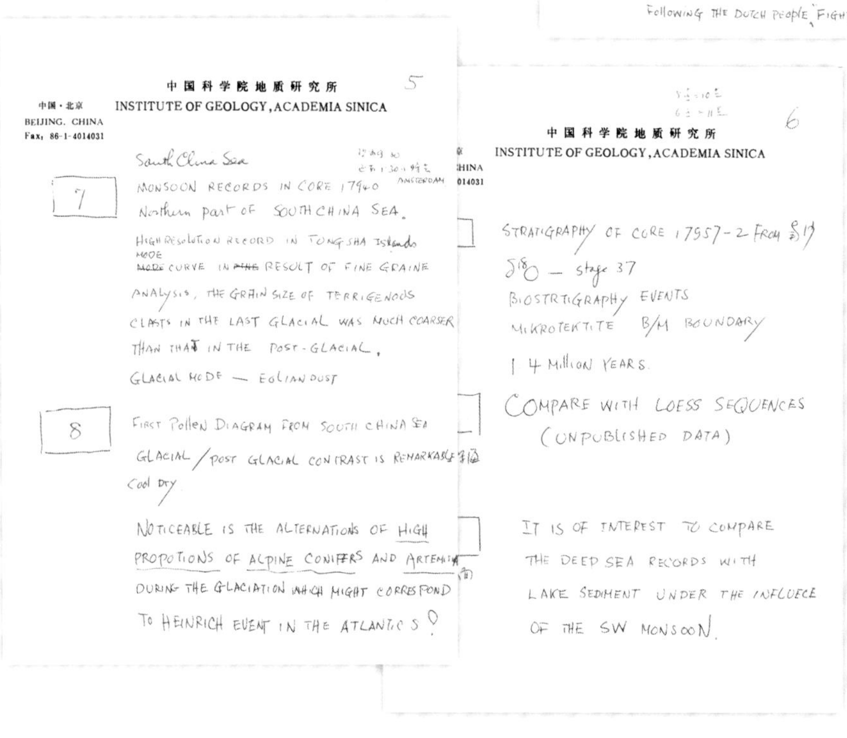
5

中国科学院地质研究所
中国·北京 INSTITUTE OF GEOLOGY, ACADEMIA SINICA
BEIJING, CHINA
Fax: 86-1-4014031

South China Sea

7

MONSOON RECORDS IN CORE 17940 AMSTERDAM
Northern part of SOUTH CHINA SEA.
High Resolution Record in TONG-SHA Islands
~~MODE~~ MODE CURVE IN ~~THE~~ RESULT OF FINE GRAINE ANALYSIS, THE GRAIN SIZE OF TERRIGENOUS CLASTS IN THE LAST GLACIAL WAS MUCH COARSER THAN THAT IN THE POST-GLACIAL,
GLACIAL MODE – EOLIAN DUST

8

FIRST Pollen DIAGRAM FROM SOUTH CHINA SEA
GLACIAL / POST GLACIAL CONTRAST IS REMARKABLE
Cool Dry

NOTICEABLE IS THE ALTERNATIONS OF HIGH PROPOTIONS OF ALPINE CONIFERS AND ARTEMISIA DURING THE GLACIATION WHICH MIGHT CORRESPOND TO HEINRICH EVENT IN THE ATLANTIC S?

6

中国科学院地质研究所
INSTITUTE OF GEOLOGY, ACADEMIA SINICA
…HINA
…014031

STRATIGRAPHY OF CORE 17957-2 FROM δ¹⁸O
δ¹⁸O – stage 37
BIOSTRATIGRAPHY EVENTS
MIKROTEKTITE B/M BOUNDARY
1.4 Million YEARS

COMPARE WITH LOESS SEQUENCES
(UNPUBLISHED DATA)

IT IS OF INTEREST TO COMPARE THE DEEP SEA RECORDS WITH LAKE SEDIMENT UNDER THE INFLUECE OF THE SW MONSOON.

关于青藏高原第四纪冰盖问题

青藏高原的隆升改变了全球的环境格局，深刻影响着东亚，乃至全球新生代地质环境的变化。高耸入云的青藏高原在第四纪时期是否存在冰盖，冰盖的规模如何，是具有关键意义的重大问题，也是眼下引起很大争议的问题，有人认为青藏高原第四纪时期根本没有冰盖，有人则认为存在大冰盖。

早年就投身青藏高原科考，注重青藏高原隆升的环境效应的刘东生，自然十分关注，也一直在默默地认真研究这一问题。正如德国科学家雅克尔（Dieter Jaekel）所言："对于青藏高原的第四纪冰盖，刘东生教授认为库勒（M. Kuhle）存在大冰盖的想法有些离谱，但库勒的反对者的观点也不能让他信服。他是以那种大胆假设，小心求证的精神，来对待青藏高原第四纪是否存在冰盖问题的。"在张新时的研究生用数学模拟的方法，探究了降温对高原环境的影响的论文发表以后，又正值卫星图片解读技术日益应用于地质和地理研究，刘东生就组织学生研读卫星图片，对青藏高原可能的冰川活动遗迹进行了认真解读。

刘东生于1998年7月在西宁召开的"青藏高原国际科学讨论会"上作了"关于青藏高原第四纪冰盖问题（Searching to the "Missing Ice Sheet in the Tibetan Plateau）"的报告，是刘东生带领学生认真解读卫星图片所获得的结果，也可以说是他"小心求证"的一次尝试，刘东生的报告引起了热烈的讨论，刘东生的研究成果以《青藏高原冰期环境与冰期全球降温》为题的论文发表在1999年《第四纪研究》上（第19卷，第5期，385 ~ 396页），随后各种不同观点的文章相继发表。正如刘东生对李四光庐山冰川作用和冰期的论文引发长时间的热烈讨论，推动了中国第四纪冰川作用和冰期问题的研究时所说："李先生的文章能引起如此之大的争论本身，就证明了它的伟大意义"。刘东生关于青藏高原冰盖问题的文章是不是也起到同样的作用呢？

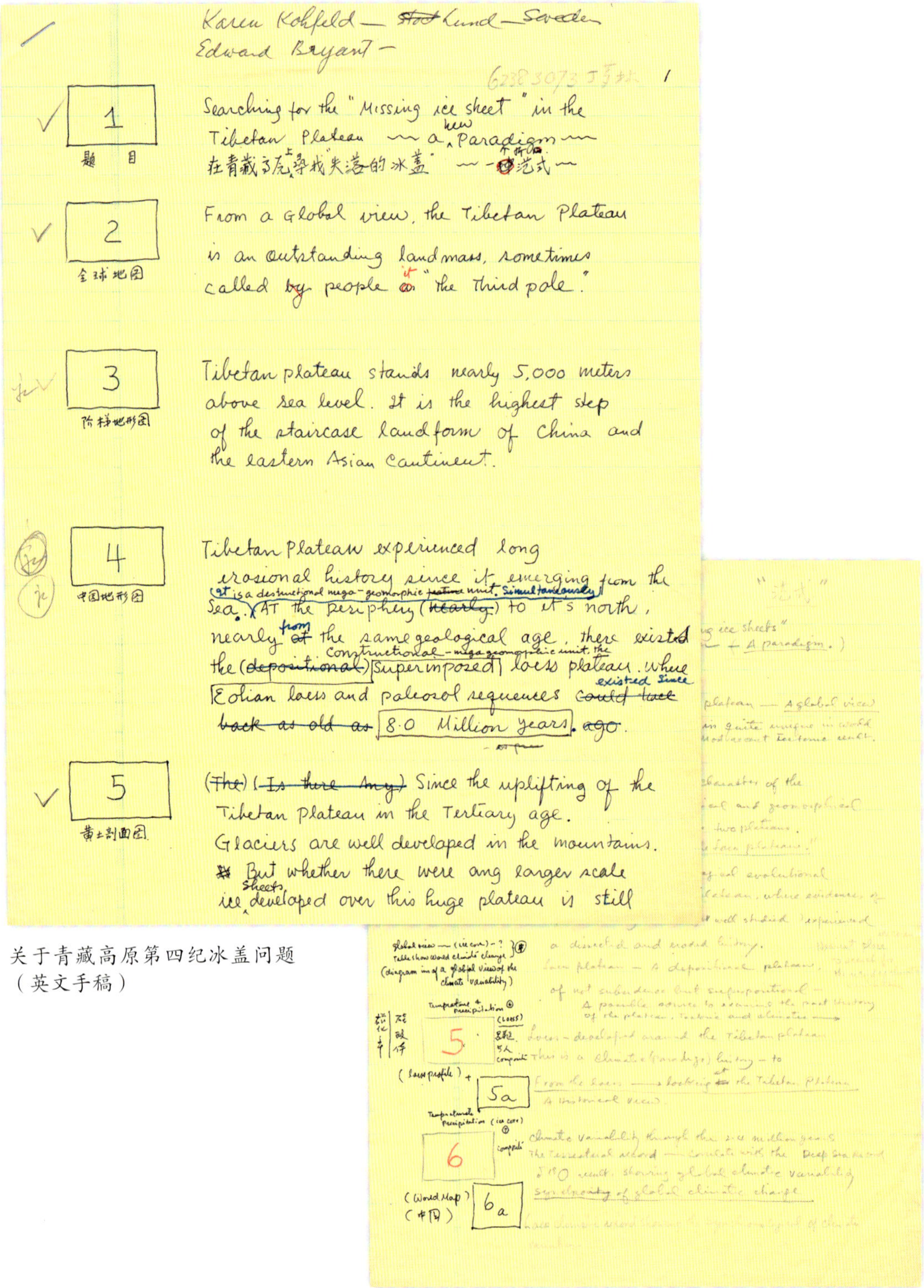

关于青藏高原第四纪冰盖问题
（英文手稿）

黄土石器工业

贾兰坡是一位了不起的科学家，他不曾进过大学的门，但靠勤奋、靠不懈的努力登上了科学的殿堂，1980年当选为中国科学院学部委员（院士），成为旧石器研究的泰斗，刘东生对贾老钦佩有加。

“黄土石器工业 (Loess Lithic Industry)”是1998年11月25日举办的“垂杨介和她的邻居——庆祝贾兰坡院士90华诞”国际学术讨论会上所做的学术报告。杨钟健、刘东生将中国第四纪沉积划分为洞穴堆积、河湖堆积、土状堆积和砾石堆积4种类型，贾兰坡早在20世纪五六十年代，就将中国旧石器按照洞穴、河湖和土状3种类型划分和对比，确定了我国旧石器研究的框架。黄土是一种土状堆积，中国黄土高原巨厚的黄土使得我们有了得天独厚的研究第四纪时期环境发展的资源条件，黄土区又是中国旱作农业的发祥地，有大量人类活动的遗迹，发现过蓝田人、大荔人的化石，也有大量伴生的石器出现，蓝田人的发现将中国旧石器的历史延长到1Ma以前。在分析了黄土与石器研究历史后，刘东生归纳中国的石器研究，经历了20世纪20～50年代由土状堆积到洞穴堆积阶段，50年代到“文化大革命”前又由洞穴堆积转入土状堆积的阶段，此后出现各类堆积和南北方并重的时期。据统计，在土状堆积中发现石器的地点就达120余处。1998年洛阳北窑的发掘，在S_1古土壤及其上的黄土中就发现600多件石片。大量的石器被发现，刘东生给出了“黄土石器工业”这一名词。在做了中国与世界其他地区旧石器的比较之后，认为我国旧石器研究有一定的优势，刘东生希望后来者应创新思维，在“黄土石器工业”研究上有新的突破。

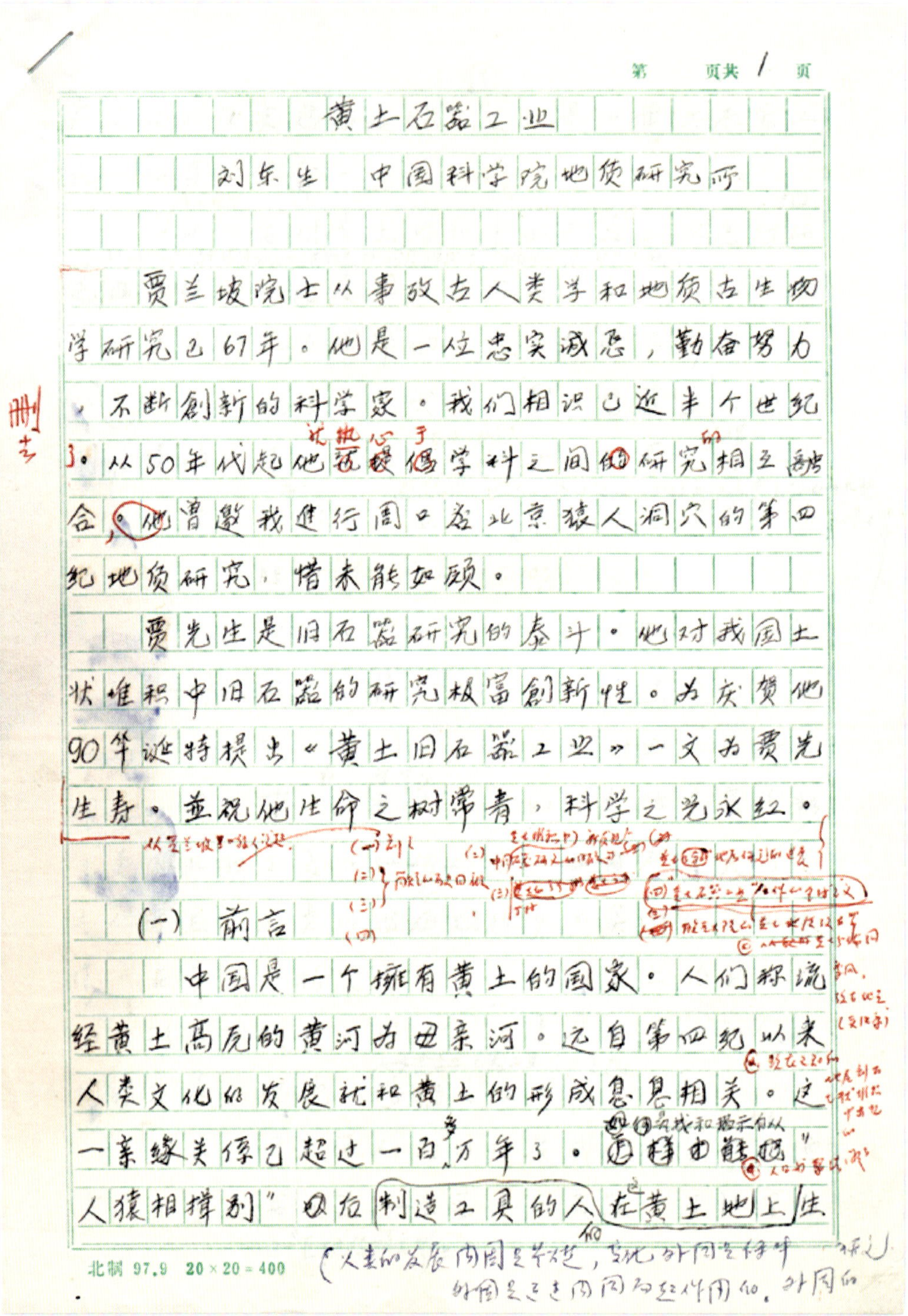

第　页共 1 页

黄土石器工业

刘东生　中国科学院地质研究所

贾兰坡院士从事古人类学和地质古生物学研究已67年。他是一位忠实诚恳，勤奋努力，不断创新的科学家。我们相识已近半个世纪了。从50年代起他就提倡学科之间的研究相互融合，他曾邀我进行周口店北京猿人洞穴的第四纪地质研究，惜未能如愿。

贾先生是旧石器研究的泰斗。他对我国土状堆积中旧石器的研究极富创新性。为庆贺他90华诞特提出《黄土旧石器工业》一文为贾先生寿。并祝他生命之树常青，科学之光永红。

（一）前言

中国是一个拥有黄土的国家。人们称流经黄土高原的黄河为母亲河。远自第四纪以来人类文化的发展就和黄土的形成息息相关。这一亲缘关系已超过一百多万年了。自从"人猿相揖别"以后制造工具的人在黄土地上生

北制 97.9　20×20=400

黄土石器工业（手稿）

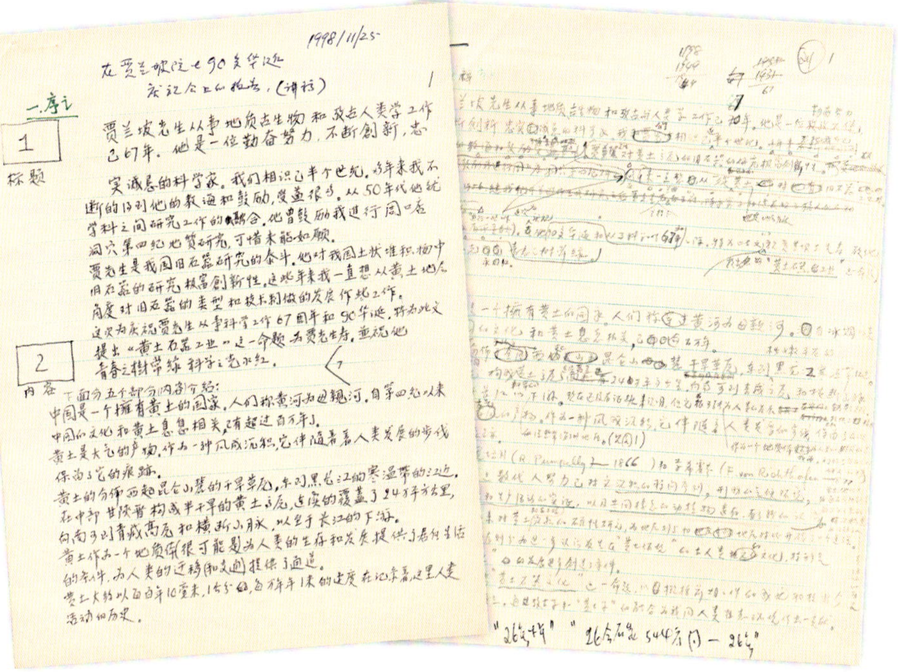

1998/11/25

在贾兰坡院士90岁华诞庆祝会上的报告（讲稿）

1

一、序言

1 标题

贾兰坡先生从事地质古生物和旧石器考古人类学工作已67年。他是一位勤奋努力，不断创新，忠实诚恳的科学家。我们相识已半个世纪。多年来我不断的得到他的教诲和鼓励，受益很多。从50年代他就曾鼓励我进行周口店洞穴第四纪地质研究，可惜未能如愿。贾先生是我国旧石器研究的泰斗。他对我国土状堆积物中旧石器的研究极富创新性。这些年来我一直想从黄土地层角度对旧石器的类型和技术制做的发展作些工作。这次为庆祝贾先生从事科学工作67周年和90华诞，特为此文提出《黄土石器工业》这一命题为贾先生寿，并祝他青春之树常绿，科学之花永红。

2 内容

下面分五个部分内容介绍：

中国是一个拥有黄土的国家，人们称黄河为母亲河，自第四纪以来中国的文化和黄土息息相关，已有超过百万年了。黄土是大气的产物，作为一种风成沉积，它伴随着人类发展的步伐保留了它的痕迹。黄土的分布西起昆仑山麓的干旱草原，东到黑龙江的寒温带的江边，在中部甘陕晋构成半干旱的黄土高原，总共的覆盖了24万平方公里，向南可到青藏高原和横断山脉，以至于长江的下游。黄土作为一个地质体很可能是为人类的生存和发展提供了居住生活的条件，为人类的迁移和交通提供了通道。黄土大约以每百年10毫米，1万年1米的速度在记录着这里人类活动的历史。

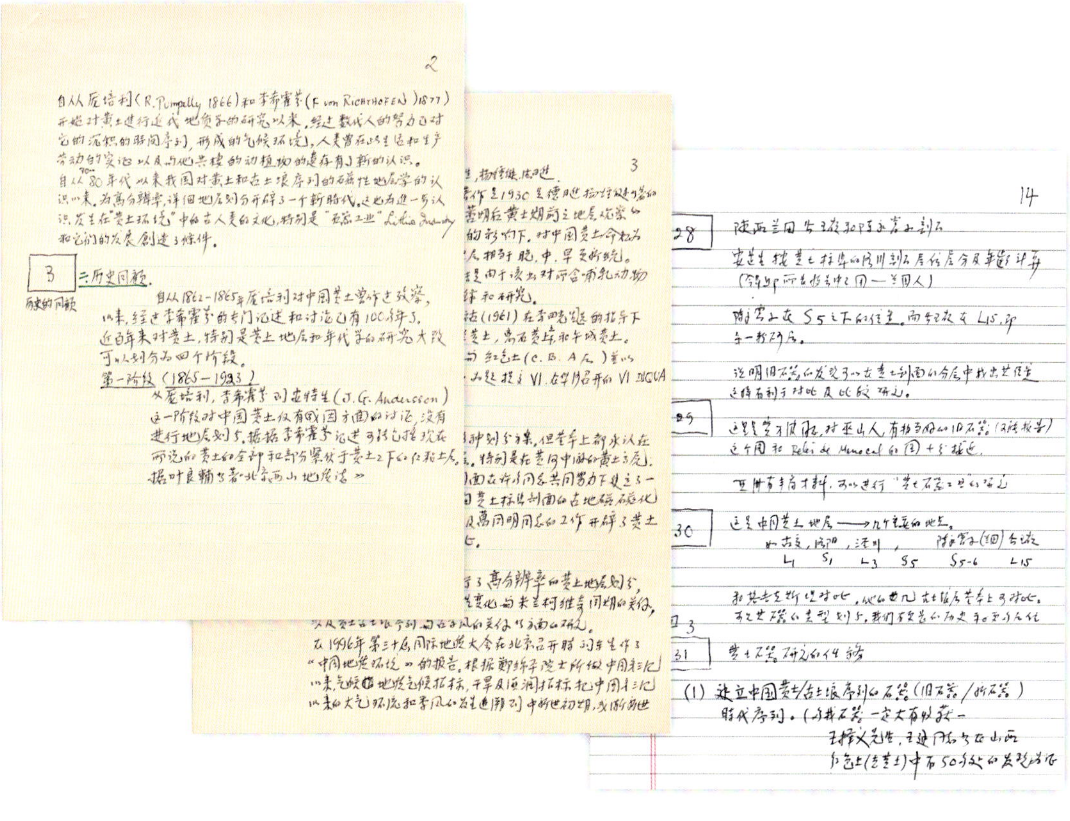

2

自从庞培利（R. Pumpelly 1866）和李希霍芬（F. von RICHTHOFEN）1877）开始对黄土进行近代地质学的研究以来，经过数代人的努力已对它的沉积的时间序列，形成的气候环境，人类曾在此生活和生产劳动的实证以及与他共栖的动植物的遗存有了新的认识。自从70—80年代以来我国对黄土和古土壤序列的磁性地层学的认识以来，为高分辨率，详细地层划分开辟了一个新时代。这也为进一步认识发生在“黄土环境”中的古人类的文化，特别是“石器工业” Lithic Industry 和它们的发展创造了条件。

3 历史的回顾

二、历史回顾。

自从1862–1865年庞培利对中国黄土曾作过考察，以来，经过李希霍芬的专门论述和讨论已有100余年了。近百年来对黄土，特别是黄土地层和年代学的研究大致可以划分为四个阶段。

第一阶段（1865–1923）

从庞培利，李希霍芬到安特生（J. G. Andersson）这一阶段对中国黄土仅有成因方面的讨论，没有进行地层划分。根据李希霍芬论述可能包括现在所说的黄土的全部和部分覆盖于黄土之下的红粘土层。据叶良辅编著《北京西山地质志》

亚洲原始人类演化的环境背景

1929年12月2日是一定会载入史册的日子，这一天在北京周口店发现北京猿人的头盖骨是我国科学发展历史上的重大事件。到1999年，发现北京猿人已经整整70年了，10月12日，“北京国际古人类学学术研讨会暨北京猿人头盖骨发现70周年纪念会”在北京隆重举行。刘东生应邀在会上做了题为“亚洲原始人类人类演化的环境背景（The Environmental Background to Hominid Evolution in Asia）”的学术报告。

刘东生说：在南非德班召开的第XV届国际第四纪研究联合会（INQUA）大会刚刚闭幕不久，那次大会的主题是“非洲原始人类演化的环境背景（The Environmental Background to Hominid Evolution in Africa）”，从古人类遗迹发现地的分布图，可以看出早期的人类化石大多发现于非洲和亚洲，作为北京猿人的发现地，我们也很有必要讨论亚洲原始人类演化的环境背景。刘东生认为葛利普（Amadeus William Grabau）早年提出的地质环境影响人类起源的解释，仍然很有启发。从亚洲在新生代以来的环境变化看原先纬向分带的行星风系，随着青藏高原的隆升逐步向季风环流的方向发展，随着全球温度的不断下降，在亚洲出现了一个风成沉积带（Aeolain Dust Blanket），在非洲也有与之类似的沉积区（Aeolain Dust Plume）气候环境的改变，导致植被的相应变化，生态环境条件的改变为早期人类的演化提供了基本条件。对风尘沉积的深入研究还发现了第四纪时期几次重要的气候转型时间，而这些气候转型时间发生的时间与人类演化的几个主要阶段有很好的一致性，表明亚非大陆的古季风气候及其周期性的变异转型是驱动人类演化的环境动力。

刘东生的这一报告是对环境条件与人类演化之间关系的一次很好的探索，一定会给后人以启发。

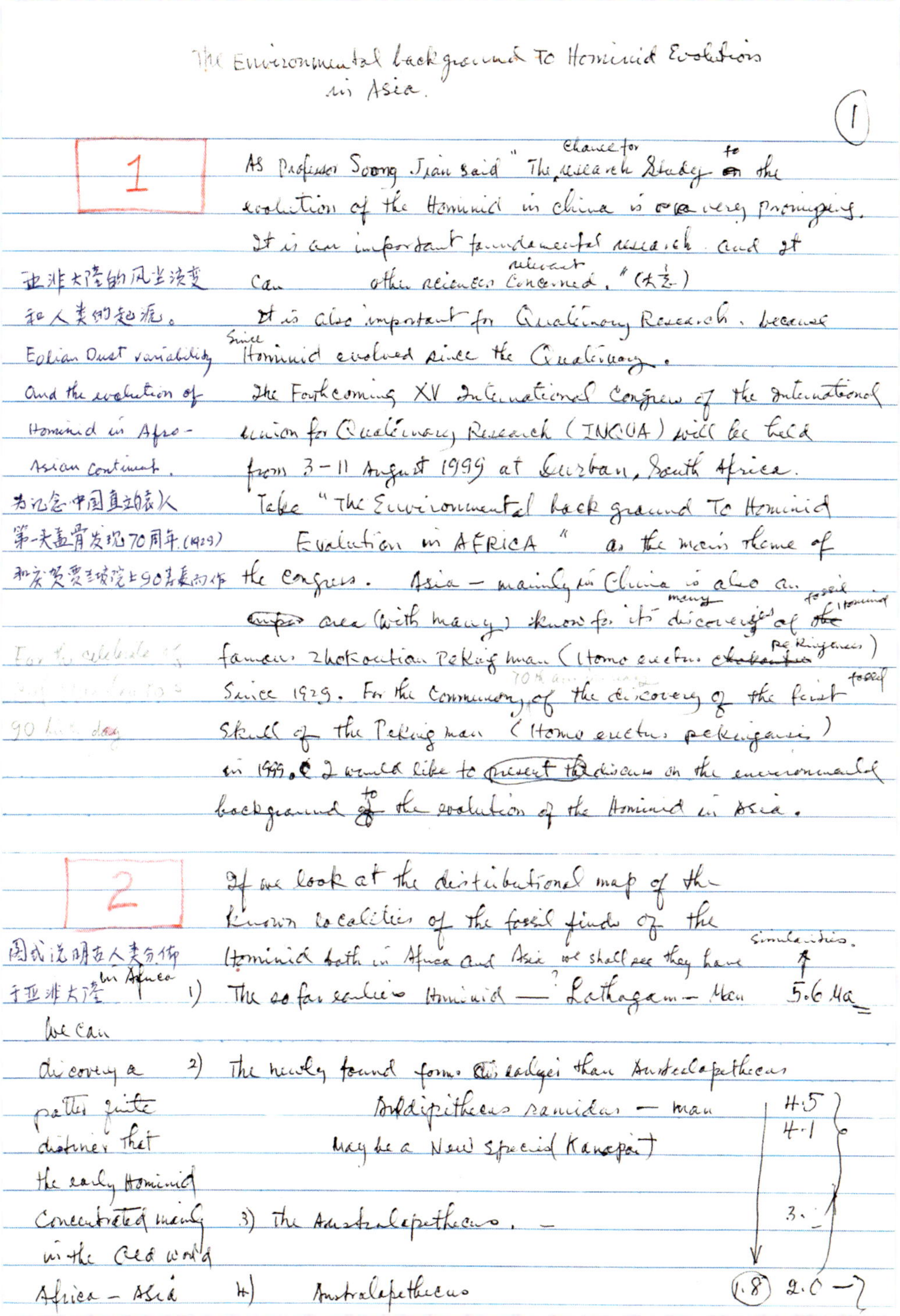

The Environmental background To Hominid Evolution in Asia.

(1)

1

As Professor Soong Jian said " The chance for research study to the evolution of the Hominid in China is a very promising. It is an important fundamental research and it can [illegible] other relevant sciences concerned." (大意)

It is also important for Quaternary Research, because Since Hominid evolved since the Quaternary.

The Forthcoming XV International Congress of the International Union for Quaternary Research (INQUA) will be held from 3-11 August 1999 at Durban, South Africa. Take "The Environmental background To Hominid Evolution in AFRICA" as the main theme of the congress. Asia — mainly in China is also an area (with many) known for it's many discoveries of fossil Hominid famous Zhokoutian Peking man (Homo erectus pekingensis) since 1929. For the commemorating 70th anniversary of the discovery of the first fossil skull of the Peking man (Homo erectus pekingensis) in 1999, I would like to present the discuss on the environmental background to the evolution of the Hominid in Asia.

亚非大陆的风尘演变和人类的起源。

Eolian Dust variability And the evolution of Hominid in Afro-Asian continent.

为记念中国直立猿人第一头盖骨发现70周年(1929)和庆贺贾兰坡院士90寿辰而作

For the celebrate of [illegible] 90 birthday

2

If we look at the distributional map of the known localities of the fossil finds of the Hominid both in Africa and Asia we shall see they have similarities.

图式说明古人类分布于亚非大陆 in Africa

We can discovery a pattern quite distinct that the early Hominid concentrated mainly in the Old world Africa — Asia

1) The so far earliest Hominid — ? Lothagam — Man 5.6 Ma

2) The newly found forms earlier than Australopithecus Ardipithecus ramidus — man 4.5

May be a New species Kanapoi 4.1

3) The Australopithecus. — 3.

4) Australopithecus (1.8) 2.0

亚洲人类演化的环境背景（英文手稿）

刘 | 东 | 生 | 手 | 迹

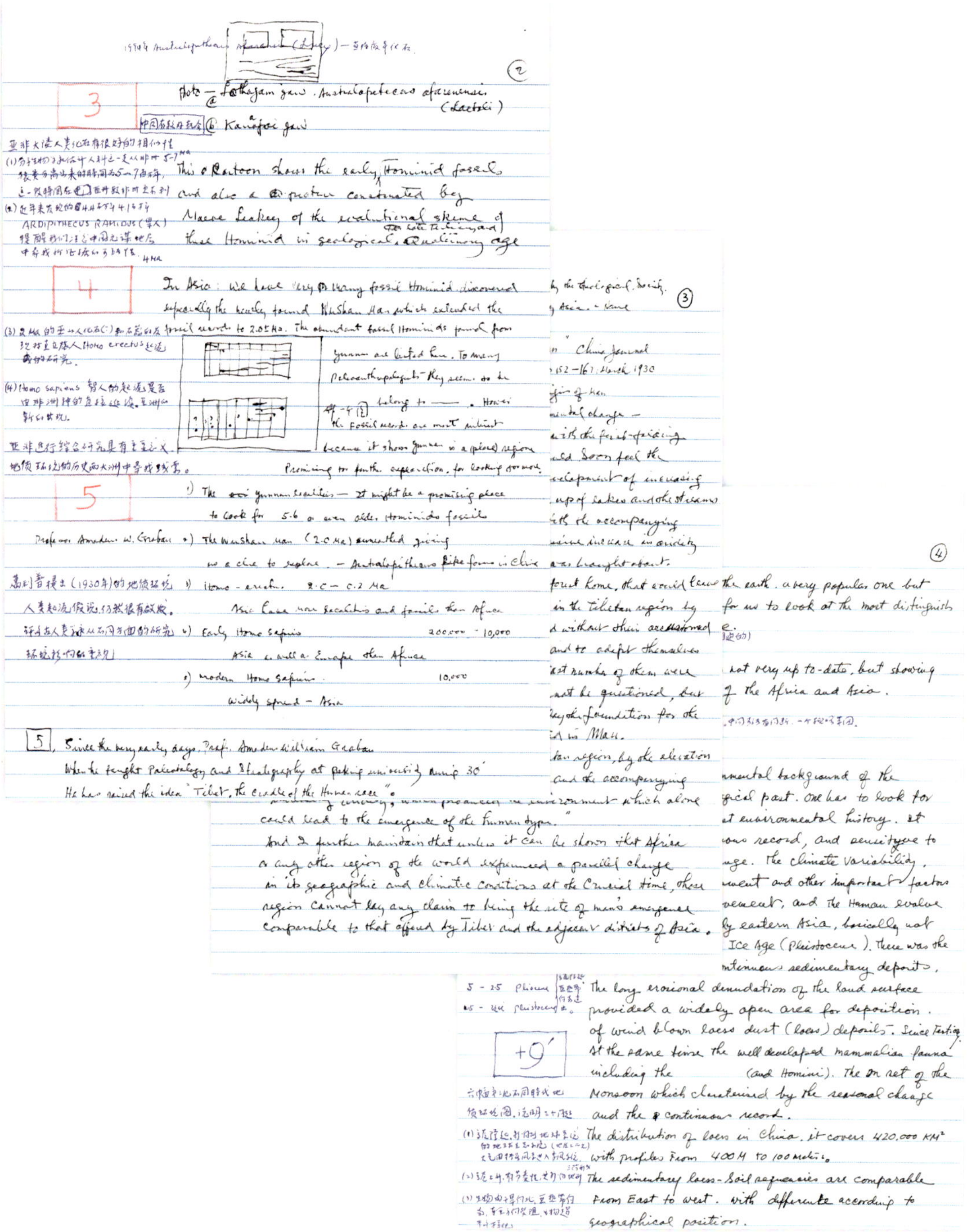
1974年 Australopithecus afarensis (Lucy) —— 埃塞俄比亚化石

Photo — @ Lothagam jaw. Australopithecus afarensis (Laetoli)
(b) Kanapoi jaw

中国石化协会

亚非大陆人类化石有很好的相似性
(1) 东非地区阿法南方古猿人种之一是从距今3—7Ma 发展而来的时期为5—7百万年，这一时期可能也在中国西南部发现。
(2) 近年来发现的距今440万年 ARDIPITHECUS RAMIDUS (始祖人) 提醒我们注意中国也许也有这类更早的化石。 4Ma

This cartoon shows the early hominid fossil and also a picture constructed by Maeve Leakey of the evolutional scheme of these hominid in geological, evolutionary age

In Asia: We have very many fossil hominid discovered especially the newly found Wushan Man which extended the fossil record to 2.05 Ma. The abundant fossil hominids found from Yunnan are listed here. To many paleoanthropologists they seem to be belong to ——. However the fossil record are most relevant because it shows Yunnan is a (place) region promising for further exploration for looking for more.

(3) 更新世的亚洲人化石(:)和石器的发现提供了直立人Homo erectus起源的研究。
(4) Homo sapiens 智人的起源是否在非洲仍有待研究。

亚非进行综合研究具有重要意义，地质环境的历史而大洲中寻找线索。

1) The Yunnan localities — It might be a promising place to look for 5.6 or even older hominids fossils

Professor Amadeus W. Grabau 2) The Wushan Man (2.0 Ma) somewhat giving us a clue to explore — Australopithecus like form in China

葛利普提出(1930年)的地质环境人类起源假说仍然很有启发。
评价古人类演化的研究，环境构成的重视

3) Homo erectus 2.0 — 0.2 Ma
Asia Java more localities and fossils than Africa
4) Early Homo sapiens 200,000 — 10,000
Asia as well as Europe then Africa
5) modern Homo sapiens 10,000
widely spread — Asia

5. Since the very early days, Prof. Amadeus William Grabau when he taught Paleontology and Stratigraphy at Peking University during 30's. He has raised the idea "Tibet, the cradle of the Human race".

... could lead to the emergence of the human type."
And I further maintain that unless it can be shown that Africa or any other region of the world experienced a parallel change in its geographic and climatic conditions at the crucial time, these regions cannot lay any claim to being the site of man's emergence comparable to that offered by Tibet and the adjacent districts of Asia.

... the Geological Society ... China Journal ... 152—167, March 1930

... the earth, a very popular one but for us to look at the most distinguish ...
... not very up-to-date, but showing ... the Africa and Asia.

... environmental background of the ... geological past. One has to look for ... environmental history. ... record, and sensitive to ... change. The climate variability, ... and other important factors ... and the human evolve ... by eastern Asia, basically not ... Ice Age (Pleistocene). There was the ... continuous sedimentary deposits,

+9'

5 - 2.5 Pliocene
2.5 - now Pleistocene

The long erosional denudation of the land surface provided a widely open area for deposition of wind blown loess dust (loess) deposits. Since that time at the same time the well developed mammalian fauna including the (and Homini). The on set of the Monsoon which characterized by the seasonal change and the continuous record.

The distribution of loess in China, it covers 420,000 KM^2 with profiles from 400 M to 100 meters.
The sedimentary loess-soil sequences are comparable from East to west. with differentiation according to geographical position.

中国黄土研究的历史、现状和未来

——一个虚拟与事实相结合的讨论

随着21世纪的到来，各学科都面临21世纪如何发展的问题。为此，根据刘东生的建议，中国第四纪科学研究会会同国家自然科学基金委员会地球科学部于2000年11月25～26日在上海举行了一次“中国第四纪发展战略研讨会”，邀请了国内在高校、科研单位、生产部门的第四纪学界院士、著名学者、中年骨干和青年才俊与会，共商中国第四纪发展的大计。

刘东生在开幕会上做了题为“中国黄土研究的历史、现状和未来——一个虚拟与事实相结合的讨论”的特邀学术报告。刘东生以“里约2000”作为引子，详细回顾了中外学者在探究黄土的奥秘过程中走过的路，逐个回顾了国内黄土研究的前辈叶良辅、侯德封、杨钟健等所做出的贡献。关于黄土研究的未来，刘东生从自然生态环境和人文环境两个方面分别做了深入论证。对黄土的自然生态环境，刘东生强调要注意黄土的连续性与间断性，黄土的区域性与全球性，黄土的堆积和侵蚀地貌与气候事件的相互关系，黄土高原特殊生态环境的形成与新生代以来地表各圈层相互作用的关系。对人文环境，刘东生提出黄土与人类健康，黄土与国民经济建设，如轻型新材料问题，黄土高原农业生态经济带建设，黄土发育演化与人类起源以及对东西方文化交流影响等方面予以足够重视。最后，刘东生真诚希望第四纪的青年才俊以各圈层相互作用为核心的地球系统科学思想为指导，在世界黄土研究方面再创辉煌。

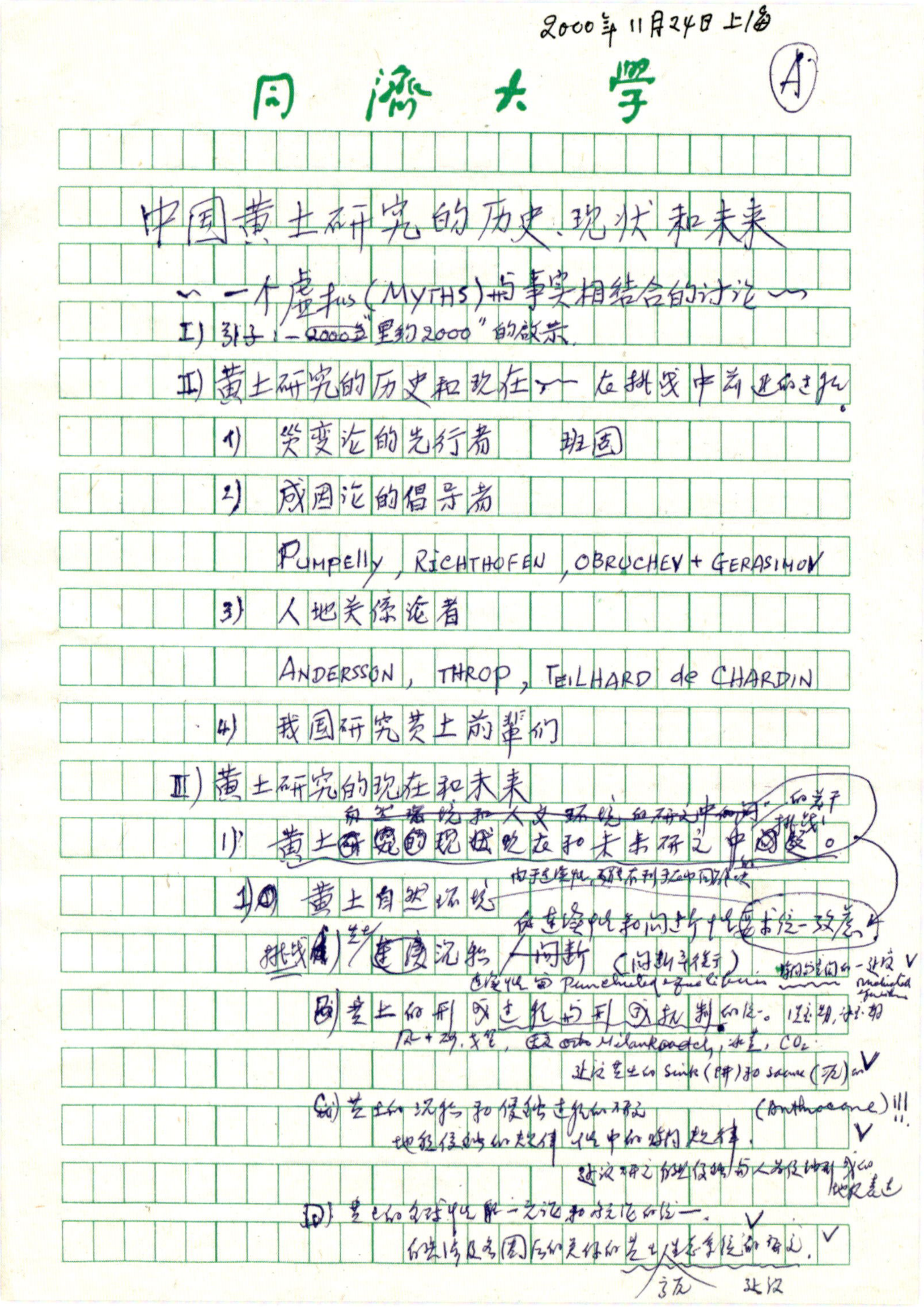
2000年11月24日 上海

同济大学 (A)

中国黄土研究的历史、现状和未来

——一个虚拟(MYTHS)与事实相结合的讨论——

I) 引子：“里约2000”的启示

II) 黄土研究的历史和现在——在挑战中前进

1) 灾变论的先行者 班固

2) 风成论的倡导者

PUMPELLY, RICHTHOFEN, OBRUCHEV + GERASIMOV

3) 人地关系论者

ANDERSSON, THROP, TEILHARD de CHARDIN

4) 我国研究黄土前辈们

III) 黄土研究的现在和未来

1) 黄土研究的现状在和未来研究中的问题。

1) 黄土自然环境

挑战 (1) 连续沉积 / 间断 (间断与继续)

(2) 黄土的形成过程与形成机制的理论。

风+沙，尘暴，Milankovitch，冰盖，CO_2

(3) 黄土的沉积和侵蚀过程的研究 (Anthropocene)!!!

(4) 黄土的全球性唯一之说和现实的统一。

中国黄土研究的历史、现状和未来（手稿）

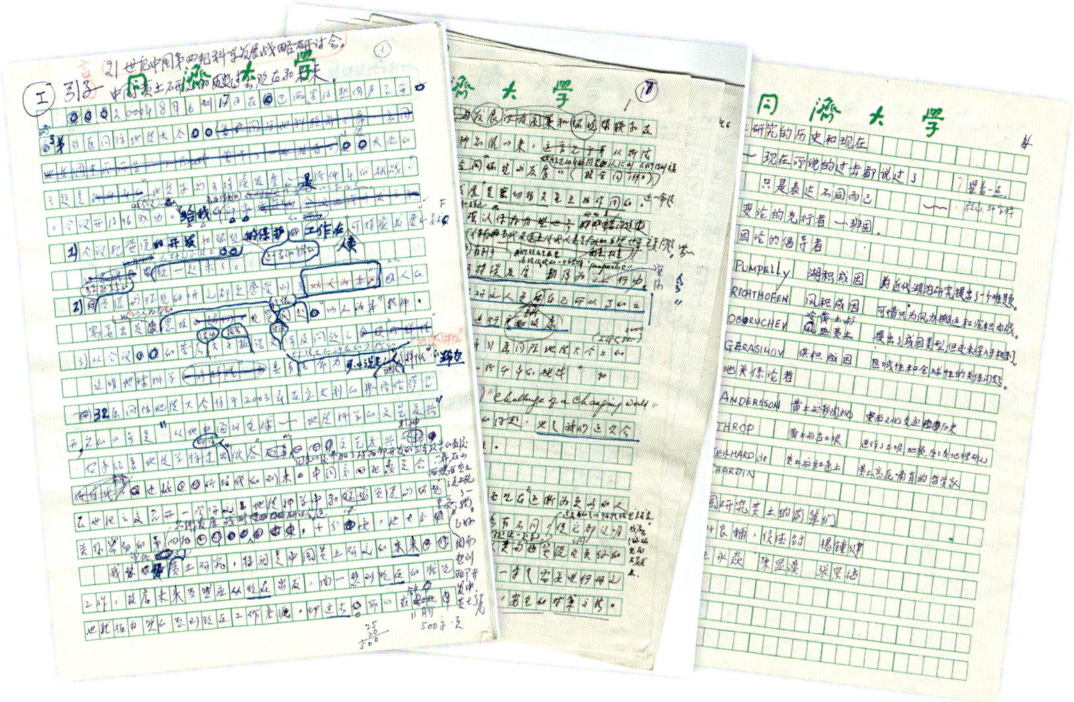

同济大学
四、黄土研究的现在和未来
一 我们无法预测未来，因为我们无法想像未来
一 想像力比知识更重要，因为知识是有限的而
想像力概括着世界上的一切，推动着进步，
并且是知识进步的源泉。—爱因斯坦—
1, 黄土的自然生态环境
A 黄土沉积的连续性和间断性.
地质现象和物理化学概念
间断平衡论 PUNCTUATED EQUIBRIUM
B 黄土形成过程与形成机制
MILANKOVETCH 学说的再认识
区域性还是全球性问题
C 黄土的沉积地形和侵蚀地貌
沉积地形说、梁峁。
侵蚀地貌和气候事件。
D 黄土高原生态系统和圈层

青藏高原隆升对周边地区环境的三大影响

印度板块与欧亚板块的碰撞导致青藏高原的隆升是新生代最重要的地质事件之一。岩石圈的这一巨大变化，随着特提斯海的消失，极大地改变了地球的海陆布局。广袤无垠的巨大高原的形成，使周边的地貌形态、水系布局也产生了巨大的改变；抬升还导致大气环流形势的改变，而风化和侵蚀作用的发生，风化作用消耗大量CO_2，势必也会改变大气的组分；巨大的高原还既阻隔了动植物正常的迁徙途径，又因为生态环境的变化，使动植物区系也发生相应的改变。所以高原的隆升是岩石圈活动的结果，也造成了大气圈、生物圈和水圈的巨大变迁。高原隆升究竟对全球，特别是东亚大气环流、全球的海洋环流和全球生态环境的改变究竟有多大，什么样的影响便是地球科学家所关注的科学问题。“国际青藏高原北部地球科学讨论会（International Symposium on Geoscience of the Northern Qinghai-Tibetan Plateau）”就是国内外地球科学家对这一科学问题研究现状、将来发展趋势的一次顶级的学术交流。

“青藏高原隆升对周边地区环境的三大影响（3-Type of Effects-Influence of the Qinghai-Tibetan Plateau on the Environments of It’s Peripheral Regions）”是刘东生在“国际青藏高原北部地球科学讨论会（International Symposium on Geoscience of the Northern Qinghai-Tibetan Plateau）”环境问题的讨论会上的报告。刘东生从事青藏高原的科考，对青藏高原有关的问题是有发言权的。刘东生首先分析了青藏高原对周边环境影响的几个特点，那就是时间跨度长、空间尺度大、对能量和物质循环的影响深远。在南中国大陆西部亚热带气候区形成一个海拔高度高，地势复杂的特异环境单元改变了原先的维度地带性的气候特征，形成东亚和南亚的季风环境气候。从地质证据指出自中新世以来，中国北方的沉积物，无论是红黏土还是黄土，都是风成沉积，表明中国西北的逐步干旱化。总结出高原的3种效应：屏蔽效应（对水气往北运输的屏蔽和大气扩散污染物的屏蔽）、海拔-高度效应（黄土高原：高纬度-低海拔；云贵高原：低纬度-高海拔）和梯级效应（地表岩石和表层土粒化学风化过程的梯级变化）。刘东生认为深入研究高原隆升的这3种效应的机制，无论对全球环境影响模型的建立，还是对周边地区的环境治理的途径都会产生重大效果。

1

1　This is

J.C.G Walker et al (1981) 关于风化作用强度与大气表面温度、大气CO_2浓度之间的反馈关系，提出地球具有抗外部干扰而保持表面温度稳定的能力。(温度增加导致风化作用加强，降雨量增加也会促进风化作用，随之碳酸盐沉积速率加快，大气CO_2浓度降低，地球表面温度降低，反之温度降低风化作用减弱，大气CO_2浓增加，表面温度回升)

R. A. Berner (1991, 1994)

在这种反馈机理的基础上，提出了长时间尺度上碳的地球化学循环模型(GEOCARB I 和 GEOCARB II)，模型建立的依据是硅酸盐的风化速率

$$F_{wsi} = f_B(CO_2) f_R(t) f_E(t) f_D(t)^{0.65} F_{wsi}(0).$$

其中的 $f_B(CO_2)$ 是反馈函数 WEATHERING OF SILICATES.

$f_R(t)$ 陆地地表高差 (温度有关)

$f_E(t)$ 大陆生物活动

$f_D(t)$ 矿物溶解 (DISSOLVE OF MINERALS).

该模型充分考虑了地史时期各种地质和生物过程的影响，地表高差 $f_R(t)$ 是通过海洋 Sr 同位素 ($^{87}Sr/^{86}Sr$) 变化得出的，模型的敏感性分析表明：构造引起地表高差增大，导致风化作用加强(青藏上升)而大量消耗大气中的CO_2，致使大气CO_2浓度和表面温度降低。

Richter, F.M. (1992) 认为 20－15 Ma 以来喜马拉雅隆起后被剥蚀的 Sr 对海水中的 Sr 同位素演化起着主导作用。

Harris, N (1995) 用模型计算出这一份额，海水 Sr 同位素变化的 50-75% 来自喜马拉雅隆起以后的化学风化。

Tajika (E) (1998) 基于喜马拉雅隆起以后，该地区发现广泛异常的 $^{87}Sr/^{86}Sr$ 比值，认为 R.A. Berner (1994) 的模型，使用到过去年代，存在不完善的地方，并提出了修正方式，

青藏高原隆升对周边地区环境的三大影响（英文手稿）

1

1 This is a discussion on the ENVIRONMENTAL issues ~~JUST OUTSIDE~~ CONCERNING ON of the Tibetan plateau. works mainly ~~done~~ carried out by Prof. Wan HE IS also here ~~& Prof Guo~~.

2 WE ARE DISCUSSING ON ~~THAT~~ ~~ON~~ THE THREE ~~THE WORLD~~ ~~THIS HUGE~~ ENVIRONMENTAL EFFECTS CLOSLY RELEVENT WITH ~~THE~~ TIBETAN PLATEAU. ~~WE CHOSE THE B~~ (EXSISTENCE OF THE HUGE AND EVOLUTION) ~~SINCE THE MIOCENE. THE BARRIER EFFECT, THE BARRIER ALTITUDE F~~

3 SINCE THE ~~BASIC GEOMORPHIC FEATHER~~ ~~TIBETAN PLATEAU STANDS HIGH IN THE SOUTHWEST. THE BASIC GEOMORPHIC STRUCTURE IS~~ OF CHINA, THE ~~A~~ STAIRCASE ~~STR~~ STRUCTURE, OF THE ~~GEOMORPHIC FEATURE~~ TOPOGRAPHY ~~IS A BASIC~~ ~~WHICH~~ OF CHINA WITH THE ~~HIGH~~ TIBETAN PLATEAU HIGH IN THE WEST ~~IN TH~~ ~~AND FOLLOWED~~ by SEVERAL ~~STA~~ STAIRS LOWER ~~DOWN TO~~

THE ~~BASIC~~ TOPOGRAPHIC FEATURE OF CHINESE TERRITORY IS ~~THAT~~ A STAIRCASE STRUCTURE WITH TIBETAN PLATEAU HIGH IN THE WEST.

4 ~~THE FIRST~~ FIRSTLY THE BARRIER EFFECT

5 WE CHOSE ~~THE~~ TWO WORKING AREAS, ONE IN THE NORTH, THE LOESS PLATEAU, WHICH PROVIDES US WITH LONGER GEOLOGICAL RECORDS, ~~AND~~ AND ~~CLIM~~ GOOD CLIMATIC INFORMATION. ONE IN THE SOUTH THE YUNNAN-GUIZHOU PLATEAU WHICH ~~PROVIDES~~ ~~CA~~ WHERE ~~EXISTS~~ MANY LAKES WITH SEDIMENTS CAN BE

2

$$=^{S}_{W.HTP}\left[(1-\beta)\times f_B(CO_2)f_R(t)f_E(t)f_D(t)\right]^{0.65}+$$

$_{si}(0)$.

[illegible] Ca [illegible]

[illegible]

[illegible] L. Francois et al (1998) [illegible] CO_2 [illegible] (HCO_3 [illegible], PH [illegible]) [illegible] Sr [illegible] CO_2 [illegible]。

[illegible] (N. P. K) [illegible]

[illegible] N. P [illegible]

milli Curi / KM = INVENTORY (≠ Flux)

INFLUENCE OF THE TIBETAN PLATEAU ON THE ENVIRONMENTS OF IT'S PERIPHERAL REGIONS

Impact – Response –

LIU TUNGSHENG[1], WAN GUOJIANG[2] and GUO ZHENG TANG[1]

1, Institute of Geology & Geophysics, CAS, Beijing, 100029, China

2, Institute of Geochemistry, CAS, Guiyang 550002, China

8 Oct. 2000, Beijing

(1)

辽西鸟类起源的"陆岛假设"

鸟类的起源是地质史中一直关注的问题。很长一段时间，发现于德国巴伐利亚州，侏罗纪晚期头部像鸟，有爪和翅膀，稍能飞行的"原始祖鸟"（*Archaeopteryx lithographica*）被认为是鸟类的祖先，现在则认为它是一种小型兽脚类恐龙。这样，究竟鸟类何时起源，便成为科学上的一个空白点。有报道说，1995年中国科学院古脊椎动物与古人类研究所侯连海研究员带领的团队在辽宁朝阳北票市四合屯的热河组地层中，收集和发现了大批化石，特别是孔子鸟（*Confuciusornis sanctus*）、龙鸟和鹦鹉嘴龙（*Psittacosaurus*）等稀世珍宝。这一消息引起了曾经在鱼类化石研究中做出过重要贡献的刘东生很大的兴趣。中国科学院古脊椎动物与古人类研究所新发现：世界上最古老的鸟，很可能填补了地质历史上，由爬行类向鸟类过渡的这段空白，确实有了不起的意义。

因而，当中国科学院古脊椎动物与古人类研究所的张弥曼和邱铸鼎邀请刘东生去四合屯等地现场考察时，刘东生分外高兴，欣然同意，与杨遵仪、郝怡纯、叶大年等几位院士一起到了四合屯。刘东生在认真观察野外剖面和周边的环境，发现当地产出的化石种类繁多，还有叶肢介和高等植物化石。考察过程中，系绕在刘东生心头的科学问题是这些鸟类和其他伴生的化石是在什么环境下产生的，又是在什么环境条件下被埋藏的。

"辽西鸟类起源的'陆岛假设'"是2001年11月3日，出席在深圳召开的"中国古脊椎动物学会第八次学术年会"所做的学术报告，是刘东生在四合屯考察所收集到的证据，从化石组合特征所反映的当时的生态环境，从含化石地层的沉积特征，从中生代晚期该地区岩浆活动的状况，以及刘东生不久前对玛珥湖的考察研究所获得的认识等，综合分析后提出的辽西地区所以成为鸟类起源地的一种假设，即"陆岛假设"。刘东生的报告新颖，也与各方面的证据支持，引起了与会者的兴趣，大家讨论热烈。其实，刘东生早在2000年就完成了题为"Terrestrial Island Hypothesis: On the Origination of the Mesozoic Birds in China"学术报告材料，准备在当年在北京举行的第五届鸟类古生物学与演化学会学术讨论会上与国外学者交流，但刘东生是慎重的，他觉得还需要更多的证据和更深入的研究，所以第二年只在"中国古脊椎动物学会第八次学术年会"做了报告。"行必果"是刘东生的一贯作风，很可能刘东生打算进一步深入探讨修改后将这一成果发表的，但繁忙的活动和身体的原因，使得刘东生的这一愿望没能实现。

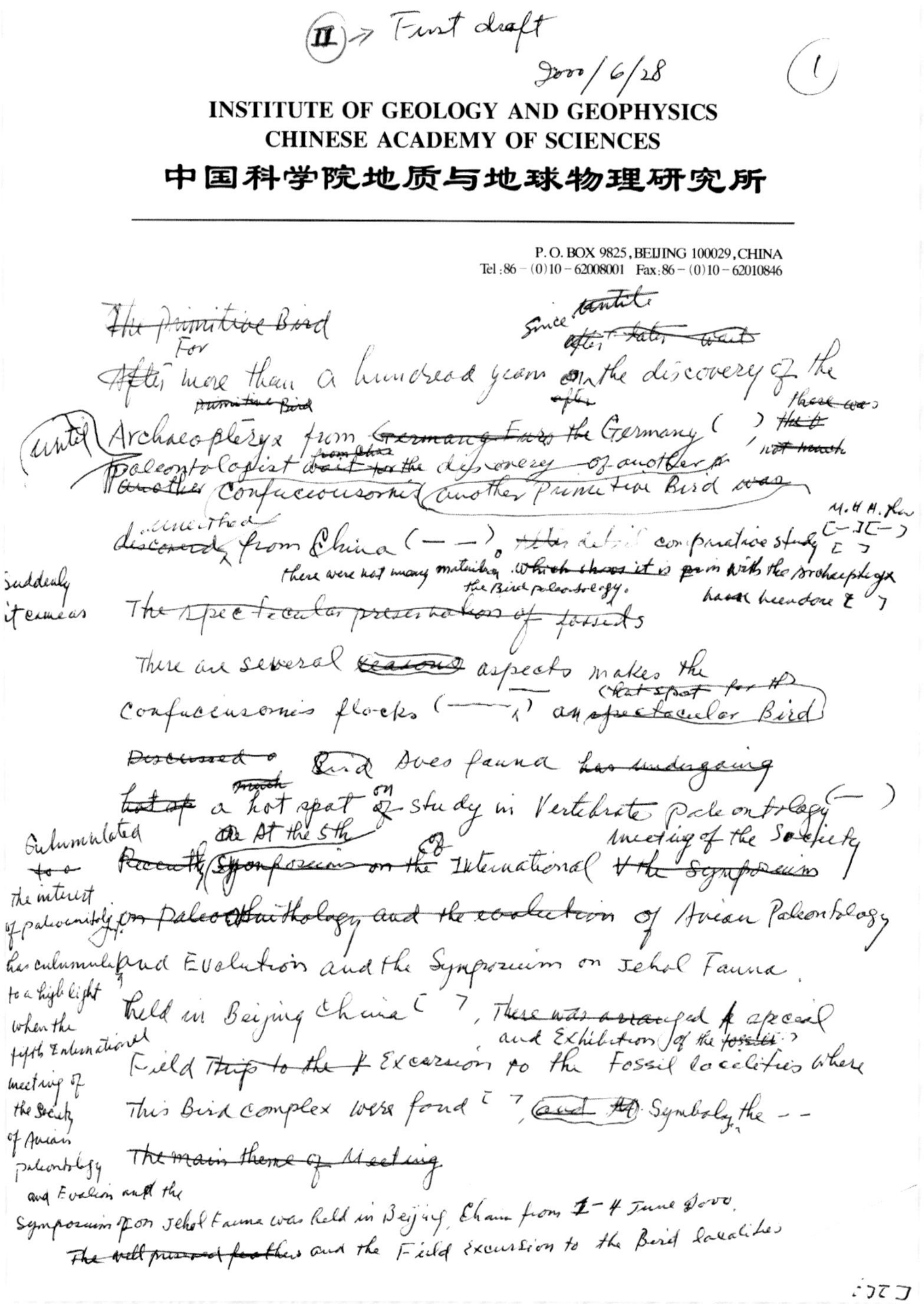

II → First draft

2000/6/28 (1)

INSTITUTE OF GEOLOGY AND GEOPHYSICS
CHINESE ACADEMY OF SCIENCES
中国科学院地质与地球物理研究所

P. O. BOX 9825, BEIJING 100029, CHINA
Tel: 86 - (0)10 - 62008001 Fax: 86 - (0)10 - 62010846

~~The primitive Bird~~

Since ~~untile~~ ~~after later wait~~

For ~~After~~ more than a hundread years ~~on~~ ~~after~~ the discovery of the ~~primitive Bird~~

(until) Archaeopteryx from ~~Germany Euro~~ the Germany ( ), ~~these was~~ ~~the~~ ~~not much~~

Paleontologist ~~wait for the~~ dispovery ~~of another~~

~~another~~ Confuciusornis (another Primitive Bird ~~was~~)

unearthed ~~discovered~~ from China (— —). ~~Its~~ detail comparative study M. H. H. ~~Ra~~ [—][—] [ ]

there were not many matching ~~which shows it is~~ ~~prim~~ with the Archaeopteryx

the Bird paleontology. have been done [ ]

Suddenly it came as

The ~~spectacular preservation of fossils~~

There are several ~~reasons~~ aspects makes the

Confuciusornis flocks (—) an ~~spectacular~~ Bird (hot spot ~~for the~~)

~~Discussed~~ Bird Aves fauna ~~has undergoing~~

~~hot spot~~ a ~~much~~ hot spot ~~of~~ on study in Vertebrate paleontology (—)

Culmulated ~~to a~~ the interest of paleornithology has culmulated to a highlight when the fifth International meeting of the Society of Avian paleontology and Evolution and the

~~Recently~~ ~~the~~ At the 5th ~~Symposium on the~~ International ~~& the Symposium~~ meeting of the Society

of ~~on Paleornithology and the evolution~~ of Avian Paleontology

and Evolution and the Symposium on Jehol Fauna.

Held in Beijing China [ ], ~~There was arranged~~ a special

and Exhibition of the ~~fossils~~

Field ~~Trip to the~~ Excursion to the Fossil localities where

This Bird complex were found [ ], ~~and the~~ Symbolizing the — —

~~The main theme of Meeting~~

Symposium ~~of~~ on Jehol Fauna was held in Beijing China from ~~1~~-4 June 2000,

~~The well preserved feathers~~ and the Field Excursion to the Bird localities

[ ]

辽西鸟类起源的“陆岛假设”（英文手稿）

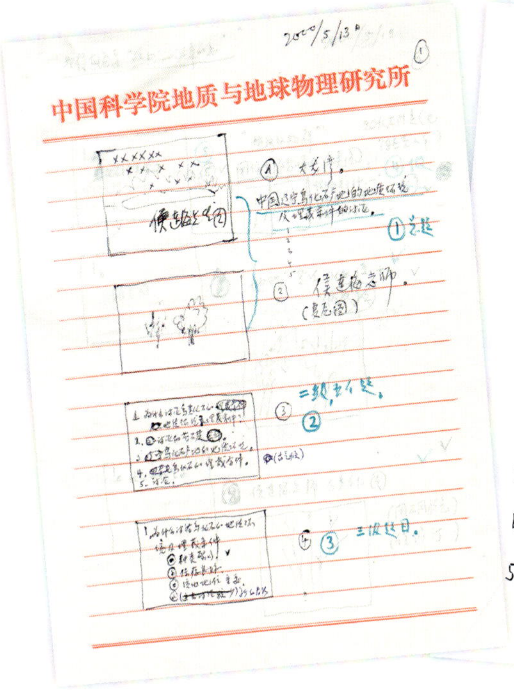
2000/5/13
中国科学院地质与地球物理研究所

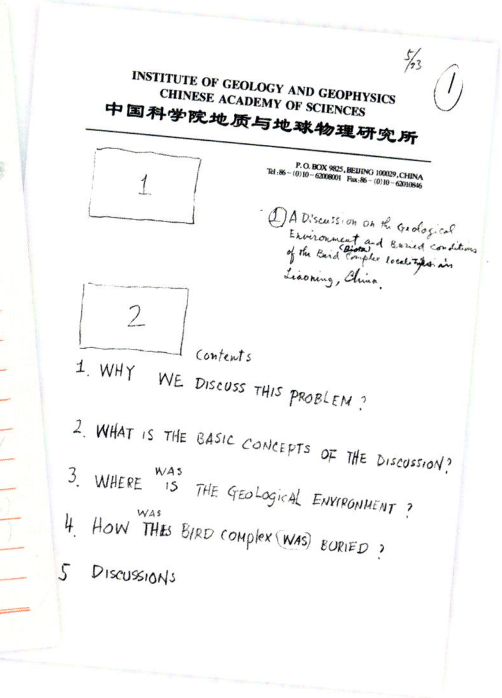
5/23
1
INSTITUTE OF GEOLOGY AND GEOPHYSICS
CHINESE ACADEMY OF SCIENCES
中国科学院地质与地球物理研究所
P.O. BOX 9825, BEIJING 100029, CHINA
Tel: 86-(0)10-62008001 Fax: 86-(0)10-62010846
1
(1) A Discussion on the Geological Environment and Buried conditions of the Bird (Biota) Complex localities in Liaoning, China.
2
Contents
1. WHY WE DISCUSS THIS PROBLEM?
2. WHAT IS THE BASIC CONCEPTS OF THE DISCUSSION?
3. WHERE WAS IS THE GEOLOGICAL ENVIRONMENT?
4. HOW WAS THIS BIRD COMPLEX (WAS) BURIED?
5 DISCUSSIONS

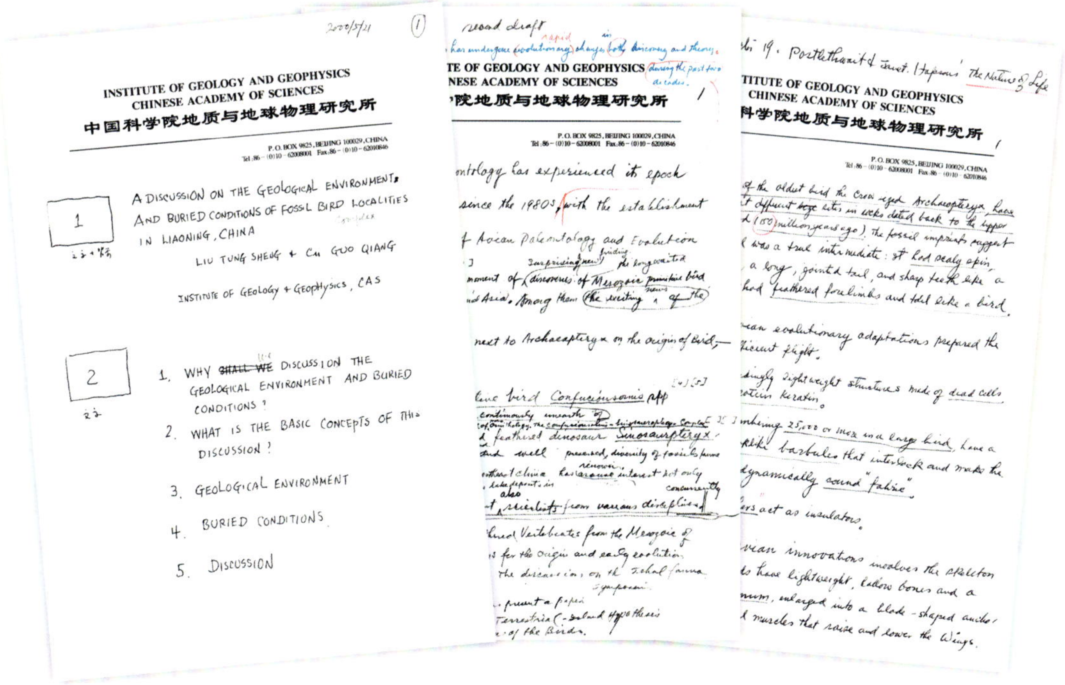
2000/5/21
1
INSTITUTE OF GEOLOGY AND GEOPHYSICS
CHINESE ACADEMY OF SCIENCES
中国科学院地质与地球物理研究所
P.O. BOX 9825, BEIJING 100029, CHINA
1
A DISCUSSION ON THE GEOLOGICAL ENVIRONMENT, AND BURIED CONDITIONS OF FOSSIL BIRD LOCALITIES IN LIAONING, CHINA
LIU TUNG SHENG & Cui GUO QIANG
INSTITUTE OF GEOLOGY + GEOPHYSICS, CAS
2
1. WHY SHALL WE DISCUSSION THE GEOLOGICAL ENVIRONMENT AND BURIED CONDITIONS?
2. WHAT IS THE BASIC CONCEPTS OF THIS DISCUSSION?
3. GEOLOGICAL ENVIRONMENT
4. BURIED CONDITIONS
5. DISCUSSION
second draft

黄土与环境

刘东生因中国黄土研究的杰出成就，获得了被誉为环境科学的诺贝尔奖的2002年度泰勒环境成就奖。泰勒奖评选委员会对刘东生获奖的颁奖辞是这样写的：

按惯例，泰勒奖获奖人都要在美国南加州大学做一场学术报告，在参加泰勒奖颁奖典礼的2002年4月11日，刘东生面对挤得满满的报告厅的听众，做了题为“黄土与环境（Loess and the Environment）”的报告。刘东生以不久前发生在北京，影响到韩国、日本，甚至太平洋地区的强沙尘暴为例，将之称为“最新的黄土”，一下便把听报告的人们领入了黄土的基本概念，便于接着听刘东生高深的第四纪领域的专业问题。从中国黄土的分布，地貌（塬、梁、峁），黄土区的自然环境，黄土区面临的农业和地方病问题的功能直观，形象的地图和照片，适时推出中国黄土的典型剖面，让大家亲眼看到中国的黄土与古土壤多次叠覆的事实，然后，才慢慢细说他所做过的研究工作，关于黄土沉积的年代；黄土–古土壤所反映的多旋回气候环境的变化：冰期–间冰期；黄土记录与深海、冰心记录的对比。再慢慢引申到青藏高原的隆升和古大气环流的变化，东亚的冬季风和夏季风，以及黄土-古土壤旋回与冰期–间冰期时冬夏季风进退的关系，黄土记录中米兰科维奇长周期（100ka，40ka，20ka）和千年以下尺度的短周期变化的反映，以及近年发现的更老的“黄土”记录：新近纪时期的风尘沉积。在将近一小时的时间内，将他所从事的研究，深入浅出，以简单明了又形象的语言，向各领域，不同学历的听众作了介绍，紧紧吸引了听众的心，长时间的热烈掌声表示了彼此心灵的强烈碰撞。报告之后，还回答了听众的提问。

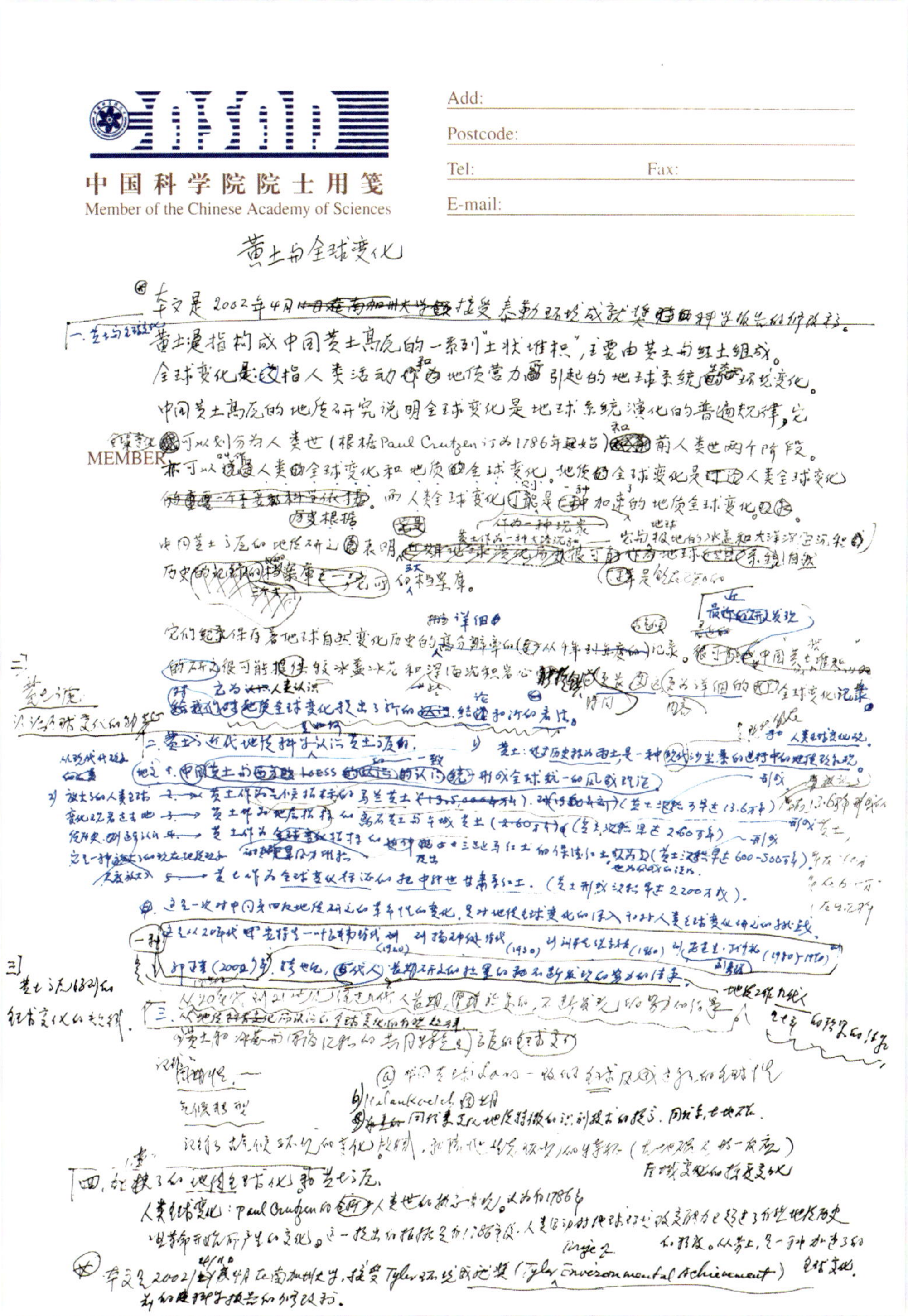
中国科学院院士用笺
Member of the Chinese Academy of Sciences
Add:
Postcode:
Tel: Fax:
E-mail:

黄土与全球变化

本文是2002年4月……接受泰勒环境成就奖……科学报告的修改稿。

黄土是指构成中国黄土高原的一系列"土状堆积"，主要由黄土与红土组成。

全球变化是指人类活动和地质营力引起的地球系统环境变化。

中国黄土高原的地质研究说明全球变化是地球系统演化的普遍规律，它可以划分为人类世（根据Paul Crutzen订为1786年起始）和前人类世两个阶段。

亦可以说人类的全球变化和地质的全球变化。地质的全球变化是……人类全球变化……而人类全球变化……是一种加速的地质全球变化……

中国黄土高原的地质研究表明……它是记录地球……的档案库。

它们较完整保存着地球自然变化历史的高分辨率的……记录。……

……

[illegible]

黄土与全球变化……

人类的全球变化：Paul Crutzen的……人类世的……认为自1786年……

本文是2002年4月在南加州大学接受Tyler环境成就奖（Tyler Environmental Achievement）……科学报告的修改稿。

黄土与环境（手稿）

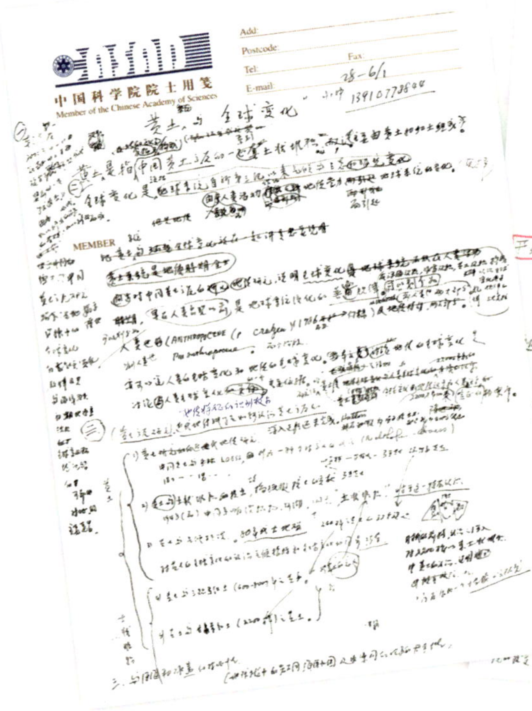

中国科学院院士用笺
Member of the Chinese Academy of Sciences
Add:
Postcode:
Tel:
Fax:
E-mail:
黄土与全球变化

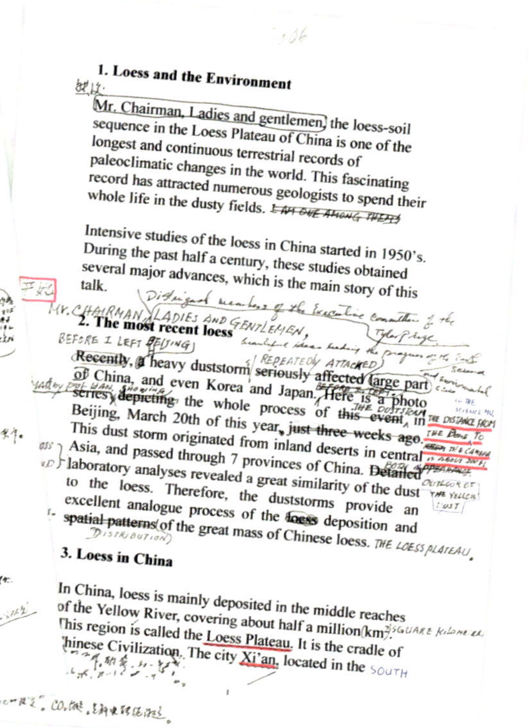

1. Loess and the Environment

Mr. Chairman, Ladies and gentlemen, the loess-soil sequence in the Loess Plateau of China is one of the longest and continuous terrestrial records of paleoclimatic changes in the world. This fascinating record has attracted numerous geologists to spend their whole life in the dusty fields.

Intensive studies of the loess in China started in 1950's. During the past half a century, these studies obtained several major advances, which is the main story of this talk.

2. The most recent loess

Recently, a heavy duststorm seriously affected large part of China, and even Korea and Japan. Here is a photo series depicting the whole process of this event, in Beijing, March 20th of this year, just three weeks ago. This dust storm originated from inland deserts in central Asia, and passed through 7 provinces of China. Detailed laboratory analyses revealed a great similarity of the dust to the loess. Therefore, the duststorms provide an excellent analogue process of the loess deposition and spatial patterns of the great mass of Chinese loess.

3. Loess in China

In China, loess is mainly deposited in the middle reaches of the Yellow River, covering about half a million km². This region is called the Loess Plateau. It is the cradle of Chinese Civilization. The city Xi'an, located in the

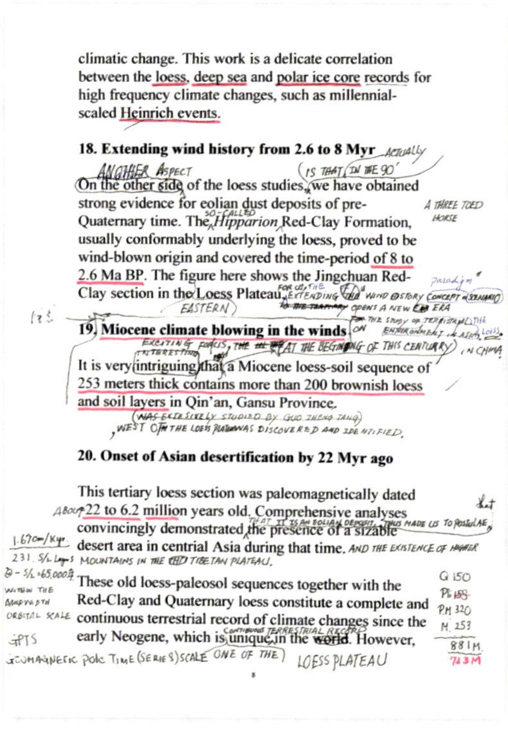

climatic change. This work is a delicate correlation between the loess, deep sea and polar ice core records for high frequency climate changes, such as millennial-scaled Heinrich events.

18. Extending wind history from 2.6 to 8 Myr

On the other side of the loess studies, we have obtained strong evidence for eolian dust deposits of pre-Quaternary time. The Hipparion Red-Clay Formation, usually conformably underlying the loess, proved to be wind-blown origin and covered the time-period of 8 to 2.6 Ma BP. The figure here shows the Jingchuan Red-Clay section in the Loess Plateau.

19. Miocene climate blowing in the winds

It is very intriguing that a Miocene loess-soil sequence of 253 meters thick contains more than 200 brownish loess and soil layers in Qin'an, Gansu Province.

20. Onset of Asian desertification by 22 Myr ago

This tertiary loess section was paleomagnetically dated 22 to 6.2 million years old. Comprehensive analyses convincingly demonstrated the presence of a sizable desert area in central Asia during that time.

These old loess-paleosol sequences together with the Red-Clay and Quaternary loess constitute a complete and continuous terrestrial record of climate changes since the early Neogene, which is unique in the world. However,

第四纪科学发展展望

2002年8月，中国第四纪科学研究会在都江堰召开了第八届全国第四纪学术大会，刘东生一如往常对第四纪大会给予很大关注，从江西中国科协赴井冈山参观团风尘仆仆于开会前一天赶到了都江堰。在开幕式上致辞，并做了题为“第四纪科学发展展望”的学术报告。报告首先回顾了中国第四纪发展与国际约有的100年的差距，早在1829年，第四纪（Quaternary）的概念已经能够提出，而在中国，直到1923年《中国北部的新生代》发表，才涉及第四纪问题；国际上更新世的概念是1833年就出现的，而中国真正涉及更新世的问题，是1928年对“三门系”的研究。尽管我们的起步要晚将近100年，但我国现代地质研究的先驱，还是对第四纪的研究做出了很大的努力，章鸿钊“论西湖之成因”，翁文灏“甘肃同心之大地震”（同心现属宁夏回族自治区），丁文江“中国的三门系”，李四光“中国北部太行山之冰川遗迹”，均是早期的第四纪文献。新中国成立前的第四纪研究可以说是“门类齐全，人才辈出，不断创新，特色显著”，但与国际的差距依然明显。新中国成立后，高校地貌第四纪专业，科研部门专门的第四纪研究室的建立，与第四纪有关的分支学科，如孢粉学、冰川学、冻土学、沙漠学、湖泊学、土壤学、海洋学、人类学、考古学的发展及相应的实验室的建立为第四纪的大发展准备了人员和条件。20世纪60～70年代环境科学的出现，为国内第四纪综合研究能力的提高发挥了作用，第四纪与环境变化紧密联系，使得我们第四纪的研究水平日益与国际靠近，引起国外的关注。

结合大会的主题“西部开发的资源环境问题与第四纪研究”，刘东生提出了随着西部大开发战略的实施，应该注意的有关问题：土地不合理利用引发的荒漠化和沙尘暴；水资源短缺；坡面不稳定性问题（滑坡、泥石流）；环境污染问题；退耕还林或还草的问题。第四纪研究研究工作者应该为此做出贡献。

传真到 Fax No.(To): 传真自 Fax No.(From):
收件人 To: 发件人 From:
公司/单位 Co./Unit: 总页数 Total:
日期 Date: 页数 Page No: 2002-8-21 1.

正文 Message:

1 主席，各位领导，同志们，同行们，
西部开发的资源和环境工作有许多和第四纪研究有关。

2 前面几位的报告，给我很大启发。
展望未来，很受鼓舞，也产生了一些想法，借此机会向大家请教。

3 回顾一下近代中国科学的发展历史，它是随着东西方文化的激烈碰撞而开始的。（1840年鸦片战争的侵略时期，不仅看到我们武器装备上的落后，也显示了我们作为其基础的科学研究的巨大差异）西方在这一时期近代科学体系已经大体上成熟阶段。而我们中国近代科学还相当落后。例如Desnoyers在1829年命名第四纪（Quaternary）一词，在1833年，Lyell命名更新世（Pleistocene）一词，当时西方对第四纪的研究已有一定的基础，并已形成为一项专门的研究。而在中国则是过了100年以后才有研究第四纪一说。例如瑞典人安特生的《中国北方新生代》一书（名词）出版于1923年。而丁文江所命名的第一个第四纪地层"三门系"的名字，可能是1928年（?）这大约100年的差距，是后来

第四纪科学发展展望（手稿）

金叶宾馆
GOLD LEAF HOTEL
地址：中国四川都江堰灌县路 Add: Guanjing Road, Dujiangyan Sichuan P.R.C.
电话：86-28-7119999 Tel:86-28-7119999
传真：86-28-7135999 Fax:86-28-7135999

传真到 Fax No.(To):
收件人 To:
公司/单位 Co./Unit:
日期 Date:
传真自 Fax No.(From):
发件人 From:
总页数 Total:
页数 Page No: 2.

正文 Message:

4 章鸿钊、翁文灏、丁文江、李四光等位先驱在启动中国的地质学研究和工作时的科学文化背景。
他们在开始阶段都做过第四纪工作。

5 由于他们接受西方教育的效果和引进西方的人才，在1930年代，中国的第四纪研究在总体上缩短了50年。他们所取得的成绩是靠三个方面的努力。

1) 以振兴国家的工矿业为己任，强调应用研究与基础研究的结合。虽然当时并没有这种口号。当时地质调查所、地质研究所人员所作的论文(中文)和未出版的调查报告，就可以看出赵亚曾、黄汲清、程裕淇、尹赞勋等都有大量的矿产调查报告，但他们却以古生物学家、大地构造专家、变质岩专家而闻名于世。

2) 利用企业和外资的效率严谨而有效。如地质调查所有开滦、中兴煤矿、南方钨矿等工矿企业资助。利用庚子赔款基金为出版研究成果，利用洛克菲勒氏基金兴办新生代研究室。同时许多国际第一流的专家热心的帮助，也是短期内出人才，见效果的好举措。

INSTITUTE OF GEOLOGY AND GEOPHYSICS
CHINESE ACADEMY OF SCIENCES
中国科学院地质与地球物理研究所 3.

P.O.BOX 9825, BEIJING 100029, CHINA
Tel:86-(0)10-62008001 Fax:86-(0)10-62010846

3) 研究成果把区域特色转化为全球性的信息也是成功一例。矿产调查报告中文出版，古生物等研究以最好质量，外文在外国印刷，取得国际上的承认。

地质界在这三方面有较好的运用，所以在1930年代出现了人才辈出，群星灿烂的局面。

6 以第四纪来说，在上个世纪达到了，初步的。
1) 门类齐全
2) 人才辈出
3) 不断创新
4) 特色显著。的兴旺的局面。

7 第四纪研究虽然有过去新生代研究室的基础，但真正的开始是在建国以后。
三门峡水库和大坝的修建，虽然除坝址外要做水库的工作，并重视基础研究开了新构造运动座谈会，开了三门系中冰川沉积，冰期的国际会议，可惜对于黄土的崩塌，塌陷了丝毫没有察觉。
1954-1957，黄河中游水土保持考察，虽然对后来的小流域治理，作了工作。但对黄河泥沙年16亿吨的来源于砂黄土区这一重要认识是钱宁院士提出

INSTITUTE OF GEOLOGY AND GEOPHYSICS
CHINESE ACADEMY OF SCIENCES
中国科学院地质与地球物理研究所 4.

P.O.BOX 9825, BEIJING 100029, CHINA
Tel:86-(0)10-62008001 Fax:86-(0)10-62010846

8 建国前留下的50年差距，赶上去的任务。(一般来说缩短30-20年)有两项不太成功，或者在某方面很成功，另方面不成功的情况(1)在建国初期在第四纪科学方面的努力，取得了很大的效果，特别是培养了人才，在学校中有帕甫林诺夫讲授第四纪地质学，斯别捷夫讲授地貌学等。派人出去留学。在研究所中建立专门的研究室。建立中国第四纪研究委员会。出版了刊物，并编制了第四纪地质图。当时曾设想第四纪图也像地质制图一样，可以永续的不断更新以推动中国的第四纪工作。可惜因为研究单位不适于这种工作而暂停。
(2) 差不多同时，为了扩大第四纪研究的领域，在有关的学科自身发展中带动了第四纪的发展，如地理科学中许多分枝，冰川学、沙漠学、冻土学、湖泊学、沼泽学等。在土壤学、孢粉学、植物学、人类学、考古学，以及应用第四纪方面都取得了很好的发展。但第四纪本身，在对一个综合性的、多学科性的方面并未取得很大成功。这两项从学科内部求新发展或获成功。
(3) 在单科性有很好的发展，综合性方面并未取得成功的情况下，60年代末70年代初环境问题在中国的出现得到重视。给第四纪研究带来机会和挑战，应该说

1 西部开发的资源环境问题与第四纪研究(大)
中国第四纪研究委员会第VIII次全国学术大会(小)

2 第四纪科学发展展望
刘东生
中国科学院地质与地球物理研究所

3 中国和国际的100年差距问题(3)
QUATERNARY(1829)《中国北部新生代》(1923)
PLEISTOCENE(1833)"三门系" (1928)?

4 中国地质研究的先驱们的努力。(大)
章鸿钊(论西湖之成因)
翁文灏(甘肃固原之大地震)
丁文江(中国的三门系)
李四光(中国北部太行山之冰川遗迹)
1910-1930

5 1950年代以前的努力。
1) 应用与基础研究的协调
2) 社会企业与政府支持互补
3) 区域性和全球性的一致
(接下页) P.1

JIN YEI HOTEL
金叶大厦
…红军北路30号 电话：(0796)6558188 传真：(0796)6554011 邮编：343600
…TH)39 JINGANG SHAN JIANGXI CHINA TEL:(0796)6558188 FAX:(0796)6554011 ZIP CODE:343600

中国黄土研究80年

自1922年成立到2002年，中国地质学会走过了漫长的80年，在这80年中，中国的现代地质研究经历了探索、初创、壮大、成就几个阶段，终于与1996年成功举办了第30届国际地质大会（30th IGC），用精彩的报告，组织的野外地质旅行，让世界了解中国，了解中国地质科学的发展。

在中国地质学会成立80周年之际，地质学的各分支学科都系统总结了80年的历程。“中国黄土研究80年”便是刘东生对所从事的第四纪地质和黄土研究的总结。刘东生回顾了中国黄土研究的历史，早在1920年，叶良辅的区域地质报告《西山地质志》首次出现了马兰黄土开始，经历德日进、杨钟健的马兰黄土、红色土，再到古土壤的辨认，划分出马兰黄土、离石黄土和午城黄土的定义，黄土研究基础基本奠定。对黄土中所含化石以及基本物理和化学性质的研究，获得了第四纪时期中国北方气候总体变干的趋势，取得了古气候变化的基本轮廓；古地磁技术的应用，确认中国黄土涵盖了整个第四纪约2.5Ma。深入细致的野外观测，获得了黄土-古土壤多次叠覆的完整剖面，对第四纪时期4次冰期的经典理论提出了质疑；首先是黄土的高分辨率的磁化率曲线，后来又有粒度等其他曲线，能很好地与深海氧同位素曲线对比，获得了海陆可以互相印证的第四纪时期环境变化的记录，为最终突破经典的4次冰期理论，催生了全新的多旋回气候变化理论。对黄土各种气候替代性指标的频谱分析建立了气候转型的概念和第四纪各个阶段不同周期的变化规律，进而为黄土-古土壤的形成演化与冬夏季风进退的关系，冷暖演替与地球轨道参数变化的关系，青藏高原龙胜对东亚古环境的影响提供了依据。黄土的研究工作也为黄土区的水土流失的治理，黄土区地方病的防治和生态环境的重建指明了方向。

80年来，几代黄土人的努力，使得我国在陆相沉积古环境研究方面走在了世界的前头。

主席、各位代表，

北京外国专家大厦
FOREIGN EXPERTS BUILDING BEIJING

1.

感谢大会给我机会，在此

1 祝贺中国地质学会80周年，并
对所有黄土工作者致敬和
对年青的新人们表示诚挚的希望。

2 中国黄土主要分布在晋、陕、甘，构成黄土高原（面积30多万平方公里），这里有近全国⅓的耕地，有近⅕人口。但年输入黄河泥沙16亿吨，是尼罗河的29倍、密西西比河90倍。黄土高原在西部大开发中占有重要的位置。
汇报分两部分，先讲一下黄土研究的理论意义，再介绍黄土研究为实践提供的科学依据。

3 中国人自己开始对黄土地质的研究，是现代地质研究历史中东方、西方科学文化碰撞的一个火花。当前中国的黄土，与深海沉积、极地冰心，被称为是人们认识地球环境变化的三大支柱。
80年来我们认识黄土，可概括为8次突破性进展。

4 1920 早期区域地质报告的最后一章总要提到第四纪和地文期。首次提到马兰黄土。
I-1 叶先生是中国第一份区域地质报告（叶良辅 1920 西山地质志）（是一次从无到有的突破）①
~~他所引用的的“马兰黄土”一名，把黄土划定过第，使真正黄土隐姓埋名30年（是一次从无到有的突破）~~

中国北京市朝阳区北四环中路华严北里8号院 邮政编码 100029 电话 82858888
No.8 HuaYan Bei Li ,Chao Yang District Beijing China P.C. 100029 Tel 82858888

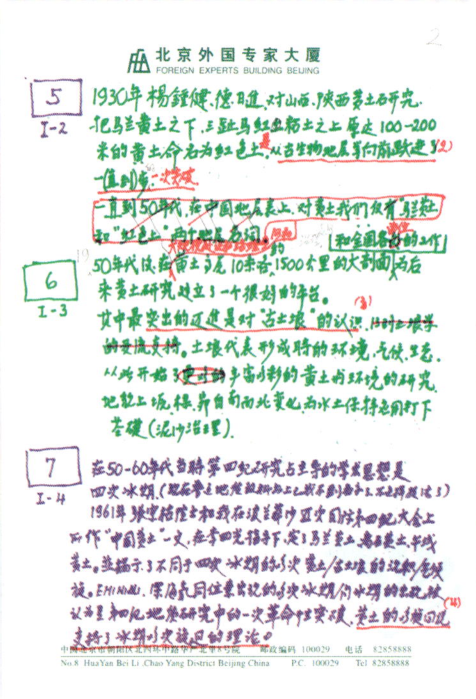
2
北京外国专家大厦
FOREIGN EXPERTS BUILDING BEIJING
5
I-2
1930年杨锺健、德日进，对山西、陕西黄土的研究，
100-200
一直到50年代，在中国地层表上，对黄土我们仅有"马兰黄土"和"红色土"两个地层名词。
6
I-3
来黄土研究建立了一个很好的平台。
土壤代表形成时的环境、气候、生态。
7
I-4
1961年
中国北京市朝阳区北四环中路华严北里8号院 邮政编码 100029 电话 82858888
No.8 HuaYan Bei Li ,Chao Yang District Beijing China P.C. 100029 Tel 82858888

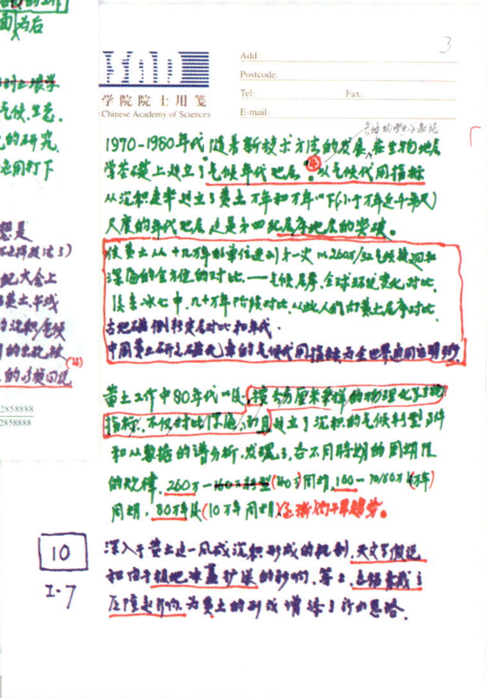
3
学院院士用笺
Chinese Academy of Sciences
Add:
Postcode:
Tel:
Fax:
E-mail:
1970-1980年代
10
I-7

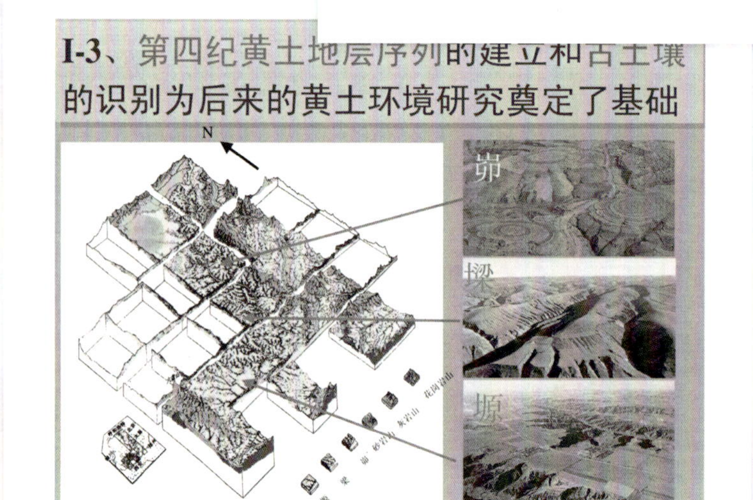
I-3、第四纪黄土地层序列的建立和古土壤的识别为后来的黄土环境研究奠定了基础
N
峁
梁
塬
6

论宇宙公民德日进和人类世

德日进神父在中国科学史上是一位很有影响的外国学者，他与葛利普（Amadeus William Grabau），斯文•赫定（Sven Hedin）等人推动了中国早期的现代地质学的发展，值得人们怀念。德日进与刘东生的恩师杨钟健有长期的合作，为中国的古脊椎动物和旧石器的研究奠定了早期的基础。德日进的学术思想也深深影响了刘东生。对此，鲍勒教授的最新纪念文章已经有详尽的分析。

“论宇宙公民德日进和人类世”是刘东生2006年8月在内蒙古鄂尔多斯举行的“鄂尔多斯萨拉乌苏文化国际学术讨论会”上所做的学术报告。在回顾了德日进从1923年到1946年长达23年的考察生涯，从对萨拉乌苏组的研究到对黄土高原土状沉积物的研究，划分出马兰期的黄土、红色土A、B、C和红土的历程，结合刘东生自身对黄土的研究，说明德日进的科学哲学思想对后人，包括刘东生自己科研工作的影响。德日进的著作，如《人的现象》、《人的出现》、《透视过去》、《人的未来》、《人的能量》、《人在自然界的位置》、《未来的方向》中，体现了强烈的人类命运关怀，他把人类看做是“地球的皮肤”，认为因为人类的出现，地球才形成了“智慧圈（Noosphere）”。报告中也通过一些国外知名学者阿拉贡内斯（Claude Aragonnes）、赫胥黎（Julian Huxley）、克鲁岑（Paul Cruzen）对德日进学术思想的评述，说明德日进的科学思想是创新性和超前性的统一。刘东生衷心希望“80后”的中国年轻一代科学工作者能吸取有益的营养。

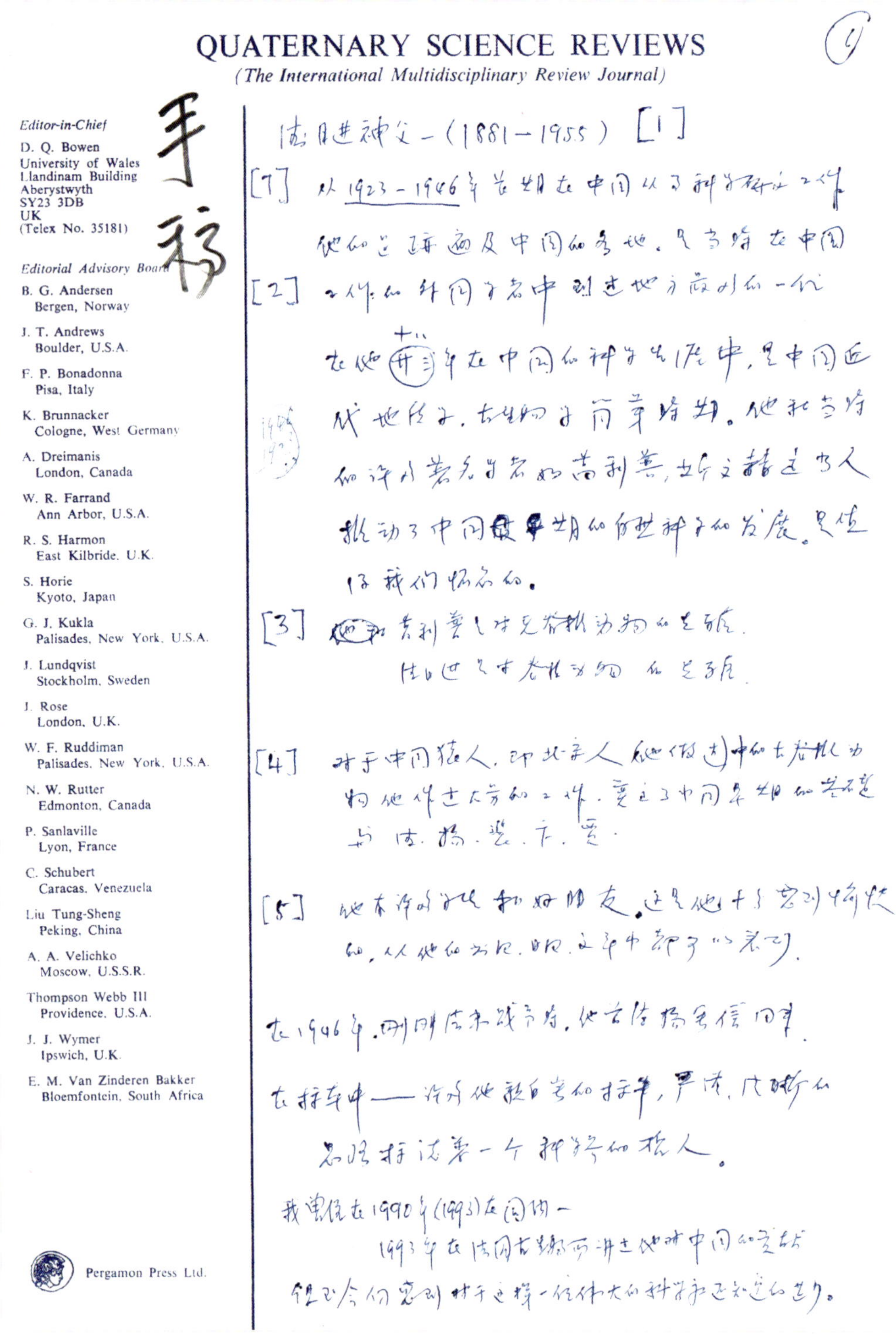

QUATERNARY SCIENCE REVIEWS

(The International Multidisciplinary Review Journal)

手稿

①

德日进神父—（1881—1955） [1]

[1] 从1923－1946年长期在中国从事科学研究工作

他的足迹遍及中国的各地。是当时在中国

[2] 工作的外国学者中到过地方最多的一位

在他廿三年在中国的科学生涯中，是中国近

代地质学、古生物学开草时期。他和当时

的许多著名学者如杨钟健、裴文中等人

推动了中国早期的科学的发展。是值

得我们怀念的。

[3] 杨钟健是研究脊椎动物的先驱。

他也是对脊椎动物的先驱。

[4] 对于中国猿人，即北京人，他做过中的古脊椎动

物他作出大量的工作。奠定了中国早期的考古

与 法、杨、裴、卞、贾。

[5] 他本性好和好朋友。这是他十分高兴愉快

的，从他的书记、日记、文章中都可以看到。

在1946年，刚刚结束战争时，他在告别信回来。

在抗战中——许多他熟悉的科学、学生、同胞的

不能再作研究的情况。

我曾经在1990年(1993)在同济—

1993年在法国古生物学会讲述他对中国的贡献

但还令人感到对于这样一位伟大的科学家还知道的太少。

论宇宙公民德日进和人类世（手稿）

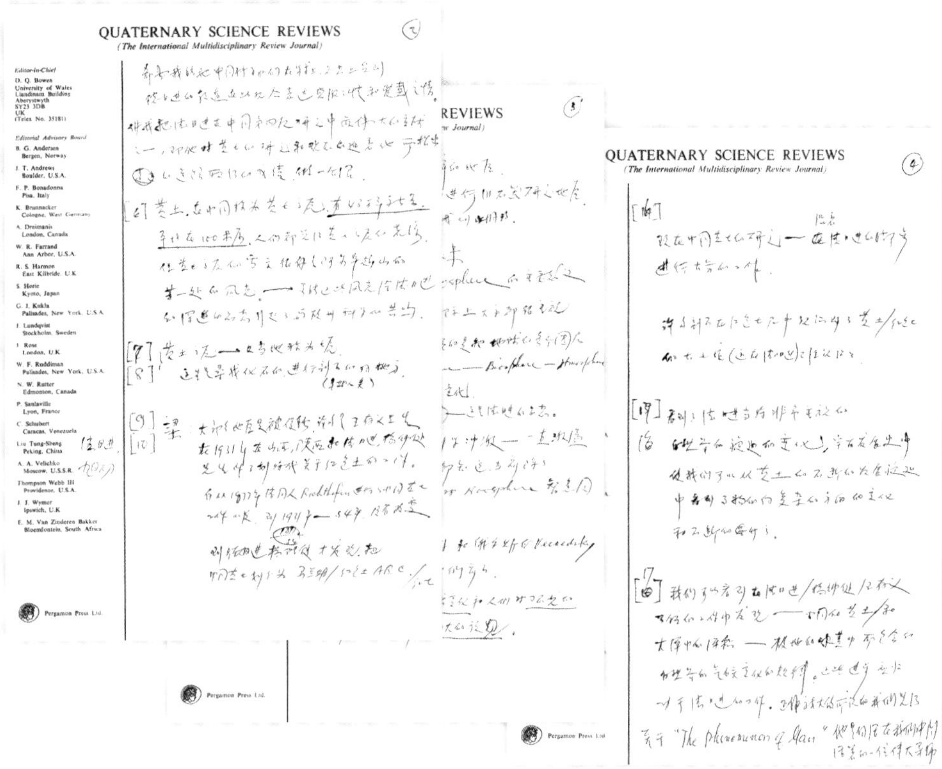
QUATERNARY SCIENCE REVIEWS
(The International Multidisciplinary Review Journal)

Pergamon Press Ltd

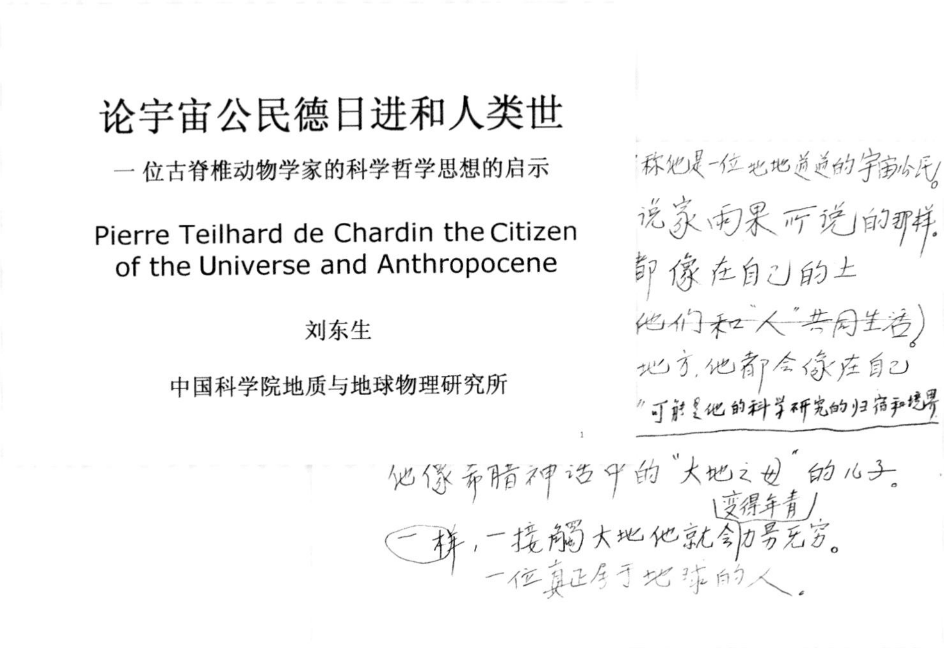
论宇宙公民德日进和人类世

一位古脊椎动物学家的科学哲学思想的启示

Pierre Teilhard de Chardin the Citizen of the Universe and Anthropocene

刘东生

中国科学院地质与地球物理研究所

1

中国地质环境和全球变化

——“大陆地质”的提出及一些认识和问题

自1978年恢复研究生招生，中国科技大学研究生院（2000年底更名为中国科学院研究生院，2012年12月更名成立中国科学院大学）成立，到刘东生2006年秋天查出患病前的6月13日最后一次站在研究生院的讲台上，前后近30年，刘东生从未间断在研究生院的亲自给研究生授课。与少数讲课者一本讲稿一用十年二十年不同，刘东生的讲稿几年便全面翻新一次。据研究生院的统计，刘东生开设的课程，他与他的团队讲授的时间达2500学时，受益的研究生达3000人（其中不乏非地学专业的研究生）。学生对刘东生讲课的反映是：“能够唤起探索的欲望，给予精深的内涵，激发潜在的智能。”

“中国地质环境和全球变化——‘大陆地质’的提出及一些认识和问题”是刘东生遗物中找出的唯一一份研究生院讲课的讲稿。讲课的时间应在20世纪90年代中期。所以选择这个论题可能与第30地质大会（30th IGC）选择“大陆地质”作为大会的主题有关。讲课首先从人类社会面临的日益严重的人口、资源和环境问题入手，从环境演化的趋势：干旱化问题推演出大陆度的感念，是学生感到当前地质学家所面临的最紧迫的任务。接着从印度板块与欧亚板块的碰撞，导致广袤的青藏高原的形成，以及高原对海陆配置，大气环流的影响，探讨了季风环境的形成，烁明了面临的问题的来龙去脉。最后从新生代欧亚大陆的环境演化，归纳出地质环境研究中所包含的科学问题，整个讲课思路清晰。

研究生阶段的学习，已经不仅仅是为了让学生学到点基本知识，更重要的是让学生看清路子，高起点出发。刘东生这一次讲课的内容就明显体现了这样的原则，围绕第30届国际地质大会的主题，紧紧追踪了国际上地质科学发展的动向，从而使听课的学生能“唤起探索的欲望”、“激发潜在的智能”。

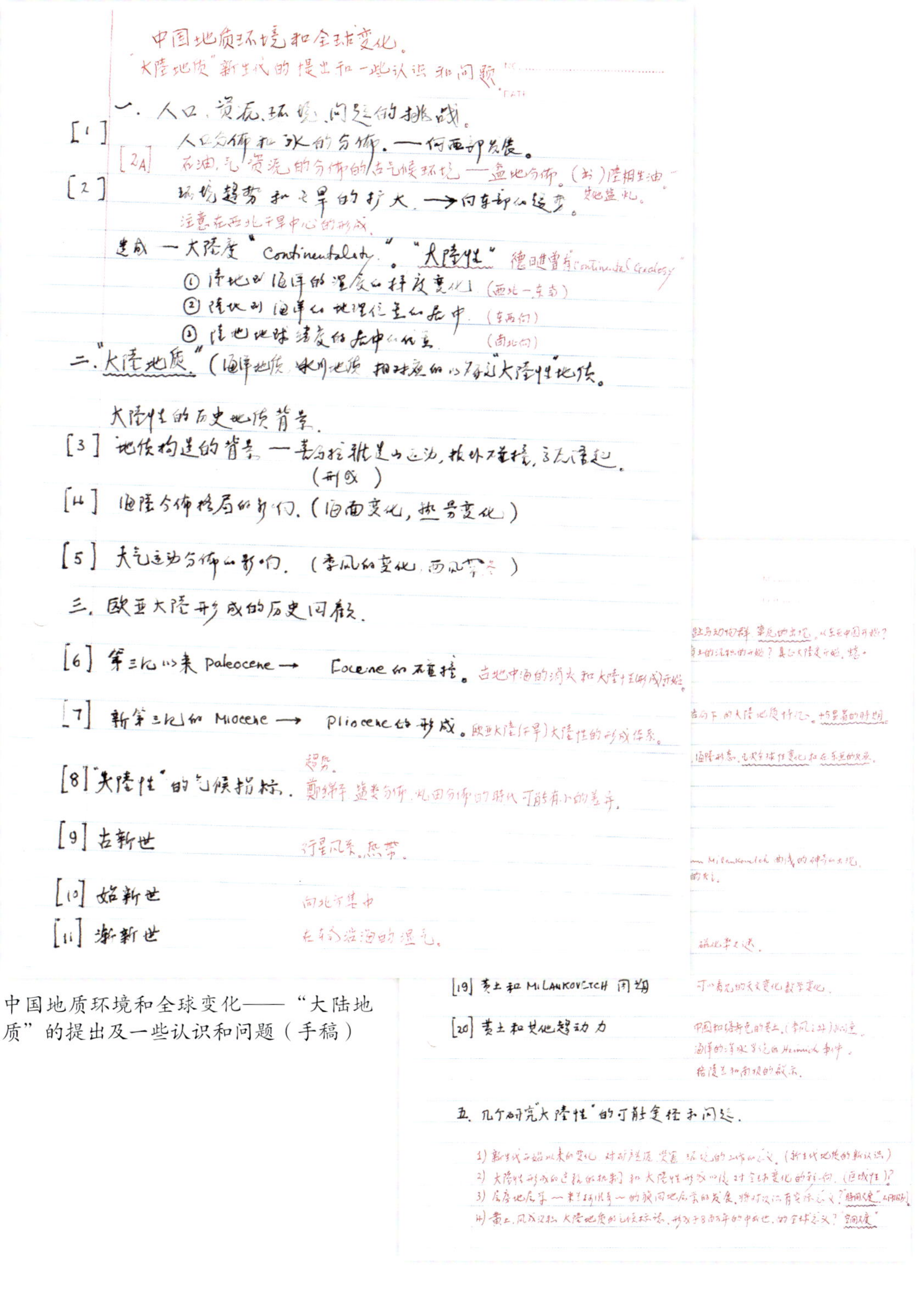

中国地质环境和全球变化——“大陆地质”的提出及一些认识和问题（手稿）

四、纪念追忆

尊老爱幼是刘东生优秀品格的重要、突出的方面，他不忘我国现代地质科学的奠基人，应丁文江先生的侄子丁海曙之邀，为丁文江诞辰120周年题词，他还鼎力支持和帮助翁文灏的孙女翁维玲编辑出版翁文灏先生的遗著。尽管刘东生自己也进入老年，但对于师长仍然是一如既往的尊敬，老一辈地质学家的纪念活动，他总是积极参加，满怀热情地撰写纪念文章，回忆与前辈一起工作或生活时受到的教益，颂扬前辈的风范。记得他于2002年获得泰勒奖以后曾专程到西南联大读书时的老师王恒升先生家报告，表达对老师的尊敬。感动了王老的家人。王恒升先生的大女儿王莹棣回忆说："那年父亲101岁了，脑子也不大清楚。刘先生还是执弟子礼，毕恭毕敬地把证书展开，捧给父亲看，鞠躬感谢业师的培育之恩。刘先生在西南联大的老师大概仅有父亲健在了。难得刘先生耄耋之年在大喜之时，还惦念着60多年前的老师！如此人品风范，怎么不让人敬佩。"对同辈的学人，刘东生也不忘将他们做学问和做人的精彩片段介绍给后辈，鼓励青年学人发扬老一辈的优良传统为我国的地质事业奉献青春。刘东生更是特别关注对年轻人的栽培。尽管身为国内外著名的学者，但刘东生培养学生时绝不局限于自己熟悉的领域，而是把学生送到国内外著名的学府或研究机构深造，带回全新的学术思想和技术方法来推动我国的第四纪科学研究事业。刘东生搞国际合作，创造了很多出国深造的机会，他的眼光绝不局限于自己的小圈子，也不只局限于中国科学院。改革开放初期的中澳第四纪合作，被派出去学习的既有地质所第四纪研究室的，也有中国科学院植物所、盐湖所的研究人员，还有高等院校，如南京大学的老师。无论哪个部门，哪个单位的年轻人希望出国深造，刘东生也总是凭借他广泛的国际联系，推荐他们到合适的学校或研究机构深造。组团参加国际会议，中国代表团中既有来自科研单位和高等院校的，也常常有产业部门的人员。刘东生的所作所为，使得人们不得不佩服他的博大胸怀。追忆往事时，刘东生的目光不仅仅只是集中在事业有成、成就卓著的"大家"，也时刻不忘为科研事业辛勤工作的辅助人员。刘东生所做的一切，就是希望在如今优越条件下从事教学和科研的年轻人，不忘老一辈求学和研究时的艰苦历程。

这一版块我们选择了刘东生为师长和同辈友人撰写的纪念文章和追思或纪念会讲话，编排以时间为序。尽管不可能给大家以刘东生尊师爱友的全貌，但就凭这些文稿，就已经充分反映了刘东生尊老和平等待人的美德。

在这一部分的最后，含刘东生对一些亲历活动的生动回忆。

美好的回忆　深深的思念

用“尊师与爱徒”来描述杨钟健教授（1897.6.1～1979.1.15）与刘东生的关系是最贴切不过的，这对师生之间真可谓情深意笃。杨先生对挑灯苦读的刘东生，一对一逐段讲解德国地质古生物学家奇特尔（Karl A. von Zittel）艰涩难懂的《古生物学基础》，可谓“爱之深”；1979年1月15日杨钟键先生因病在北京逝世，刘东生无时无刻不在想念恩师，可谓“情之切”。杨先生野外言传身教，使刘东生很快成长为一名颇有成就的古脊椎动物，尤其是鱼化石研究专家。正当刘东生崭露头角之时，因国家的需要，转行从事第四纪黄土的研究，杨先生虽然依依不舍，但仍然顾全大局，让刘东生走上了创新之路。

刘东生纪念杨先生的文稿，收集到的就有三篇。“美好的回忆　深深的思念”是刘东生在杨老逝世后对杨老“舔犊之心”的深情回顾；“纪念杨钟健先生”是为中国科学院古脊椎动物与古人类研究所和北京自然博物馆纪念杨老90华诞的学术活动撰写的，盛赞杨老在我国古脊椎动物和第四纪研究获得阶段成果时，总是及时推出文字通俗的文章，深入浅出又生动有趣地介绍给青年人，将年轻人引入科学研究之路；“成功的科学家：杨钟健先生——纪念恩师百年诞辰兼论杨钟健学术道路”，刘东生对杨老的一生进行了系统的梳理：“他青年时期的峥嵘岁月，开创了我国前所未有的古脊椎动物学；他中年时期享誉世界，建立了国际上唯一的古脊椎动物与古人类研究所；他老年时期潇洒舒畅，写作研究直到最后。”刘东生认为杨老的成功在于“从一开始进入科学殿堂，便目标明确”，“他信念高尚、纯正、朴素……他深刻、坚定、锲而不舍”。抗战时期的颠沛流离，“文化大革命”期间的彷徨和失望，都没能改变他的伟大信念。杨老也绝不随波逐流，面对1929年北京猿人头盖骨发现的冲击波，他仍然坚定沉着，走自己的路。

从这些纪念文章，正可谓知师（杨老）者，莫如刘东生。

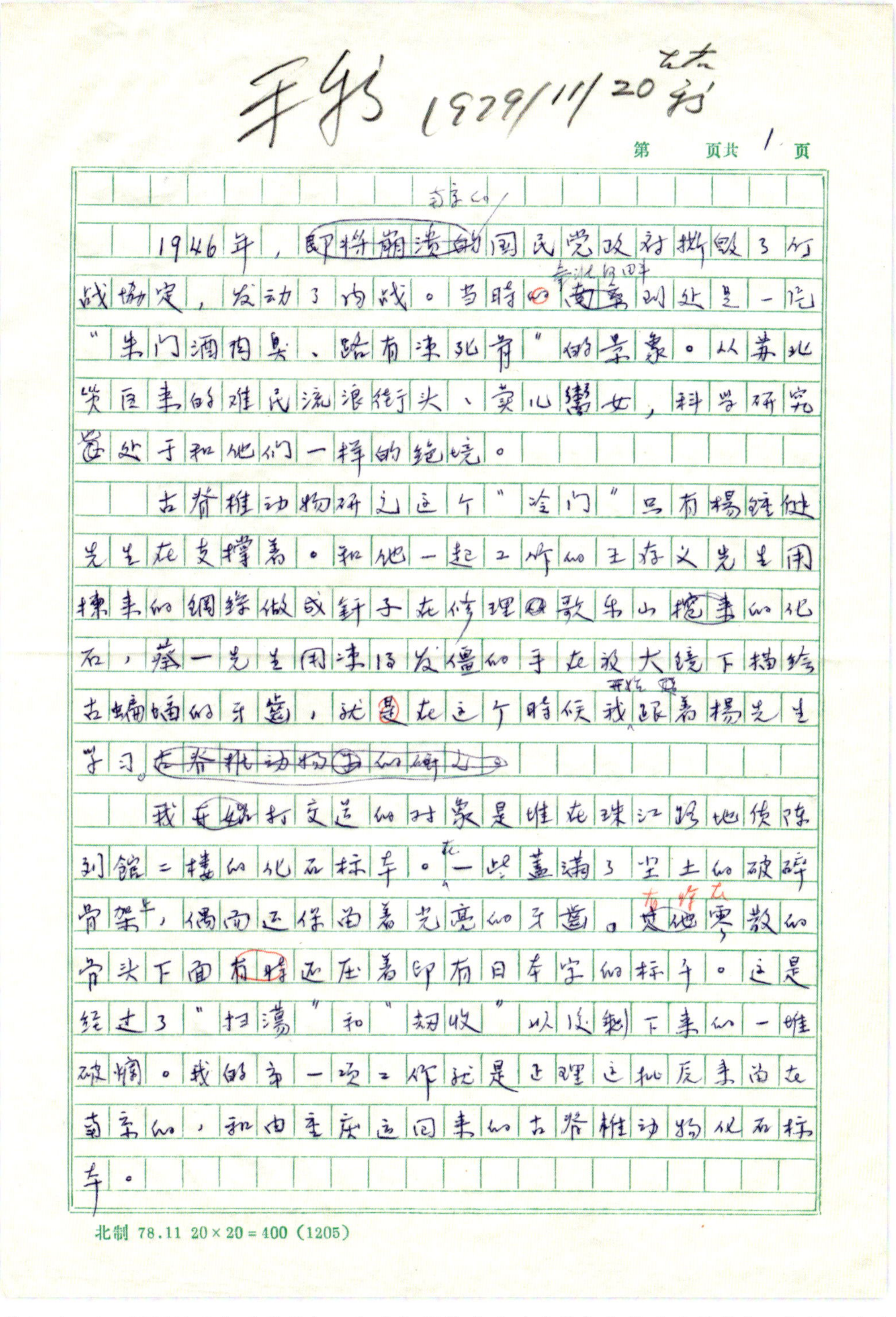
手稿 1979/11/20左右写

第　页共 1 页

1946年，即将崩溃的国民党政府撕毁了停战协定，发动了内战。当时的南京到处是一派"朱门酒肉臭，路有冻死骨"的景象。从苏北逃亡来的难民流浪街头、卖儿鬻女，科学研究也处于和他们一样的绝境。

古脊椎动物研究这个"冷门"只有杨钟健先生在支撑着。和他一起工作的王存义先生用拣来的铜丝做成针子在修理从歌乐山挖来的化石，蔡一先生用冻得发僵的手在放大镜下描绘古蝙蝠的牙齿，就是在这个时候我开始跟着杨先生学习。

我每天打交道的对象是堆在珠江路地质陈列馆二楼的化石标本。在一些盖满了尘土的破碎骨架上，偶而还保留着光亮的牙齿。有些零散的骨头下面有时还压着印有日本字的标签。这是经过了"扫荡"和"劫收"以后剩下来的一堆破烂。我的第一项工作就是整理这批原来留在南京的，和由重庆运回来的古脊椎动物化石标本。

北制 78.11 20×20＝400（1205）

美好的回忆 深深的思念（手稿）、纪念杨钟健先生（手稿）和成功的科学家：杨钟健先生（手稿）

第 页共 2 页

每当我拿着一件既不知道是什么东西，又不知道该如何处理的标本去问杨先生的时候，他总是深有感触地讲起它们的来历和不寻常的遭遇。一批批、一件件化石都有它们的一段独特的历史。

后来一些重得搬不动的大犀牛头骨是安特生从山西、保德、萬家沟以西跨大洋一个个買来的。有四百多箱这样"采"来的化石被运到瑞典去研究。正型标本留在那里了，一些没有用的、未修理的付品被遣送回来了，上面还贴着像邮票那样大小的铅印的标签。

后来这只豹子的骨架是用美国洛氏基金会的钱从周口店山顶洞发掘出来的。架好的完整骨架已被侵大东亚共荣的"先生"们贴上了日文标签。现在都被打得腰折二段，肢骨不全，怎么也恢复不起来了。

后来一些个不知道家住那里，姓甚名谁的漂亮的头骨是被人偷运到外国去……，而留下来的倖存者。

后来这件没头没脑的破骨头是第一……中国

北制 78.11 20×20=400（1205）

第 页共 3 页

山东蒙阴发现的中国第一件

有两个红点，它是外国人研

灰色的骨头就是在闻名世界

》中发表的大名鼎鼎的禄丰

发现的最完整的恐龙骨架，

——杨钟健研究的。

是杨先生亲自采集和研究

参与下从外国要回来的。杨

本中的每一件骨头都有过它

世和遭遇是再熟悉也没有了

的标签上认出这是德日进的手迹。他可以从骨头上用毛笔写的号码前面的BL告诉你这是哪一年，李悦言1937年采的。他可以从骨头的发里的颜色告诉你这个被偷运出去未成的标本可能是来自榆社而不是保德。这一切，一切对我来说都像故事一样的新奇。

在那空旷的大厅里，看看那些摆在四周奇形怪状动物的骨架，它们真好像神话故事中的

北制 78.11 20×20=400（1205）

平邮　　1979/11/20寄出

第　　页共　　页

杨老的藏书极为丰富，在我随他学习的日子里随时都到他的书架子上取书来看。那时他刚刚从国外回来，专门指定了Parker & Haswell的动物学教程和Goodrich的比较解剖学让我阅读。当时Zittel的古生物学教程还不算过时，Romer的古脊椎动物学刚刚出版不久，但他却指定我先把生物学的基础打好再学古生物。

因为他知道我这个地质出身的学生，所以介绍每本书时对他的优缺点，重要的部分，和没用书的部分都讲一遍，而且在他自己用这些书时也叫我去查阅，也算是实习了。

当时我对这西大本生物学啃起来颇觉吃力。杨先生就把这几本书及他在国外节省下来的钱买来的，特为是来借给学生的人用的，因为那时，地质图书馆中一般的生物学教科书是不足的。

~~杨老杨先生~~书架子上还有一些古典文学的书，其中还有侦探小说，当时我对这些书特偏爱了。杨先生风趣的说，讲文言古生物有之和侦

北制 78.11 20×20=400（1205）

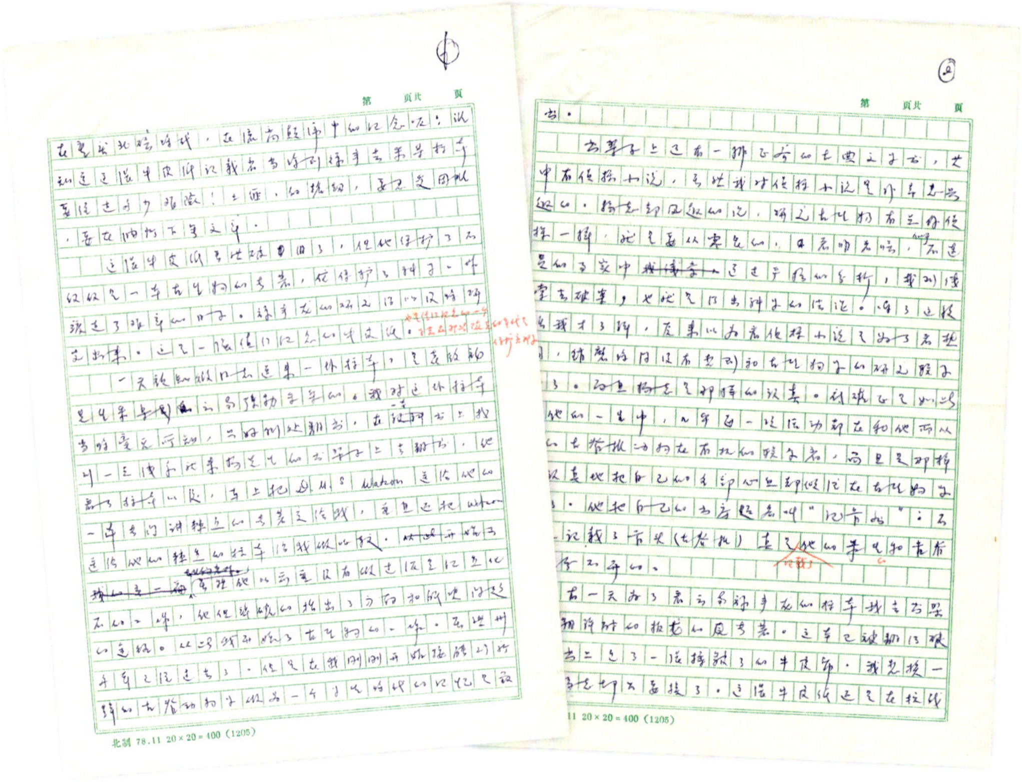

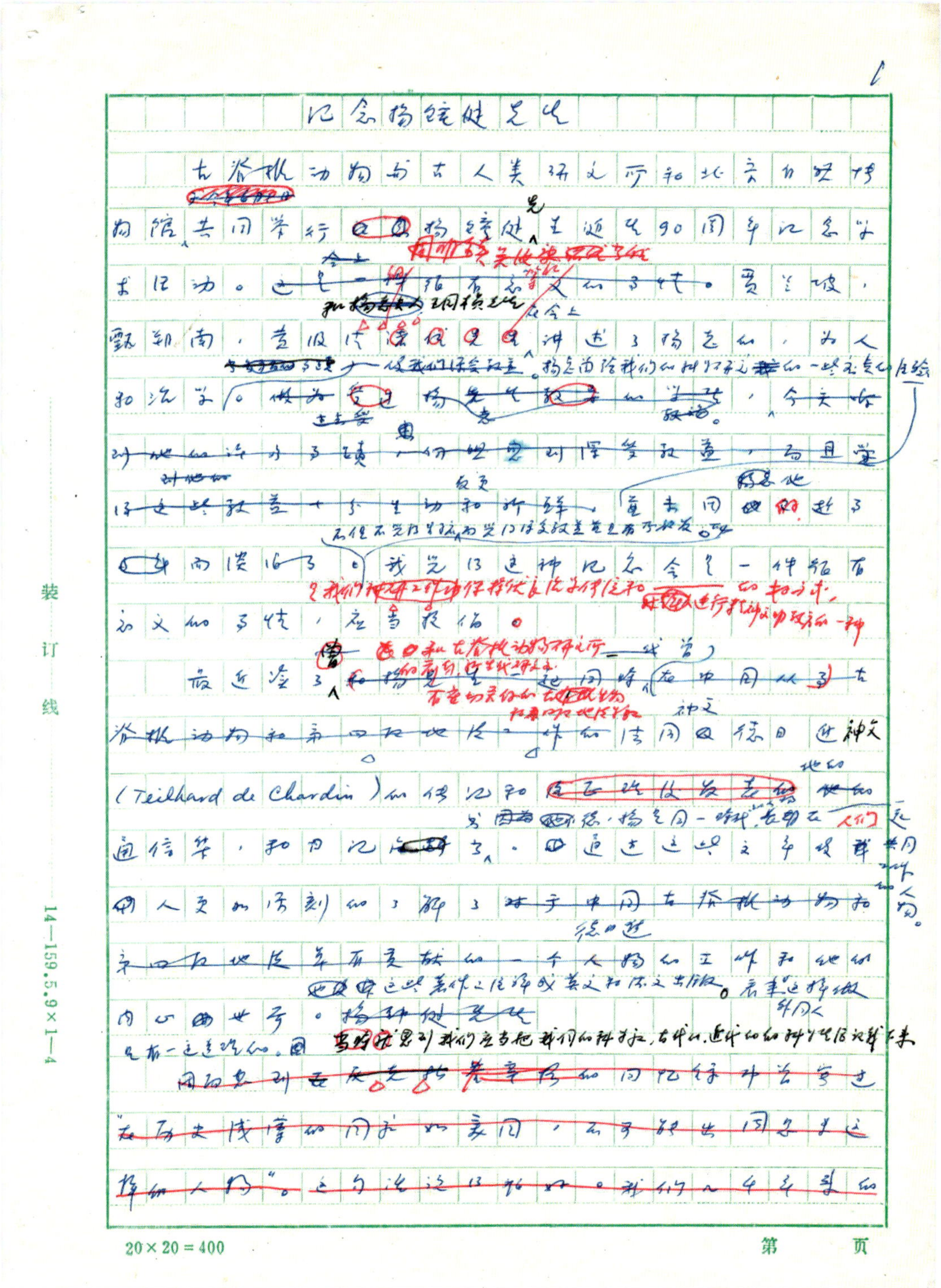
1
纪念杨钟健先生
古脊椎动物与古人类研究所和北京自然博物馆共同举行杨钟健先生诞生90周年纪念学术活动。
(Teilhard de Chardin)
装订线
14—159.5.9×1—4
20×20=400
第 页

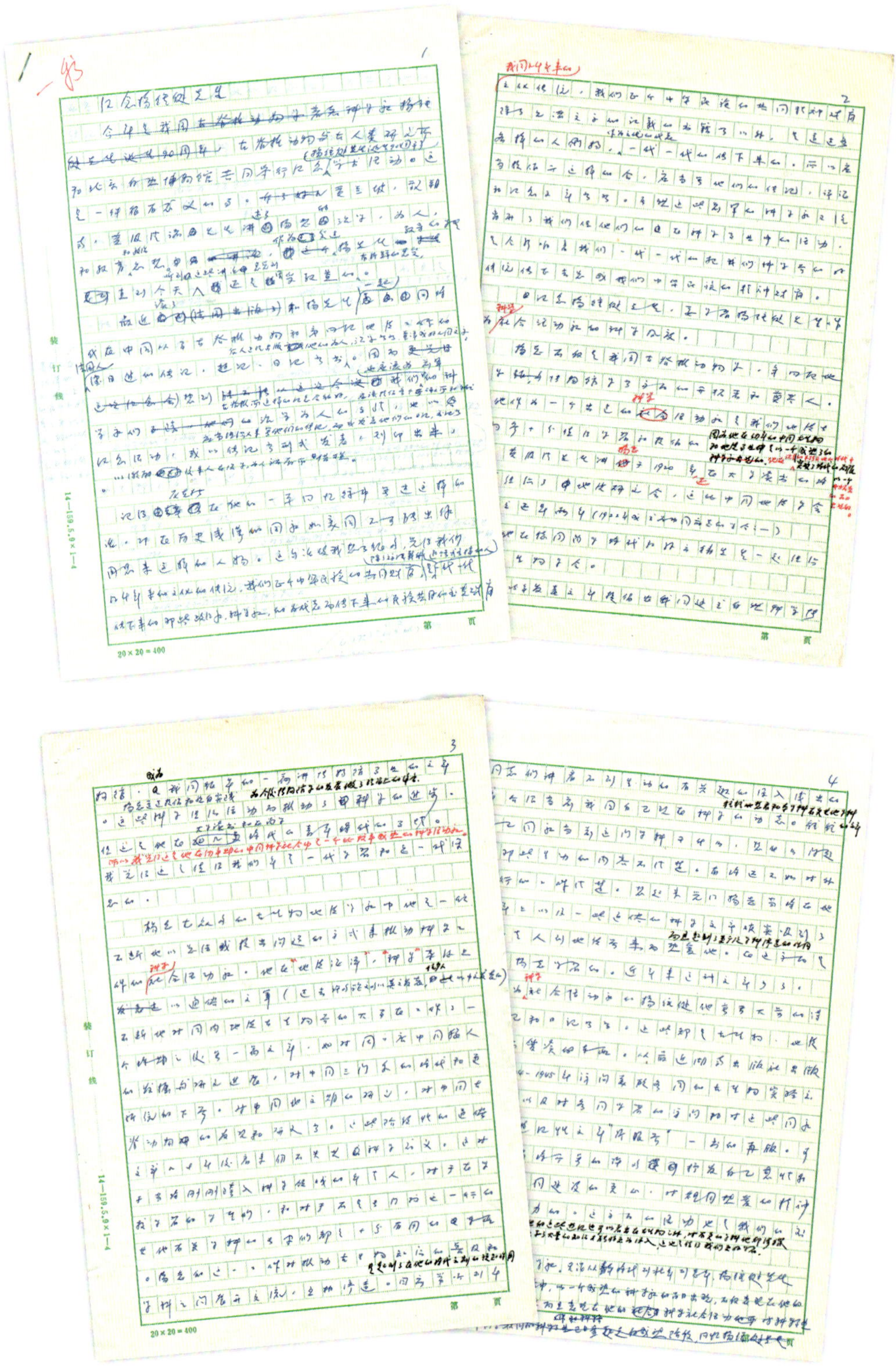

125　　17+

第　　页共 1 页

成功的科学家杨钟健先生

杨钟健先生（1897—1979）是我们敬爱的科学家，也是一位成功的科学家。

他青年时期，峥嵘岁月，开创了我国古脊椎动物学。

他中年时期，享誉世界，建立了国际上一流的古脊椎动物研究所。

他老年时期，潇洒舒畅，写作科文直到最后。

他一生的科学论著有483（总674），发表于科学——。为人类认识自然，古脊椎动物演化作出了贡献。这是他在人生中的成功。

他的成功在于从开始进入科学殿堂一直向成功的目标阔步前进。从在北大读书时期对于地质古生物学认定作他选定了中国的第一个科学组织。这种追求卓越的内心是推动他走向成功的原动力。

有人说一个终生拥有目标的人，就是一个终生创造卓越，不断取得成功的人。他的"记者录"说明了他的一生中坚定的不抛弃了大自然而作到的成功。

他的信念的宝贵、纯正，和朴素，不仅使他拥有伟大的目标，而且在于他的深刻，坚定的锲而不舍。抗战时期的颠沛流离，建国初期

（1586）20×20＝400

北京市京昌印刷厂出品　八六·一

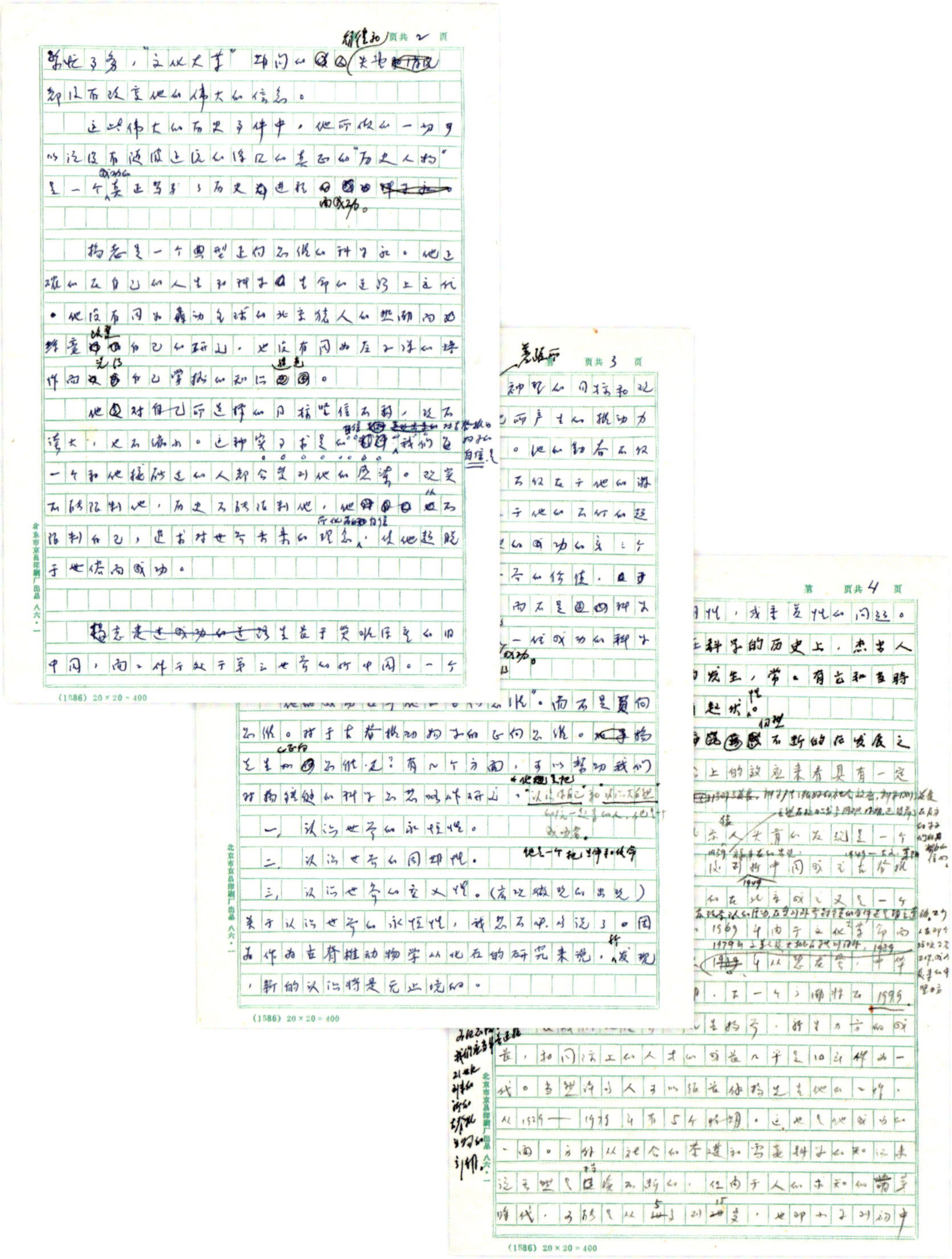

古地理学家周廷儒先生

周廷儒教授（1909.2.15～1989.7.18）是北京师范大学地理系的教授，开创了古地理学的研究，刘东生尊称他是我国地理学界的泰斗。周先生从事的新生代古地理研究是与第四纪紧密联系的，刘东生与周廷儒教授相通的研究领域，使得他们成为联系紧密的朋友。

《古地理学家周廷儒先生》一文是刘东生为周先生逝世一周年撰写的纪念文章。文中，刘东生就周廷儒教授发表于1965年的《谈谈古地理学研究的内容、目的和方法》一文给予高度评价，认为此文是从近代的观点对古地理研究的开始。周先生曾指出“研究过去环境的发展和演变过程是认识现代环境和预测未来环境发展趋势的前提与基础。”刘东生认为这一认识是十分有远见的，也是十分超前的地理学思想。当前，国际地圈生物圈计划（IGBP）的核心计划之一：过去全球变化（PAGES）就是要通过各种记录来重建古气候和古环境，推断生态系统对气候变化的响应机制，预测其变化趋势。

作为地理学家，周先生以对新生代，特别是第四纪地质学的实践，在北京师范大学建成了一个很有基础的“新生代古地理研究”集体，是对我国地理学发展的重要贡献，目前也是国内过去全球变化研究的一支重要力量。

刘东生回忆起改革开放初期与周先生一起工作的日子，那就是为参加1982年第11届国际第四纪大会准备时，曾请周先生指导英语有一定困难的与会代表修改英文论文和讲稿，对周先生与人同舟共济，爱护后辈，乐于助人的品格留下了深刻印象。

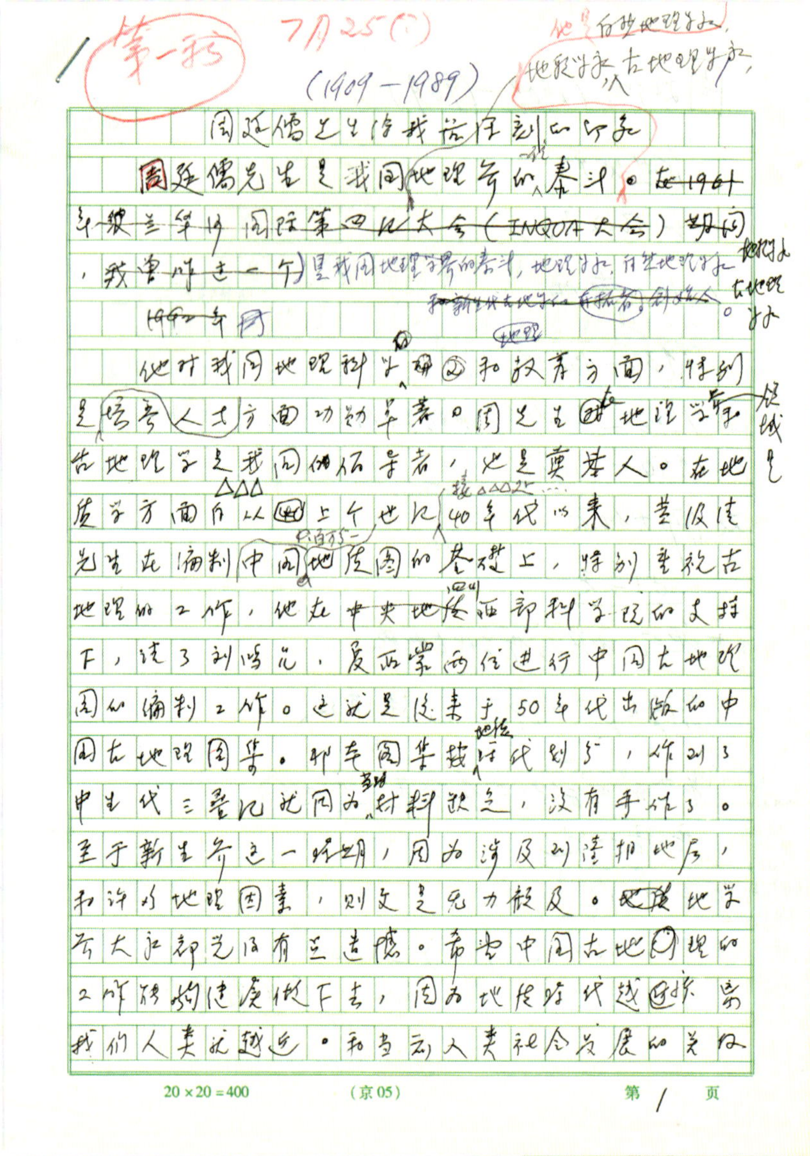

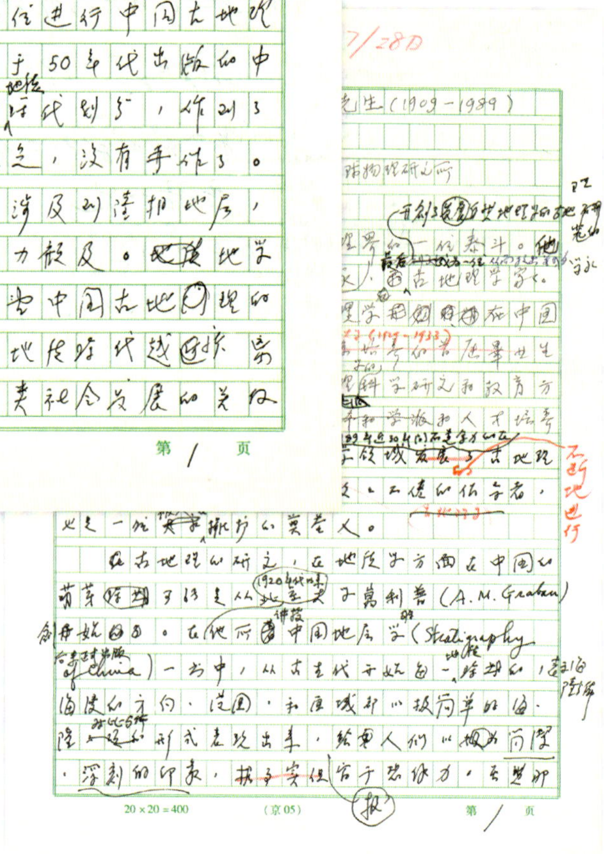

古地理学家周廷儒先生（手稿）

悼徐煜坚同志

徐煜坚（1913.4.4 ~ 1992.3.23）教授是刘东生的学长，在西南联大学习期间，随孙云铸先生到富开县实习时，适奉正在那里为毕业论文搞野外考察的高班同学徐煜坚，徐一边带他们找化石，一边提出很多生动有趣的问题，深深吸引了刘东生，引起了刘东生对地质学的极大兴趣，因此将徐煜坚称之为自己涉足地质界的引路人。

《悼徐煜坚同志》是刘东生在徐煜坚逝世后对徐煜坚的深切怀念留下的文字，是刘东生真情的流露。刘东生深感徐煜坚对地质的兴趣与爱好是天生的，他不是简单地将地质作为一种谋生的手段，而是将地质作为他生活的一部分。徐煜坚承担过地质领域许多不同的工作，涉及地层、找矿、工程等，最后主要从事新构造和地震的研究，与第四纪有密切的关系。徐煜坚也是中国第四纪地质的热心倡导者和支持者，是第四纪委员会成立以后的积极参与者。在中国获得第十三届国际第四纪大会的主办权后，徐煜坚多次主动到刘东生的办公室，为大会出谋划策，为大会的成功举办倾注了大量心血。徐煜坚平易近人，他英文很好，热心为与会代表辅导，修改英文讲稿。英文打字也是快速正确，有时候甚至亲自动手为大会筹备打印文稿。刘东生盛赞“徐煜坚教授治学严谨，道德高尚，对工作一丝不苟，坚持实事求是，坦率直言，对年轻人热情培养，受到广泛的尊重和爱戴。”

《悼徐煜坚同志》（发表时更名为《纪念徐煜坚教授》，限于篇幅对文稿做了很多删节）刊登在1993年的《第四纪研究》，第13卷，第1期，第95页。

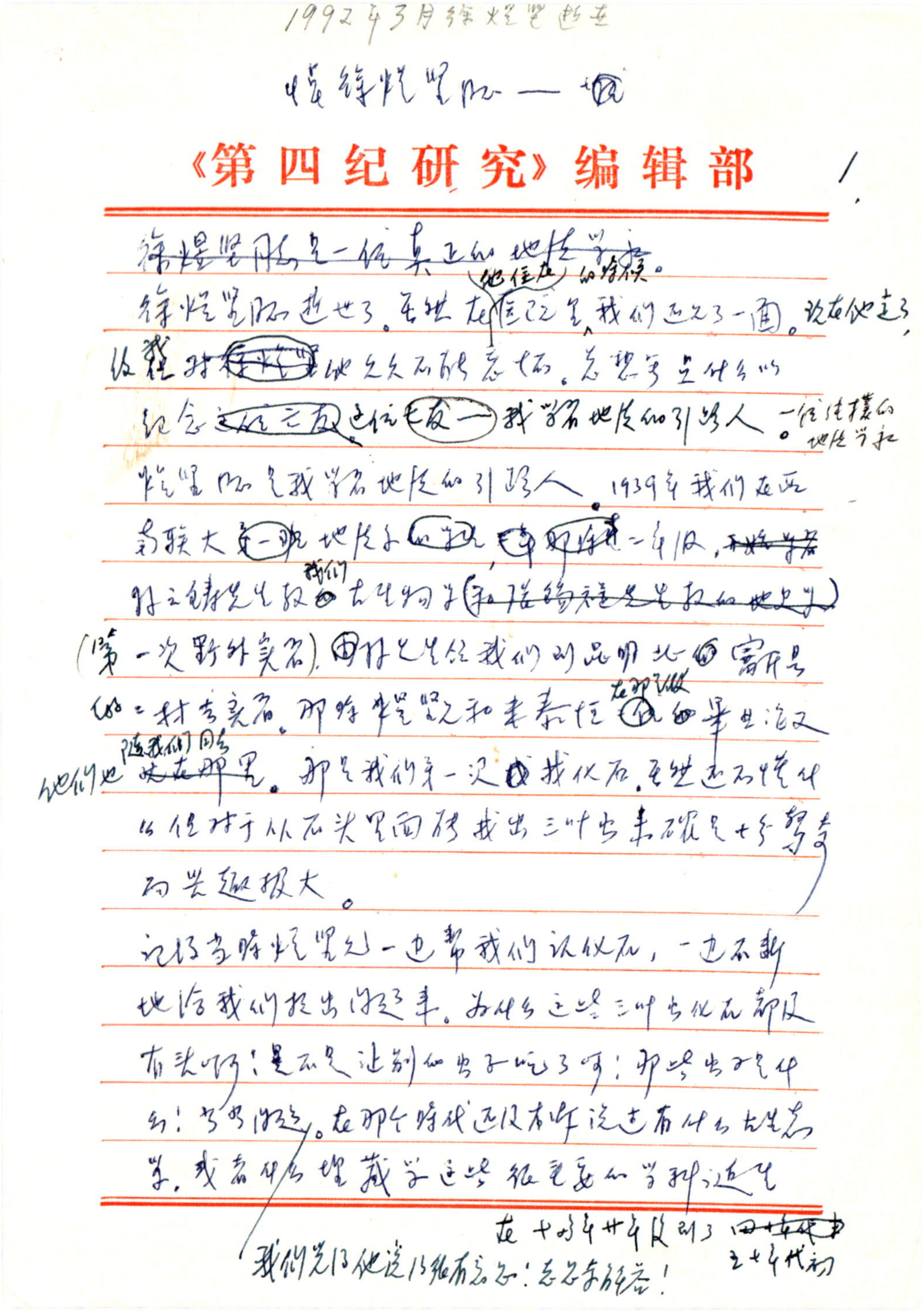

悼徐煜坚同志（手稿）

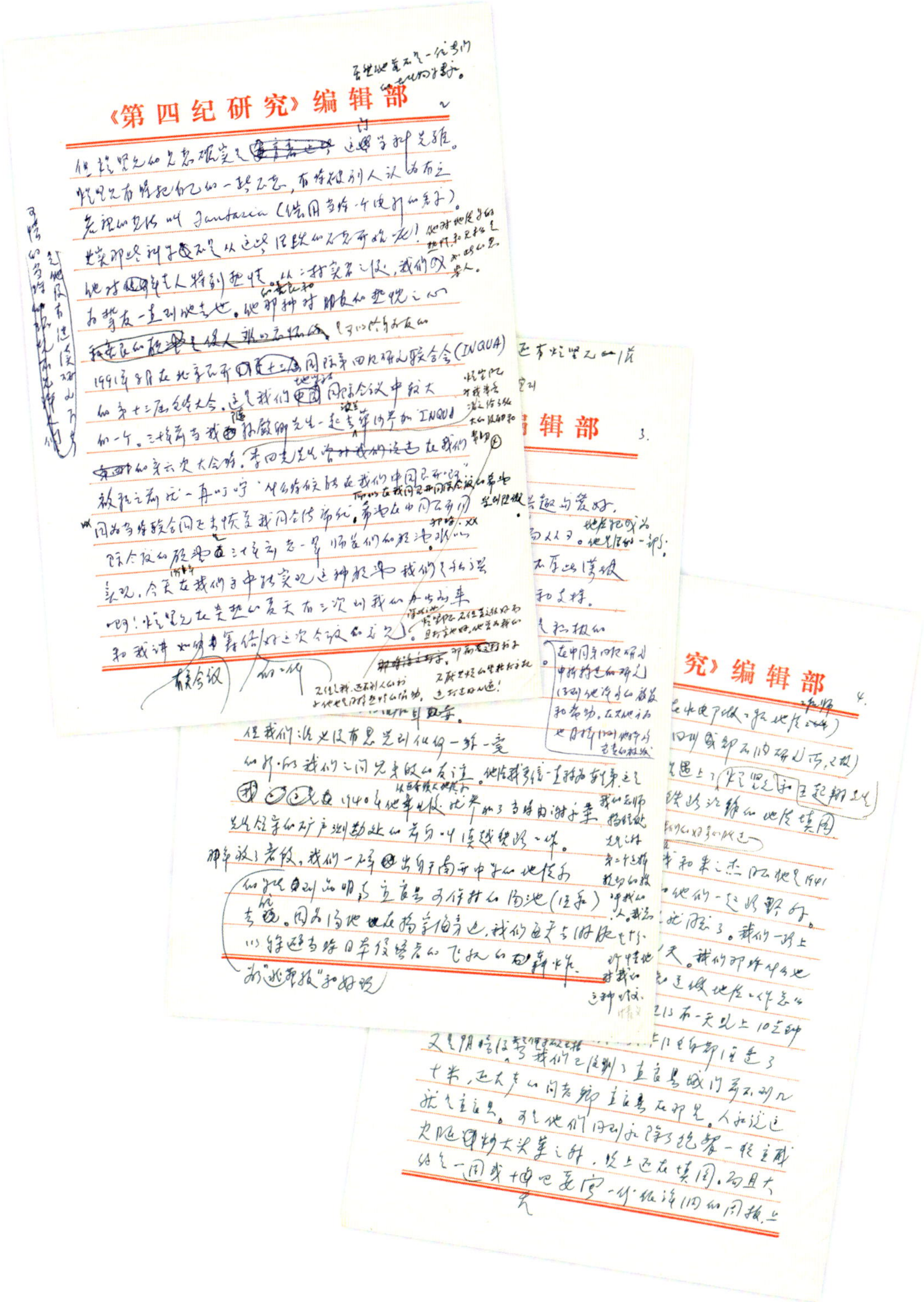
《第四纪研究》编辑部

怀念袁复礼教授

袁复礼教授（1893.12.31 ~ 1987.5.22）是地质界的老前辈，中国地质学会的创始会员之一。早在1927~1932年，他作为中方代理团长，参加了由中国和瑞典联合组成的“中国西北科学考察团”到大西北考察，是走出书斋，注重野外实地考察的现代地质学家的代表，是刘东生敬仰的学者。

在美国布朗大学学习时，师从地貌学的鼻祖戴维斯先生的得意门生约翰逊（D. Johnson），袁复礼教授是最早在国内开设地形学（后称为地貌学）课程，也是首先在北京地质学院〔现中国地质大学（北京）〕开设《地貌学和第四纪地质学》课程，编写了中国第一本《中国第四纪地质学》教材的老一辈地质学家。刘东生因而将袁复礼教授称为我国当代地貌学第四纪地质学的“开山祖师”。

《怀念袁复礼教授》是刘东生在袁老逝世3周年之际撰写的纪念文章，文中深情回顾了早在西南联大就读期间，读袁老新疆考察的书，听袁老的课和随袁老野外地质旅行时的愉快记忆。袁老扎实、渊博的基础知识，重视野外实践，细致入微的钻研精神颇受教益。一身注重野外地质工作的刘东生盛赞袁老是一位真正能《和岩石谈话》〔德国地质学家克鲁斯（H. Cloos）自传体回忆录的书名〕的地质学家。袁先生作为著名的地质教育家，他在北京地质学院通过教学和第四纪地质的野外考察实践，为我国培养了最早一批具有扎实基础知识和具备优良的野外调查能力的第四纪地质工作者，这些人成为很长一段时间，我国第四纪学界的中坚力量，袁老无愧为我国第四纪地质研究的开创者之一，刘东生对袁老这方面的贡献也深存敬意。

《怀念袁复礼教授》发表在1993年的《第四纪研究》，第13卷，第4期，344 ~ 348页。

s00293.dat　　第　页共 1 页

从什么时候开始在中国大学地质系中教授第四纪地质学，现在还不大清楚。袁复礼老师恐怕是第一位讲授地形学（后来称地貌学）课的人了。他是最早系统地讲授戴维斯（W. M. Davis）和约翰逊（D. Johnson）的地貌发育过程从幼年到壮年向老年变化这一学说的人了。他用生命的概念来解释无生命的地球表层的地质发育历史，使中国地质界人们耳目一新，在30—40年代的地质报告中，每一区域都要讲一下地形的发展史，可见当时这一学说的影响之大。

把地貌（不同部位的沉积物的）研究和第四纪地质时间结合起来，更好地从第四纪时间角度研究中国最新地质时期的地质事件，亦即地史时期的研究（在大学教学中）的传授也是从袁复礼老师开始的。~~（袁老师是中国第四纪地质和地貌学研究的先驱和开拓者之一。）~~

尽管袁老师的成就和学问是多方面的。~~我在西南联合大学做学生时代~~，大家都认为袁老师是我国当代第四纪地质学和地貌学的开

（电开21）20×20=400

怀念袁复礼教授（手稿）

刘东生手迹

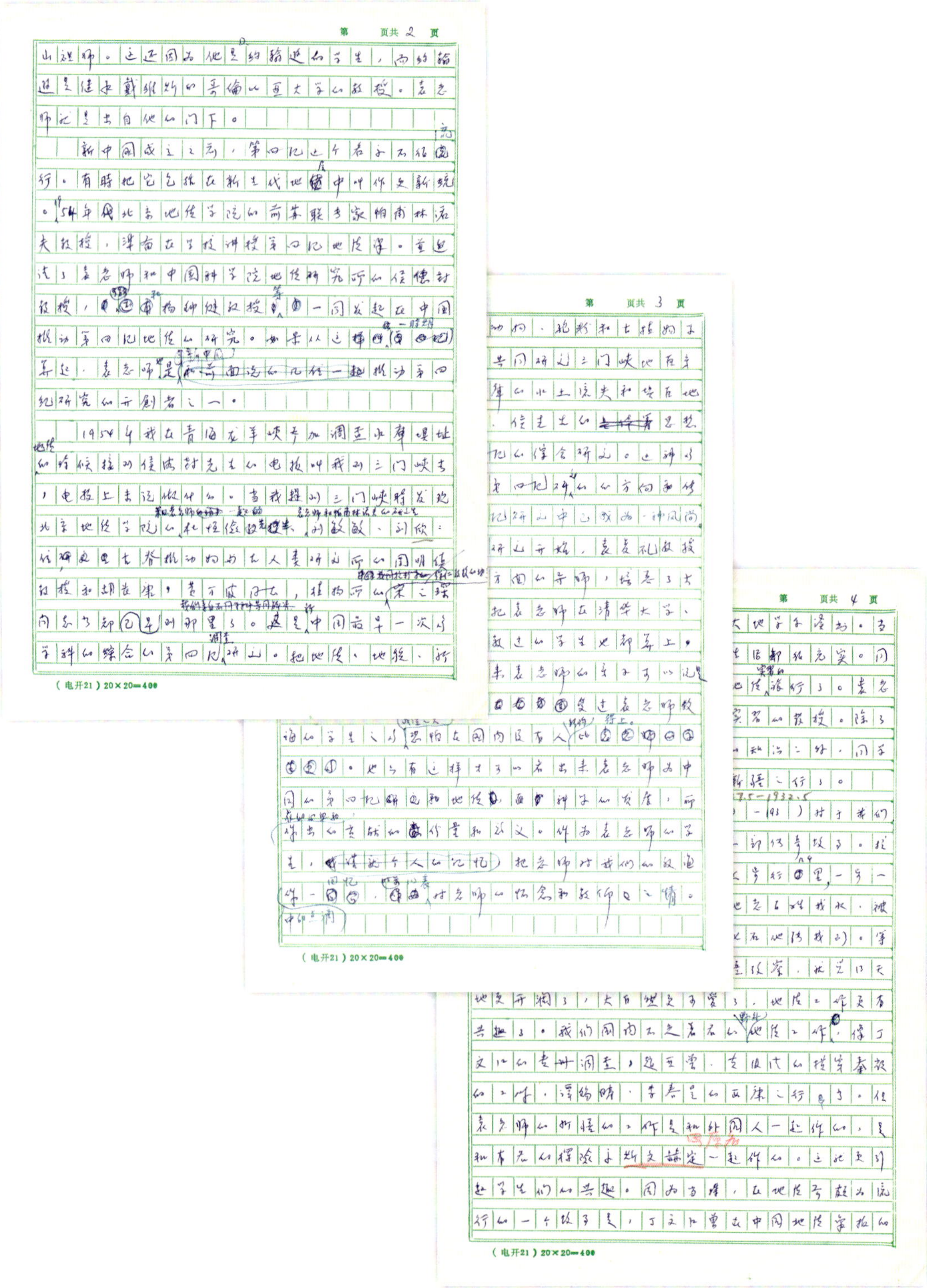

一个纯粹的人

罗开富（1913.9 ~ 1992.9.26）是为综合自然地理和区域地理学家，曾任广东省科学院地理研究所所长。

罗先生从中山大学毕业后，于抗战时期，考取庚款留学名额准备出国深造，但因战事未能及时成行，被派往昆明西南联合大学地质地理和气象学系暂时“实习”。期间，他常旁听西南联大著名教授的讲课，又热衷于野外工作，每次地质系的野外实习，他都积极参加，因而与刘东生熟悉。罗开富这种不怕降低自己的身价，抓住机会，注重理论学习和在实践中提高的精神，被刘东生称之为“做学问的真谛”，给刘东生留下了深刻的印象，成为刘东生学习的楷模。

他们再次相遇已经是20世纪50年代在中国广东省科学院地理研究所，当时罗先生刚从美国克拉克大学获得博士学位回国，风华正茂，在忙于襄助黄秉维先生做自然地理区划的研究工作，因刘东生也承担部分自然地理区划的研究工作，因而他们经常在一起讨论，联系较多。学业有成的罗先生仍然保持平易近人的态势给刘东生留下了很好的印象。但一段时间后，罗先生突然消失于人们的视线（后来得知，1957年错划为“右派”被发配到了广州），他们再次相遇已是20世纪80年代筹备青藏高原的国际学术讨论会的时候了。罗开富先生被请来协助组织会议，特别是对学术论文的英文稿件审定，两人常在一起工作。但世事沧桑，再次相聚后刘东生最先想起的便是杜甫的“少壮能几时，鬓发冬已衰”，他们在一起讨论地质问题，一起回忆在西南联大的岁月。青藏高原国际讨论会获得了巨大的成功，被方毅总理称赞为“这些年来开得最为成功的一次国际科学会议”，而罗开富先生则是默默地为讨论会做着奉献，成为“无名英雄”。他的品格使刘东生想到“他就是一个纯粹的人”。

得知罗开富先生驾鹤西去，刘东生为失去他而惋惜，就写下了这些文字，以期罗开富先生能“永远留在人们的记忆之中”。

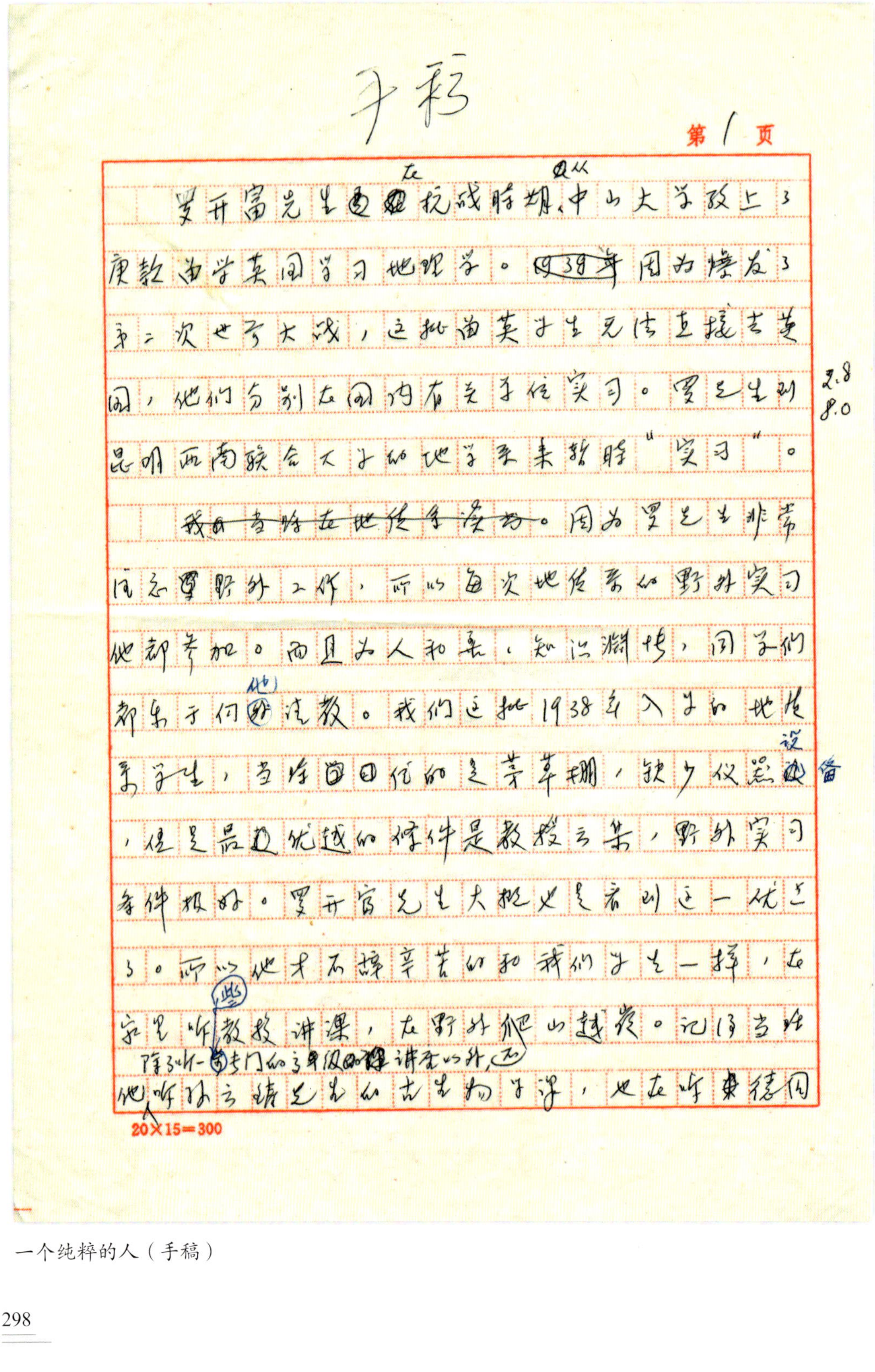

手稿

第1页

罗开富先生在抗战时期从中山大学考上了庚款留学英国学习地理学。1939年因为爆发了第二次世界大战，这批留英学生无法直接去英国，他们分别在国内有关单位实习。罗先生到昆明西南联合大学的地学系来暂时"实习"。

~~我当时在地质系读书~~。因为罗先生非常注意野外工作，所以每次地质系的野外实习他都参加。而且为人和气，知识渊博，同学们都乐于向他请教。我们这批1938年入学的地质系学生，当时住的是茅草棚，缺少仪器设备，但是最优越的条件是教授云集，野外实习条件极好。罗开富先生大概也是看到这一优点了。所以他才不辞辛苦地和我们学生一样，在室里听一些教授讲课，在野外爬山越岭。记得当时除了听一些专门的高年级课程讲座以外，还他听孙云铸先生的古生物学课，也在听袁复礼

2.8

8.0

20×15=300

一个纯粹的人（手稿）

第2页

教授米士的构造地质，掌握精深。这些年来对他们这样的人来说已不需要再听了，但他还是和同学一样坚持不懈。这一点给我们家极深……

……1942年……离开学校……罗先生的行踪。听说后来他去了加拿大的MacGlure大学深造，后来又到美国的Clark大学攻读。这两个学校都是……最好的学校。回国以后在北京科学院地理所遇到了罗开富先生。那时他刚从国外回来，风华正茂，在……从事地理工作。……

第3页

第4页

在80年开会前几个月，中国人、外国人的英文摘要不断来了，为了会前正式付印，罗开富先生，几乎是每天晚上干到深夜。我们都在同屋，同在一个书桌上工作。使我十分难受的是他的劳事，胭到极点，他在桌子上就睡了，

20×15=300

路漫漫其修远兮，吾将上下而求索

（尹赞勋教授和第四纪研究）

尹赞勋教授（1902.2.23 ~ 1984.1.27）是我国地质学界的老前辈之一，担任地学部（早年的生物地学部）领导多年，引领了我国的地球科学的发展。他在古生物地层学领域成就卓著，在地质学的很多其他领域也都有突出贡献，刘东生尊称尹先生是“在二三十年代我国地质界出现的灿烂群星中的一颗明亮的星”。尹先生也十分重视刘东生这位后起之秀，在刘东生于1979年从贵阳地球化学研究所调回地质研究所以后，因当时办公用房特别紧张，竟好长时间连个办公室都没有，正是尹先生看不下如此情况，责令所有关部门将自己大办公室退出来，分隔后让刘东生终于有了一块落脚之地。

《路漫漫其修远兮，吾将上下而求索》这篇长达31页的手稿完成于1994年1月5日，是刘东生为纪念尹先生百年华诞而作。文章回顾了尹先生1931年从法国留学归来，首先从事的就是第四纪方面的研究，这些研究涉及顾乡屯的哺乳动物化石；镜泊湖与吊水楼瀑布的成因；大同的火山；福建的牡蛎礁等等。尹先生曾师从法国的地质大师学习第四纪地质，并在欧洲各地见识过典型的第三纪，（古、新近纪）地质现象和第四纪沉积物，因而研究的起点很高。尹先生工作大大加重了第四纪在国内地质研究中的“分量”，刘东生称尹老是我国第四纪研究的先驱和开拓者。尹老注重第四纪地质，也正是在尹先生担任生物地学部主任期间，亲手缔造了中国第四纪研究委员会。

《路漫漫其修远兮，吾将上下而求索》在缩减后，以《尹赞勋教授和第四纪研究》为题刊登在1994年的《第四纪研究》，第14卷，第2期，106 ~ 114页。

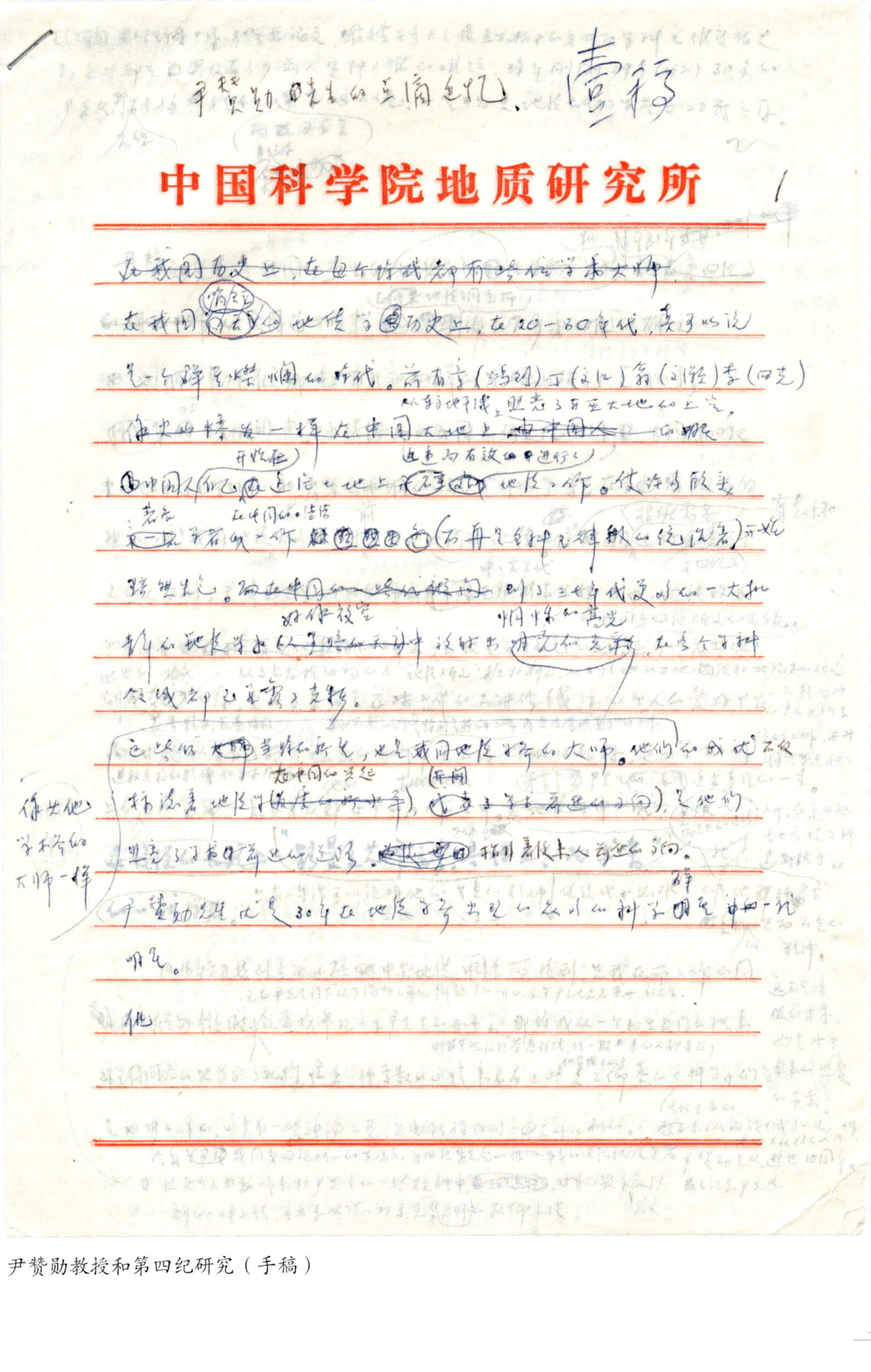

尹赞勋教授和第四纪研究（手稿）

刘 | 东 | 生 | 手 | 迹

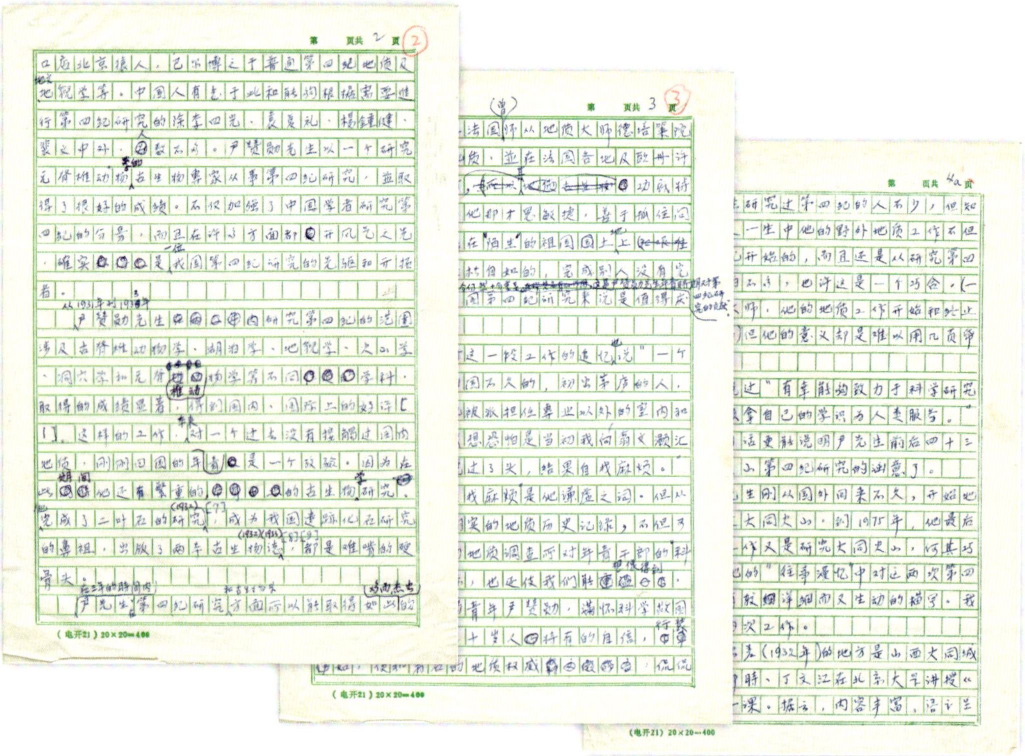

怀念谷德振同学

谷德振先生（1914.8.13～1982.6.21）是著名的工程地质学家、构造地质学与地质力学家，中国工程地质学奠基人之一。长期从事工程地质工作，创建我国第一个工程地质研究室。对水利水电、铁路、国防、矿山和核电工程等方面建设事业有突出贡献。

谷德振是刘东生在西南联大地质系1942年同期毕业的同学，在艰苦环境下同窗共学，以后又一起在地质所工作，虽然工作的专业相异，领域不同，但感情还是很深的，也经常在一起讨论问题，互相切磋。

《怀念谷德振同学》是刘东生在谷德振80周年诞辰纪念会上的讲话稿。谷德振长刘东生3岁，1936年入北京大学地质系学习。因战乱终止了他的学习，又因病辍学在家。得知北京大学、清华大学与南开大学在昆明复学，创建了西南联合大学，他满怀爱国热情，立即从日寇占领区出发，冒着生命危险，经历千辛万苦，来到昆明复学，与刘东生成为在西南联大地质系二年级的同班同学。

讲话中刘东生回顾了艰难的大学生活，当年的大学生大多穿一件破旧的黑色大衣，在冷天晚上就穿在身上当做“被子”，雨天外出，便成了“雨衣”。几年下来便落满了补丁。在西南联大几年间，也基本没见过有同学穿新衣服，衬衫破了也是自己修补。刘东生清楚地记得谷德振是同学中缝补衣服手艺最好的一位。大学毕业后谷德振从四川地质调查所调回中央研究院地质研究所，有幸在李四光老先生的手下工作，跟随李先生到野外工作，耳濡目染，使得谷德振对李先生的地质力学思想有了较深的认识，这为他日后创立岩体工程地质力学奠定了坚实的基础。新中国成立后，随着国家大规模的建设事业的开展，在佛子岭水库、长江三峡、成昆铁路、葛洲坝水电站、大亚湾核电站、二滩水电站等重大工程项目的工地上，常常见到谷德振活跃的身影，开展全方位的工程地质论证和决策，成绩卓著。

刘东生特别提到谷德振为人谦和，思想开放，绝不保守，将自己的知识和经验毫无保留地传授给年轻人，体现了他毫不利己、专门利人的高尚境界，也因此为国家培养了一大批高水平的工程地质人才。刘东生最后说：“我们怀念谷德振同志，就是要学习他的这种精神，以利于我们的工作。”

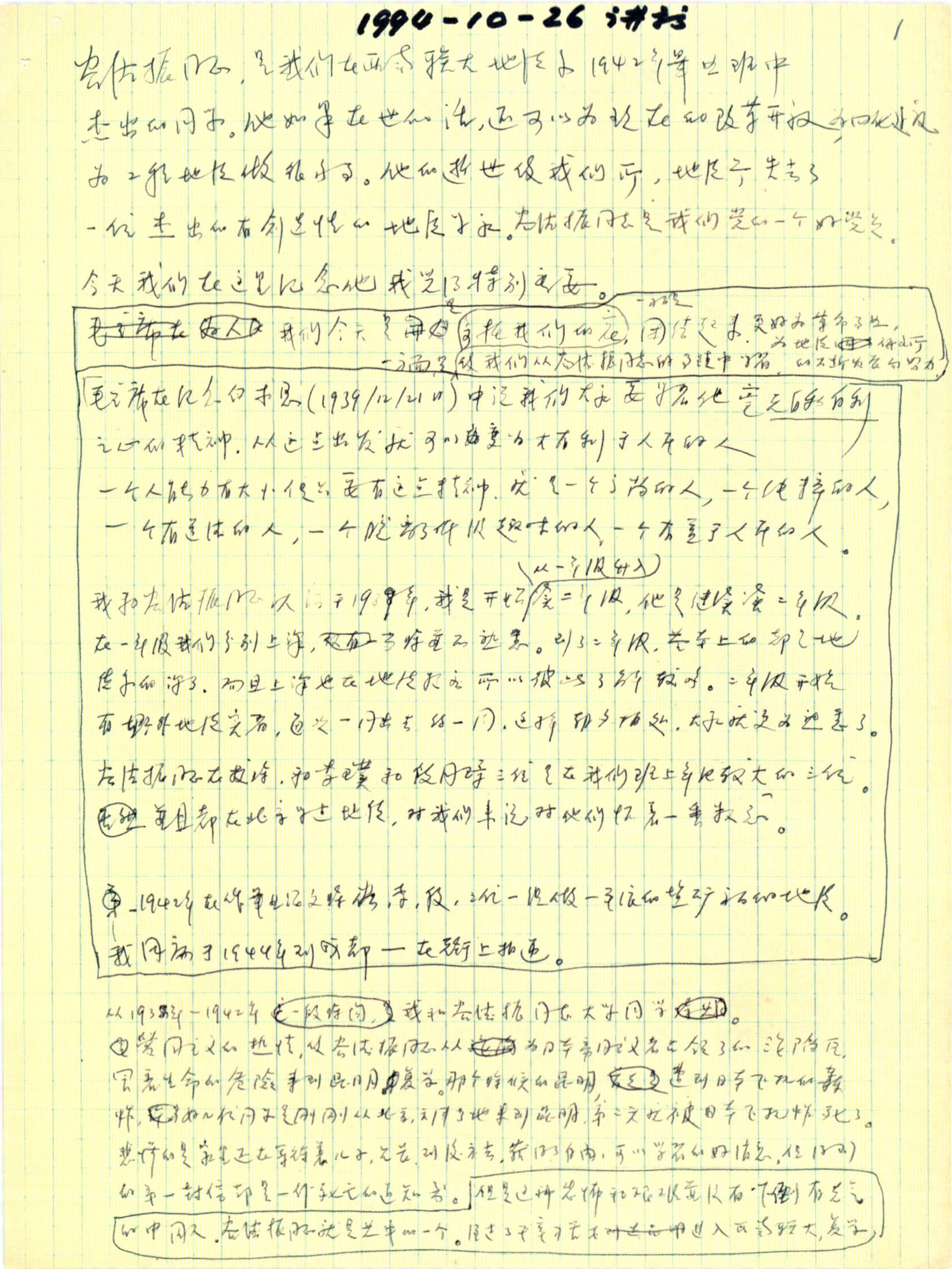

1994-10-26 讲稿 1

谷德振同志，是我们在西南联大地质系1942年毕业班中杰出的同学。他如果在世的话，还可以为现在的改革开放和四化建设为工程地质做很多工作。他的逝世使我们丧失了一位杰出的有创造性的地质学家。谷德振同志是我们学习的一个好榜样。

今天我们在这里纪念他我觉得特别重要。

我们今天是开会纪念我们的老同学，团结起来，更好为革命工作，为地质事业作出贡献，一个重要是我们从谷德振同志的事迹中学习，以不断为社会作贡献。

毛主席在纪念白求恩（1939/12/21日）中说我们大家要学习他毫无自私自利之心的精神。从这点出发就可以变为大有利于人民的人。一个人能力有大小，但只要有这点精神，就是一个高尚的人，一个纯粹的人，一个有道德的人，一个脱离了低级趣味的人，一个有益于人民的人。

我和谷德振同志认识于1938年，我是开始（从一年级升入）读二年级，他是继续读二年级。在一年级我们分别上课，多少有些不熟悉。到了二年级，基本上的都是地质系的课了，而且上课也在地质系，所以彼此了解较多。二年级开始有野外地质实习，每星期一次出去一回，这样时间多了，大家就熟悉了。

谷德振同志在我班，和李璞和段月璋三位是在我们班上年纪较大的三位。并且都在北京学过地质，对我们来说对他们很是尊敬。

第一1942年在毕业论文野外工作中谷、李、段，三位一起做一个很细致的矿物地质。

我同谷于1944年到成都——在街上相遇。

从1938年—1942年这一段时间是我和谷德振同志大学同学时期。

当时同学之间的热情，像谷德振同志从北平沦陷区冒着生命的危险来到昆明读书。那个时候的昆明也遭到日本飞机的轰炸，我和几个同学是刚刚从北京、天津等地来到昆明，第二次就被日本飞机炸死了。悲惨的是我们还在等待着几个人，之后到了后方，获得自由，可以学习的好消息，但得到的第一封信却是一件死亡的通知书。但是这种恐怖和困难并没有吓倒有志气的中国人，谷德振就是其中的一个。他克服了重重困难进入西南联大，念学

怀念谷德振同学（手稿）

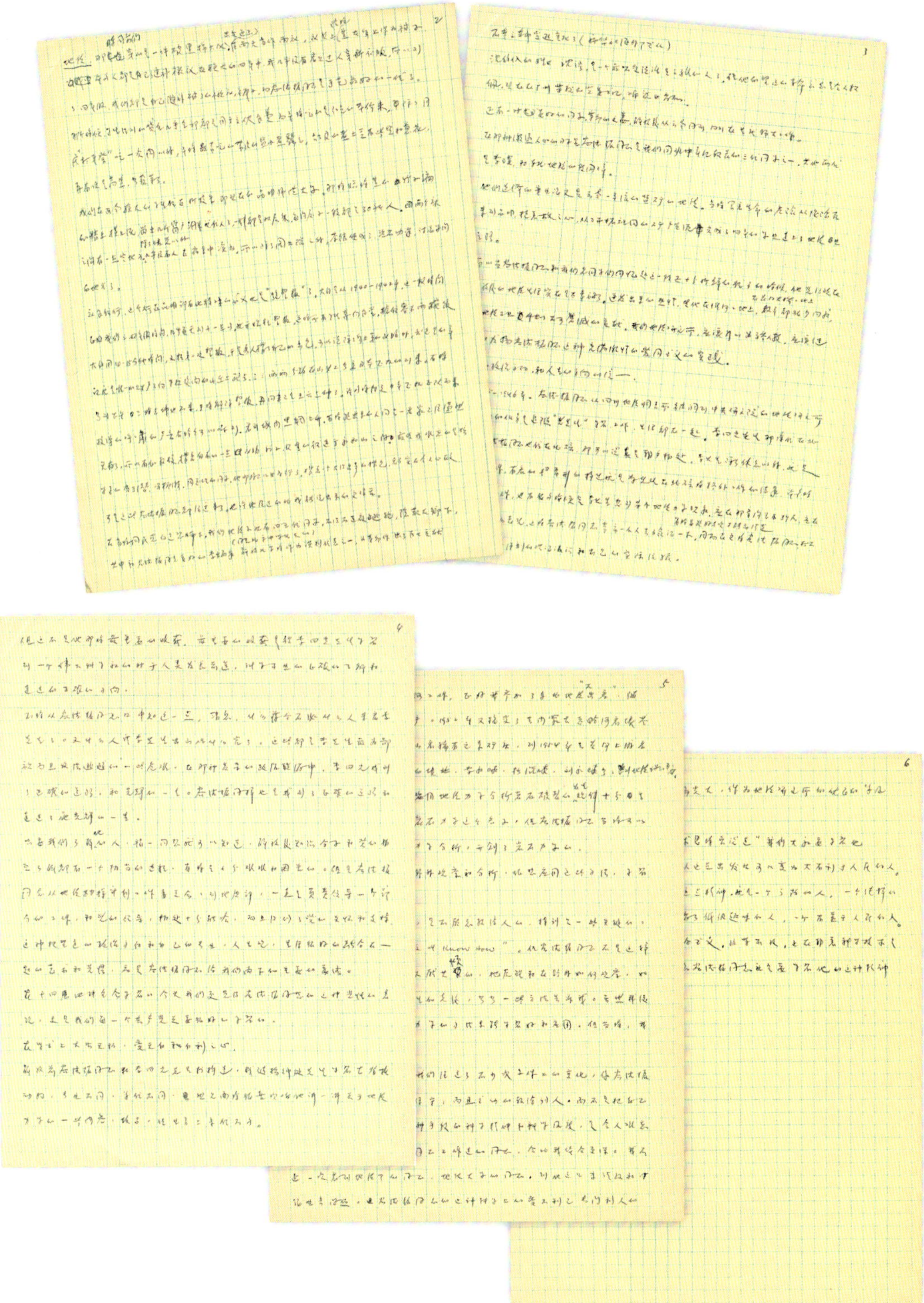

黄土地层旋回与旋回地层学

——纪念孙云铸教授诞辰100周年

孙云铸教授（1895.10.1～1979.1.5）是中国第一代老地质学家之一，曾任西南联大地质系的系主任。在中国地质科学的发展中，孙云铸先生是地层和古生物方面的导师和先驱。刘东生在西南联大学习期间，聆听过孙先生讲授的古生物学和标准化石（地层）等课程，刘东生感到这些课程所获得的概念和轮廓对后来从事的第四纪地层的研究有重要意义，对孙先生怀有深深的师生之谊。

《黄土地层旋回与旋回地层学——纪念孙云铸教授诞辰100周年》是应邀为《孙云铸教授百年诞辰纪念文集》而作。在回顾了第四纪地层研究发展的历程后，刘东生从地层学的最新进展，以及亲身从事第四纪黄土-古土壤旋回的研究，认为黄土-古土壤旋回是新近发展起来的旋回地层学的极好样板。刘东生以自己在第四纪地层研究的最新成果表达对老师的感恩，也是对作为我国地层学的先驱孙云铸教授的最好纪念。

《黄土地层旋回与旋回地层学——纪念孙云铸教授诞辰100周年》刊登在1995年由王鸿祯主编的《中国地质学科发展的回顾——孙云铸教授百年诞辰纪念文集》中（中国地质大学出版社出版，84～92页）。

为纪念恩师，中国古生物学、地层学研究的先驱和奠基人孙云铸教授诞生100周年作。

第　页

中国地质学的发展中，古生物学和地层学的研究占有极为重要的地位。孙云铸（铁仙）先生是我国地质学在这方面的导师和先驱。笔者于1938－1942在西南联大时，受教于孙先生门下。那时古生物学由铁仙师亲授，而地史学由张席禔先生讲授，常因为时间短，讲课内容以古生代最为详细，到新生代则因时间不够讲得就不多了。而铁仙师那时还开一门标准地层(二)，这个课程对于第三系中的地层作详细的讲解，许多地层、化石都需要下功夫记忆，但对于我们后来工作都十分重要。这一系统的地层学的训练和培养对于我后来所从事的第四纪地层的研究有重要的作用。

从地层学开始的，而第四纪地层学的研究

我国第四纪地质研究是地层学研究较早的一门，溯自庞培利(R. Pumpelly)和李希霍芬(F. von Richthofen)(1878－1883年)时代对中国的黄土就进行了专门的论述。中国黄土也成为许多国内外地质学工作研究的对象，并且有许多关于黄土的成因、时代、化石与地层学方面的研究。

20×20＝400

黄土地层旋回与旋回地层学（手稿）

刘 | 东 | 生 | 手 | 迹

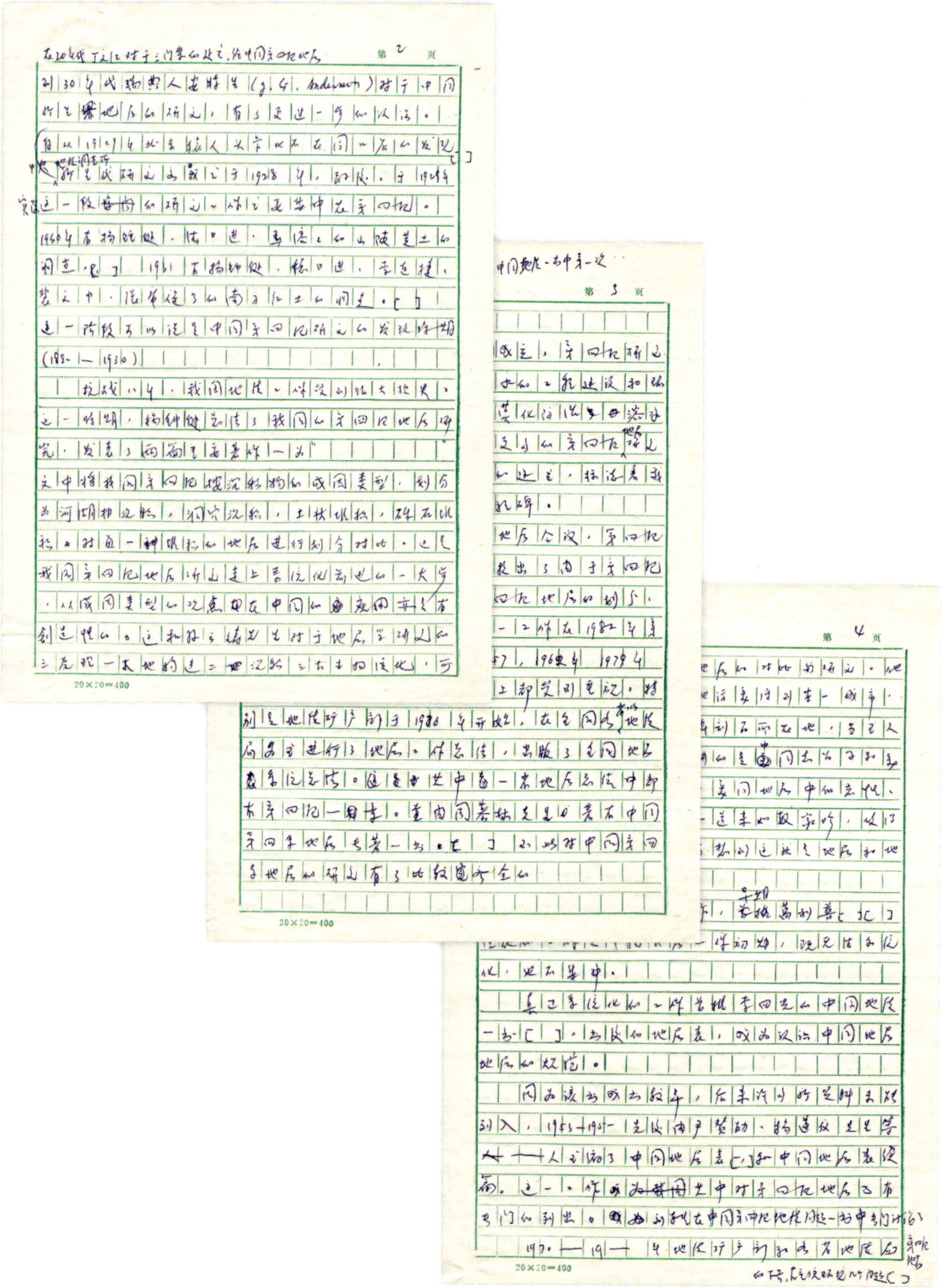

风度翩翩的干将周明镇

周明镇教授是刘东生的同龄人，也是刘东生的挚友。刘东生曾拿自己与这位朋友对比：周潇洒，聪明，对人从不疾言厉气，而自己重苦干，迂缓，往往控制不住情绪。两位家庭、学历、情趣和风格都不一样的人：竟能成为很谈得来的挚友，刘东生自认为是“年龄相仿，走过的时代历程相同之故！”

1996年新年刚过，就传来周明镇先生不幸逝世的噩耗。挚友的突然离去，刘东生的心情是十分悲痛的，便提笔写下了《风度翩翩的干将周明镇》。刘东生回顾1946年与之相识，已经整整50年了。刘东生对周明镇的第一印象还是在见面之前。1946年刘东生整理地质调查所残留的标本中，有一批现代的贝类标本急需定名。刘东生商请李星学先生鉴定学名时，李推荐了当时正在台湾地质调查所的周明镇，没想到书信刚发出不久，周就寄来了现代贝类的标本和名录，便对周明镇的慷慨热情、乐于助人的印象颇深。真正见面，则是在新中国成立之初他从美国学成回国后在南京，相近的年龄及共同的爱好，见面时相谈甚欢。不久，周便应聘到了山东大学。再次见面是在刘东生应邀到山东发掘恐龙蛋时，周陪同前往。当时周戴目镜，着美式服装，高筒皮靴，肩夸相机，脖子上挂着望远镜的模样，一直到近50年后，刘东生还是记忆犹新。合作当然是愉快的，刘东生文中记录了周慷慨借给手表、相机的往事。周的相机还真派上了大用场，将挖掘到的恐龙化石用照片记录了下来。就在刘东生使用期间，相机偏巧出了毛病，相机在当时还是很稀奇的私人物品，为此刘东生心里忐忑。把出了毛病的相机归还周时，竟没有出现任何难堪，周对朋友倾力相助和宽容大度，更深深刻在刘东生的记忆里。

《忆明镇》是在周明镇先生逝世两年多后，一直对挚友英年早逝深感痛惜的刘东生写下的纪念文字，字里行间流露出刘东生与这位老朋友的浓浓深情。文中说：相近的年龄使他们对所处的时代和职责取得了共识：那就是除了自身研究领域的创新工作外，辅佐老一辈的科学家，为学科发展寻找新的生长点和培养新人。周明镇先生是这样做的，刘东生自己又何尝不是如此！

很可惜，饱含深情的长文经删节后只保留了一页，以《忆明镇》发表在1998年的《第四纪研究》，第18卷，第3期，第193页。

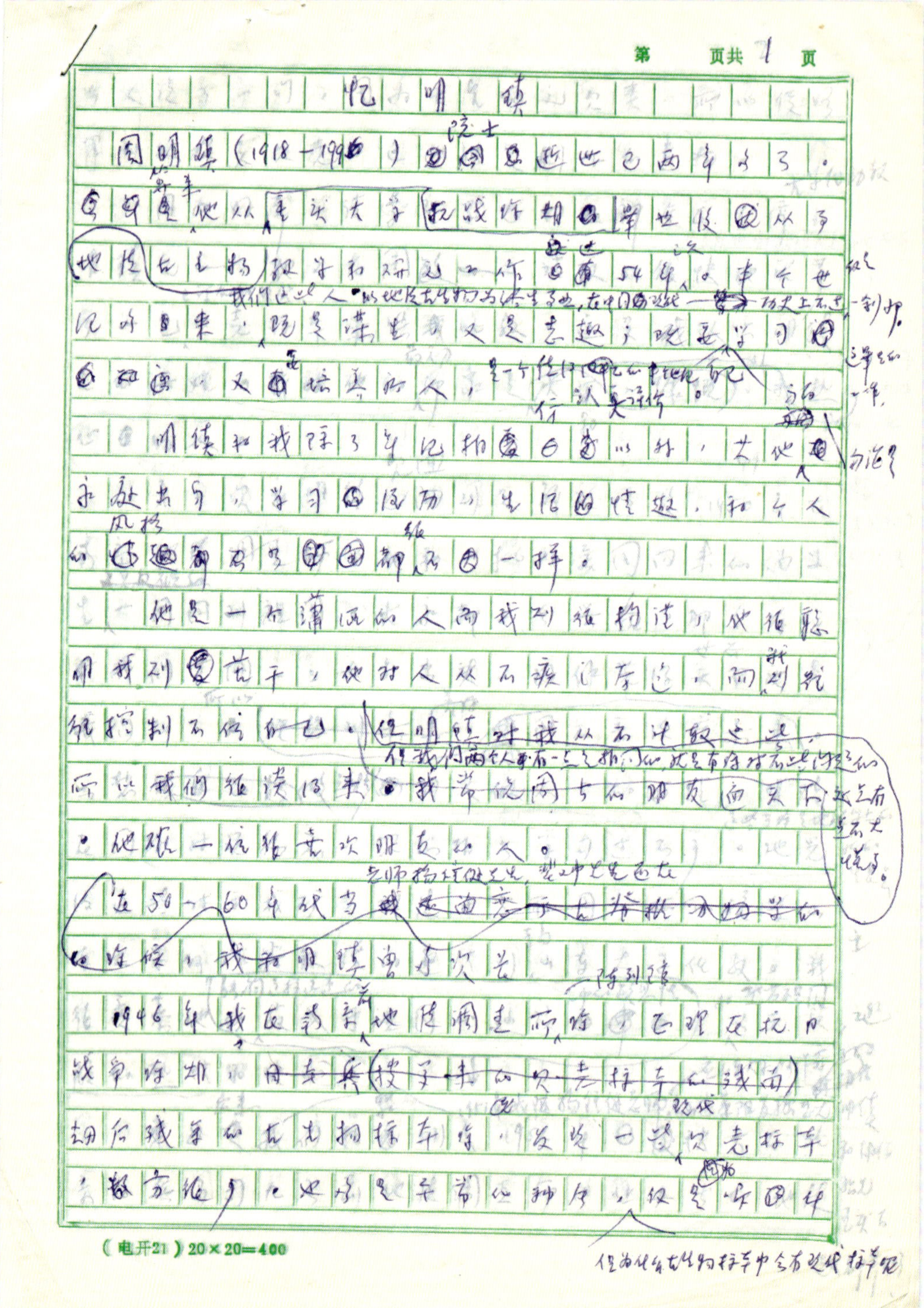
第　页共 1 页

忆明镇

周明镇（1918－199?）院士逝世已两年多了。

（电开21）20×20＝400

风度翩翩的干将周明镇（手稿）、忆明镇（手稿）

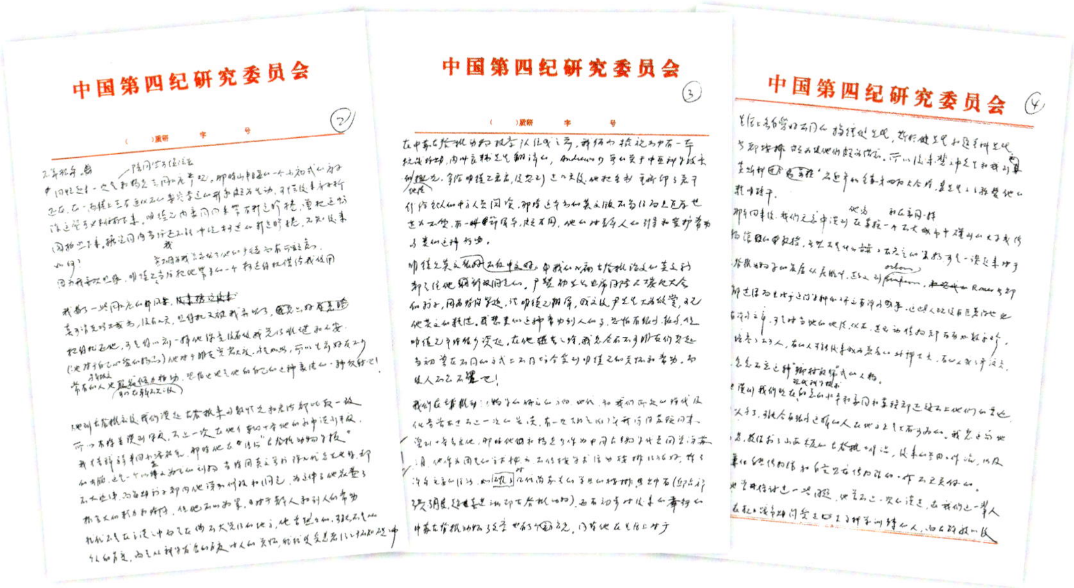
中国第四纪研究委员会
中国第四纪研究委员会
中国第四纪研究委员会

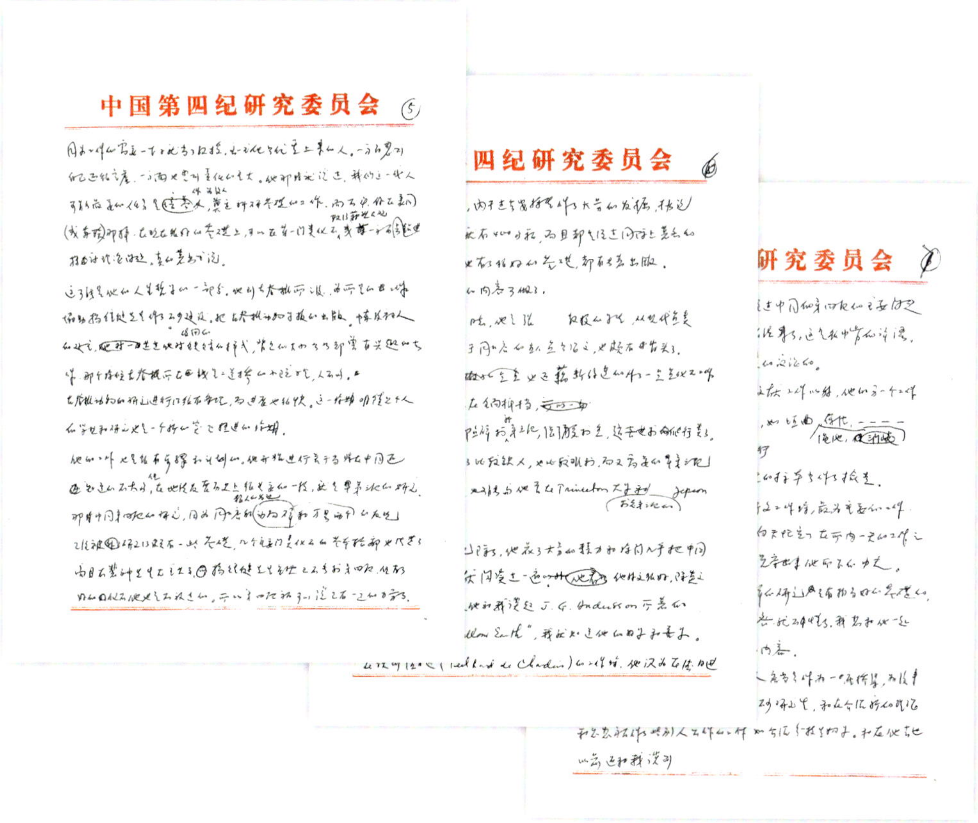
中国第四纪研究委员会
四纪研究委员会
研究委员会

刘东生手迹

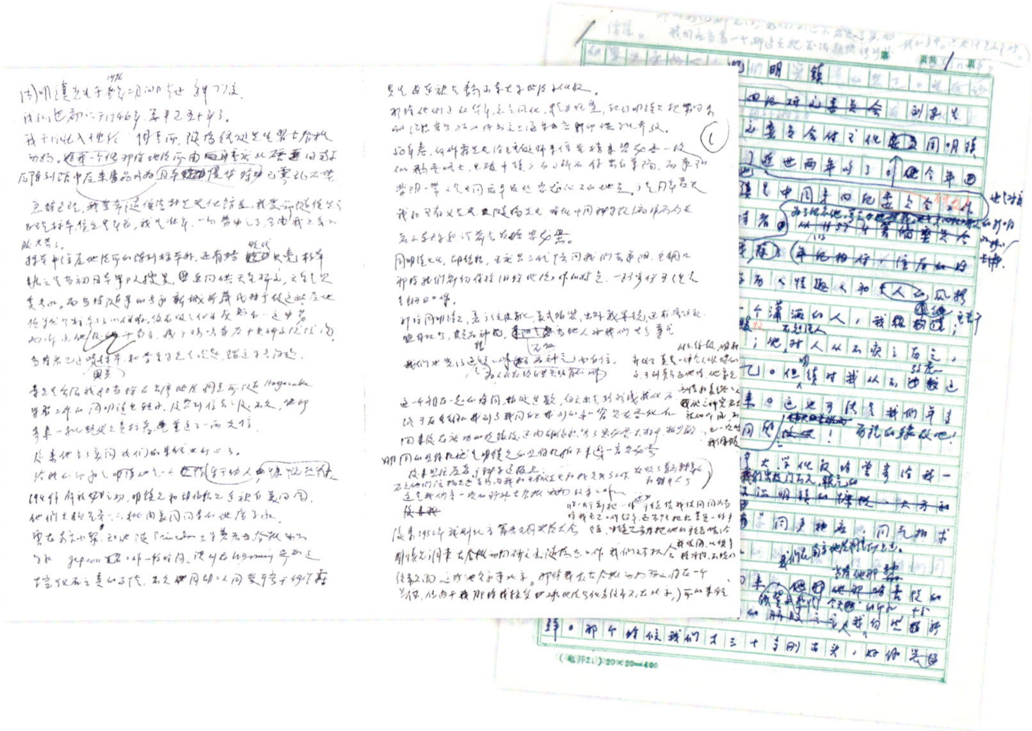

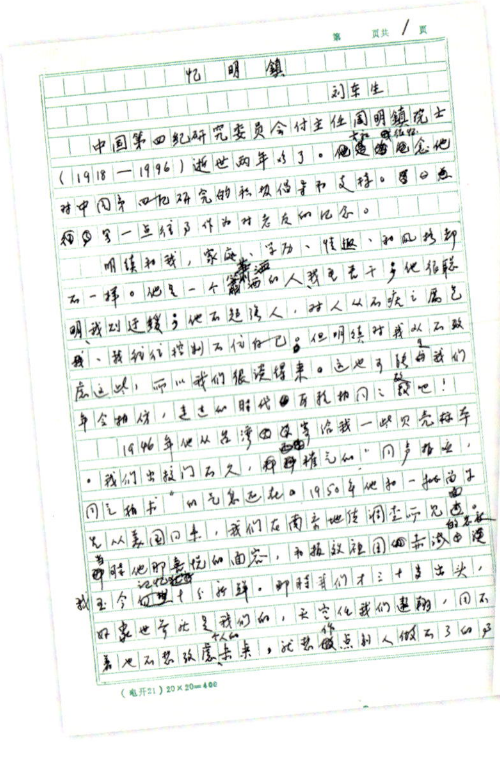

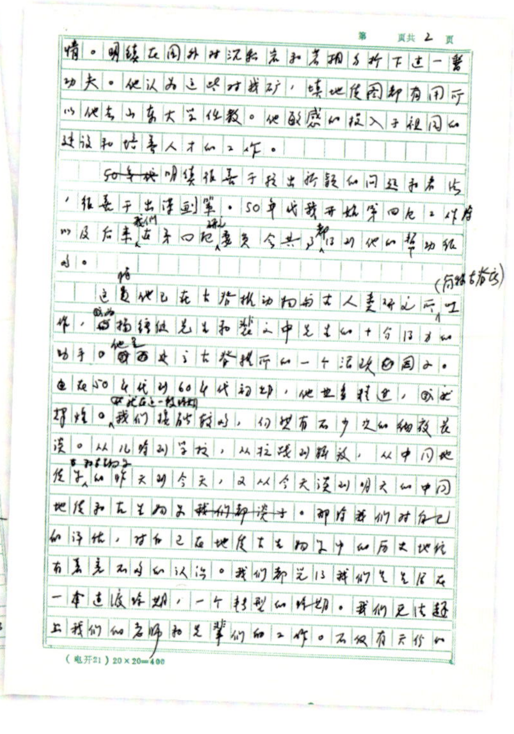

怀念孙健初先生

孙健初先生（1897.8.18～1952.11.10）是中国地质界的前辈之一，1926年大学毕业后便在农矿部地质调查所工作，从事地质矿产调查。1937年开始与美国专家合作到玉门勘查石油，并发现了玉门油矿，还曾到美国著名油田和石油公司深造，是我国石油地质的开拓者和奠基人。新中国成立后，孙健初就任石油管理局勘探处处长，正要大展拳脚之时，却不幸煤气中毒身亡，英年早逝，是中国石油事业的重大损失。

《怀念孙健初先生》写于刘东生在瑞士巴塞尔逗留时的1997年11月，是应孙先生的儿子孙鸿烈副院长之邀，为孙健初先生100周年诞辰撰写的纪念文章。刘东生虽然早闻孙先生大名，但并未见过面。他们的第一次相遇颇有点传奇色彩，那是在刘东生考取后，前往北碚地质调查所报到时在公共汽车上发生的。因拥挤杂乱，很多人都处于焦躁不安中，但见一位身穿西服的“老”人，气定神闲，当汽车摇晃碰到别人时，还面露微笑表示歉意。刘东生正在想这位风度翩翩的是何人物时，便到站随人流下车了。意想不到的是此人竟先他几步，踏入了地质调查所的大门。后来询问老同学才知是大名鼎鼎的孙健初。刘东生还听杨钟健先生介绍过，与孙健初一起在年关时刻奋战在大青山的情景，对孙先生在野外地质调查中度过新年的精神深为赞赏。刘东生记得与孙先生第一次面对面，是随裴文中先生在兰州拜访孙先生时。后来按照孙先生的指点到青海挖掘化石，又一次与孙先生谋面，清楚记得孙先生与裴老一起到现场，请他们吃青海有名的手抓羊肉的往事。为答谢孙先生，刘东生将后来在宽台山发现的古鳕类化石命名为玉门孙氏鱼（*Sunolepis yumenensis*）。

《怀念孙健初先生》刊载在由石油工业出版社于1998年出版的《孙健初先生纪念文集》上，70～79页。

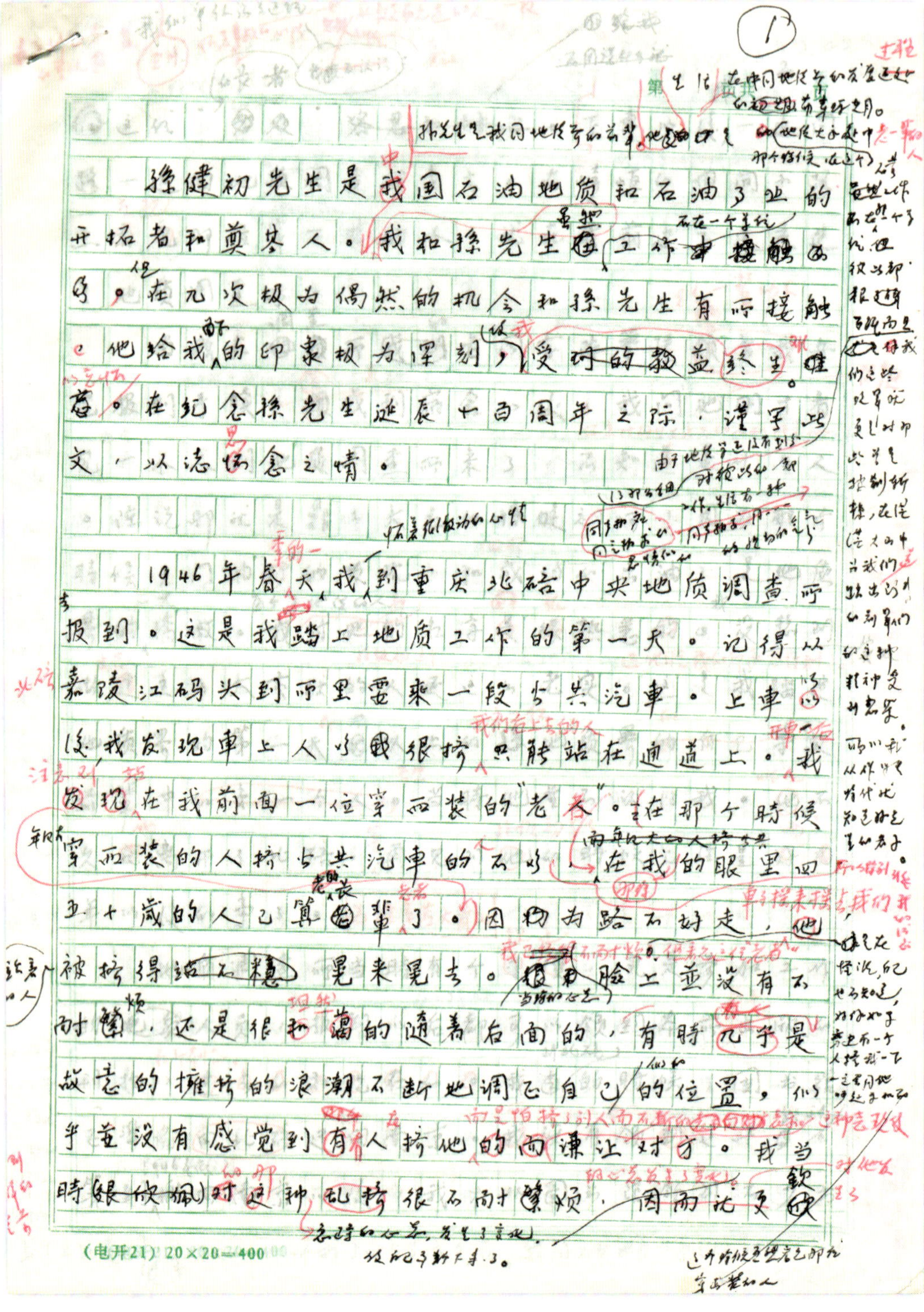

孙健初先生是我国石油地质和石油工业的开拓者和奠基人。我和孙先生在工作中接触不多，在几次极为偶然的机会和孙先生有所接触，他给我的印象极为深刻，受到的教益终生难忘。在纪念孙先生诞辰一百周年之际，谨写此文，以志怀念之情。

1946年春天我到重庆北碚中央地质调查所报到。这是我踏上地质工作的第一天。记得从嘉陵江码头到所里要乘一段公共汽车。上车后我发现车上人很多很挤，只能站在通道上。我发现在我前面一位穿西装的"老者"。在那个时候穿西装的人挤公共汽车的不多，在我的眼里四五十岁的人已算老辈了。因为路不好走，他被挤得站不稳，晃来晃去。但他脸上并没有不耐烦，还是很和蔼的随着后面的，有时几乎是故意的拥挤的浪潮不断地调正自己的位置，似乎并没有感觉到有人挤他的而谦让对方。我当时很欣佩对这种乱挤很不耐烦，因而就更钦佩

（电开21）20×20=400

怀念孙健初先生（手稿）

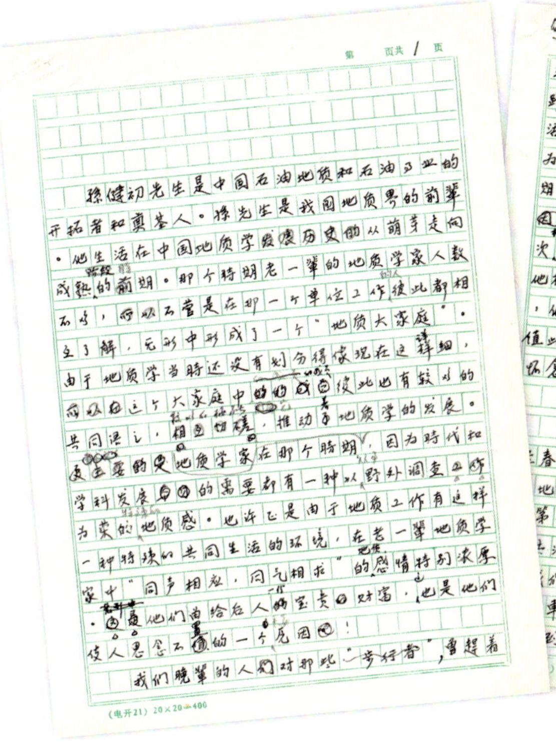
第 页共 1 页

孙健初先生是中国石油地质和石油工业的
开拓者和奠基人。孙先生是我国地质界的前辈
。他生活在中国地质学发展历史的从萌芽走向
成熟的前期。那个時期老一辈的地质学家人数
不多，所以不管是在哪一个单位工作彼此都相
互了解，无形中形成了一个"地质大家庭"。
由于地质学当時还没有划分得像现在这样细，
所以在这个大家庭中彼此也有较多的
共同语言，相互切磋，推动了地质学的发展。
主要的是地质学家在那个時期，因为時代和
学科发展的需要都有一种以野外调查工作
为荣的地质感。也许正是由于地质工作有这样
一种特殊的共同生活的环境，在老一辈地质学
家中"同声相应，同气相求"的感情特别浓厚
。这是他们留给后人的宝贵的财富，也是他们
使人思念不置的一个原因！
我们晚辈的人对那些"步行者"，曾趕着

(电开21) 20×20=400

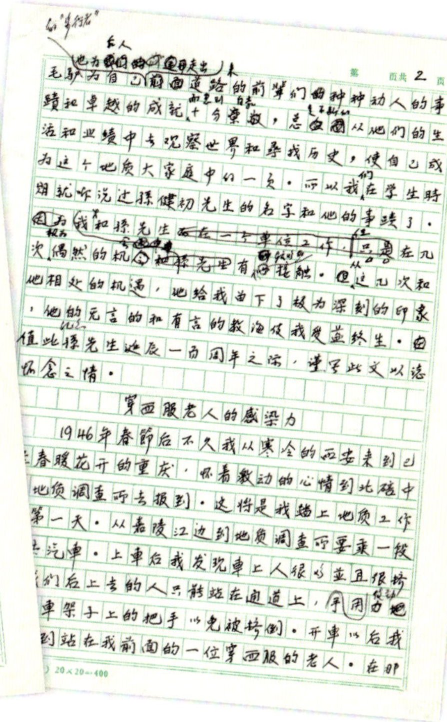
第 页共 2 页

毛驴为自己开辟道路的前辈们的种种动人的事
迹和卓越的成就十分崇敬，总是从他们的生
活和业绩中去观察世界和寻找历史，使自己成
为这个地质大家庭中的一员。所以我在学生時
期就听说过孙健初先生的名字和他的事迹了。
因为我和孙先生不在一个单位工作，只是在几
次偶然的机会和孙先生有所接触。但这几次和
他相处的机遇，他给我留下了极为深刻的印象
，他的无言的和有言的教诲使我受益终生。值
此孙先生诞辰一百周年之际，谨写此文以志
怀念之情。

穿西服老人的感染力

1946年春節后不久我从寒冷的西安来到已
是春暖花开的重庆，怀着激动的心情到北碚中
央地质调查所去报到。这将是我踏上地质工作
的第一天。从嘉陵江边到地质调查所要乘一段
公共汽車。上車后我发现車上人很多並且很挤
我们后上去的人只能站在過道上，手用力抓
住車架子上的把手以免被挤倒。开車以后我
看到站在我前面的一位穿西服的老人。在那

20×20=400

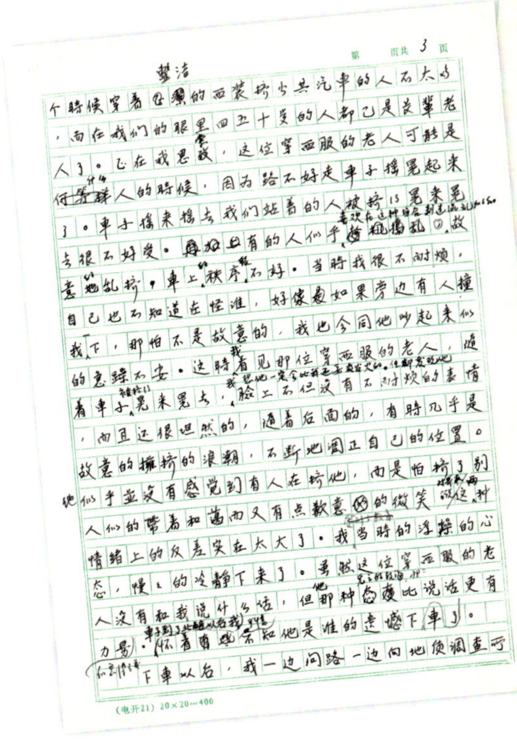
第 页共 3 页

整潔
个時候穿着整潔的西装挤公共汽車的人不太多
，而在我们的眼里四五十岁的人都已是长辈老
人了。正在我思索，这位穿西服的老人可能是
什么样人的時候，因为路不好走車子摇晃起来
了。車子摇来摇去我们站着的人被挤得晃来晃
去很不好受。再加上有的人似乎故
意地乱挤，車上秩序不好。当時我很不耐烦，
自己也不知道在怪谁，好像如果旁边有人撞
我一下，哪怕不是故意的，我也会同他吵起来似
的急躁不安。这時看见那位穿西服的老人，随
着車子晃来晃去，脸上不但没有不耐烦的表情
，而且还很坦然的，随着后面的，有時几乎是
故意的拥挤的浪潮，不断地调正自己的位置。
他似乎並没有感觉到有人在挤他，而是怕挤了别
人似的带着和蔼而又有点歉意的微笑。这种
情绪上的反差实在太大了。我当時的浮躁的心
态，慢慢的冷静下来了。虽然这位穿西服的老
人没有和我说什么话，但那种无言比说话更有
力量。怀着有些不知他是谁的遗憾下車了。
下車以后，我一边问路一边向地质调查所

(电开21) 20×20=400

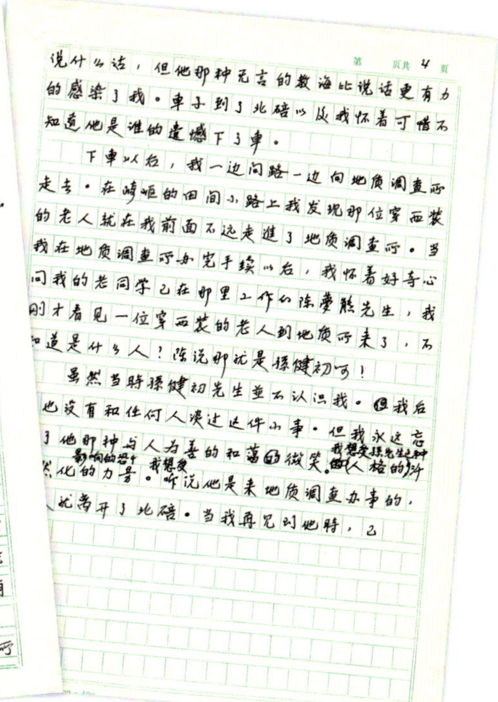
第 页共 4 页

说什么话，但他那种无言的教诲比说话更有力
的感染了我。車子到了北碚以后我怀着可惜不
知道他是谁的遗憾下了車。
下車以后，我一边问路一边向地质调查所
走去。在崎岖的田间小路上我发现那位穿西装
的老人就在我前面不远走進了地质调查所。当
我在地质调查所办完手续以后，我怀着好奇心
问我的老同学已在那里工作的陈梦熊先生，我
刚才看见一位穿西装的老人到地质所来了，不
知道是什么人？陈说那就是孙健初呵！
虽然当時孙健初先生並不认识我。但我后
也没有和任何人谈过这件小事。但我永远忘
了他那种与人为善的和蔼的微笑。人格的潜
然化的力量。听说他是来地质调查办事的，
就离开了北碚。当我再见到他時，已

用生命谱写地质的人

黄汲清教授（1904.3.30 ~ 1995.3.22）是刘东生的老师辈，从报考地质调查所开始，一直到后来在中国第四纪研究委员会的活动中，刘东生与黄先生的交往达半个世纪之久。

对前辈黄汲清院士，刘东生一定记忆犹新，因为当年报考地质调查所的“考官”之一就是黄先生。黄先生的考题看似十分简单，但就是这些考题既能考出基本知识，也能考出应试者的知识面。刘东生还记得黄先生每次到野外，地质包里总是放着书，一空下来就读几页，黄先生戏称是“积极休息”。记得1946年刘东生刚到地质调查所不久，随黄先生去天府煤矿考察时带的就是荷兰地质学家范•贝美伦（von Bemmelen）构造地质方面的新作。

《用生命谱写地质的人》是为纪念黄汲清先生逝世3周年而写的文章。刘东生高度评价了黄先生的学术成就，特别强调了黄先生的拼搏精神。文章中，刘东生回顾了春节时与叶连俊、崔克信一起去黄先生家中拜访时的情景，使刘东生吃惊的是除了谈论先生熟知的构造方面的问题外，还特意向刘东生介绍了张天鞥关于黄土成因方面的论点。91岁高龄的黄先生，还像当年一样指点学生。老先生的思路之宽阔是非常人所能及的。黄先生成长于群星灿烂的20世纪30年代，既有前辈着力培养的因素，也是黄先生他们刻苦努力的结果。刘东生说：“想起（黄）先生来，我们眼前就出现了当年他完成《中国大地构造纲要》时工作的勤奋蓬勃的姿态。”黄先生“他是一个用生命谱写地质的人，终身在不停地学习，不停地思考，不停地创新，在地质王国里遨游。”

《用生命谱写地质的人》这篇长达34页的手稿，发表在1998年由中国地质科学院编的《黄汲清纪念文集》上（地质出版社出版，61 ~ 70页）。

用生命谱写地质的人　第　页共 1 页

刘东生　悼念黄汲清老师逝世三周年

黄汲清先生是我国地质界的一位大师。他在大地构造和区域地质方面的学术成就，早已在国内外享有盛誉。然而黄先生在地学方面的成就还不止于此。他在古生物学、第四纪地质学、地质学史等方面也有很多独到之处。仅就第四纪地质来说，他对新疆天山南麓的第四纪冰川的研究、他对中国新构造运动类型的见解和他对青藏高原外围的磨拉斯的意见等都是具有开创性的，启发性并有广泛影响的。

自从1946年我认识黄先生起，到1953年转入第四纪研究以来，在中国第四纪研究委员会的活动中，在平时和他的接触中一直得到黄先生的支持和教诲达半个世纪之久。我觉得黄先生在学术方面对比他年青的人来说是那种使你从开始认识他起就愿意向他学习而他也愿意教你的那种类型的人。他的真诚感人至深，使人难忘。

我们按时到达以后看见黄汲清先生和夫人陈传骏已经穿得很正齐的坐在沙发上等着我们。我心中暗想黄先生还是那么认真。

1995年春节我随崔克信、叶连俊两位先生一同去看望黄先生时，他还和夫人一起拉着我们坐在

等我们坐在他对面的椅子上谈了一会以后关于地学回忆录……

（电开21）　20×20＝400

用生命谱写地质的人（手稿）

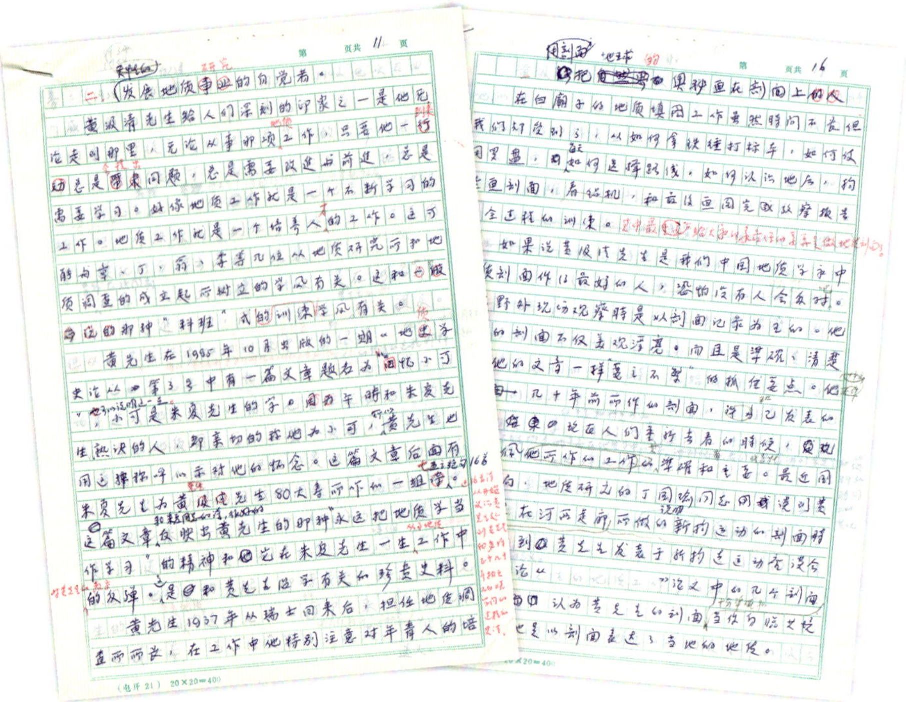

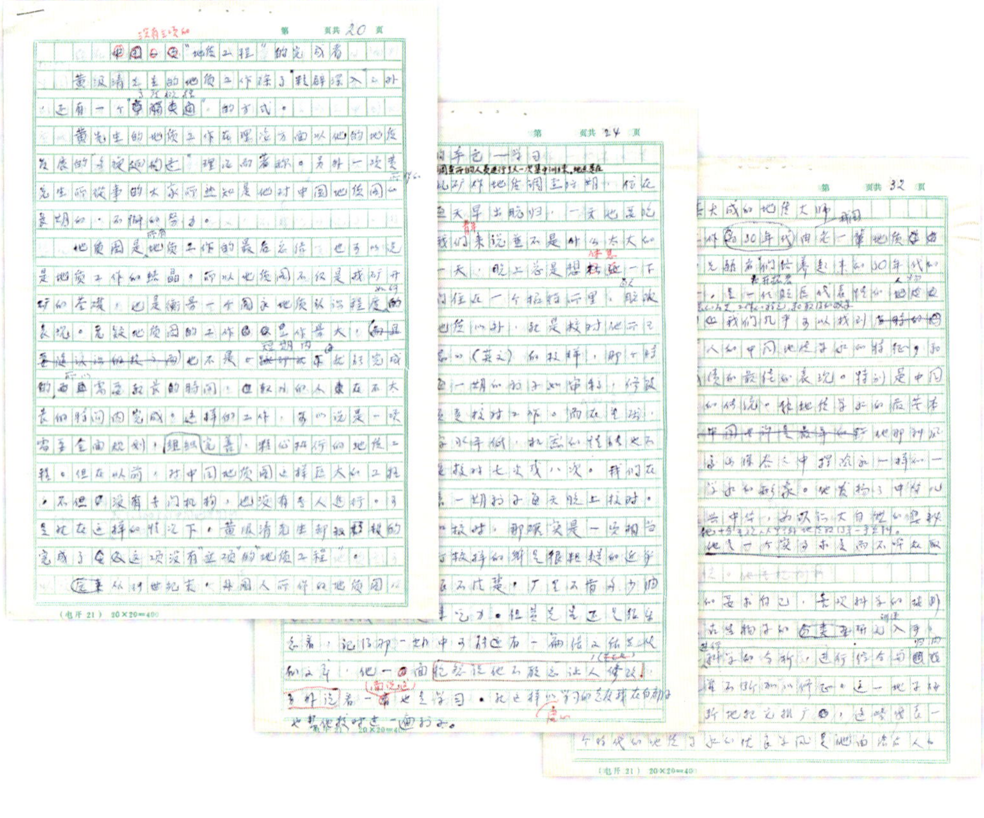

宇宙公民：德日进

——中国地质古生物学界的良师益友

德日进（Pierre Teilhard de Chardin，1881.5.1 ~ 1955.4.10），一位曾经对东西方文化的交流起到过很大作用的法国神甫，是刘东生十分敬重的古生物学家和考古学家。刘东生的学术思想在某种意义上说，受到德日进的深刻影响。在纪念刘东生逝世一周年，由德比希尔（Edward Derbyshire）等人发起编辑的专刊中，刘东生的密友、澳大利亚墨尔本大学的鲍勒（Jim Bowler）教授就注意到了这一点，他撰写的纪念文章题目是“FINDING COMMON GROUND: A Conversation with Liu Tungsheng & Teilhard de Chardin（寻找共同点：与刘东生和德日进的对话）”。鲍勒的文章中就说：

“在大概数十年前，两个互不相识的独立个体：一个是在中国西南部重庆的地质调查所的刘东生，另一个是在北京的耶稣会传教士、古生物学家德日进，虽然工作和生活在不同地区，刘东生还是注意到了这位德日进，著名的古生物学家正在从事第三纪（古、新近纪）的研究工作，而第三纪（古、新近纪）也正是刘本人的兴趣所在。在德日进的文章中，刘发现了他的同路人，一个有兴趣在科学与人类，或者说人与环境的相互作用的人；一个相信根据达尔文的进化论，已有的DNA证据已经证实人类起源于一个人。”

“这个观念来自于与刘东生的一次访谈，访谈涉及他一生中对他思想的形成具有影响的事件，其中特别重要的就是他在黄土研究中所发现的，与德日进在他的研究中发现的人地相互作用。”

刘东生1998年在法国帕斯卡大学（Blaise Pascal University）访问期间，竟得到一次被刘东生称之为“意外的意外”：亲身前往参观德日进在慕拉城堡（Le Chateau de Mural）的故居和拜访德日进的后人——他的侄子小德日进的机会。《宇宙公民：德日进——中国地质古生物学界的良师益友》就是记述这次旅行的全程所见所闻，参观德日进故居和拜会小德日进的全过程。

《宇宙公民：德日进——中国地质古生物学界的良师益友》发表在1998年。

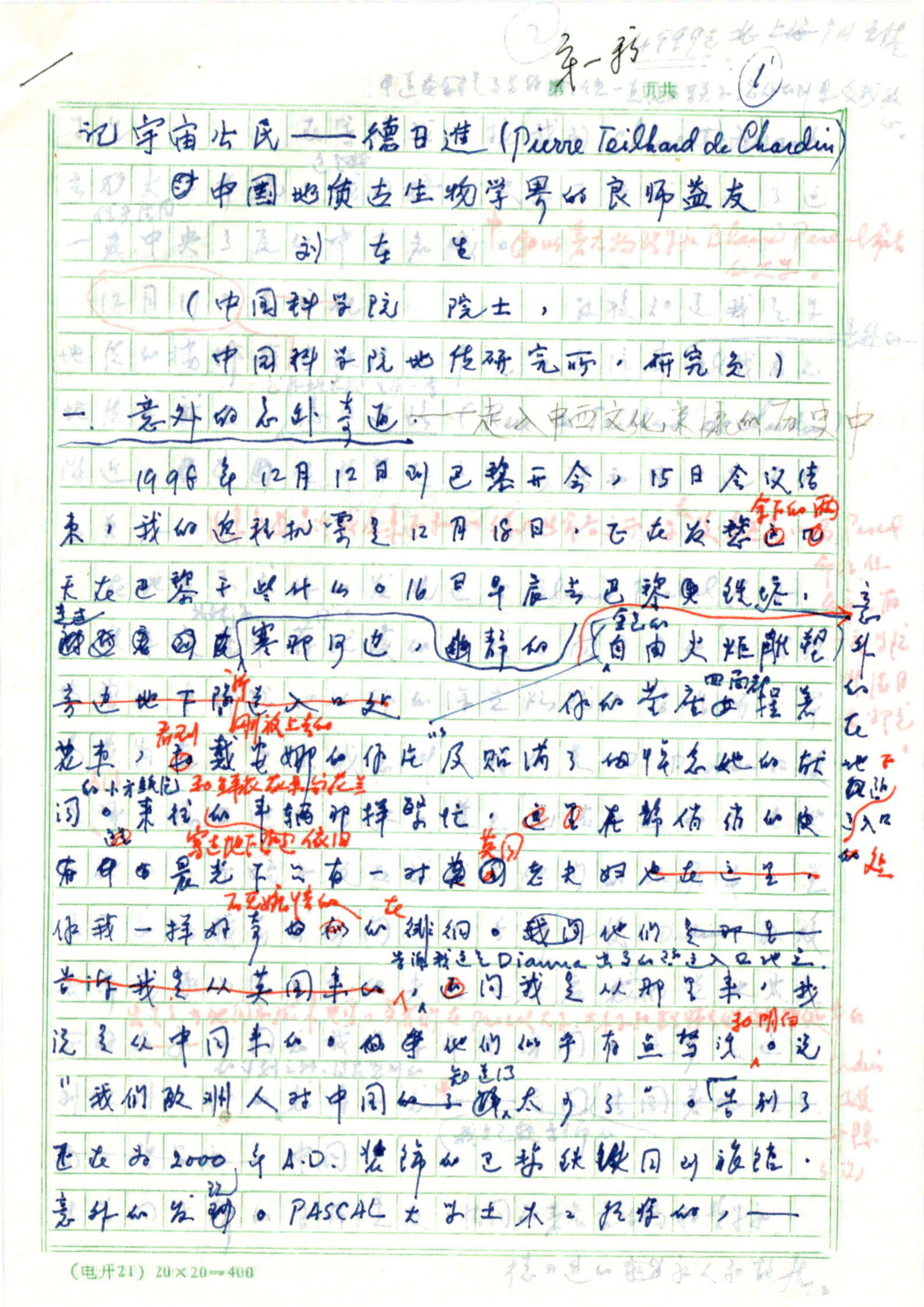
记宇宙公民——德日进（Pierre Teilhard de Chardin）
——中国地质古生物学界的良师益友
刘东生
（中国科学院 院士，
中国科学院地质研究所 研究员）
一、意外的不此奇遇——走入中西文化交流的历史中
1998年12月12日到巴黎开会，15日会议结束，我的返程机票是12月18日，下午在巴黎空出两天在巴黎干些什么。16日早晨去巴黎奥赛线路，
……塞那河边，幽静的自由火炬雕塑
……
我们欧洲人对中国的了解太少了。
……2000年A.D.装饰的巴黎铁塔的旗帜。
意外的发现。PASCAL大学士木乃伊……

宇宙公民：德日进（手稿）

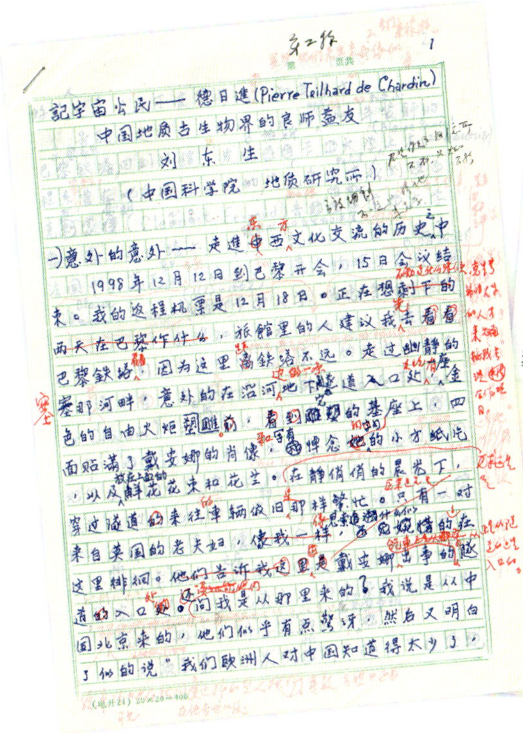

第 页共 1

记宇宙公民——德日进(Pierre Teilhard de Chardin)

中国地质古生物界的良师益友

刘东生

(中国科学院 地质研究所)

一)意外的意外——走进中西文化交流的历史之中

1998年12月12日到巴黎开会，15日会议结束。我的返程机票是12月18日。正在想剩下的两天在巴黎作什么，旅館里的人建议我去看看巴黎鉄塔。因为这里离鉄塔不远。走过幽静的塞那河畔，意外的在沿河地下隧道入口处，金色的自由火炬塑雕前，看到雕塑的基座上，四面贴满了戴安娜的肖像，和悼念她的小方纸片，以及鮮花花束和花生。在静悄悄的晨光下，穿过隧道的来往車辆依旧那样繁忙。只有一对来自英国的老夫妇，像我一样，在这里徘徊。他们告诉我这里是戴安娜出事的隧道的入口处。问我是从那里来的？我说是从中国北京来的，他们似乎有点驚讶，然后又明白了似的说"我们欧洲人对中国知道得太少了，

(地开21) 20×20=400

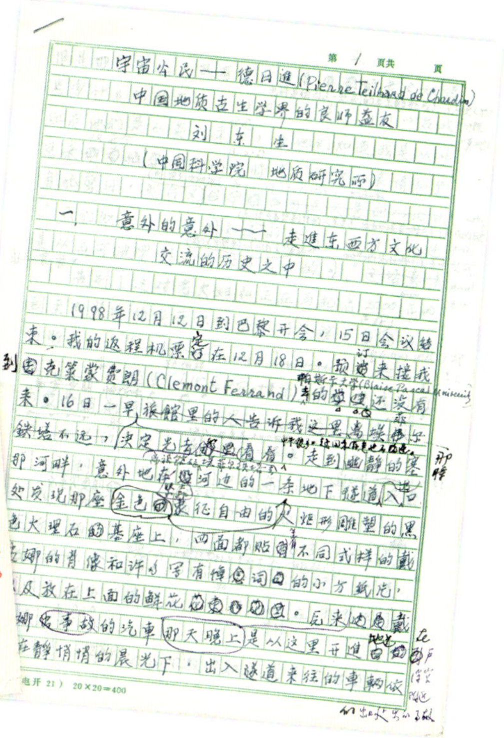

第 1 页共 页

宇宙公民——德日进(Pierre Teilhard de Chardin)

中国地质古生物学界的良师益友

刘东生

(中国科学院 地质研究所)

一、意外的意外——走进东西方文化交流的历史之中

1998年12月12日到巴黎开会，15日会议结束。我的返程机票定在12月18日。预定来接我到克莱蒙费朗(Clement Ferrand)帕斯卡大学(Blaise Pascal University)来的学生还没有来。16日一早旅館里的人告诉我这里离鉄塔不远，决定先去鉄塔看看。走到幽静的塞那河畔，意外地在沿河边的一条地下隧道入口处发现那座金色的象征自由的火炬形雕塑的黑色大理石的基座上，四面都贴满了不同式样的戴安娜的肖像和许多写有悼念词的小方纸片，以及放在上面的鲜花。后来这座……戴安娜出事故的汽車那天晚上是从这里开進的……在静悄悄的晨光下，出入隧道来往的車辆依……

(地开21) 20×20=400

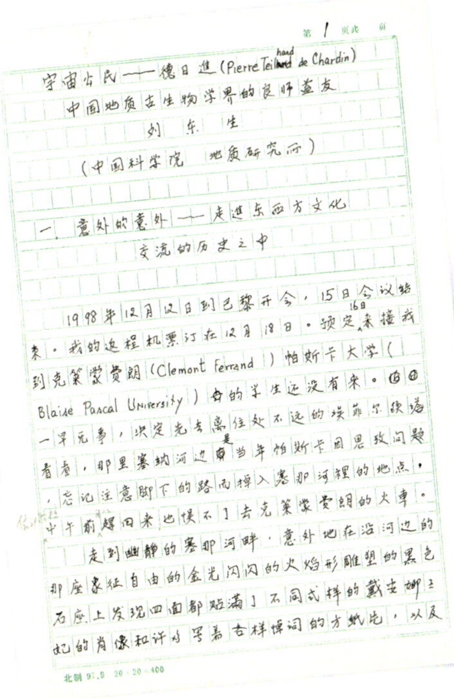

第 1 页共 页

宇宙公民——德日进(Pierre Teilhard de Chardin)

中国地质古生物学界的良师益友

刘东生

(中国科学院 地质研究所)

一、意外的意外——走进东西方文化交流的历史之中

1998年12月12日到巴黎开会，15日会议结束。我的返程机票订在12月18日。预定16日来接我到克莱蒙费朗(Clemont Ferrand)帕斯卡大学(Blaise Pascal University)去的学生还没有来。16日一早无事，决定先去离住处不远的埃菲尔铁塔看看，那里塞纳河边是当年帕斯卡因思考问题，忘记注意脚下的路而掉入塞那河裡的地点。中午前赶回来也误不了去克莱蒙费朗的大事。

走到幽静的塞那河畔，意外地在沿河边的那座象征自由的金光闪闪的火焰形雕塑的黑色石座上发现四面都贴满了不同式样的戴安娜王妃的肖像和许多写着吉祥悼词的方纸片，以及

北制 97.9 20×20=400

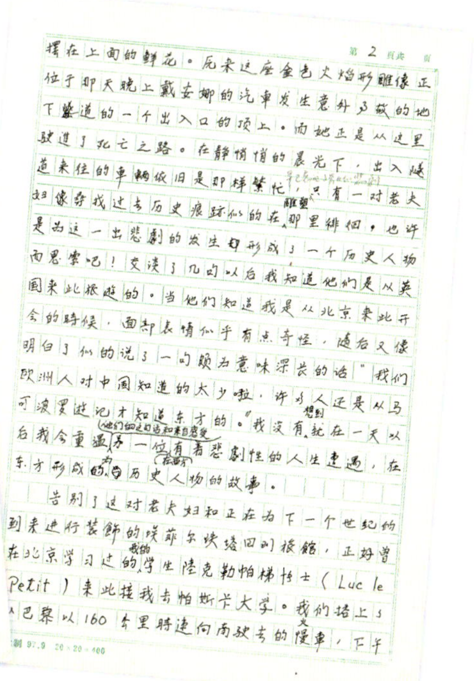

第 2 页共 页

摆在上面的鲜花。后来这座金色火焰形雕像正位于那天晚上戴安娜的汽車发生意外事故的地下隧道的一个出入口的顶上。而她正是从这里驶进了死亡之路。在静悄悄的晨光下，出入隧道来往的車辆依旧是那样繁忙，只有一对老夫妇像我这样寻找历史痕迹似的在雕塑那里徘徊。也许是为这一出悲剧的发生和形成了一个历史人物而思索吧！交谈了几句以后我知道他们是从英国来此旅游的。当他们知道我是从北京来此开会的時候，面部表情似乎有点奇怪，随后又像明白了似的说了一句颇为意味深长的话"我们欧洲人对中国知道的太少啦，许多人还是从马可波罗游记才知道东方的。"我没有想到就在一天以后我会重温另一位有着悲剧性的人生遭遇，在东方形成的历史人物的故事。

告别了这对老夫妇和正在为下一个世纪的到来进行装饰的埃菲尔铁塔回到旅館，正好曾在北京学习过的我的学生陆克勒帕梯特士(Luc le Petit)来此接我去帕斯卡大学。我们搭上了从巴黎以160公里時速向南驶去的慢車，下午

北制 97.9 20×20=400

侯德封先生——新中国第四纪研究的创始人、倡导者和支持者

侯德封教授（1900.4.8～1980.2.24）被学界尊称为“侯老”，是地质界的“伯乐”，是一位毫无自私自利之心的领导者。他从新中国成立后直到逝世（1949～1980年）一直担任中国科学院地质研究所所长多年，着眼于地质科学的发展动向和新的生长点。在他的领导下，传统的大地构造学、地层学、矿物岩石学、经典的矿床学得到了很大的发展，更为地质研究所建立了新的、齐全的分支学科，如地球化学、水文工程地质学、稀有和稀土元素矿床学，等等。第四纪地质学也是在他的鼎力支持下逐步发展起来的，在地质研究所建立了国内第一个第四纪地质研究室。刘东生对侯老有着亦师亦友的特殊感情，敬称侯老为中国第四纪科学研究的创始人、倡导者和支持者。

《侯德封先生——新中国第四纪研究的创始人、倡导者和支持者》一文是刘东生为侯老逝世20周年撰写的纪念文章。文中，刘东生对侯老孜孜不倦，默默耕耘在地质科学这片土地，并取得令人惊讶的成就表示深深的敬意，认为侯老这种“但开风气不为师”的精神值得永远尊敬和怀念。

《侯德封先生——新中国第四纪研究的创始人、倡导者和支持者》发表在2000年的《第四纪研究》，第20卷，第1期，9～13页。

侯德封先生在新中国成立前除了短暂的离开之外，大部分时间是在地质调查所度过的，是一位典型的“地质调查所人”。他又一直担任中国科学院地质研究所所长，是为中国的地质事业奉献了一生的科学家。

在侯老诞辰100周年之际，刘东生又写下了《侯德封先生和地质调查所》称赞侯老富于创新精神，凡是他所承担的工作总是“不落巢穴，常有新意”。在地质调查所（1926～1935年）期间，他编撰了第二到第四版的《中国矿业纪要》，每出一版内容不断充实（从第二版的366页、第三版的456页到第四版的628页），水平也日渐提高，刘东生将之称为“经历了‘紧张而繁忙的十年和精进丰收的十年’，完成了‘闻名中外的一项巨大工作’”。在领导地质研究所期间，侯老除了将谈不到按研究专业分室的小所，建成了学科和研究设备齐全的现代化研究所外，还创建了兰州地质研究所专攻陆相成油；建立了青海盐湖研究所开展盐类矿床开发研究；在南海海洋研究所设置海洋地质室，为海洋石油的开发储备人才；分设贵阳地球化学研究所，拓展地球化学研究。侯老的每一举措都为国家地质事业的需要，处心积虑，成就巨大。文章还盛赞侯老对人和蔼可亲，为培养年轻人费尽了心机。以我们粗略统计，侯老当所长时地质研究所中、青年学者，恢复院士制度后当选两院院士的就有十余人，这便是侯老对年轻人培养的最好证据。

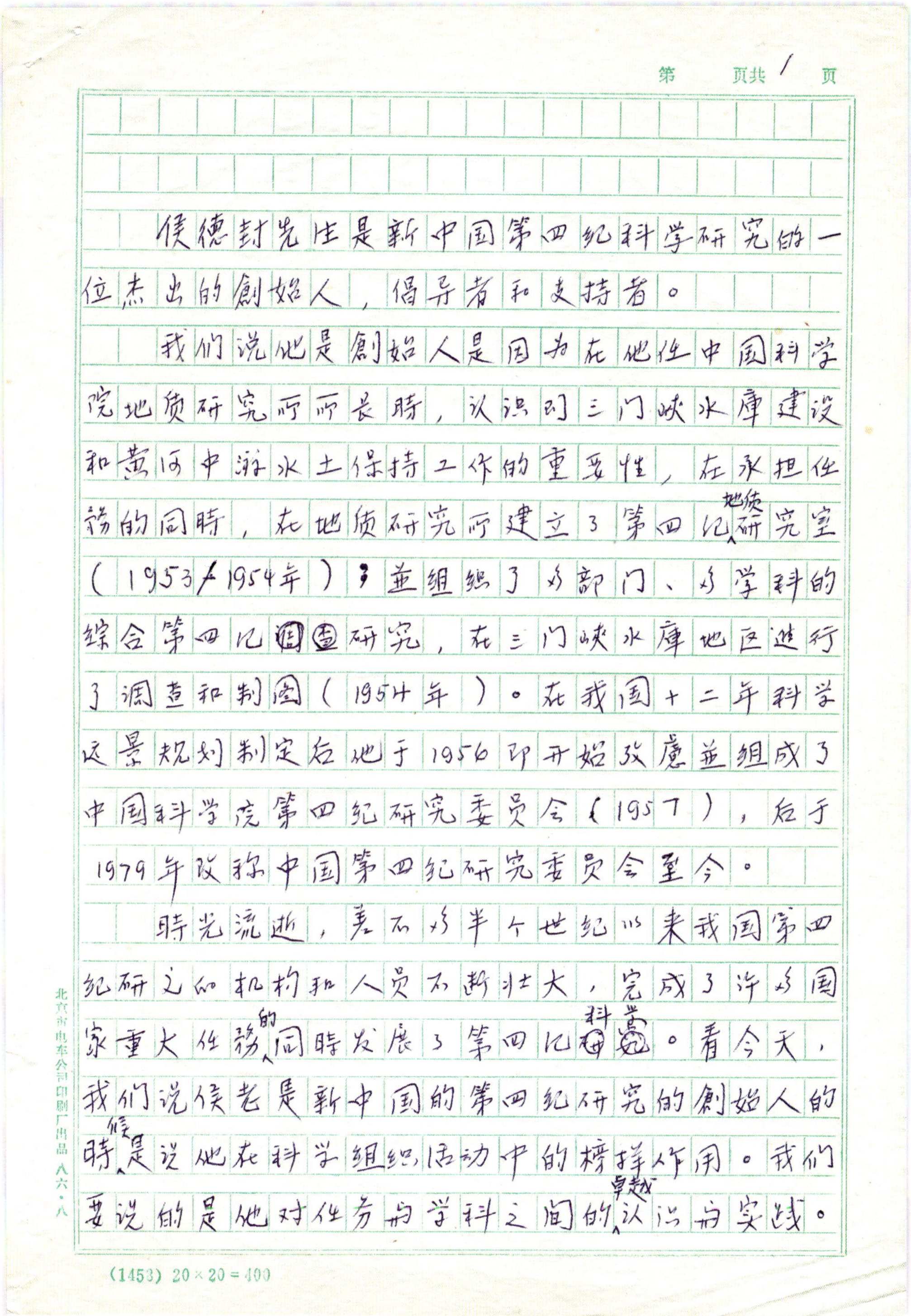
第 页共 1 页

侯德封先生是新中国第四纪科学研究的一位杰出的創始人，倡导者和支持者。

我们说他是創始人是因为在他任中国科学院地质研究所所长時，认识到三门峡水库建设和黄河中游水土保持工作的重要性，在承担任務的同時，在地质研究所建立了第四纪地质研究室（1953－1954年）；并组织了多部门、多学科的综合第四纪研究，在三门峡水库地区进行了调查和制图（1954年）。在我国十二年科学远景规划制定后他于1956即开始考慮并组成了中国科学院第四纪研究委员会（1957），后于1979年改称中国第四纪研究委员会至今。

時光流逝，差不多半个世纪以来我国第四纪研究的机构和人员不断壮大，完成了许多国家重大任務的同時发展了第四纪科学。看今天，我们说侯老是新中国的第四纪研究的創始人的時候是说他在科学组织活动中的榜样作用。我们要说的是他对任务与学科之间的卓越认识与实践。

北京市电车公司印刷厂出品 八六·八

(1453) 20×20=400

侯德封先生——新中国第四纪研究的创始人、倡导者和支持者（手稿）、侯德封与地质调查所（手稿）

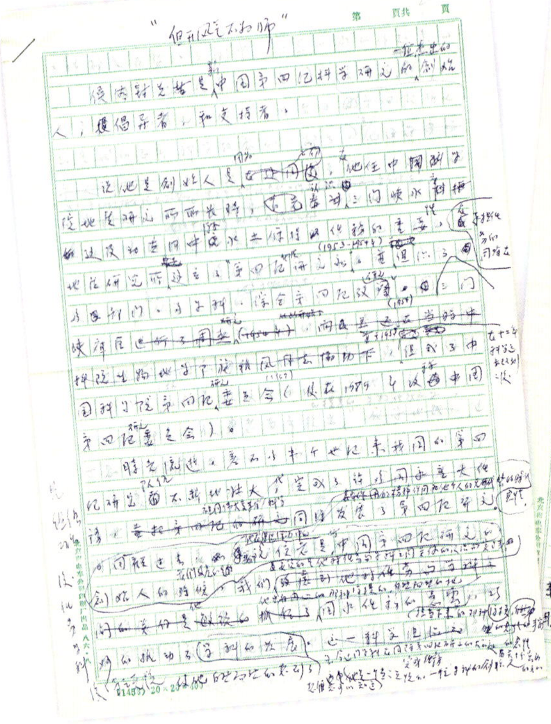

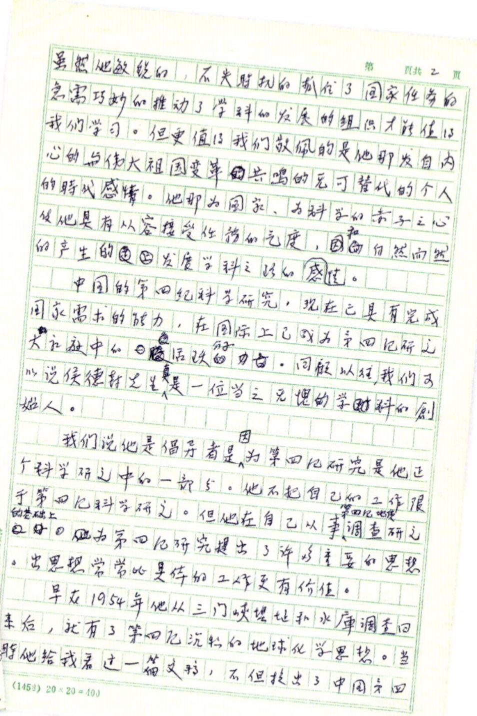

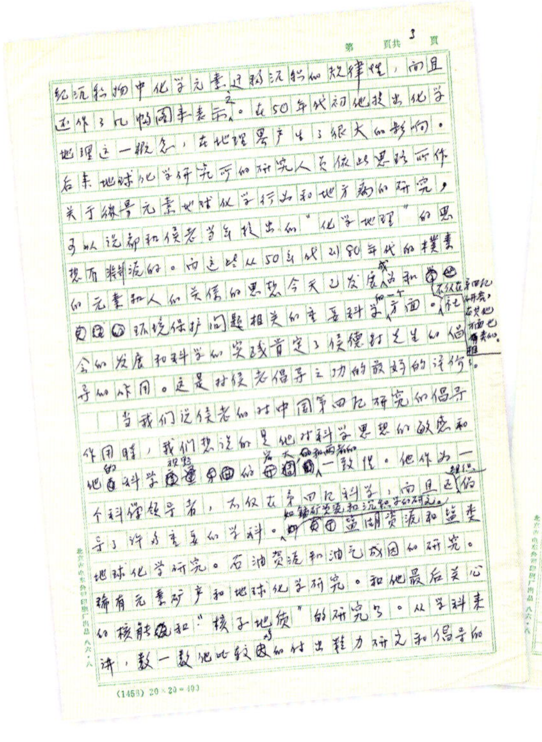

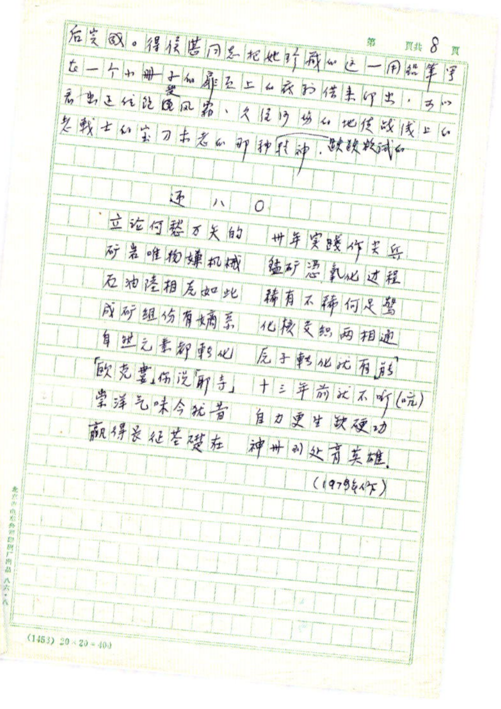
述八〇
立论何磬万矢的　卅年实践作尖兵
矿岩唯物辩机械　锰矿沉氧化过程
石油陆相居如此　稀有不稀何足惊
成矿组份有嫡系　化核变织两相通
自然元素都转化　原子转化就有能
「欧克耋」你说「那奇」　十三年前就不听(吭)
崇洋气味今犹昔　自力更生铁硬功
赢得长征基础在　神州到处育英雄

学习李连捷先生诗集心得

李连捷教授（1908.6.17 ~ 1992.1.11）早在1932年入地质调查所，是1933 ~ 1936年曾在中国地质调查所土壤研究室工作的美国著名土壤学家梭颇（James Thorp）的密友。1940年奉派赴美，并于1944年在伊利诺大学获得博士学位后，在美国地质调查所军事地质组工作。抗战胜利以后回到国内，投身我国的土壤事业，1946年出任北京大学农学院（中国农业大学的前身）的院长，是著名的土壤学家、农业教育家，中国土壤学科的创始人之一。

刘东生初遇李连捷先生还有戏剧性的一幕，那是1946年刘东生刚考入重庆北碚地质调查所不久。经历八年抗战的艰苦时刻，沉浸在胜利的喜悦中的年轻人，休息时间正在举行排球比赛时，场中出现了一位身体健壮，面色红润，带着金丝边眼镜，穿着雪白的漂亮衬衫的翩翩学者，这身打扮与经历抗战，脸呈菜色，衣衫破旧的同仁形成强烈的反差。一问身旁的老同学陈梦熊，才知这位是燕京大学的足球名将，刚刚回国的李连捷！

李连捷可谓多面手，不但学业有成，有运动天赋，还是一位诗人。他早年就开始写诗，有50年的积累，留下了80余篇诗作，是一位著作颇丰的学者。得知李亮编辑的李先生的诗集即将出版并获赠一份原稿，便写下了《学习李连捷先生诗集心得》一文，读完李先生气势磅礴的诗作，刘东生感言“诗中的性格和感情，觉得十分亲切，像他那洪亮爽朗的笑声”。文章最后，刘东生借用中世纪法国著名数学家、物理学家、哲学家和散文学家布莱士•帕斯卡尔（Blaise Pascal）的一句话，对李连捷先生的诗进行了评价：“由于思想，我却囊括了宇宙”。

刘东生还为纪念这位中国土壤界的一代宗师，写过《李连捷先生的爱国精神》，盛赞李先生在抗战胜利，国家百废待兴的时刻放弃在美国的优厚生活，毅然回国的高度爱国精神。李先生的这种精神也影响刘东生的一生。

《学习李连捷先生诗集心得》曾分上、下两部分刊发在《五色土》（中国科学院南京土壤研究所老科技工作者协会会刊）上（2009年，1 ~ 2期）。

同济大学　　1

"人的全部尊严就在于思考"

"由于思想我却囊括了宇宙"

B. 帕斯卡尔

—— Blaise Pascal ——

学习李連捷先生诗集心得

李连捷院士(1908—1992)的诗集即将出版。十分感谢李亮同志，事先送我一份原稿，使我有机会早一点仔细琢磨一下这部诗集的内容。李先生是我非常敬仰的老师。对他的科学成就我略有所知，但对记录了他的科学生活的诗词却毫无所知。虽然从上个世纪40年代就认识了李先生，我知道他爱读唐诗，但不知道他喜欢作诗，并且写了这么多诗。如果从遗存的1939年的一首诗来看，李先生从青年时代就开始作诗了，（仅从现存的诗作）从1939到1989，前后共50年。应该说诗像土壤学、地质学一样（诗）伴随着他的整个科学生涯。他是一位科学界的诗人。可惜由于种种原因，他的诗稿绝大部分已经散佚了。这实在是一件令人深感遗憾的事。对研究中国早期土壤学和地质学的科学发展历史是一大损失。但值得庆幸的是李亮同志和他的姐弟们共同努力，汇集了现在能够找到的诗人李连捷先生诗词共84首，(從1939—1989)，并由李亮同志整理、注釋予以出版。这是一件大好事。因为不仅可以扩大流传，使更多的人了

学习李连捷先生诗集心得（手稿）

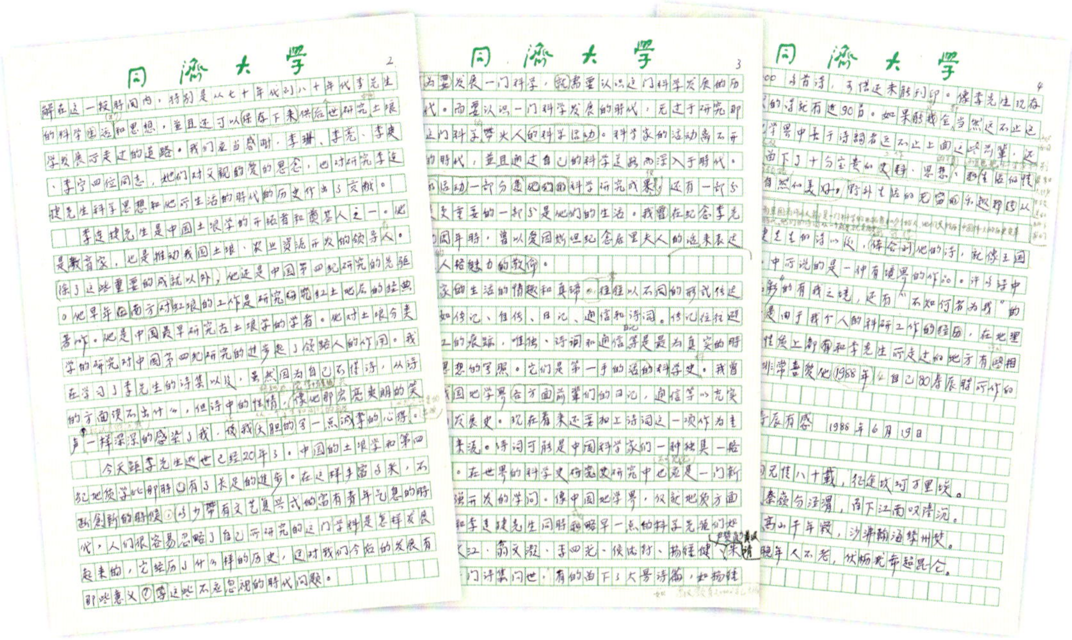

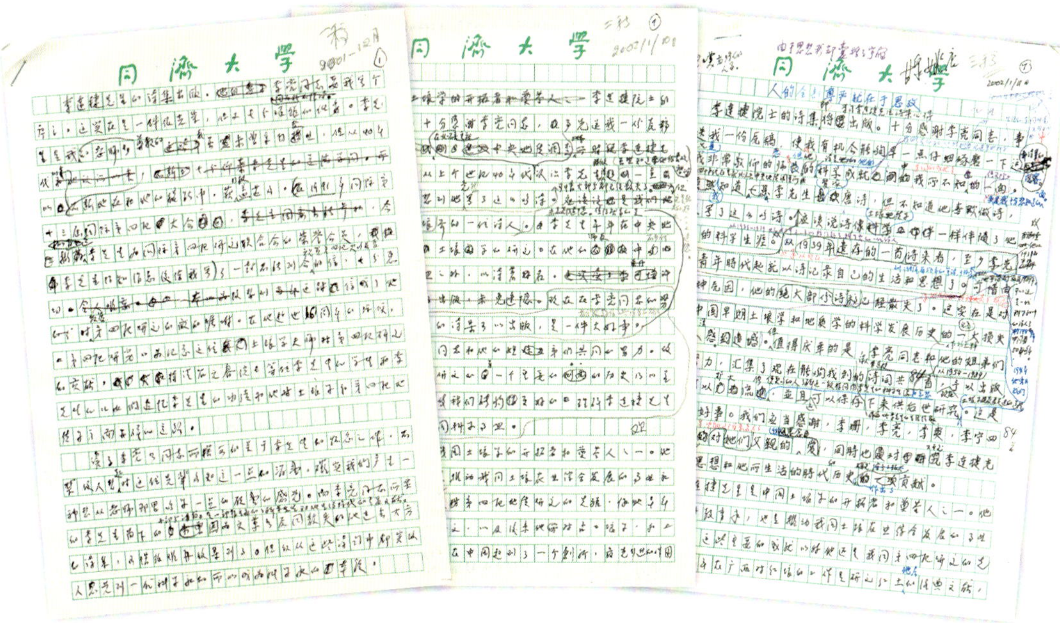

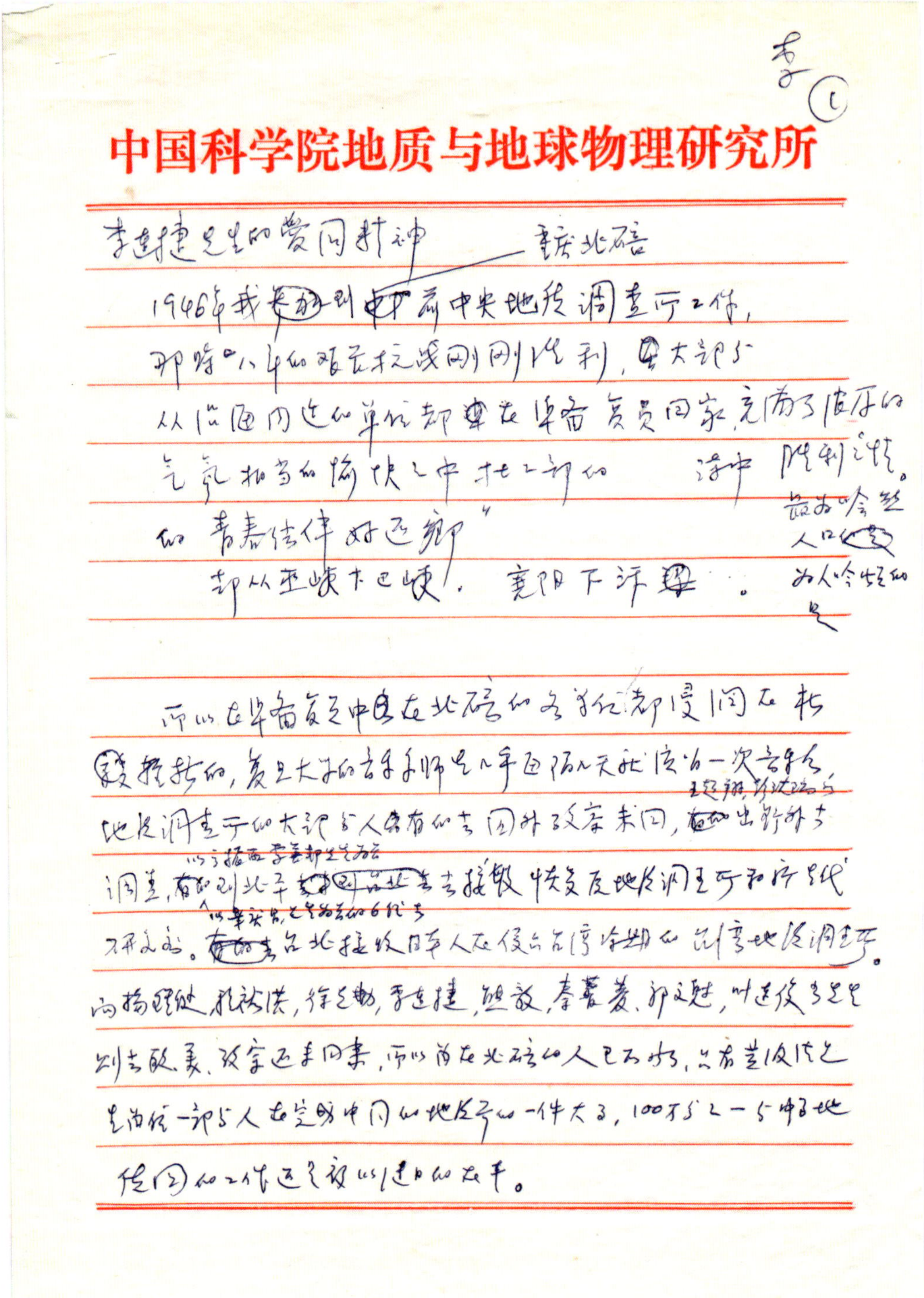

李连捷先生的爱国精神（手稿）

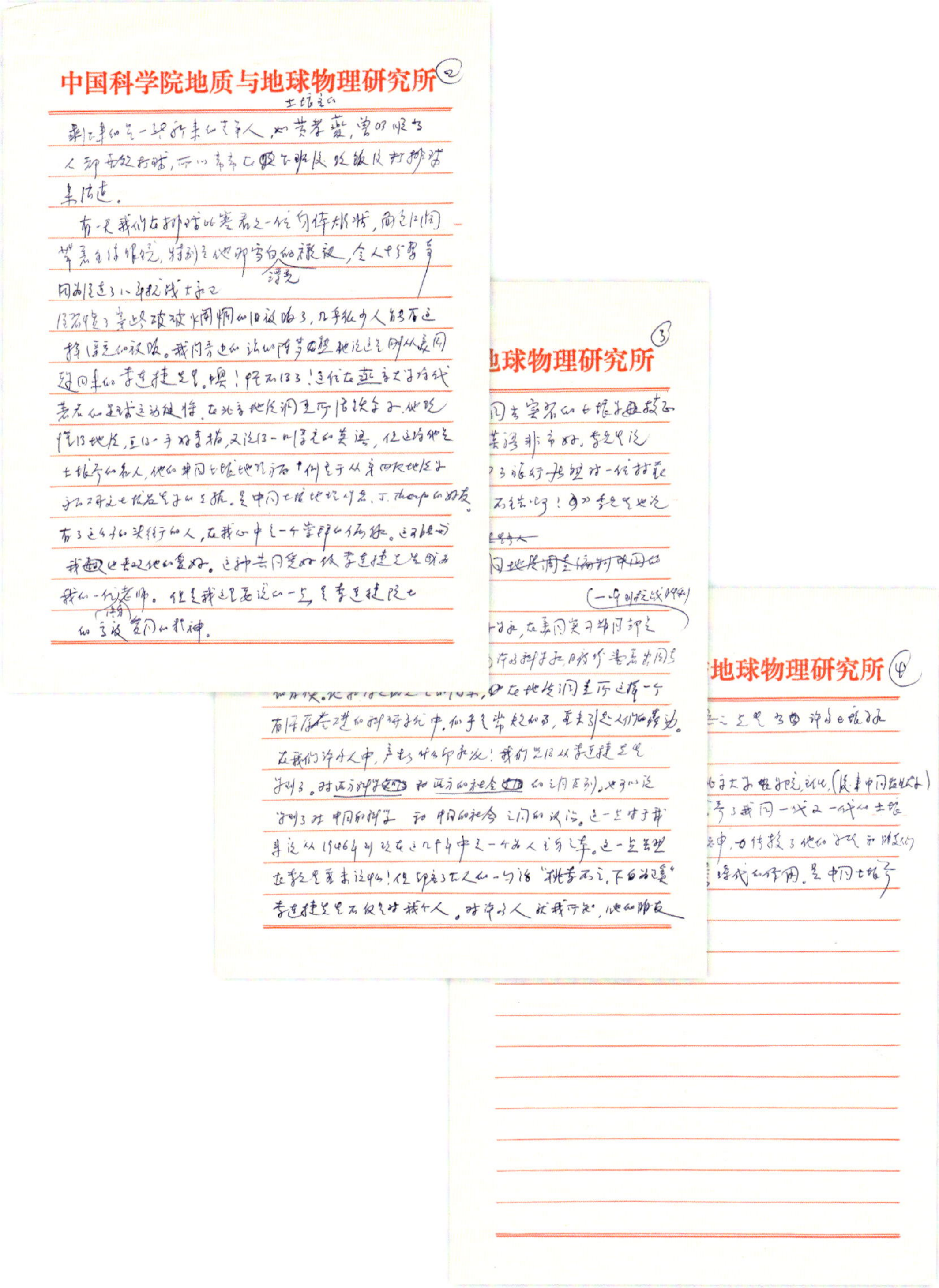
中国科学院地质与地球物理研究所

思念裴文中院士

裴文中院士（1904.1.19 ~ 1982.9.18）是传奇式的人物，因在1929年冬日在周口店发现了举世闻名的北京猿人头盖骨而蜚声海内外。裴老1927年从北京大学毕业后终身从事地质科学研究，是刘东生的师长，刘东生称他为我国旧石器考古学、第四纪哺乳动物学和地层学的开拓者和奠基人。

《思念裴文中院士》是刘东生在裴老逝世20周年之际撰写的纪念文章。刘东生将人们把裴老与周口店北京猿人紧密联系在一起的现象称之为“裴文中现象”，认为这是一种科学文化现象。刘东生回顾随裴老实习、考察，与裴老一起参加全苏第四纪科学大会的经历，深受鼓舞。刘东生分析在20世纪20 ~ 30年代中国的地质研究出现了一个“群星灿烂”的局面，出现了一批30多岁的乃至更年轻的“明星”，诸如赵亚曾、杨钟健、尹赞勋、裴文中、黄汲清、李善邦，等等，认为这与当时第一次世界大战以后的国际环境，一批留学海外的学人学成回国，他们带来了西方先进的学术思想，新的科学观代替了“学而优则仕”的传统观念，使很多年轻人投身科学密切相关。同时，刘东生注意到这批在内忧外患中成长起来的人都有强烈的爱国情怀也是造成“群星灿烂”的内在动力。刘东生觉得裴老的永无止境、不断创新的精神是当代年轻人值得借鉴和效法的。

《思念裴文中院士》刊发在2002年的《第四纪研究》，第22卷，第1期，1 ~ 4页。

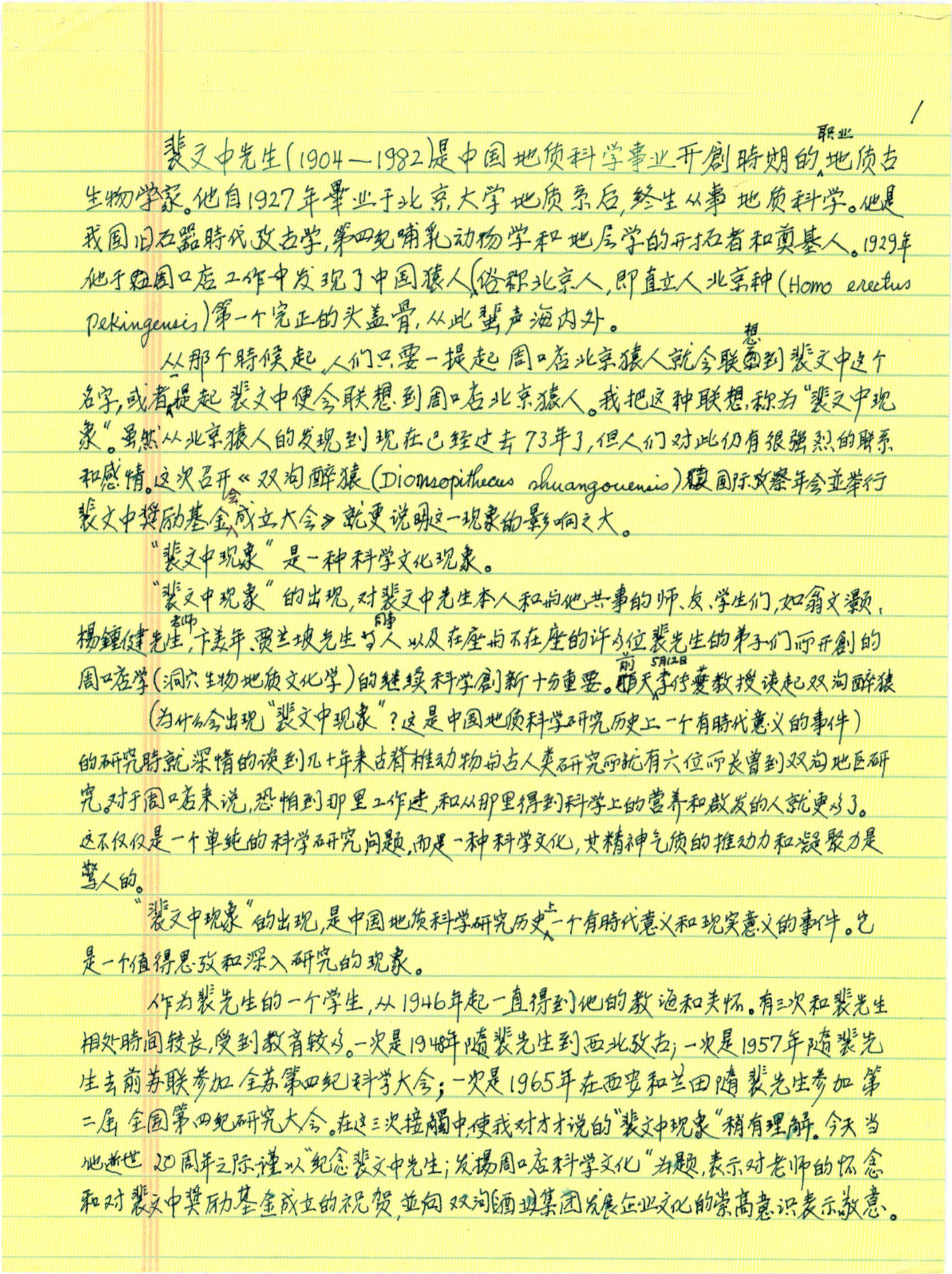

1

裴文中先生（1904—1982）是中国地质科学事业开創時期的职业地质古生物学家。他自1927年畢业于北京大学地质系后，终生从事地质科学。他是我国旧石器時代考古学，第四纪哺乳动物学和地层学的开拓者和奠基人。1929年他于周口店工作中发现了中国猿人（俗称北京人，即直立人北京种（Homo erectus pekingensis）第一个完正的头盖骨，从此蜚声海内外。

从那个時候起，人们只要一提起周口店北京猿人就会联想到裴文中这个名字，或者提起裴文中便会联想到周口店北京猿人。我把这种联想，称为“裴文中现象”。虽然从北京猿人的发现到现在已经过去73年了，但人们对此仍有很强烈的联系和感情。这次召开《双沟醉猿（Dionysopithecus shuangouensis）国际考察年会并举行裴文中奖励基金会成立大会》就更说明这一现象的影响之大。

“裴文中现象”是一种科学文化现象。

“裴文中现象”的出现，对裴文中先生本人和与他共事的师、友、学生们，如翁文灏，楊鍾健先生老师，卞美年、贾兰坡先生等同事人以及在座与不在座的许多位裴先生的弟子们所开創的周口店学（洞穴生物地质文化学）的继续科学創新十分重要。前天5月12日李传夔教授谈起双沟醉猿（为什么会出现“裴文中现象”？这是中国地质科学研究历史上一个有時代意义的事件）的研究時就深情的谈到几十年来古脊椎动物与古人类研究所就有六位所长曾到双沟地区研究。对于周口店来说，恐怕到那里工作过，和从那里得到科学上的营养和啟发的人就更多了。这不仅仅是一个单纯的科学研究问题，而是一种科学文化，其精神气质的推动力和凝聚力是惊人的。

“裴文中现象”的出现，是中国地质科学研究历史上一个有時代意义和现实意义的事件。它是一个值得思考和深入研究的现象。

作为裴先生的一个学生，从1946年起一直得到他的教诲和关怀。有三次和裴先生相处時间较长，受到教育较多。一次是1948年随裴先生到西北考古；一次是1957年随裴先生去前苏联参加全苏第四纪科学大会；一次是1965年在西安和兰田随裴先生参加第二届全国第四纪研究大会。在这三次接觸中，使我对才才说的“裴文中现象”稍有理解。今天当他逝世20周年之际，谨以“纪念裴文中先生；发扬周口店科学文化”为题，表示对老师的怀念和对裴文中奖励基金成立的祝贺，並向双沟酒业集团发展企业文化的崇高意识表示敬意。

思念裴文中院士（手稿）

刘东生手迹

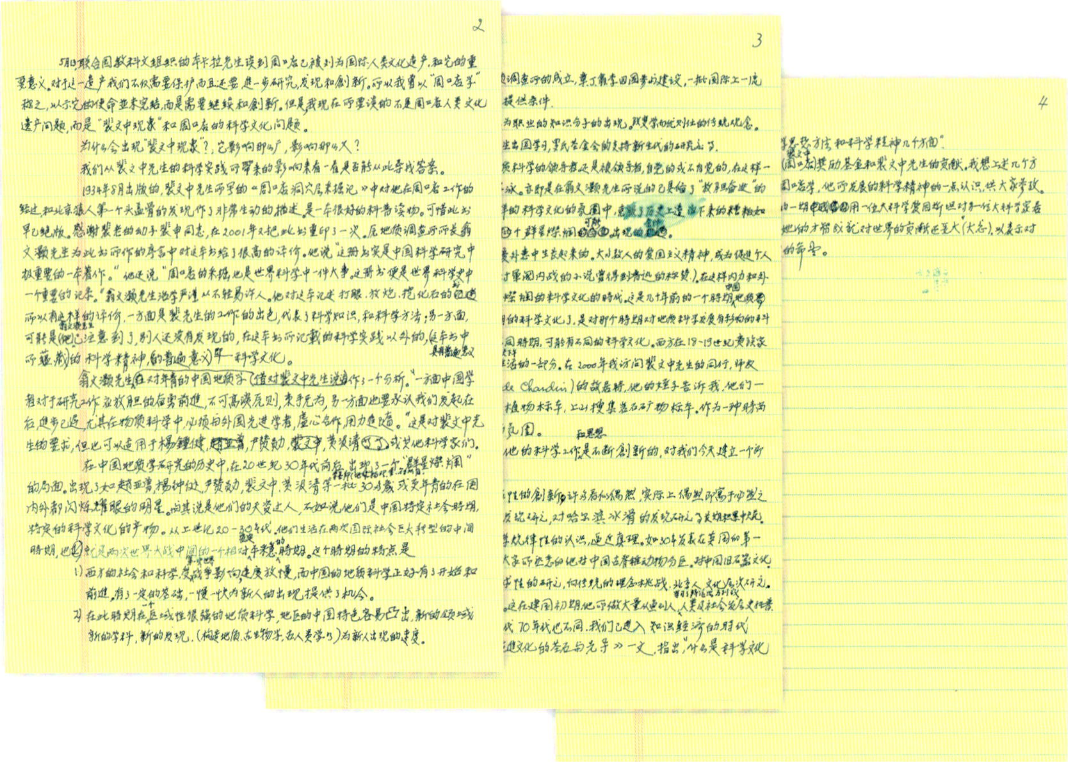

2

5月18日联合国教科文组织的参卡拉先生谈到周口店已被列为国际人类文化遗产，和它的重要意义。对于这一遗产我们不仅需要保护而且还要进一步研究，发现和创新。所以我曾以"周口店学"称之，以示它的使命並未完结，而是需要继续和创新。但是，我现在所要谈的不是周口店人类文化遗产问题，而是"裴文中现象"和周口店的科学文化问题。

为什么会出现"裴文中现象"？它影响那么广，影响那么久？

我们从裴文中先生的科学实践所带来的影响来看一看是否能从此寻找答案。

1934年8月出版的，裴文中先生所写的《周口店洞穴层采掘记》中对他在周口店工作的经过，和北京猿人第一个头盖骨的发现作了非常生动的描述，是一本很好的科普读物。可惜此书早已绝版。感谢裴老的幼子裴申同志，在2001年又把此书重印了一次。原地质调查所所长翁文灏先生为此书所作的序言中对这本书给了很高的评价。他说"这册书实是中国科学研究中极重要的一本着作。"他还说"周口店的采掘也是世界科学中一件大事，这册书便是世界科学史中一个重要的记录。"翁文灏先生治学严谨从不轻易许人。他对这本记述打眼、放炮、挖化石的记述所以有这样的评价，一方面是裴先生的工作的出色，代表了科学知识，和科学方法；另一方面，可能是他已注意到了，别人还没有发现的，在这本书所记载的科学实践以外的，这本书中所蕴藏的科学精神，的普遍意义即一科学文化。

翁文灏先生在对年青的中国地质学借对裴文中先生说道作了一个分析。"一面中国学者对于研究工作应放胆的向前进，不可高谈原则，束手无为，另一方面也要承认我们发起在后，进步已迟，尤其在物质科学中，必须向外国先进学者，虚心合作，用力追随。"这是对裴文中先生的要求，但也可以适用于杨钟健、赵亚曾、尹赞勋、裴文中、黄汲清们或其他科学家们。

在中国地质学研究的历史中，在20世纪30年代前后出现了一个"群星灿烂"的局面。出现了如赵亚曾、杨钟健、尹赞勋、裴文中、黄汲清等一批30岁或更年青的在国内外都闪烁耀眼的明星。与其说是他们的天资过人，不如说他们是中国特定社会时期，特定的科学文化的产物。从上世纪20－30年代，他们生活在两次国际社会巨大转型的中间时期，也就是两次世界大战中间的一个相对平稳的时期。这个时期的特点是

1）西方的社会和科学，受战争影响，速度放慢，而中国的地质科学正好有了开始和前进，有了一定的基础，一慢一快为新人的出现提供了机会。

2）在此时期在区域性很强的地质科学，地区的中国特色容易凸出，新的领域新的学科，新的发现，（构造地质、古生物学、古人类学等）为新人出现的速度。

3

4

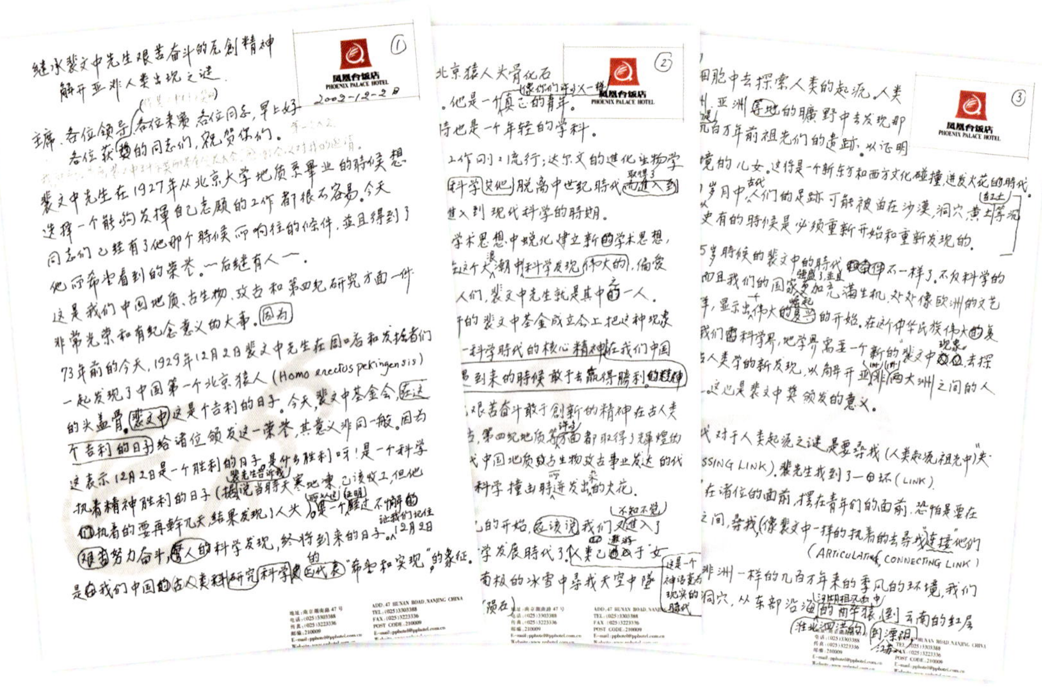

①

继承裴文中先生艰苦奋斗的原创精神

解开亚非人类出现之谜

2002-12-2日

主席、各位领导、各位来宾、各位同志，早上好。

各位获奖的同志们，祝贺你们。

裴文中先生在1927年从北京大学地质系毕业的时候想选择一个能够发挥自己志愿的工作都很不容易。今天同志们已经有了他那个时候所向往的条件，並且得到了他所希望看到的荣誉。一后继有人一。

这是我们中国地质、古生物、考古和第四纪研究方面一件非常光荣和有纪念意义的大事。因为

73年前的今天，1929年12月2日裴文中先生在周口店和发掘者们一起发现了中国第一个北京猿人（Homo erectus pekingensis）的头盖骨。裴文中这是个吉利的日子。今天，裴文中基金会在这个吉利的日子给诸位颁发这一荣誉，其意义非同一般。因为这表示12月2日是一个胜利的日子，是什么胜利呀！是一个科学执着精神胜利的日子（据说当时天寒地冻，已该收工，但他执着的要再干几天，结果发现了人头），是一个经过不懈的艰苦努力奋斗，惊人的科学发现，终将到来的日子。12月2日是我们中国的古人类科研究科学的代表"希望和实现"的象征。

地址：南京湖南路47号
电话：(025)3303388
传真：(025)3223336
邮编：210009

ADD: 47 HUNAN ROAD, NANJING CHINA
TEL: (025)3303388
FAX: (025)3223336
POST CODE: 210009

②

③

真抓实干的武衡同志

武衡教授（1914.3.18～1999.1.15）曾于1934年入学，就读于清华大学地质系。后参加革命，成为我国科技战线的一位卓越的高级领导干部。他1955年当选学部委员（院士）时才41岁，是地学部最年轻的学部委员。

武衡同志把自己的一生无私、无畏、无悔、无愧地献给新中国的科学事业，做出了不可磨灭的重要贡献。为缅怀武衡同志，弘扬科学精神，国际天文学会批准在武衡同志逝世前一天即1999年1月14日发现的小行星（国际编号为56088）命名为“武衡星”。刘东生在2004年3月18日武衡星命名和纪念武衡90周年诞辰大会上发表了热情洋溢的讲话，盛赞武衡同志一生对我国科学事业“真抓实干”，鼓励“不断创新”的精神，为我国科技界的发展创造了许多机会和条件。刘东生还回顾了武衡同志对黄土研究工作的全力支持：在第一个五年计划期间重大建设项目不少是在黄土高原边缘地区，因黄土湿陷性使得工程遇到了严重的地质灾害，有地学背景的武衡同志便指示从黄土的基础研究入手，解决灾害问题，在很大程度上推动了中国黄土的研究。

《真抓实干的武衡同志》是2004年3月18日在北京举行的“武衡星（第56088号小行星）命名和武衡同志90周年诞辰大会”上的讲话稿。

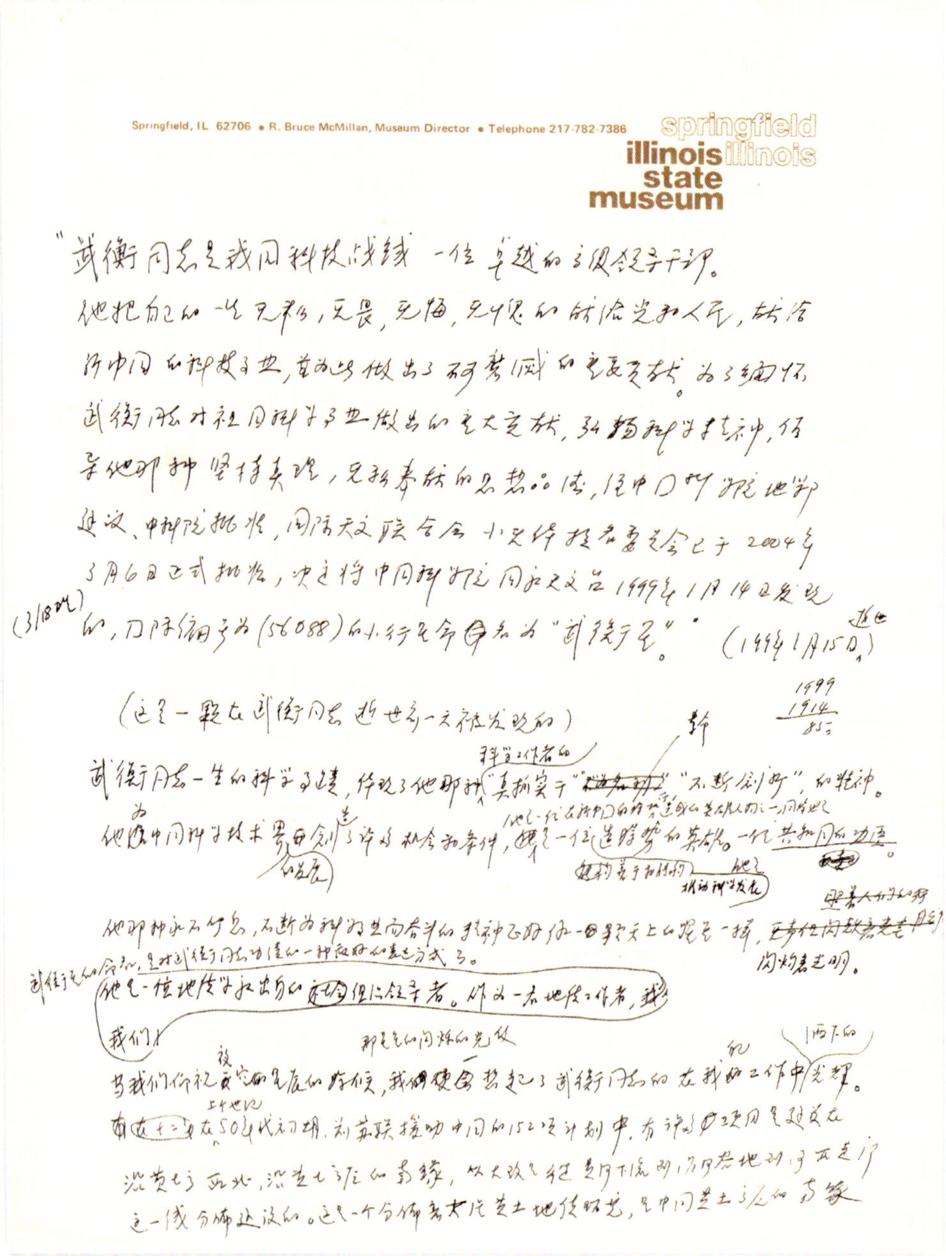

"武衡同志是我国科技战线一位卓越的高级领导干部。他把自己的一生无私，无畏，无悔，无愧地献给党和人民，献给中国的科技事业，并为此做出了不可磨灭的重要贡献。为了纪念武衡同志对祖国科学事业做出的重大贡献，弘扬科学精神，传承他那种坚持真理，无私奉献的高尚品德，经中国科学院地学部建议、中科院批准，国际天文联合会小天体提名委员会已于2004年3月6日正式批准，决定将中国科学院国家天文台1999年1月14日发现的，国际编号为（56088）的小行星命名为"武衡星"。"（1999年1月15日）

（这是一颗在武衡同志逝世前一天被发现的）

武衡同志一生的科学事迹，体现了他那种"真抓实干""不断创新"的精神。他为中国科学技术界创造了许多机会和条件，他是一位造时势的英雄。

他那种永不停息，不断为科学的发展而奋斗的精神正好像一颗天上的星星一样，闪烁着光明。

他是一位地质学出身的[illegible]领导者。作为一名地质工作者，我们

当我们纪念武衡同志的时候，我们便会想起了武衡同志的在我们工作中[illegible]。

在上个世纪50年代初期，前苏联援助中国的152项计划中，有许多项目是建设在沿黄河西北，沿黄河流域的[illegible]，从大坝到地下[illegible]地动力[illegible]这一线分布建设的。这是一个分布着大片黄土地堆积的，是中国黄土高原的[illegible]

真抓实干的武衡同志（手稿）

郝诒纯同志——西南联大地质系的骄傲

郝诒纯（1920.9.1 ~ 2001.6.13）是著名的生物地层学、古生物学和微体古生物学家，常年在中国地质大学（北京）执教。她1938年从沦陷区历尽艰难到昆明进入西南联大地质地理气象系，是刘东生在联大的同学。刘东生回忆："鉴于当时的实际情况，虽然同届，也在一起上课，但相互间的交往不是很多，记忆中的郝怡纯头脑灵活，思维敏捷，举重若轻，学得十分轻松，虽是女同学，在野外实习时登山涉水，从不落后，还是学校女子篮球队的主力，是一位全面发展的好学生。她为人端庄大方，待人和蔼可亲，是一位令人敬佩，有丰富性格的女同学。记得毕业后她被留在西南联大任教。"

《郝诒纯同志——西南联大地质系的骄傲》是2003年7月间，郝诒纯逝世2周年之际写下的文字。文中刘东生回忆毕业以后的年代听到的关于郝诒纯令人深深震动的三件事。第一件事是她在西南联大时已经是地下党员，秘密从事革命活动。第二件事是20世纪90年代去欧洲参加国际会议时，见到一位从古巴来的青年学者说他是郝诒纯的学生，向刘东生打听郝诒纯，从他那里才知道她曾在古巴任教，讲授地质学。该学生为自己是中国教授的学生而感到自豪，刘东生自然也为老同学的成就而感到骄傲。第三件事是20世纪80年代应邀去天津地质矿产研究所介绍第四纪地质学时，在旅馆书店见到一本天津出的《文史资料》，其中一篇介绍郝怡纯曾在姚依林同志的领导下，向解放区输送的革命青年中有一位竟是王遵汲（后来是中国科学院地学部的副主任，曾领导过我们地质研究所的工作，主持过1980年的青藏高原国际科学讨论会，也参与领导过中国与澳大利亚的第四纪合作研究）。推算一下，承担这一工作的郝怡纯当时还是天津耀华中学的学生。一个十几岁的年轻人，在中学时代，在严重的白色恐怖下，就已经为革命事业做出了贡献，实在令人肃然起敬。刘东生最后说："郝怡纯同志没有辜负她从青年时期就为之奋斗的伟大的时代，她永远为人们所怀念。"

《郝诒纯同志——西南联大地质系的骄傲》刊登在2004年9月出版的《大地的女儿——郝诒纯院士纪念文集》上（北京：地质出版社，48 ~ 51页）。

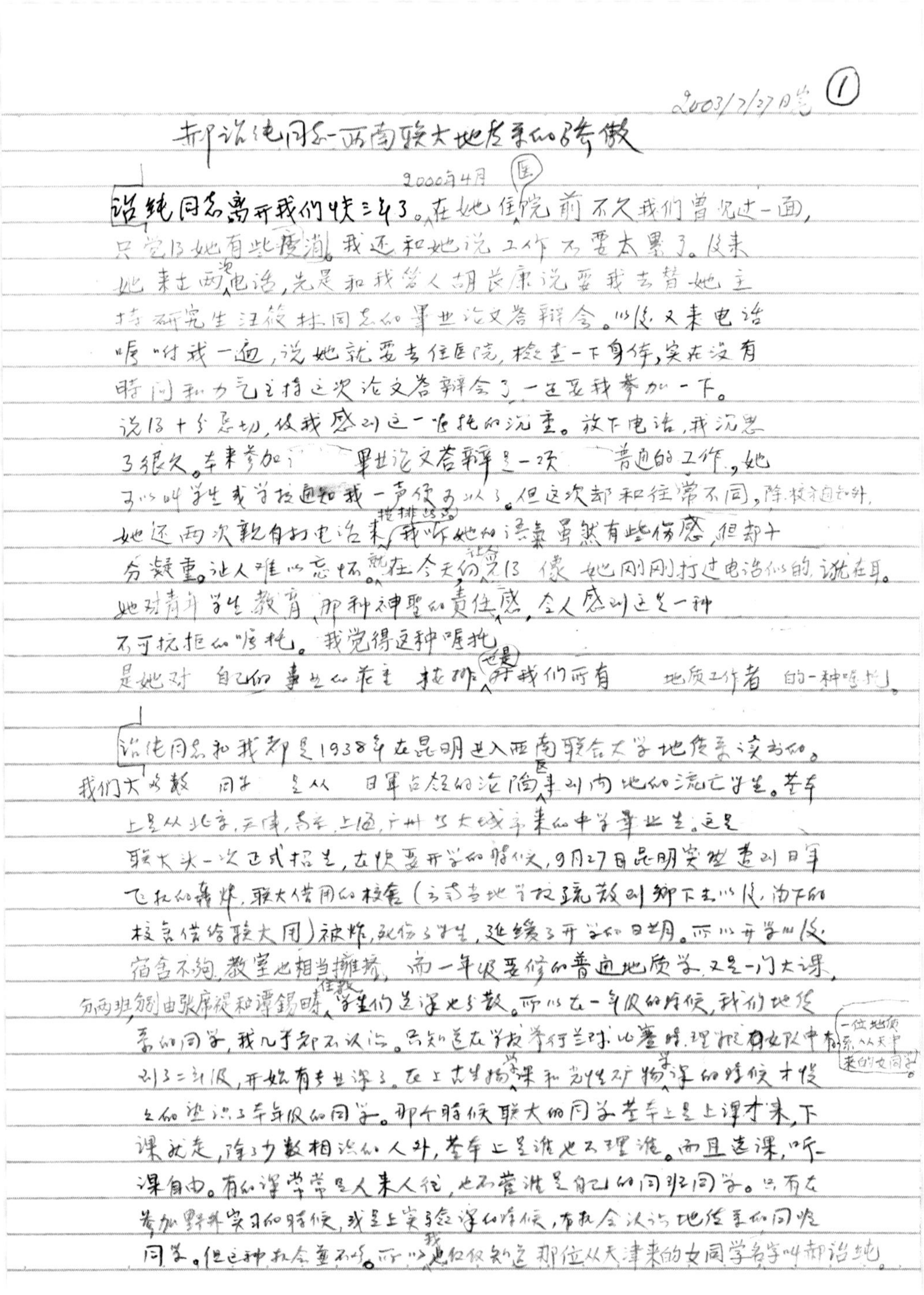

2003/7/27日完 ①

郝诒纯同志——西南联大地质系的骄傲

2000年4月

诒纯同志离开我们快三年了。在她住医院前不久我们曾见过一面，只觉得她有些瘦消。我还和她说工作不要太累了。后来她来过两次电话，先是和我爱人胡长康说要我去替她主持研究生汪筱林同志的毕业论文答辩会。以后又来电话嘱咐我一遍，说她就要去住医院，检查一下身体，实在没有时间和力气主持这次论文答辩会了，一定要我参加一下。说得十分恳切，使我感到这一嘱托的沉重。放下电话，我沉思了很久。本来参加毕业论文答辩是一项普通的工作，她可以叫学生或学校通知我一声便可以了。但这次却和往常不同，除校方通知外，她还两次亲自打电话来安排此事，我听她的语气虽然有些伤感，但却十分凝重。让人难以忘怀。就在今天回忆，像她刚刚打过电话似的，犹在耳。她对青年学生教育，那种神圣的责任感，令人感到这是一种不可抗拒的嘱托。我觉得这种嘱托是她对自己的事业的尊重与安排，也是对我们所有地质工作者的一种嘱托。

诒纯同志和我都是1938年在昆明进入西南联合大学地质系读书的。我们大多数同学是从日军占领的沦陷区来到内地的流亡学生。基本上是从北京、天津、南京、上海、广州等大城市来的中学毕业生。这是联大第一次正式招生，在快要开学的时候，9月27日昆明突然遭到日军飞机的轰炸，联大借用的校舍（云南当地学校疏散到乡下去以后，留下的校舍借给联大用）被炸，死伤了学生，延缓了开学的日期。所以开学以后，宿舍不够，教室也相当拥挤，而一年级要修的普通地质学又是一门大课，分两班，分别由张席禔和谭锡畴任教，学生们选课也很多。所以在一年级的时候，我们地质系的同学，我几乎都不认识。只知道在学校举行篮球比赛时，理学院女队中有一位地质系从天津来的女同学。到了二年级，开始有专业课了。在上古生物学课和光性矿物学课的时候才使我认识了本年级的同学。那个时候联大的同学基本上是上课才来，下课就走，除了少数相识的人外，基本上是谁也不理谁。而且选课、听课自由。有的课堂常是人来人往，也不管谁是自己的同班同学。只有在参加野外实习的时候，或是上实验课的时候，才有机会认识地质系的同班同学。但这种机会并不多。所以我也仅仅知道那位从天津来的女同学名字叫郝诒纯。

郝诒纯同志——西南联大地质系的骄傲（手稿）

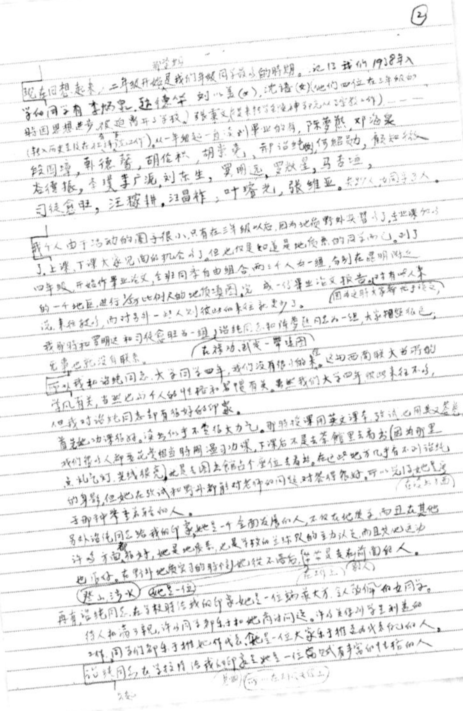

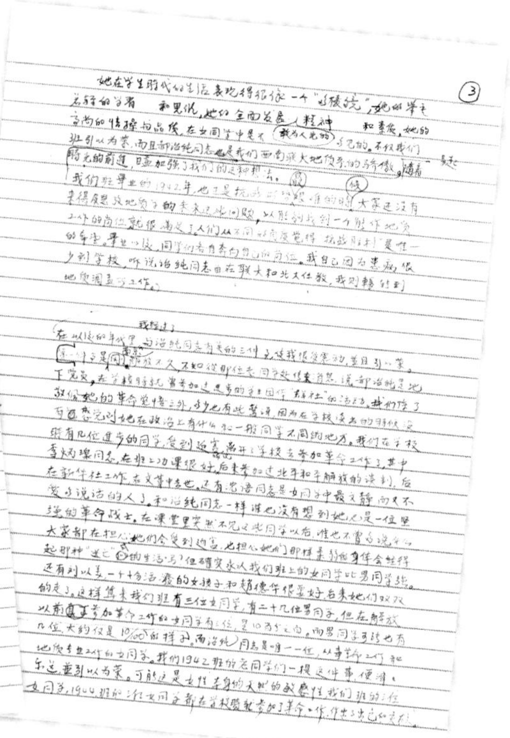

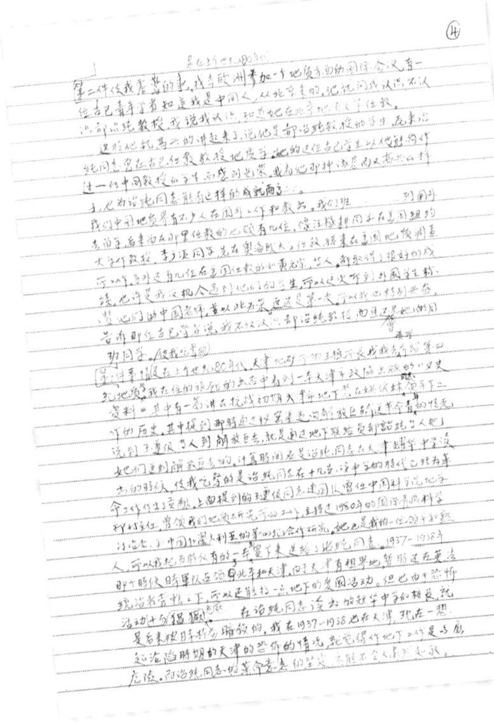

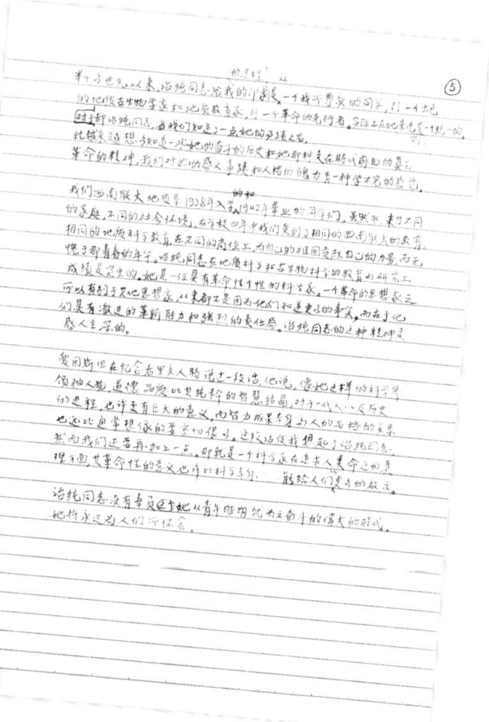

贾兰坡科学研究的三个境界

贾兰坡先生（1908.11.25 ~ 2001.7.8）是一位没有大学文凭却登上了科学殿堂顶端的传奇式人物，于1931年进入中国地质调查所新生代研究室的练习生开始，从参加周口店北京人遗址的发掘为起点，一步一个脚印，中国著名的旧石器考古学家、古人类学家、第四纪地质学家；中国科学院资深院士、美国国家科学院外籍院士、第三世界科学院院士，是先生敬仰的长者之一。

“做科学的主人——纪念贾兰坡院士”是得知贾兰坡院士逝世的消息写下的纪念文字，文章中刘东生认为，贾兰坡先生的逝世“使人感到中国的周口店学、中国旧石器与贾兰坡先生在查找北京人头骨的有关资料相关的古人类学研究的历史又翻过去了一页，结束了中国地质古生物学，特别是脊椎古生物学研究的一个时代。”这篇文章发表在2001年的《第四纪研究》，第21卷，第6期，482-483。很可惜，这篇文章的手稿遗失，未能在此刊登。

“贾兰坡科学研究的三个境界”是刘东生为《贾兰坡手迹》（周口店北京人遗址博物馆编，2005年，北京出版社出版）写下的文字，文中，刘东生借用王维先生对诗词美学“境界”的论述，提出贾兰坡先生“独上高楼望尽天涯路的立志境界”、“衣带渐宽终不悔的勤学境界”和“蓦然回首那人却在灯火阑珊出的阅人境界”，对贾兰坡先生的一生做了高度概括，给以极高的评价。

“贾兰坡科学研究的三个境界”作为“代序”，刊印在《贾兰坡手迹》中。

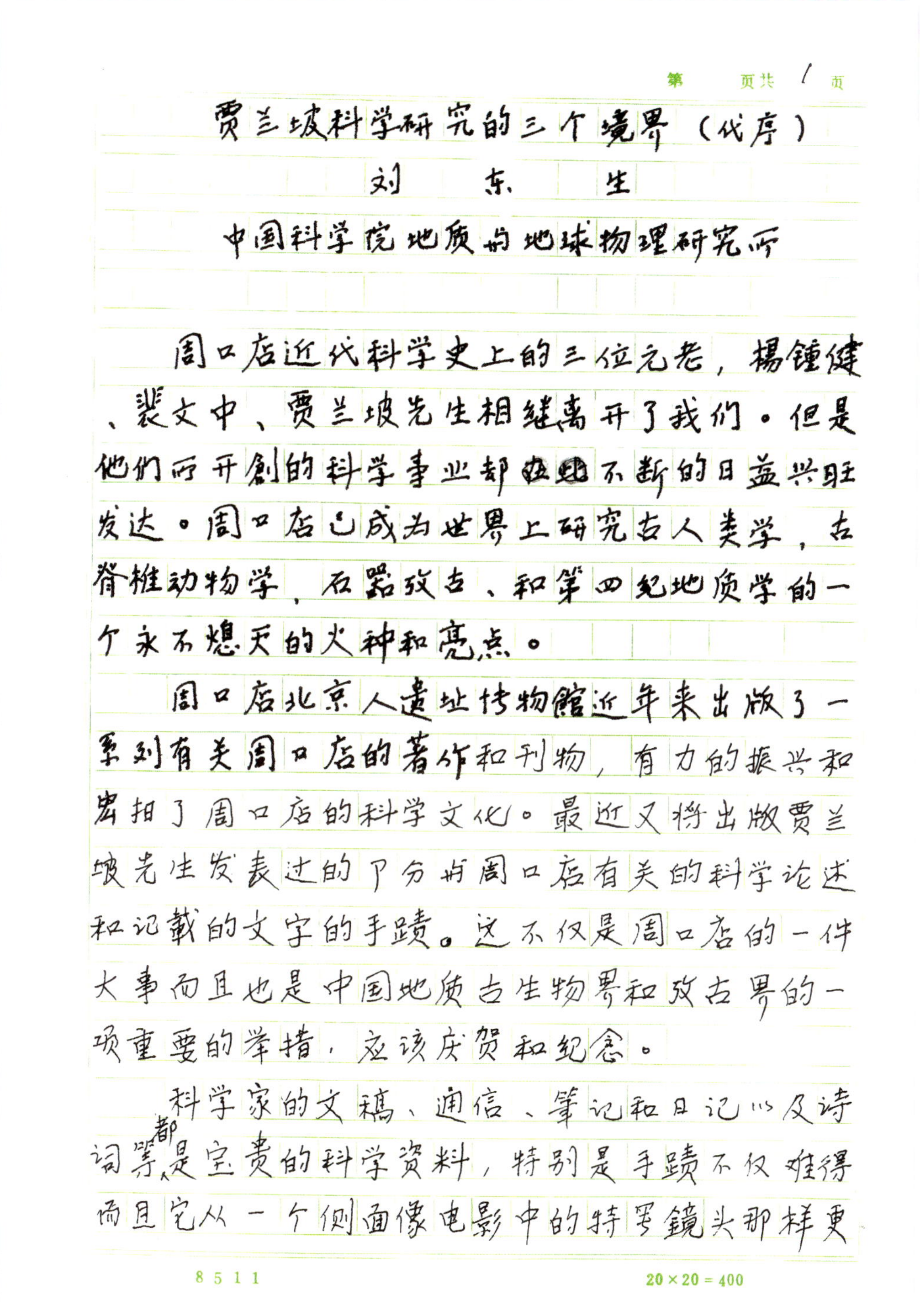

第 页共 1 页

贾兰坡科学研究的三个境界（代序）

刘 东 生

中国科学院地质与地球物理研究所

周口店近代科学史上的三位元老，杨钟健、裴文中、贾兰坡先生相继离开了我们。但是他们所开创的科学事业却不断的日益兴旺发达。周口店已成为世界上研究古人类学，古脊椎动物学，石器考古、和第四纪地质学的一个永不熄灭的火种和亮点。

周口店北京人遗址博物馆近年来出版了一系列有关周口店的著作和刊物，有力的振兴和宏扬了周口店的科学文化。最近又将出版贾兰坡先生发表过的部分与周口店有关的科学论述和记载的文字的手迹。这不仅是周口店的一件大事而且也是中国地质古生物界和考古界的一项重要的举措，应该庆贺和纪念。

科学家的文稿、通信、笔记和日记以及诗词等都是宝贵的科学资料，特别是手迹不仅难得而且它从一个侧面像电影中的特写镜头那样更

8511　　20×20=400

贾兰坡科学研究的三个境界（手稿）

2

能反映科学家本人和科学历史事件的真实,给人
以深刻的认识。读了贾兰坡先生的"手迹"再
一次重温了当年和贾老谈话时他那种热情、真
挚而又总是在企盼着你的回答似的音容笑
貌,同时也更进一步的认识了他一生科学研究
的历程。"手迹"内容精炼而全面,富有强烈
的生活气息。它像一幅周口店猿人洞的地质剖面似
的使人能够通过不同方向的断面重建起一个立
体的贾兰坡先生的图像,使人们对这位大科学
家的认识更为真切。尤为难得的是"手迹"所
选文字不仅使人看到了贾兰坡先生科学研究所
走过的道路,而且使人能从这一历程中感悟
到他所具有的人生的境界的轨迹。

我认识贾兰坡先生比较晚,在1946－1949
年代,当我在南京中央地质调查所跟随杨钟健
先生学习的时候,还没有见过贾先生。仅从杨
先生和胡承志和王存义先生那里听说一些关于
他的情况。杨先生跟我说"北京新生代研究室
有个贾兰坡很能找化石,爬山像猴子一样快。"

3

质古生物学的人的一种赞赏
兰坡先生对我来说是一个"
"。
来往于南京、北京的机会较
新生代研究室和贾先生见面
最为深刻的印象是他那时
了《北京猿人》(1950)
51),《河套人》(195)
自然也包括我在内,改变
识。从能找化石的贾兰坡
写书的贾兰坡。"
贾先生在大易科学实践
的工作中走了出来,无论
古人类学都写作了许多
生了他自己的科学观点
书的贾兰坡进而成为中
学界的一位著书立说成

钦佩国学大师王国维

4

学的"境界"的论述。王国维先
成大事业、大学问者必经过
境界。
西风凋碧树,独上高楼,望
路。"此第一境也。
带渐宽终不悔,为伊消得人憔
此第二境也。
寻他千百度,蓦然回首,那
火阑珊处。"此第三境也
非大词人不能道。然遽以
诸词,恐为晏、欧诸公所
"
我觉得贾兰坡先生的科学道路也是一个
究)三境界"的范例。我这
的三境界恐怕也是"遽以此
,恐为王观堂先生和贾兰坡
望尽天涯路的立志境界

5

贾兰坡先生曾对他选择科学研究工作时的
心情有过这样的描述,他说,"我初到周口店
的时候,只是一名练习生。洗刷标本、写号码
、打字、抄写等杂七杂八的活全得干。就在这
样情况下,我立志要作一名专家学者。这在别
人看来,不免认为胆大妄为,但对我来说就成
了学习和工作的动力。"(手迹6)

这一段话使我们认识到在1930年代,我们
的祖国从长期的封建社会转型到现代社会,那
一转型过程的新的旧的交替。一方面中国地质
古生物科学界人才辈出,星光灿烂,一方面难免
被人们认为不免胆大妄为。贾兰坡立志要作为
一名科学家的精神,确实可以说是达到了那种"独上高楼
望尽天涯路。"的境界,所以王国维在论诗词
之美的时候也说"古今之成大事业、大学问者
必经过这样的实践和论的境界。"现在看来科学研究同样要
有一个境界。这不仅是一个摆脱世俗的境界,
而且是一个同时代同呼吸的境界。

二、 衣带渐宽终不悔的勤学和创境界

新中国成立以后,贾兰坡的科学工作获

6

力。他从周口店开始为他面前的宏大的
…的天涯路而努力。他说"我不但
…工作作好,在工作之余,我就拼
…。"(手迹6)这样勤学的精神
…先生的一生。
…生把他的读书、研究、和写作结
…了独特的"贾兰坡风格"。这种
…迹12、13、14等他的读书偶记中
…。我们这些曾和贾先生一起工作
…先生当年写《北京人》,《山顶
…人》三本书时的执着的精神是
真可以说是一种"衣带渐宽终
…尚的精神境界,使人产生无限
精神。从青年时代一直坚持到
文革以后,在70岁高龄时期,
了一生的旧石器研究工作作了
1978—1980用三年时间总结我
…传统等方面的成就。从1981
…间继续在此基础上进一步扩
…传统,而还继续从1986－1990

7

…我国古文化和其他国家古文化
…化在世界范围内的发生、发展
"(手迹18)。
…渐宽终不悔"的精神还表现在
北京人头骨化石的追查。(手
…更表现在他对周口店科学事业
…业。(手迹9,手迹11,手迹

…那人却在灯火阑珊处的育人

…中的浓缩了贾先生一生治学
…先生在他经过一生的拼搏之
…回首,那人却在灯火烂珊处
…"不要埋怨前人工作不足
…的肩膀上,当然对事物看
…人踏在我们的肩膀上,必
…切。"(手迹5)
…十年漫长的科学历程中所
…先生把科学和科学的进步
…我们"与"后人"之间的关

8

像。这既是他所发现的科学的规律，也是他那
种"蓦然回首，那人却在灯火阑珊处"的科学境
界。

贾兰坡先生曾和我谈过周口店所培养的三
代的古脊椎动物与古人类研究所的科学家们的
情况，从杨老（钟健）开始，到裴老（文
中）是他的前人，以及后来的和他同辈的卞美年、吴汝康、吴新智、林
一瑛（已故）等许多位古人类学家，就是搞石器的人
如许多是他的后来人的贾中郎、张森水、黄慰文等等，还有搞脊椎
动物化石的和他同辈的刘宪亭、周明镇、黄万波、袁正
兴等人在周口店工作过，贾老曾一位一位详细的讲述了他们为周口店作出的
许多贡献，也谈到了周口店是如何的哺育了这些科学家。在这
里限于篇幅我不能一一的把贾先生所提的每一位科学家
的名字都写出来，但他们的名字已经牢牢地被
镌刻在周口店这一纪念碑上。所以贾老后来说
周口店是"中国古脊椎动物学、古人类学、和旧石器时代考古学和第
四纪地质学的发源地。
它是个大学校，在周口店至少培养了三代科学
家，……"（手迹4）这是他在"纪念"北京
人第一个头盖骨发现55周年纪念会"上的发言。

㊟这里没有把一些位西方学者包括在内。

9

時为1980年，现在距贾先生说这些话的時间已
过了近25年，实际上从周口店出来的科学家不
止三代，可能已有四代、五代了。这一人才的
传承还要永远继续下去。

贾兰坡手迹的出版虽然仅选择了他的科学
生涯中一些片段，但它却像触媒似的使人们更
为深刻的深入于贾兰坡的学术思想的更为诱人
的一面，也就是他的科学道路的精神境界。

对于贾先生的学术思想，希望有人能专门研究他
的著作和生平。我曾在2004年10月19日，
"纪念裴文中百年诞辰及北京猿人第一头盖骨发
现75周年国际古人类学术研讨会"上提议研究"
早期中国古脊椎动物学研究的学术思想。"
那時曾建议从四个方面来考虑，即"立志
，勤学，創新，育人。"（见《北京人》2005
年，第1期）读了贾兰坡先生的手迹以后
更增加了我对这些位早期中国古脊椎
动物学的开拓者们的敬仰之情，也更增加了希
望大家来研究那一个特定的中国科学史時代的願望。

10

手迹的出版将大大的促进对早期中国古脊
椎动物学及周口店学的研究。手迹使我们想到
当一个科学家经历他作完了他的专业学术工作
的時候同時他也经历过他作为一个人的人生
历程。手迹使我们更親近了这位新中国所
培育的，周口店所抚养的科学家，而且使我们
领悟到一位中国科学家所持有的科学人生境界
。

王国维先生提出的"境界"的概念，不仅
为诗词，也为科学家们提出了一个严肃的，但
又十分吸引人的科学意识和科学过程的命题。
这是一个对东方文化的概括。贾兰坡先生
的科学实践是一个典型的例子。不仅贾兰坡先生还有
很多位，不说是全部，中国的科学家，在中国
大地上哺育出来的科学家们，在西方文化和东
方文化的交汇处，曾经历过与贾兰坡先生类似
的科学历程和科学境界。也可以说在西方科学
中所渗透着的东方文化的精髓。从这方面来说周
口店是一个很好的典型。从西方科学所引进的
近代科学，古人类学，古脊椎动物学，石器考

11

古科学，第四纪地质学的基礎上所产生的科学
家们像楊鍾健、裴文中，贾兰坡等位的科学道
路和科学人生境界是东方的，也是周口店的。

——2005-7月24日于世界科学史开会期间——

澹泊宁静的王乃梁先生

王乃梁教授（1916.10.7～1995.4.24）是著名的地貌学家和地理教育家。1935年考入清华大学地学系学习，抗日战争爆发后随校迁至长沙、昆明，1939年7月毕业于西南联合大学地质地理气象系。获中法交换生奖学金，于1948～1951年在法国巴黎大学学习，曾任中国留法学生会主席。1951年底，怀着拳拳报国之心，放弃了继续攻读博士的机会，偕同夫人回到了祖国，参加新中国建设。1952年1～7月，在清华大学地学系任讲师，1952年全国高等学校院系调整时调至北京大学地质地理系任副教授，1962年任教授，1955～1966年及1980～1984年任地貌教研室主任，1962～1966年任地质地理系副主任，1978～1982年任地理系副主任，1982～1983年担任过北京大学地理系主任，为培养国内一流的地貌第四纪人才做出过很大贡献。

虽然王乃梁先生曾在南开中学和西南联大学习过，是刘东生的学长，但由于王先生主攻地理，而刘东生的专业是地质，所以在王先生出国之前接触并不多。《澹泊宁静的王乃梁先生》是在王乃梁先生文集出版之际，北京大学的夏正楷教授约请刘东生为文集作序时写下的文字，刘东生说，因为没读过文集的书稿，写下的文字很难成为文集的“序”，只能说是作为王先生的“知己”，借此机会表达对王先生的怀念之情。

刘东生称王先生在我国地理学发展史上曾经默默耕耘了一生的一位真正的地理学家，对王先生在北京大学开设地貌专业，将地貌学与沉积学结合，建立沉积地貌学；以及地貌学与构造学交叉，创立了构造地貌学予以高度评价。北京大学地貌专业培养了一大批地貌与第四纪的专门人才，他们中的不少人成为我国研究地貌和第四纪的中坚力量，刘东生的研究团队中，就有多人是王先生的“高足”，刘东生觉得这是王先生很值得骄傲的成就。刘东生还提到1991年首次在北京举办第十三届国际第四纪大会时，王先生在会议的筹备阶段，以及大会进行的整个过程中都给予了极大的支持。王先生推迟了医生建议的住院检查身体的时间，一直坚持到大会胜利闭幕。尤其在选举国际第四纪研究联合会主席的关键时刻，王先生深知其中的复杂性，始终出现在该出现的地方，使选举的局面平稳了很多，为会议得到成功发挥了他人无法替代的作用。王先生的这种“支持别人，支持事业，为科学而付出的精神，使人永远怀念”，也值得后人继承。

《澹泊宁静的王乃梁教授》刊登在学苑出版社于2006年出版的《王乃梁文集》中（北京大学环境学院王乃梁文集编辑组编）。为纪念刘东生先生逝世一周年，根据北京大学的建议，曾在2009年的《第四纪研究》，第29卷，第3期，653～654页刊登。

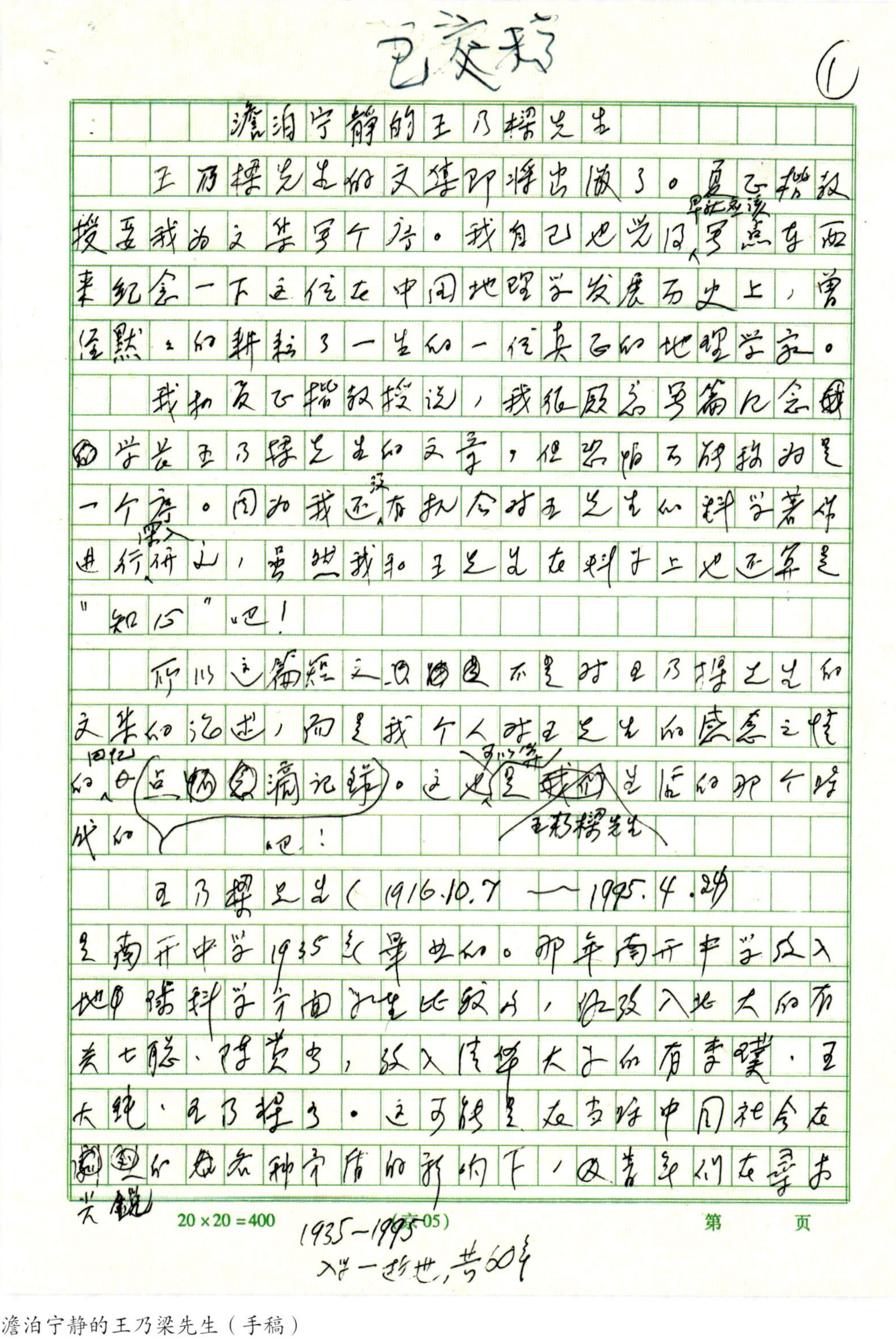
已交稿

①

澹泊宁静的王乃樑先生

王乃樑先生的文集即将出版了。夏正楷教授要我为文集写个序。我自己也觉得早就应该写点东西来纪念一下这位在中国地理学发展历史上，曾经默默的耕耘了一生的一位真正的地理学家。

我和夏正楷教授说，我很愿意写篇纪念我的学长王乃樑先生的文章，但恐怕不能称为是一个序。因为我还没有能力对王先生的科学著作进行评议，虽然我和王先生在科学上也还算是"知己"吧！

所以这篇短文不是对王乃樑先生的文集的论述，而是我个人对王先生的感念之情的回忆点滴记录。这也可以算是王乃樑先生生活的那个时代的……吧！

王乃樑先生（1916.10.7—1995.4.24）是南开中学1935级毕业的。那年南开中学考入地质科学方面的比较多，考入北大的有关士聪、陈炎冰，考入清华大学的有李璞、王大纯、王乃樑等。这可能是在当时中国社会在……的各种矛盾的影响下，使青年们在学习……

20×20=400　　第　页

1935—1995

入学一花甲，共60年

澹泊宁静的王乃樑先生（手稿）

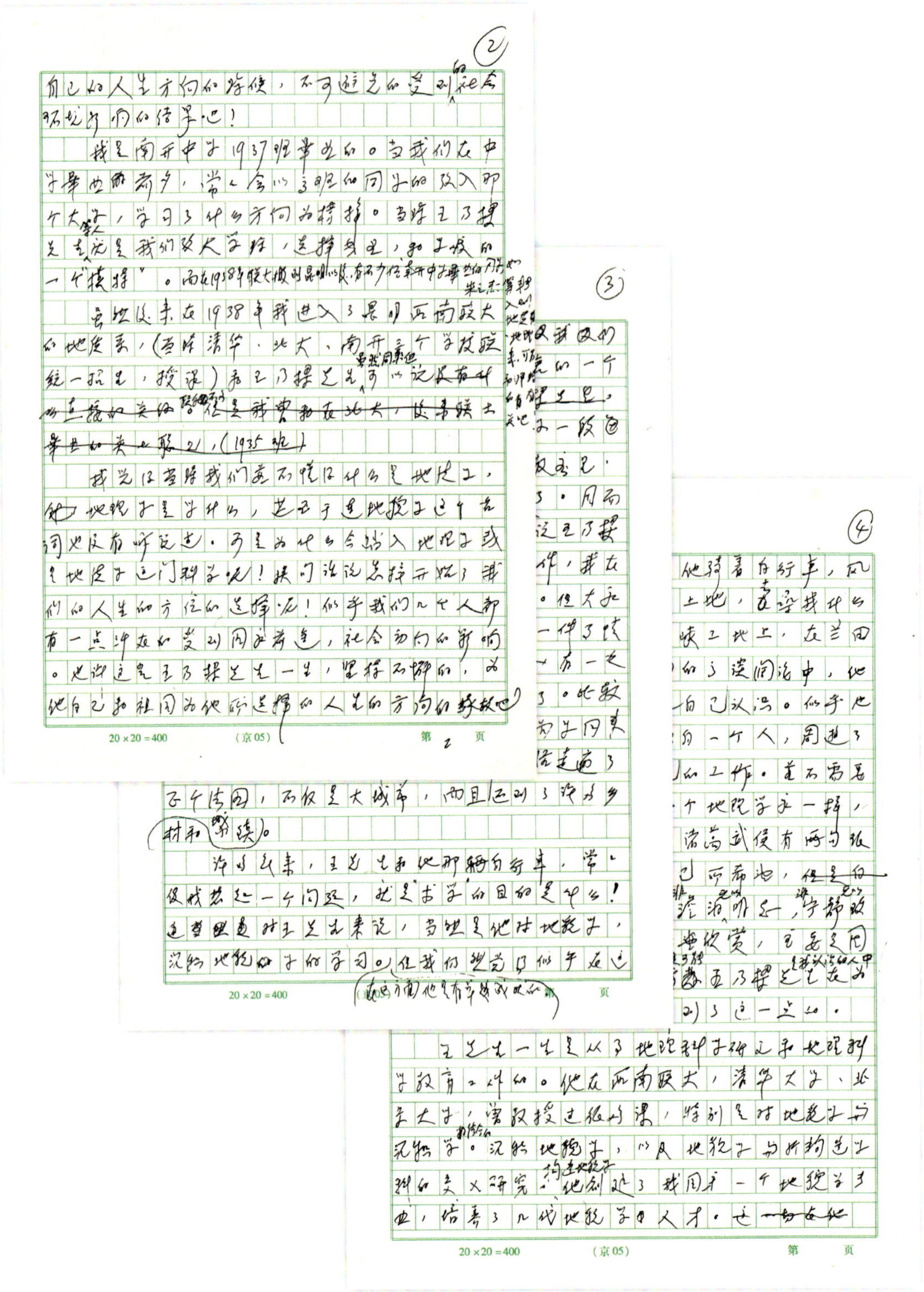

怀念中国地质力学和第四纪地质学杰出的开拓者和领导人

孙殿卿教授（1910.3.10 ~ 2007.6.10）学养和科学精神受到刘东生敬重，1990年时写过《孙殿卿先生的前瞻性》，是在纪念孙先生80华诞时，刘东生应邀对孙先生的学术成就所做的评价。

孙先生追随李四光先生一生孜孜不倦研究第四纪古冰川，但在任何时候，任何场合孙先生都没有要求或者暗示刘东生去搞第四纪冰川研究，而对他所从事的黄土古土壤研究予以支持和关注。刘东生还回忆了1961年赴华沙参加第VI届国际第四纪研究联合会（IQNUA）大会时，当英国学者宙纳（F. Zeuner）提出什么时候中国能举办INQUA大会时，孙先生作为中国代表团的团长，应答得体，赢得了各国代表团团长的赞许，表现出娴熟的对外工作技巧。孙先生回国前夕，肾炎发作，引起发烧，鉴于当年的实际困难，孙先生坚持回到国内才住进医院，这种顽强的精神使刘东生终生难忘。

《怀念中国地质力学和第四纪地质学杰出的开拓者和领导人》一文中，刘东生回忆孙先生早年受到李四光的栽培，成为中国第四纪冰川和冰期研究的中坚人物，也是李四光先生的地质力学的发扬光大者。其实孙先生早在年轻时就显示了非凡的实力，在全无资料的状况下，凭借构造地质、地层、古生物和岩石学等的坚实基础，独立完成了广西地质图，受到孙云铸、王恒升、冯景兰等老师们的赞许。孙先生在1989年纪念李四光先生百年华诞提交《第四纪研究》论文中，就明确提出“在第四纪自然环境演变中，影响演变的主要因素首推气候的变化，而反映气候变化主要则是冰期（间冰期）冰川之消长”。“气候的变化，冰川的消长，水圈的变动等直接影响地壳表面上动植物的分布，第四纪沉积类型和山川地貌特征，乃至一定程度上影响地壳整体的运动”。而这些正是近年来国际地圈生物圈计划（IGBP）所注重的科学问题和地表各圈层，即岩石圈、水圈、生物圈和大气圈相互作用研究的内容。这是孙先生科学上前瞻性的最好写照。

这篇文稿是刘东生重病住院时，得知孙殿卿先生仙逝，以十分悲痛的心情，于2007年6月13 ~ 15日写下的纪念文字。尽管文稿中的字迹已经没有往日娟秀，但如果了解这是离刘东生逝世只有不到9个月，耗费生命力抄写几遍而留下来的手稿，大概任何铁石心肠的人都会为之动容的。

《怀念中国地质力学和第四纪地质学杰出的开拓者和领导人》刊登在2007年的《第四纪研究》，第27卷，第5期，653 ~ 655页。

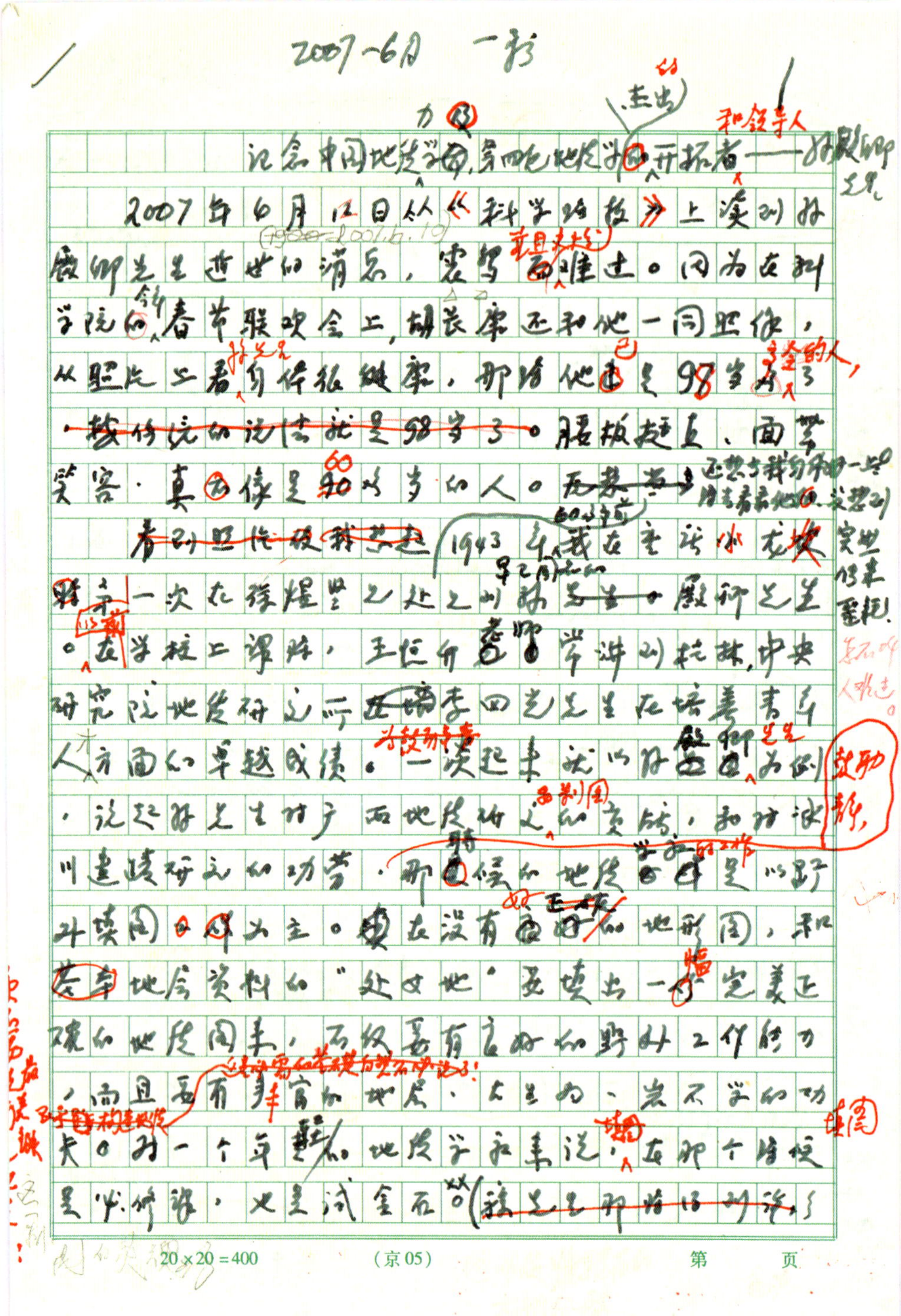
2007-6月 一稿

纪念中国地质力学和第四纪地质学的杰出的开拓者和领导人——孙殿卿先生

2007年6月12日从《科学时报》上读到孙殿卿先生逝世的消息，震惊和难过。因为在科学院的春节联欢会上，胡长康还和他一同照像，从照片上看身体很健康，那时他已是98岁了……腰板挺直，面带笑容，真的不像是98岁的人。

20×20=400 （京05） 第 页

孙殿卿先生的前瞻性（手稿）、怀念中国地质力学和第四纪地质学杰出的开拓者和领导人（手稿）

2006-6月二稿
怀念中国地质力学和第四纪地质学
杰出的开拓者和领导人——
孙殿卿先生（1910—2007）
2007年6月12日从“科学时报”上读到孙殿卿先生于当月10日逝世的消息十分震惊和哀伤。因为今年科学院春节联欢会上，胡长康还和他一起照过像。从照片上看孙先生身体很健康，腰板挺直、面带笑容，真不像是一个近100岁的老人了。
第 1 页
20×20=400
（京05）

（电开 21） 20×20=400

日本飞机首次轰炸西南联大目睹记

西南联合大学（简称西南联大）是抗日战争期间在昆明由北京大学、清华大学和南开大学三校组成的联合大学。尽管在战争环境下，各方面的条件都十分困难，但西南联大凭借爱国、科学、民主的精神，秉承兼容并包、学术自由、艰苦奋斗、敬业勤学，为国家培养了大批栋梁之才。成为我国，乃至世界教育史上一道亮丽的风景线。

虽然地处西南一隅，离开战场较远，但昆明也绝不是安全的地方。《日本飞机首次轰炸西南联大目睹记》是刘东生接到《西南联大建校70周年文集》编辑组的邀请函，在接受化疗身体极度不适的情况下，于2007年6月22～23日写下的文字。记录了1938年9月27日日机对昆明实施首次轰炸的全过程。正在昆明西山实习，毫无防空经验的大学生，聚集在西山边目睹了敌机飞临昆明，一架敌机被击落，数架飞机对昆明狂轰滥炸后狼狈逃窜的过程，以及在得知小西门昆华师范联大学生宿舍被炸的消息后摸黑下山，看到一片狼藉的宿舍，得知有刚到昆明的新同学被炸身亡，个个义愤填膺，以及悼念死者，看望受伤同学，发誓要向日本侵略者讨还血债的经过。

《日本飞机首次轰炸西南联大目睹记》刊登在2008年由西南联大北京校友会编的《我心中的西南联大：西南联大建校70周年文集》中（清华大学出版社出版）。

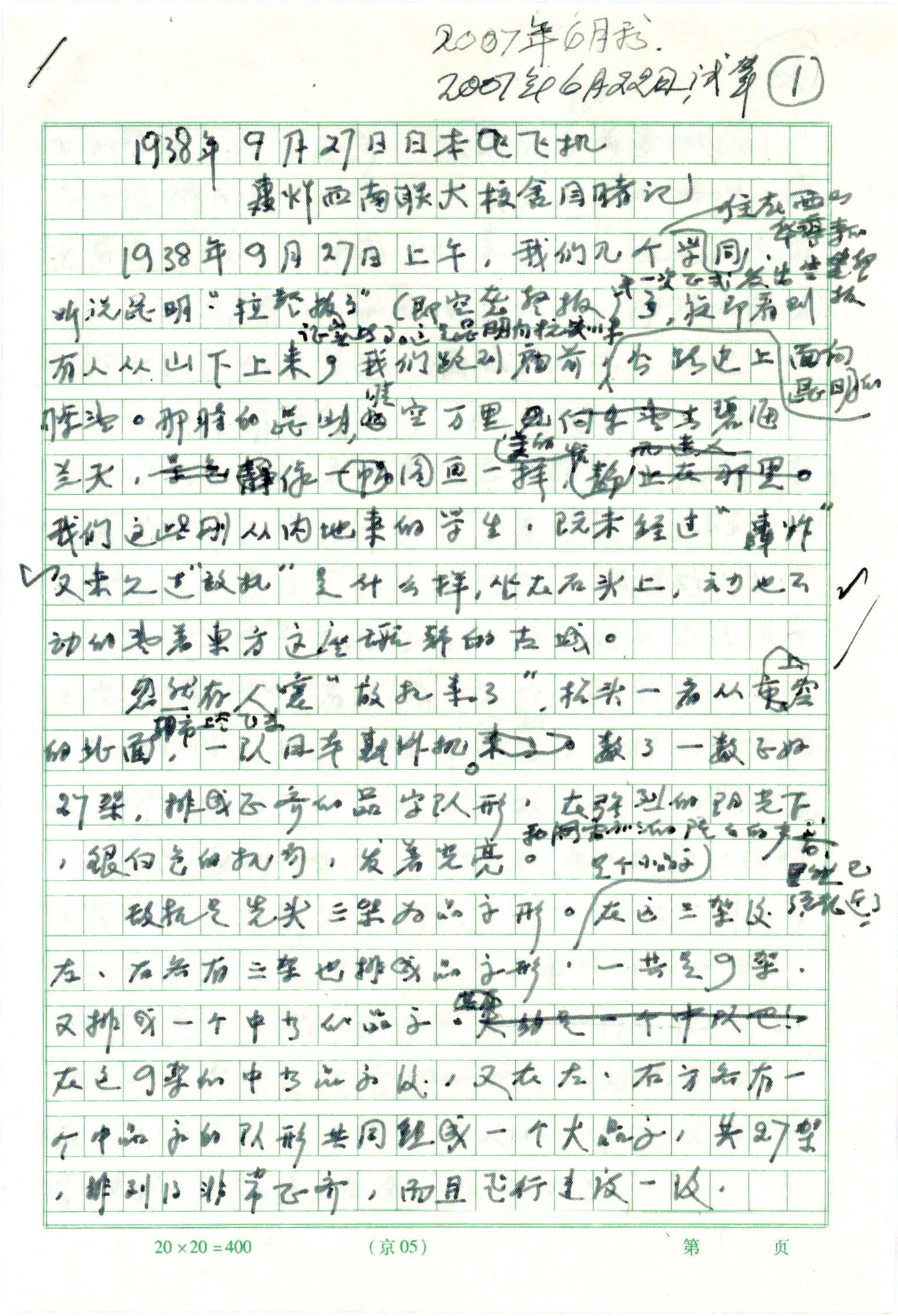
2007年6月于.
2007年6月22日 试算 ①

1938年9月27日日本飞机
轰炸西南联大校舍目睹记

1938年9月27日上午，我们几个学生[illegible]，听说昆明"拉警报"(即空袭警报)了，就看到成万人从山下上来，我们跑到庙前，坐在路边上面向昆明[illegible]。那时的昆明，晴空万里，[illegible]蔚蓝天，静得像一幅图画一样，静止在那里。我们这些刚从内地来的学生，既未经过"轰炸"，又未见过"敌机"是什么样，坐在石头上，动也不动的看着东方这座[illegible]静的古城。

忽然有人喊"敌机来了"，抬头一看从东空的北面，一队日本轰炸机来了。数了一数正好27架，排成三个品字队形，在强烈的阳光下，银白色的机身，发着光亮。

敌机是先头三架为品字形。在这三架的左、右后方三架也排成品字形，一共是9架，又排成一个中的品字。在这9架的中品字队，又在左、右方后方一个中品字的队形共同组成一个大品字，共27架，排列得非常整齐，而且飞行速度一致。

20×20=400　　(京05)　　第　　页

日本飞机首次轰炸昆明西南联大目睹记（手稿）

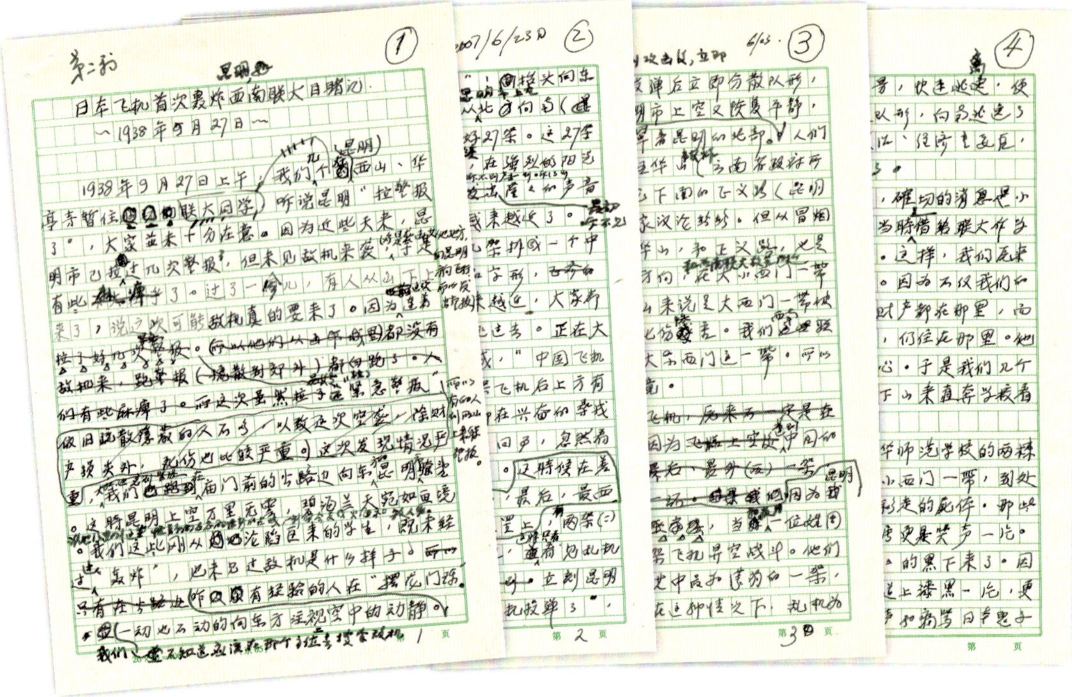
第二稿
日本飞机首次轰炸西南联大目睹记
～1938年9月27日～
1938年9月27日上午，我们九个(昆明)西山、华亭寺暂住的联大同学，听说昆明"拉警报了"，大家并未十分在意。因为近些天来，昆明市已拉过几次警报，但未见敌机来袭
1
2007/6/23
②
③
④

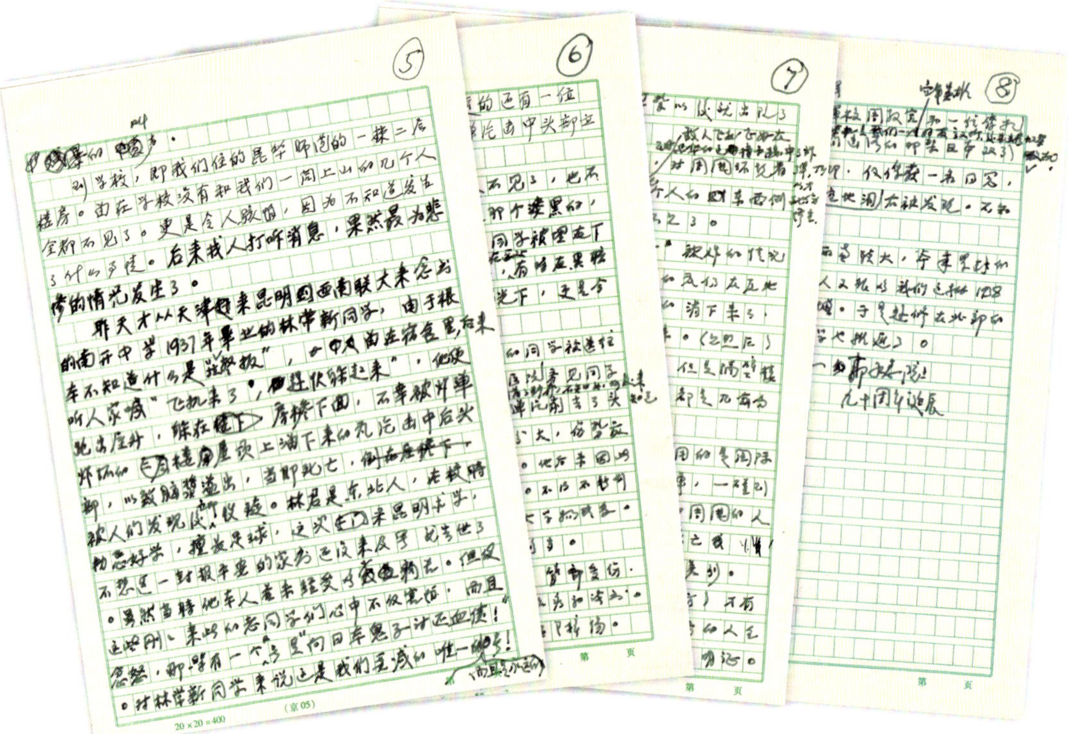
⑤
到学校，即我们住的昆华师范的一栋二层楼房。由于学校没有和我们一同上山的几个人全都不见了。更是令人眩惑，因为不知道发生了什么事情。后来找人打听消息，果然最为悲惨的情况发生了。
昨天才从天津来昆明西南联大来念书的南开中学1937年毕业的林学新同学，由于根本不知道什么是"拉警报"，听人家喊"飞机来了"，赶快跳起来，跑出屋外，躲在楼下房檐下面，不幸被炸弹炸下来的瓦片击中后头部，以致脑浆溢出，当即死亡，被人发现时已僵硬。林君是东北人，来昆明求学，
20×20=400　(京05)
⑥
⑦
⑧

记新中国第一次综合第四纪野外考察

正在龙羊峡野外从事大坝选址时，接到所长侯德封先生的急电，令刘东生立即到河南陕县会兴镇接受新任务。刘东生当即告别了队长张学硕，骑马，坐汽车，改乘火车，奔波了六七天终于到了指定地点河南陕县的会兴镇。见到负责的总工程师姜达权，因在1945年随侯老调查三峡坝址时，曾经一起工作过，算是老熟人了，所以马上弄明白新任务是为正在勘察的三门峡水库进行库区的地质调查。见到其他先期到达的人员，分别自来古脊椎动物与古人类研究所、北京地质学院、地质部，大多也熟悉，刘东生便很快就融入了这个集体。负责库区地质调查的北京地质学院的杜恒俭先生，以及参与工作的周明镇，胡长康都是研究古脊椎动物的同行，一起工作便十分顺当。只是没想到，本来简单的一次任务变化，竟成为改变刘东生以后科研方向的关键一步。

《记新中国第一次综合第四纪野外考察》就是这次野外调查过程的真实记录。在等待侯德封先生和苏联专家帕甫林诺夫（В.И. Павлинов）这段时间，按惯例踏勘了若干条路线，初步摸清区域的概况和风土人情。当地的主要地层是三门系（丁文江命名的一套河湖相沉积）和黄土。三门系中埋藏有很多哺乳动物化石，老乡挖出后就以“龙骨”卖给当地的中药铺。一次听说有人刚售出两颗象牙（臼齿）引起了搞脊椎动物起家的杜恒俭、周明镇、胡长康和刘东生的极大兴趣。黄土方面的研究当时主要由搞孢粉的宋之琛在做。共同的工作过程中，周明镇从美国带回的新思想，杜恒俭具备的前苏联先进的第四纪地质和地貌教学的经验，宋之琛黄土剖面上高密度采集样品的细致、精密工作，使刘东生获得了很多新思想、新方法和新知识。整个综合第四纪野外考察是非常成功的，尤其是对黄土分布、地貌、地层和沉积特征的了解更为以后的研究奠定了很好的基础。

侯德封先生因为是三门峡科学考察的发起人和组织者，便带着刚大学毕业分配到地质研究所的王挺梅和另外一位年轻人丁梦林亲自来到现场，指导并支持工作。侯老作为所长向来十分注重地质学新的分支学科的发展，受李四光先生的影响，更对第四纪研究表示出特别的关注。碰巧，不久后到达会兴镇，与侯老汇合的北京地质学院顾问、苏联专家帕甫林诺夫又十分热心第四纪的研究，使人自然会联想到侯老当年的这一安排，是不是为建立第四纪研究室，选择带头人，组织基本队伍的一次实践尝试呢？参与这次野外考察的刘东生、王挺梅、丁梦林以及北京地质学院的研究生刘敏厚，后来都成为不久后成立的地质研究所第四纪研究室的骨干人员（刘东生和刘敏厚先后成为研究室的正、副主任），也从侧面证实了侯老通过实战练兵，组织队伍的意图。

写到此，真的非常为侯老的高明而肃然起敬。

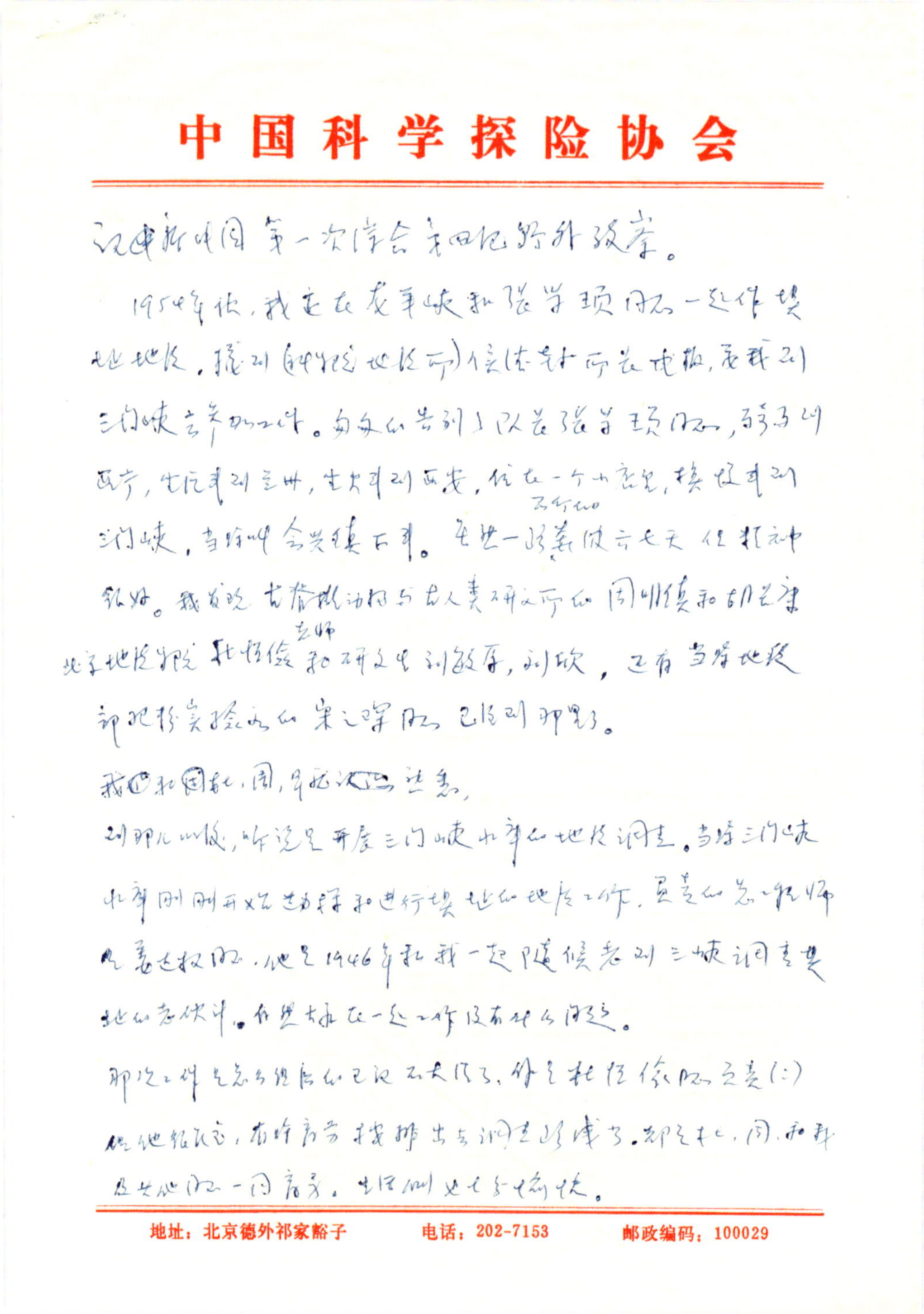

中国科学探险协会

记新中国第一次综合第四纪野外考察。

1954年秋，我正在龙羊峡和张宗祜同志一起作工程地质，接到(科学院地质研究所)侯德封所长电报，要我到三门峡去参加工作。匆匆地告别了队长张宗祜同志，骑马到西宁，坐汽车到兰州，坐火车到西安，住在一个小旅馆，换火车到三门峡，当时叫会兴镇车站。在这一路奔波六七天，住招待所。我发现古脊椎动物与古人类研究所的周明镇和胡长康，北京地质学院杜恒俭老师和研究生刘敏厚，刘欣，还有当时地质部地质矿产陈列馆的宋之琛同志已经到那里了。

我们和周、杜、周，早就认识熟悉，

到那儿以后，听说是开展三门峡水库的地质调查。当时三门峡水库刚刚开始勘探和进行工程地质工作，负责的总工程师是姜达权同志，他是1946年和我一起随侯老到三峡调查地质的老伙伴。自然相处在一起工作没有什么问题。

那次工作是怎么组合的已记不大清了，好像是杜恒俭同志负责组织地质的，有些方面按排出去调查路线了。都是杜、周、和我及其他同志一同商量。生活倒也十分愉快。

地址：北京德外祁家豁子　电话：202-7153　邮政编码：100029

记新中国第一次综合第四纪野外考察（手稿）

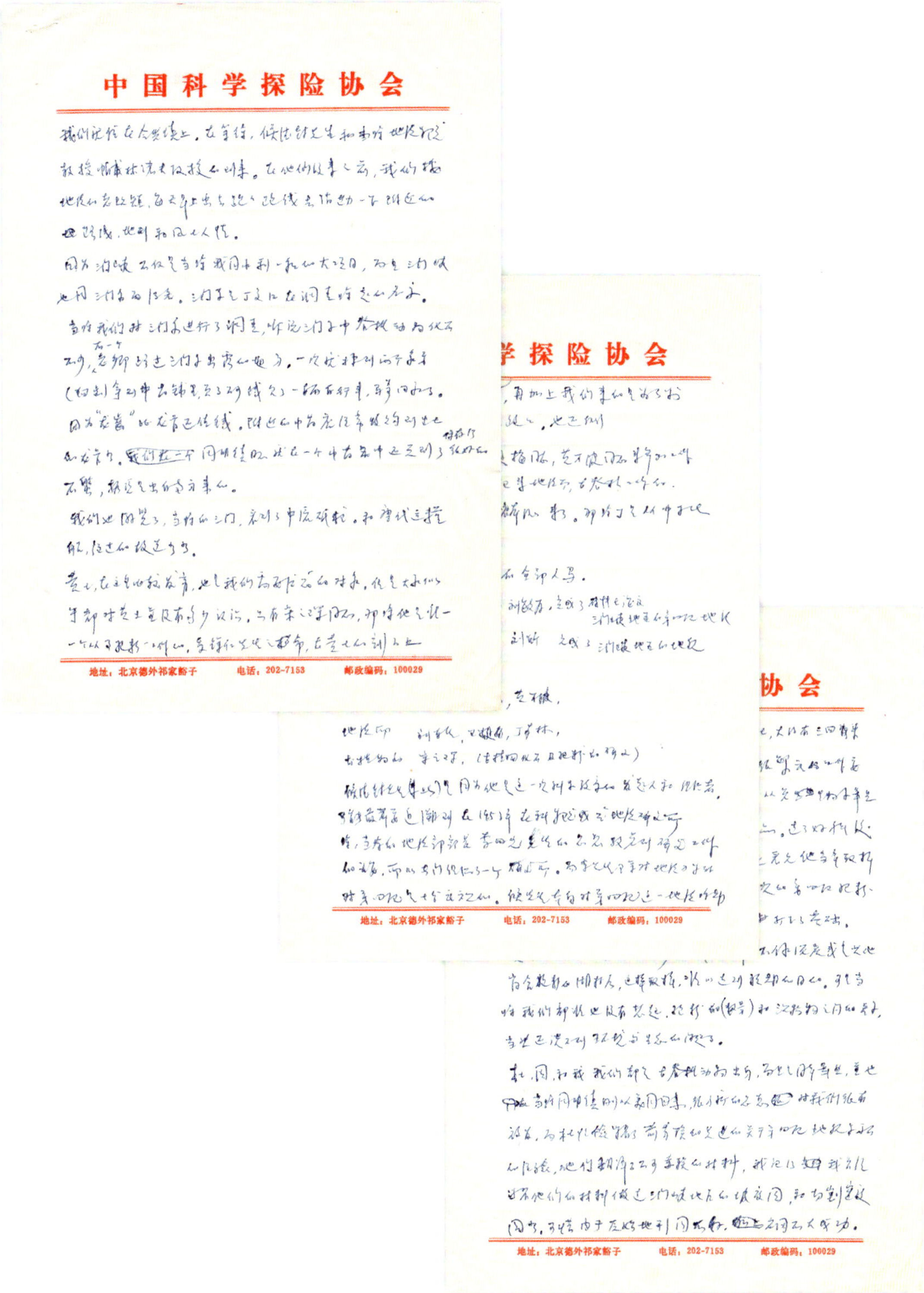
中国科学探险协会

地址：北京德外祁家豁子　电话：202-7153　邮政编码：100029

学探险协会

地址：北京德外祁家豁子　电话：202-7153　邮政编码：100029

协会

地址：北京德外祁家豁子　电话：202-7153　邮政编码：100029

六院士齐心合力攀高峰

作为曾经的鱼类化石研究专家，刘东生虽然转行进入了第四纪地质与环境的研究领域，但他对古脊椎动物化石的新发现还是十分敏感的，并有强烈兴趣。得知古脊椎动物与古人类研究所在辽西有鸟类起源的新证据，刘东生非常关注。当张弥曼院士和邱铸鼎所长提出邀请几位院士到现场看看时，刘东生欣然同意和杨遵仪、郝怡纯、叶大年四位院士高高兴兴地出发了。在现场，刘东生最先想到的便是当年在山东莱阳发掘青岛棘鼻龙的情景，不曾想已经是47年前的往事了。这批参观者，虽然好几位已经是古稀之年了，但上山，下沟，又不时跑到远处拍全景，全然没有“老”的影子，边观察，边思考，忘记了年龄，都莫名地兴奋着。

《六院士齐心合力攀高峰》便是这次考察的真实写照，为什么是六院士？原来科技部的部长徐冠华院士获悉孔子鸟化石这一重要发现后，连夜从北京出发，已经先于他们4位到达当地，加上先期到达的张弥曼院士，有六位院士同时在辽西考察，这在当地是难得一见的，刘东生便以生动的文字记录了这一盛况。

六位院士中最年长的杨遵仪先生已经年过90，是刚到80岁的刘东生和郝怡纯的老师，而张弥曼、叶大年和邱铸鼎都是地质学院郝先生的学生，更年轻的参加发掘的生力军叶杰，董军社、金凡则是张弥曼的学生，这么算下来，可以说是四代同堂了。谁知不经意间，还在现场发现了一位更年轻的台湾大学地质系一年级的新生，他是得知新发现的消息，赶到了发掘地点的。为此他便是第五代了。刘东生戏称这是“四（合屯）五（代人）六（院士）齐心合力攀高峰”。

读到这里，你是否也觉得好像身临其境呢？

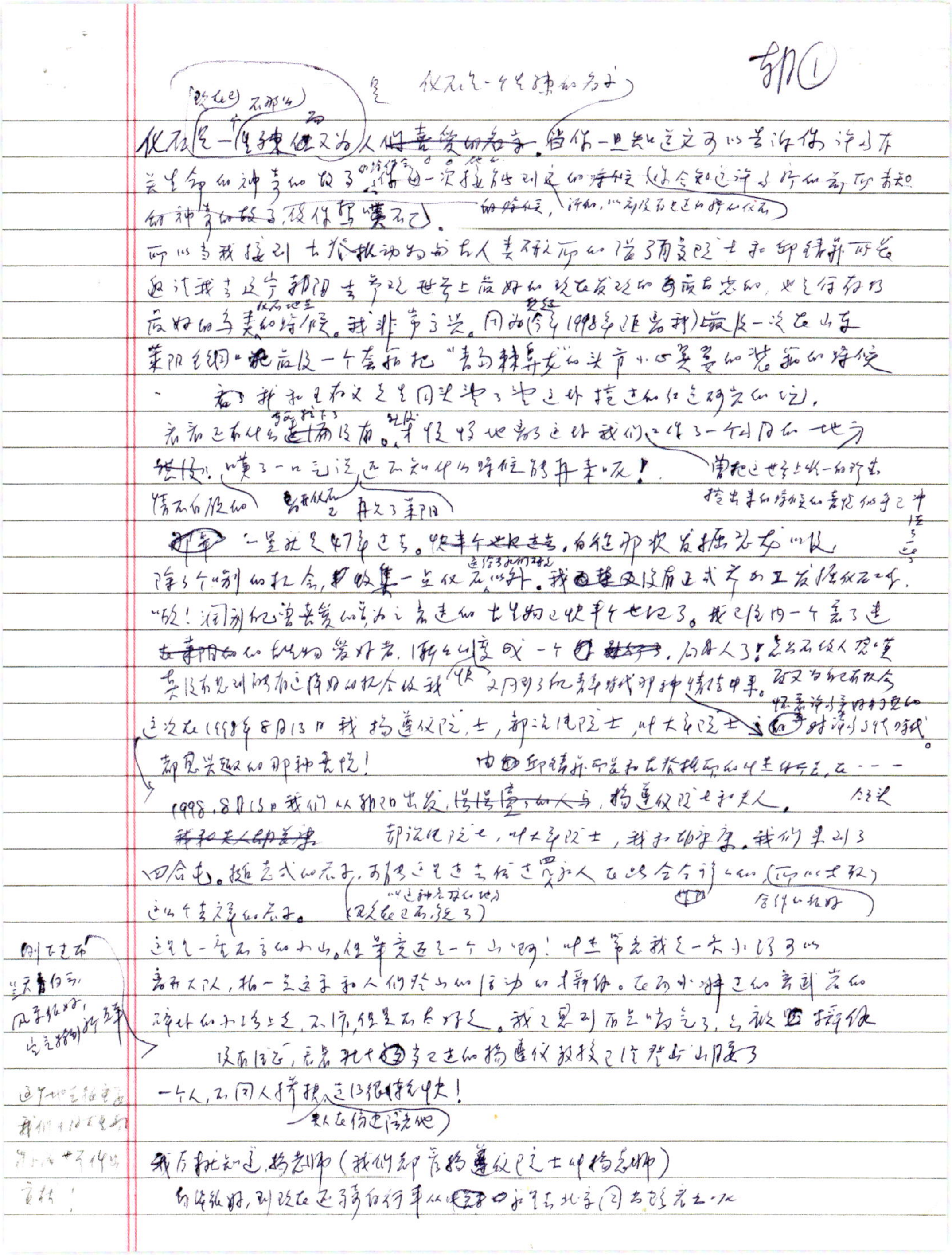

六院士齐心合力攀高峰（手稿）

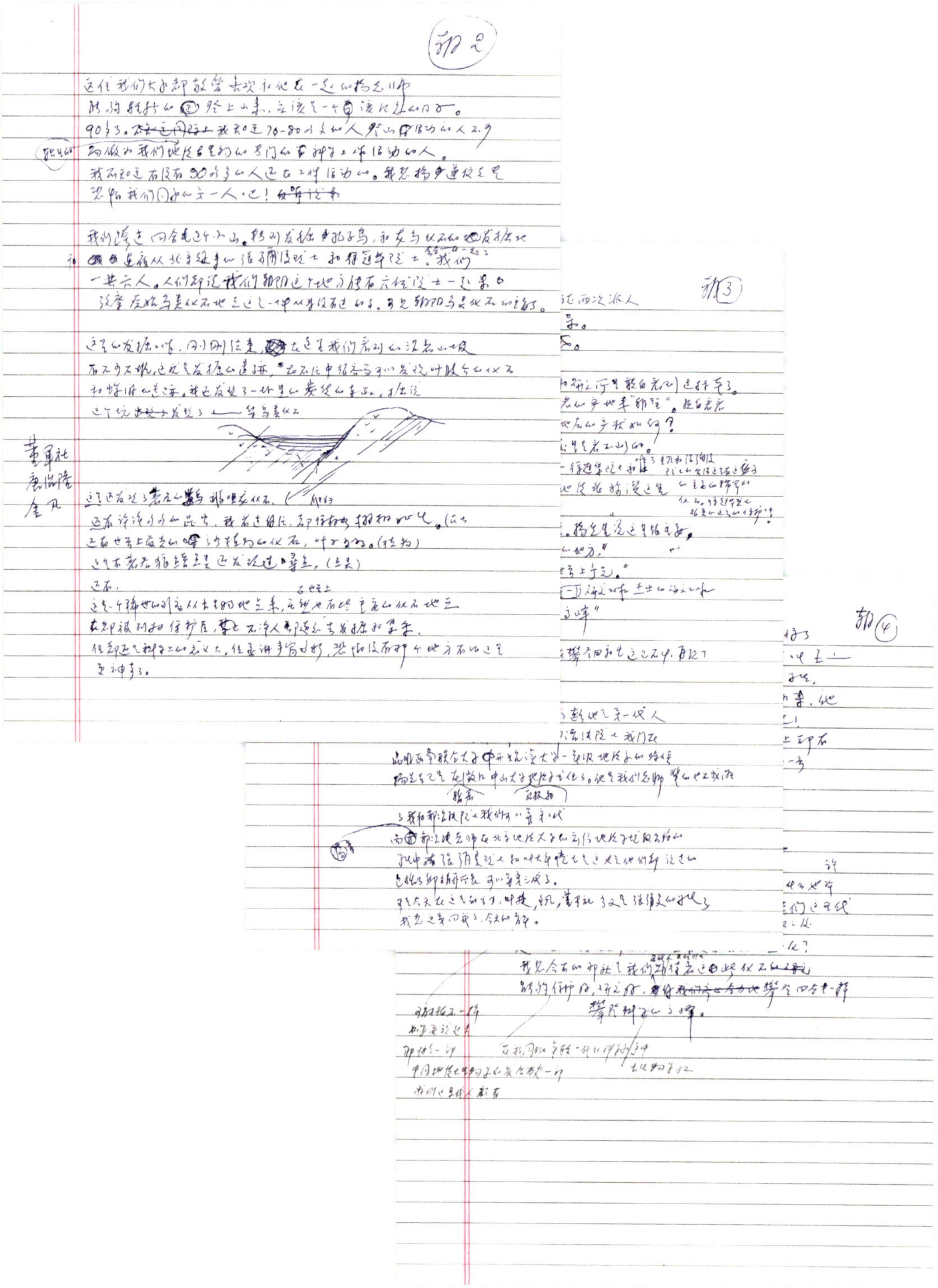

五、大会讲话

在一般人的心目中，觉得刘东生这样的水平和地位，发表个讲话肯定是随口就来的。但令人惊讶的是：在整理遗物的过程中，我们发现刘东生留下的完整讲话手稿居然有上百份之多。其中，既有重要会议上的发言，也有科普性质的报告。看来，凡有发言、必有准备是刘东生的常态。

其实，对刘东生的品格有深入了解的人，会很容易理解其中的“奥妙”。首先，刘东生是一位超乎寻常“认真”的学者，无论参加任何会议，只要是事先通知要他发言的，他一定会做好充分准备，写出发言稿便是顺理成章的事情；其次，刘东生又是一位极其“守时”的科学家，他是这样严于律己，也是这样严格要求他的助手和学生。他所以一笔一画地认真写出讲话稿，是充分考虑到提供给他的时间长短。凡是重要一点的会议，他不但要写出讲稿，还会事先一边看着表，一边试讲，并随时修改以保证正式讲话时，绝对不会超时。这就产生了我们现在整理时见到讲稿的“一稿”、“二稿”、“三稿”……

这一版块是刘东生在各种会议上的讲话稿，以时间为序。限于篇幅，只能选登其中的小部分。但是我们还是选登了“文化大革命”后期刘东生关于环境问题的几篇讲话。从讲话中可以看出，刘东生敏锐地感到新兴的环境科学正在国外萌生，为了国家能在一开始就紧跟国际潮流，他心里十分焦急。在“文化大革命”后期的特殊环境下，看得出他想抓住一切机会，向有关领导，向相关专业的人员，如医务人员，向年轻的学生介绍环境问题。刘东生的用心，应该说得到了回报，很多听过他讲话的人，后来不少都成为我国环境事业的中坚力量，他们中有领导干部，有科学家，也有矢志环保事业的志愿者。

珠峰考察的重要性

“文化大革命”中断了正常的科学考察和研究活动，在运动进入第七个年头的1972年，有识之士开始“蠢蠢欲动”，尽一切可能探索恢复正常的研究工作。在这种情势下，中国科学院决定于当年8月（实际是10月）在兰州召开“珠峰考察（1966～1968）科研成果总结会”。

“珠峰考察的重要性”这篇讲话是向地球化学研究所的领导层为参与这个会的一次汇报所准备的讲稿。刘东生深知，在国内要办一件事，得到领导的重视是成功的基础，因此为这次汇报，看得出他是做了极其充分准备的。讲稿在回顾了国外珠峰科考的发展历史的基础上，基于“文化大革命”前领导和组织科考的实际经验，刘东生结合地球化学研究所的实际，精准地提出了研究所在青藏高原研究中值得关注的几个研究课题：地壳厚度问题，变质过程问题，“外来岩体”问题，超基性岩问题，地层发育和生物演化问题，同位素年龄问题，盐湖沉积问题，构造地质问题。这些问题都是涉及印度板块与欧亚板块导致的青藏高原隆升需要解决的关键课题，也是地球化学研究所科研队伍和设备能力能有所作为的研究方向。

讲话中也特别对科研组织工作问题，从加强领导、少而精的管理队伍、年轻后备力量的培养、相互协作和正确选题等方面提出了看法。

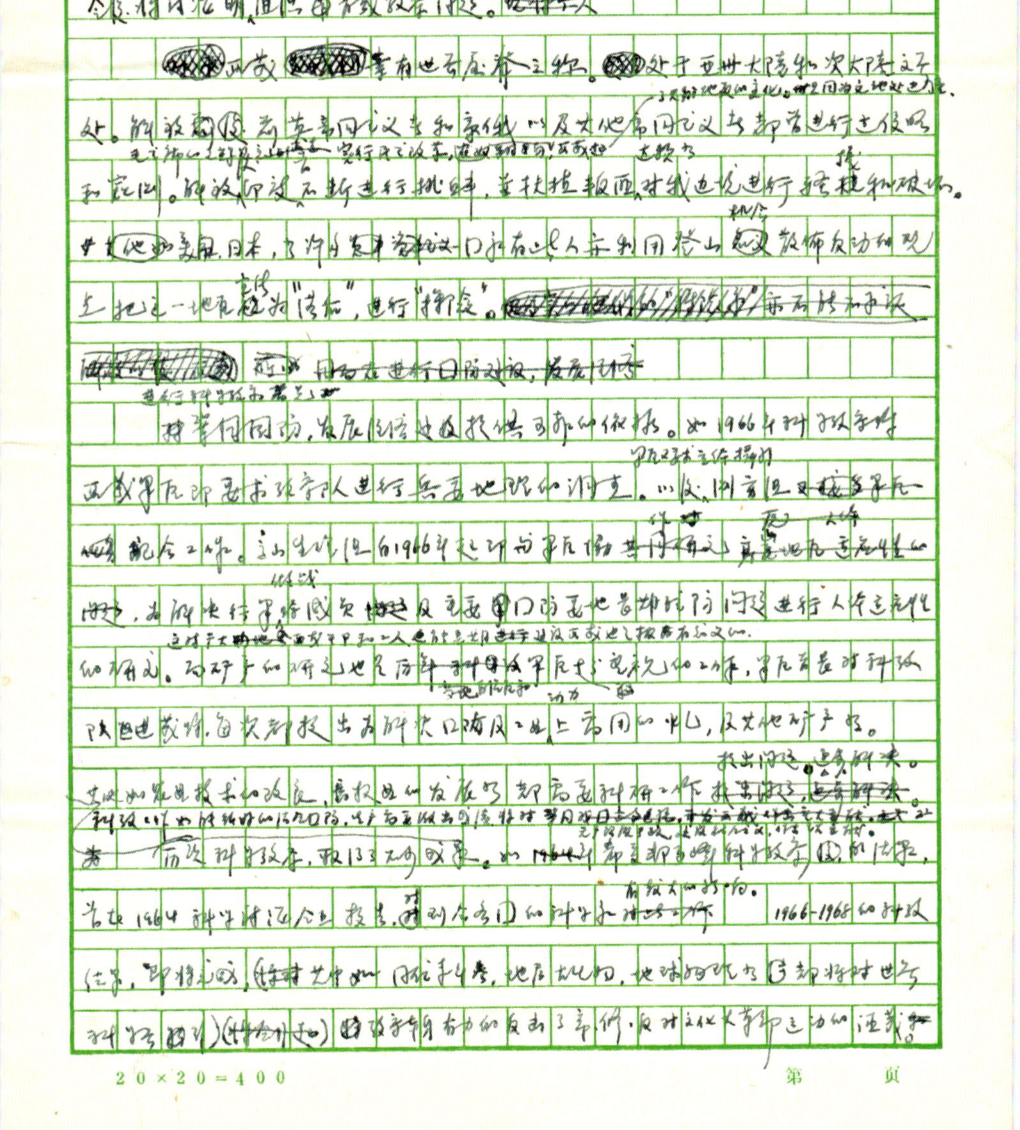
珠峰考察的重要性。

20×20=400 第 页

珠峰考察的重要性（手稿）

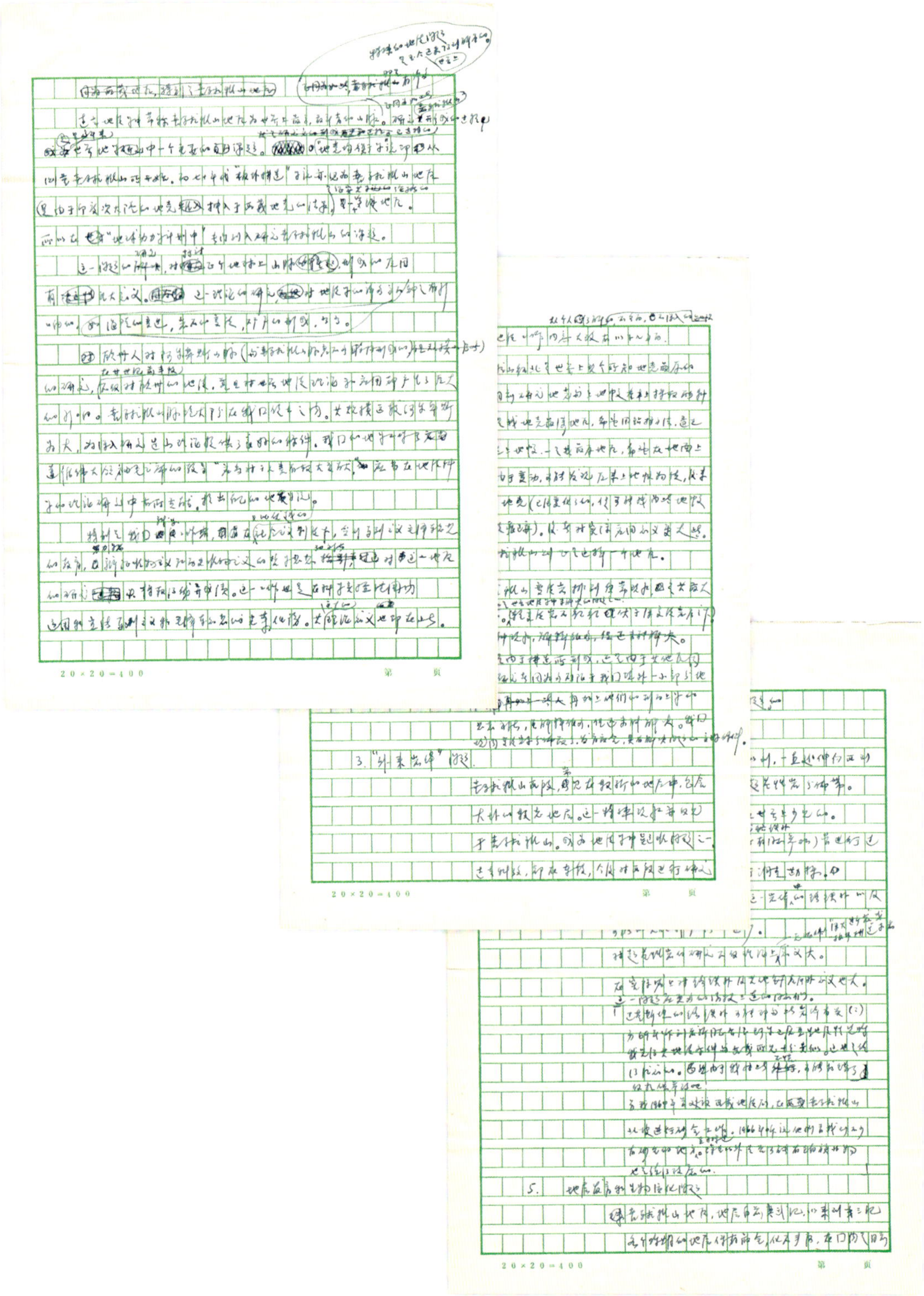

环境保护工作形势大好

中国人轰轰烈烈地搞 “文化大革命”正上劲，国外则在迅速萌生一门新的学科，那就是“环境学”。刘东生以杰出科学家的敏感，在“文化大革命”期间，利用一切机会，阅读了很多国外文献。刘东生预见到随着我国大规模现代化建设的开展，环境污染和其他环境灾害问题必然也会发生，但是在将环境污染认为是资本主义腐朽制度产物的舆论环境下，公开提倡环境研究会被认为是大逆不道的。为使我国不要“输在起跑线上”，刘东生便利用一切机会，巧妙地对各类不同人员宣传了环境科学。下面是他的四次讲话。

“环境保护工作形势大好”是1974年12月6日刘东生在中国科学院一局环境规划座谈会上的讲话稿。看到“形势大好”这个词语，现在的年轻人可能会觉得好笑，但刘东生巧妙地运用“文化大革命”时的这一用语，在不露声色地向科研领导部门宣传环境科学，是希望中国科学院能够引起重视，这是推动环境科学发展的一次尝试。

“重视环境研究”是刘东生1974年7月22日在成都地质学院（现成都理工大学）向师生介绍环境问题的谈话稿。刘东生敏锐地感觉到环境科学将是一个全新的发展方向，能带动整个科学界发生巨大的变化，并且可能会形成新的巨大产业，会需要大批的青年人投身其中，向他们介绍环境科学，以期引起年轻的科学工作者对环境研究的兴趣，便是他“鼓与呼”的一次极好的机会。

1974年6月，所做“微量元素与肿瘤”报告的听众是四川阆中地区参加地方病考察队的队员，既有医学背景的人员，也有地学背景的人员。刘东生介绍了组成人体组织的基本（生命）元素和微量元素，谈到一些重金属元素，特别是致癌金属，在人体内生命循环中积累的过程及可能引发的严重后果，提醒人们注意。

“介绍环境地学”是1976年10月27日在云南省昆明克山病防治研究所对当地的行政人员和克山病防治研究所工作人员发表的讲话所作。刘东生抓紧时机，向医务人员介绍了中国科学院的员工参加地方病调研的基本思路和工作结果。当时“文化大革命”已经接近尾声，刘东生公开向他们介绍了“环境地质学”。

试想，如果我们所有的科研人员能像刘东生那样，将普及基本的科学知识当做己任，在适当的场合注意宣传基本的科学常识，也许我们在今天，就不会吃到那么多的“毒水产品”、“毒蔬菜”和“毒水果”了。真希望读了刘东生这份手稿的科学家，都能够以普及、提高广大民众的科学水准为己任。

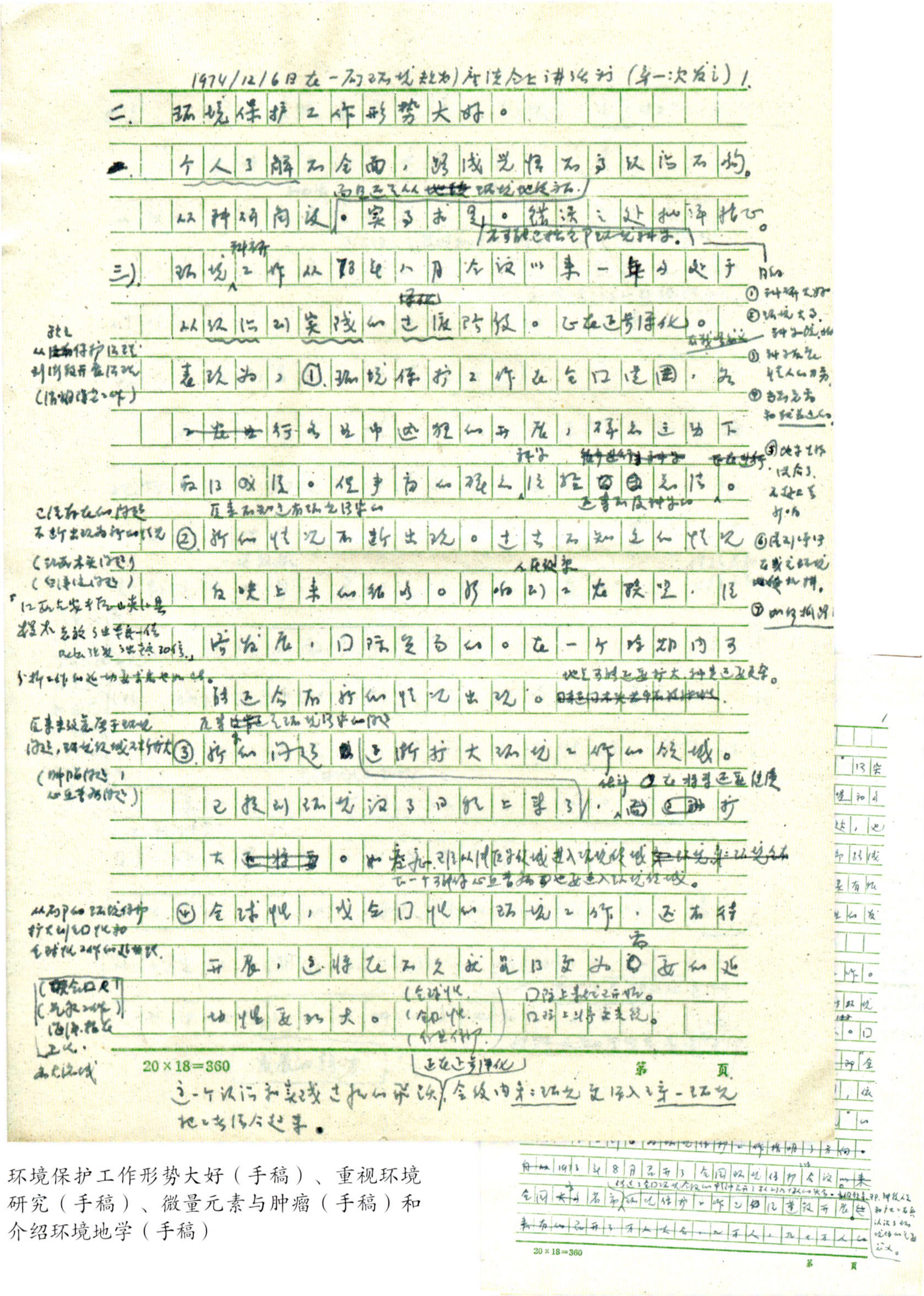

环境保护工作形势大好（手稿）、重视环境研究（手稿）、微量元素与肿瘤（手稿）和介绍环境地学（手稿）

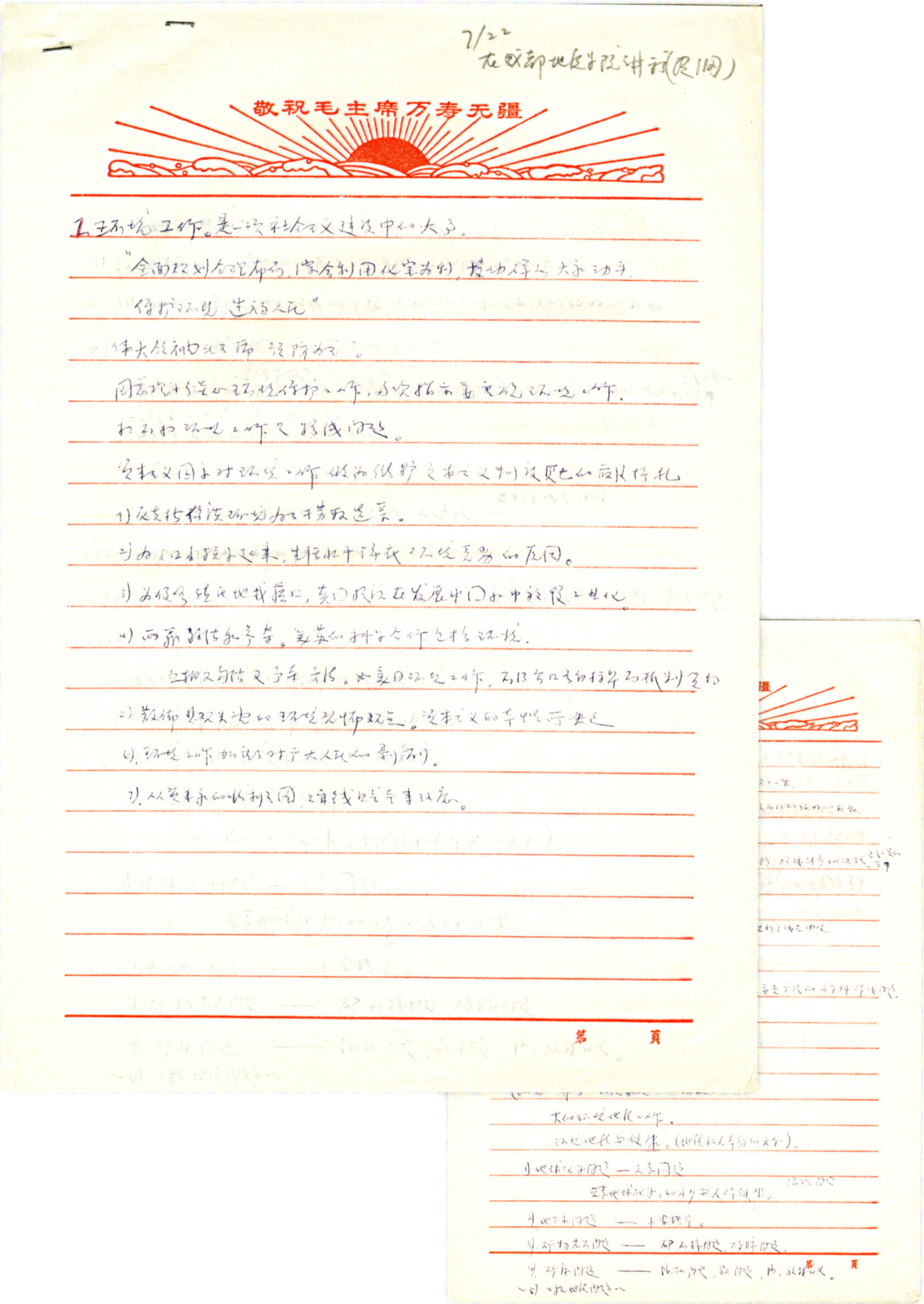
敬祝毛主席万寿无疆
第 页

阅毕，改字几 74-6-30

若干讲稿的一半 仅

微量元素与肿瘤

各种动物或植物组织的组成，都是主要由十一种化学元素组成的。其中五个金属元素，六个非金属元素。这十一种元素也叫做"大量"元素，即H、C、N、O、Na、Mg、P、S、Cl、K、Ca。对有些生物的种类，Fe也可当作一种大量元素。（可加入一点"极元概念"。）

除这些"大量"元素之外，还有一些其他元素，主要是从化学元素周期表中的过渡状元素，对这些元素，生物细胞在其作用及机理中所需要的量其实很微，所以称为"微量"元素。这些元素常为调节生命（作用）过程活力等的活动。在生物分子中，研究较多的微量元素如Cu、Zn、Mn、Co、Mo。这五个元素，和大量的常量元素Mg、Ca、Fe一道，有些是催化的，有些成为结合在一起的成为生物催化（酶）的中间媒体 mediators 和酶的。

这些中间媒体元素的作用也不一样，有些元素是激活酶类，使 substrate 与酶结合。这些，离子不是唯一的，在一些酶中，其它离子

北京市电车公司印刷厂出品 七二·十

稿纸（20×20=400） (1220)

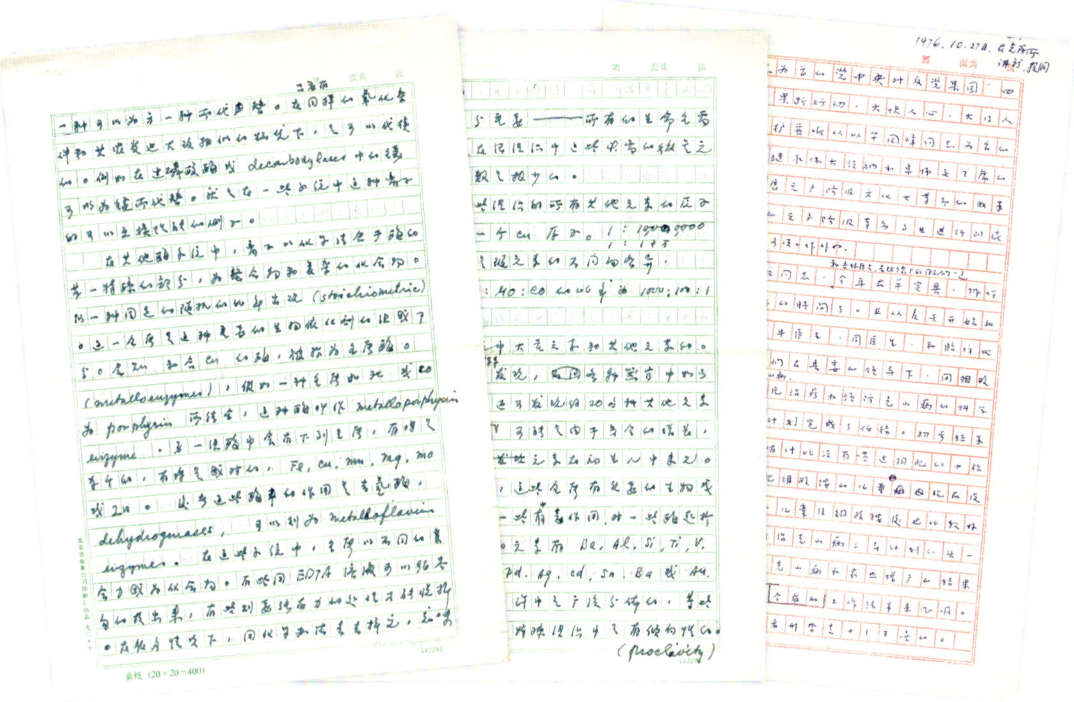

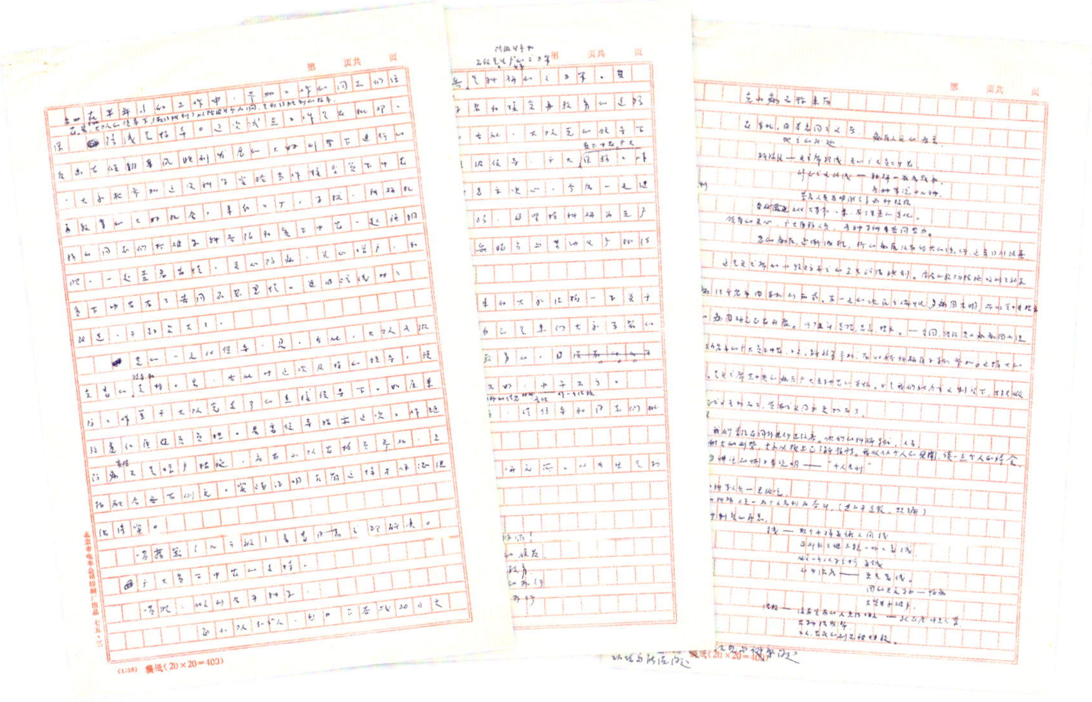

黄土学术讨论会总结

在“文化大革命”结束后，刘东生意识到是厘清思想、重新组织队伍、开展黄土研究的时候了，便由中国第四纪研究委员会出面，于1982年10月在陕西著名的“科学城”杨陵镇举行了一次在当时来说规模很大的黄土学术讨论会。

“黄土学术讨论会总结”是刘东生在讨论会闭幕式上的讲话。讲话中，他充分肯定了这次会议的成功，认为是一次开创黄土研究新局面的重要会议。刘东生注意到参加会议的既有从20世纪50年代开始黄土研究的“老黄土人”，更注意到也有一大批加入到第四纪地质教学、从事黄土研究和在黄土区从事建设和施工的“新黄土人”。他看到，老一辈年近古稀仍“老骥伏枥”，为黄土研究贡献自己的力量；新一辈带着全新的知识和视角投入到黄土研究中，感到十分欣喜。从交流的论文中，刘东生注意到，新技术和新方法在黄土研究中的应用，如古地磁测量的结果揭示了中国黄土从距今2.4Ma前就开始堆积，覆盖了整个第四纪时期，中国的黄土-古土壤序列代表了第四纪时期完整的沉积系列；在黄土区地下水合理开发、黄土区工程建设等应用方面也有新的探索。刘东生充分相信中国黄土的研究一定会攀登国际第四纪研究的高峰，也会为实现我国国民经济到20世纪末翻两番的宏伟战略目标做出巨大贡献。

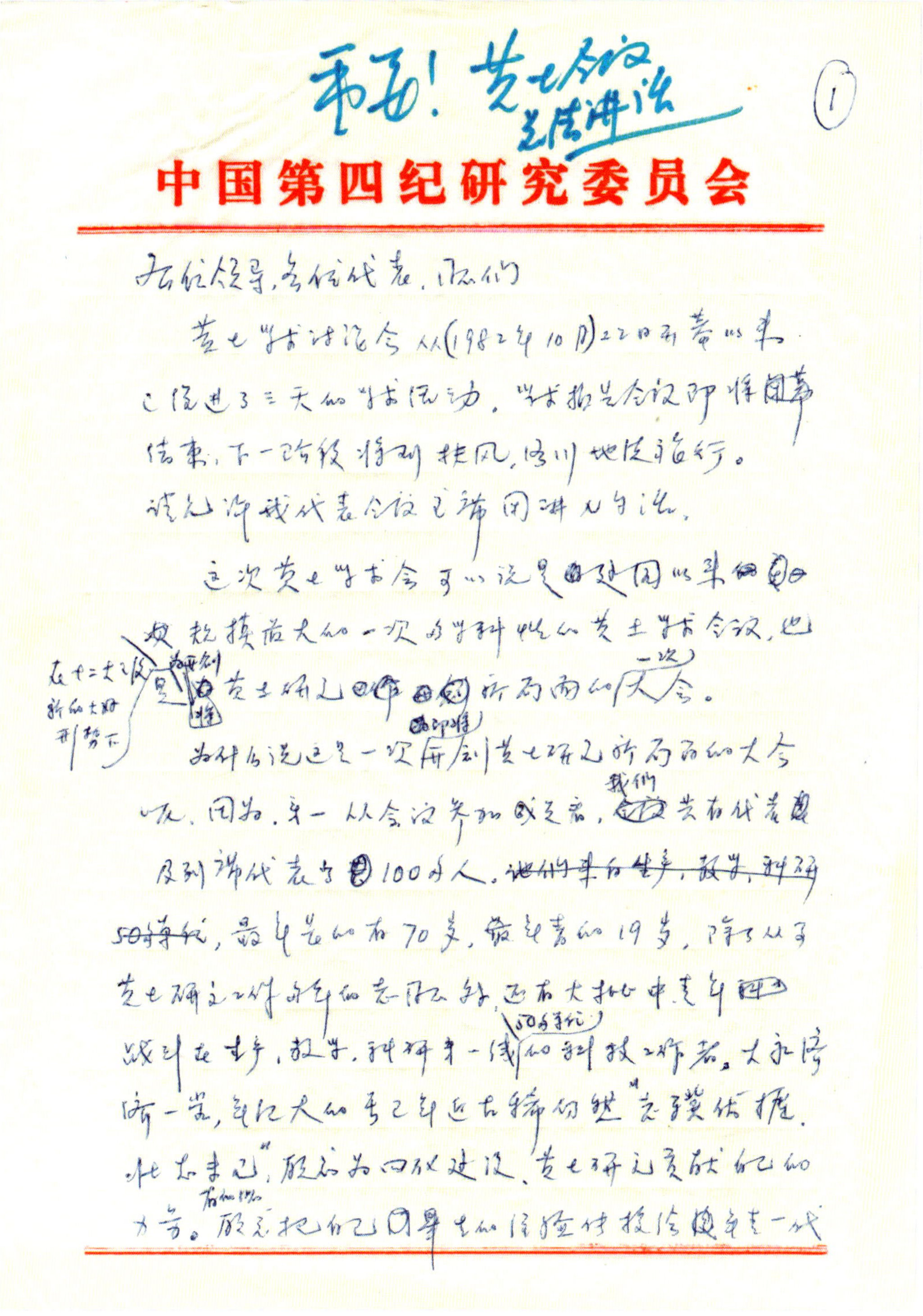
再改！黄土会议总结讲话

①

中国第四纪研究委员会

各位领导、各位代表、同志们：

黄土学术讨论会从1982年10月22日开幕以来，已经进行了三天的学术活动，学术报告会议即将闭幕结束，下一阶段将到扶风、咸川地区进行。请允许我代表会议主席团讲几句话。

这次黄土学术会可以说是建国以来规模最大的一次多学科性的黄土学术会议，也是黄土研究前所未有的一次大会。（在十二大文件的大好形势下）

为什么说这是一次前所未有的大会呢，因为，第一从会议参加者看，我们有正式代表及列席代表等100多人，~~他们来自生产、教学、科研50多单位~~，最年长的有70岁，最年青的19岁，除了从事黄土研究工作的老同志外，还有大批中青年战斗在生产、教学、科研第一线（50多单位）的科技工作者。大家济济一堂，包括大的青年同志都发扬"艰苦朴素、谦虚谨慎"……为四化建设、黄土研究贡献自己的力量。老一辈把自己的经验传授给年青一代

黄土学术讨论会总结（手稿）

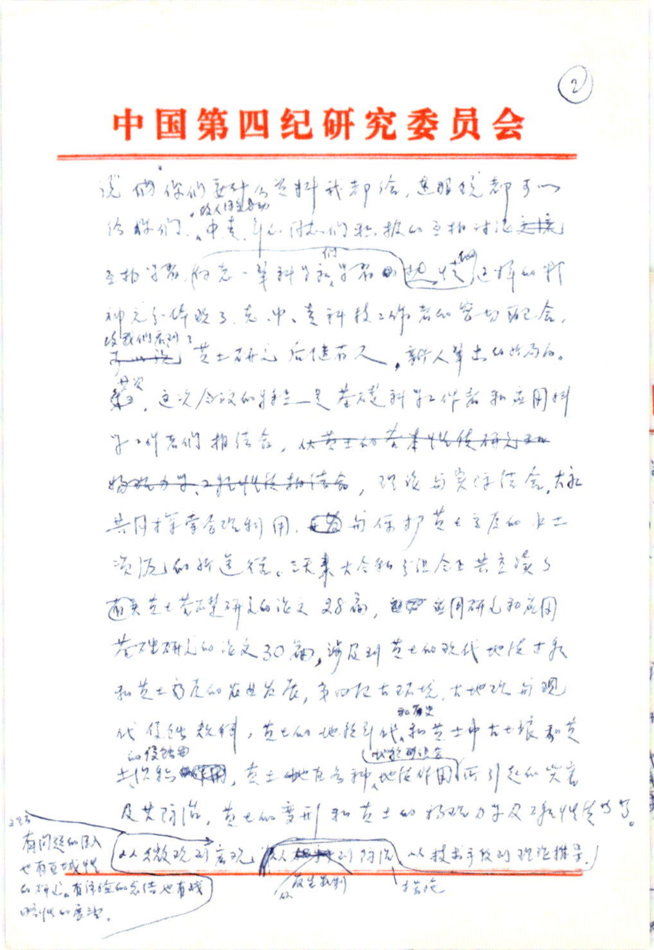
②
中国第四纪研究委员会

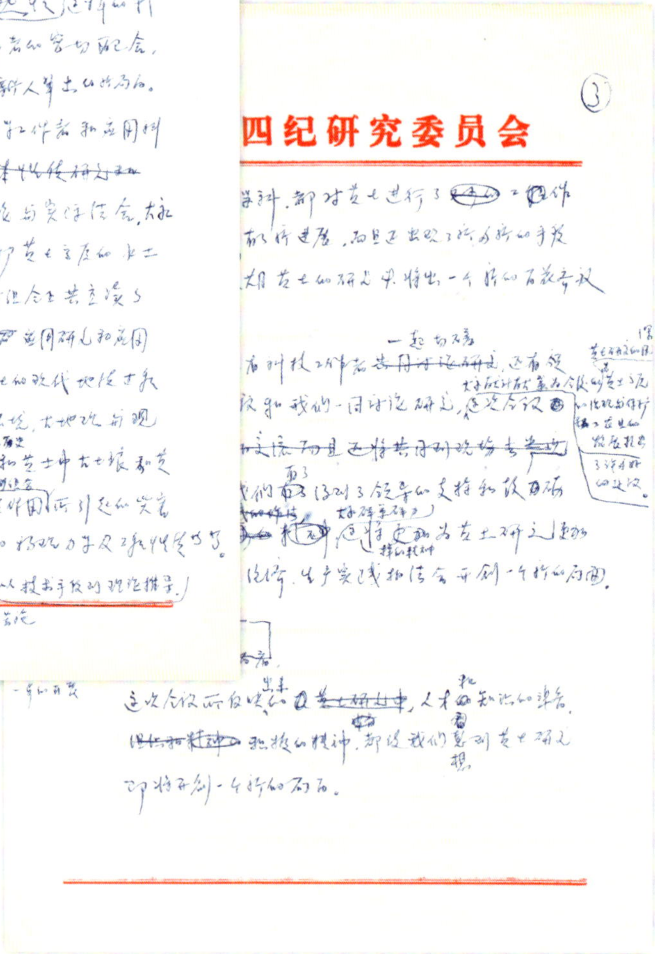
③
四纪研究委员会

《杨钟健教授与美国科学家学术交流简史》首发式上的讲话

刘东生重视科技人物档案的整理，他本人在极端困难（资料在“文化大革命”时期被抄家损毁、多次搬迁有大量散失）的条件下，仍然保留了大量文献档案，使得我们在他100周年诞辰之际，能够整理出版他的手稿。

是杨钟健院士手把手教刘东生进入了古脊椎动物研究的领域；杨老也十分钟爱这位爱徒，在每个关键时刻都给了他全力的支持，特别是他被指定开拓第四纪地质研究之时，用“忍痛割爱”来形容杨老的心情是一点也不为过的，但杨老还是让他服从安排。杨老是刘东生的恩师，因而，对与杨老科学、文化、社会活动有关资料的搜集、整理，他自然分外重视。得知因“文化大革命”期间大规模破坏与毁损，杨老的档案资料已经大量丢失，刘东生感到深深的惋惜，在多个场合，提出希望有关部门能够引起重视，收集、整理杨老的档案资料。

获悉杨老之子杨新孝费尽千辛万苦，不惜自费专程到美国收集资料，编辑出版了《杨钟健教授与美国科学家学术交流简史》，刘东生十分欣喜，虽然小册子总共才60页，但因来之不易，意义重大。刘东生亲自出席了《杨钟健教授与美国科学家学术交流简史》的首发式，并发表了讲话。

在讲话中，刘东生认为杨老不仅是国际著名的科学家，一生勤于笔耕，著述等身；也是杰出的文化人，很善于在人民大众中推广、普及科学文化知识；又是重要的历史人物，连毛泽东主席早年就与他有过书信交流。刘东生很自豪师从杨老，得到了很多的教益，他希望系统收集和整理杨老档案资料能惠及更多的年轻人，让杨老的精神世世代代传承下去。

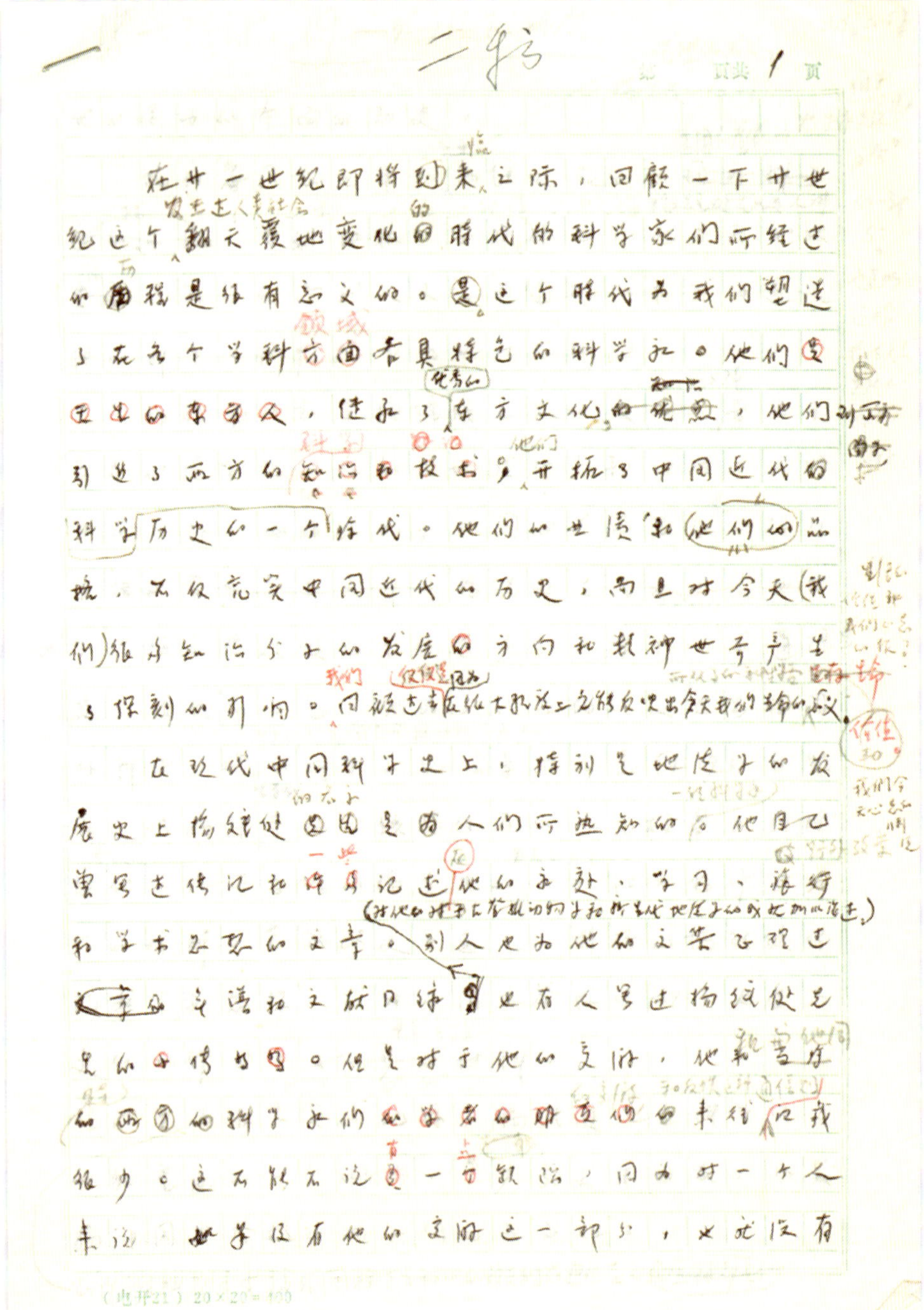
二稿

第 1 页

在廿一世纪即将到来之际，回顾一下廿世纪这个翻天覆地变化的时代的科学家们所经过的历程是很有意义的。是这个时代为我们塑造了在各个学科方面各具特色的科学和……他们……继承了东方文化的传统，他们引进了西方的知识和技术，开拓了中国近代的科学历史的一个时代。他们的业绩和他们的品格，不仅充实中国近代的历史，而且对今天我们很多知识分子的发展的方向和精神世界产生了深刻的影响。回顾过去……

在近代中国科学史上，特别是地质学的发展史上杨钟健……是为人们所熟知的。他自己曾写过传记和……记述他的家世、学习、旅行和学术工作的文章。别人也为他的文集写过文章和年谱和文献目录，也有人写过杨钟健先生的传略。但是对于他的交往，他和……的科学家们的……来往……我很少。这不能不说是一个缺陷，因为对一个人来说……只有他的交往这一部分，也就没有

（电平21）20×20=400

《杨钟健教授与美国科学家学术交流简史》首发式上的讲话（手稿）

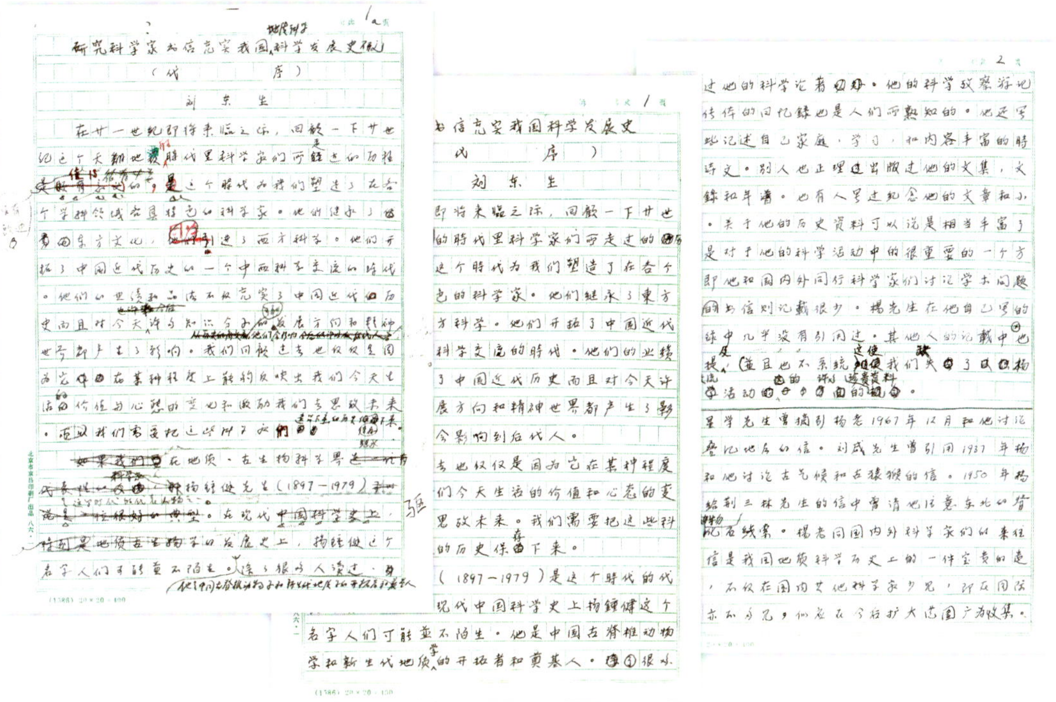

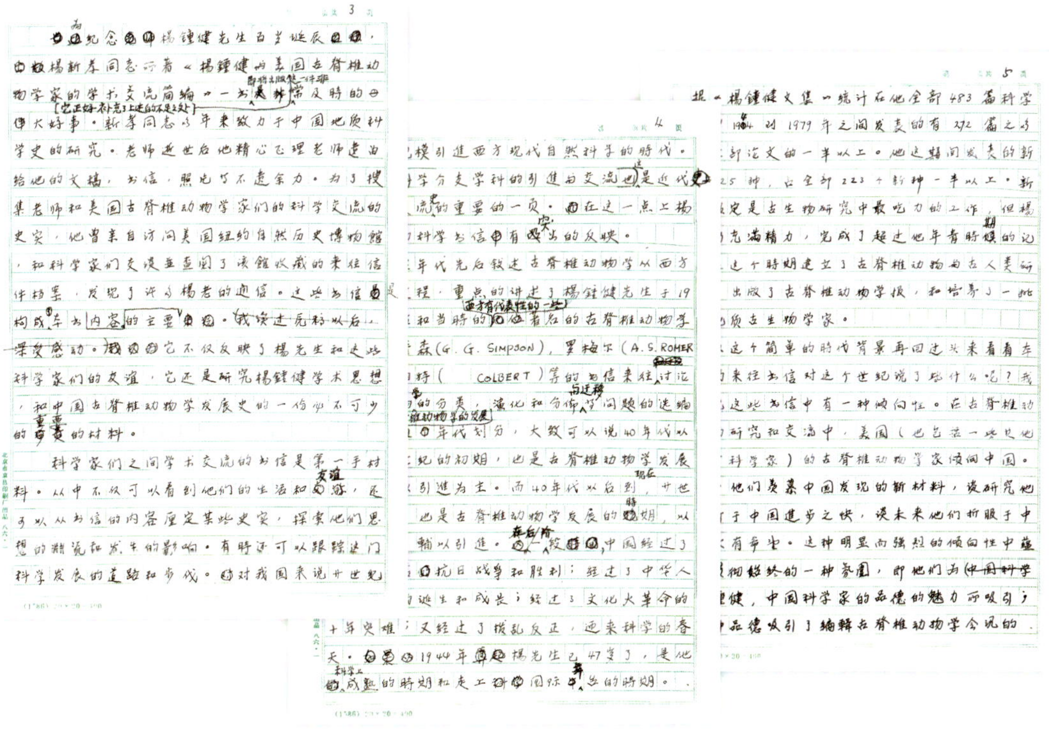

在“庆祝黄土与第四纪研究室成立20周年大会”上的讲话

刘东生为中国科学院西安黄土与第四纪研究室的成立倾注了大量的精力。单独建立第四纪研究机构是刘东生多年梦寐以求的，但“文化大革命”后的恢复时期，提出新建一个研究机构的建议，其结果常常是让人绝望的。刘东生却敏锐地抓住了机会，经过精心策划，并全力调动了自己国内外的一切资源，中国科学院黄土与第四纪研究室终于在1985年在西安建立起来。该研究室在刘东生的全力指导下，在国内外第四纪学术界同行的鼎力支持下，经过以安芷生为带头人的研究团队所有成员的共同努力，一步步在攀登第四纪科学研究领域的高峰中取得了很大成功。

刘东生在迎来这个新生研究机构（研究室后来于1999年升格为中国科学院地球环境研究所）诞生20周年之际，面对日益成长并趋向成熟的自己亲手培育的“孩子”，心潮起伏。2005年12月1日在西安举行的“庆祝黄土与第四纪研究室成立20周年大会”上热情洋溢的讲话中，刘东生高度评价了国内外第四纪学术界友人，安芷生作为带头人，以及全室（所）人员的共同努力，使研究室呈现了人才辈出、不断创新的可喜局面；他鼓励全室同志发扬优良传统，继续攀登一个又一个的科学高峰。

刘东生通篇讲稿中只字未提他自己，但了解这段历史的人，黄土室的亲历者，谁又能忘记刘东生的杰出贡献呢！

李利科 · 2005-12-1日 西安

INSTITUTE OF GEOLOGY AND GEOPHYSICS
CHINESE ACADEMY OF SCIENCES
中国科学院地质与地球物理研究所

①

P. O. BOX 9825, BEIJING 100029, CHINA
Tel: 86-(0)10-62008001 Fax: 86-(0)10-62010846

主席，各位来宾，和同志们，

非常高兴和感谢，被邀请参加庆祝"黄土与第四纪研究室—地球环境研究所成立20周年研讨会"。

对过去的20年来说现在是一个终点；而对未来的岁月来说今天是一个起点。

同志们，2005年是一个值得纪念的，不平凡的年份。神舟6号飞船，给我们像全国人民一样带来了自豪与自信。在未来的岁月中地球环境所将像黄土室的诞生一样，在20年前在第一次国际黄土议会④，国际上的黄土研究权威们，如今天在座的George Kukla教授，对中国黄土研究的认同下，以自豪和自信中取得惊人的成绩。对于黄土与地球环境来说这也是20年前的一次神舟6号的[illegible]

一）如果说我们信奉科学创新是一种需要连续不断的需要新的人才去奋斗的哲学的话，那黄土室時代安芷生院士的脱颖而出，披荆斩棘，辛苦经营的

在"庆祝黄土与第四纪研究室成立20周年大会"上的讲话（手稿）

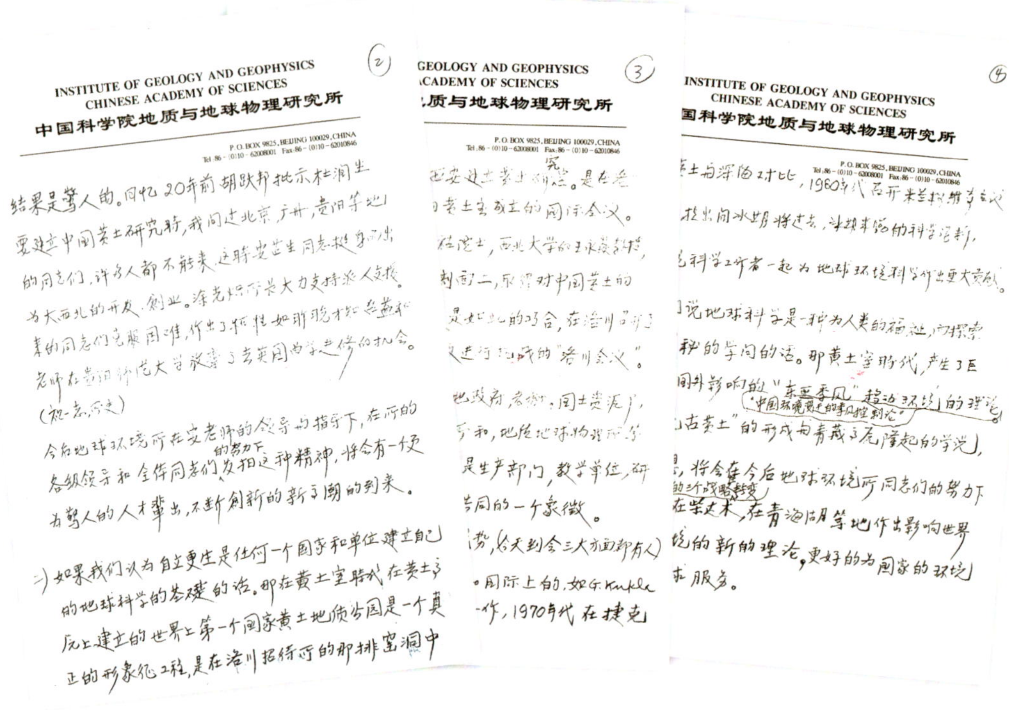

②

INSTITUTE OF GEOLOGY AND GEOPHYSICS
CHINESE ACADEMY OF SCIENCES
中国科学院地质与地球物理研究所
P. O. BOX 9825, BEIJING 100029, CHINA
Tel: 86-(0)10-62008001 Fax: 86-(0)10-62010846

结果是惊人的。回忆20年前胡跃邦批示杜润生要建立中国黄土研究所时，我问过北京、广州、贵阳等地的同志们，许多人都不能来。这时安芷生同志带领一批为大西北的开发、创业。涂光炽所长大力支持，从各地来的同志们克服困难，作出了牺牲，如……放弃了去英国留学进修的机会。（孙一志，……）

今后地球环境所在安老师的领导与指导下，在所的各级领导和全体同志们的努力下发扬这种精神，将会有一代为惊人的人才辈出，不断创新的新局面的到来。

二）如果我们认为自力更生是任何一个国家和单位建立自己的地球科学的基础的话。那在黄土室时代在黄土高原上建立的世界上第一个国家黄土地质公园是一个真正的形象化工程，是在洛川招待所的那排窑洞中……

③

……在安建立黄土研究。是在……
……黄土高原上的国际会议。
……西北大学的……
……对中国黄土的……
……洛川……
……的"洛川会议"。
……
……是生产部门，教学单位，研……
……的一个象征。
……（今天到会三大方面都有人）
……国际上的，如……Kukla
……，1970年代在捷克……

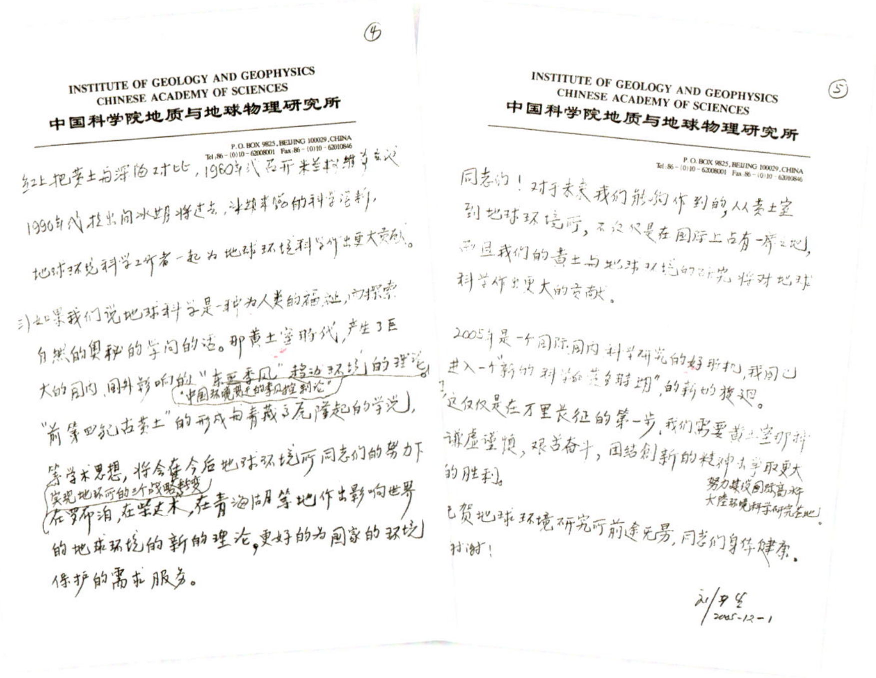

④

INSTITUTE OF GEOLOGY AND GEOPHYSICS
CHINESE ACADEMY OF SCIENCES
中国科学院地质与地球物理研究所
P. O. BOX 9825, BEIJING 100029, CHINA
Tel: 86-(0)10-62008001 Fax: 86-(0)10-62010846

纪上把黄土与深海对比，1960年代后开来兰……
1990年代提出向冰期将过去，冰期来临的科学资料，
地球环境科学工作者一起为地球环境科学作出更大贡献。

三）如果我们说地球科学是一种为人类的福祉，而探索自然的奥秘的学问的话。那黄土室时代，产生了巨大的国内、国外影响的"东亚季风""超边环境"的理论，"中国环境演变的季风控制论"，"前第四纪古黄土"的形成与青藏高原隆起的学说等学术思想，将会在今后地球环境所同志们的努力下实现地环所的三个战略转变，在罗布泊，在柴达木，在青海湖等地作出影响世界的地球环境的新的理论，更好的为国家的环境保护的需求服务。

⑤

INSTITUTE OF GEOLOGY AND GEOPHYSICS
CHINESE ACADEMY OF SCIENCES
中国科学院地质与地球物理研究所
P. O. BOX 9825, BEIJING 100029, CHINA
Tel: 86-(0)10-62008001 Fax: 86-(0)10-62010846

同志们！对于未来我们能够作到的，从黄土室到地球环境所，不仅仅是在国际上占有一席之地，而且我们的黄土与地球环境的研究将对地球科学作出更大的贡献。

2005年是一个国际国内科学研究的好时机，我国已进入一个"新的科学的黄金时期"的新的挑战。这仅仅是在万里长征的第一步，我们需要黄土室那种谦虚谨慎，艰苦奋斗，团结创新的精神去争取更大的胜利。努力建设国际高水平大陆环境科学研究基地。

祝贺地球环境研究所前途无量，同志们身体健康。

谢谢！

刘东生
2005-12-1

在纪念北京猿人头盖骨发现70周年大会上的讲话

在裴文中发现北京猿人头盖骨70周年之际，1999年10月16日在北京举行了“国际古人类学术研讨会及纪念北京猿人头盖骨发现70周年”的国际学术活动，刘东生在开幕式上致辞，首先代表国际第四纪科学研究会及中国第四纪科学研究会对大会的召开表示热烈祝贺，指出北京猿人头盖骨的发现是国际研究人类起源的里程碑，推动了我国古人类学、古脊椎动物学、旧石器考古学与第四纪地质学的发展，其意义重大。

刘东生在讲话中回顾了周口店地区发掘的历史：德国古生物学家舒劳塞尔（M. Schlosser）从中国药铺购得疑似人类牙齿的“龙骨”，引起了当时以顾问身份在华的瑞典地质学家安特生（Johan G. Andersson）的注意，觉得这一地区可能会有重大的发现，在这一想法引领下，才开始了由奥地利古生物学家师丹斯基（Otto Zdanzky）领导的周口店龙骨山的大发掘。李四光也预感到其重要性，选派杨钟健到德国学习古脊椎动物学，杨钟健学成回国后，与裴文中、德日进（Pierre Teilhard de Chardin）等一起参与了周口店的正式发掘。正是这一系列有预见性的行动，最终导致了1929年12月2日裴文中的惊天发现。这充分证明了科学预见性的重大作用。

刘东生也指出，北京猿人头盖骨的发现极大地推动了科学知识的普及。70年的历史表明，由于北京猿人知识的普及，才有后续一系列的新发现，而为这些发现提供线索的往往是当地的“土专家”乃至普通的老百姓，证实科学知识的普及对推动一些人进入这一科学领域发挥了巨大的作用。

刘东生的讲话真正抓住了问题的核心，对科学工作者有着重要的启发。

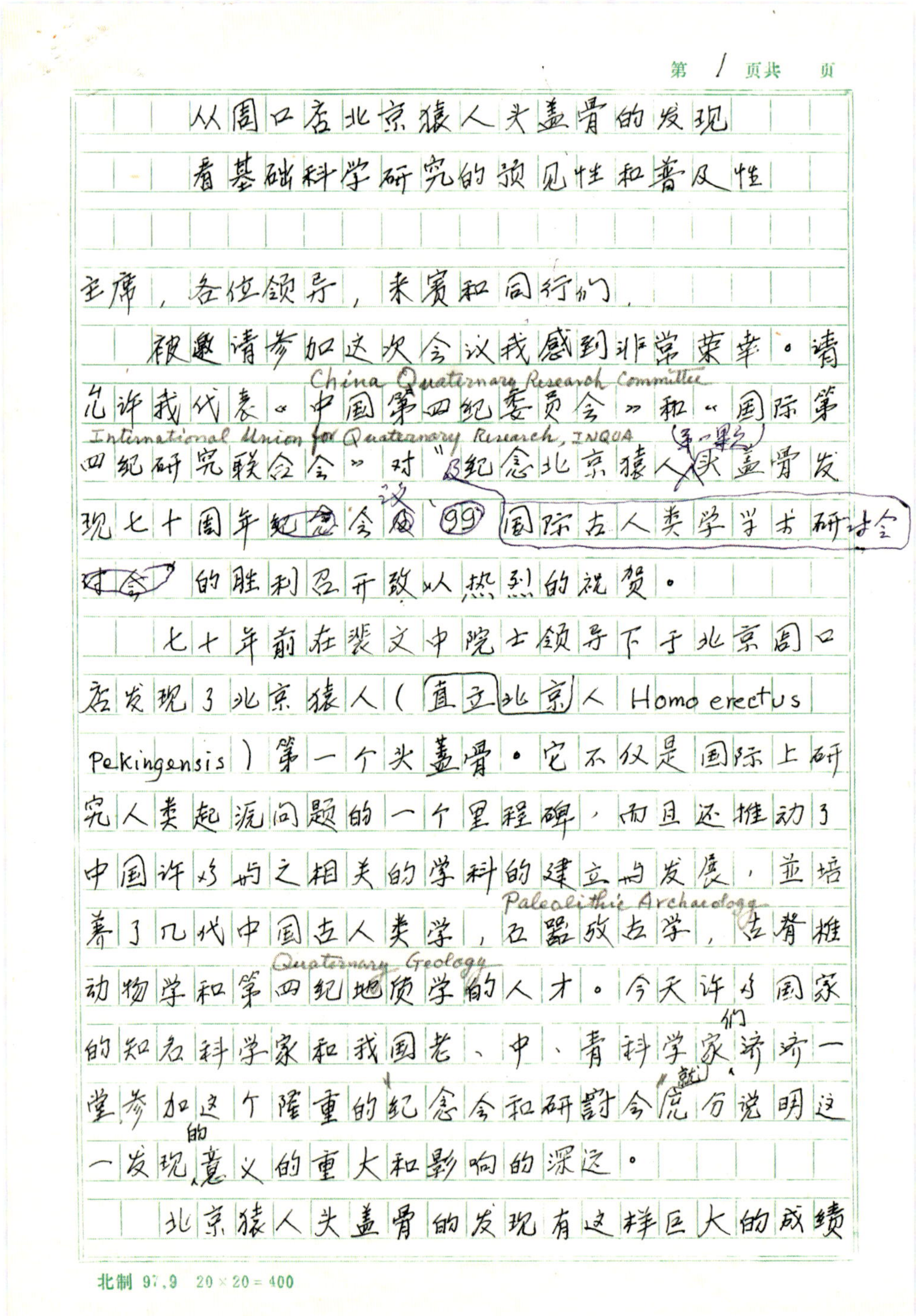

第 1 页共 页

从周口店北京猿人头盖骨的发现
看基础科学研究的预见性和普及性

主席，各位领导，来宾和同行们，

被邀请参加这次会议我感到非常荣幸。请允许我代表“中国第四纪委员会（China Quaternary Research Committee）”和“国际第四纪研究联合会（International Union for Quaternary Research, INQUA）”对“纪念北京猿人第一颗头盖骨发现七十周年会议'99国际古人类学学术研讨会”的胜利召开致以热烈的祝贺。

七十年前在裴文中院士领导下于北京周口店发现了北京猿人（直立北京人 Homo erectus pekingensis）第一个头盖骨。它不仅是国际上研究人类起源问题的一个里程碑，而且还推动了中国许多与之相关的学科的建立与发展，并培养了几代中国古人类学，石器考古学（Paleolithic Archaeology），古脊椎动物学和第四纪地质学（Quaternary Geology）的人才。今天许多国家的知名科学家和我国老、中、青科学家们济济一堂参加这个隆重的纪念会和研讨会就充分说明这一发现的意义的重大和影响的深远。

北京猿人头盖骨的发现有这样巨大的成绩

北制 97.9 20×20=400

在纪念北京猿人头盖骨发现70周年大会上的讲话：
从周口店北京猿人头盖骨的发现看基础科学研究的预见性和普及性（手稿）

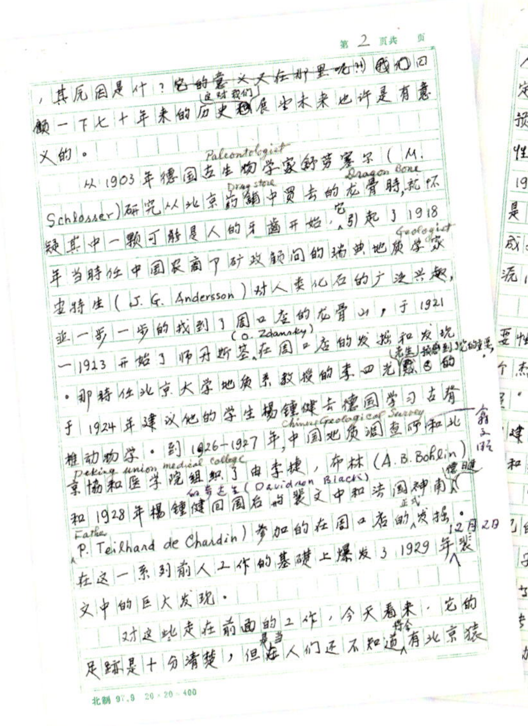
第 2 页共 页
，其原因是什？它的意义又在那里呢!!我们回
顾一下七十年来的历史发展和未来也许是有意
义的。
从 1903 年德国古生物学家舒劳塞尔（M.
Schlosser）研究从北京药铺中买去的龙骨時，就怀
疑其中一颗可能是人的牙齿开始，引起了 1918
年当時任中国农商部矿政顾问的瑞典地质学家
安特生（J. G. Andersson）对人类化石的广泛兴趣，
並一步一步的找到了周口店的龙骨山，于 1921
—1923 开始了师丹斯基（O. Zdansky）在周口店的发掘和发现
。那時任北京大学地质系教授的李四光先生的
于 1924 年建议他的学生杨钟健去德国学习古脊
椎动物学。到 1926—1927 年，中国地质调查所和北
京协和医学院组织了由李捷，布林（A. B. Bohlin）
和 1928 年杨钟健回国后与裴文中和法国神甫
P. Teilhard de Chardin）参加的在周口店的发掘。
在这一系列前人工作的基础上爆发了 1929 年裴
文中的巨大发现。
对这些走在前面的工作，今天看来，它的
足跡是十分清楚，但当人们还不知道有北京猿
北制 97.9 20×20=400

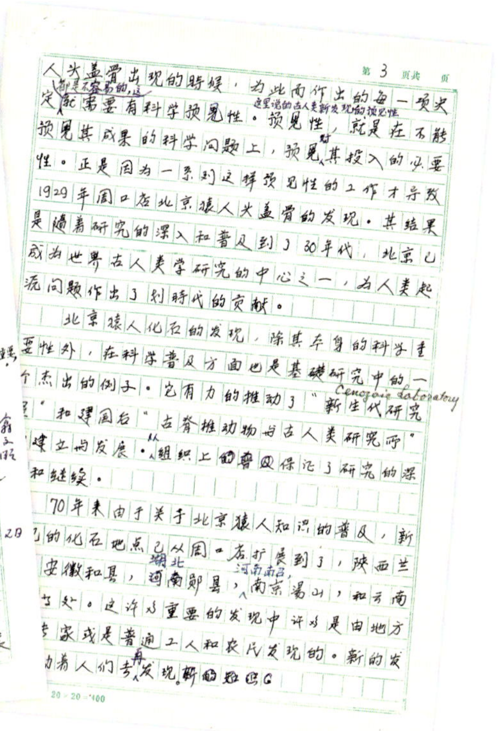
第 3 页共 页
人头盖骨出现的時候，为此而作出的每一项决
定都需要有科学预见性。预見性，就是在不能
预見其成果的科学问题上，预見其投入的必要
性。正是因为一系列这样预见性的工作才导致
1929 年周口店北京猿人头盖骨的发现。其结果
是随着研究的深入和普及到了 30 年代，北京已
成为世界古人类学研究的中心之一，为人类起
流问题作出了划時代的贡献。
北京猿人化石的发现，除其本身的科学重
要性外，在科学普及方面也是基础研究中的一
个杰出的例子。它有力的推动了“新生代研究
室”和建国后“古脊椎动物与古人类研究所”
的建立与发展。从组织上保证了研究的深
入和继续。
70 年来由于关于北京猿人知识的普及，新
的化石地点已从周口店扩展到了，陕西兰
田，安徽和县，河南郧县，南京汤山，和云南
等处。这许多重要的发现中许多是由地方
专家或是普通工人和农民发现的。新的发
动着人们去发现。
20×20=400

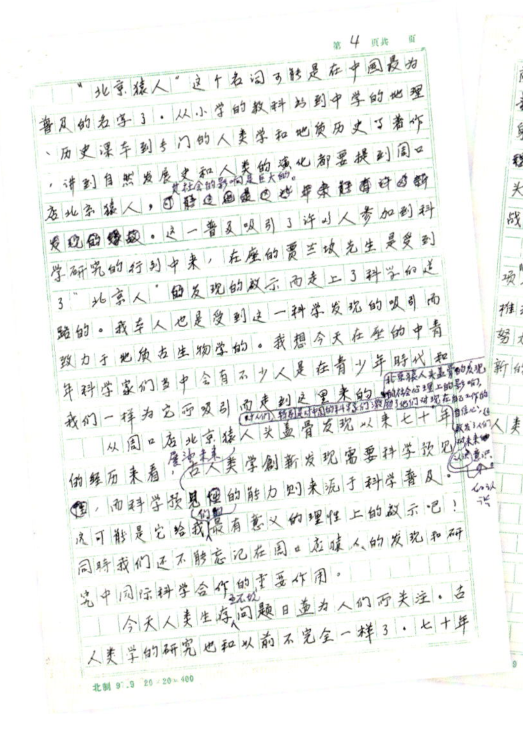
第 4 页共 页
“北京猿人”这个名词可能是在中国最为
普及的名字了。从小学的教科书到中学的地理
、历史课本到专门的人类学和地质历史了著作
，讲到自然发展史和人类的演化都要提到周口
店北京猿人，
发现的。这一普及吸引了许多人参加到科
学研究的行列中来，在座的贾兰坡先生是受到
了“北京人”的发现的啟示而走上了科学的道
路的。我本人也是受到这一科学发现的吸引而
致力于地质古生物学的。我想今天在座的中青
年科学家们当中会有不少人是在青少年時代和
我们一样为它所吸引而走到这里来的。
从周口店北京猿人头盖骨发现以来七十年
的经历来看，古人类学創新发现需要科学預見
，而科学预見的能力则来源于科学普及。
这可能是它给我们最有意义的理性上的啟示吧！
同時我们还不能忘记在周口店猿人的发现和研
究中国际科学合作的重要作用。
今天人类生存问题日益为人们所关注。古
人类学的研究也和以前不完全一样了。七十年
北制 97.9 20×20=400

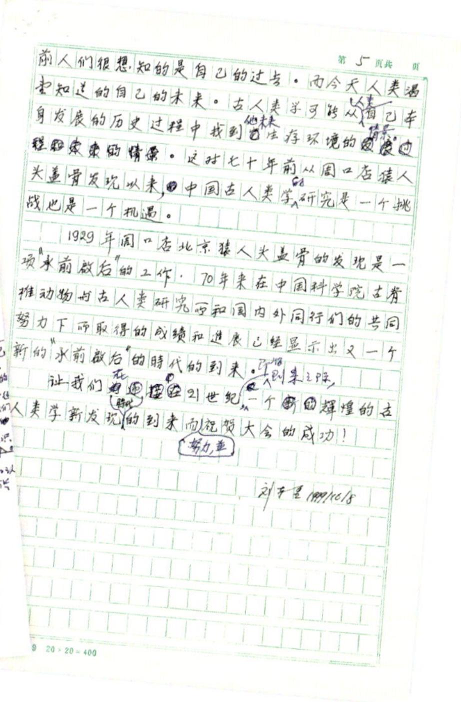
第 5 页共 页
前人们很想知的是自己的过去。而今天人类渴
望知道的自己的未来。古人类学可能从自己本
身发展的历史过程中找到生存环境的
。这对七十年前从周口店猿人
头盖骨发现以来，中国古人类学研究是一个挑
战也是一个机遇。
1929 年周口店北京猿人头盖骨的发现是一
项“承前啟后”的工作。70 年来在中国科学院古脊
椎动物与古人类研究所和国内外同行们的共同
努力下所取得的成绩和进展已经显示出又一个
新的“承前啟后”的時代的到来。
让我们在 21 世纪一个辉煌的古
人类学新发现的到来而祝贺大会的成功！
刘东生 1999/10/8
20×20=400

解放思想，实事求是和地学工作者

科学研究是千秋万代的事业，培养研究生作为科研的后备力量是刘东生十分重视的工作。尽管工作繁忙，但当研究生有需求时，刘东生基本上是“有求必应”的。

“解放思想，实事求是和地学工作者”是刘东生在1998～1999年间与研究生的一次谈话稿。刘东生首先从“牛奶味的苹果”启发大家要有丰富的想象力，丰富的想象力从哪里来？这就要解放思想。但是解放思想绝不是凭空的“胡思乱想”，这就需要脚踏实地的精神，打下扎实的基础，有很好的知识基础。针对目前高等教育专业越分越细，而学生的知识面却越来越窄的问题，刘东生希望学生增强学习的自觉性，专业方面既要读通经典，打下扎实的基础，又要尽可能突破专业的限制，做到“触类旁通”。

刘东生还强调了“超前思维”的重要性，学生要注意文献的动态，以敏锐的嗅觉感知学科发展的新苗头，只有这样，才能做出有国际影响力的成果，而不是跟着别人亦步亦趋。

刘东生从地质学的研究是以地质记录为基础的，对学生特别强调了“实践”的重要性，认为“超前思维”也是源自实践，地质学工作者工作的基点是在野外，一定要重视野外地质现象的观测。

刘东生还从计算机时代的到来为科学研究展现了全新的局面谈起，希望研究生紧跟时代，学习日新月异的计算机技术，最大限度地为自己的科研所用。刘东生的整个讲话都是结合老一辈成功的地质学家和他本人的经历，既具有前瞻性，又脚踏实地，生动有趣，使学生听得入迷。

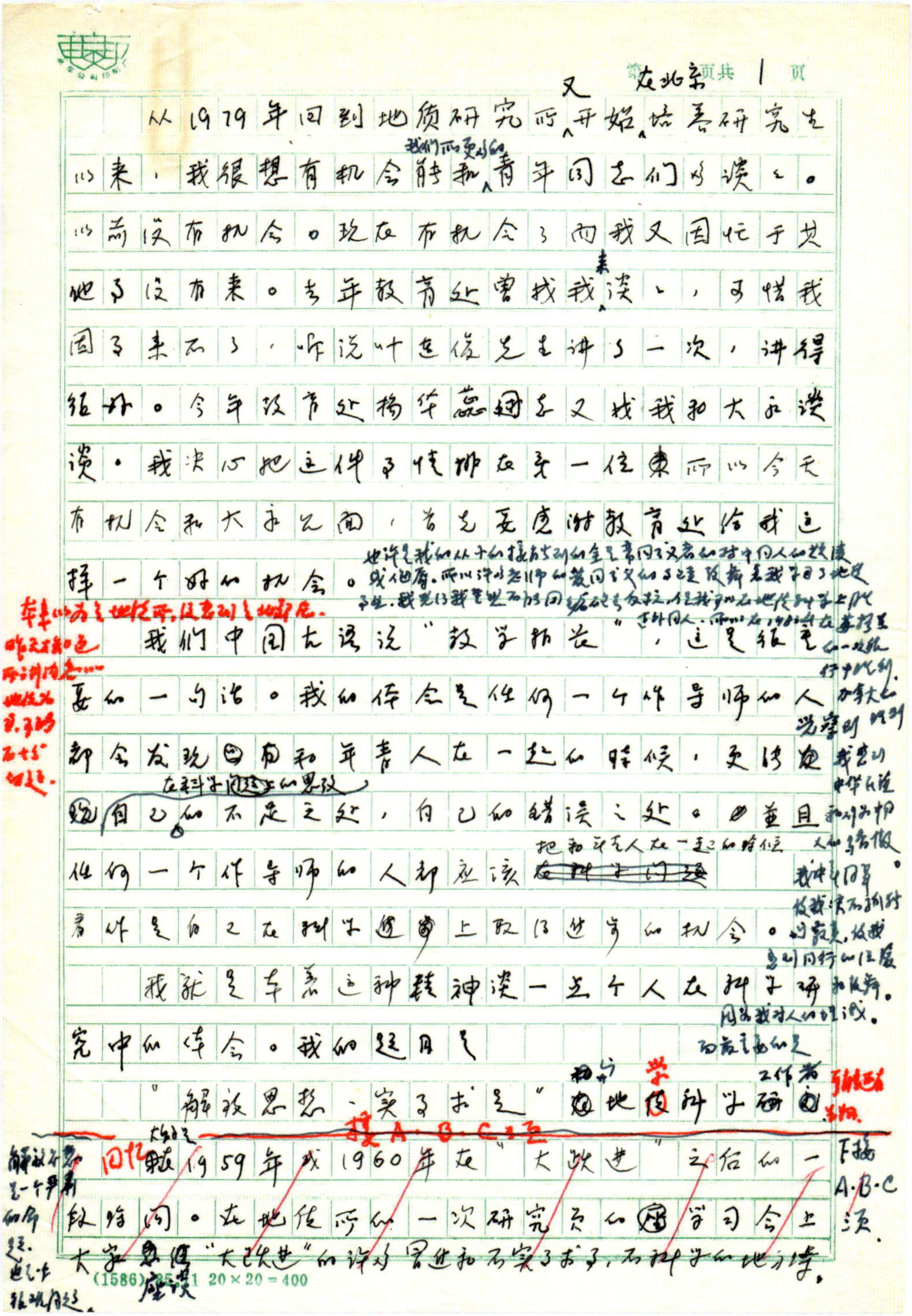
从1979年回到地质研究所又开始培养研究生以来，我很想有机会能和我们所里的青年同志们谈谈。一直没有机会。现在有机会了，而我又因忙于其他事没有来。去年教育处曾找我来谈谈，可惜我因事来不了，听说叶连俊先生讲了一次，讲得很好。今年教育处杨华蕊同志又找我和大家谈谈。我决心把这件事情放在第一位来，所以今天有机会和大家见面，首先要感谢教育处给我这样一个好的机会。

我们中国古语说"教学相长"，这是很重要的一句话。我的体会是任何一个作导师的人都会发现当和年青人在一起的时候，更能发现自己在科学问题上的思路的不足之处，自己的错误之处。并且任何一个作导师的人都应该把和年青人在一起的时候看作是自己在科学道路上取得进步的机会。

我就是本着这种精神谈一点个人在科学研究中的体会。我的题目是

"解放思想、实事求是"和地学科学研究工作者

回忆1959年或1960年在"大跃进"之后的一段时间。在地质所的一次研究员的座谈会上大家总结"大跃进"的许多冒进和不实事求是，不科学的地方等。

解放思想，实事求是和地学工作者（手稿）

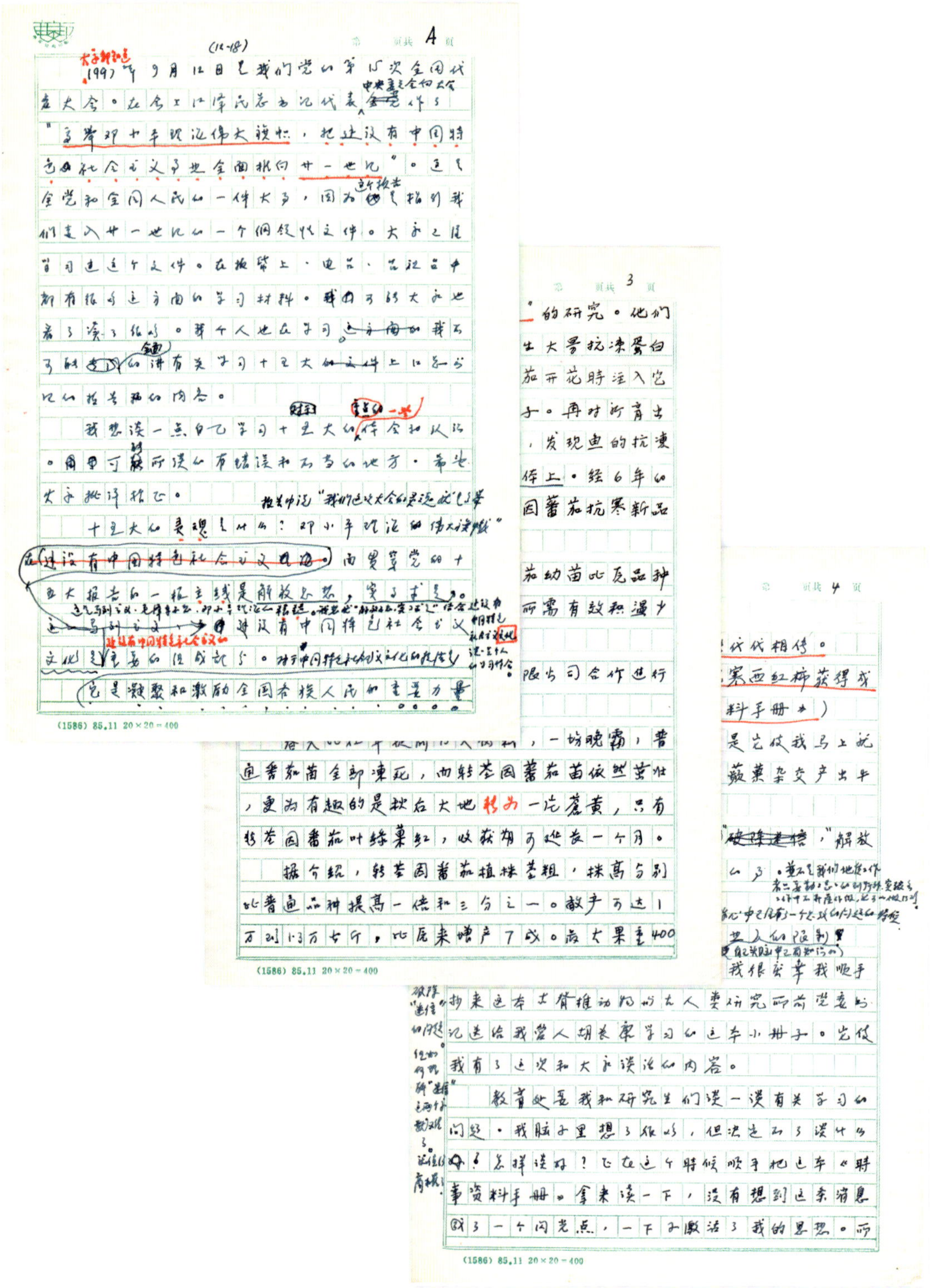
(12-18)　　第　页共 4 页

大家新知道

1997年9月12日是我们党的第15次全国代表大会。在会上江泽民总书记代表中央委员会向大会作了"高举邓小平理论伟大旗帜，把建设有中国特色社会主义事业全面推向二十一世纪"。这是全党和全国人民的一件大事，因为这个报告是指引我们走入二十一世纪的一个纲领性文件。大家已经学习过这个文件。在报纸上、电台、出版社也都有很多这方面的学习材料。我的大家也看了读了很多。我个人也在学习[illegible]有关学习十五大[illegible]上[illegible]的内容。

我想谈一点自己学习十五大的体会和认识……希望大家批评指正。

十五大的灵魂是什么？……邓小平理论的伟大旗帜……建设有中国特色社会主义……它是凝聚和激励全国各族人民的重要力量。

第　页共 3 页

"的研究。他们……大量抗冻番茄……再对所育出……发现幽的抗冻……经6年的……国番茄抗寒新品……茄幼苗比原品种……而需有效积温少……限公司合作进行……

……一场晚霜，普通番茄苗全部冻死，而转基因番茄苗依然茁壮，更为有趣的是秋后大地转为一片苍黄，只有转基因番茄叶绿叶红，收获期可延长一个月。

据介绍，转基因番茄植株茎粗，株高分别比普通品种提高一倍和三分之一。亩产可达1万到1.3万斤，比原来增产7成。而大果重400

第　页共 4 页

……代代相传。"……实西红柿获得成……料手册》）……是它使我马上就……

……我很赞赏我顺手把来这本去年推动科学大人要研究的问题……它使我有了这次和大家谈话的内容。

教育处要我和研究生们谈一谈有关学习的问题。我脑子里想了很多，但决定不了谈什么好？怎样谈好？就在这个时候顺手把这本《时事资料手册》拿来读一下，没有想到这条消息成了一个闪光点，一下子激活了我的思想。而

(1586) 85.11 20×20=400

青藏高原科学考察50年的启示

——试谈青藏高原科学考察效应

刘东生将一生很大一部分精力用于青藏高原的科学考察事业，探索青藏高原为世人所不知的秘密，一生7次登上青藏高原，他对青藏高原是有很深感情的。

“青藏高原科学考察50年的启示——试谈青藏高原科学考察效应”是他于2000年1月7日在庆祝青藏高原科学考察50年暨青藏高原研究会成立10周年大会上讲话的讲稿。这篇长达18页的讲话稿，现存的从初稿到修改定稿，刘东生亲自抄写的就有三个版本，可见刘东生为此所花费的心血。刘东生认为青藏高原科学考察“从组织形式和进行过程都是一项没有先例的，成功的，具有世界意义的科学活动。”回顾了“科考人”50年伴随青藏研究发展所走过的道路，一起为“我曾参加过青藏考察”而自豪。

刘东生还指出科学考察原本是人与自然的对话，而考察的过程又成为传播知识的途径，产生了巨大的社会效应，刘东生将之称为“青藏高原科学考察效应（简称‘青藏效应’）”。首先，“青藏效应”体现在它巨大的凝聚力，将不同学科、性格各异的人聚集在一起，为一个共同目标的实现而前赴后继。在完成考察任务的同时，实现了不同学科之间的相互渗透，为科学创新奠定了基础。其次，考察还为对广大基层群众的知识传播起到了“催化剂”的作用，让人们在关注科考队员在世界屋脊身影的同时，获取了很多方面的基础知识。第三，各不同专业的人员通力合作，也是一种示范效应，让大家感觉到无论搞科研，还是做任何事业，通力合作实在是成功的基本保证。

第 1 页共 页

青藏高原科学考察五十年的启示

——试谈青藏高原科学考察效应——

（为庆祝青藏高原科学考察五十年暨青藏高原研究会成立十周年纪念大会的发言——草稿——）

青藏高原科学考察的五十年是伴随中华人民共和国的诞生和成长的五十年。它也是我国青藏高原上科学进步、民族团结、经济发展的五十年。它是五十年来我国科学研究中一项值得称赞的科学活动。我们中不少人从青年到壮年而老年为青藏高原奋斗了差不多五十年，不仅奉献了自己的青春而且奉献了自己的一生。回首过去我们为自己一生的历史和青藏高原人民的历史联系在一起而感到无比的自豪。正像人们参加过一次胜利的战斗一样把"我曾参加过青藏考察"这样一句话作为自己科学上合格和为祖国建立了功勋的标志。我们为和祖国更接近了而感到温暖。我们把参加过青藏高原科学考察作为生命中一项荣誉而爱护它。

（电开 21） 20×20=400

青藏高原科学考察50年的启示——试谈青藏高原科学考察效应（手稿）

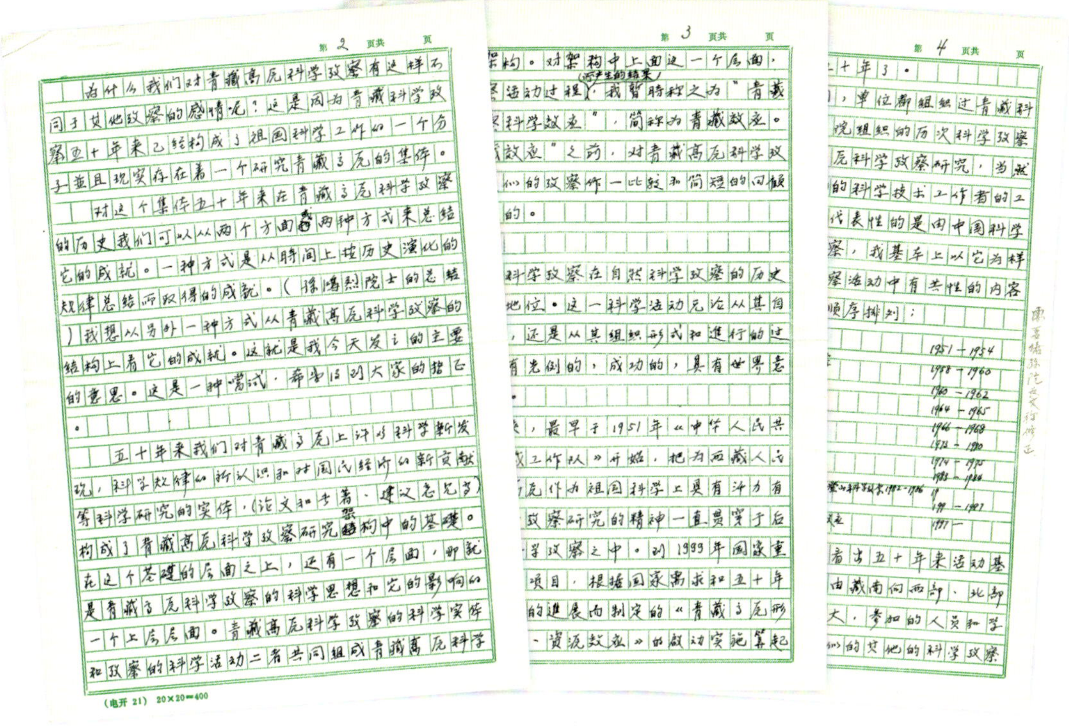

第 2 页

为什么我们对青藏高原科学考察有这样不同于其他考察的感情呢？这是因为青藏科学考察五十年来已经构成了祖国科学工作的一个方面，并且现实存在着一个研究青藏高原的集体。

对这个集体五十年来在青藏高原科学考察的历史我们可以从两个方面两种方式来总结它的成就。一种方式是从时间上按历史演化的规律总结所取得的成就。（孙鸿烈院士的总结）我想从另外一种方式从青藏高原科学考察的结构上看它的成就。这就是我今天发言的主要的意思。这是一种尝试，希望得到大家的指正。

五十年来我们对青藏高原上许多科学新发现，科学规律的新认识和对国民经济的新贡献等科学研究的实体（论文和专著、建议意见等）构成了青藏高原科学考察研究结构中的基础。在这个基础的层面之上，还有一个层面，那就是青藏高原科学考察的科学思想和它的影响的一个上层层面。青藏高原科学考察的科学实体和考察的科学活动二者共同组成青藏高原科学

第 3 页

结构。对结构中上面这一个层面，（即产生的结果）即考察活动过程，我暂时称之为"青藏……科学效应"，简称为青藏效应。

……效应"之前，对青藏高原科学考……们的考察作一比较和简短的回顾……的。

……科学考察在自然科学考察的历史……地位。这一科学活动无论从其目……，还是从其组织形式和进行的过……有先例的，成功的，具有世界意……

……，最早于1951年《中华人民共……工作队》开始，把为西藏人民……作为祖国科学上具有活力有……考察研究的精神一直贯穿于后……学考察之中。到1999年国家重……项目，根据国家需求和五十……的进展而制定的《青藏高原形……、资源效应》的启动实施算起

第 4 页

……十年了。

……，单位都组织过青藏科……院组织的历次科学考察……原科学考察研究，当就……的科学技术工作者的工……代表性的是由中国科学……察，我基本上以它为样……察活动中有共性的内容……顺序排列：

1951—1954
1958—1960
1960—1962
……

……看出五十年来活动基……由藏南向西部、北部……大，参加的人员和学……们的其他的科学考察

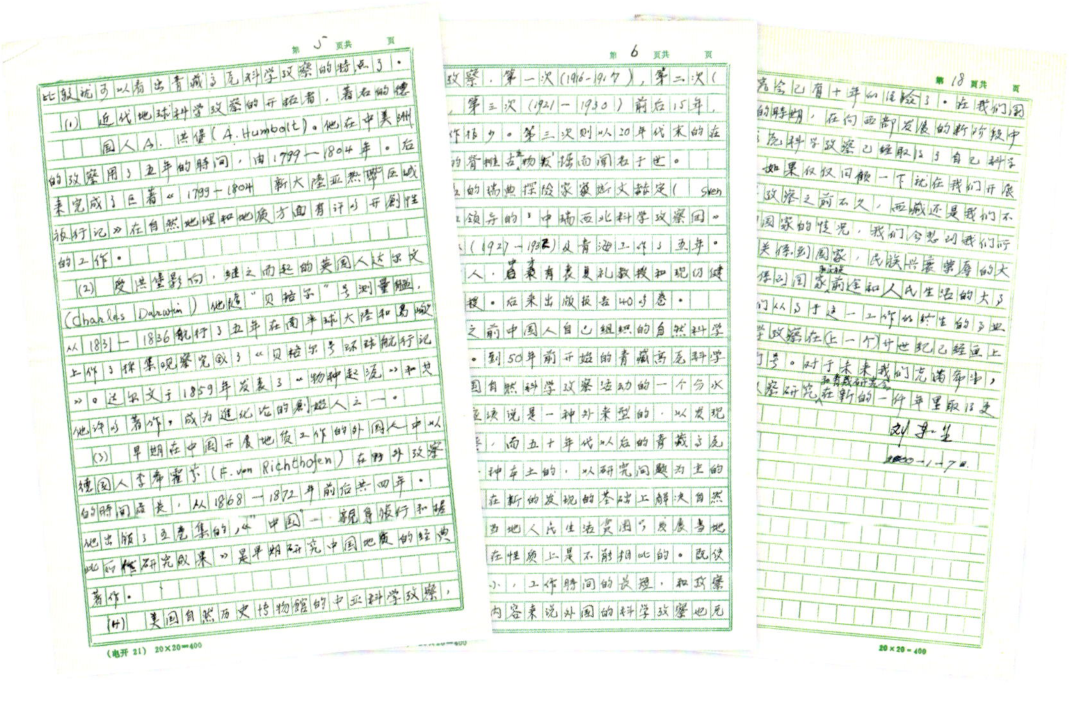

第 5 页

比较就可以看出青藏高原科学考察的特点了。

(1) 近代地球科学考察的开拓者，首推的德国人A.洪堡（A.Humboldt）。他在中美洲的考察用了五年的时间，由1799—1804年。后来完成了巨著《1799—1804新大陆亚热带区域旅行记》在自然地理和地质方面有许多开创性的工作。

(2) 受洪堡影响，继之而起的英国人达尔文（Charles Darwin）他随"贝格尔"号测量船从1831—1836航行了五年在南半球大陆和岛屿上作了科学观察完成了《贝格尔号环球航行记》。达尔文于1859年发表了"物种起源"和其他许多著作，成为进化论的创始人之一。

(3) 早期在中国开展地质工作的外国人中以德国人李希霍芬（F.von Richthofen）在野外考察的时间最长，从1868—1872年前后共四年。他出版了五卷集的《中国——亲身旅行和据此所作研究成果》是早期研究中国地质的经典著作。

(4) 美国自然历史博物馆的中亚科学考察，

第 6 页

……考察，第一次（1916—1917），第二次（……，第三次（1921—1930）前后15年。……作较少。第三次则以20年代末的在……的背斜古生物化石而闻名于世。

……的瑞典探险家斯文赫定（Sven……领导的"中瑞西北科学考察团"……（1927—1933）及青海工作了五年。……人。袁复礼教授和现仍健……授。后来出版报告40多卷。

……之前中国人自己组织的自然科学……。到50年前开始的青藏高原科学……国自然科学考察活动的一个分水……意境说是一种开拓型的，以发现……，而五十年代以后的青藏高原……种自主的，以研究问题为主的……在新的发现的基础上解决自然……为地人民生活贫困了改变当地……在性质上是不能相比的。既使……小，工作时间的长短，和考察……内容来说外国的科学考察也无……

第 18 页

……究会已有十年的经验了。在我们国……的时期，在向西部发展的新阶段中……高原科学考察已经取得了自己科学……如果仅仅回顾一下就在我们开展……考察之前不久，西藏还是我们不……国家的状况，我们今天想到我们行……关系到国家，民族兴衰荣辱的大……保护国家前途和人民生活的大了……们从事着这一工作的科学的……学考察在上个世纪已经达上……的。对于未来我们充满希望，……察研究在新的一个年里取得更……

刘东生

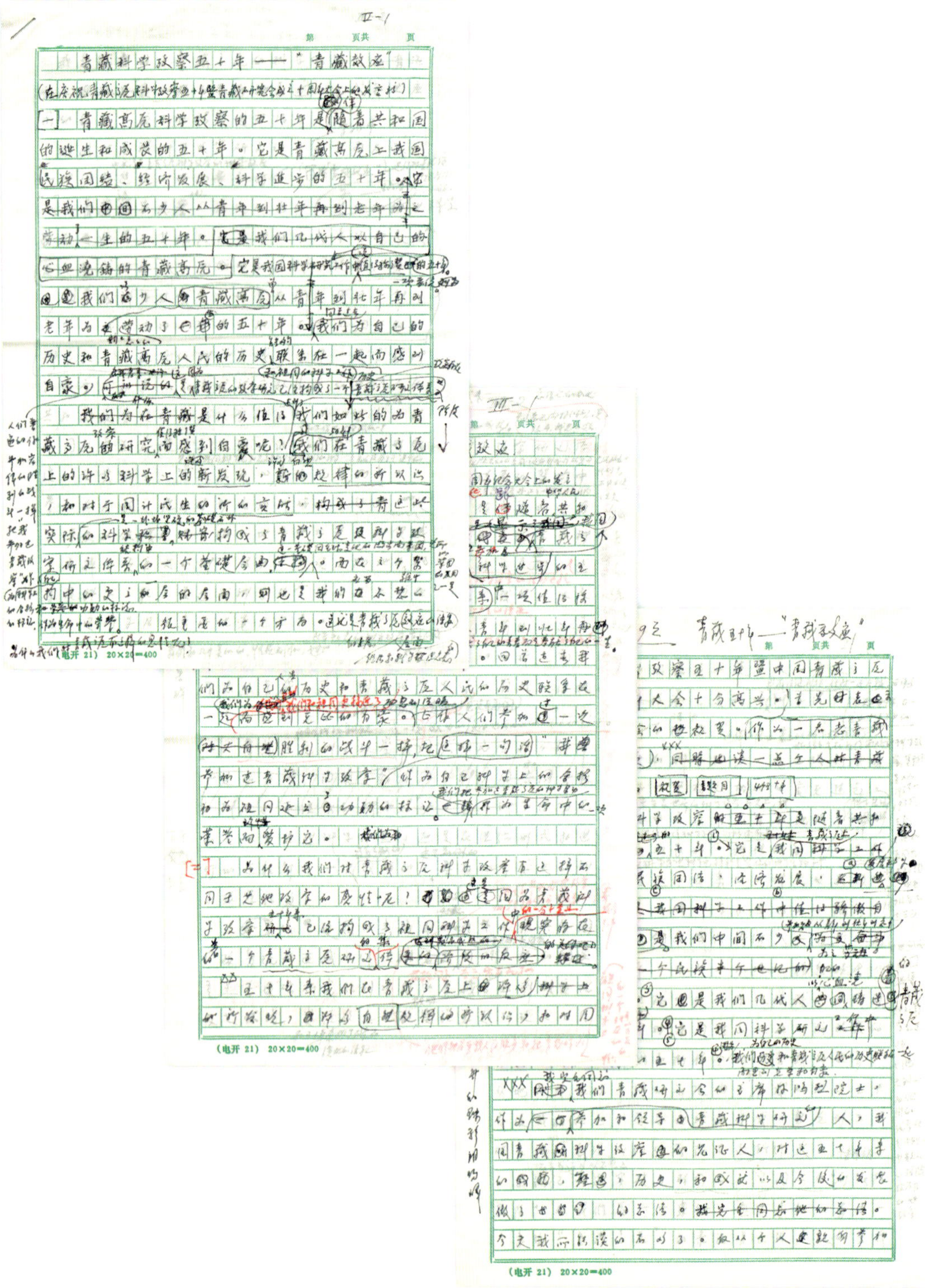
Ⅱ-1

青藏科学考察五十年——"青藏效应"

（在庆祝青藏高原科学考察五十年暨青藏所建所十周年大会上的发言稿）

[一] 青藏高原科学考察的五十年是随着共和国的诞生和成长的五十年。它是青藏高原上我国民族团结、经济发展、科学进步的五十年。

“文明起源与早期发展过程”国际学术会致辞

国际学术界关于人类起源的研究越来越关注人类出现的环境条件，中国社会科学院“古代文明研究中心”于2001年8月3日在北京市政协会议中心举行“文明起源与早期发展过程”国际学术讨论会时，特邀刘东生在大会上讲话。在讲话中他首先充分肯定了“古代文明研究中心”对自然科学与社会科学的交叉的重视，顺应了科学发展的潮流。他从自己的科学实践，强调了“过去与现在”的关系：“现在是认识过去的钥匙；过去是理解现在的条件”。刘东生又从环境科学的发展趋势，论述人与环境的关系：“自然环境影响着人类文明的发展，人类活动又改变着自然环境”。一方面，环境变化造成的景观形态，使人类得以出现并发展演化；另一方面，人类的活动，特别是工业革命后人类大规模开发自然资源，又反过来影响环境变迁。

刘东生提到：在地质界已经将人类活动称之为一种地质营力。荷兰科学家，诺贝尔奖获得者克鲁岑（Paul J. Crutzen）甚至提出了一个新的地质时代的名称——人类世（Anthropocene），成为全新世以后最新的一个地质时期。

最后，刘东生从古环境研究的成果，讨论了“气候事件，特别是突发气候事件与文明发展的关系”。认为全新世，这个大冰期后的温暖期的环境条件，对两河流域及中华文明出现的可能作用；而距今4100a前的突发干旱事件对两河流域文明的毁灭性打击，说明“气候的转型（气候事件）引起的环境巨变，对文明发展的极大影响”。

第 页共 1 页

主席，女士们，先生们，各位来宾、同行。

首先向中国古代文明起源与早期发展过程国际学术研讨会的召开表示热烈的祝贺。我感到十分荣幸能够参加这个重要的会议。作为一名环境地质工作者，我对中华文明的起源等问题知道的很少，可以说是个门外汉。但从近几年来接触到的一些新的古气候、古环境变化的研究中发现这二者之间有许多值得重视和研究的课题。这类课题的研究对于探讨中国的古环境和古代文明的起源与早期发展过程可能都有好处。

中国社会科学院"古代文明研究中心"提倡发挥多学科的优势，重视自然科学和人文科学共同参加和努力进行研究，这一作法继承了我国古代文明研究和考古学研究方面的优良传统，也是新时代，新形势下研究工作的开拓与创新。刚才几位领导同志们的讲话更说明这一研究的重要和必要。这也给自然科学和人文科学学习和贡献自己知识的好机遇。

早在1785年，西方科学发展的初期，英国的郝顿（James Hutton）在爱丁堡皇家学会上发表过一次演讲。这次演讲成为自然科学参

北制 97.9 20×20=400

"文明起源与早期发展过程"国际学术会致辞（手稿）

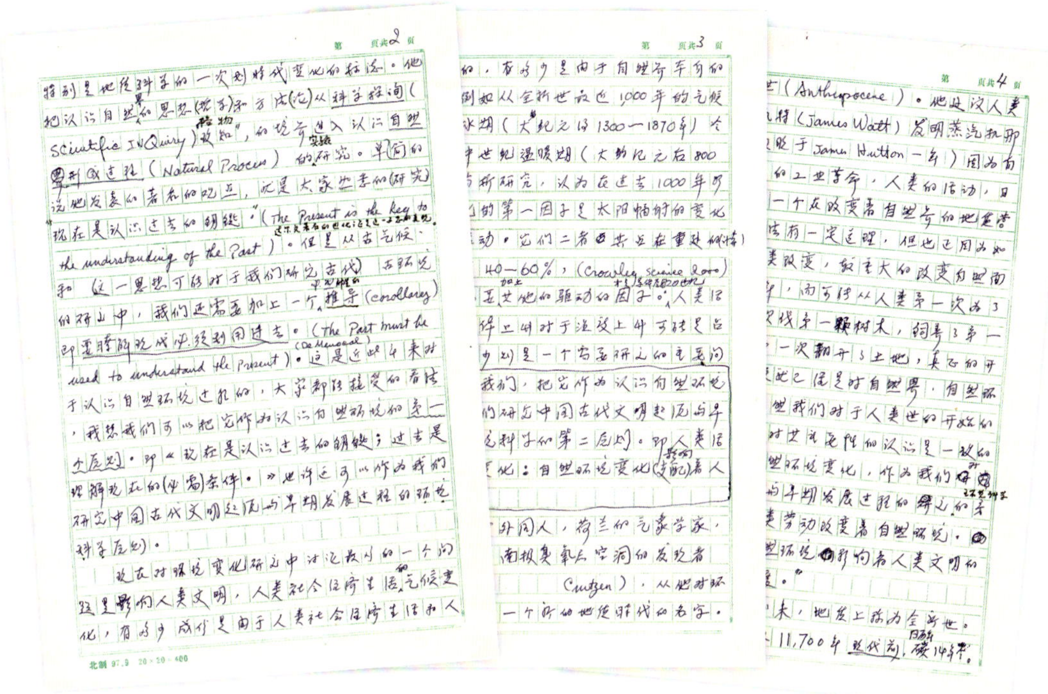

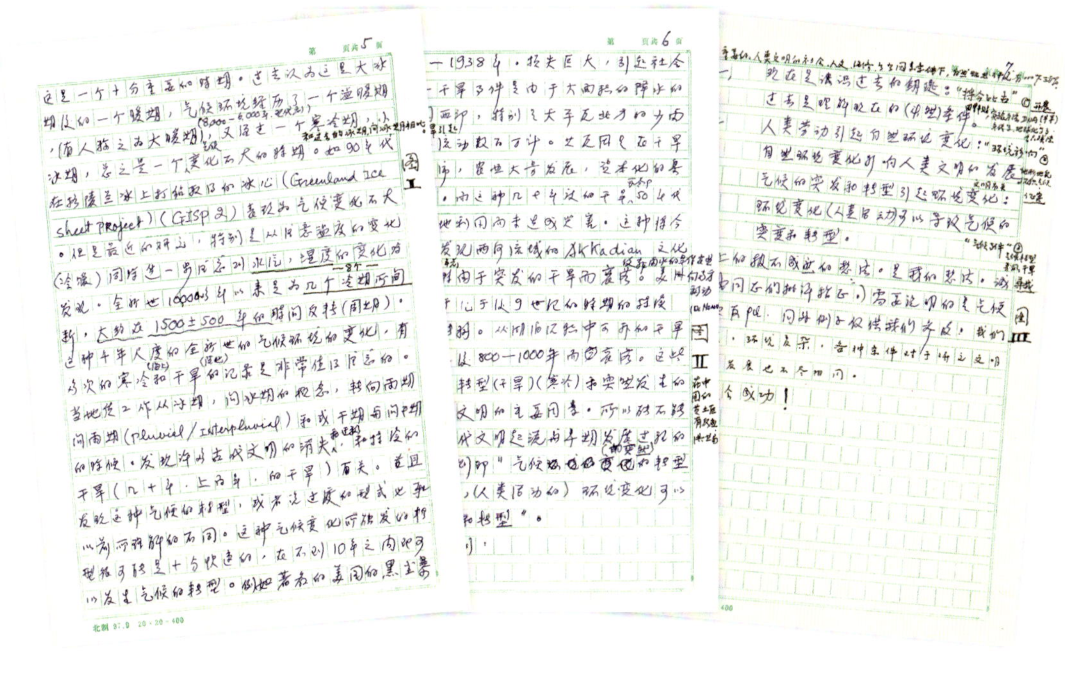

第八届全国第四纪学术大会开幕词

2002年8月，中国第四纪科学研究会在四川成都的都江堰召开了第八届全国第四纪学术大会，刘东生亲自为大会选定的主题是“西部开发的资源环境问题与第四纪研究”。记得刘东生是在参加中国科学技术协会赴井冈山参观团参观活动后，不顾舟车劳顿，风尘仆仆从南昌赶往都江堰出席会议的。

刘东生在大会的开幕式上致辞，从李冰父子领导修建都江堰工程的介绍开始，指出这是个由分水工程、开凿工程和闸坝工程组成的伟大水利工程。李冰父子的聪明才智驯服了岷江，无须提供另外的能源，充分利用水势，形成了既能排、又能灌的综合水利系统，使的成都平原摆脱了水害，成为千里沃野，充分证明了科学技术对地区开发的巨大作用。

刘东生特别介绍了大会特邀的四位专家：长江水利委员会综合勘探局蔡跃军、中国石油化工总公司天然气管道分公司史兴全、中国科学院寒区旱区环境与工程研究所程国栋和中国科学院成都山地环境与灾害研究所崔鹏所长，邀请专家们分别就西部大开发有关的南水北调、西气东输、青藏铁路和地质灾害防治问题做大会报告，希望与会代表，特别是年轻的第四纪科学工作者以满腔的热情，投入到轰轰烈烈的西部大开发活动中，贡献才智，做出比李冰父子更为辉煌的贡献。

收件人 To:　　　　　　　　　　　　发件人 From:
公司/单位 Co./Unit:　　　　　　　　总页数 Total:
日期 Date:　　　　　　　　　　　　页数 Page No:　1.

正文 Message:

主席，各位领导，同志们，同行们，

中国第四纪研究委员会以"西部大开发的资源环境问题与第四纪研究"为主题的"第八届全国学术大会"今天在四川都江堰（世界文化遗产之一）召开，是一项很有意义的举措。

都江堰这一世界闻名的伟大水利工程，两千多年来的光辉成就，充分说明科学技术在开发西部中的重要作用。

都江堰的創始人是李冰和他的儿子。李冰是战国時期著名的水利专家（从今天科学高度看他在第四纪应用与研究方面至少有三大贡献）。他领人民修筑的都江堰水利工程是一个分水工程，开凿工程，和闸坝工程组成的大型系统水利工程。都江堰使成都平原（充分利用从岷江的大洪积扇的特点）300多万亩良田得到灌（目前已扩大到1000多万亩）（36个县）

此函由宾馆服务生发送。在发送传真过程中，对于因延误、差错或遗漏而导致的损失，本宾馆概不负责。若在收发传真时遇到困难，请立即通知宾馆。

第八届全国第四纪学术大会开幕词（手稿）

公司/单位 Co./Unit:　　总页数 Total:
日期 Date:　　页数 Page No: 2.
正文 Message:

泥沙，从此"水旱从人"，保护了生态和环境，"沃野千里"发展了农业生产，使四川成为著名的"天府之国"。

第二是，根据"自贡市盐业历史博物馆"钱长永馆长的研究最新，（二）李冰在治水过程中开引水工程而配套，对青衣江江床进行了飞治，修平了阻碍水流的险滩。现在成都市内青羊宫等地发现许多古井，不仅可供当时居民用水，而且还大量用于蔬菜种植灌溉。有的古井相距不过200米很可能是地下水渠。所以他不仅是地表水专家而且也是地下水专家。

第(三) 李冰不仅是著名水利专家而且还是我国井盐（即吃的食盐）的开拓者，他在治水过程中"识齐水脉"，初步掌握了地下盐卤资源蕴藏条件，根据治水中积累的经验，

3

东南，华阳镇，有
都盐井。这是在
距今2253—2257年前。
的创始人
四纪、地质学、地貌学
非常深刻理解的基础
的第四纪专家。所以
当请李冰父子为我
……花园。
。他们是
线工程和第四系工程地质。
工程——西气东输。

程国栋 院士　　青藏铁路建设中的冻土问题。
崔鹏 所长　　西部建设中的地质灾害及其防治 的报告。

4.

、基础建设，和自然灾害
的交流作大会报告。
000多年来，李冰父子
的表现。
统，好遗产在今天显
的第四纪研究为
献。
大会报告和讨论，它们是，
化。
第四纪地质问题。

(3) 青藏高原构造环境与地质灾害。
(4) 环境变化的生物记录与古生态环境。

公司/单位 Co./Unit:　　总页数 Total:
日期 Date:　　页数 Page No: 5
正文 Message:

(5) 全球变化的海洋过程和海洋记录。
(6) 全新世、短尺度高分辨率记录。
(7) 地层定年与环境磁学、环境地球化学。
(8) 环境变化与动物、人类演化及文化发展。

这些分组会上的报告和讨论将展示我国第四纪研究的现状和水平。

这次大会我们还印发了将于明年，2003在美国Reno召开的国际第四纪研究联合会，第XVI次大会的议程和科学讨论的题目。我们希望到会的同志们读一下这个材料，有计划，有选择的作好准备参加明年的国际第四纪学术大会。

现在我们国家的科学技术已经随着我国的经济发展进入到一个从区域性过渡到更加活跃的国际活动的新阶段。

同志对比一下，这两个会的科学内容，许多内容有趣的 可以从中找到我们和国际水平的差距和我们的优势。

6.

有趣的现象，许多中国的青年
的科学参加者而且还是许多
的组织者。我们应该向飞在
四纪科学家们致敬。

我们第八届全国学术会议特以(1)它是继承开拓而又……的大会。

希望参加的同志们注意安全，取得
会议。

(2)展示我国第四纪工作水平的大会。
(3)……第四纪科学走向国际……的大会。
而载入中国第四纪……的史册。

中国科学院、科技部、中国科协等领（国家自然科学基金委员会）
得到许多兄弟单位的支持。
领导们，都江堰市的领导们的
，热情的参加，和细致的接待；
四纪工作者以极大的热情。我代表
……全体同志，向他们表示衷心的感谢（诚挚的敬意）。

为拍摄“黄土的年轮”准备的文字材料

文稿是刘东生为在2002年9月中央电视台“科学人生”栏目，拍摄“黄土的年轮——环境地质学家刘东生”时，准备到刘东生家里拍摄而写就的。在刘东生收到电视台的拍摄脚本后，在认真阅读拍摄脚本之外，坐下来忙乎了一整天，做了文字方面的准备。除了脚本涉及的问题每一个都一一对应写出整整15页文字外，还就可能牵扯到的问题准备了7页文稿。

由此联想到20世纪80年代刘东生访问比利时期间的一次学术交流，对方盛请刘东生做关于中国黄土研究的报告。在我们一些不知天高地厚的学生眼里，刘东生这样的黄土研究“大咖”，面对一群对中国黄土一无所知的“听众”做学术报告，不就是“小菜一碟”，充其量就是个“科普讲座”么！但刘东生却花费了很大的精力做了很充分的准备。当时，还没有多媒体，刘东生用所带的幻灯片反复进行了挑选，还根据需要，临时增补了一些透明薄膜。一切安排妥当后，他并没有考虑旅途劳累，应该先去休息，而是自己先试讲了一遍。刘东生总是等到时间正好、内容合适，一切都准备得十分完美后，才登上讲台，当然结果是出乎预料得好！大学问家的认真劲，给现场的中国留学生深刻印象。相信读者在看到为拍摄准备的这些文字材料后，编者再写什么来说明刘东生的“认真”，都会觉得实在是多余了。

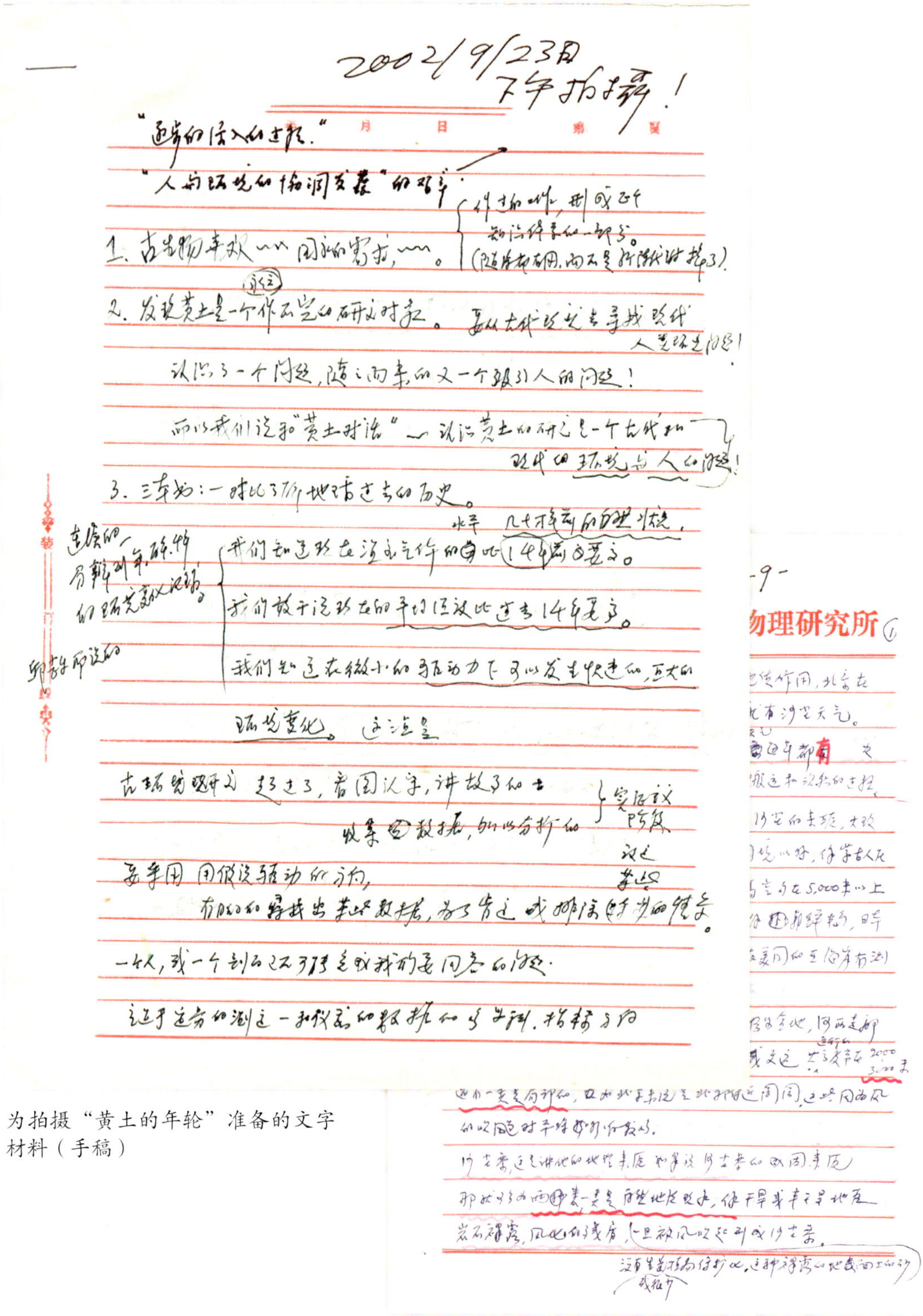

为拍摄“黄土的年轮”准备的文字材料（手稿）

“纪念水洞沟遗址发现80周年国际学术研讨会”的致辞

这篇讲话稿是2003年9月19日在银川召开的“纪念水洞沟遗址发现80周年国际学术研讨会”上的致辞。刘东生在致辞中首先充分肯定了两位法国古生物学家德日进（Pierre Teilhard de Chardin）和桑志华（Emile Licent）当年在水洞沟考古发掘，认为这是第一次在黄土断崖上发现古人类文化遗址。对发掘材料深入研究成果所撰写的《中国旧石器时代》，刘东生也予以高度评价，认为它是中国旧石器考古的开篇之作。刘东生盛赞后续的发掘工作也取得了巨大成功，特别是近期的发掘完全按照国际标准进行，更积累了各种科学资料和埋藏学信息，弥补了以前的欠缺，为学科发展和新技术的应用提供了平台，表明我国旧石器时代考古进入成熟和繁荣的时期。

刘东生概括水洞沟遗址的考古发掘以三个方面显示出它的重大意义：它是中西文化交流的基点、是中国旧石器考古历史发展的见证、是以科学理论探讨文明的起源地。

INSTITUTE OF GEOLOGY AND GEOPHYSICS
CHINESE ACADEMY OF SCIENCES
中国科学院地质与地球物理研究所 ①

P. O. BOX 9825, BEIJING 100029, CHINA
Tel: 86－(0)10－62008001 Fax: 86－(0)10－62010846

主席，各位领导，各位来宾，同志们，我非常高兴能有机会参加这次盛会。同时感谢大会对我的邀请。

今天，我们从国内外各地来到美丽的塞上明珠银川，隆重纪念水洞沟遗址发现80周年，这的确是个特殊的、值得纪念的日子。因为80年前，两位西方的学者法国古生物地质学家德日进神父和桑志华神父历尽艰辛，在这万里之外东方的中国在宁夏灵武水洞沟横城的黄土断壁上第一次发现了古人类文化遗址。通过考古发掘又找到了丰富的旧石器时代的石器和动物化石等遗物，从此揭开了中国史前研究的新篇章。在这个遗址材料的基础上，他们在法国和步勤与步日耶共同研究并完成了《中国旧石器时代》一书，这是中国旧石器时代考古学的开篇之作，时代东西方文化联系的线索。

作为那个年代来到中国的学者，德日进和桑志华从现代东西方文化交流的角度在水洞沟发现了旧石器，我们在这里纪念水洞沟之所以纪念还因为他是自旧石器时代以来东西方文化交流的连接点。

关于这个遗址的发现经过、学术价值和意义在今后几天的会议上将有许多讲述和讨论，在这里就不专门讲了。

顺便说一下《第四纪研究》为这次纪念活动出版了一期特刊，其中有些内容可供同志们参考。

“纪念水洞沟遗址发现80周年国际学术研讨会”的致辞（手稿）

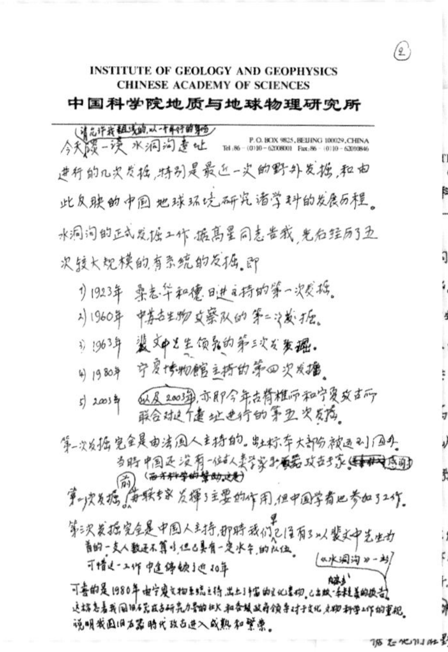

②

INSTITUTE OF GEOLOGY AND GEOPHYSICS
CHINESE ACADEMY OF SCIENCES
中国科学院地质与地球物理研究所

P. O. BOX 9825, BEIJING 100029, CHINA
Tel: 86-(0)10-62008001 Fax: 86-(0)10-62010846

今天谈一谈水洞沟遗址进行的几次发掘，特别是最近一次的野外发掘，和由此反映的中国地球环境研究诸学科的发展历程。

水洞沟的正式发掘工作，据高星同志告我，先后经历了五次较大规模的有系统的发掘，即

1) 1923年 桑志华和德日进主持的第一次发掘。
2) 1960年 中苏古生物考察队的第二次发掘。
3) 1963年 裴文中先生领导的第三次发掘。
4) 1980年 宁夏博物馆主持的第四次发掘。
5) 2003年 以及2003年，亦即今年古脊椎所和宁夏考古所联合对这个遗址进行的第五次发掘。

第一次发掘完全是由法国人主持的。出土标本大部分被运到国外。当时中国还没有一位古人类学家和考古学家。

第二次发掘，前苏联专家发挥了主要的作用，但中国学者也参加了工作。

第三次发掘完全是中国人主持，那时我们已经有了以裴文中先生为首的一支人数还不算多，但已具有一定水平的队伍。可惜这一工作中途停顿了近20年。

可喜的是1980年由宁夏文物系统主持，出土了丰富的文化遗物，已出版一本精美的报告，这标志着我国旧石器考古研究力量的壮大和各级政府领导对于文化、文物、科学工作的重视，说明我国旧石器时代考古进入成熟和繁荣。

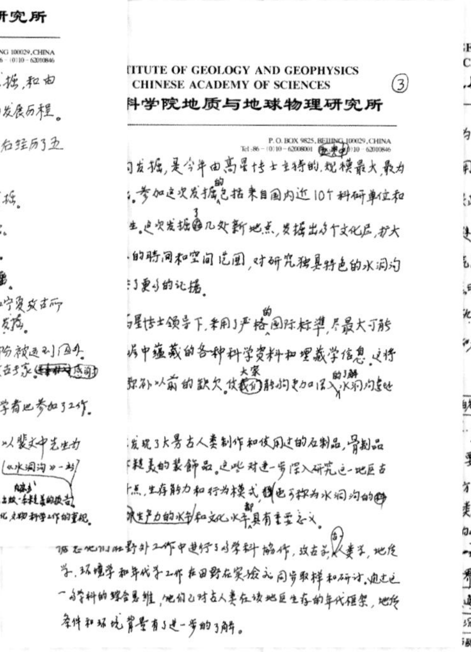

③

INSTITUTE OF GEOLOGY AND GEOPHYSICS
CHINESE ACADEMY OF SCIENCES
中国科学院地质与地球物理研究所

P. O. BOX 9825, BEIJING 100029, CHINA
Tel: 86-(0)10-62008001 Fax: 86-(0)10-62010846

……的发掘，是今年由高星博士主持的，规模最大，最为……。参加这次发掘的包括来自国内近10个科研单位和……生。这次发掘了几处新地点，发掘出多个文化层，扩大……的时间和空间范围，对研究独具特色的水洞沟……了重要的证据。

……高星博士领导下，采用了严格的国际标准，尽最大可能……层中蕴藏的各种科学资料和埋藏学信息，这将……弥补以前的缺欠，使大家能够更加深入的了解水洞沟遗址……

……发现了大量古人类制作和使用过的石制品、骨制品……精美的装饰品。这些对进一步深入研究这一地区古……特点、生存能力和行为模式，也可称为水洞沟的……生产力的水平和文化水平都具有重要意义。

在野外工作中进行了多学科协作，考古学、古人类学、地质学、环境学和年代学工作在田野和实验室同步取样和研讨。通过这一多学科的综合思维，他们已对古人类在该地区生存的年代框架、地质条件和环境背景有了进一步的了解。

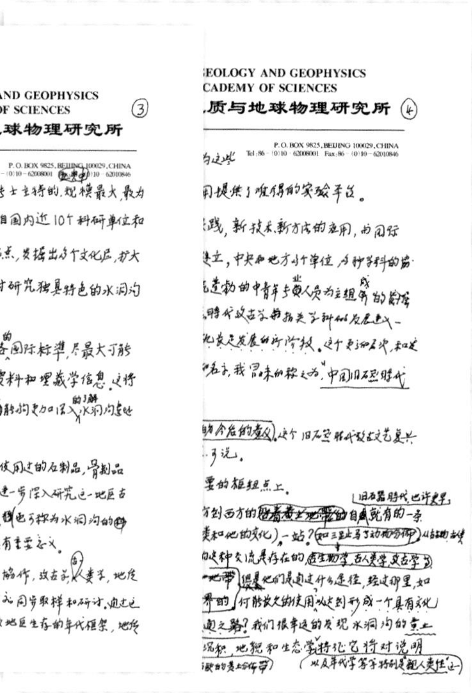

④

INSTITUTE OF GEOLOGY AND GEOPHYSICS
CHINESE ACADEMY OF SCIENCES
中国科学院地质与地球物理研究所

P. O. BOX 9825, BEIJING 100029, CHINA
Tel: 86-(0)10-62008001 Fax: 86-(0)10-62010846

……为这些……提供了难得的实验平台。

……实践，新技术、新方法的应用，与国际……建立，中央和地方多个单位，多种学科的协……遗物的中青年专业人员为主组成的……时代考古学和相关学科的发展进入一……发展的新阶段。这个更多和名字，我冒昧的称之为“中国旧石器时代……

……的合作的意义。这个旧石器时代考古文艺复兴……可说。

……要的枢纽点上。

……到西方的……自古就有的一条……和他们的文化）一站？……这种交流是存在的……他们是通过什么途径，经过哪里，如何能长久的使用以达到形成一个具有文化……通之路？我们很幸运的发现水洞沟的……地貌和生态学特征它将对说明……

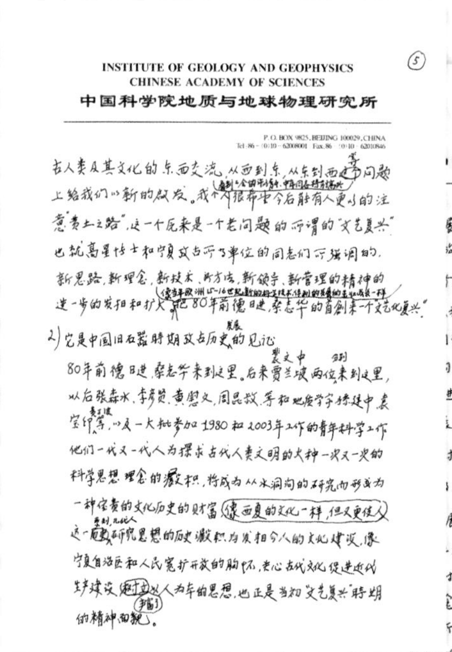

⑤

INSTITUTE OF GEOLOGY AND GEOPHYSICS
CHINESE ACADEMY OF SCIENCES
中国科学院地质与地球物理研究所

P. O. BOX 9825, BEIJING 100029, CHINA
Tel: 86-(0)10-62008001 Fax: 86-(0)10-62010846

古人类及其文化的东西交流，从西到东，从东到西等问题上给我们以新的启发。我个人很希望今后能有人更多的注意“黄土之路”，这一个原来是一个老问题的所谓的“文艺复兴”也就高星博士和宁夏考古所等单位的同志们所强调的，新思路、新理念、新技术、新方法、新领导、新管理的精神的进一步的发扬和扩大。把80年前德日进、桑志华的首创来一个“文艺化复兴”。

2) 它是中国旧石器时期考古历史发展的见证

80年前德日进、桑志华来到这里。后来裴文中、贾兰坡两位先后来到这里，以后张森水、李彦贤、黄慰文、周昆叔等和地质学家孙建中、袁宝印等，以及一大批参加1980和2003年工作的青年科学工作者，他们一代又一代人为探求古代人类文明的火种一次又一次的科学思想、理念的积累，将成为从水洞沟的研究而形成为一种宝贵的文化历史的财富，像西夏的文化一样，但又更使人……这一历史研究思想的历史积累，为发扬今人的文化建设，像宁夏自治区和人民宽广开放的胸怀，关心古代文化促进近代生产建设，树立以人为本的思想，也正是当初“文艺复兴”时期的精神面貌。

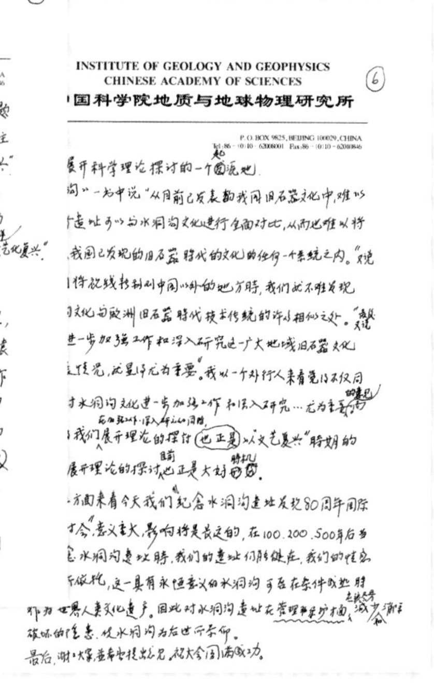

⑥

INSTITUTE OF GEOLOGY AND GEOPHYSICS
CHINESE ACADEMY OF SCIENCES
中国科学院地质与地球物理研究所

P. O. BOX 9825, BEIJING 100029, CHINA
Tel: 86-(0)10-62008001 Fax: 86-(0)10-62010846

……展开科学理论探讨的一个起源地。

……沟》一书中说“从目前已发表的我国旧石器文化中，难以……遗址可以与水洞沟文化进行全面对比，从而也难以将……我国已发现的旧石器时代的文化的任何一个系统之内。”“……将视线转到中国以外的地方时，我们就不难发现……文化与欧洲旧石器时代技术传统的许多相似之处。”“……进一步加强工作和深入研究这一广大地域旧石器文化……情况，就显得尤为重要。”我以一个外行人来看觉得不仅同……对水洞沟文化进一步加强工作和深入研究……尤为重要的……我们展开理论的探讨，也正是以“文艺复兴”时期的……展开理论的探讨，目前也正是大好时机。

……方面来看今天我们“纪念水洞沟遗址发现80周年国际……讨会”，意义重大，影响将是长远的，在100、200、500年后当……水洞沟遗址时，我们的遗址仍能健在，我们的性命……所依托，这一具有永恒意义的水洞沟可否在条件成熟时作为世界人类文化遗产。因此对水洞沟遗址在管理和保护上，减少和消除破坏的隐患，使水洞沟为后世所知。

最后，谢谢大家，並希望提出意见，祝大会圆满成功。

“郑和下西洋600周年纪念：回顾与思考”研讨会致辞

2005年3月21～22日，中国科学院地学部、中国工程院农业轻纺环境工程学部和深圳院士活动基地联合在深圳举办了“郑和下西洋600周年纪念：回顾与思考”研讨会，刘东生应邀出席并在开幕式上致辞。

在回顾了郑和历次下西洋的历史和取得的丰功伟绩后，刘东生分析郑和之后西方探险家，如麦哲伦（Ferdinand Magellan）、哥伦布（Christopher Columbus）等掀起了轰轰烈烈的航海探险的高潮，有一系列重大的发现，而中国却在郑和如此壮观的航海事业之后，变得“偃旗息鼓”了呢？他认为领导（明成祖朱棣）的决策，有志者（郑和）的身体力行（贯彻落实），以及一定的社会群众基础是郑和的成功，也是人们想办成一件事的必要保证。美国一位研究亚洲史的专家在专著中曾经指出：“他们（指郑和团队）未曾尝试横越太平洋或继续西进直达欧洲。他们肯定是有能力做到这一点的。仅仅是因为以他们当时的知识，认为这两边都没什么东西值得进行这样的航行而作罢。”刘东生深感决策的错误导致后继无人，使得当时在国际上遥遥领先的事业嘎然而止。

郑和曾说：“欲国家富强，不可置海洋于不顾。财富取之海洋，危险亦来自海洋。”刘东生回想起20世纪80年代，地球科学家曾经有过一次研讨，向国家科研主管部门提出地球科学要“上天，入地，下海”。在纪念郑和的时刻，刘东生说：我们欣喜地看到，正是由于领导的正确决策，科研与工程人员的艰苦努力，我们的卫星已经上天，“神五”刚发射成功并顺利返航；我们国家的大陆钻探计划已经实施；我们参与的深海钻探计划184航次也在南海执行。“上天，入地，下海”都已经初具规模，相信随着改革开放的伟业进一步实施，我们的地球科学今后一定会有更大的发展，我们的前途会更好！

中国建筑工业出版社稿纸

主席，各位院士，各位专家，同志们早上好！

感谢中科院地学部和中国工程院农业、轻纺与环境工程学部和深圳中科院、和工程院院士活动基地的盛情邀请，非常高兴有机会参加在深圳市举行的"郑和下西洋600周年纪念：回顾与思考"研讨会。

今年是祖国伟大航海家，开拓人类海洋的先驱——郑和（137—1433）——七次下西洋航行（从1405年到1433年A.D）的600周年。600年前郑和所开拓的海洋文化，对人类进步的作用，和世界历史上许多伟大的事件一样，将随着海洋事业的发展而日益辉煌；也将和世界历史上许多伟大的事件一样成为不断激发人们走向海洋和发展海洋的动力。

这次会议以"郑和下西洋600周年纪念：回顾与思考"为总题，分四个主题，它们是：

20×15=300　　第 1 页

"郑和下西洋600周年纪念：回顾与思考"研讨会致辞（手稿）

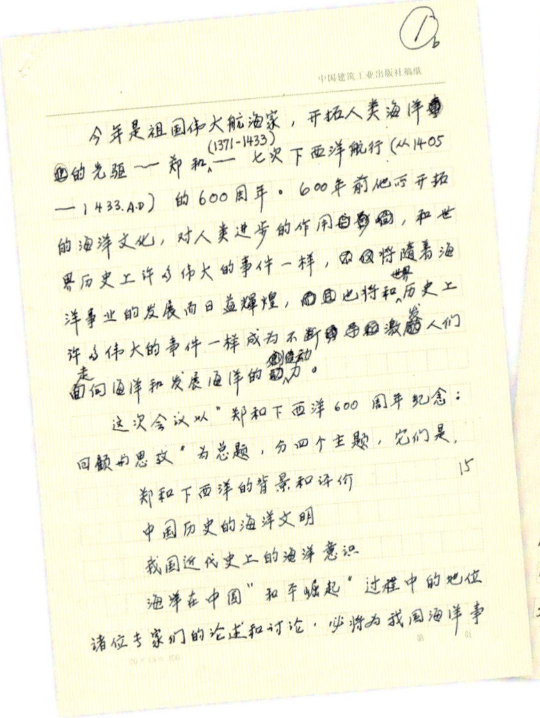
中国建筑工业出版社稿纸
今年是祖国伟大航海家，开拓人类海洋事业的先驱——郑和(1371-1433)——七次下西洋航行(从1405—1433.A.D)的600周年。600年前他所开拓的海洋文化，对人类进步的作用，和世界历史上许多伟大的事件一样，将随着海洋事业的发展而日益辉煌，也将和世界历史上许多伟大的事件一样成为不断激励人们走向海洋和发展海洋的动力。
这次会议以"郑和下西洋600周年纪念：回顾与思考"为总题，分四个主题，它们是，
郑和下西洋的背景和评价
中国历史的海洋文明
我国近代史上的海洋意识
海洋在中国"和平崛起"过程中的地位
诸位专家们的论述和讨论，必将为我国海洋事

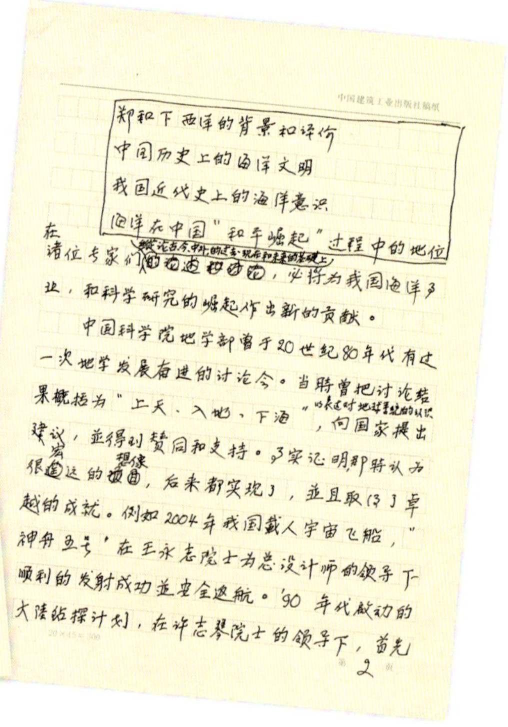
中国建筑工业出版社稿纸
郑和下西洋的背景和评价
中国历史上的海洋文明
我国近代史上的海洋意识
海洋在中国"和平崛起"过程中的地位
在诸位专家们论古今、中外的过去、现在和未来的基础上，必将为我国海洋事业，和科学研究的崛起作出新的贡献。
中国科学院地学部曾于20世纪80年代有过一次地学发展前进的讨论会。当时曾把讨论结果概括为"上天、入地、下海"，向国家提出建议，并得到赞同和支持。事实证明那时认为很宏远的理想，后来都实现了，并且取得了卓越的成就。例如2004年我国载人宇宙飞船"神舟五号"在王永志院士为总设计师的领导下顺利的发射成功并安全返航。90年代启动的大陆钻探计划，在许志琴院士的领导下，首先
2

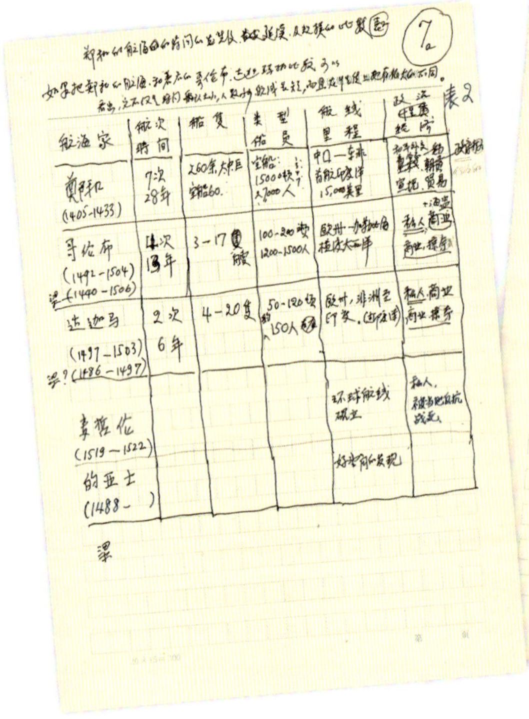
表2
航海家 | 航次 时间 | 船只 | 类型 船员 | 航线 里程 | 政治 性质
郑和 (1405-1433) | 7次 28年 | 260条大中巨 宝船60. | 宝船：1500吨 人2000人 | 中国—东非 首航印度洋 15,000英里 | 和平外交 宣抚 贸易
哥伦布 (1492-1504) | 4次 13年 | 3-17艘 | 100-200吨 1200-1500人 | 欧洲—加勒比海 横渡大西洋 | 私人 商业 掠夺
达迦马 (1497-1503) | 2次 6年 | 4-20只 | 50-120吨 150人 | 欧洲，非洲至印度 | 私人 商业 掠夺
麦哲伦 (1519—1522) | | | | 环球航线 建立 | 私人
的亚士 (1488-) | | | | 好望角的发现 |

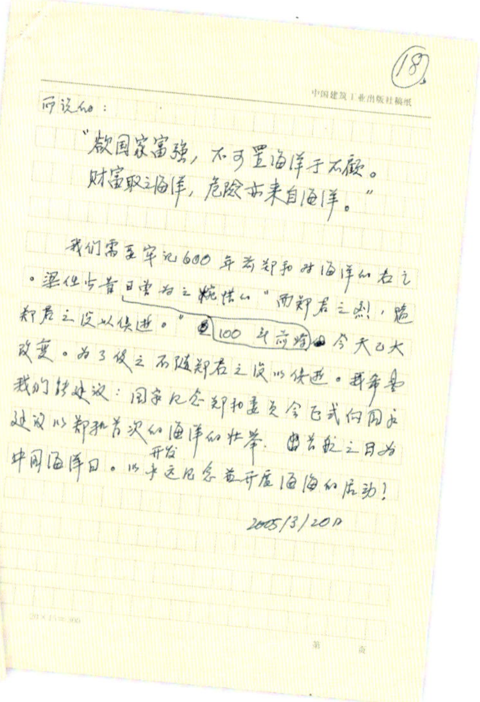
中国建筑工业出版社稿纸
"欲国家富强，不可置海洋于不顾。
财富取之海洋，危险亦来自海洋。"
2005/3/20日

在庆祝地球化学研究所成立40周年纪念大会上的讲话

“贵阳我的第二故乡，地化所我成长的地方”是刘东生在2006年6月16日庆祝地球化学研究所成立40周年纪念大会上讲话亲拟的题目，刘东生对地球化学研究所是怀有极其深厚感情的。在20世纪60年代初，地质研究所酝酿分所成立新的地球化学研究所，当时正在黄土研究上取得重要进展时期的刘东生，面对分所，不可能对第四纪研究室的发展无所考虑。面对举步维艰的黄土的研究，使刘东生深感除了要搞清楚第四纪时期在黄土高原发生的“事件”之外，不深入一步研究伴随这些“事件”所发生的“物质”变化，是无法使研究工作更上一层楼的。随迁到以研究“物质成分”为主旨的地球化学研究所，弄清楚黄土“物质成分”相应的变化是第四纪，特别是黄土研究发展的上佳选择。刘东生为此做出了很大的努力，又借助于兼任地球化学研究所所长的侯德封的鼎力支持，第四纪研究室终于“挤”上前往贵阳的列车。地球化学研究所的学术氛围，注重地质过程中所伴随的“物质”的变化，很大程度上开拓了第四纪研究室年轻研究人员的视野。在刘东生敏锐地感受到地质科学从资源（矿藏）研究转向环境研究之际，他立刻让年轻的研究人员从黄土“物质（成分）”在第四纪冷暖变化过程中所发生的物理和化学性质的变化，寻找出环境变化的替代性指标，刘东生的这一步，紧随了国际发展的趋势，获得了很大的成功，使中国的黄土研究领先世界成为研究过去环境变化的基石。在地球化学研究所成立40周年时，回到阔别20多年的贵阳，刘东生的激动心情是可以理解的。在与涂光炽一同接受了地球化学研究所授予的“功勋奖”后，刘东生动情地说“地化所是我成长的地方”，虽然包含着谦虚的成分，但确实也是刘东生的真实感受。他要感谢他的队伍被带到地球化学研究所后所得到的潜移默化的影响以及很快地成长。

INSTITUTE OF GEOLOGY AND GEOPHYSICS
CHINESE ACADEMY OF SCIENCES
中国科学院地质与地球物理研究所

P. O. BOX 9825, BEIJING 100029, CHINA
Tel:86－(0)10－62008001 Fax:86－(0)10－62010846

石省长

主席、各位领导、各位同志，

在庆祝地球化学研究所40年诞之际，涂光炽先生和我被授予功勋奖，这是给我们的工作的极高的荣誉。刚才涂先生已经作了讲话，说出了我们共同的感受，我就不必再说了。现在请允许我以"贵阳我的第二故乡，地化所我成长的地方"作为题目，以表达我的感谢之意。这也是我对地化所的40年诞的贺词。

40岁对一个人来说是一个成熟的时期，也是一个大有作为的时期。我们这些曾经和地化所一同成长的人们，衷心的感谢它的哺育和培养，热诚的祝贺他今后更加壮大和繁荣，并为我国地球化学科学的发展，为新的人才的辈出而作出更大的贡献，（为贵州的实现战略性跨越）。

在庆祝地球化学研究所成立40周年纪念大会上的讲话（手稿）

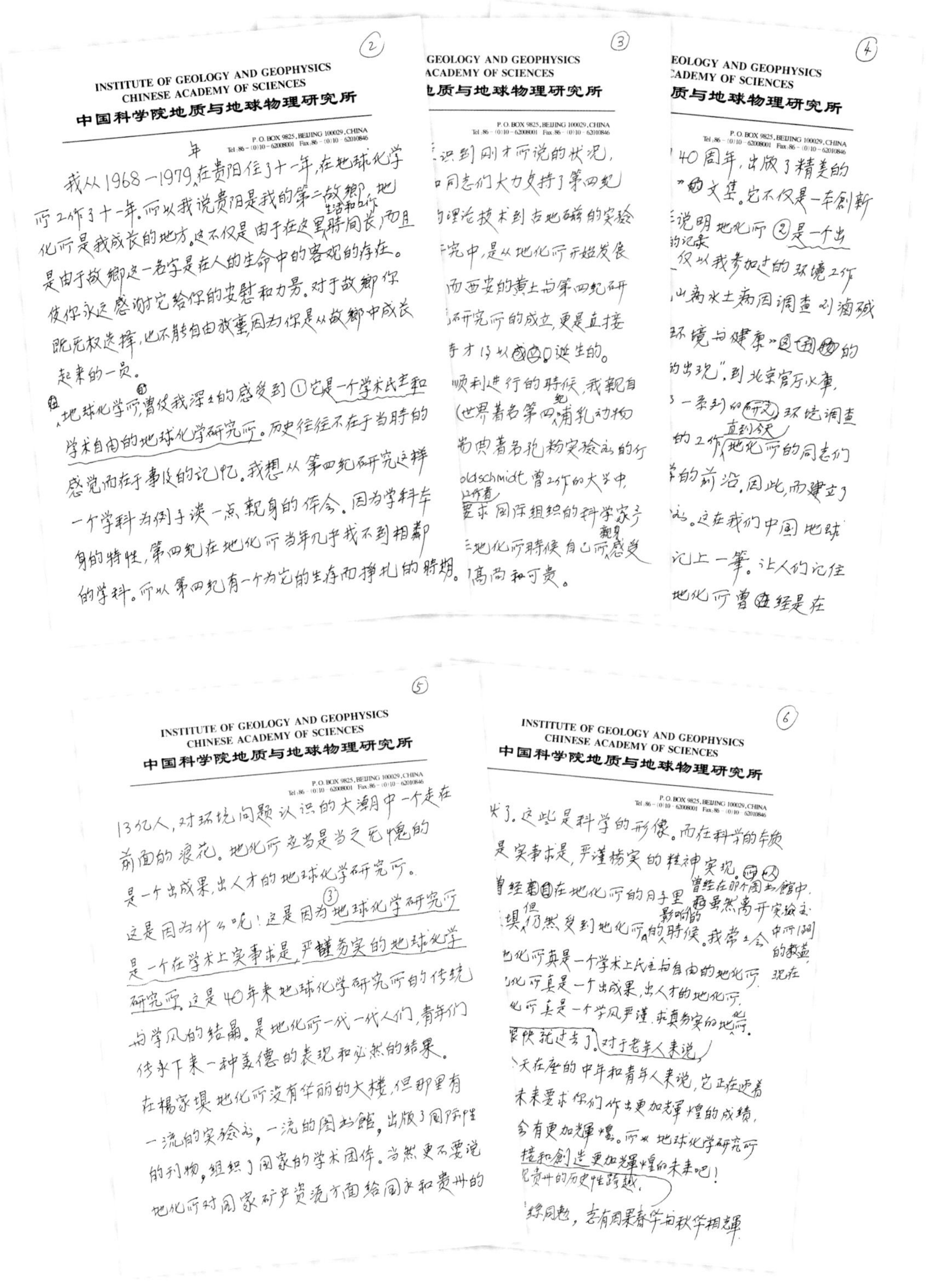
②
INSTITUTE OF GEOLOGY AND GEOPHYSICS
CHINESE ACADEMY OF SCIENCES
中国科学院地质与地球物理研究所
P. O. BOX 9825, BEIJING 100029, CHINA
Tel: 86-(0)10-62008001 Fax: 86-(0)10-62010846
我从1968—1979年在贵阳住了十一年，在地球化学
所工作了十一年。所以我说贵阳是我的第二故乡，地
化所是我成长的地方。这不仅是由于在这里生活和工作时间长，而且
是由于故乡这一名字是在人的生命中的客观的存在。
使你永远感谢它给你的安慰和力量。对于故乡你
既无权选择，也不能自由放弃，因为你是从故乡中成长
起来的一员。
地球化学所曾使我深深的感受到①它是一个学术民主和
学术自由的地球化学研究所。历史往往不在于当时的
感觉而在于事后的记忆。我想从第四纪研究这样
一个学科为例子谈一点亲身的体会。因为学科本
身的特性，第四纪在地化所当年几乎找不到相邻
的学科。所以第四纪有一个为它的生存而挣扎的时期。
③
识到刚才所说的状况，
同志们大力支持了第四纪
理论技术到古地磁的实验
究中，是从地化所开始发展
西安的黄土与第四纪研
研究所的成立，更是直接
才得以诞生的。
顺利进行的时候，我亲自
（世界著名第四纪哺乳动物
著名孢粉实验室的行
oldschmidt曾工作的大学中，
要求国际组织的科学家
地化所时候自己亲身所感受
高尚和可贵。
④
40周年，出版了精美的
文集。它不仅是一本创新
说明地化所②是一个出
仅以我参加过的环境工作
山病水土病因调查到酒碱
环境与健康”的
的出现”，到北京官厅水库
一条到的环境调查
的工作直到今天地化所的同志们
的前沿，因此，而建立了
。这在我们中国地球
记上一笔。让人们记住
地化所曾经是在
⑤
INSTITUTE OF GEOLOGY AND GEOPHYSICS
CHINESE ACADEMY OF SCIENCES
中国科学院地质与地球物理研究所
P. O. BOX 9825, BEIJING 100029, CHINA
Tel: 86-(0)10-62008001 Fax: 86-(0)10-62010846
13亿人，对环境问题认识的大潮中一个走在
前面的浪花。地化所应当是当之无愧的
是一个出成果，出人才的地球化学研究所。
这是因为什么呢！这是因为③地球化学研究所
是一个在学术上实事求是，严谨务实的地球化学
研究所。这是40年来地球化学研究所的传统
与学风的结晶。是地化所一代一代人们，青年们
传承下来一种美德的表现和必然的结果。
在杨家坝地化所没有华丽的大楼，但那里有
一流的实验室，一流的图书馆，出版了国际性
的刊物，组织了国家的学术团体。当然更不要说
地化所对国家矿产资源方面给国家和贵州的
⑥
INSTITUTE OF GEOLOGY AND GEOPHYSICS
CHINESE ACADEMY OF SCIENCES
中国科学院地质与地球物理研究所
P. O. BOX 9825, BEIJING 100029, CHINA
Tel: 86-(0)10-62008001 Fax: 86-(0)10-62010846
了。这些是科学的形像。而在科学的本质
是实事求是，严谨务实的精神实现。
曾经在地化所的日子里 曾经在那个图书馆中，虽然离开实验室
但仍然受到地化所影响的时候。我常常会 中所得到的教益 现在
地化所真是一个学术上民主与自由的地化所。
地化所真是一个出成果，出人才的地化所。
地化所真是一个学风严谨，求真务实的地化所。
很快就过去了。对于老年人来说，
今天在座的中年和青年人来说，它正在迎着
未来要求你们作出更加光辉灿烂的成绩，
会有更加辉煌。所以地球化学研究所
接和创造更加光辉灿烂的未来吧！
贵州的历史性跨越，
综同勉，志有同果春华与秋华相辉

庆祝中国第四纪研究委员会成立50周年

这是一篇没有“讲话”的讲话稿，其中的故事令人唏嘘。

2007年初，将是中国第四纪研究委员会成立50周年的喜庆日子，50年的历程一定会让人有很多联想，更何况是亲手筹建，相伴了整整50年的刘东生。在2006年底在南京召开的第九届全国第四纪学术大会并提前隆重庆祝这一值得纪念的日子，刘东生早就考虑过怎样与老一辈的第四纪科学家，与中年和青年第四纪科学工作者欢聚一堂，共同回顾走过的艰难曲折的道路，共同分享第四纪学科蓬勃发展的喜悦，并早早就准备好了“中国第四纪研究委员会成立50周年讲话稿”。但是十分遗憾的是就在会议即将举行前的一次例行体检中，刘东生被查出颈部淋巴结肿大，切下一些淋巴组织活检结果是令人失望的。又经过两周的入院检查，确诊刘东生患非霍奇金B细胞小淋巴细胞淋巴瘤（一种恶性度较低的肿瘤）。刘东生只好尊重医生的意见，遗憾地放弃了去南京参加会议的计划，留在北京治疗。刘东生首次缺席全国第四纪大会，但对这个值得纪念的日子并没有忘记，便嘱咐将这篇讲话稿带到会上，请刘嘉麒在大会上宣读。

刘东生在这篇讲话稿中，充分肯定了第四纪委员会在转化、传播、调节、沟通和联系国内外第四纪研究工作和科学家的作用，认为中国第四纪研究所以能取得辉煌成就，很大程度上是委员会发挥了很好的作用。刘东生特别感谢施雅风院士担任生物地学部学术秘书期间，在倡导和建立第四纪委员会一事做出的巨大努力和大量的实际工作。对过去50年老一辈的第四纪科学家在很多方面的研究工作，刘东生形象地比喻为取得了“国际比赛的决赛权”。但50年的成就只能说明过去，刘东生希冀年轻的第四纪工作者在“十一五”规划的指导下，提出结合实际研究课题，将前人积累的科学“假设”，真正建立经得起推敲的科学“理论”，能更上一层楼，“引领”国际第四纪研究的“未来”，带回更多的“金牌”。

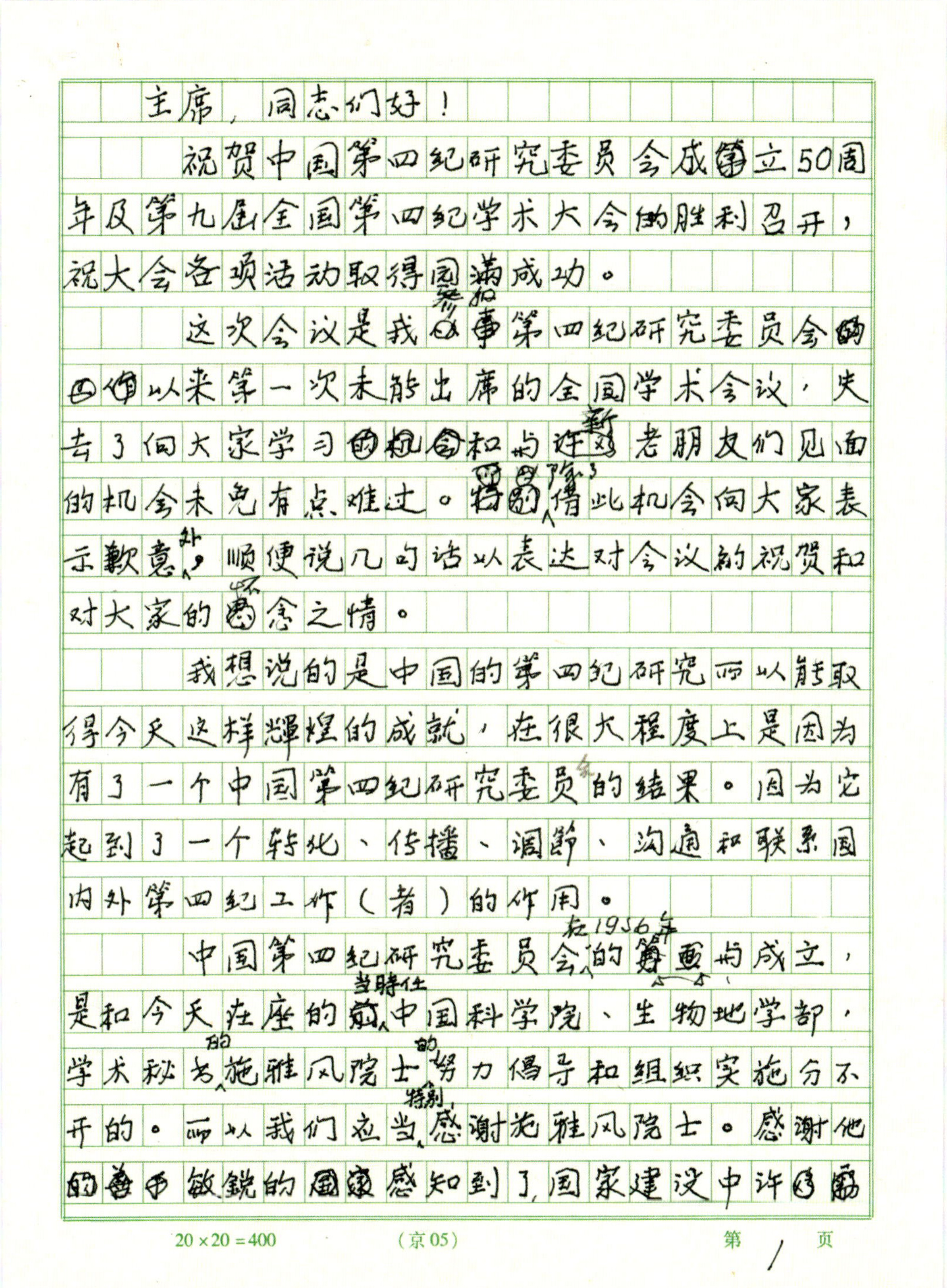

主席，同志们好！

祝贺中国第四纪研究委员会成立50周年及第九届全国第四纪学术大会胜利召开，祝大会各项活动取得圆满成功。

这次会议是我参加第四纪研究委员会以来第一次未能出席的全国学术会议，失去了向大家学习和与新老朋友们见面的机会未免有点难过。除了借此机会向大家表示歉意外，顺便说几句话以表达对会议的祝贺和对大家的怀念之情。

我想说的是中国的第四纪研究所以能取得今天这样辉煌的成就，在很大程度上是因为有了一个中国第四纪研究委员会的结果。因为它起到了一个转化、传播、调节、沟通和联系国内外第四纪工作（者）的作用。

中国第四纪研究委员会在1956年的筹备与成立，是和今天在座的当时任中国科学院、生物地学部，学术秘书的施雅风院士的努力倡导和组织实施分不开的。所以我们应当特别感谢施雅风院士。感谢他敏锐的感知到了国家建设中许多

20×20=400　（京05）　第 1 页

庆祝中国第四纪研究委员会成立50周年（手稿）

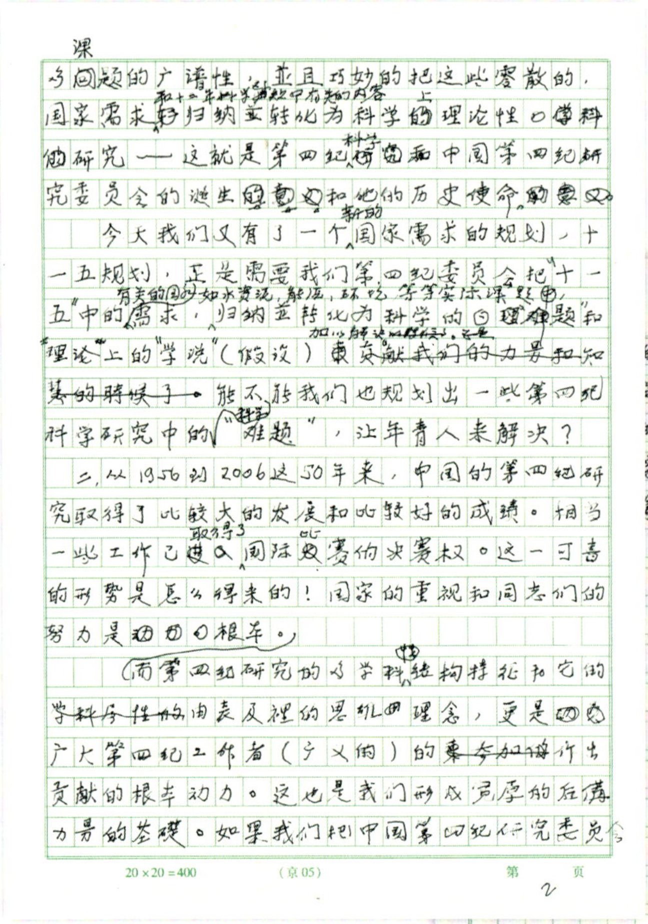
课
题的广谱性，并且巧妙的把这些零散的
国家需求和十一五规划中有关的内容归纳並转化为科学上的理论性学科
的研究——这就是第四纪科学和中国第四纪研
究委员会的诞生和他的历史使命。
今天我们又有了一个新的国家需求的规划，十
一五规划，正是需要我们第四纪委员会把“十一
五”中的有关的如水资源，能源，环境等等实际课题中的需求，归纳並转化为科学的“难题”和
“理论”上的“学说”（假设）加以解决。
能不能我们也规划出一些第四纪
科学研究中的“科学难题”，让年青人来解决？
二、从1956到2006这50年来，中国的第四纪研
究取得了比较大的发展和比较好的成绩。相当
一些工作已取得了国际比赛的决赛权。这一可喜
的形势是怎么得来的！国家的重视和同志们的
努力是根本。
而第四纪研究的学科性结构特征和它的
由表及里的思维理念，更是
广大第四纪工作者（广义的）的作出
贡献的根本动力。这也是我们形成宽厚的后备
力量的基础。如果我们把中国第四纪研究委员会
20×20=400 （京05） 第 2 页

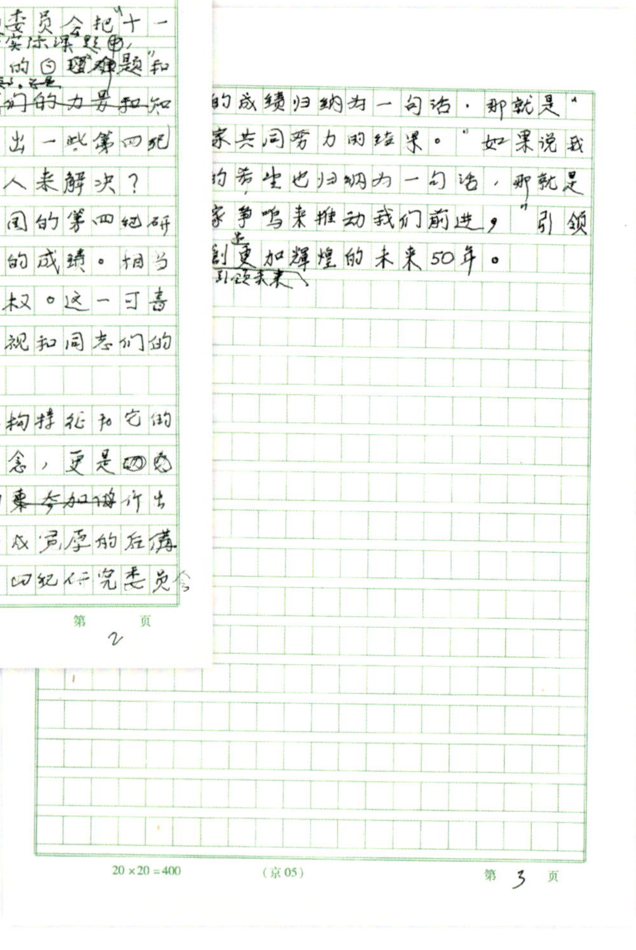
的成绩归纳为一句话，那就是“
家共同努力的结果。”如果说我
的发生也归纳为一句话，那就是
家争鸣来推动我们前进，”引领
创造更加辉煌的未来50年。
20×20=400 （京05） 第 3 页

编后记

出版《刘东生手迹》的想法是在整理档案的最后阶段突然萌发出来的。经过数年对父亲遗留下来的巨量资料的整理，最后浓缩出了各种亲笔手稿及将近400本的野外考察笔记、学习笔记等。看着这些倾注了他一生心血一笔一画写下的手稿和那些精美的野外地质剖面图、素描图时，一种应该将这笔“精神财富”与众人分享的念头闪现出来。于是，我与一直一起整理资料的韩家懋老师商量后，决定向所领导汇报并争取得到支持。朱日祥所长听到汇报后马上说：“我也正好有这种想法，你们如果不来找我，我也要找你们呢，咱们好好给先生出本书。”于是，他拿出了温家宝前总理的《温家宝地质笔记》一书给我们看，让我们作为参考。出书的事情就这样决定了。

我们对所有野外记录簿进行数字化处理，然后再一页页根据年代、事件及图的精美清晰程度等挑选出大约160页，加上他撰写的论文、纪念文章、学术报告和讲话的亲笔手稿共300多页呈现在书中，供大家分享。在阅读和挑选笔记的过程中，我仿佛和父亲做了一次隔空对话。从他的大学时代开始，和他一起来到野外实习地点，看到了云贵高原的高山峻岭、看到了条条大江大河。读完他在大学时代全部用英文做的野外记录和学习笔记时，我找到了为什么他在没有留学经历的情况下，能够熟练运用英语的答案。为了完成大学毕业论文，父亲和同学们一起跑遍了云南的大山大川，在抗战时期极其艰苦的条件下，学生们大多只有一件外衣，刮风时挡风，下雨时遮雨，晚上又用来保温取暖。但他们满怀爱国热情，穿着这件破大衣，采回了大量用于分析研究的标本，画出了准确精美的地质图。还是穿着这件破大衣，去图书馆看书，进咖啡馆讨论问题，没有人注意自己穿的是什么，吃的是什么，他们在意的只是：我们发现了什么、学到了什么、取得了哪些研究成果。在父亲参加工作后，随侯德封、杨钟健先生等进行野外考察，做了大量的野外考察笔记和学习笔记。虚心学习、刻苦钻研，使他很快学到了作为地质学家最最需要的野外工作能力。从笔记及他撰写的纪念文章中，字里行间处处流露出他对先辈的尊敬崇拜之情。当我们按照年代一本本翻开带着泥土芳香的笔记簿时，随着那些精美的地质剖面图，仿佛参加了黄河中游三门峡第四纪地质综合考察队，见到了那一排排窑洞里面的灯光，看到了黄土层中条带状的红色古土壤；仿佛亲身参加了黄河中游水土保持综合考察队，来到山西省离石县（今吕梁市离石区）王家沟拜访那古朴、雄伟的黄土高原。笔记中没有路途中的奔波劳碌，风餐露宿，有的只是对30多万平方千米广袤的黄土高坡画出的栩栩如生的剖面图、素描图和用娟秀的小楷密密麻麻做的考察记录。从20世纪60年代开始父亲参加了青藏高原科学考察队，小小的笔记簿又将我们带到壮美的雪域高原，这时的他已不仅仅是跟着老师学习的青年科学工作者，已经成为可以独当一面的学科带头人。在他的笔记中不仅记录了世界第三极的座座高峰，还记录了大自然的鬼斧神工造就的条条冰川，更重要的是他记录了自己作为学科带头人的成长过程。在史无前例的“文化大革命”中，父亲认真学习毛主席著作，发自内心地反省自己，积极参加各种“劳动改造”，记录下来的只是每天的搬沙、运石、铺洋灰，没有对“境遇”和对“造反派”的任何怨言。他在有限的条件下查阅并翻译英文资料，为科学春天的到来准备好自己。从20世纪70年代后期开始国家的科学工作走上正轨，他马不停蹄地到世界各地向国外同行学习，为中国的第四纪研究创造与世界水平接轨的机会。他参加国际会议、主持国际会议，在七八十岁的耄耋之年仍意气风发地几乎走遍世界各地，也迎来了很多国家的杰出学者，使中国的第四纪研究既及时让国外了解，又很快掌握外面的动态。大家可以在书中看到他在80多岁时到野外考察仍然像20多岁时一样，拿着笔记本一笔笔记录各种地质现象，一笔笔画下各种图件。看着一张张精美的地质图或素描图，使我感到：图里面能读出的不仅仅是地质景观，更重要的是体现了一位科学家的热爱科学、敬重事业之精神！

书中，将父亲的亲笔手稿分为：野外记录、论文专著、学术报告、纪念追忆、大会讲话几个部分，由于篇幅所限，未能收录他大学时期的听课笔记，他为别人的论著做的序和推荐意见，在研究生院讲课的备课笔记，以及在“文化大革命”期间，他抓紧时间阅读和翻译文献留下的文字。

从这些手稿中可以看出父亲对待每一件事情的认真程度。每一篇文章他都是经过认真构思、写提纲、写正文，又一遍遍地修改、抄写，一般情况下一份稿子至少要改三遍。在当时没有计算机的情况之下可想而知那是多么大的工作量。再有不管是在院士大会上做大会学术报告还是给普通中学生做科普演讲，他都是同样认真，一丝不苟。有一份20世纪70年代他给北京第十三中学的学生们做科普报告的手稿，共30多页，竟修改了三遍，就证实了这一点。父亲对纪念文章的约稿是有求必应，每一次他都是带着对老师、同学、同事们的尊敬，怀着深深的感情一字字极其认真地写出来的。有一份写黄汲清先生的纪念文章共30多页，他写好一稿后，又密密麻麻用红笔在稿件中修改数次，抄写数次，直到满意为止。文章中工整的字体、深情的话语，字里行间浸透着对恩师的尊敬与爱戴。他在百忙的科研工作中，抽出自己的休息时间为了自己的恩师们和共同学习工作过的同事们写纪念文章，他在笔记中这样写道：“不但是对老师们的尊敬和怀念，更是又一次向他们学习的机会”。在阅读笔记和手稿的过程中，我不但看到了父亲自己尽心尽力为了科学事业奉献一生的经历，也看到了他的同事们同样兢兢业业为了一个共同的事业所做的工作。他在笔记中记录了与他一起工作的同事们所做的贡献，不仅仅是在业务方面的分工，就连做辅助性工作的同事们所付出的努力也工工整整地记录在笔记簿中。有的同事在野外为他背包，有的同事到野外为课题组采样，有的同事为了写文章做实验算数据，等等，他都记录在案。他的工作笔记不仅是他的个人科学事业史，更是对整个中国第四纪研究历程的记录。

在整理资料，尤其是在准备出版这本书的过程中，我仔细地听了父亲的录音，看了他的笔记，一位全方位的父亲呈现在面前，甚至比他在世时更加了解并理解他了。这使我感到心里变得更加宁静了，感到他的精神会鼓舞我在今后的生活中克服一切困难，迎接那像黄土地一样广袤、像雪域高原一样壮美的未来。

最后，我由衷地感谢韩家懋教授在父亲去世之后为父亲的纪念文集、纪念展室、资料整理以及编辑出版这本《刘东生手迹》所做出的努力。衷心感谢丁仲礼副院长在繁忙的工作中抽出时间审读文稿，并为此书作序。衷心感谢中国科学院地质与地球物理研究所在精神上和经费上的支持。感谢地质出版社及出版社的蔡卫东老师为本书的高质量、按时间的出版给予的支持和努力。

由于我们的能力及篇幅所限，不免有欠缺之处，不能更加全面地反映出父亲一生的贡献，为此深表歉意！如有错漏之处，也请广大读者提出宝贵意见，我们会及时改正。

刘　丽

2017年夏于北京